全国优秀教材特等奖

国家卫生健康委员会"十三五"规划教材

全国高等学历继续教育(专科起点升本科)规划教材

供临床、预防、口腔、护理、检验、影像等专业用

生物化学

第4版

主　编　孔　英

副主编　王　杰　李存保　宋高臣

人民卫生出版社

图书在版编目（CIP）数据

生物化学 / 孔英主编 . —4 版 . —北京：人民卫
生出版社，2018

全国高等学历继续教育"十三五"（临床专升本）规
划教材

ISBN 978–7–117–27049–6

I.①生… Ⅱ.①孔… Ⅲ.①生物化学 – 成人高等教
育 – 教材 Ⅳ.①Q5

中国版本图书馆 CIP 数据核字（2018）第 244161 号

人卫智网	www.ipmph.com	医学教育、学术、考试、健康， 购书智慧智能综合服务平台
人卫官网	www.pmph.com	人卫官方资讯发布平台

生 物 化 学
第 4 版

主　　编：孔　英
出版发行：人民卫生出版社（中继线 010-59780011）
地　　址：北京市朝阳区潘家园南里 19 号
邮　　编：100021
E - mail：pmph @ pmph.com
购书热线：010-59787592　010-59787584　010-65264830
印　　刷：人卫印务（北京）有限公司
经　　销：新华书店
开　　本：850×1168　1/16　印张：25
字　　数：738 千字
版　　次：2001 年 9 月第 1 版　　2018 年 12 月第 4 版
　　　　　2022 年 12 月第 4 版第 5 次印刷（总第 29 次印刷）
标准书号：ISBN 978-7-117-27049-6
定　　价：59.00 元

打击盗版举报电话：010-59787491　E-mail：WQ @ pmph.com
（凡属印装质量问题请与本社市场营销中心联系退换）

纸质版编者名单

数字负责人　樊建慧

编　者（以姓氏笔画为序）

于水澜 / 黑龙江中医药大学　　　赵炜明 / 齐齐哈尔医学院

王　杰 / 沈阳医学院　　　　　　徐世明 / 首都医科大学

孔　英 / 大连医科大学　　　　　龚朝辉 / 宁波大学医学院

李存保 / 内蒙古医科大学　　　　曾　妍 / 石河子大学医学院

宋高臣 / 牡丹江医学院　　　　　廖之君 / 福建医科大学

张菡菡 / 滨州医学院　　　　　　樊建慧 / 大连医科大学

张鹏霞 / 佳木斯大学基础医学院

数字秘书　张菡菡 / 滨州医学院

在线课程编者名单

在线课程负责人　樊建慧

编　者（以姓氏笔画为序）

王迪迪 / 佳木斯大学基础医学院　　隋琳琳 / 大连医科大学

李林森 / 沈阳医学院　　　　　　　曾　妍 / 石河子大学医学院

张菡菡 / 滨州医学院　　　　　　　樊建慧 / 大连医科大学

龚朝辉 / 宁波大学医学院

在线课程秘书　张菡菡 / 滨州医学院

第四轮修订说明

随着我国医疗卫生体制改革和医学教育改革的深入推进，我国高等学历继续教育迎来了前所未有的发展和机遇。为了全面贯彻党的十九大报告中提到的"健康中国战略""人才强国战略"和中共中央、国务院发布的《"健康中国 2030"规划纲要》，深入实施《国家中长期教育改革和发展规划纲要（2010—2020 年）》《中共中央国务院关于深化医药卫生体制改革的意见》，落实教育部等六部门联合印发《关于医教协同深化临床医学人才培养改革的意见》等相关文件精神，推进高等学历继续教育的专业课程体系及教材体系的改革和创新，探索高等学历继续教育教材建设新模式，经全国高等学历继续教育规划教材评审委员会、人民卫生出版社共同决定，于 2017 年 3 月正式启动本套教材临床医学专业（专科起点升本科）第四轮修订工作，确定修订原则和要求。

为了深入解读《国家教育事业发展"十三五"规划》中"大力发展继续教育"的精神，创新教学课程、教材编写方法，并贯彻教育部印发《高等学历继续教育专业设置管理办法》文件，经评审委员会讨论决定，将"成人学历教育"的名称更替为"高等学历继续教育"，并且就相关联盟的更新和定位、多渠道教学模式、融合教材的具体制作和实施等重要问题进行了探讨并达成共识。

本次修订和编写的特点如下：

1. 坚持国家级规划教材顶层设计、全程规划、全程质控和"三基、五性、三特定"的编写原则。

2. 教材体现了高等学历继续教育的专业培养目标和专业特点。坚持了高等学历继续教育的非零起点性、学历需求性、职业需求性、模式多样性的特点，教材的编写贴近了高等学历继续教育的教学实际，适应了高等学历继续教育的社会需要，满足了高等学历继续教育的岗位胜任力需求，达到了教师好教、学生好学、实践好用的"三好"教材目标。

3. 本轮教材从内容和形式上进行了创新。内容上增加案例及解析，突出临床思维及技能的培养。形式上采用纸数一体的融合编写模式，在传统纸质版教材的基础上配数字化内容，以一书一码的形式展现，包括在线课程、PPT、同步练习、图片等。

4. 整体优化。注意不同教材内容的联系与衔接，避免遗漏、矛盾和不必要的重复。

本次修订全国高等学历继续教育"十三五"规划教材临床医学专业专科起点升本科教材29 种，于 2018 年出版。

第四轮教材目录

序号	教材品种	主编	副主编
1	人体解剖学(第4版)	黄文华 徐 飞	孙 俊 潘爱华 高洪泉
2	生物化学(第4版)	孔 英	王 杰 李存保 宋高臣
3	生理学(第4版)	管茶香 武宇明	林默君 邹 原 薛明明
4	病原生物学(第4版)	景 涛 吴移谋	肖纯凌 张玉妥 强 华
5	医学免疫学(第4版)	沈关心 赵富玺	钱中清 宋文刚
6	病理学(第4版)	陶仪声	申丽娟 张 忠 柳雅玲
7	病理生理学(第3版)	姜志胜 王万铁	王 雯 商战平
8	药理学(第2版)	刘克辛	魏敏杰 陈 霞 王垣芳
9	诊断学(第4版)	周汉建 谷 秀	陈明伟 李 强 粟 军
10	医学影像学(第4版)	郑可国 王绍武	张雪君 黄建强 邱士军
11	内科学(第4版)	杨 涛 曲 鹏	沈 洁 焦军东 杨 萍 汤建平 李 岩
12	外科学(第4版)	兰 平 吴德全	李军民 胡三元 赵国庆
13	妇产科学(第4版)	王建六 漆洪波	刘彩霞 孙丽洲 王沂峰 薛凤霞
14	儿科学(第4版)	薛辛东 赵晓东	周国平 黄东生 岳少杰
15	神经病学(第4版)	肖 波	秦新月 李国忠
16	医学心理学与精神病学(第4版)	马存根 朱金富	张丽芳 唐峥华
17	传染病学(第3版)	李 刚	王 凯 周 智
18*	医用化学(第3版)	陈莲惠	徐 红 尚京川
19*	组织学与胚胎学(第3版)	郝立宏	龙双涟 王世鄂
20*	皮肤性病学(第4版)	邓丹琪	于春水
21*	预防医学(第4版)	肖 荣	龙鼎新 白亚娜 王建明 王学梅
22*	医学计算机应用(第3版)	胡志敏	时松和 肖 峰
23*	医学遗传学(第4版)	傅松滨	杨保胜 何永蜀
24*	循证医学(第3版)	杨克虎	许能锋 李晓枫
25*	医学文献检索(第3版)	赵玉虹	韩玲革
26*	卫生法学概论(第4版)	杨淑娟	卫学莉
27*	临床医学概要(第2版)	闻德亮	刘晓民 刘向玲
28*	全科医学概论(第4版)	王家骥	初 炜 何 颖
29*	急诊医学(第4版)	黄子通	刘 志 唐子人 李培武
30*	医学伦理学	王丽宇	刘俊荣 曹永福 兰礼吉

注:1. * 为临床医学专业专科、专科起点升本科共用教材

2. 本套书部分配有在线课程,激活教材增值服务,通过内附的人卫慕课平台课程链接或二维码免费观看学习

3.《医学伦理学》本轮未修订

评审委员会名单

前　言

　　为了适应医学高等学历继续教育发展和学科新进展的需要，提高高等学历继续教育质量，本次修订按照第四轮全国高等学历继续教育临床医学专业教材编写要求，围绕培养目标，坚持"三基""五性""三特定"的原则，适应高等学历继续教育教学的需求，合理安排内容，深浅适宜，并注重加强理论应用于实践的能力训练，增加学科新进展和新内容。本书在每个章节中增加"学习目标""学习小结"，便于学生的预习和学习；根据各章节内容需要增加"问题与思考""理论与实践""相关链接"模块，启发学生将所学知识融会贯通，引导学生思考如何将理论与实践相结合，培养学生解决实际问题的能力。

　　《生物化学》(专升本)第3版教材具有知识结构完整、适用性强的特点，受到师生的好评，在全国医学院校广泛使用。本次修订在保持第3版教材基本框架和基本内容的基础上，将全书分为生物大分子的结构与功能、物质代谢及其调节、遗传信息的传递、综合篇四大部分，并将各章节内容重新梳理，使层次更加清晰，增加了生物化学与分子生物学的新进展或新内容、新的研究方法及应用。本套教材统一增设了"同步练习""PPT"等融合教材内容，并录制了"在线课程"，便于学生学习，培养学生主动获取知识的能力及自主学习能力，同时注重培养学生的学习兴趣和应用知识的能力，学生通过扫描二维码即可获取相关资源。

　　参加本教材编写的13位编委，以严谨的治学态度、高度的责任感、密切的团队配合，认真地完成了本教材的编写。在此对全体编委所做的贡献表示深深的谢意。

　　由于编者学识水平有限，编写时间仓促，本教材难免存在缺点及不当之处，敬请同行专家和使用本教材的师生批评指正。

孔　英

2018 年 9 月

目　录

第一篇　生物大分子的结构与功能

第二篇　物质代谢及其调节

第五章　糖代谢 ·063

第八章　氨基酸代谢 ━━━━━━━━━━━━━━━ ▪ 136

第十四章　基因表达与调控　　　　　231

第四篇　综合篇

第十五章　细胞信号转导　　　　　249

第十八章　肝的生物化学 • 295

第十九章　糖复合物和细胞外基质 • 313

第一章　绪　论

1

生物化学（biochemistry）是研究生物体的化学组成、体内化学反应及其变化规律的一门学科，其主要任务是从分子水平探讨生命现象的本质。生物化学所涉及的研究内容主要包括生物体的物质的基本结构、功能及性质，探讨生物分子在生命活动过程中的合成、分解及伴随的能量转移等的变化规律，认识生物分子携带的遗传信息和细胞功能信息的传递。分子生物学（molecular biology）通常以基因为中心，围绕基因的结构、基因表达、基因表达调控及相关研究技术，以及利用相应技术探究疾病发病机制，指导疾病的预防与治疗，均隶属于分子生物学范畴。生物化学的研究主要采用各种化学的理论与方法，而且随着研究的深入和发展，逐渐融入生物学、物理学、微生物学、遗传学、免疫学以及生物信息学等知识和技术，以适应生物化学学科飞速发展的需要。

第一节　生物化学发展简史

生物化学的研究始于 18 世纪，至 20 世纪初成为一门独立的学科而迅速发展，20 世纪 50 年代，分子生物学发展突飞猛进，使生物化学学科内涵更加丰富，成为生命科学领域重要的前沿学科。

生物化学的早期阶段主要描述生物体的化学组成，因此称为叙述生物化学阶段。有机化学的研究成果奠定了生物化学早期研究的基础，重要发现是生物体的气体交换作用和对一些有机化合物（如甘油、柠檬酸、苹果酸、乳酸和尿酸等）的揭示；19 世纪主要发现了核酸，分离血红蛋白并制成结晶，提纯了麦芽糖酶，发现了细胞色素，证实多肽链由相邻氨基酸的肽键连接形成，并用化学方法合成简单的多肽；从酵母发酵液中提取了可溶性催化剂，奠定了酶学研究的基础，制备脲酶结晶证明酶是蛋白质。这些研究成果使生物学朝着化学研究方向发展，并逐步成为延续至今的生物化学。

20 世纪 30 年代是生物化学的发展阶段，主要是阐明生化营养学、生物体的分子组成、物质代谢与能量代谢、代谢途径及代谢调节，因此也称为动态生物化学阶段。这阶段详细描述了葡萄糖无氧酵解途径，揭示三羧酸循环机制，证实脂肪酸 β- 氧化，发现尿素循环，提出 ATP 循环学说，证明氧化磷酸化在线粒体进行。

50 年代生物化学的发展进入分子生物学阶段，核酸和蛋白质成为研究的主要对象。这一时期的主要标志是 1953 年 James D. Watson 和 Francis H. Crick 的 DNA 双螺旋结构模型的建立，奠定了以生物大分子的结构、功能和调控为其主要研究对象的分子生物学（molecular biology）研究基础。人们提出了遗传信息传递 DNA→RNA→蛋白质的中心法则，破译了遗传密码，进一步阐明遗传信息的贮存、传递和表达，为揭开生命奥秘奠定了基础。同年，Frederick Sanger 发现蛋白质的 α- 螺旋二级结构形式，完成胰岛素一级结构的氨基酸全序列分析，从此开始了以核酸和蛋白质的结构与功能为研究焦点的分子生物学时代。

20 世纪 70 年代出现的重组 DNA 技术（基因克隆技术）不仅使人们用微生物生产人类所需的蛋白质和改造生物物种成为可能，而且在此基础上，衍化出的转基因技术、基因剔除技术、基因芯片技术等更大的开阔了人们有关基因研究的视野。方兴未艾的基因诊断和基因治疗技术将给人类对疾病的认识与根治带来一场新的革命。

1990 年开始的人类基因组计划（human genome project，HGP）已完成了对人类基因组的测序工作。这一工程的完成标志人类生命科学的发展进入了一个新的纪元，为人类破解生命之谜奠定了坚实的基础。人类基因组学（genomics）的成果带动了继之而来的后基因组计划的实施。蛋白质组学（proteomics）研究蛋白质的结构、功能、相互作用、不同生理发育时期以及疾病的特定时空的蛋白质表达谱等。这将在更加贴近生命本质的更深层次上更加深入地探讨与发现生命活动的规律，以及重要生理与病理现象的本质。转录组学（transcriptomics）研究特定状态下组织细胞 mRNA 的类型与数量。RNA 组学（RNomics）研究各种非 mRNA 小 RNA 的种类、功能及其表达的时空关系。代谢组学（metabolomics）研究生物体在各种生理与病理条件下代谢谱的变化。糖组学(glycomics)研究各种聚糖的结构与功能。近20年来,许多从事生物化学与分子生物学的科学家们得到诺贝尔生理学或医学奖、化学奖,这足以说明生物化学学科在生命科学中的重要作用和地位。生物化学作为一门重要的基础医学主干学科,对生命的本质、生命的进化、遗传、变异、疾病的发病机制、疾病的预防、治疗、延缓衰老、新药的开发,以及整个生命科学产生了深远的影响。

我国劳动人民对生物化学的发展做出了重要的贡献。公元前23世纪已知酿酒,公元前2世纪《黄帝内经》记载了"五谷为养,五畜为益,五果为助,五菜为充",公元5世纪记载维生素B_1缺乏引起脚气病。我国古代对地方性甲状腺肿、维生素A缺乏症、糖尿病等均有详尽的描述。近代生物化学家吴宪首创了血滤液的制备和血糖测定法,提出了蛋白质变性学说。1965年我国科学家首先人工合成胰岛素,后来又合成酵母丙氨酰tRNA。2000年我国研究者出色地完成了人类基因组计划中1%的测序工作。2002年,我国生物化学工作者率先完成水稻基因组精细图,为水稻育种和防病奠定基因基础。

第二节　生物化学研究的主要内容

生物化学的主要内容包括生物体的化学组成、生物分子的结构与功能;物质代谢、能量代谢、信号转导、遗传信息传递和自我复制等生命过程的化学本质。作为医学生物化学,其内容还包括有关的生物化学技术和一些组织器官的新陈代谢特点。

一、生物体的化学组成、分子结构及功能

组成生物体的化学元素主要是C、H、O、N、P、Ca和其他一些化学元素。这些元素以化合物形式存在于体内。水和钾、钠、氯、钙、磷、镁等元素以及体内的微量元素所组成的化合物,是人类正常结构与功能所必需的;有机小分子包括各种有机酸、有机胺、氨基酸、核苷酸、单糖、维生素等,与体内物质代谢、能量代谢等密切相关。体内大分子量的生物分子种类繁多,结构复杂,功能各异,但其结构有一定的规律。由基本结构单位按一定顺序和方式连接而成的多聚体分子,称为生物大分子(biological macromolecules)。核酸、蛋白质、糖复合物和复合脂类等是体内重要的生物大分子。研究生物大分子除了解其三维空间结构外,更重要的是研究其结构与功能的关系。生物化学学科已积累的体内各种化学成分的结构、性质和功能的研究方法和成果,为深入研究生物大分子并阐明复杂的生命现象提供了坚实的分子基础。

二、物质代谢及其调节

生物体与外环境进行物质交换,使体内物质及时更新替代,以维持内环境的相对稳定,延续生命的存在,这就是新陈代谢(metabolism)。新陈代谢是生命的基本特征。细胞消耗能量将小分子物质合成为大分子化合物的过程称为合成代谢(anabolism),相反的过程则称为分解代谢(catabolism)。体内糖、脂肪、蛋白质等能源物质进行氧化时,释出的能量供各种生命活动需要。各种物质代谢途径之间不仅互相协调,而且受内外环境各种因素的影响,随时进行调节以达到动态平衡,从而适应内外环境的变化。各种物质都能按一定规律有条不紊地进行代谢,这与体内神经、激素等全身性精细准确地调节作用密切相关。

生物体内一旦物质代谢发生紊乱即可导致疾病发生。随着生物化学的发展,各种物质代谢的过程已日臻清楚,而代谢调节的种类、方式、过程又十分复杂,特别是调节信号分子间的相互作用和信号转导系统还调节机体的生长、增殖、分化、衰老等生命过程,尽管其研究成绩斐然,但新的知识仍层出不穷,要探索的生命奥秘更深邃异常。

三、遗传信息的贮存、传递与表达

生物体在繁衍个体的过程中,其遗传信息代代相传,这是生命现象的又一重要特征。遗传信息传递涉及遗传、变异、生长、分化等诸多生命过程。受精卵增殖、胚胎发育、个体成熟等都伴随着无数次细胞分裂增殖过程,每一次细胞分裂增殖都包含着细胞核内遗传物质的复制、遗传信息的传递和表达。体内一刻不停地进行的物质代谢及其所发挥的功能也是细胞核内遗传信息最终表达的结果,这涉及核酸、蛋白质的生物合成及其调控。个体的遗传信息以基因为基本单位贮存于 DNA 分子中。随着人类基因组计划的最终完成,将阐明体内约 4 万个基因在染色体上的定位及其核苷酸序列,并进一步研究 DNA 复制、基因转录、蛋白质生物合成等基因信息传递过程的机制及基因表达的时空规律。在核酸研究基础上发展起来的基因工程理论和技术,加之新基因克隆、转基因、基因剔除和 RNA 干扰等研究技术,已广泛地应用于人体功能及疾病发生机制以及临床诊断、治疗等医学各个领域的研究,并已取得令世人瞩目的成就。

四、生物化学技术

生物化学的一切成果均建立在严谨的科学实验基础之上,这些技术包括生物大分子的提取、纯化与检测技术,生物大分子组成成分的序列分析和体外合成技术、物质代谢与信号转导的跟踪检测技术,以及基因重组、转基因、基因剔除、基因芯片等基因研究的相关技术等。生物化学技术融入了生物学、物理学、免疫学、微生物学、药理学等知识与技术,对生理学、药理学、病理学、微生物学、免疫学、遗传学,以及临床各学科的认识深入到分子水平。生物化学与分子生物学的发展也促进一些边缘学科的产生。例如,人们利用计算机技术对生命科学研究形成的大量复杂的数据、资料进行整理、分析、综合,回答研究中发现的新问题,从而形成了新的学科——生物信息学(bioinformatics)。

第三节　生物化学与医学

生物化学是一门基础医学必修课程,它的理论和技术已渗透到医学科学的各个领域,使人们对危害人类健康与生命的许多重大疾病,如遗传性疾病、恶性肿瘤、免疫缺陷性疾病、心血管疾病、代谢异常性疾病的认识提高到分子水平,奠定了包括疾病的发生、发展、转归,疾病的预防等方面的分子基础。随着新知识不断涌现,学科间的相互渗透,逐步出现了一批交叉学科,如分子遗传学、分子免疫学、分子病理学、分子药理学等。生物化学学科的发展,又促进了许多长期危害人类健康的疾病如肿瘤、遗传性疾病、代谢异常疾病(如糖尿病)、免疫缺陷性疾病等病因、诊断、治疗的研究,并已取得了重大进展。因此,掌握生物化学的基本知识,为深入学习其他基础医学课程、临床医学课程、预防医学课程、药学课程乃至毕业后的继续教育,奠定厚实的基础。

(孔　英)

第一篇

生物大分子的结构与功能

第二章　蛋白质的结构与功能

2

02章

学习目标	
掌握	蛋白质的分子组成;20 种氨基酸侧链的结构特点;蛋白质一、二、三、四级结构特点和重要的化学键;蛋白质的理化性质。
熟悉	蛋白质的一级结构、空间结构与功能的关系。
了解	蛋白质的分离、纯化与序列分析技术。

生物体中广泛存在的蛋白质是以氨基酸为基本单位组成的一类重要的生物大分子,是机体细胞的重要组成成分。人体内蛋白质含量约占其干重的45%。蛋白质分布广泛,几乎所有的器官、组织都含有蛋白质。生物体结构越复杂,其蛋白质种类和功能越繁多,人体中已发现的蛋白质有10万种以上。人体内的一些生理活性物质如胺类、神经递质、多肽类激素、载体蛋白、抗体、核蛋白以及酶等都是蛋白质,它们在调节生理功能、维持新陈代谢中发挥着极其重要的作用。因此,蛋白质可谓是一切生命的物质基础,没有蛋白质就没有生命活动。

第一节　蛋白质的分子组成

一、蛋白质的元素组成

组成蛋白质分子的主要元素有碳(50%~55%)、氢(6%~7%)、氧(19%~24%)、氮(13%~19%)。有些蛋白质还含有少量磷、铁、铜、锌、锰、钴、钼、碘等元素。蛋白质是体内主要的含氮物质,大多数蛋白质含氮量比较接近而恒定,一般为15%~17%,平均为16%,这是蛋白质元素组成的一个重要特点。通过检测生物样品中的含氮量可以推算出蛋白质的大致含量,即凯氏定氮法。

$$100g 样品中蛋白质含量 = 每克样品中含氮克数 \times 6.25(16\% 的倒数)\times 100$$

相关链接

三 聚 氰 胺

三聚氰胺(melamine, $C_3H_6N_6$)是一种以尿素为原料生产的氮杂环有机化合物,俗称蛋白精或密胺,是一种重要的化工原料,可用于塑料、木材加工、造纸、涂料、黏合剂等生产过程中。常温下,三聚氰胺为白色单斜晶体,无味,可溶于甲醛、甲醇等有机溶剂。由于三聚氰胺分子中有6个非蛋白氮,因此,添加三聚氰胺会使得食品的蛋白质测试含量偏高。动物实验表明,动物长时间摄入三聚氰胺会造成生殖、泌尿系统的损害,如膀胱、肾结石,并可进一步诱发膀胱癌。2008年,我国暴发三鹿婴幼儿奶粉受污染事件,就是由于不良商贩在奶粉中添加三聚氰胺,用非蛋白氮冒充蛋白氮,导致食用了受污染奶粉的婴幼儿出现肾结石病症。

二、蛋白质的基本组成单位——氨基酸

氨基酸是蛋白质的基本组成单位。自然界中的氨基酸有300余种,而构成人体蛋白质的编码氨基酸仅有20种。

(一)氨基酸的结构特点
氨基酸的结构通式可用下式表示。R表示氨基酸的侧链基团,不同的氨基酸其侧链基团各异。

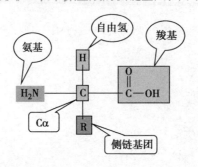

虽然各种氨基酸结构各不相同,但都具有如下特点:

1. 组成蛋白质的氨基酸都是 α- 氨基酸。即氨基和羧基都连接在 α- 碳原子上。脯氨酸为 α- 亚氨基酸。

2. 除甘氨酸外,其余氨基酸由于分子结构的不对称性而具有旋光异构现象。每一种氨基酸都具有 L- 型和 D- 型两种异构体(图 2-1)。组成人体蛋白质的氨基酸都是 L- 型,即 L-$α$- 氨基酸(除甘氨酸外)。脯氨酸属于 L-$α$- 亚氨基酸。D- 型氨基酸主要存在于自然界中个别植物的生物碱或某些细菌产生的抗生素中。

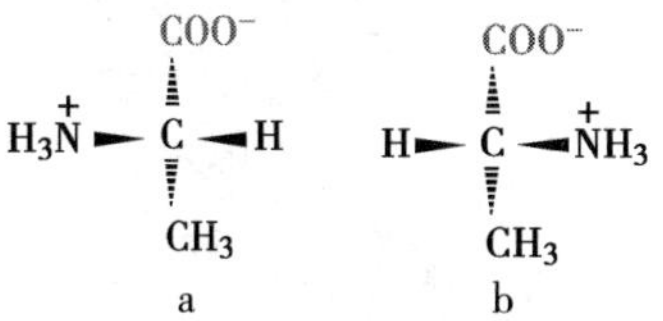

图 2-1　氨基酸的旋光异构体

a. L- 丙氨酸;b. D- 丙氨酸

(二)氨基酸的分类

根据氨基酸侧链的结构和理化性质,将 20 种氨基酸分为五大类(表 2-1):

表 2-1　氨基酸的分类

结构式	中文名	英文名	三字符号	一字符号	等电点(pI)
1. 非极性疏水性氨基酸					
$H-CHCOO^-$ $\overset{\|}{\overset{+}{N}H_3}$	甘氨酸	glycine	Gly	G	5.97
$CH_3-CHCOO^-$ $\overset{\|}{\overset{+}{N}H_3}$	丙氨酸	alanine	Ala	A	6.00
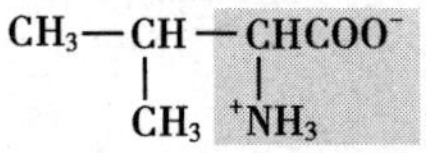 $CH_3-CH-CHCOO^-$	缬氨酸	valine	Val	V	5.96
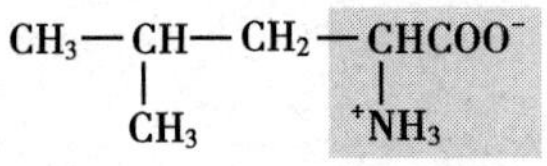 $CH_3-CH-CH_2-CHCOO^-$	亮氨酸	leucine	Leu	L	5.98
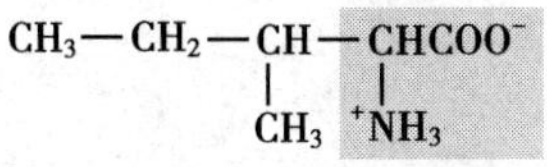 $CH_3-CH_2-CH-CHCOO^-$	异亮氨酸	isoleucine	Ile	I	6.02
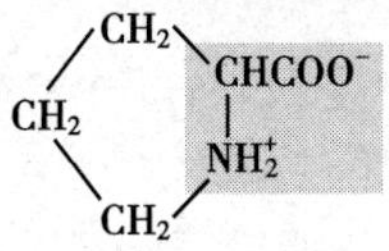 脯氨酸结构式	脯氨酸	proline	Pro	P	6.30
2. 极性中性氨基酸					
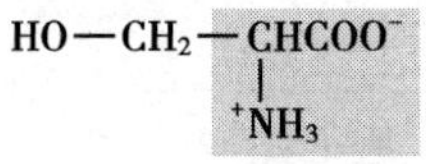 $HO-CH_2-CHCOO^-$	丝氨酸	serine	Ser	S	5.68
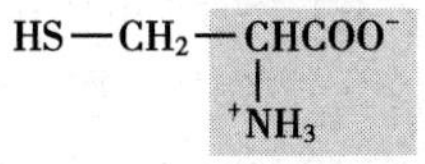 $HS-CH_2-CHCOO^-$	半胱氨酸	cysteine	Cys	C	5.07
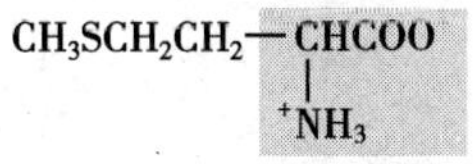 $CH_3SCH_2CH_2-CHCOO^-$	蛋氨酸	methionine	Met	M	5.74
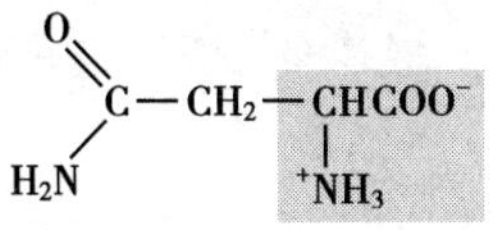 天冬酰胺结构式	天冬酰胺	asparagine	Asn	N	5.41
谷氨酰胺结构式	谷氨酰胺	glutamine	Gln	Q	5.65

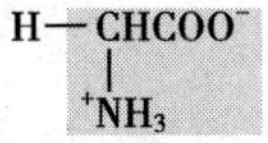

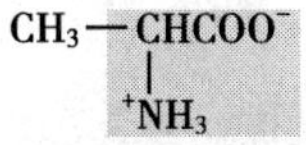

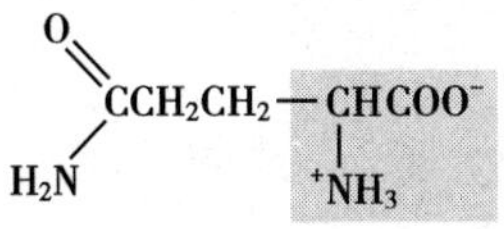

结构式	中文名	英文名	三字符号	一字符号	等电点(pI)
HO—CH—CHCOO^- $\underset{\overset{\mid}{{}^+\text{NH}_3}}{}$ $\overset{\text{CH}_3}{\mid}$	苏氨酸	threonine	Thr	T	5.60
3. 酸性氨基酸					
$\text{HOOCCH}_2\text{—CHCOO}^-$ ${}^+\text{NH}_3$	天冬氨酸	aspartic acid	Asp	D	2.97
$\text{HOOCCH}_2\text{CH}_2\text{—CHCOO}^-$ ${}^+\text{NH}_3$	谷氨酸	glutamic acid	Glu	E	3.22
4. 碱性氨基酸					
$\text{NH}_2\text{CH}_2\text{CH}_2\text{CH}_2\text{CH}_2\text{—CHCOO}^-$ ${}^+\text{NH}_3$	赖氨酸	lysine	Lys	K	9.74
$\text{NH}_2\text{CNHCH}_2\text{CH}_2\text{CH}_2\text{—CHCOO}^-$ ${}^+\text{NH}_3$, $\overset{\text{NH}}{\|}$	精氨酸	arginine	Arg	R	10.76
$\text{HC}=\text{C—CH}_2\text{—CHCOO}^-$ (咪唑环) ${}^+\text{NH}_3$	组氨酸	histidine	His	H	7.59
5. 芳香族氨基酸					
(苯基)$\text{—CH}_2\text{—CHCOO}^-$ ${}^+\text{NH}_3$	苯丙氨酸	phenylalanine	Phe	F	5.48
(吲哚环)$\text{—CH}_2\text{—CHCOO}^-$ ${}^+\text{NH}_3$	色氨酸	tryptophan	Trp	W	5.89
HO—(苯基)$\text{—CH}_2\text{—CHCOO}^-$ ${}^+\text{NH}_3$	酪氨酸	tyrosine	Tyr	Y	5.66

1. 非极性疏水性氨基酸 这类氨基酸具有非极性疏水基团,如甲基、氢原子等,在水溶液中溶解度小于极性中性氨基酸。属于这一类的氨基酸有甘氨酸、丙氨酸、缬氨酸、亮氨酸、异亮氨酸和脯氨酸。

2. 极性中性氨基酸 这类氨基酸具有极性基团,如羟基、巯基和酰胺基等,因此有较强的亲水性。由于这类氨基酸的羧基数与氨基数相等,故称为中性氨基酸。但因为羧基电离能力较大,故其实际上具有弱酸性。属于这一类的氨基酸有丝氨酸、苏氨酸、半胱氨酸、甲硫氨酸、天冬酰胺和谷氨酰胺。

3. 酸性氨基酸 这类氨基酸含有两个羧基,在生理条件下带负电,故为酸性氨基酸。属于这一类的氨基酸有天冬氨酸和谷氨酸。

4. 碱性氨基酸 这类氨基酸在生理条件下带正电,故为碱性氨基酸。属于这一类的氨基酸有侧链上带有氨基的赖氨酸、胍基的精氨酸和咪唑基的组氨酸。

5. 芳香族氨基酸 这类氨基酸均含有苯环,疏水性较强,酚基和吲哚基在一定条件下易于解离。属于这一类的氨基酸有苯丙氨酸、色氨酸和酪氨酸。

除上述 20 种氨基酸外，从蛋白质水解液中还能分离出一些氨基酸衍生物。这些氨基酸衍生物是在蛋白质生物合成中或合成后，由相应的编码氨基酸经加工、修饰而成，如胱氨酸、羟脯氨酸、羟赖氨酸等。两分子半胱氨酸脱氢，通过二硫键连接生成的胱氨酸，对维持蛋白质的结构起着重要作用（图 2-2）。脯氨酸在蛋白质合成加工时可被修饰成羟脯氨酸。

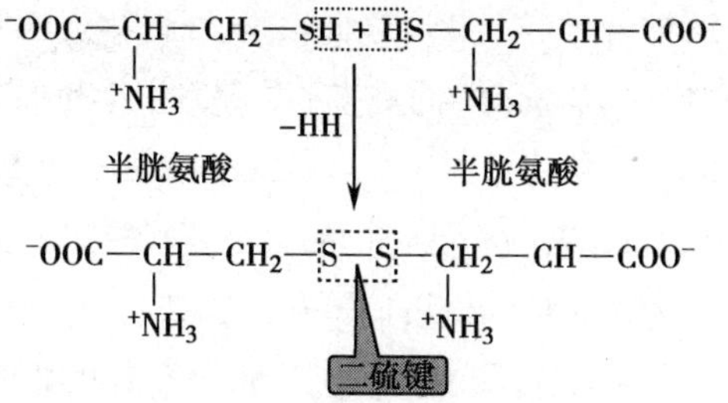

（三）氨基酸的理化性质

1. 两性解离和等电点 所有氨基酸都含有酸性的 α- 羧基和碱性的 α- 氨基（或亚氨基），既可在酸性溶液中与质子（H^+）结合成带正电荷的阳离子（—NH_3^+），也可在碱性溶液中与 OH^- 结合，失去质子成带负电荷的阴离子（—COO^-）。因此，氨基酸是一种两性电解质，具有两性解离的特性（图 2-3）。氨基酸的解离方式取决于其所处溶液的酸碱度。在某一 pH 溶液中，氨基酸解离成阳离子和阴离子的趋势及程度相等，成为兼性离子，分子呈电中性，此时溶液的 pH 称为该氨基酸的等电点（isoelectric point，pI）。

氨基酸的 pI 是由 α- 羧基和 α- 氨基的解离常数的负对数 pK_1 和 pK_2 决定。pI 计算公式为：pI=1/2 (pK_1+pK_2)。如丙氨酸 pK_{-COOH}=2.34，pK_{-NH_2}=9.69，所以 pI=1/2（2.3+9.69）=6.02。若 1 个氨基酸有 3 个可解离基团，写出它们电离式后取兼性离子两边的 pK 值的平均值，即为此氨基酸的 pI 值。如天冬氨酸 pK_1=2.09、pK_2=3.86、pK_3=9.82，pI=1/2(pK_1+pK_2)=1/2（2.09+3.86）=2.98。

2. 紫外吸收性质 芳香族氨基酸结构中含有共轭双键，在紫外光谱 280nm 波长附近具有特征性吸收峰（图 2-4）。大多数蛋白质含有酪氨酸和色氨酸残基，测定蛋白质溶液 280nm 的光吸收值，可以用来检测样品溶液中的蛋白质含量，是蛋白质含量检测最为快捷的方法。

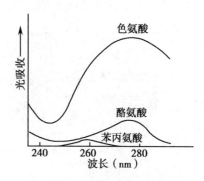

图 2-2 胱氨酸的生成

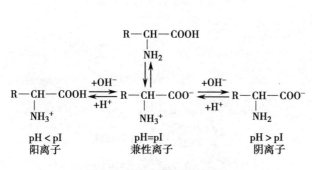

图 2-3 氨基酸两性解离示意图

图 2-4 芳香族氨基酸的紫外吸收谱

3. 茚三酮反应 氨基酸与茚三酮水合物共同加热，茚三酮水合物被还原后可与氨基酸加热分解产生的氨结合，再与另一分子茚三酮缩合成为蓝紫色的化合物。该反应可用于氨基酸的定性分析。

三、肽和肽键

（一）肽

肽键（peptide bond）是由一个氨基酸的 α- 羧基与另一个氨基酸的 α- 氨基脱水缩合形成的共价键，又称酰胺键（图 2-5）。氨基酸通过肽键连接形成的化合物称为肽（peptide）。两分子氨基酸通过肽键形成二肽，这是最简单的肽。二肽通过肽键与另一分子氨基

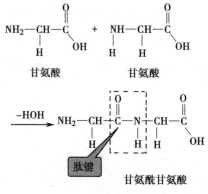

图 2-5 肽键的形成

酸缩合生成三肽。以此类推，可以生成四肽、五肽……一般来说，由10个以内氨基酸相连而成的肽称为寡肽（oligopeptide），而更多的氨基酸相连而成的肽称为多肽（polypeptide）。这种由许多氨基酸相互连接而形成的长链称为多肽链（polypeptide chain）。氨基酸在形成肽链后，因其部分基团参加肽键的形成，已经不是完整的氨基酸，故将肽链中的每个氨基酸部分称为氨基酸残基（residue）。连接在 C_α 上的各氨基酸残基的 R 基团，称为多肽链的侧链。不同的 R 基团使多肽链折叠成独特的空间结构，并赋予多肽不同的理化性质和功能。

蛋白质是由许多氨基酸残基借肽键相互连接形成的多肽链。蛋白质的分子量比多肽大，但很难划出明确界限。通常把分子量在10kDa以上的称为蛋白质，10kDa以下的称为多肽。如实际应用中，常把由30个氨基酸残基组成的促肾上腺皮质激素称为多肽，而把含有51个氨基酸残基、分子量虽仅为5.7kDa的胰岛素也习惯地称为蛋白质。

多肽链有两端，有自由氨基的一端称氨基末端（amino-terminal）或 N 端，有自由羧基的一端称羧基末端（carboxyl-terminal）或 C 端。多肽链中氨基酸残基的排列顺序从 N- 端到 C- 端，因此通常 N 端写在多肽链的左侧，C 端写在多肽链的右侧。

（二）生物活性肽

生物体内具有生物学活性的低分子肽，称为生物活性肽。它们在神经传导、代谢调节等生命活动中起着重要的作用。

1. **谷胱甘肽**（glutathione，GSH） 是由谷氨酸、半胱氨酸和甘氨酸组成的三肽（图2-6）。第一个肽键与众不同，由谷氨酸 γ- 羧基与半胱氨酸的氨基组成。分子中半胱氨酸的巯基是该化合物的主要功能基团，具有还原性，可作为体内重要的还原剂，保护体内蛋白质或酶免遭氧化，使蛋白质或酶处在活性状态。此外，GSH 的巯基还具有嗜核特性，能与外源的致癌剂或药物等结合，从而阻断这些化合物与 DNA、RNA 或蛋白质结合，以保护机体免遭毒物的损害。GSH 可在谷胱甘肽过氧化物酶的催化下，氧化成氧化型谷胱甘肽（GSSG），后者在谷胱甘肽还原酶催化下，再生成 GSH（图2-7）。

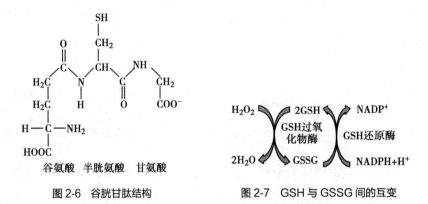

图2-6　谷胱甘肽结构　　　　　图2-7　GSH 与 GSSG 间的互变

2. **多肽类激素** 体内有许多激素属于肽类物质，如催产素、促肾上腺皮质激素，促甲状腺激素等。促甲状腺素释放激素是一个特殊结构的三肽，N- 末端的谷氨酸环化成为焦谷氨酸（pyroglutamic acid），C- 端的脯氨酸残基酰化成为脯氨酰胺。促甲状腺素释放激素由下丘脑分泌，具有促进腺垂体分泌促甲状腺素的功能。

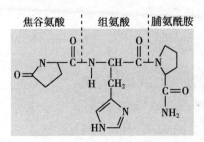

促甲状腺素释放激素（TRH）

3. 神经肽（neuropeptide） 这是一类在神经传导过程中起信号转导作用的肽。较早发现的有脑啡肽（5肽）、β-内啡肽（31肽）和强啡肽（17肽）等。近年还发现孤啡肽（17肽），结构类似于强啡肽。神经肽与中枢神经系统产生痛觉抑制有关，因此可用于镇痛治疗。此外，神经肽还包括P物质（10肽）、神经肽Y等。

第二节　蛋白质的分子结构

蛋白质是由氨基酸通过肽键连接而形成的生物大分子。每一种蛋白质都有特定的氨基酸组成、排列顺序、肽链原子空间排布以及一定的生理功能。蛋白质的分子结构可分成一级、二级、三级和四级结构（图2-8），后三者统称为高级结构或空间构象（conformation）。蛋白质的空间构象是指蛋白质分子中每一原子在三维空间的相对位置，这是蛋白质特有性质和功能的结构基础。但并非所有的蛋白质都有四级结构，由一条肽链形成的蛋白质只有一级、二级和三级结构。由两条或两条以上多肽链形成的蛋白质才可能有四级结构。

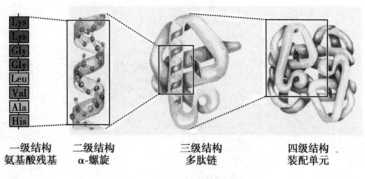

一级结构　　二级结构　　　三级结构　　　　四级结构
氨基酸残基　α-螺旋　　　多肽链　　　　　装配单元

图 2-8　蛋白质分子结构示意图

一、蛋白质的一级结构

蛋白质的一级结构（primary structure）是指蛋白质分子中各种氨基酸从 N 端到 C 端的排列顺序，即氨基酸序列（amino acid sequence），是由基因的遗传密码所决定的。一级结构中的主要化学键是肽键，有些蛋白质还包含由两个半胱氨酸巯基脱氢氧化而生成的二硫键。一级结构是蛋白质空间构象和特异生物学功能的基础，是区别不同氨基酸最基本、最重要的标志之一。但一级结构并不是决定蛋白质空间构象的唯一因素。

牛胰岛素是历史上第一个被确定为一级结构的蛋白质分子，由 A 和 B 二条链构成，A 链有 21 个氨基酸残基，B 链有 30 个。其分子中有 3 个二硫键，1 个位于 A 链内，由 A 链的第 6 位和第 11 位半胱氨酸的巯基脱氢而形成；另外 2 个二硫键位于 A、B 两链间（图 2-9）。

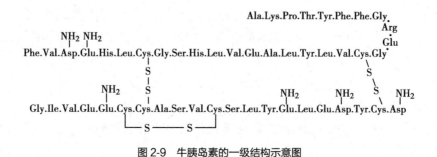

图 2-9　牛胰岛素的一级结构示意图

二、蛋白质的空间结构

（一）蛋白质的二级结构

蛋白质的二级结构（secondary structure）是指蛋白质分子中某一段肽链主链骨架的盘绕、折叠而形成的局部空间构象，也就是该段肽链主链骨架原子的相对空间位置，与氨基酸残基 R 侧链构象无关。在已知空间结构的蛋白质中均已发现存在二级结构，其主要形式有 α- 螺旋、β- 折叠、β- 转角和无规卷曲，其中前两者最为常见。组成这些二级结构的基本单位称为肽单元或肽平面。

1. **肽单元** 20 世纪 30 年代末，Linus Pauling 和 Robert Corey 在应用 X 线衍射技术研究氨基酸和寡肽的晶体结构时，发现构成肽键的四个原子（—CO—NH—）和与之相邻的两个 α 碳原子（C_α）位于同一平面上，这个刚性结构称为肽单元（peptide unit），又称肽平面。X 衍射法证实肽键平面其肽键（C—N）键长为0.132nm，介于 C—N 的单键长（0.149nm）和双键长（0.127nm）之间（图 2-10），因此具有一定程度双键性能，不能自由旋转。而 C_α 分别与 N 原子和羧基碳相连的键都是典型的单键，可以自由旋转（图 2-11）。也正是由于肽单元上 C_α 原子所连的两个单键具有较大的自由旋转度，决定了两个相邻的肽单元平面的相对空间位置。肽键平面随 C_α 两侧单键的旋转，从而使得肽链可以卷曲、折叠，形成二级结构的不同表现形式。

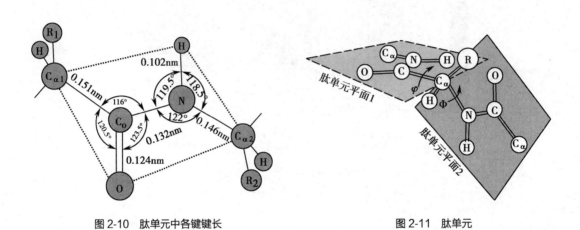

图 2-10　肽单元中各键键长　　　　　　　　　图 2-11　肽单元

2. **二级结构的四种基本形式**

（1）**α- 螺旋（α-helix）**：α- 螺旋是人们对蛋白质结构所提出的第一种折叠形式，也是蛋白质二级结构中最常见的一种存在形式。α- 螺旋的结构特点是：①多肽链以肽键平面为单位，以 C_α 为转折点，使多肽链的主链围绕中心轴呈有规律的螺旋式延伸，螺旋的走向为顺时针方向，即右手螺旋；②螺旋每圈由 3.6 个氨基酸残基组成，螺距为 0.54nm；③相邻螺旋之间，由第 1 个氨基酸肽键上 C=O，与第四个肽键上 N-H 形成氢键，方向与 α- 螺旋长轴基本平行；④氨基酸侧链的 R 基团分布于螺旋外侧，其形状、大小及电荷性质均影响 α- 螺旋形成（图 2-12）。α- 螺旋对维持蛋白质分子空间结构的相对稳定起着十分重要的作用。

（2）**β- 折叠（β-pleated sheet）**：β- 折叠又称 β- 片层，是蛋白质二级结构的另一种主要形式（图 2-13）。其结构特点是：①多肽链充分伸展，每个肽单元以 C_α 为旋转点，依次折叠成锯齿状结构。②氨基酸残基侧链 R 基团交替地伸向锯齿状结构的上下方。形成的锯齿状结构较短，只含 5~8 个氨基酸残基。③两条以上的多肽链或一条多肽链中的若干肽段可互相靠拢，平行排列，通过肽链间的氢键相连接。氢键方向与折叠的长轴垂直，是维持 β- 折叠结构的主要化学键。④构成 β- 折叠的两条肽链若走向相同，即为顺向平行，反之则为反向平行。反向平行较顺向平行稳定性高。

胰岛素分子中约有 14% 的氨基酸残基组成 β- 折叠结构，而胰糜蛋白酶分子中约有 45% 氨基酸残基组成 β- 折叠二级结构。

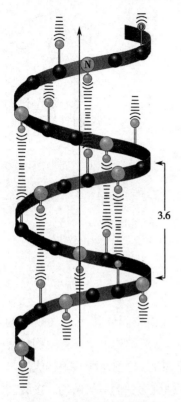

图 2-12 α-螺旋结构示意图

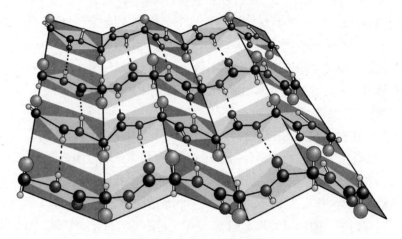

图 2-13 β-折叠结构示意图

（3）β-转角（β-turn）：β-转角是指多肽链 180° 左右回折所形成的一种二级结构（图 2-14），其结构特点是：①主链骨架本身以大约 180° 回折；②回折部分通常由 4 个连续的氨基酸残基构成，第二个残基常为脯氨酸，其他常见的残基有甘氨酸、色氨酸、天冬氨酸和天冬酰胺等；③构象依靠第一个残基的羰基氧和第四个残基的氨基氢之间形成的氢键来维系，氢键方向垂直于肽链骨架的走向。

（4）无规卷曲（random coil）：无规卷曲是指多肽链除了上述几种比较规则的构象之外，主链部分形成的无规律的卷曲构象。该结构普遍存在于各种天然蛋白质分子中，同时也是蛋白质分子结构和功能的重要组成部分。

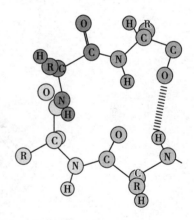

图 2-14 β-转角结构示意图

3. 影响二级结构形成的因素　蛋白质的一级结构（氨基酸排列顺序）是二级结构的基础。氨基酸残基的侧链是决定二级结构形成的重要因素。例如，①一段肽链中多个酸性氨基酸或者多个碱性氨基酸相邻、集中，同种电荷相排斥，不易形成 α-螺旋；②天冬酰胺、亮氨酸的侧链很大，也会影响 α-螺旋的形成；③脯氨酸的 N 原子在环中，无氢原子而不能形成氢键，结果肽链走向转折，也不形成 α-螺旋；④甘氨酸旋转自由，会影响螺旋的稳定性；⑤残基侧链过大，不能保证 2 条肽段彼此靠近，就会影响 β-折叠形成。

（二）超二级结构——模体

模体（motif）是指在蛋白质分子中，若干具有二级结构的肽段在空间上相互接近，形成具有特殊功能的空间构象，也称超二级结构（super secondary structure）。目前发现的超二级结构主要有三种基本形式，即 αα、βαβ 和 ββ，其中 βαβ 最为常见。

模体具有特殊的氨基酸序列，并且与特定功能相联系。钙结合蛋白分子的钙离子结合模体是由 α-螺

旋 - 环 -α- 螺旋三个肽段组成(图 2-15a),环中有几个恒定的亲水侧链,侧链末端的氧原子可通过氢键与钙离子结合。具有结合 Zn²⁺ 功能的锌指结构(zinc finger)也是一个常见的模体例子,它是由 1 个 α- 螺旋和一对反平行的 β- 折叠组成,形似手指,具有结合 Zn²⁺ 的功能(图 2-15b)。其 N 端有 1 对半胱氨酸残基,C 端有 1 对组氨酸残基,这 4 个残基在空间上形成一个洞穴,恰好容纳 1 个 Zn²⁺。由于 Zn²⁺ 可稳固模序中的 α- 螺旋结构,致使此 α- 螺旋能镶嵌于 DNA 的大沟中,因此含锌指结构的蛋白质能与 DNA 或 RNA 结合。模体的特征性构象是其特殊功能的结构基础。有些蛋白质的模体仅有几个氨基酸残基组成,例如纤连蛋白中能与其受体结合的肽段,只有 RGD 三肽。

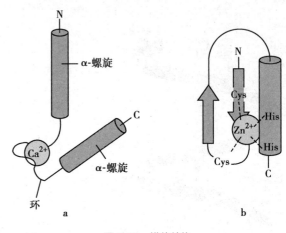

图 2-15 模体结构

a. 钙结合蛋白中结合钙离子的模体;b. 锌指结构

(三) 蛋白质的三级结构

蛋白质的三级结构(tertiary structure)是指整条肽链中全部氨基酸残基的相对空间位置,包含主链和侧链在内的所有原子的三维空间排布。由一条多肽链构成的蛋白质,必须具有三级结构才能具有生物学活性。三级结构一旦破坏,蛋白质的生物学活性随之丧失。例如,肌红蛋白是由 153 个氨基酸残基构成的单链蛋白质,含有 1 个血红素辅基,能够可逆的与氧结合或分离。图 2-16 显示肌红蛋白的三级结构。多肽链中 α- 螺旋占 75%,形成 A 至 H 8 个螺旋区,两个螺旋区之间有一段卷曲结构,脯氨酸位于转角处。由于侧链 R 基团的相互作用,多肽链进一步折叠、缠绕,形成紧密的球状结构。亲水基团多分布于分子表面,而疏

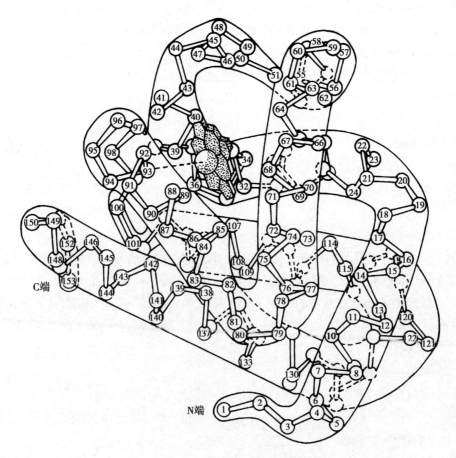

图 2-16 肌红蛋白三级结构示意图

水侧链则位于分子内部。因此,具有三级结构的蛋白质多具有亲水性。

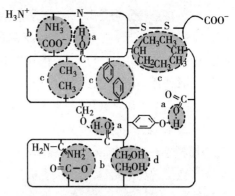

三级结构的形成和稳定主要依靠多肽链侧链基团之间相互作用所形成的次级键来维持。常见的次级键有疏水键、离子键(盐键)、氢键和范德华力(Van der Waals force)等(图 2-17),其中疏水键是维持蛋白质三级结构最主要的化学键。

分子量大的蛋白质分子由于多肽链上相邻的超二级结构紧密联系,形成多个相对独特并承担不同生物学功能的区域,这些区域称为结构域(domain)。一般每个结构域由 100~300 个氨基酸残基组成。结构域之间的肽键松散、弯曲,形成分子内裂隙结构。结构域常常是酶的活性中心或是受体分子的配体结合部位。如纤连蛋白(fibronectin,Fn)含有与细胞、胶原、DNA 和肝素等结合的 6 个结构域(图 2-18)。

a. 氢键,b. 离子键,c. 疏水键,d. 范德华力

图 2-17 维持蛋白质分子空间构象的次级键

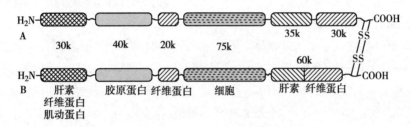

图 2-18 纤连蛋白分子的结构域

蛋白质空间构象的正确形成,还需要一类称为分子伴侣(chaperone)的蛋白质参与。分子伴侣参与蛋白质空间构象形成的作用机制详见蛋白质的生物合成(第十三章)。

(四)蛋白质的四级结构

在体内有许多蛋白质分子是由两条或两条以上多肽链构成,每一条多肽链都有其完整的三级结构,称为蛋白质的亚基(subunit)。蛋白质的四级结构(quaternary structure)是指蛋白质分子中各个亚基的空间排布及其相互作用。各亚基间的结合力主要是疏水键,其次是氢键和离子键。含有四级结构的蛋白质,单独的亚基一般没有生物学功能,只有完整的四级结构才有生物学功能。如血红蛋白(Hb)是由 2 个 α 亚基和 2 个 β 亚基组成的四聚体(图 2-19),两种亚基的三级结构颇为相似,且每个亚基都可以结合有 1 个血红素(heme)辅基,具有运输氧和 CO_2 的功能。但每 1 个亚基单独存在时,虽可结合氧且与氧亲和力增强,但在体内组织中却难以释放氧,丧失血液氧运输功能。

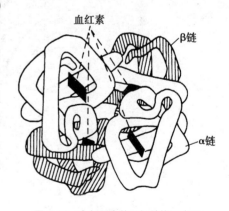

图 2-19 血红蛋白的四级结构示意图

三、蛋白质结构与功能的关系

生物体内所有蛋白质都有独特的生物学功能,而这些功能是以其特异的结构为基础的,因此蛋白质的一级结构和空间构象与蛋白质的功能都有着密切关系。

(一)蛋白质一级结构与功能的关系

1. **一级结构是蛋白质空间构象的基础** Anfinsen 在牛胰核糖核酸酶变性和复性实验中发现,蛋白质功能与其三级结构密切相关,而特定三级结构是以蛋白质的一级结构即氨基酸顺序为基础的。

牛胰核糖核酸酶是由124个氨基酸残基组成的单链蛋白质,依靠分子中的氢键和4对二硫键维系一定的空间构象。在尿素和β-巯基乙醇作用下氢键和二硫键断裂,该酶正常空间构象遭到破坏,活性随之丧失。由于肽键未受影响,故仍保持原有的一级结构。当用透析方法去除尿素和β-巯基乙醇后,自动形成氢键和二硫键,盘曲折叠成天然酶的空间构象,酶活性又逐渐恢复至原来水平(图2-20)。这种酶活性的变化不仅说明一级结构决定蛋白质空间构象,也说明只有具备正确空间构象的蛋白质才具有特定的生物学活性。

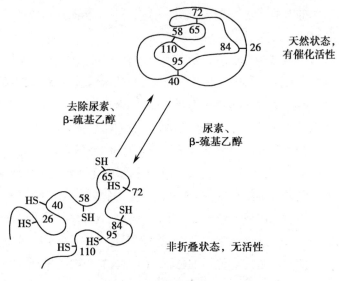

图 2-20 牛胰核糖核酸酶的变性和复性

2. 一级结构是蛋白质功能的基础 实验结果证明,如果多肽或蛋白质一级结构相似,其折叠后的空间构象及功能也相似。氨基酸序列明显相似的蛋白质,可认为来源于同一祖先,因此彼此称为同源蛋白质。同源蛋白质的基因编码序列及氨基酸组成有较大的保守性,构成一个蛋白质家族。不同种属来源的同种蛋白质,一级结构存在种属差异。以细胞色素c为例,脊椎动物的细胞色素c由104个氨基酸残基组成,昆虫由108个氨基酸残基组成,植物则由112个氨基酸残基组成。与功能相关的结构具有高度的保守性,细胞色素c大约有28个氨基酸残基是各种生物共有的,是细胞色素c的生物功能所必需的。来自两个物种的同种蛋白质,在进化位置上相差越远,其氨基酸序列差别越大(图2-21),这种差异可能是分子进化的结果。

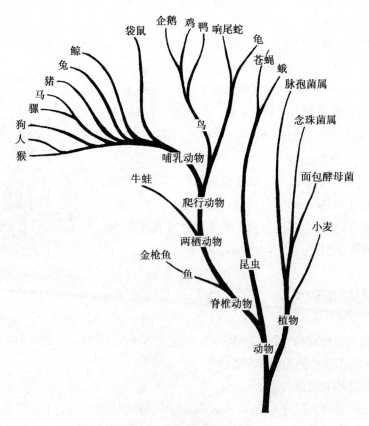

图 2-21 细胞色素c进化树

（二）蛋白质空间结构与功能的关系

体内各种蛋白质都有特殊的生理功能，这与其空间构象有着密切的关系。空间构象改变，功能活性也随之改变。肌红蛋白（Mb）和血红蛋白（Hb）是阐述蛋白质空间结构和功能关系的典型例子。

Mb 与 Hb 都是含有血红素辅基的蛋白质，携带氧的部分是血红素中的 Fe^{2+}。Fe^{2+} 有 6 个配位键，其中四个与吡咯环 N 配位结合，一个与肌红蛋白的 93 位组氨酸残基结合，一个与氧结合。血红素与蛋白质的稳定结合主要靠以下两种作用：一是血红素分子中的两个丙酸侧链以离子键形式与肽链中的两个碱性氨基酸侧链上的正电荷相连；另一作用是肽链中的组氨酸残基与血红素中 Fe^{2+} 配位结合。

Mb 是一个只有三级结构的单链蛋白质，故只能结合一个血红素，携带 1 分子氧，其氧解离曲线为矩形双曲线。而 Hb 是由 4 个亚基组成的四级结构，4 个亚基通过盐键紧密结合而形成亲水的球状蛋白，每个亚基可结合 1 个血红素并携带 1 分子氧。故 Hb 可以与 4 分子氧结合，氧解离曲线呈"S"形曲线（图 2-22）。从曲线的形状特征可以看出，Hb 中第一个亚基与 O_2 结合可以促进第二及第三个亚基与 O_2 的结合。当前三个亚基与 O_2 结合后，又大大促进第四个亚基与 O_2 结合，这种效应称为正协同效应（positive cooperativity）。所谓协同效应是指一个亚基与其配体（Hb 中的配体为 O_2）结合后，能影响此寡聚体中另一亚基与配体的结合能力。如果是促进作用则称为正协同效应；反之则为负协同效应。

能够产生正协同效应的原因是，Hb 未结合 O_2 时，结构紧密（紧密型，T 型），与 O_2 亲和力小；当第 1 个亚基与 O_2 结合后，附近肽段的构象受到影响，导致两个 α 亚基间盐键断裂，空间结构变得相对松弛（松弛型，R 型），可促进第二个亚基与 O_2 结合，依此方式可影响第三、四个亚基与 O_2 结合，最后使 Hb 与 O_2 的亲和力增加（图 2-23）。一个 Hb 亚基与 O_2 结合后引起亚基构象变化的效应称为别构效应（allosteric effect）。小分子 O_2 称为别构剂或效应剂，Hb 则被称为别构蛋白。别构效应不仅发生在 Hb 与 O_2 之间，一些酶与别构剂的结合、配体与受体结合也存在着别构效应。肌红蛋白只有一条肽链，不存在协同效应。可见 Hb 与 Mb 有不同的空间结构，决定了它们的氧解离曲线呈现不同的表现。

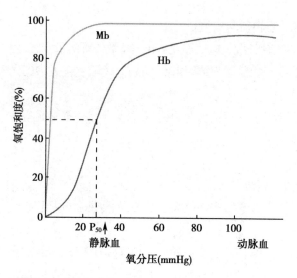

图 2-22　肌红蛋白（Mb）和血红蛋白（Hb）的氧解离曲线

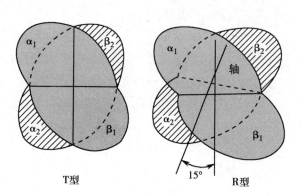

图 2-23　血红蛋白 T 型和 R 型互变

（三）蛋白质结构改变与疾病

1. 一级结构改变与分子病　蛋白质分子中关键活性部位氨基酸残基的改变，会影响其生理功能，甚至造成分子病（molecular disease）。分子病是指由于蛋白质一级结构的改变，从而导致其功能的异常或丧失所造成的疾病。可见蛋白质关键部位甚至仅一个氨基酸残基的异常，对蛋白质理化性质和生理功能均会有明显的影响。现在已知人类有几千种先天遗传性疾病，其中大多是由于相应蛋白质分子异常或缺失所致。

例如正常人血红蛋白 β 亚基第 6 位氨基酸是谷氨酸,而镰状细胞贫血患者的血红蛋白,谷氨酸变成缬氨酸(图 2-24),仅此一个氨基酸之差,本是水溶性的血红蛋白,就聚集成丝,相互黏着,导致红细胞变形成为镰刀状而极易破碎,产生贫血。

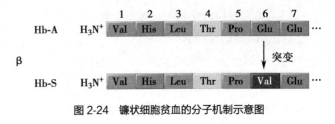

图 2-24 镰状细胞贫血的分子机制示意图

2. 空间构象改变与疾病 特定的空间构象是蛋白质发挥其功能的结构基础。如果蛋白质的构象发生改变,可影响其功能,严重时可导致疾病发生。由于蛋白质的空间构象异常而产生的疾病称为蛋白质构象病。常见的蛋白质构象病有人纹状体脊髓变性病、阿尔茨海默病(老年痴呆症)、亨廷顿舞蹈症、疯牛病等。

疯牛病是由朊病毒蛋白(prion protein,PrP)引起的一组人和动物神经退行性病变。正常的 PrP 富含 α-螺旋,称为 PrP^c。这种 α-螺旋在某种未知蛋白质的作用下重新折叠成 β-折叠,空间结构也由单个球状分子变成了纤维状的聚集态,最终导致抗蛋白水解酶的淀粉样纤维沉淀,从而造成大脑广泛的神经细胞凋亡、脱失,形成海绵状脑病。

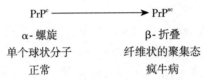

四、蛋白质的分类

生物体内的蛋白质种类繁多、结构复杂、分类方式也是多种多样,迄今为止没有一个理想的分类方法。一般可以根据蛋白质不同性质特点,如形状、组成、功能和溶解度差异等进行分类。

(一)根据蛋白质形状分类

根据分子形状,可将蛋白质分为纤维状蛋白质和球状蛋白质两大类。

1. 纤维状蛋白质 外形呈棒状或纤维状,其分子的长轴长度 / 短轴长度 ≥ 10。多数较难溶于水,是生物体重要的结构成分,作为细胞支架,或者连接各细胞、组织和器官。结缔组织中的胶原蛋白、毛发中的角蛋白等都是典型的纤维状蛋白。

2. 球状蛋白质 形状近似于球形或椭球形,分子长轴长度 / 短轴长度 <10。多数溶于水。许多具有各种生理活性的蛋白质,如酶、免疫球蛋白等均属于球状蛋白质。

(二)根据蛋白质组成分类

根据分子组成可将蛋白质分为单纯蛋白质和结合蛋白质两大类。

1. 单纯蛋白质(simple proteins) 只由氨基酸组成,其完全水解产物仅为氨基酸,如清蛋白、球蛋白、组蛋白、硬蛋白、谷蛋白和植物精蛋白等。

2. 结合蛋白质(conjugated proteins) 由蛋白质部分和非蛋白质的辅基构成。按其辅基不同,可将结合蛋白质分为核蛋白、糖蛋白、脂蛋白、磷蛋白等几大类(表 2-2)。核蛋白是细胞染色体的主要化学组成,脂蛋白是人血浆中脂类的主要结合、运输形式。

表 2-2 结合蛋白质分类

分类	辅基	举例
糖蛋白	糖类	黏蛋白、免疫球蛋白
脂蛋白	脂类	低密度脂蛋白、乳糜微粒

分类	辅基	举例
磷蛋白	磷酸	胃蛋白酶、卵黄磷蛋白
核蛋白	核酸	染色体蛋白、病毒核蛋白
金属蛋白	金属离子	铁蛋白、SOD
色蛋白	色素	血红蛋白、细胞色素

此外,也可以根据溶解度不同将蛋白质分为可溶性蛋白质、醇溶性蛋白质和不溶性蛋白质等。还可以根据蛋白质功能分为酶蛋白、调节蛋白和运输蛋白等。

第三节　蛋白质的理化性质

蛋白质由氨基酸组成,且保留着游离的 α- 氨基、α- 羧基以及侧链上的各种功能基团,因此某些理化性质与氨基酸相同,如两性解离、茚三酮反应和紫外吸收等。但蛋白质又是由许多氨基酸组成的高分子化合物,故又表现出与氨基酸不同的理化性质,如胶体性质、变性等。利用这些理化性质可对蛋白质进行分离、纯化。

一、蛋白质的两性解离性质

(一) 两性解离和等电点

蛋白质和氨基酸一样具有两性解离性质。蛋白质分子中除两末端的氨基和羧基可解离外,侧链中也含有可解离的氨基和羧基,如赖氨酸残基的 ε- 氨基、组氨酸残基的咪唑基、精氨酸残基的胍基、谷氨酸和天冬氨酸残基的 γ- 和 β- 羧基等。这些基团在一定的 pH 条件下,可带正电荷或负电荷。蛋白质颗粒在溶液中所带的电荷取决于分子中碱性和酸性氨基酸的数量和溶液的 pH。当蛋白质处于某一溶液的 pH 时,蛋白质游离成正、负离子的趋势相等,即成为兼性离子,净电荷为零,此时溶液的 pH 值称为蛋白质的等电点(isoelectric point, pI)。当 pH>pI 时,该蛋白质颗粒带负电荷,反之则带正电荷。不同蛋白质由于所含的碱性氨基酸和酸性氨基酸的数目不同,等电点也不同。

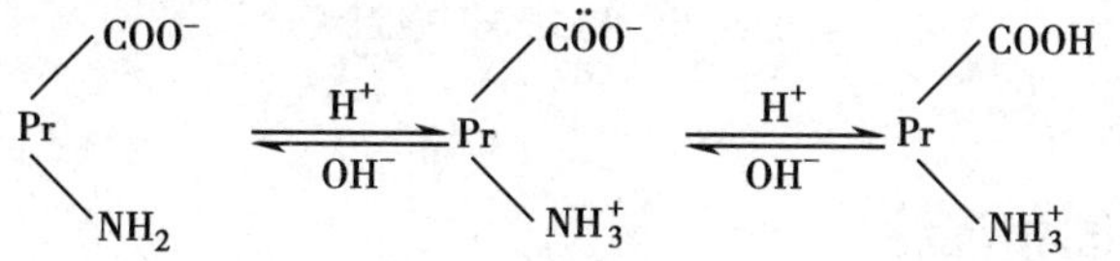

蛋白质阴离子　　　　蛋白质兼性离子　　　　蛋白质阳离子
　pH>pI　　　　　　　　pH=pI　　　　　　　　pH<pI

凡碱性氨基酸含量较多的蛋白质,等电点就偏碱性,称为碱性蛋白质,如组蛋白、精蛋白等。反之,凡酸性氨基酸含量较多的蛋白质,等电点就偏酸性,称为酸性蛋白质,如胃蛋白酶、丝蛋白等。人体内大多数蛋白质的等电点在 5.0 左右,所以在体液 pH 7.4 环境下,这些蛋白质均带有负电荷。

(二) 基于两性解离和等电点性质的分离、纯化技术

蛋白质具有两性解离性质,在一定 pH 条件下成为带电颗粒,利用这一特性,可将混合蛋白质通过电泳、离子交换或层析的方法进行分离和纯化。

1. **蛋白质电泳技术**　在一定的 pH 条件下,不同的蛋白质分子其带电性质、颗粒形状和大小不同,因

而在一定的电场中它们的移动方向和移动速度也不相同。利用蛋白质这一性质将不同蛋白质从混合液中分离出来的技术称为蛋白质电泳技术(electrophoresis)。常见的蛋白质电泳技术有 SDS-聚丙烯酰胺凝胶电泳、免疫印迹杂交技术和双向凝胶电泳等,可用于蛋白质的分离、纯化鉴定、分子量测定和蛋白质组学研究。

2. 离子交换层析　氨基酸、蛋白质等大多是两性物质,在水溶液中带有电荷。由于生物分子自身的性质差异,造成了在特定的介质中所带的电荷种类和密度不同。离子交换层析(ion exchange chromatography)就是利用离子交换剂上的阴离子或阳离子与被分离的各种离子间的亲和力不同,经过交换平衡达到分离目的的一种柱层析法。该法具有灵敏度高、重复性、选择性好、分离速度快等优点,是当前最常用的层析法之一,常用于蛋白质、氨基酸及多肽等多种离子型生物分子的分离、纯化。

二、蛋白质的胶体性质

蛋白质是高分子化合物,其分子质量介于一万到百万之间,分子直径可达 1~100nm,在水溶液中具有胶体溶液的各种性质。蛋白质的表面带有许多亲水极性基团,如—NH_3^+、—COO^-、—SH 和—OH^- 等。这些基团具有强烈地吸引水分子的作用,使蛋白质分子表面形成一层水化膜。蛋白质分子表面的水化膜和极性基团解离产生的同种电荷(同种电荷排斥),可以使蛋白质颗粒相互隔开,阻止蛋白质颗粒的相互聚集和从溶液中沉淀析出。因此,水化膜和表面电荷是维持蛋白质胶体性质的两个最重要稳定因素(图 2-25)。

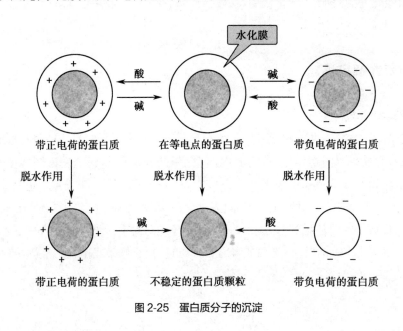

图 2-25　蛋白质分子的沉淀

三、蛋白质的变性、凝固和沉淀

(一) 蛋白质变性

在某些物理或化学因素作用下,蛋白质特定的空间构象被破坏,从而导致其理化性质改变和生物活性丧失,这种现象称为蛋白质变性(denaturation)。

引起蛋白质变性的因素有强酸、强碱、有机溶剂、尿素、去污剂(十二烷基硫酸钠,SDS)、重金属离子等化学因素和高热、高压、超声波、紫外线、X 射线等物理因素。蛋白质变性的实质是次级键断裂,空间结构被破坏,但不涉及肽键连接的氨基酸序列的改变,即一级结构仍然存在。蛋白质变性后理化性质和生物学功能发生改变,主要表现为溶解度降低、易于沉淀、结晶能力消失、黏度增加、生物活性丧失和易被蛋白酶水解等。

大多数蛋白质变性后,空间构象严重破坏,不能恢复其天然状态,称为不可逆性变性;若蛋白质变性程度较轻,去除变性因素后,仍可恢复其原有天然构象和功能,这一现象称为蛋白质复性。例如,牛核糖核酸酶在尿素和 β- 巯基乙醇作用下变性后,透析去除尿素和 β- 巯基乙醇又可恢复其空间构象及酶的活性。蛋白质变性在医学上具有重要的实际应用价值,如消毒灭菌和保存生物制品等。

(二)蛋白质凝固

天然蛋白质或等电点状态的变性蛋白质经加热煮沸,有规则的肽链结构被打开呈松散状不规则的结构,分子的不对称性增加,疏水基团暴露,进而凝聚成凝胶状的蛋白块。这种现象称为蛋白质凝固作用。如煮熟的鸡蛋,蛋黄和蛋清都是蛋白质凝固的典型例子。

(三)蛋白质沉淀

蛋白质胶粒在物理、化学因素作用下失去水化膜和分子表面电荷就会发生沉淀。使蛋白质沉淀的方法有盐析法、有机溶剂、重金属盐及生物碱试剂的沉淀等。变性的蛋白质易于沉淀,但不一定都发生沉淀。当溶液的 pH 值接近其等电点时,变性的蛋白质则聚集而沉淀。而溶液的 pH 值远离其等电点时,蛋白质可不产生沉淀。沉淀的蛋白质易发生变性,但并不都变性,如盐析。

蛋白质变性、沉淀、凝固相互之间有很密切的关系。沉淀蛋白质并不一定变性,变性蛋白质易沉淀,凝固的蛋白质均已变性,且不再溶解。凝固实际上是蛋白质变性后进一步发展的不可逆的结果。例如,蛋白质被强酸、强碱变性后由于蛋白质颗粒带着大量电荷,故仍溶于强酸或强碱中。但若将强碱和强酸溶液的 pH 调节到等电点,则变性蛋白质凝集成絮状沉淀物,若将此絮状物加热,则分子间相互盘缠而变成较为坚固的凝块。

四、蛋白质的紫外吸收性质

蛋白质分子中含有具有共轭双键的酪氨酸和色氨酸残基,这些氨基酸的侧链基团具有紫外吸收能力,在 280nm 波长附近有特征性吸收峰。在此范围内,蛋白质溶液的光吸收值(A_{280})与其含量成正比。因此可利用蛋白质的这一特点,对蛋白质进行定量测定。

五、蛋白质的呈色反应

蛋白质分子中的肽键及某些氨基酸残基的化学基团,可与某些化学试剂发生呈色反应。利用这些呈色反应可以对蛋白质进行定性、定量测定(表 2-3)。

表 2-3　常见的蛋白质呈色反应

反应名称	试剂	颜色	反应有关基团	有此反应的蛋白质
双缩脲反应	NaOH、$CuSO_4$	紫色或粉红色	二个以上肽键	所有蛋白质
米伦反应	$Hg(NO_3)_2$、$Hg(NO)_3$ 及 HNO_3 混合物	红色	—OH	Tyr
黄色反应	浓 HNO_3 及 NH_3	黄色、橘色		Tyr、Phe
乙醛酸反应	乙醛酸试剂及浓 H_2SO_4	紫色		Trp
坂口反应	α- 萘酚、NaBrO	红色	胍基	Arg
酚试剂反应	碱性 $CuSO_4$ 及磷钨酸 - 钼酸	蓝色	酚基、吲哚基	Tyr
茚三酮反应	茚三酮	蓝色	自由氨基及羧基	α- 氨基酸

1. **茚三酮反应** 同氨基酸一样,蛋白质分子中的 α- 游离氨基可以与茚三酮反应,生成蓝紫色化合物。

2. **双缩脲反应** 双缩脲是两分子脲加热产氨缩合的产物。在稀碱溶液中,肽键与硫酸铜共热形成络合盐,呈现紫色或粉红色的反应。蛋白质和多肽分子中含有两个以上的肽键,也能发生此呈色反应,其颜色的深浅与蛋白质含量成正比,而氨基酸无此反应。临床检验中常用双缩脲法测定血清总蛋白、血浆纤维蛋白原的含量,灵敏度可以达到 1~20mg。

3. **酚试剂反应** 蛋白质分子中色氨酸和酪氨酸的酚羟基可以将酚试剂中的磷钨酸 - 钼酸还原,生成蓝色化合物。酚试剂反应是最为常用的蛋白质定量检测方法。此反应的灵敏度比双缩脲反应高 100 倍,比紫外分光光度法高 10~20 倍。常用于测定一些微量蛋白质的含量(约 5μg),如血清黏蛋白、脑脊液中蛋白质等。

(王　杰)

蛋白质的基本组成单位是 α- 氨基酸,除甘氨酸外,均为 L-α- 氨基酸。根据侧链结构和理化性质,可将 20 种氨基酸分为非极性疏水性氨基酸、极性中性氨基酸、酸性氨基酸、碱性氨基酸和芳香族氨基酸五大类。氨基酸可通过肽键相连而成肽。小于 10 个氨基酸组成的肽称为寡肽,反之则称为多肽或蛋白质。体内存在许多如 GSH、促甲状腺释放激素和神经肽等重要的生物活性肽。

蛋白质结构可分成一级、二级、三级和四级结构四个层次,其中二级至四级结构称为空间结构或构象。蛋白质一级结构是指蛋白质分子中自 N- 端至 C- 端的氨基酸排列顺序,即氨基酸序列,其连接键为肽键,还包括二硫键。形成肽键的 6 个原子处于同一平面,构成了所谓的肽单元或肽平面。二级结构是指蛋白质主链局部的空间结构,不涉及氨基酸残基侧链构象。有 α- 螺旋、β- 折叠、β- 转角和无规卷曲四种形式,主要的化学键是氢键。在蛋白质中,存在二个或三个具有二级结构的肽段所形成的特殊空间构象,发挥着特殊的生物学功能,称为模体,如锌指结构。三级结构是指多肽链主链和侧链的全部原子的空间排布位置,主要的化学键是次级键,包括氢键、离子键、疏水键和范德华力。一些蛋白质的三级结构可形成 1 个或数个球状或纤维状的区域,各行其功能,称为结构域(domain)。四级结构是指蛋白质亚基之间的缔合,主要的化学键是疏水键,其次是氢键和离子键。

蛋白质一级结构是空间构象的基础,也是功能的基础。一级结构相似的蛋白质,其空间构象及功能也相近。若蛋白质的一级结构发生改变则影响其正常功能,由此引起的疾病称为分子病,如镰状细胞贫血。蛋白质空间构象与功能有着密切关系。如果蛋白质的空间构象发生改变,可影响其功能,严重时可导致蛋白质构象病,如人纹状体脊髓变性病、阿尔茨海默病(老年痴呆症)、亨廷顿舞蹈症、疯牛病等。蛋白质组是指由一个细胞或一个组织的基因组所表达的全部相应的蛋白质,具有时空性和可调节性。蛋白质组学是研究蛋白质组或应用大规模蛋白质分离和识别技术研究蛋白质组的一门学科,是对基因组所表达的整套蛋白质的分析,包括结构蛋白质组学和功能蛋白质组学。

蛋白质由氨基酸组成,因此某些理化性质与氨基酸相同,如两性解离、呈色反应和紫外吸收等。但蛋白质又是由许多氨基酸组成的高分子化合物,故又表现出与氨基酸有根本区别的理化性质,如胶体性质,变性、凝固和沉淀等。利用这些理化性质可对蛋白质进行分离、纯化。

1. 人体中组成蛋白质的氨基酸有多少种?如何进行分类?

2. 何谓蛋白质的一级结构?简述蛋白质的一级结构测定方法。

3. 何谓蛋白质的二级结构?蛋白质的二级结构主要有哪些形式?各有何结构特征?

4. 何谓蛋白质的三级机构?维系蛋白质三级结构的化学键有哪些?

5. 举例说明蛋白质一级结构、空间结构与功能之间的关系。

第三章 核酸的结构与功能

3

1869 年,瑞士外科医生 Friedrich Miescher 首先从脓细胞中分离出一种富含磷元素化合物,因存在于细胞核中而将其命名核素(nuclein)。1889 年,德国科学家 Richard Altmann 发现核素具有酸性的性质,将它称为核酸(nucleic acid)。随后科学家们根据核酸组成中所含戊糖的差别,将核酸分为脱氧核糖核酸(deoxyribonucleic acid,DNA)和核糖核酸(ribonucleic acid,RNA)。核酸与蛋白质一样,是生物体内重要的生物大分子,具有复杂的结构和极其重要的生物学功能。真核生物的 DNA 主要存在于细胞核,是遗传信息的携带者,决定细胞和个体的基因型,线粒体内也存在 DNA;RNA 主要存在于细胞质,仅 1% 存在于细胞核,参与细胞内遗传信息的传递和表达,病毒 RNA 也可作为遗传信息的载体。

第一节　核酸的分子组成

核酸水解产生核苷酸(nucleotide);核苷酸水解产生核苷(nucleoside)和磷酸;核苷最终分解为含氮碱基和戊糖。因此,核酸的基本组成单位是核苷酸,核苷酸由戊糖、含氮碱基和磷酸组成(图 3-1)。

图 3-1　核酸的分子组成

一、碱基、戊糖、核苷

(一) 碱基

核酸中的碱基为含氮杂环化合物,分为嘌呤(purine)与嘧啶(pyrimidine)两类。嘌呤类包括腺嘌呤(adenine,A)和鸟嘌呤(guanine,G);嘧啶类包括胞嘧啶(cytosine,C)、胸腺嘧啶(thymine,T)和尿嘧啶(uracil,U)(图 3-2)。DNA 分子含 A、G、C、T 四种碱基;RNA 分子含 A、G、C、U 四种碱基。除了这五种常见碱基外,在核酸,尤其是 tRNA 分子中还有稀有碱基。碱基的各个原子分别加以数字编号以便区分,如 C-1、N-9 等。

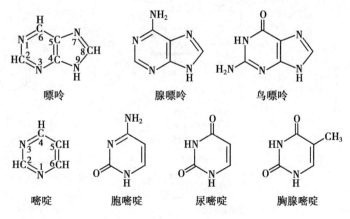

图 3-2　嘌呤碱基与嘧啶碱基

(二) 戊糖

核酸含两种戊糖,均为 β- 呋喃糖。为了和碱基的原子区别,戊糖的碳原子标记为 C-1′、C-2′……C-5′(图 3-3)。两种戊糖的差别是在 C-2′ 原子上是否含有羟基。RNA 分子中的戊糖 C-2′ 原子上连接有羟基,

称为 β-D- 核糖；DNA 分子中的戊糖 C-2′原子上没有羟基，称为 β-D-2′- 脱氧核糖。DNA 的这种结构使其在化学性质上较 RNA 更为稳定。

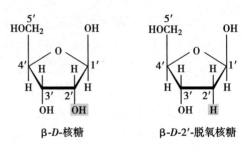

图 3-3　戊糖的结构

（三）核苷

核苷是由碱基与戊糖通过糖苷键连接形成的化合物。其中戊糖的 C-1′原子分别与嘌呤碱的 N-9 原子、嘧啶碱的 N-1 原子相连接，形成脱氧核糖核苷或核糖核苷（表 3-1）。

表 3-1　构成核酸的碱基、核苷及一磷酸核苷酸

核酸	碱基（base）	核苷（ribonucleoside）	核苷酸（ribonucleotide）
RNA	腺嘌呤（adenine，A）	腺苷（adenosine）	腺苷一磷酸（adenosine monophosphate，AMP）
	鸟嘌呤（guanine，G）	鸟苷（guanosine）	鸟苷一磷酸（guanosine monophosphate，GMP）
	胞嘧啶（cytosine，C）	胞苷（cytidine）	胞苷一磷酸（cytidine monophosphate，CMP）
	尿嘧啶（uracil，U）	尿苷（uridine）	尿苷一磷酸（uridine monophosphate，UMP）
DNA	腺嘌呤（adenine，A）	脱氧腺苷（deoxyadenosine）	脱氧腺苷一磷酸（deoxyadenosine monophosphate，dAMP）
	鸟嘌呤（guanine，G）	脱氧鸟苷（deoxyguanosine）	脱氧鸟苷一磷酸（deoxyguanosine monophosphate，dGMP）
	胞嘧啶（cytosine，C）	脱氧胞苷 deoxycytidine）	脱氧胞苷一磷酸（deoxycytidine monophosphate，dCMP）
	胸腺嘧啶（thymine，T）	脱氧胸苷（deoxythymine）	脱氧胸苷一磷酸（deoxythymine monophosphate，dTMP）

二、核苷酸

核糖核苷或脱氧核糖核苷 C-5′原子上的羟基与磷酸通过酯键连接分别构成核苷酸或脱氧核苷酸。含有 1 个磷酸基团的核苷酸称为核苷一磷酸（NMP），含有 2 个磷酸基团的核苷酸称为核苷二磷酸（NDP），有 3 个磷酸基团的核苷酸称为核苷三磷酸（NTP）。如 AMP 是腺苷一磷酸，GDP 是鸟苷二磷酸，CTP 是胞苷三磷酸，以此类推（图 3-4）。

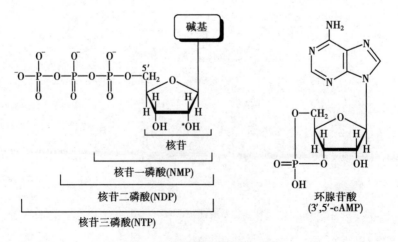

图 3-4　核苷酸与环腺苷酸结构式

三、核酸分子中核苷酸的连接方式

一个核苷酸或脱氧核苷酸的 C-3′ 原子上的羟基与另一个核苷酸或脱氧核苷酸的 C-5′ 原子的磷酸之间脱水缩合形成 3′,5′- 磷酸二酯键 (3′,5′-phosphodiester bond)。不同的核苷酸或脱氧核苷酸通过 3′,5′- 磷酸二酯键连接形成多聚核糖核苷酸，即 RNA 或多聚脱氧核糖核苷酸，即 DNA。几个或十几个核苷酸连接起来的分子称为寡核苷酸 (oligonucleotide)。不同核酸分子中核苷酸数量相差很大，通常 DNA 分子比 RNA 分子中核苷酸的数量多很多。

核苷酸除构成核酸外，还具有许多重要的生理功能。如 ATP 是体内能量的直接来源和利用形式，在代谢中发挥重要作用；此外，GTP、UTP、CTP 也均可提供能量；许多辅酶成分中含有核苷酸，腺苷酸是 NAD$^+$、FAD、辅酶 A 等的组成成分；某些核苷酸及其衍生物是重要的生理调节因子，如环腺苷酸 (cAMP) 与环鸟苷酸 (cGMP) 是细胞内信号转导的重要信息分子。

第二节　DNA 的结构与功能

一、DNA 的一级结构

核酸分子中核苷酸的排列顺序称为核酸的一级结构。DNA 的一级结构是指 DNA 分子中 4 种脱氧核苷酸 A、T、G、C 的排列顺序。由于脱氧核苷酸的差别仅是其碱基的不同，所以 DNA 分子碱基的排列顺序代表了脱氧核苷酸的排列顺序。核苷酸的连接具有严格的方向性。通过 3′,5′- 磷酸二酯键连接形成的核酸是一个没有分支的线性分子，其两个末端分别为 5′ 末端 (游离磷酸基) 和 3′ 末端 (游离羟基)。书写时通常将其简写。简写时，各碱基用其英文字母缩写代表，从左到右的方向是 5′→3′，最为常见的书写方式为 5′-GACTTAC-3′ (图 3-5)。

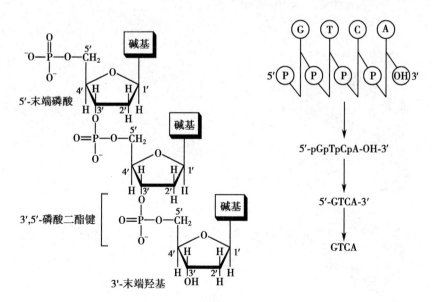

图 3-5　DNA 多核苷酸的连接和书写方式

双链 DNA 分子的大小通常用碱基对（base pair, bp）或千碱基对（kilobase pair, kb）来表示，而单链 DNA 或 RNA 分子的大小则用核苷酸（necleotide, nt）数目表示。遗传信息依靠核苷酸排列顺序变化蕴藏在 DNA 分子中。不同的 DNA 分子中各种核苷酸的数量、比例和排列顺序不同，造就了自然界丰富多彩的物种以及个体之间的千差万别。

二、DNA 的空间结构

DNA 分子中所有原子在三维空间的位置关系即 DNA 的空间结构（spatial structure）。DNA 的空间结构可分为二级结构和高级结构。

（一）DNA 的二级结构

20 世纪 40 年代，Erwin Chargaff 等采用薄层层析和紫外吸收分析等技术，研究了 DNA 分子的碱基成分。他们发现 DNA 分子碱基的组成特点，即 Chargaff 规则：①腺嘌呤与胸腺嘧啶的摩尔数总是相等（A=T），鸟嘌呤与胞嘧啶的摩尔数总是相等（G=C）；②不同生物种属的 DNA 碱基组成不同；③同一个体的不同器官、不同组织的 DNA 具有相同的碱基组成。1951 年，英国女物理学家 Rosalind Franklin 获得了高质量的 DNA 分子 X 射线衍射照片，提示 DNA 分子是一种双链结构。综合当时的科学研究成果，James Watson 和 Francis Crick 两位青年科学家于 1953 年，提出了著名的 DNA 双螺旋结构（double helix）模型。这一模型的提出为 DNA 功能的研究奠定了科学基础，被认为是分子生物学发展史上的里程碑。为此，James Watson、Francis Crick 和 Rosalind Franklin 分享了 1962 年的诺贝尔生理学或医学奖。

DNA 双螺旋结构模型（图 3-6）具有以下特征。

1. DNA 分子由两条反向平行（anti-parallel）的多聚脱氧核苷酸链组成，一条链走向 5′→3′，另一条链 3′→5′；两条多聚脱氧核苷酸链围绕同一中心轴构成右手双螺旋结构。

2. 脱氧核糖与磷酸相连构成的链状骨架位于双螺旋的外侧，碱基位于螺旋的内侧。螺旋表面有两条螺旋凹槽，深而宽的称为大沟（major groove）、浅而窄的称为小沟（minor groove）。

3. 双螺旋的直径为 2.37nm，碱基平面与螺旋的纵轴垂直，每两个相邻的碱基对平面之间的垂直距离为 0.34nm，其旋转的夹角为 36°，每个螺旋有 10.5 个碱基对。

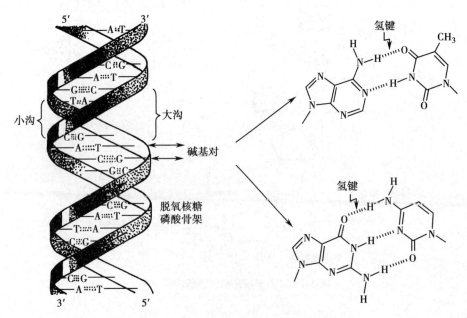

图 3-6　DNA 双螺旋结构示意图及碱基互补图

4. 两条多聚脱氧核苷酸链通过碱基之间的氢键连接在一起,一条链的 A 与另一条链的 T 之间形成 2 个氢键,G 与 C 之间形成 3 个氢键,这种 A-T、G-C 配对的规律称为碱基互补配对规则。

5. 互补碱基之间的氢键维持双螺旋结构的横向稳定。相邻的碱基对平面产生疏水的碱基堆积力,用来维持双螺旋的纵向稳定。

除了某些小分子噬菌体,如 ΦX174 和 M13 的 DNA 是单链结构外,大多数天然 DNA 分子都具有双螺旋结构。上述 Watson-Crick 提出的 DNA 结构模型只是天然构象的一种,是在低离子强度的溶液和染色体中的主要构象,称 B 型构象。天然 DNA 中还存在另一种右手螺旋的构象,称为 A 型构象。1979 年 Alexander Rich 等在合成 CGCGCG 的晶体结构时,发现了左手螺旋的 DNA,后来证明这种构象天然也存在,人们称之为 Z-DNA(图 3-7)。Z-DNA 可能参与基因表达的调控。

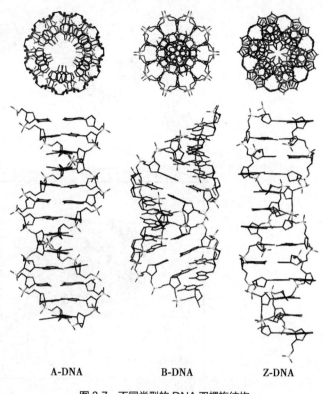

A-DNA　　　　B-DNA　　　　Z-DNA

图 3-7　不同类型的 DNA 双螺旋结构

(二) DNA 的高级结构

1. 超螺旋 DNA 的高级结构是指 DNA 双螺旋进一步盘曲、折叠所形成的构象。原核生物 DNA、真核生物的线粒体、叶绿体中的 DNA 是共价闭合的环状双螺旋,其高级结构是在环状双螺旋结构的基础上再螺旋盘绕形成超螺旋(superhelix 或 supercoil)(图 3-8)。若超螺旋的旋转方向与双螺旋方向相反,则形成负超螺旋(有利于双螺旋的松解);反之则形成正超螺旋(使双螺旋更紧)。自然界以前者多见。

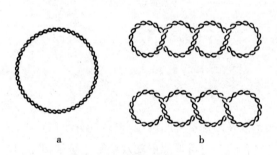

图 3-8　环状 DNA 超螺旋结构

a. 环状 DNA,b. 上图:(右手)正超螺旋,下图:(左手)负超螺旋

2. 核小体与染色质真核生物的 DNA 有序的组装在细胞核中,以染色质(chromatin)的形式存在。在细胞分裂期,染色质进一步压缩折叠,形成高度致密的染色体(chromosome)。染色质的基本组成单位都是核小体(nucleosome),它由长度约 140~160bp 的 DNA 和 5 种组蛋白共同组成,其直径为 11nm(图 3-9)。核小体的核心部分是由组蛋白 H2A、H2B、H3、H4 各两个分子构成八聚体,DNA 分子在八聚体组蛋白上盘绕约 1.75 圈形成核心颗粒,核心颗粒之间由约 60bp 的 DNA 分子连接,连接区结合一个组蛋白分子 H1,将各核小体核心颗粒连接形成串珠样结构。许多核小体形成的串珠样线性结构再进一步盘绕成直径为 30nm 的螺旋管,后者再经几次卷曲、折叠形成超螺旋管纤维,之后染色质纤维再进一步压缩,在细胞核内组装形成染色体。

三、DNA 的功能

由于 DNA 双螺旋结构的阐明,揭示了 DNA 在生物遗传中的重要作用,遗传学家长期以来使用"基因"这一名词也终于有了它真实的物质基础。所谓基因就是 DNA 分子的功能区段。一个生物体的全部基因

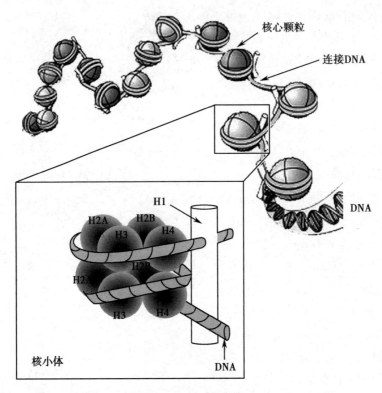

图 3-9　核小体结构示意图

序列称为基因组,就是一个生物体所有的 DNA 序列。DNA 的基本功能是作为生物遗传信息的携带者,在遗传信息复制和转录中起模板作用,DNA 的碱基序列决定了蛋白质分子的氨基酸排列顺序,展示个体生命现象。

第三节　RNA 的结构与功能

RNA 在生命活动中的作用是与蛋白质共同负责基因的表达以及表达过程的调控。RNA 的分子量较小,由数十个至数千个核苷酸组成。RNA 通常以单链形式存在,经卷曲盘绕可形成局部双螺旋二级结构和三级结构。RNA 的结构多种多样,其功能也各不相同。

一、转运 RNA 的结构与功能

转运 RNA(transfer RNA,tRNA)是由 74~95 个核苷酸组成的小分子 RNA,占细胞总 RNA 的 10%~15%。其主要功能是在蛋白质生物合成中作为适配器,转运氨基酸。tRNA 的结构特点如下:

1. tRNA 分子中含有较多的稀有碱基,包括假尿嘧啶(Ψ,pseudouridine)、次黄嘌呤(I)、双氢尿嘧啶(DHU)和甲基化的嘌呤(如 mG,mA)等。

2. tRNA 分子均是单链多核苷酸,一些核苷酸序列通过互补配对形成局部双链结构,非互补的片段则膨出形成局部环状结构,这样的结构称为茎环结构(stem-loop structure)。这些茎环结构的存在使得 tRNA 的二级结构形成具有 4 个螺旋区、3 个环和 1 个附加叉的三叶草(cloverleaf)结构(图 3-10a)。4 个螺旋区也称为 4 个臂。位于 5'- 端和 3'- 端的螺旋区称为氨基酸臂,由 3' 末端 CCA 序列中腺苷酸残基的羟基与氨基酸结合。3 个环分别是 DHU 环、TΨC 环和反密码子环。其中反密码子环中的三个核苷酸组成反密码子,能

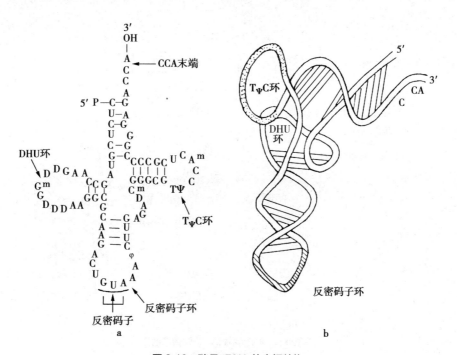

图 3-10 酵母 tRNA 的空间结构
a. 酵母 tRNA 的三叶草形二级结构；b. tRNA 的倒 L 形三级结构

与 mRNA 上相应的密码子互补配对。DHU 环、TΨC 环则根据其含有的稀有碱基命名。

3. tRNA 的三级结构呈倒 L 型（图 3-10b），一端为氨基酸臂，另一端为反密码子。L 型的拐角处是 DHU 环和 TΨC 环，空间上彼此靠近，各环的核苷酸序列差别较大。

4. 在 tRNA 中碱基堆积力是稳定 tRNA 构型的主要因素。

二、信使 RNA 的结构与功能

DNA 的遗传信息由 RNA 携带到细胞质，并以这一 RNA 作为蛋白质合成的模板，决定合成蛋白质的氨基酸排列顺序，这种传递 DNA 遗传信息的 RNA 称为信使 RNA（messenger RNA，mRNA）。mRNA 占总 RNA 的 2%~5%，代谢非常活跃。真核生物细胞核内合成的 mRNA 初级产物是不均一核 RNA（heterogeneous nuclear RNA，hnRNA），其分子量比成熟的 mRNA 大得多，经加工修饰后生成成熟的 mRNA，并移位到细胞质。真核生物成熟 mRNA 的结构特点如下：

1. 大多数真核细胞 mRNA 的 5'- 端都以 7- 甲基鸟苷三磷酸为起始，即形成 m^7GpppN 的结构，称为帽子结构（cap sequence）（图 3-11）。与帽子结构相邻的第 1 或第 2 个核苷酸的 C-2′ 位也可发生甲基化，产生不同类型的帽子结构。mRNA 的帽子结构可保护 mRNA 免受核酸酶从 5′ 端的降解，并在翻译起始中起重要作用。

2. 绝大多数真核细胞 mRNA 的 3'- 端有 30~200 个腺苷酸构成的多聚腺苷酸结构，称为多聚腺苷酸（poly A）尾。poly A 的加工修饰与转录终止是同时进行的过程（见第十二章）。目前认为 3′ poly A 和 5′帽子结构共同负责调控 mRNA 的转运、调节蛋白质翻译的起始及维持 mRNA 的稳定性。

3. 成熟的 mRNA 由编码区和非编码区组成。从 5'- 端的第一个 AUG 开始，每 3 个核苷酸为一组，决定肽链上的一个氨基酸，这 3 个一组的核苷酸称为三联体密码（triplet code）或密码子（codon）。起始密码子至终止密码子之间的核苷酸序列成为开放阅读框（open reading frame，ORF）或编码序列（coding sequences，CDS）（图 3-12）。

4. 在 mRNA 编码区两侧还含有非编码区或非翻译区（untranslated region，UTR），分别称作 5′ UTR 和 3′ UTR。

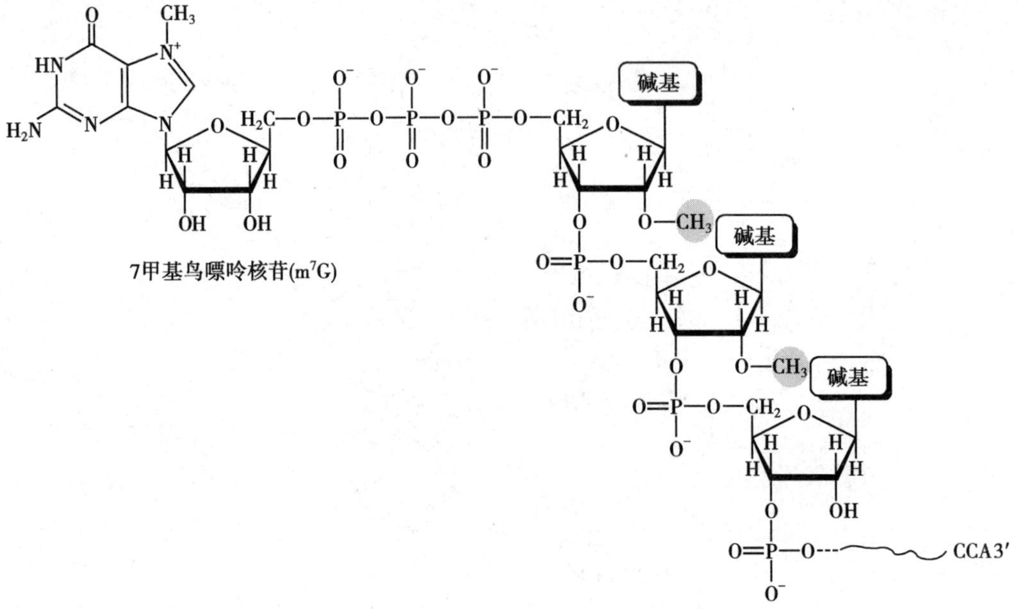

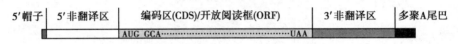

CH₃
HN
H₂N
O
OH OH
7甲基鸟嘌呤核苷(m⁷G)
碱基
碱基
碱基
CCA3′

图 3-11　真核 mRNA 5′- 端帽子结构

5′帽子
5′非翻译区
编码区(CDS)/开放阅读框(ORF)
3′非翻译区
多聚A尾巴
AUG GCA··························UAA

图 3-12　真核生物成熟 mRNA 结构示意图

三、核糖体 RNA 的结构与功能

rRNA 是细胞内含量最多的 RNA，占 RNA 总量的 75%~80%。rRNA 与蛋白质共同构成核糖体（ribosome），或称为核蛋白体。核糖体由大亚基（large sununit）和小亚基（small subunit）所构成，是细胞内蛋白质生物合成的场所（见第十三章）。原核生物含有 3 种 rRNA，即 5S、16S 和 23S rRNA。其中 23S 与 5S rRNA 存在于大亚基，16S 存在于小亚基。真核生物含有 4 种 rRNA，即 5S、5.8S、18S 和 28S rRNA。其中 28S、5.8S 和 5S 存在于大亚基，小亚基只含有 18S 一种。

各种 rRNA 的碱基组成无一定比率，不同来源的 rRNA 的碱基组成差别很大。除 5S rRNA 外，其他的 rRNA 均含有少量稀有碱基，主要是假尿嘧啶（Ψ）和各种碱基的甲基化衍生物。各种 rRNA 的碱基序列均已知晓，并已推测出其二级结构，均为茎环样结构（图 3-13）。

核糖体在细胞内呈椭球型粒状小体，小体由大、小两个亚基组成，大小亚基之间形成的凹槽能容纳结合 mRNA。

5′
3′

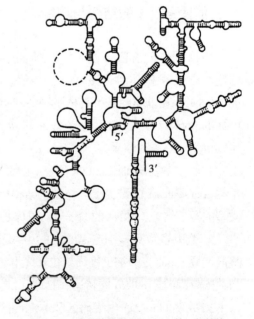

图 3-13　真核生物 18S rRNA 的二级结构

四、其他小分子 RNA

随着对 RNA 分子研究的不断深入，陆续发现除了 tRNA、mRNA、rRNA 外，细胞内还存在多种小分子

RNA,这些 RNA 种类繁多,功能多样,由此产生了 RNA 组学(RNomics)概念,即研究细胞内所有小分子 RNA 的种类、结构及其与蛋白质的相互作用。目前,将细胞内除 mRNA 外不编码蛋白质的 RNA 统称为非编码 RNA(non-coding RNA,ncRNA)。根据 RNA 链的长短,将 ncRNA 分为:①短链非编码 RNA(small ncRNAs),含 20~30 个核苷酸;②中链非编码 RNA(intermediate-sized ncRNAs),含 31~200 个核苷酸;③长链非编码 RNA(long non-coding RNAs,lncRNAs),含 200 个以上核苷酸。大量 ncRNA 的发现及其功能的研究,提示 ncRNA 在 RNA 的转录后加工、编辑、修饰、转运及基因表达调控等方面起到非常重要的作用,并与某些疾病的发生、发展密切相关。表 3-2 列举了部分 ncRNA 及其主要功能。

表 3-2 一些 ncRNA 及其功能

类型	英文缩写	功能
核内小 RNA	snRNA	参与 hnRNA 的剪接与运输
核仁小 RNA	snoRNA	参与 rRNA 的加工与修饰
胞质小 RNA	scRNA	在蛋白质的合成与修饰中起作用
小干扰 RNA	siRNA	诱导特异的 mRNA 降解
微小 RNA	miRNA	诱导特异的 mRNA 降解,参与基因表达调控
向导 RNA	gRNA	参与 RNA 编辑
增强子 RNA	eRNA	精细调控转录和翻译
Piwi 相互作用 RNA	piRNA	调控哺乳动物生殖细胞和干细胞中基因沉默
环 RNA	circRNA	与微小 RNA 结合,消除它对靶基因的抑制

第四节　核酸的理化性质

一、核酸的一般性质

核酸是两性电解质,含有酸性的磷酸基和碱性的碱基。磷酸基的酸性较强,核酸分子通常表现为较强的酸性。在一定 pH 条件下,核酸带有电荷可用电泳或离子交换方法分离。在碱性条件下,RNA 不稳定,可在室温下水解,利用这个性质可以测定 RNA 的碱基组成,也可清除 DNA 溶液中混杂的 RNA。

核酸是线性高分子化合物,在水溶液中表现出极高的黏性。一般情况下,RNA 分子远小于 DNA,所以黏度要小得多。

核酸多是线性大分子,人的二倍体细胞 DNA 若展开成一直线,可长达 1.7m,分子量为 3×10^{12};大肠埃希菌染色体 DNA 为闭合环状,总长约 1.4mm,分子量为 2.7×10^{9}。

二、核酸的紫外吸收性质

核酸分子的碱基含有共轭双键,在 260nm 波长处有最大紫外吸收,可以利用这一特性对核酸进行定量和纯度分析。常以 260nm 处的吸光度(absorbance,A)进行计算,即 $A_{260}=1.0$ 时,相当于双链 DNA 的浓度为 50μg/ml;单链 DNA 的浓度为 37μg/ml;RNA 的浓度为 40μg/ml;寡核苷酸的浓度为 20μg/ml。

在生物样品中,对紫外线有吸收作用的分子主要是蛋白质和核酸,蛋白质最大紫外吸收波长是 280nm。所以可以测定 260nm 和 280nm 波长处溶液的吸光度,用 A_{260}/A_{280} 比值来判断核酸的纯度,纯 DNA 的 $A_{260}/$

A_{280} 大于 1.8,纯 RNA 的 A_{260}/A_{280} 应达到 2.0,若有蛋白质的污染,此比值会下降。

三、核酸的变性、复性与分子杂交

(一) DNA 变性

DNA 变性是指在某些理化因素的作用下,DNA 双链互补碱基之间的氢键发生断裂,变成单链的现象。DNA 变性的本质是互补碱基之间的氢键断裂而破坏 DNA 的高级结构,但不影响其一级结构即核苷酸的排列顺序。引起 DNA 变性的理化因素有加热、酸、碱、尿素和酰胺等。DNA 变性后其理化性质发生一系列改变,如黏滞度下降、紫外吸收值增高、酸碱滴定曲线改变等,同时失去生物学活性。

实验室最常用的 DNA 变性方法是加热。DNA 变性使原来位于双螺旋内部的碱基暴露,造成 260nm 处的紫外吸收值增高,这种现象称为增色效应(hyperchromic effect)。在 DNA 热变性过程中,以温度相对于 A_{260} 作图,得到的曲线称为解链曲线或融解曲线(图 3-14),从曲线可以判断温度对变性的影响,DNA 的热变性是爆发性的,解链是在很小的温度范围内,在这一范围内,A_{260} 达到最大值一半时的温度称为 DNA 的解链温度(melting temperature,T_m),T_m 是 DNA 双链解开 50% 时的环境温度。T_m 值与 DNA 分子中碱基组成有关,G+C 含量越高,T_m 值越大;A+T 含量越高,T_m 值越小。T_m 值可以根据 DNA 分子大小及其 GC 含量计算,计算公式为:$T_m=69.3+0.41(\%G+C)$,小于 20bp 的寡核苷酸片段的 T_m 值可用公式 $T_m=4(G+C)+2(A+T)$ 这是因为 G 与 C 之间有 3 个氢键,比 A 与 T 之间多 1 个氢键,所以,解开 G 与 C 之间的氢键要消耗更多的能量。

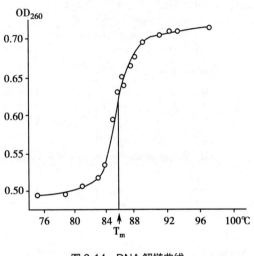

图 3-14 DNA 解链曲线

(二) 复性

DNA 的变性是可逆的,解开的两条链可重新缔合形成双螺旋,这一过程称为 DNA 的复性(renaturation)。热变性后温度缓慢下降时,DNA 的复性又称为退火(annealing)。复性的最佳温度一般比 T_m 低 25℃,这个温度称为退火温度(annealing temperature)。若复性的温度缓慢下降,可以使 DNA 复性至天然状态,若在 DNA 变性后,温度突然急剧下降到 4℃ 以下,复性则不能进行,这是保存 DNA 变性状态的良好办法。复性使得变性 DNA 恢复其天然构象,DNA 的 A_{260} 随复性过程逐渐降低,此现象称为减色效应(hypochromic effect)。

在复性过程中,只要核苷酸序列含有碱基互补片段,不同来源的核苷酸单链之间可形成杂化双链(heteroduplex),这一过程称为核酸分子杂交(hybridization)。杂交可以形成 DNA-DNA 杂交双链,也可以形成 DNA-RNA 杂交双链,以及 RNA-RNA 杂化双链(图 3-15)。

分子杂交在分子生物学和分子遗传学研究中应用十分广泛,已成为生命科学研究不可缺少的技术之一,也是基因诊断最常用的基本技术。

理论与实践

分子杂交与临床诊断

分子杂交是利用核酸分子的碱基互补原则,使单链 DNA 或 RNA 分子与具有互补碱基的另一 DNA 或 RNA 片断结合成双链。该技术可用于鉴定基因的特异性,即将具有已知序列的 DNA 片段,用放射性核素、化学荧光物或生物素等标记构成核酸探针,通过分子杂交与缺陷的基因结合,产生杂交信号,从而把缺陷

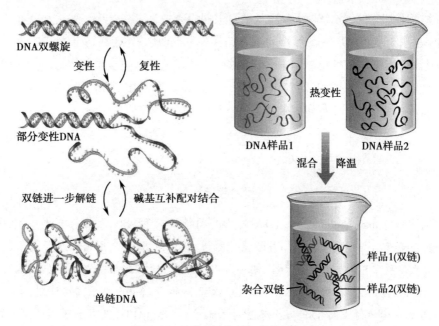

图 3-15　核酸分子的变性、复性和杂交

的基因显示出来。这对临床诊断具有重要意义,可对许多遗传性疾病、细菌或病毒等感染性疾病、肿瘤等做出准确诊断。

四、核酸的催化性质

核酶(ribozyme)是具有催化活性的 RNA 片段,1982 年首先发现四膜虫 rRNA 前体具有自我催化作用,并提出了核酶的概念。现已发现多种核酶,其中最简单核酶的二级结构呈锤头状,称为锤头核酶(hammerhead ribozyme)。锤头核酶大小约 60 个核苷酸,有 13 个保守核苷酸序列;3 个茎和 1~3 个环组成酶的催化核心和底物剪切位点(图 3-16a)。锤头核酶结构特点的发现,使人们能够设计出用于剪切靶 mRNA 或其前体的核酶(图 3-16b),在抗癌和抗病毒方面发挥作用。

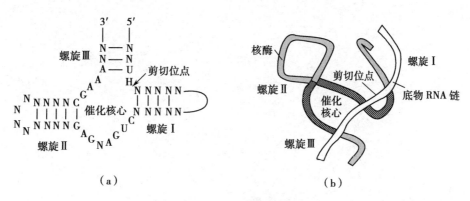

图 3-16　锤头核酶的结构
a:锤头核酶的结构;b:锤头核酶的作用示意图

可以水解核酸的酶称为核酸酶(nuclease)。若按底物专一性分类,作用于 DNA 的核酸酶称为脱氧核糖核酸酶(deoxyribonuclease,DNase),作用于 RNA 的核酸酶称为核糖核酸酶(ribonuclease,RNase)。有些核酸酶专一性较低,既能作用于 DNA 也能作用于 RNA,因此统称为核酸酶。

根据核酸酶对底物作用的方式不同,可将核酸酶分为核酸外切酶(exonuclease)和核酸内切酶

(endonuclease)。核酸外切酶仅能水解位于核酸分子链末端的磷酸二酯键,若从 3′端开始逐个水解核苷酸,称为 3′→5′核酸外切酶,若从 5′端开始逐个水解核苷酸,称为 5′→3′核酸外切酶。而核酸内切酶只催化水解多核苷酸内部的磷酸二酯键。20 世纪 70 年代,在细菌中陆续发现了一类核酸内切酶,它们对酶切位点具有核酸序列特异性,称为限制性核酸内切酶(restriction endonuclease),简称限制酶。限制性核酸内切酶的研究和应用发展很快,许多已成为基因工程研究中必不可少的工具酶。

相关链接

人类基因组计划

人类基因组计划(human genome project,HGP)由美国科学家于 1985 年率先提出,该计划将对人类 23 对染色体的全部 DNA 进行测序,并绘制相关的遗传图谱、物理图谱、序列图谱和基因图谱。1990 年,美国正式启动被誉为生命科学"阿波罗登月计划"的国际人类基因组计划,并任命 James Watson 为项目总负责人。随后,英国、法国、德国、日本相继加入该计划,中国于 1999 年跻身人类基因组计划,承担了 1% 的测序任务,即人类 3 号染色体短臂上约 3000 万个碱基对的测序,至此,中国成为参加这项研究计划的唯一的发展中国家,并提前完成预定任务,赢得了国际科学界的高度评价。2000 年,六国科学家和美国塞莱拉公司联合公布人类基因组序列草图,为人类生命科学开辟了一个新纪元。

(樊建慧)

核酸的基本组成单位核苷酸由碱基、戊糖和磷酸构成,核苷酸以 3′,5′-磷酸二酯键相连接,具有 5′→3′方向性。DNA 含 2′-脱氧核糖,碱基是腺嘌呤、鸟嘌呤、胞嘧啶和胸腺嘧啶;RNA 含核糖,碱基是腺嘌呤、鸟嘌呤、胞嘧啶和尿嘧啶,以及少许稀有碱基。核苷酸除作为核酸的基本组成单位外,还有贮存能量、活化代谢物、参与细胞信息的传递、构成辅酶成分等功能。

DNA 的一级结构是指分子中核苷酸的排列顺序和连接方式;DNA 的二级结构是由两条反向平行的多核苷酸链构成的双螺旋结构,两条链通过碱基互补原则形成的氢键相连接;环状 DNA 的三级结构为超螺旋结构,线性 DNA 的三级结构由核小体连接形成。

tRNA 二级结构呈三叶草形,反密码环含有反密码子,氨基酸结合于氨基酸臂 3′末端 -CCA;mRNA 是蛋白质合成的模板,分子中含有决定蛋白质氨基酸排列顺序的三联体密码,真核生物成熟 mRNA 具有帽和尾结构;rRNA 与蛋白质结合形成核糖体,是蛋白质合成的场所;siRNA 是短双链 RNA,能特异诱导 mRNA 降解;miRNA 是短单链 RNA,能特异诱导 RNA 降解或抑制翻译;具有自我催化和剪切能力的 RNA 称为核酶。

核酸分子在 260nm 波长有强吸收峰。在理化因素的作用下,DNA 双链解开形成单链的过程称为 DNA 变性,变性 DNA 的 A_{260} 增高(增色效应);DNA 热变性时,双链解开一半时的温度称为解链温度(T_m),热变性 DNA 在温度缓慢下降时,两条链又重新缔合形成双链的过程称为复性或退火,不同来源的核苷酸单链形成杂化双链称为杂交。

1. 简述 DNA 双螺旋结构模型的要点。

2. 比较 RNA 和 DNA 在分子组成及结构上的异同点。

3. 试述 RNA 的种类及其功能。

4. 核酸分子杂交的分子基础是什么? 有哪些医学应用价值?

第四章 　酶

4

学习目标	
掌握	酶的基本概念;酶的化学本质;酶的分子组成;酶的活性中心和必需基团;酶催化作用的特点;同工酶的概念和生理意义;酶促反应动力学的影响因素;底物浓度对酶促反应的影响;米氏常数的概念及意义;抑制剂对酶促反应的影响;酶原与酶原的激活的过程与生理意义;酶活性的调节;别构调节、酶的共价修饰调节的概念和特点。
熟悉	酶促反应的机制;中间产物学说的概念;酶浓度、温度、pH、激活剂对酶促反应的影响;酶活性的测定;酶活性单位的概念。
了解	酶的命名与分类;酶与医学的关系;酶与疾病的关系。

生命的基本特征是新陈代谢，在新陈代谢过程中，几乎所有的化学反应都是由生物催化剂来催化的。迄今为止，人们发现了两类生物催化剂，一类是由活细胞产生、能在体内或体外对特异的底物发挥高效催化作用的蛋白质——酶(enzymes)。另一类则是具有高效、特异催化作用的核糖核酸，被称为核酶(ribozyme)。化学本质为蛋白质的酶是体内最主要的催化剂。

酶所催化的反应称为酶促反应，在酶促反应中被催化的物质称为底物(substrate, S)，反应的生成物称为产物(product, P)。因为生物体的一切生命活动都是在酶的催化下进行的，而临床上许多疾病与酶的异常密切相关，许多临床常用药物也是通过影响酶的作用达到治疗目的的，因此酶学的研究对于认识疾病、防治疾病，以及推动生命科学许多领域的发展都具有重要的意义。本章重点探讨化学本质为蛋白质的酶的相关内容。

第一节　酶的结构与功能

酶的化学本质是蛋白质，具有一、二、三、四级结构。由一条肽链构成的酶称为单体酶(monomeric enzyme)，例如牛核糖核酸酶、溶菌酶、羧肽酶 A 等。由多个相同或不同亚基以非共价键相连的酶称为寡聚酶(oligomeric enzyme)。绝大多数寡聚酶含偶数亚基，个别的寡聚酶含奇数亚基。寡聚酶中多数是可调节酶，在代谢调控中起重要作用。生物体内有些酶彼此聚集在一起，组成一个物理的结合体，此结合体称为多酶复合体(multienzyme complex)。多酶复合体催化过程如同流水线，发生连锁反应，底物从一个酶依次流向另一些酶。多酶复合体是生物体提高酶催化效率的一种有效措施。有些多酶复合体在进化中由于基因融合，使具有多种不同催化功能的酶形成一条多肽链，在一种酶中具有多个催化部位和催化活性，这种具有多种不同催化功能的酶称为多功能酶(multifunctional enzyme)。多功能酶在分子结构上比多酶复合体更具有优越性，其相关的化学反应在一个酶分子上进行，比多酶复合体更有效，这也是生物进化的结果。

一、酶的化学组成

（一）酶的化学组成及作用

按照酶的化学组成可将酶分为单纯酶(simple enzyme)和结合酶(conjugated enzyme)两大类。单纯酶分子只有氨基酸残基组成的多肽链，它的催化活性仅仅取决于它的蛋白质结构。体内只有少数酶为单纯酶，如淀粉酶、脂肪酶、蛋白酶等。结合酶分子除了由氨基酸残基组成的多肽链外，还含有非蛋白成分。结合酶中的蛋白质称为酶蛋白(apoenzyme)，非蛋白质部分称为辅助因子(cofactor)，由酶蛋白与辅助因子结合形成的复合物称为全酶(holoenzyme)。只有全酶才有催化作用，酶蛋白和辅助因子单独存在时均无催化活性。在酶促反应中酶蛋白起着决定反应特异性的作用，辅助因子则决定反应的类型与性质。

（二）酶的非蛋白部分

生物体内结合酶的种类众多，而辅助因子的种类较少，一种辅助因子可与不同的酶蛋白结合构成不同的全酶。辅助因子按其与酶蛋白结合的紧密程度不同可分为辅酶(coenzyme)与辅基(prosthetic group)。辅酶与酶蛋白往往以非共价键相连，结合较为疏松，可用透析或超滤的方法除去。辅基则与酶蛋白以共价键相连，结合较为紧密，不能通过透析或超滤将其除去。

酶的辅助因子包括金属离子和小分子有机化合物。

1. **金属离子**　许多酶的辅助因子是金属离子，常见有 K^+、Na^+、Mg^{2+}、Cu^{2+}、Zn^{2+}、Fe^{2+}、Fe^{3+} 等。依据酶与金属离子结合的牢固程度可把酶分为结合牢固的金属酶(metalloenzyme)和结合不牢固的金属激活酶(metal activated enzyme)。金属离子在酶促反应中具有多方面功能，如组成酶的活性中心、稳定酶的构象、参与催化反应、传递电子、在酶与底物间起桥梁作用、中和底物的阴离子、降低反应中的静电斥力等。

2. 小分子有机化合物　这类辅助因子主要是指含有 B 族维生素的小分子有机化合物,B 族维生素是构成许多辅酶或辅基分子的组成成分,其主要作用是参与电子、原子、化学基团的传递等酶的催化过程。B 族维生素的结构、化学性质和生化作用详见第二十章,B 族维生素的辅酶或辅基形式见表 4-1。

表 4-1　B 族维生素及其辅酶或辅基形式

B 族维生素	辅酶或辅基形式	主要生化功用
维生素 B_1(硫胺素)	焦磷酸硫胺素(TPP)	α- 酮酸氧化脱羧酶辅酶
维生素 B_2(核黄素)	黄素单核苷酸(FMN)	黄素酶的辅基
	黄素腺嘌呤二核苷酸(FAD)	黄素酶的辅基
维生素 PP(烟酰胺)	烟酰胺腺嘌呤二核苷酸(NAD^+)	不需氧脱氢酶的辅酶
	烟酰胺腺嘌呤二核苷酸磷酸($NADP^+$)	不需氧脱氢酶的辅酶
维生素 B_6(吡哆素)	磷酸吡哆醛(胺)	转氨酶、脱羧酶的辅酶
叶酸	四氢叶酸	一碳单位的载体
泛酸	辅酶 A	酰基转移酶的辅酶
生物素	生物素	羧化酶的辅酶
维生素 B_{12}(钴胺素)	5- 甲基钴胺素、5- 脱氧腺苷钴胺素	甲基转移酶的辅酶

二、酶的活性中心

酶分子多肽链氨基酸残基存在有许多化学基团,这些基团并不都与酶活性有关。其中与酶的活性密切相关的化学基团称为酶的必需基团(essential group)。常见的必需基团有—NH_2、—COOH、—SH、—OH 和咪唑基等。这些必需基团在一级结构上可能相距很远,但在空间结构上彼此靠近,形成一个能与底物特异地结合并将底物转变为产物的特定的空间区域,这一区域称为酶的活性中心(active center)(图 4-1)。对结合酶来说,辅酶或辅基也是酶活性中心的组成部分。酶的活性中心是酶发挥作用的关键部位,若此结构受到破坏,酶则失去活性。此外,酶活性中心构象是一动态结构,存在一定可变性或运动性,即具有柔性(flexibility)。酶活性中心的柔性是酶发挥催化作用所必需的。

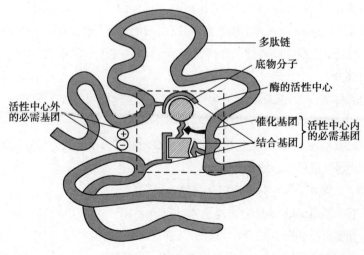

图 4-1　酶活性中心示意图

酶活性中心内的必需基团按其作用可分为两种:能直接与底物结合的必需基团称为结合基团(binding group);能够催化底物将其转变为产物的必需基团称为催化基团(catalytic group)。也有的必需基团可同时具有这两方面的功能。还有一些必需基团虽然不参加活性中心的组成,但却是维持酶活性中心应有的空间构象所必需的,这些基团称为酶活性中心外的必需基团(见图4-1)。

三、酶原与酶原的激活

有些酶在细胞内合成或初分泌时,没有催化活性,这种无活性状态的酶的前体称为酶原(zymogen)。如胃蛋白酶、胰蛋白酶等许多消化道的蛋白水解酶在它们初分泌时都是以无活性的酶原形式存在。在一定条件下,酶原受某种因素作用后,其分子构象发生变化,从而使无活性的酶原转变成有活性的酶,这一过程称为酶原的激活。酶原激活的实质是活性中心形成或暴露的过程。例如,胰蛋白酶原随胰液进入肠道后,在肠激酶的作用下,从N端水解掉一个六肽片段,使酶分子空间构象发生改变,形成酶的活性中心,于是胰蛋白酶原变成了具有催化活性的胰蛋白酶(图4-2)。除消化道的蛋白酶外,血浆中大多数凝血因子基本上也是以无活性的酶原形式存在,以保证血液的流动,只有当组织或血管内膜受损后,凝血系统被激活,凝血酶原则转变为有催化活性的凝血酶,进行止血。由此可见,消化道中酶原的存在与激活能防止细胞内产生的蛋白酶对细胞进行自身消化,并可使酶在特定的部位和环境中发挥作用,对保护机体具有重要的生理意义。

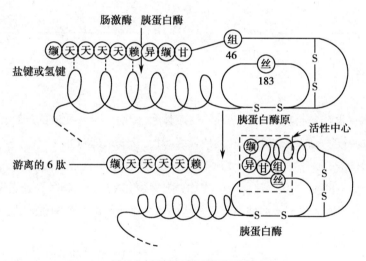

图4-2 胰蛋白酶原激活示意图

四、同工酶

同工酶(isoenzyme)是指催化相同化学反应,但酶蛋白的分子结构、理化性质乃至免疫学性质各不相同的一组酶。同工酶存在于生物的同一种属或同一个体的不同组织、细胞中。现已发现有一百多种酶具有同工酶。

同工酶在代谢调节上起着重要作用。同工酶谱可作为发育过程各组织分化的一项重要特征,在胎儿发育过程中有其规律性的变化。同时一些同工酶的出现与消失还可用于解释发育过程不同阶段某些特有的代谢特征。

乳酸脱氢酶(lactic acid dehydrogenase,LDH)是研究最早、应用最为广泛的同工酶。LDH是四聚体,由骨骼肌型(M型)和心肌型(H型)两种亚基组成。两种亚基以不同比例组成五种同工酶:$LDH_1(H_4)$、LDH_2

（H_3M）、LDH_3（H_2M_2）、LDH_4（H_1M_3）和 LDH_5（M_4）（图 4-3）。LDH 同工酶在不同组织含量与分布不同，心肌 LDH_1 较为丰富，肝脏和骨骼肌含 LDH_5 较多（表 4-2）。

在临床上，同工酶的测定有助于疾病的鉴别诊断。如通过检测病人血清中 LDH 同工酶的电泳图谱，辅助诊断哪些器官组织发生病变：心肌受损病人血清 LDH_1 含量上升，肝细胞受损者血清 LDH_5 含量增高。

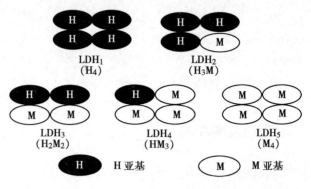

图 4-3　乳酸脱氢酶（LDH）同工酶模式图

表 4-2　LDH 同工酶在体内的含量与分布

组织器官	同工酶百分比				
	LDH_1	LDH_2	LDH_3	LDH_4	LDH_5
心肌	73	24	3	0	0
肾脏	43	44	12	1	0
肝脏	2	4	11	27	56
骨骼肌	0	0	5	16	79
红细胞	43	44	12	1	0
血清	27	34.7	20.9	11.7	5.7

五、酶活性的调节

细胞中的一些酶促反应常常构成一个连续的反应体系，即前一个酶反应的产物正好是后一个酶催化的底物，使某一种底物经过一系列化学反应转变成最终产物，这一系列酶促反应组成一条代谢途径。

在一条代谢途径中，往往有一个或几个酶促反应速度最慢，控制着整个代谢途径的反应速度，这些酶促反应称为该途径的限速反应，催化限速反应的酶称为限速酶（关键酶）。机体可通过调节限速酶活性从而协调代谢途径的速度和方向。限速酶活性调节有别构调节和化学修饰调节两种方式。

（一）别构调节

体内某些小分子化合物可以与某些酶分子活性中心外的部位特异的非共价结合，使酶分子的构象发生改变，从而改变酶的活性，这种调节作用称为别构调节（也称为变构调节）。受别构调节的酶称为别构酶（allosteric enzyme）。引起别构效应的物质称为别构效应剂（allosteric effector），其中使酶活性增强的称为别构激活剂；使酶活性减弱的称为别构抑制剂。

别构酶分子常由多个亚基组成，酶分子的催化部位和调节部位可在同一亚基上，也可在不同的亚基上。别构抑制调节是最常见的别构调节方式，别构抑制剂通常是代谢通路的终产物，通过反馈抑制，可以及时地调节整个代谢过程，这对维持体内的代谢有着重要的作用。例如葡萄糖的氧化分解使 ADP 转变成 ATP，当 ATP 过多时，通过别构调节可限制葡萄糖的分解，而 ADP 增多时，则可促进糖的分解。通过调节 ATP/ADP 的水平，可以维持细胞内能量的正常供应。

效应剂与酶的一个亚基结合，此亚基的别构效应使邻近的亚基也发生构象改变，从而可引起对此效应剂的亲和力改变，这种作用称为协同效应（cooperativity）。若使邻近亚基对效应剂的亲和力增大，则为正协同效应；相反，若发生别构的相邻亚基对效应剂的亲和力下降，则为负协同效应。如果底物对酶具有正协同效应，则底物浓度作用曲线呈 S 形曲线（图 4-4）。

（二）共价修饰调节

体内有些酶多肽链上的一些基团在其他酶的催化作用下,可与某些化学基团发生可逆性的共价结合,从而使酶的活性发生改变,这种调节方式称为酶的共价修饰调节(covalent modification regulation)。在共价修饰过程中,酶发生无活性(或低活性)与有活性(或高活性)两种形式的互换。体内常见的共价修饰包括:磷酸化与去磷酸化、乙酰化与去乙酰化、甲基化与去甲基化、腺苷化与去腺苷化,以及 -SH 与 S-S 的互变等方式,其中磷酸化与去磷酸化最为常见(图 4-5,表 4-3)。共价修饰反应迅速,并且可以连锁方式进行,即某种激素或调节因子使第一个酶发生共价修饰后,被修饰的酶又可催化另一个酶发生共价修饰,每修饰一次,就将调节信号放大一次,因此具有级联式放大效应。

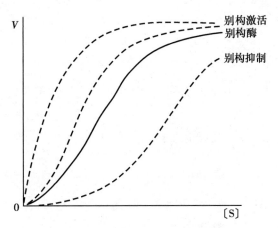

图 4-4　别构酶的 S 形底物浓度作用曲线

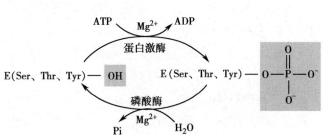

图 4-5　酶磷酸化与去磷酸化的共价修饰

表 4-3　酶的共价修饰对酶活性的影响

酶	共价修饰类型	酶活性改变
糖原磷酸化酶	磷酸化 / 去磷酸化	激活 / 抑制
磷酸化酶 b 激酶	磷酸化 / 去磷酸化	激活 / 抑制
柠檬酸裂解酶	磷酸化 / 去磷酸化	激活 / 抑制
HMG-CoA 还原酶激酶	磷酸化 / 去磷酸化	激活 / 抑制
三酰甘油脂肪酶	磷酸化 / 去磷酸化	激活 / 抑制
乙酰辅酶 A 羧化酶	磷酸化 / 去磷酸化	抑制 / 激活
糖原合酶	磷酸化 / 去磷酸化	抑制 / 激活
丙酮酸脱氢酶	磷酸化 / 去磷酸化	抑制 / 激活
HMG-CoA 还原酶	磷酸化 / 去磷酸化	抑制 / 激活
磷酸果糖激酶	磷酸化 / 去磷酸化	抑制 / 激活

酶的别构调节和共价修饰调节都是体内物质代谢的快速调节方式。

六、酶活性测定与酶活性单位

在实际酶研究中,由于酶的含量甚微,很难直接测定酶蛋白含量,因而往往测定酶活性表示酶量。酶活性是指酶催化的化学反应的速度。在规定的温度、pH 和底物浓度的条件下,单位时间内消耗一定量底物或生成一定量产物所需的酶量称为酶活性单位。一般以测定产物的生成量较多见,产物从无到有较为灵敏。为统一标准,国际生物化学学会推荐使用国际单位,即在特定条件下,1 分钟内能使 1μmol 底物转变为产物所需要的酶量为一个国际单位(IU)。1979 年国际生物化学学会将酶的活性单位与国际单位制的反应速率(mol/s)相一致,推荐用催量单位(Kat)来表示酶活性。1 催量单位定义为:在特定的测定系统中,每秒钟催化 1mol 底物转变为产物所需要的酶量。催量与国际单位的换算关系为:

$$1Kat=6\times10^{7}IU;1IU=16.67\times10^{-9}Kat$$

第二节 酶作用的特点及催化机制

一、酶促反应的特点

酶是生物催化剂,既有与一般催化剂相同的催化性质,又有一般催化剂所没有的生物大分子的特征。酶与一般催化剂一样,只能催化热力学上允许的化学反应;在不改变反应平衡点的情况下,缩短达到化学平衡的时间;在化学反应的前后没有质和量的改变;通过降低反应活化能提高催化效率。但因为酶的本质是蛋白质,所以又具有其独特的生物催化剂的特点。

(一)高度的催化效率

在化学反应中,体系中所含的活化分子越多,反应速度越快。酶与一般催化剂均是通过降低反应的活化能(activation energy)而起到加速化学反应的作用。酶在催化底物反应时,首先酶的活性中心与底物结合生成酶 - 底物复合物,然后复合物再分解为产物和游离的酶,此即中间产物学说,其过程可用下式表示:

$$E+S \underset{K_2}{\overset{K_1}{\rightleftharpoons}} ES \xrightarrow{K_3} P+E$$

上式中 E 代表酶,S 代表底物,ES 代表酶 - 底物复合物,P 代表反应产物。由于 ES 的形成,改变了原来反应的途径,大大降低了反应活化能,因此表现为酶的高度催化效率(图 4-6)。

酶的催化效率比无催化剂的自发反应高 $10^{8}\sim10^{20}$ 倍,比一般催化剂的催化效率高 $10^{7}\sim10^{13}$ 倍,而且不需要较高的反应温度。

(二)高度的特异性

酶对其所催化的底物和催化的反应具有较严格的选择性,通常将这种选择性称为酶作用的特异性(specificity)。根据酶对底物选择的严格程度不同,可将酶的特异性分为以下三种:

1. 绝对特异性 酶只能催化一种底物发生一定的化学反应并生成一定的产物,称为绝对特异性(absolute specificity)。如脲酶只能催化尿素水解生成 NH_3 和 CO_2,而不能催化甲基尿素水解。

2. 相对特异性 有些酶的特异性相对较差,这种酶可作用于一类化合物或一种化学键,这种不太严格的特异性称为相对特异性(relative specificity)。如脂肪酶不仅水解脂肪,也能水解简单的酯类。

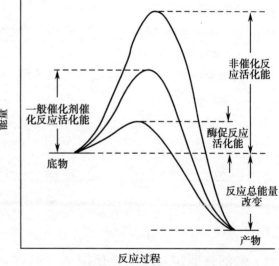

图 4-6 酶与一般化学催化剂降低反应活化能示意图

3. 立体异构特异性　当底物有立体异构现象时,酶对底物的立体构型有特异要求,只能催化立体构型的其中一种,这种特性称为立体异构特异性(stereo specificity)。如 L- 乳酸脱氢酶只催化 L- 型乳酸脱氢,而对 D- 型乳酸没有催化作用。

(三) 酶促反应的可调节性

机体为了适应内外环境的变化和生命活动的需要,要经常不断地进行调整以使体内物质代谢活动处于有条不紊的动态平衡中。酶催化能力的调节是维持这种平衡的重要环节。机体通过调节酶的活性和酶的含量两种方式来改变酶的催化能力。例如,通过对酶生物合成的诱导和阻遏、酶降解速率的调节而影响酶的含量;通过酶的化学修饰、酶的别构调节以及神经体液因素的调节等,改变酶的催化活性。从而为体内物质代谢的协调统一、生命活动的正常进行提供了基础。

(四) 酶活性的不稳定性

酶的化学本质是蛋白质,因此强酸、强碱、有机溶剂、重金属盐、高温、紫外线、剧烈震荡等任何能使蛋白质变性的理化因素都可使酶分子变性而使其失去催化活性。

二、酶促反应的机制

酶促反应中通常是多种因素协调作用以提高酶的催化效率。酶作为生物大分子具有多种氨基酸残基,甚至结合有辅助因子,具备对底物施加多种影响的结构基础。酶的高催化效率正是多种催化机制综合作用的结果。

酶催化底物作用时需要先与底物结合形成酶 - 底物复合物。但酶与底物的结合不是简单的锁 - 钥关系。酶与底物相接近时,其结构相互诱导、发生构象改变,使之相互适应,进而相互结合。这一过程称为酶 - 底物结合的诱导契合假说(induced-fit hypothesis)。如图 4-7 所示,酶的构象改变有利于与底物结合,底物在酶的诱导下发生变形,处于不稳定的过渡态(transition state),过渡态的底物与酶的活性中心最相吻合,易受酶的攻击。酶催化底物转化为产物大致有以下几种机制。

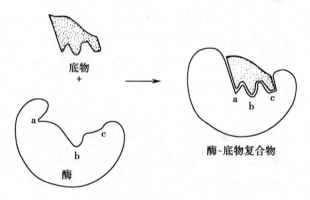

图 4-7　酶与底物结合的诱导契合模型

(一) 邻近效应与定向排列

酶与底物相结合,使参加反应的诸底物在酶的活性中心处相接近,同时形成有利于反应的正确定向排列。这种邻近效应(proximity effect)和定向排列(orientation arrangement)实际上是将分子间的反应转变成类似于分子内的反应,从而大大提高反应速度。

(二) 多元催化

酶具有两性解离性质,所含的多种功能基团具有各不相同的解离常数。即使同一功能基团在蛋白质分子内的不同微环境下,解离度也不相同。因此,酶常常兼有酸、碱双重催化作用,这种多功能基团的协同作用,可实现多元催化(multielement catalysts),从而极大地提高酶的催化效能。

(三) 表面效应

乳酸脱氢酶的活性中心是一个疏水的"口袋",疏水环境可以排除水分子对酶、辅酶与底物中功能基团的干扰性吸引与排斥,防止酶与底物之间形成水化膜。疏水环境的堆积力也有利于酶对底物的密切接触。

第三节　酶促反应动力学及影响因素

酶促反应动力学是研究酶促反应速度及其影响因素的科学。影响因素主要包括底物浓度、酶浓度、温度、pH、激活剂和抑制剂等。需要强调的是：①在研究某一因素对酶促反应速度的影响时,应该维持反应体系中其他因素不变,而只改变所要研究的因素;②酶促反应速度是采用酶促反应初始时的速度,以避免反应进行过程中因底物的减少或产物的增加等因素对反应速率产生影响。

一、酶浓度对酶促反应速度的影响

在一定的温度和 pH 条件下,当底物浓度足以使酶饱和的情况下,酶浓度[E]与酶促反应速度(V)成正比关系(图 4-8),其关系式为:$V=k$ [E]。

二、底物浓度对酶促反应速度的影响

(一) 米 - 曼方程式

1913 年 L.Michaelis 和 M.Menten 在推导底物浓度与反应速度的关系时假设:①测定的反应速度为初速度(initial velocity),即反应刚刚开始,产物的生成量极少,逆反应可不予考虑;②底物浓度([S])超过酶的浓度([E]),[S]的变化在测定初速度的过程中可以忽略不计。在此假设的基础上,他们推导出反应速度与底物浓度关系的数学方程式,即米 - 曼方程式,简称米氏方程式(Michaelis equation):

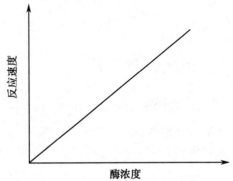

图 4-8　酶浓度对酶促反应速度的影响

$$V=\frac{V_{max}[S]}{K_m+[S]}$$

式中 V_{max} 为最大反应速度(maximum velocity);K_m 为米氏常数(Michaelis constant),V 是在不同[S]时的反应速度。

应用实验方法测得的酶促反应速度对相应的底物浓度作图,得出矩形双曲线(图 4-9)与米氏方程式相一致。

从图 4-9 可知,当底物浓度很低时,增加底物浓度,反应速度随底物浓度的增加而增加,两者呈直线正比关系;当底物浓度较高时,反应速度虽然随着底物浓度的升高而加快,但不再呈正比关系;当底物浓度增高到一定程度时,继续加大底物浓度,反应速度则不再增加,说明酶已被底物所饱和。所有酶均有饱和现象,只是不同的酶达到饱和时所需的底物浓度不同而已。

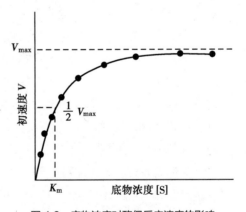

图 4-9　底物浓度对酶促反应速度的影响

(二) K_m 与 V_{max} 的意义

1. 当反应速度为最大速度一半时,米氏方程可以变换如下:

$$\frac{V_{max}}{2}=\frac{V_{max}[S]}{K_m+[S]}$$

$$即 K_m=[S]$$

因此,K_m 值等于酶促反应速度为最大速度一半时的底物浓度。

2. K_m 值是酶的特征性常数,只与酶的结构、酶所催化的底物和酶促反应条件有关,而与酶的浓度无关。不同的酶作用于同一底物时有不同的 K_m 值;而同一种酶作用于不同底物时,K_m 值也不同,因此可用 K_m 来判断酶的种类和选择酶的最适底物。

3. 在米氏方程式的推导过程中,假设当 $k_2 \gg k_3$ 时,即 ES 解离成 E 和 S 的速度大大超过分解成 E 和 P 的速度时,k_3 可以忽略不计,此时的 K_m 值近似于 ES 的解离常数 K_s,可用于表示酶对底物的亲和力。

$$K_m = \frac{k_2}{k_1} = \frac{[\text{E}][\text{S}]}{[\text{ES}]} = K_s$$

K_m 值愈大,酶与底物的亲和力愈小;反之,K_m 值愈小,酶与底物的亲和力则愈大,此时不需很高的底物浓度便可容易地达到最大反应速度。但是并非在所有的酶促反应中,k_3 都远小于 k_2,所以 K_s 值和 K_m 值的含义不同,不能相互替代使用。

4. 最大反应速度 V_{max} 是酶被底物完全饱和时的反应速度,此时反应速度与酶的浓度呈正比而与底物浓度无关。如果酶的总浓度已知,则可以从 V_{max} 值计算出酶的转换数(turnover number)。例如,在 1L 溶液中,10^{-6} mol 的碳酸酐酶每秒钟内可催化生成 0.6mol 的 H_2CO_3,即平均每 1 分子酶催化生成 6×10^5 个 H_2CO_3 分子。

$$k_3 = \frac{V_m}{[\text{E}]} = \frac{0.6 \text{mol/L} \cdot \text{s}}{10^{-6} \text{mol/L}} = 6 \times 10^5 / \text{s}$$

产物生成的速度常数 k_3 称作酶的转换数,即在酶被底物饱和的情况下,单位时间内每个酶分子催化底物转化为产物的分子数。对于生理性底物,大多数酶的转换数在 $1 \sim 10^4$/s。

(三) K_m 值与 V_{max} 值的求法

底物浓度对酶促反应速度作图的曲线求 K_m 值和 V_{max} 值,只能近似的求出 V_{max} 和 K_m。因此人们将米氏方程式进行转换,其中应用最多的是将双曲线作图转换为直线的双倒数作图法,即林-贝作图(Lineweaver-Burk plot),将米氏方程式两边取倒数,就得到对应的双倒数方程:

$$\frac{1}{V} = \frac{K_m}{V_{max}} \cdot \frac{1}{\text{S}} + \frac{1}{V_{max}}$$

若以 $1/V$ 对 $1/[\text{S}]$ 作图(图 4-10),可得一直线,其纵轴上的截距为 $1/V_{max}$,横轴上的截距为 $-1/K_m$。此作图除可用于测定酶促反应的最大速度与 K_m 值外,还可用于区分可逆性抑制作用的类型。

三、温度对酶促反应速度的影响

温度升高增加分子的热运动,从而提高反应速度。但由于酶是蛋白质,随着温度的升高,酶逐渐变性失活,使反应速度降低。在酶促反应过程中,温度对酶促反应的双重影响同时存在。在温度较低时,前一种影响较大,反应速度随温度升高而加快,每升高 10℃,反应速度平均升高 1~2 倍;但温度超过一定范围后,酶受热变性的影响占主导地位,反应速度反而随温度上升而减慢。一般来说,温度升高到 60℃以上时,大多数酶开始变性;80℃时,多数酶的变性已经不可逆转。酶在某一温度时,其酶促反应速度可达到最大,此时反应体系的温度称为酶的最适温度(optimum temperature)。以酶活性对温度作图,可得一条钟罩形曲线(图 4-11)。酶最适温度不是酶的特征性常数,它与酶促反应时间有密切关系。酶可以在较短的时间内耐受较高的温度;相反,延长反应时间,酶最适温度则下降。

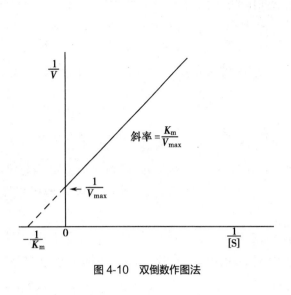

图 4-10　双倒数作图法

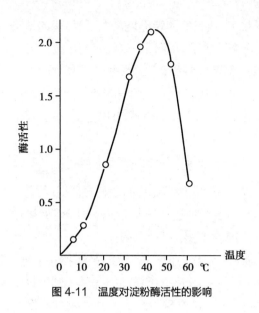

图 4-11　温度对淀粉酶活性的影响

温度在医学中的应用

温度对酶促反应速度的影响具有临床意义。虽然酶在低温下活性降低,但一般不引起酶的变性,温度回升后,酶可恢复其活性。临床上低温麻醉便是利用酶的这一原理,减慢组织细胞的代谢速率,提高机体对氧和营养物质缺乏的耐受力。低温保存菌种也是基于这一原理。酶制剂应在低温下保存,从冰箱取出后应立即应用,以防其因温度升高而变性失活。生化检验测定酶活性时,应严格控制酶促反应溶液的温度,以避免因温度的差异造成测定的误差。临床上进行高温灭菌消毒利用的就是加热使酶变性失活的原理。

四、pH 对酶促反应速度的影响

酶、辅酶与底物分子(如 ATP、NAD^+、辅酶 A、氨基酸等)都常含有一些极性基团,在不同的 pH 条件下其所带的电荷各不相同,呈现出不同的带电状态。酶活性中心的必需基团与辅酶、底物的可解离基团往往仅在某一解离状态时才最容易相互结合,表现出最大的反应活性。因此,环境 pH 的改变可以通过影响其解离状态来影响酶促反应的速度。酶促反应速度达最大时的环境 pH 值称作酶的最适 pH(optimum pH)(图 4-12)。人体内酶的最适 pH 往往与其所处的环境密切相关,如体液中多数酶的最适 pH 值接近中性,而

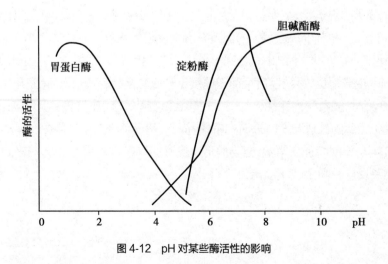

图 4-12　pH 对某些酶活性的影响

胃蛋白酶的最适 pH 约为 1.8,肝精氨酸酶最适 pH 约为 9.8。

最适 pH 不是酶的特征性常数,它受底物浓度、缓冲液的种类与浓度、酶的纯度等因素的影响。溶液的 pH 低于或高于酶的最适 pH 时,酶的活性均降低,远离最适 pH 时酶可能变性失活。因此,在测定酶的活性时应选择最适 pH 和具有一定缓冲容量的缓冲液,以保持酶的高活性和相对稳定性。在提取和纯化酶时,应避免应用 pH 过高或过低的溶液,以防止酶的变性。

五、抑制剂对反应速度的影响

凡能使酶的活性降低或丧失而不引起酶蛋白变性的物质统称酶的抑制剂(inhibitor)。但引起酶蛋白变性使酶活性丧失的化学因素不属于抑制剂的范畴。根据抑制剂与酶作用的机制不同,通常将抑制作用分为不可逆性抑制和可逆性抑制两大类。

(一) 不可逆性抑制作用

这类抑制剂与酶分子上的化学基团以共价键的方式结合,其抑制作用不能用透析、超滤等物理的方法解除,这种抑制称为不可逆抑制作用(irreversible inhibition)。在临床上这种抑制作用可以通过特异性的化学药物解除抑制,使酶恢复活性。

按抑制剂对酶必需基团选择程度不同,不可逆性抑制作用又可分为专一性和非专一性抑制两种。

1. **专一性抑制** 抑制剂专一性地作用于酶活性中心的必需基团而使酶活性受到抑制。例如,有机磷农药能特异性地与胆碱酯酶活性中心丝氨酸的羟基结合,使酶失活。当胆碱酯酶被有机磷农药抑制后,胆碱能神经末梢分泌的乙酰胆碱不能及时分解,过多的乙酰胆碱导致胆碱能神经过度兴奋,人体产生一系列中毒的症状。解磷定(PAM)可与有机磷化合物结合成稳定的复合物,从而解除有机磷化合物对羟基酶的抑制作用(图 4-13)。

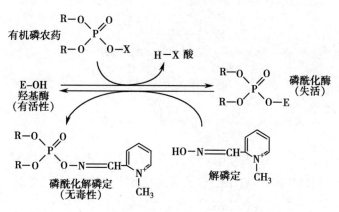

图 4-13 有机磷农药对羟基酶的抑制和解磷定的解抑制

2. **非专一性抑制** 抑制剂与酶分子上的某些基团结合而抑制酶的活性。与抑制剂结合的基团可位于活性中心内或活性中心外。如对氯汞苯甲酸、路易士气、重金属离子 Ag^+、Pb^{2+}、Hg^{2+}、Cu^{2+} 等均属于此类抑制剂。化学毒剂"路易士气"是一种含砷的化合物,它能非专一性地抑制巯基酶的活性,临床上对路易士气中毒可用二巯基丙醇(British anti-Lewisite,BAL)解救。

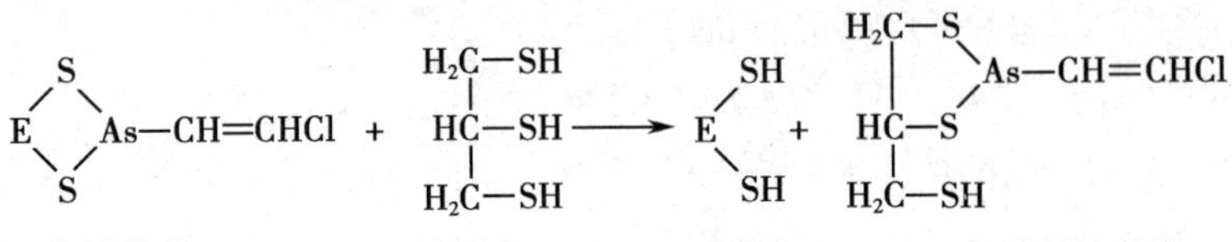

失活的酶　　　　　　BAL　　　　　巯基酶　　　BAL与砷剂结合物

(二) 可逆性抑制作用

抑制剂通过非共价键与酶或酶-底物复合物可逆性结合,使酶活性受到抑制,这种抑制作用称为可逆性抑制作用(reversible inhibition)。由于抑制剂和酶或酶-底物复合物的结合较为疏松,可采用透析或超滤等物理方法将抑制剂除去,使酶的活性得以恢复。可逆性抑制作用常见以下三种类型:

1. 竞争性抑制作用　抑制剂与酶作用的底物结构相似,可与底物共同竞争酶的活性中心,从而阻碍酶与底物的有效结合,这种抑制作用称为竞争性抑制作用(competitive inhibition)。由于底物、抑制剂与酶的结合均是可逆的,竞争性抑制的抑制强度取决于抑制剂与酶的相对亲和力,以及与底物相对的浓度比率。

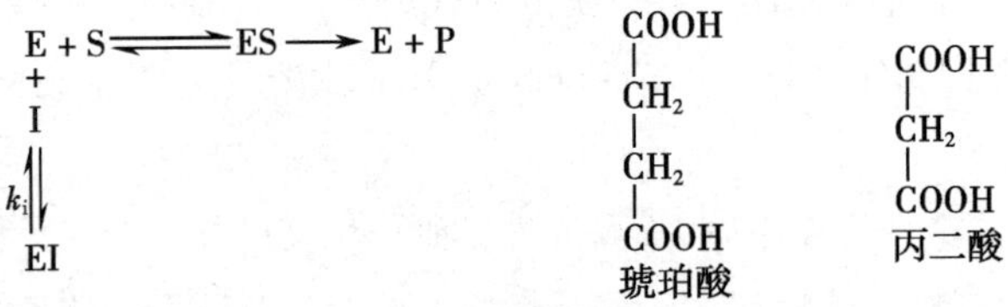

丙二酸对琥珀酸脱氢酶的抑制作用是竞争性抑制作用的典型代表,丙二酸对酶的亲和力远大于琥珀酸。当丙二酸的浓度仅为琥珀酸浓度的 1/50 时,酶的活性却被抑制 50%。增大琥珀酸的浓度则抑制作用减弱。

从竞争性抑制作用的反应式可知,酶与抑制剂结合形成的复合物 EI 不能再与底物结合。k_i 是 EI 的解离常数,这里称为抑制常数。竞争性抑制作用的速度方程式是:

$$V = \frac{V_{max}[S]}{K_m\left(1+\dfrac{[S]}{k_i}\right)+[S]}$$

其双倒数方程式为:

$$\frac{1}{V} = \frac{K_m}{V_{max}}\left(1+\frac{[I]}{k_i}\right)\frac{1}{[S]}+\frac{1}{V_{max}}$$

有不同浓度抑制剂存在时,以 $1/V$ 对 $1/[S]$ 作图(图 4-14),得出具有不同斜率的直线图形。从图中可见,有竞争性抑制剂存在时,横轴截距的"K_m"值(称表观 K_m 值)随抑制剂浓度的增加而增大;而在纵轴上截距均交于一点,与无抑制剂时一致,说明不同浓度的竞争性抑制剂并不改变酶促反应的最大速度。

竞争性抑制作用有以下特点:①抑制剂结构与底物相似;②抑制剂结合的部位是酶的活性中心;③抑制作用的大小取决于抑制剂与底物的相对浓度,在抑制剂浓度不变时,通过增加底物浓度可以减弱甚至解除竞争性抑制作用;④按米氏方程的推导,当有竞争性抑制剂存在时,V_{max} 不变,K_m 增大。

很多药物都是通过竞争性抑制作用的原理来发挥作用的。磺胺类药物是典型的竞争性抑制剂。对磺胺类药物敏感的细菌在生长繁殖时,不能直接利用环境中的叶酸,而必须在二氢叶酸合成酶的作用下,利用对氨基苯甲酸、二氢蝶呤及谷氨酸合成二氢叶酸,后者再转变为四氢叶酸,四氢叶酸是一碳单位的载体,是细菌合成核酸所不可缺少的辅酶。磺胺药的化学结构与对氨基苯甲酸十分相似,故能与对氨基苯甲酸竞争二氢叶酸合成酶的活性中心,使该酶的活性受到抑制,进而减少四氢叶酸和核酸的合成,最终导致细菌生长繁殖停止。根据竞争性抑制作用的特点,在临床上使用磺胺类药物时,首次剂量要加倍并必须保持血液中较高的药物浓度,以发挥有效的抑菌作用。

$$H_2N \text{—} \underset{\text{对氨基苯甲酸}}{\bigcirc} \text{—COOH} \qquad H_2N \text{—} \underset{\text{磺胺类药物}}{\bigcirc} \text{—SO}_2NHR$$

另外,许多抗癌药物,如甲氨蝶呤(MTX)、5- 氟尿嘧啶(5-FU)、6- 巯基嘌呤(6-MP)等抗代谢物也是利用酶竞争性抑制作用来达到抑制肿瘤生长的目的。

2. 非竞争性抑制作用 非竞争性抑制剂(I)与酶活性中心以外的部位结合,改变酶的空间构象,导致酶催化活性下降。抑制剂可以和酶结合形成 EI,也可以和 ES 复合物结合形成 ESI,酶、底物的结合与酶、抑制剂的结合互不影响,无竞争关系。然而,生成的酶 - 底物 - 抑制剂复合物不能解离出产物从而使酶催化作用受到抑制,这种抑制作用称为非竞争性抑制作用(non-competitive inhibition)。其反应式如下:

$$\begin{array}{ccc}
\text{E} + \text{S} & \rightleftharpoons \text{ES} \longrightarrow & \text{E} + \text{P} \\
+ & + & \\
\text{I} & \text{I} & \\
k_i \big\updownarrow & k_i \big\updownarrow & \\
\text{EI} + \text{S} & \rightleftharpoons \text{ESI} &
\end{array}$$

按米氏方程式的推导方法,非竞争性抑制剂作用的双倒数方程式如下:

$$\frac{1}{V} = \frac{K_m}{V_{max}}\left(1 + \frac{[\text{I}]}{k_i}\right)\frac{1}{[\text{S}]} + \frac{1}{V_{max}}\left(1 + \frac{[\text{I}]}{k_i}\right)$$

若在不同抑制剂浓度的情况下,以 $1/V$ 对 $1/[\text{S}]$ 作图,也得到斜率不同的直线图形(见图 4-14)。从纵轴截距看,反应的最大速度随抑制剂浓度的增加而减小。而横轴截距表示,非竞争性抑制作用的抑制剂不改变酶促反应的表观 K_m 值,即不影响酶对底物的亲和力。

非竞争性抑制作用的特点是:①抑制剂与底物结构不相似;②抑制剂结合的部位是酶活性中心外;③抑制作用的强弱只取决于抑制剂的浓度,此种抑制不能通过增加底物浓度而减弱或消除;④按米氏方程的推导,当有非竞争性抑制剂存在时,V_{max} 下降,K_m 不变。

3. 反竞争性抑制作用 有的抑制剂仅能可逆地与酶 - 底物复合物相结合,所生成的三元复合物不能分解出产物。这样,抑制剂既减少从中间产物转化为产物的量,也减少从中间产物解离出游离酶和底物的量,从而发挥抑制酶活性的作用。这种抑制作用称为反竞争性抑制作用(uncompetitive inhibition)。其反应式如下:

$$\begin{array}{ccc}
\text{E} + \text{S} & \rightleftharpoons \text{ES} \longrightarrow & \text{E} + \text{P} \\
& + & \\
& \text{I} & \\
& k_i \big\updownarrow & \\
& \text{ESI} &
\end{array}$$

其双倒数方程式是:

$$\frac{1}{V} = \frac{K_m}{V_{max}}\frac{1}{[\text{S}]} + \frac{1}{V_{max}}\left(1 + \frac{[\text{I}]}{k_i}\right)$$

从 $1/V$ 对 $1/[\text{S}]$ 作图(见图 4-14)可知,不同浓度的抑制剂均不改变直线的斜率,但其表观 K_m 和 V_{max} 均降低。

反竞争性抑制作用的特点是:①抑制剂与底物结构不相似;②抑制剂只能与酶 - 底物复合物(ES)结合;③抑制作用的强弱取决于抑制剂的浓度,此种抑制不能通过增加底物浓度而减弱或消除;④按米氏方程的推导,当有反竞争性抑制剂存在时,V_{max} 下降,K_m 减小。

现将三类可逆性抑制作用的主要特点归纳如表 4-4。

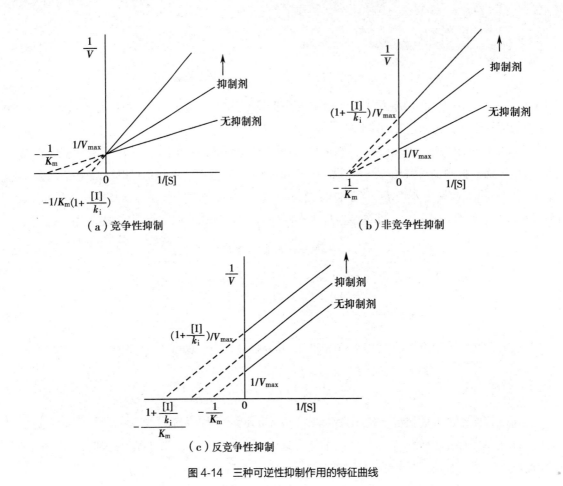

（a）竞争性抑制

（b）非竞争性抑制

（c）反竞争性抑制

图 4-14　三种可逆性抑制作用的特征曲线

表 4-4　三类可逆性抑制作用主要特点的比较

作用特征	竞争性抑制	非竞争性抑制	反竞争性抑制
与 I 的结合形式	E	E、ES	ES
底物的影响	增加[S]可解除抑制	作用与[S]无关	抑制[ES]形成是解除抑制的前提
K_m 的改变	增大	不变	减小
V_{max} 的改变	不变	降低	降低

六、激活剂对反应速度的影响

　　凡能使酶从无活性变为有活性或使酶从低活性变为高活性的物质统称为酶的激活剂（activator）。从化学本质看,酶的激活剂包括无机离子和小分子有机物。如 Mg^{2+}、Mn^{2+}、K^+、Cl^- 及胆汁酸盐等。按激活剂对酶的影响程度不同,可将酶的激活剂分为必需激活剂和非必需激活剂两大类。大多数金属离子激活剂对酶促反应不可缺少,称必需激活剂,如 Mg^{2+} 是己糖激酶等多种激酶的必需激活剂,Mg^{2+} 与底物 ATP 结合成 Mg^{2+}-ATP 复合物,后者作为酶的真正底物参加反应,缺乏 Mg^{2+} 时,酶将不表现出活性。有些激活剂不存在时,酶仍有一定活性,这类激活剂称非必需激活剂,如 Cl^- 是唾液淀粉酶的非必需激活剂。

第四节 酶的命名与分类

一、酶的命名

酶的命名方法分为习惯命名法和系统命名法两种。习惯命名法主要根据酶作用的底物、催化反应的性质或酶的来源来命名,如脂肪酶、乳酸脱氢酶、胃蛋白酶等。习惯命名法简单明了,使用方便,但有时会出现一酶多名或不同的酶用同一种名称的混乱现象。为此国际酶学委员会于1961年提出系统命名法,即按酶的所有底物与反应性质来进行命名,首先按酶促反应性质将已发现的酶分为六大类,在每一大类中,再根据酶促反应、底物性质分成若干亚类和亚亚类。系统命名法规定,每一个酶的名称均由两部分组成:①酶催化的全部底物,底物名称之间以":"分隔;②反应的类型,并在其后加"酶"。如谷氨酸脱氢酶按系统命名法为:L-谷氨酸:NAD^+氧化还原酶。但有些酶是双底物或多底物反应,因而根据系统命名法得到的酶的名称过于复杂。为应用方便,国际酶学委员会又从每种酶的数个习惯名称中选定一个简便而实用的推荐名称,并规定发表以酶为主题的论文时,在第一次出现酶的正文处要写出酶的国际系统编号和系统名称,其余仍可用习惯名。

二、酶的分类

国际酶学委员会根据酶的反应性质,将酶分成六大类(表4-5):

1. **氧化还原酶类**(oxidoreductases) 催化底物进行氧化还原反应的酶类。例如:乳酸脱氢酶、细胞色素氧化酶、过氧化氢酶等。

2. **转移酶类**(transferases) 指催化底物之间进行某些基团的转移或交换的酶类。例如:氨基转移酶、己糖激酶、磷酸化酶等。

3. **水解酶类**(hydrolases) 指催化底物发生水解反应的酶类。例如:淀粉酶、蛋白酶、脂肪酶等。

4. **裂合酶类**(lyases) 指催化一种化合物分解为两种化合物或两种化合物合成为一种化合物的酶类。如醛缩酶、碳酸酐酶、柠檬酸合酶。

5. **异构酶类**(isomerases) 指催化同分异构体间相互转变的酶类,如磷酸丙糖异构酶、磷酸己糖异构酶等。

表 4-5 酶的国际系统分类与命名举例

类别	酶的命名举例			
	编号	系统名称	推荐名称	催化的反应
1. 氧化还原酶类	EC 1.4.1.3	L-谷氨酸:NAD^+ 氧化还原酶	谷氨酸脱氢酶	L-谷氨酸 $+H_2O+NAD^+$ ⇌ α-酮戊二酸 $+NH_3+NADH$
2. 转移酶类	EC 2.6.1.1	L-天冬氨酸:α-酮戊二酸氨基转移酶	天冬氨酸转氨酶	L-天冬氨酸 $+\alpha$-酮戊二酸 ⇌ 草酰乙酸 $+L$-谷氨酸
3. 水解酶类	EC 3.5.3.1	L-精氨酸脒基水解酶	精氨酸酶	L-精氨酸 $+H_2O$ → L-鸟氨酸 + 尿素
4. 裂合酶类	EC 4.1.2.13	D-果糖 1,6-双磷酸:D-甘油醛 3-磷酸裂合酶	果糖二磷酸醛缩酶	D-果糖-1,6-双磷酸 ⇌ 磷酸二羟丙酮 $+D$-甘油醛 3-磷酸
5. 异构酶类	EC 5.3.1.9	D-葡糖 6-磷酸酮醇异构酶	磷酸葡糖异构酶	D-葡糖-6-磷酸 ⇌ D-果糖-6-磷酸
6. 连接酶类	EC 6.3.1.2	L-谷氨酸:氨连接酶	谷氨酰胺合成酶	$ATP+L$-谷氨酸 $+NH_3$ ⇌ $ADP+$ 磷酸 $+L$-谷氨酰胺

6. 合成酶类(ligases)或连接酶类　指催化两分子底物合成一分子化合物,同时偶联有 ATP 的磷酸键断裂的酶类。如谷氨酰胺合成酶、谷胱甘肽合成酶等。

第五节　酶与医学的关系

一、酶与疾病的关系

(一)酶与疾病发生

生物体正常代谢活动离不开酶的催化作用,因此不论是遗传缺陷还是外界因素造成的酶结构的异常或酶活性的改变均可导致疾病的发生甚至危及生命。现已发现的 140 余种先天性代谢缺陷中,多是由酶的先天性或遗传性缺陷所致。如缺乏 6- 磷酸葡萄糖脱氢酶可引起的蚕豆病;酪氨酸羟化酶缺乏导致的白化病;苯丙氨酸羟化酶缺陷导致的苯丙酮酸尿症等。另外,很多中毒现象都与酶活性改变有关,如常用的有机磷农药敌百虫、敌敌畏等,能与胆碱酯酶活性中心的丝氨酸羟基结合而使其活性受到抑制;重金属 As^{2+}、Hg^{2+}、Ag^{2+} 等可与某些酶的巯基结合而使酶活性丧失,此外氰化物(CN^-)、一氧化碳(CO)等能与细胞色素氧化酶结合,可使呼吸链中断而严重威胁生命。

某些疾病或其他后天因素也可引起酶的异常,如急性胰腺炎时,胰蛋白酶原在胰腺中被激活而导致胰腺组织被水解破坏;激素代谢障碍或维生素缺乏也可引起某些酶活性的异常。

(二)酶与疾病的诊断

酶在临床诊断中具有重要作用。许多疾病在血液或其他体液中出现酶活性异常,其主要原因是:①细胞破裂或细胞膜的通透性增强,造成细胞内酶释放入血;②细胞的转换率增高或细胞的增殖过快,其特异的标志酶释放入血;③酶生物合成或诱导增强,释放入血的酶量增多;④酶的清除受阻,造成酶浓度增高;⑤酶的生物合成受阻,使血清酶水平下降。因此,通过酶的相关检测,可诊断疾病、观察疗效、判断预后。如许多遗传性疾病是由于先天性缺乏某种有活性的酶所致,因此可从羊水或绒毛中检测该酶的缺陷或其基因表达的缺陷进行产前诊断;当某些器官组织发生病变导致细胞损伤或细胞通透性增加,可使细胞内的某些酶进入体液中,使体液中该酶的含量升高,如急性胰腺炎时,血清淀粉酶活性增加,心梗或肝炎时,血清转氨酶活性增加;某些疾病可因酶合成速率的改变或酶的清除排泄障碍而引起血液中酶活性的改变,如肝硬化、肝坏死、胆道梗阻时,碱性磷酸酶的活性增加。因此在临床上,通过对血、尿等体液和分泌液中某些酶活性的测定,可以反映某些组织器官的病变情况,从而有助于疾病的诊断。常用于临床诊断的血清酶见表4-6。

表4-6　常用于临床诊断的血清酶

血清酶	主要来源	诊断的主要疾病
谷氨酸脱氢酶	肝	肝实质疾病
乳酸脱氢酶	心、肝、骨骼肌、红细胞、血小板、淋巴结	心肌梗死、溶血、肝实质疾病
山梨醇脱氢酶	肝	肝实质疾病
丙氨酸转氨酶	肝、骨骼肌、心	肝实质疾病
天冬氨酸转氨酶	肝、骨骼肌、心、肾、红细胞	心肌梗死、肝实质疾病、肌肉病
γ- 谷氨酰转移酶	肝、肾	肝实质疾病、酒精中毒
肌酸激酶	骨骼肌、脑、心、平滑肌	心肌梗死、肌肉病

血清酶	主要来源	诊断的主要疾病
碱性磷酸酶	肝、骨、肠黏膜、胎盘、肾	骨病、肝胆疾病
酸性磷酸酶	前列腺、红细胞	前列腺癌、骨病
淀粉酶	唾液腺、胰腺、卵巢	胰腺疾病
胆碱酯酶	肝	有机磷杀虫剂中毒、肝实质疾病
5′- 核苷酸酶	肝胆管	肝胆疾病
胰蛋白酶（原）	胰腺	胰腺疾病
醛缩酶	骨骼肌、心	肌肉病

（三）酶与疾病的治疗

临床上许多药物可通过影响酶的活性而达到治疗作用，如前所述，磺胺类药物是通过竞争性抑制细菌中的二氢叶酸合成酶活性而达到抑菌的作用；许多抗癌药物则是通过影响核苷酸代谢途径中相关的酶类而达到遏止肿瘤生长的目的；另外利用胰蛋白酶、胰凝乳蛋白酶、链激酶、尿激酶、纤溶酶、溶菌酶、木瓜蛋白酶、菠萝蛋白酶等进行外科扩创、化脓伤口的净化、浆膜粘连的防治和一些炎症的治疗；利用链激酶、尿激酶、纤溶酶等防治血栓的形成等。但由于酶是蛋白质，具有很强的抗原性，故用酶进行体内治疗疾病受到一定的限制。

二、酶在医学研究领域中的应用

酶除了与临床疾病的发生、诊断、治疗有密切关系外，在医学研究领域也有广泛的应用。

（一）酶作为试剂用于临床检验

酶法分析即酶偶联测定法是利用酶作为分析试剂，对一些酶的活性、底物浓度、激活剂和抑制剂等进行定量分析的一种方法。其原理是利用一些酶（指示酶）的底物或产物可以直接简便地监测，将该酶偶联到待测的酶促反应体系中，将本来不易直接测定的反应转化为可以直接监测的系列反应。

很多脱氢酶所催化的反应需要 NAD^+ 或 $NADP^+$ 作为辅酶。还原型辅酶在波长 340nm 处有吸收峰，而氧化型则无此吸收峰。利用此特性可以将脱氢酶与待测的酶促反应相偶联，利用自动分析仪检测后者的酶活性或底物浓度。例如，检测血清丙氨酸转氨酶时可将此反应体系与乳酸脱氢酶的反应体系偶联，利用分光光度法在 340nm 处检测 NADH 吸光度的下降值，或在激发波长 365nm 和发射波长 460nm 处跟踪 NADH 荧光度的下降值。

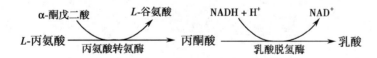

又如，血清中肌酸是利用肌酸激酶、己糖激酶和 6- 磷酸葡萄糖脱氢酶偶联，跟踪 NADPH 的变化进行检测的。

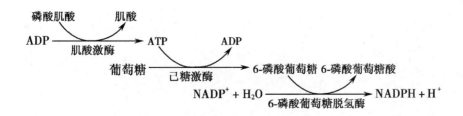

(二) 酶作为工具用于科学研究与生产

1. 基因克隆用工具酶　核酸结构的阐明和基因重组技术的建立将生命科学带到一个崭新的世界。人类基因组计划的完成开辟了生命科学的新纪元。这些成就都离不开限制性内切核酸酶、连接酶等工具酶的发现和应用。基因克隆的一个关键技术是聚合酶链反应（PCR），热稳定的 DNA 聚合酶的发现使聚合酶链反应从设想变为现实。

2. 酶标记测定法　酶可以代替核素与某些物质结合，使该物质被酶所标记。通过测定酶的活性来判断被标记物质或与其定量结合的物质的存在与含量。这种方法有很高的灵敏性，同时又可避免核素应用上的一些弊端。当前应用最多的是酶联免疫测定法（enzyme-linked immunosorbent assay，ELISA）。

3. 固定化酶　固定化酶（immobilized enzyme）是将水溶性的酶经物理或化学的方法处理，成为固定于某支持物上的不溶于水但仍具有酶活性的一种酶的衍生物。固定化酶仍保持酶的高度特异性和催化的高效率。其优点在于它具有类似离子交换树脂和亲和层析的特点，其稳定性好、机械性强，可以用装柱的方法作用于流动相中的底物，使反应管道化、连续化和自动化。反应后产物自动分开，容易收集并可反复使用。常用的支持物有聚丙烯酰胺凝胶、合成纤维、各种纤维素、活性炭、几丁质、沸石、硅胶、氢氧化铝等。

4. 抗体酶　酶的高效性和高专一性优点使人们设想通过科学的方法人工合成稳定的酶。抗体酶的研制为人工酶的产生开辟了崭新的途径。前已提及，酶可与底物过渡态牢固地互补契合，具有高度的专一性与高效性。于是人们设想可否像抗原 - 抗体结合那样，用底物的过渡态类似物作为抗原，免疫动物产生抗体。此抗体与底物有亲和力而与之结合，同时可促进底物转化成过渡态，并进而转化成产物。这种具有催化功能的抗体称为抗体酶（abzyme）。

（宋高臣）

酶是由活细胞合成,能在体内外发挥高效、特异催化作用的蛋白质。仅由多肽链组成的酶为单纯酶,含有非蛋白辅助因子的酶称为结合酶。在催化反应中,结合酶的酶蛋白和辅助因子,二者缺一不可,其中酶蛋白决定反应的特异性,辅助因子决定反应的类型与性质。酶的辅助因子包括金属离子和小分子有机化合物,根据其与酶蛋白结合的牢固程度分为辅基与辅酶。B 族维生素是辅酶或辅基的组成成分。酶的活性中心是酶发挥催化作用的关键部位,是由酶分子的必需基团相互靠近形成的具有特定空间结构的区域,此区域能与底物结合,并将底物转变为产物。酶的催化机制是酶与底物诱导契合形成过渡态产物,通过邻近效应、定向排列、多元催化和表面效应等,发挥其高效、特异的催化作用。有些酶以无活性的酶原形式存在,需在发挥作用时通过活性中心形成或暴露的过程而转化为有活性的酶。酶的化学修饰和别构调节是体内代谢快速调节的重要机制。同工酶是催化相同化学反应,但酶的分子结构与理化性质不同的一组酶,同工酶谱的变化有助于临床诊断。

影响酶促反应速度的因素有酶的浓度、底物浓度、温度、pH、抑制剂与激活剂等。酶浓度与酶促反应速度成正比;底物浓度对酶促反应速度的影响曲线呈矩形双曲线,可用米氏方程式来表示:$V=V_{max}[S]/(K_m+[S])$,其中 K_m 值是反应速度为最大速度一半时的底物浓度;温度对酶促反应具有双重影响,使反应速度达到最快时的环境温度称为最适温度;环境 pH 的改变可以通过影响酶和底物的解离状态来影响酶促反应的速度;酶的抑制作用包括不可逆性抑制与可逆性抑制两种,其中可逆性抑制作用按抑制剂与酶作用的特点又分为竞争性、非竞争性与反竞争性抑制作用三种。

先天性与后天性酶的异常均可引起疾病。血液中酶的变化可用来协助诊断临床疾病。酶可作为药物用于疾病的治疗。实际工作中,酶作为试剂已广泛地用于分子克隆、临床诊断和科学研究。抗体酶是具有催化活性的抗体,具有广阔的开发前景。

复习参考题

1. 何谓酶原激活? 举例说明酶原激活的意义。

2. 简述酶催化作用的特点。

3. 简述影响酶促反应速度的因素。

4. 何谓酶的别构调节与共价修饰调节?

5. 试述磺胺类药物的抑菌作用机制。

第二篇

物质代谢及其调节

5

糖是人类食物的主要成分,占绝大多数食物总量的 50% 以上。糖的化学本质为多羟醛或多羟酮及其衍生物,根据聚合度可分为单糖、寡聚糖和多糖。单糖一般含 3-6 个碳原子,有葡萄糖、果糖及其衍生物等;寡聚糖是指十个以下单糖连接的聚糖,最常见的为二糖,如蔗糖、乳糖等;多糖如淀粉、纤维素等。自然界中几乎所有的生物体均含糖,其中以植物中含量最多,糖约占人体干重的 2%。糖最主要的生理功能是提供生命活动所需要的能量和碳源,人体能量的 50%~70% 来自糖代谢。糖也是组成人体组织结构的重要成分,例如蛋白聚糖和糖蛋白构成结缔组织、软骨和骨的基质。糖代谢的中间产物可转变成其他含碳化合物,如氨基酸、脂肪酸、核苷酸等。糖还参与构成体内某些重要生物活性物质,如激素、酶、免疫球蛋白、血型物质和血浆蛋白等。

第一节 糖的消化吸收及其在体内代谢概况

一、糖的消化吸收

人类食物中的糖主要有植物淀粉、动物糖原以及少量的二糖,一般以淀粉为主。食物糖类进入消化道,在消化酶的作用下,水解成葡萄糖等单糖被吸收,这个水解过程称为消化。唾液与胰液中都有 α- 淀粉酶,可水解淀粉分子中的 α-1,4- 糖苷键,但食物在口腔中停留时间短,故淀粉消化主要在小肠进行。食物中还含有大量纤维素,是葡萄糖以 β-1,4- 糖苷键相连而成,人体内无 β- 糖苷酶,不能消化纤维素,但它可促进肠蠕动,对健康有益。小肠内淀粉在胰液的 α- 淀粉酶作用下,被水解为麦芽糖、麦芽三糖(两者约占 65%)及含分支的异麦芽糖和由 4~9 个葡萄糖残基构成的 α- 临界糊精(两者约占 35%)。寡糖的进一步消化在小肠黏膜刷状缘进行。α- 葡萄糖苷酶(包括麦芽糖酶)水解没有分支的麦芽糖和麦芽三糖。α- 临界糊精酶(包括异麦芽糖酶)则可水解 α-1,4- 糖苷键和 α-1,6- 糖苷键,将 α- 糊精和异麦芽糖水解成葡萄糖。肠黏膜细胞还存在蔗糖酶和乳糖酶等,分别水解蔗糖和乳糖,生成葡萄糖和其他单糖。有些先天性缺乏乳糖酶的人,在食用牛奶后发生乳糖消化障碍,而引起腹胀、腹泻等症状,此时可改食酸奶以防止其发生。

糖在小肠被消化成单糖后以主动转运的方式被吸收,再经门静脉入肝。小肠黏膜细胞对葡萄糖的吸收依赖于特定载体,在吸收过程中同时伴有 Na^+ 的转运。这类葡萄糖载体被称为 Na^+ 依赖型葡萄糖转运体(sodium-dependent glucose transporter,SGLT),它们主要存在于小肠黏膜和肾小管细胞。

二、糖在体内的代谢概况

葡萄糖吸收入血后,需进入组织细胞进行代谢。葡萄糖进入组织细胞依赖一类葡萄糖转运体(glucose transporter,GLUT)转运。现发现有 5 种 GLUT,分别在不同的组织细胞中起作用。如 GLUT-1 在人体细胞中广泛存在,如红细胞,以及脑、肌肉和肾组织的细胞等,GLUT-4 主要存在于心肌、骨骼肌和脂肪组织,且受胰岛素调节。

糖代谢主要是指葡萄糖在体内的一系列复杂的化学反应。它在不同类型细胞中的代谢途径有所不同,其分解代谢方式还在很大程度上受氧供状况的影响:在供氧充足时,葡萄糖进行有氧氧化彻底分解成 CO_2 和 H_2O;在缺氧时,则进行糖酵解生成乳酸。此外,葡萄糖也可进入磷酸戊糖途径等进行代谢,以发挥不同的生理作用。葡萄糖还可聚合成糖原,储存在肝或肌组织。有些非糖物质如乳酸、丙氨酸等可经糖异生途径转变成葡萄糖或糖原;糖也可转变为非糖物质,如脂肪酸、非必需氨基酸等,故糖代谢是体内极为重要的代谢途径。人体的糖代谢主要是葡萄糖的代谢,其他糖类所占比例较小,且主要也是经葡萄糖代谢途径进行代谢。

第二节　糖的分解代谢

葡萄糖进入细胞后,在酶的作用下,可裂解为丙酮酸,当氧供应不足时,人体将丙酮酸在胞质中还原成乳酸,在微生物中丙酮酸可转变为乙醇;当氧供应充足时,丙酮酸主要进入线粒体彻底氧化为水和 CO_2;葡萄糖还存在其他分解代谢途径,如磷酸戊糖途径。

一、糖的无氧分解

在无氧或缺氧情况下,葡萄糖或糖原分解生成乳酸的过程称为糖的无氧分解。糖的无氧分解在全身各组织细胞均可进行,尤以肌肉组织、红细胞、皮肤和肿瘤组织中特别旺盛,其全部反应定位于细胞质中。

(一) 糖的无氧分解过程

糖的无氧分解可分为两个阶段:第一阶段是由葡萄糖分解成丙酮酸的过程,共有 10 步反应,称之为糖酵解(glycolysis);第二阶段为乳酸生成,即丙酮酸还原成乳酸的过程,故糖的无氧分解过程共有如下的 11 步反应。

1. 糖酵解

(1) 葡萄糖磷酸化成为 6- 磷酸葡萄糖(glucose-6-phosphate,G-6-P):进入细胞的葡萄糖在己糖激酶催化下生成 6- 磷酸葡萄糖,己糖激酶有 4 种同工酶,分为Ⅰ~Ⅳ型,Ⅰ~Ⅲ型分布在全身各组织,而Ⅳ型只存在于肝脏,也称为葡萄糖激酶(详见糖酵解的调节)。此反应由 ATP 提供能量及磷酸基团,需要 Mg^{2+} 参与。磷酸化后葡萄糖不能自由通过细胞膜而逸出细胞,此步反应不可逆,己糖激酶是糖酵解的关键酶之一。

$$\text{葡萄糖} \xrightarrow[\text{ATP} \quad \text{ADP}]{\substack{\text{己糖激酶} \\ Mg^{2+}}} \text{6-磷酸葡萄糖}$$

(2) 6- 磷酸葡萄糖转变为 6- 磷酸果糖(fructose-6-phosphate,F-6-P):由磷酸己糖异构酶催化醛糖与酮糖的异构反应,反应是可逆的。

$$\text{6-磷酸葡萄糖} \underset{}{\overset{\text{磷酸己糖异构酶}}{\rightleftharpoons}} \text{6-磷酸果糖}$$

(3) 6- 磷酸果糖磷酸化生成 1,6- 二磷酸果糖(1,6-fructose-bisphosphate,F-1,6-BP 或 FDP):6- 磷酸果糖在磷酸果糖激酶 -1 催化下,生成 1,6- 二磷酸果糖。这是糖酵解途径中第二次磷酸化反应,同样需 ATP 和 Mg^{2+} 参与,反应是不可逆的,磷酸果糖激酶 -1 是糖酵解的限速酶。

$$\text{6-磷酸果糖} \xrightarrow[\text{ATP} \quad \text{ADP}]{\substack{\text{磷酸果糖激酶-1} \\ Mg^{2+}}} \text{1,6-二磷酸果糖}$$

(4) 磷酸己糖裂解为 2 分子磷酸丙糖:在醛缩酶催化下,1 分子 1,6- 二磷酸果糖裂解为 1 分子 3- 磷酸甘油醛和 1 分子磷酸二羟丙酮,反应是可逆的,而且有利于己糖的合成,所以称为醛缩酶,但由于 3- 磷酸甘油醛继续反应不断被消耗,故此反应能继续进行。

$$\text{1,6-二磷酸果糖} \underset{}{\overset{\text{醛缩酶}}{\rightleftharpoons}} \text{磷酸二羟丙酮+3-磷酸甘油醛}$$

(5) 磷酸丙糖的同分异构化:3- 磷酸甘油醛和磷酸二羟丙酮是同分异构体,在磷酸丙糖异构酶催化下可相互转变,当 3- 磷酸甘油醛在继续进行反应时,磷酸二羟丙酮可不断转变为 3- 磷酸甘油醛,故 1 分子磷酸已糖可生成 2 分子的 3- 磷酸甘油醛,继续下一步反应。

$$\text{磷酸二羟丙酮} \underset{}{\overset{\text{磷酸丙糖异构酶}}{\rightleftharpoons}} \text{3-磷酸甘油醛}$$

上述的五步反应是糖酵解途径中的耗能阶段,1 分子葡萄糖代谢消耗 2 分子 ATP,生成 2 分子 3- 磷酸甘油醛。

(6) 3- 磷酸甘油醛氧化生成 1,3- 二磷酸甘油酸:反应由 3- 磷酸甘油醛脱氢酶催化,以 NAD⁺ 为辅酶接受氢和电子,生成 NADH+H⁺,参加反应的还有无机磷酸。此步反应可逆。当 3- 磷酸甘油醛的醛基氧化脱氢成羧基即与磷酸形成混合酸酐(1,3- 二磷酸甘油酸)。该酸酐为高能化合物,含一高能磷酸键,可将能量转移至 ADP 生成 ATP。

$$\text{3-磷酸甘油醛} + \text{H}_3\text{PO}_4 \underset{\text{NAD}^+}{\overset{\text{3-磷酸甘油醛脱氢酶}}{\longrightarrow}} \text{1,3-二磷酸甘油酸} \quad \text{NADH+H}^+$$

(7) 1,3- 二磷酸甘油酸转变为 3- 磷酸甘油酸:磷酸甘油酸激酶催化混合酸酐上的磷酸从羧基转移到 ADP,生成 ATP 和 3- 磷酸甘油酸,反应需要 Mg²⁺。这是酵解过程中第一次产生 ATP 的反应,由于底物分子内原子重新排列,使能量集中并把高能磷酸基团直接转移给 ADP 生成 ATP,这种 ADP 或其他 NDP 的磷酸化作用与底物的脱氢作用直接相偶联的反应过程称为底物水平磷酸化(substrate level phosphorylation)。这是体内产生 ATP 的次要方式,它不需要氧。

$$\text{1,3-二磷酸甘油酸} \underset{\text{ADP} \quad \text{ATP}}{\overset{\text{3-磷酸甘油酸激酶,Mg}^{2+}}{\rightleftharpoons}} \text{3-二磷酸甘油酸}$$

(8) 3- 磷酸甘油酸转变为 2- 磷酸甘油酸:3- 磷酸甘油酸在磷酸甘油酸变位酶催化下,其磷酸基在甘油酸 C₂ 和 C₃ 间进行可逆转移,生成 2- 磷酸甘油酸。

$$\text{3-二磷酸甘油酸} \underset{}{\overset{\text{磷酸甘油酸变位酶}}{\rightleftharpoons}} \text{2-二磷酸甘油酸}$$

(9) 2- 磷酸甘油酸转变成磷酸烯醇式丙酮酸(phosphoenolpyruvate,PEP):烯醇化酶催化 2- 磷酸甘油酸脱水生成磷酸烯醇式丙酮酸,此步反应引起分子内部的电子重排和能量重新分布,形成了一个高能的磷酸烯醇式丙酮酸。

$$\text{2-二磷酸甘油酸} \underset{}{\overset{\text{烯醇化酶}}{\rightleftharpoons}} \text{磷酸烯醇式丙酮酸} + \text{H}_2\text{O}$$

(10) 磷酸烯醇式丙酮酸将能量转移给 ADP 生成 ATP 和丙酮酸:该反应由丙酮酸激酶(pyruvate kinase,PK) 催化,PK 的作用需要 K⁺ 和 Mg²⁺ 参与。反应最初生成烯醇式丙酮酸,烯醇式立即自发变成酮式。这是糖酵解过程中的第三个不可逆反应,丙酮酸激酶是糖酵解的第三个关键酶,也是该过程中第二次底物水平磷酸化。

$$\text{磷酸烯醇式丙酮酸} \underset{\text{ADP} \quad \text{ATP}}{\overset{\text{丙酮酸激酶}}{\longrightarrow}} \text{丙酮酸}$$

以上 6~10 步的五步反应中,2 分子磷酸丙糖转变成 2 分子丙酮酸,总共生成 4 分子 ATP,是能量的释放和储存阶段。

葡萄糖经上述 10 步糖酵解反应转变为丙酮酸,丙酮酸再继续反应生成乳酸。

2. 丙酮酸被还原为乳酸　在缺氧情况下,乳酸脱氢酶(lactate dehydrogenase,LDH)催化丙酮酸还原成乳酸,还原反应由 NADH+H⁺ 提供氢。NADH+H⁺ 来自上述糖酵解途径的第 6 步反应中的 3- 磷酸甘油醛脱氢反应。在缺氧情况下,NADH+H⁺ 还原丙酮酸生成乳酸,NADH+H⁺ 重新转变成 NAD⁺,使糖酵解继续进行。

这步反应是可逆反应。

$$丙酮酸 \underset{NADH+H^+ \quad NAD^+}{\overset{乳酸脱氢酶}{\rightleftharpoons}} 乳酸$$

糖酵解的起始物是葡萄糖或糖原,经历上述 11 步反应最终生成 2 分子乳酸和 2 分子 ATP(如从糖原开始,净生成 3 分子 ATP);糖酵解途径中除己糖激酶(肝中是葡萄糖激酶)、磷酸果糖激酶 -1 和丙酮酸激酶这三个酶催化的反应不可逆外,其他反应均可逆,这三个酶是糖酵解途径的关键酶,磷酸果糖激酶 -1 催化的反应速度最慢,是糖酵解的限速酶。糖酵解的全部反应可归纳如图 5-1。

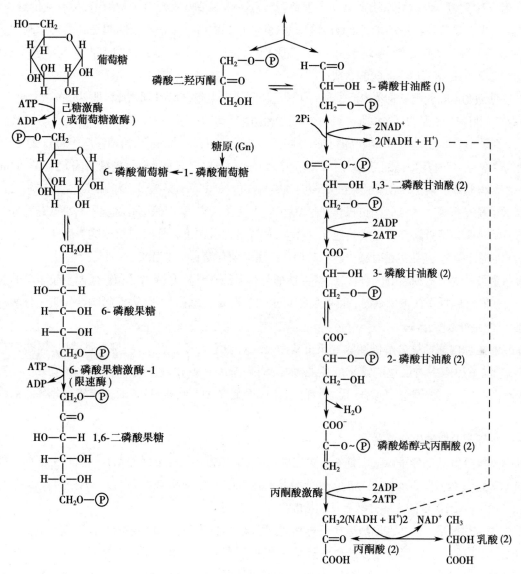

图 5-1　糖酵解的代谢途径
括号内数字为代谢物的摩尔数

(二) 糖无氧分解的调节

糖的无氧分解是一个供能途径,机体对能量的需求以及摄取的食物质和量的不同都可引起该途径速率的改变以适应生命活动。这种速率的改变方式及其影响因素存在于糖酵解阶段。糖酵解中由己糖激酶(肝中为葡萄糖激酶)、磷酸果糖激酶 -1 和丙酮酸激酶催化的 3 步不可逆反应,是糖无氧分解的 3 个调节点,分别受中间代谢物、能量和激素的调节,有别构调节和共价修饰调节,还可有酶的诱导合成作用。

1. **磷酸果糖激酶-1** 在糖酵解反应中,磷酸果糖激酶-1的催化效率最低,是糖酵解的限速酶。此酶活性受多种别构剂的影响。ATP和柠檬酸是该酶的别构抑制剂,而AMP、ADP、1,6-二磷酸果糖和2,6-二磷酸果糖等则是该酶的别构激活剂。该酶有两个结合ATP的位点,一是活性中心内的结合位点,ATP作为底物结合;另一个是活性中心外的别构剂结合位点,ATP作为别构剂与之结合。ATP与别构剂结合位点结合亲和力较低,需较高浓度ATP才能结合,起抑制酶活性作用。AMP可与ATP竞争别构剂结合位点,解除ATP的抑制作用。1,6-二磷酸果糖是该酶的反应产物,也是该酶的别构激活剂,这种产物的正反馈作用比较少见,有利于加速糖的分解。2,6-二磷酸果糖是6-磷酸果糖激酶-1最强的别构激活剂,极低浓度(μmol水平)时即可发挥激活效应。胰岛素可诱导此酶的合成,从而促进糖酵解。

2. **丙酮酸激酶** 丙酮酸激酶是第二个重要调节点。其调节方式既有别构调节,又有共价修饰调节。1,6-二磷酸果糖是其别构激活剂,而ATP、丙氨酸(肝内)、乙酰CoA和长链脂肪酸是其别构抑制剂。依赖cAMP的蛋白激酶和依赖Ca^{2+}、钙调蛋白的蛋白激酶均可使其磷酸化而失活,故胰高血糖素可通过cAMP抑制此酶活性,而胰岛素可诱导此酶的合成。

3. **己糖激酶** 哺乳类动物体内已发现有4种己糖激酶同工酶,分为I~IV型,I~III型分布在全身各组织,IV型只存在于肝脏。在脂肪、脑和肌肉组织中的己糖激酶对葡萄糖亲和力较高,其活性受产物6-磷酸葡萄糖的负反馈调节。肝细胞中的IV型己糖激酶,称为葡萄糖激酶(glucokinase)。葡萄糖激酶特异性强,只催化葡萄糖的磷酸化,但对葡萄糖的亲和力很低,K_m值为10mmol/L左右,而其他己糖激酶的K_m值在0.1mmol/L左右。葡萄糖激酶分子中无结合6-磷酸葡萄糖的别构部位,故其活性不受6-磷酸葡萄糖的影响。进食后,当6-磷酸葡萄糖很高时,肝细胞内的葡萄糖激酶仍处于活性状态,从而保证肝细胞不断摄取葡萄糖并经6-磷酸葡萄糖转变为糖原储存或合成其他非糖物质,在降低血糖浓度方面具有重要的生理意义。长链脂酰CoA是其别构抑制剂,这在饥饿时减少肝和其他组织摄取葡萄糖有一定意义。

胰岛素可诱导葡萄糖激酶的合成,此特性使葡萄糖激酶在维持血糖水平和糖代谢中起着重要的生理作用。故在肝细胞损伤或糖尿病时,此酶活性降低,可影响葡萄糖磷酸化,进而影响糖的氧化分解与糖原合成,使机体血糖浓度升高。

糖酵解是体内葡萄糖分解供能的一条重要途径。对于绝大多数组织,特别是骨骼肌,需要调节糖酵解的速率,以适应组织对能量的需求。耗能多时,细胞内ATP/AMP比例降低,磷酸果糖激酶-1和丙酮酸激酶被激活,加速葡萄糖的分解。反之,耗能少时,细胞内ATP储备丰富,通过糖酵解分解的葡萄糖就减少。

(三) 糖无氧分解的生理意义

糖的无氧分解时每分子磷酸丙糖有2次底物水平磷酸化,可生成2分子ATP。因此1mol葡萄糖可生成4mol ATP,在葡萄糖和6-磷酸果糖的磷酸化时共消耗2mol ATP,故净得2mol ATP。与糖的有氧氧化比较,所生成的ATP较少,但糖的无氧分解有其独特的生理意义。

1. **快速提供能量** 人体在剧烈运动、心肺疾患、呼吸受阻等情况时,氧供不足,需靠糖酵解提供一部分急需的能量。糖的无氧分解最主要的生理意义在于快速提供能量,这对肌肉收缩更为重要。肌内ATP含量很低,仅5~7μmol/g新鲜组织,只要肌收缩几秒钟即可耗尽。这时即使氧不缺乏,但因葡萄糖进行有氧氧化的反应过程比糖酵解长,来不及满足需要,而通过糖酵解则可迅速得到ATP。此外,当机体缺氧或剧烈运动导致肌组织局部血流不足时,能量则主要通过糖的无氧分解获得。

2. **某些组织生理情况下的供能途径** 少数组织即使在氧供应充足的情况下,仍主要靠糖的无氧分解供能,如视网膜、睾丸、肾髓质和皮肤等。成熟红细胞没有线粒体,完全依赖糖的无氧分解供应能量。神经细胞、白细胞、骨髓细胞等代谢极为活跃,即使不缺氧也常由糖的无氧分解提供部分能量;肿瘤细胞也以糖的无氧分解作为主要的供能途径,并表现出酵解抑制氧化的现象。

二、糖的有氧氧化

葡萄糖或糖原在有氧条件下彻底氧化成水和二氧化碳的过程称为有氧氧化(aerobic oxidation)。有氧氧化是糖氧化的主要方式,绝大多数组织细胞都通过它获得能量。

(一) 糖有氧氧化的反应过程

有氧氧化反应过程可分为 3 个阶段(图 5-2)。第一阶段葡萄糖或糖原氧化分解为丙酮酸,其化学反应过程与糖酵解相同。但在有氧条件下,3-磷酸甘油醛脱氢产生的 NADH+H$^+$ 可经呼吸链氧化释放能量。第二阶段为丙酮酸氧化脱羧生成乙酰 CoA。第三阶段是乙酰 CoA 经三羧酸循环和氧化磷酸化彻底氧化生成 CO_2、H_2O 和 ATP。以下主要介绍丙酮酸的氧化脱羧和三羧酸循环的反应过程。

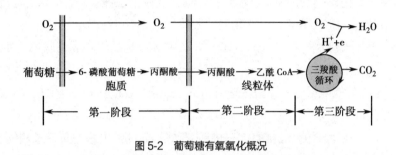

图 5-2 葡萄糖有氧氧化概况

1. 丙酮酸氧化脱羧 丙酮酸氧化脱羧生成乙酰 CoA(acetyl CoA)的总反应式为:

$$丙酮酸 + NAD^+ + CoASH \rightarrow 乙酰 CoA + NADH + H^+ + CO_2$$

此反应是在丙酮酸脱氢酶复合体(pyruvate dehydrogenase complex)催化下完成的。此复合体存在于线粒体中,是由丙酮酸脱氢酶、二氢硫辛酰胺转乙酰基酶和二氢硫辛酰胺脱氢酶 3 种酶按一定比例组合而成,其组合比例随生物体不同而异。在哺乳类动物细胞中,酶复合体由 60 个转乙酰基酶组成核心,周围排列着 12 个丙酮酸脱氢酶和 6 个二氢硫辛酰胺脱氢酶。丙酮酸脱氢酶需要焦磷酸硫胺素(TPP);二氢硫辛酰胺转乙酰基酶需要 CoASH 和硫辛酸,硫辛酸与转乙酰酶的赖氨酸 ε-氨基相连,可将乙酰基从酶复合体的一个活性部位转到另一个活性部位;二氢硫辛酰胺脱氢酶需要黄素腺嘌呤二核苷酸(FAD)和烟酰胺腺嘌呤二核苷酸(NAD$^+$)。由于多种维生素参与辅酶的组成,进而参与催化反应,故缺乏维生素会导致代谢不正常,引起各种疾病。

如图 5-3 所示,丙酮酸依次由上述 3 种酶、5 种辅酶或辅基参加催化,经以下 5 步反应生成乙酰 CoA。

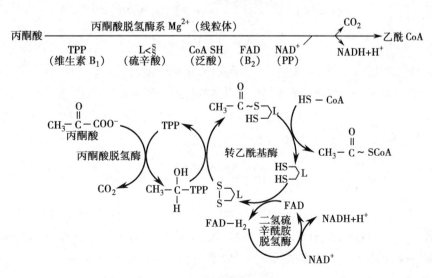

图 5-3 丙酮酸氧化脱羧

（1）丙酮酸脱羧形成羟乙基-TPP：TPP 噻唑环上的 N 与 S 之间活泼的碳原子可释放出 H^+，而成为正碳离子，与丙酮酸的羧基作用，产生 CO_2，同时形成羟乙基-TPP。

（2）由二氢硫辛酰胺转乙酰酶催化使羟乙基-TPP 上的羟乙基被氧化成乙酰基，同时转移给硫辛酰胺，形成乙酰硫辛酰胺。

（3）二氢硫辛酰胺转乙酰酶还催化乙酰硫辛酰胺上的乙酰基转移给辅酶 A 生成乙酰 CoA 并离开酶复合体，同时氧化过程中的 2 个电子使硫辛酰胺上的二硫键还原为 2 个巯基。

（4）二氢硫辛酰胺脱氢酶使还原的二氢硫辛酰胺脱氢重新生成硫辛酰胺，以进行下一轮反应。同时将氢传递给 FAD，生成 $FADH_2$。

（5）在二氢硫辛酰胺脱氢酶催化下，$FADH_2$ 上的 H 转移给 NAD^+，形成 $NADH+H^+$。

在整个反应过程中，中间产物并不离开酶复合体，这就使得上述各步反应得以迅速完成。而且因没有游离的中间产物，所以不会发生副反应。丙酮酸氧化脱羧反应是不可逆的。

2. 三羧酸循环 三羧酸循环（tricarboxylic acid cycle，TCA cycle）是乙酰 CoA 彻底氧化的途径，从乙酰 CoA 与草酰乙酸缩合生成含三个羧基的三羧酸——柠檬酸开始，经过一系列反应，最终仍生成草酰乙酸而构成循环，故称三羧酸循环或柠檬酸循环。此循环是由 Krebs 提出的，故也称 Krebs 循环。三羧酸循环在线粒体中进行，反应过程如下：

（1）柠檬酸的生成：柠檬酸合酶（关键酶之一）催化乙酰 CoA 的乙酰基与草酰乙酸缩合生成柠檬酸，释放出 CoASH，此反应不可逆。反应所需能量来自乙酰 CoA 中高能硫酯键的水解。柠檬酸合酶是三羧酸循环的关键酶。

$$乙酰CoA+草酰乙酸 \xrightarrow{\text{柠檬酸合酶}} 柠檬酸+CoASH$$

（2）异柠檬酸的生成：在顺乌头酸酶催化下，柠檬酸先脱水生成顺乌头酸，再水化生成异柠檬酸，反应的结果使 C_3 上的羟基转移到 C_2 上，此反应可逆。

$$柠檬酸 \underset{H_2O}{\overset{\text{顺乌头酸酶}}{\rightleftharpoons}} 顺乌头酸 \underset{H_2O}{\overset{\text{顺乌头酸酶}}{\rightleftharpoons}} 异柠檬酸$$

（3）第一次氧化脱羧：异柠檬酸在异柠檬酸脱氢酶催化下，脱氢、脱羧转变为 α-酮戊二酸，脱下的氢由 NAD^+ 接受，生成 $NADH+H^+$。$NADH+H^+$ 携带的氢经氧化呼吸链传递给氧，可生成 2.5 分子 ATP（见第六章）。反应不可逆，异柠檬酸脱氢酶是三羧酸循环的限速酶。

$$异柠檬酸+NAD^+ \xrightarrow[Mg^{2+}]{\text{异柠檬酸脱氢酶}} α\text{-}酮戊二酸+NADH+H^++CO_2$$

（4）第二次氧化脱羧：α-酮戊二酸在 α-酮戊二酸脱氢酶复合体催化下，脱氢、脱羧转变为琥珀酰 CoA。α-酮戊二酸氧化脱羧时释出的自由能很多，足以形成一高能硫酯键。这样，一部分能量就可以高能硫酯键形式储存在琥珀酰 CoA 内。α-酮戊二酸脱氢酶复合体与前述丙酮酸脱氢酶复合体类似，酶系也由 3 个酶、TPP、二硫辛酸、CoASH、FAD 和 NAD^+ 5 个辅酶或辅基组成，其反应过程及机制与丙酮酸的氧化脱羧反应类同，该酶系是三羧酸循环的关键酶，催化不可逆反应。

$$α\text{-}酮戊二酸+NAD^++HSCoA \xrightarrow[Mg^{2+}]{\text{α-酮戊二酸脱氢酶系}} 琥珀酰CoA+NADH+H^++CO_2$$

（5）底物水平磷酸化反应：琥珀酰 CoA 的高能硫酯键水解时，与 GDP 的磷酸化偶联，生成 GTP，其本身则转变为琥珀酸。反应是可逆的，由琥珀酸硫激酶 [又称琥珀酰 CoA 合成酶（succinyl CoA synthetase）] 催化。这是底物水平磷酸化的又一例子，也是三羧酸循环中唯一直接生成高能化合物的反应，生成的 GTP 再将其高能磷酸键转给 ADP 生成 ATP。

$$\text{琥珀酰CoA+GDP+Pi} \xrightleftharpoons[\text{琥珀酸硫激酶}]{} \text{琥珀酸+GTP+HSCoA}$$

(6) 延胡索酸的生成：琥珀酸在琥珀酸脱氢酶催化下生成延胡索酸，脱下的氢交给 FAD 生成 $FADH_2$。$FADH_2$ 携带的氢经氧化呼吸链传递给氧，可生成 1.5 分子 ATP（见第六章）。

$$\text{琥珀酸+FAD} \xrightleftharpoons[\text{琥珀酸脱氢酶}]{} \text{延胡索酸+FADH}_2$$

(7) 苹果酸的生成：延胡索酸酶催化延胡索酸加水生成苹果酸，此反应可逆。

$$\text{延胡索酸+H}_2\text{O} \xrightleftharpoons[\text{延胡索酸酶}]{} \text{苹果酸}$$

(8) 草酰乙酸的再生：苹果酸在苹果酸脱氢酶催化下生成草酰乙酸，脱下的氢由 NAD^+ 传递。再生的草酰乙酸可第二次进入三羧酸循环。

$$\text{苹果酸+NAD}^+ \xrightleftharpoons[\text{苹果酸脱氢酶}]{} \text{草酰乙酸+NADH+H}^+$$

三羧酸循环从 2 个碳原子的乙酰 CoA 与 4 个碳原子的草酰乙酸缩合成 6 个碳原子的柠檬酸开始，反复地脱氢氧化。羟基氧化成羧基后，通过脱羧方式生成 CO_2。二碳单位进入三羧酸循环后，生成 2 分子 CO_2，这是体内 CO_2 的主要来源。三羧酸循环本身每循环一次只能以底物水平磷酸化生成 1 个高能磷酸键。三羧酸循环的总反应式为：

$$\text{CH}_3\text{CO~SCoA+3NAD}^+\text{+FAD+GDP+Pi+2H}_2\text{O} \longrightarrow \text{2CO}_2\text{+3NADH+3H}^+\text{+FADH}_2\text{+HSCoA+GTP}$$

三羧酸循环反应过程可归纳如图 5-4。三羧酸循环运转一周，实质上是氧化了 1 分子乙酰 CoA。通过脱羧，生成 2 分子 CO_2，脱下的氢由递氢体传递，经氧化呼吸链与氧生成水并释放能量（见第六章）；由于关

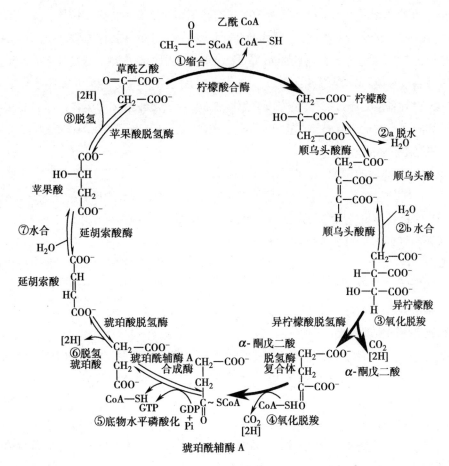

图 5-4 三羧酸循环

键酶异柠檬酸脱氢酶、柠檬酸合酶和 α- 酮戊二酸脱氢酶系催化的反应不可逆,故整个三羧酸循环是不可逆的;三羧酸循环中有 4 次脱氢反应,其中 3 次以 NAD^+ 为受氢体,1 分子 $NADH+H^+$ 经呼吸链氧化产生 2.5 分子 ATP,1 次以 FAD 为受氢体,1 分子 $FADH_2$ 经呼吸链氧化可生成 1.5 分子 ATP,加上底物水平磷酸化生成一个高能磷酸键(GTP),故 1 分子乙酰 CoA 经三羧酸循环氧化产生 10 分子 ATP。

三羧酸循环的中间产物包括草酰乙酸在内起着催化剂的作用,本身并无量的变化。从理论上讲,三羧酸循环中间产物可以循环使用而不被消耗,但这是一种动态平衡,这些中间产物随时都有参与其他代谢反应而被消耗的可能,也随时都有可能在其他代谢途径中生成而回到三羧酸循环。三羧酸循环的中间产物消耗后,不能通过乙酰 CoA 合成草酰乙酸或三羧酸循环中的其他中间产物转变得到补充;同样,这些中间产物也不可能直接在三羧酸循环中被氧化成 CO_2 和 H_2O。三羧酸循环的中间产物主要通过丙酮酸羧化生成草酰乙酸得到补充。

(二)糖有氧氧化的调节

糖有氧氧化三个阶段调节点的关键酶分别是第一阶段:己糖激酶,磷酸果糖激酶 -1,丙酮酸激酶;第二阶段:丙酮酸脱氢酶复合体;第三阶段:三羧酸循环中的柠檬酸合酶、异柠檬酸脱氢酶和 α- 酮戊二酸脱氢酶复合体。第一阶段的调节与糖酵解相同,以下主要介绍第二、三阶段的调节。

1. 丙酮酸脱氢酶复合体　此复合体受别构效应和共价修饰两种方式进行快速调节。丙酮酸脱氢酶复合体的反应产物乙酰 CoA、NADH、ATP 及长链脂肪酸是别构抑制剂,而 HSCoA、NAD^+、AMP 是其别构激活剂。在饥饿、脂肪动员加强、脂酸氧化加强时,乙酰 CoA/CoA 比值和 $NADH/NAD^+$ 比值升高,这时糖的有氧氧化被抑制,大多数组织器官利用脂肪酸作为能量来源,以确保脑等对葡萄糖的需要。丙酮酸脱氢酶激酶可使丙酮酸脱氢酶复合体磷酸化,酶蛋白构象改变失去活性。丙酮酸脱氢酶磷酸酶则使其脱磷酸而恢复活性。另外胰岛素和 Ca^{2+} 可促进丙酮酸脱氢酶的去磷酸化作用,故通过共价修饰,可以改变丙酮酸氧化的速率。

2. 三羧酸循环速率和流量的调控　三羧酸循环的速率和流量受多种因素调控。关键酶柠檬酸合酶、α- 酮戊二酸脱氢酶复合体和异柠檬酸脱氢酶的反应产物如 ATP、NADH、柠檬酸,琥珀酰 CoA 或脂肪分解产物长链脂肪酸是别构抑制剂,反之其底物如 AMP、ADP 则是别构激活剂。线粒体内 Ca^{2+} 浓度升高时,可与异柠檬酸脱氢酶和 α- 酮戊二酸脱氢酶复合体结合,而使酶激活;也可激活丙酮酸脱氢酶复合体,从而推动三羧酸循环和有氧氧化的进行。另外氧化磷酸化的速率对三羧酸循环的运转也起着非常重要的作用。三羧酸循环 4 次脱氢产生的 NADH 或 $FADH_2$ 经氧化磷酸化生成 H_2O 和 ATP,才能使脱氢反应继续进行。三羧酸循环的调控如图 5-5 所示。

3. 有氧氧化对糖酵解的影响　法国科学家 Pastuer 发现酵母菌在无氧时进行生醇发酵;将其转移至有氧环境,生醇发酵即被抑制。这种有氧氧化抑制生醇发酵(或糖酵解)的现象被称为巴斯德效应(Pastuer effect)。肌组织也有这种情况,缺氧时,丙酮酸不能进入三羧酸循环,而在胞质中转变成乳酸。通过糖酵解消耗的葡萄糖为有氧氧化时的 7 倍。关于丙酮酸的代谢去向,由 $NADH+H^+$ 去路决定。有氧时 $NADH+H^+$ 可进入线粒体内氧化,丙酮酸就进行有氧氧化而不生成乳酸,所以有氧氧化抑制酵解。缺氧时 $NADH+H^+$ 不能被氧化,丙酮酸就作为氢接受体而生成乳酸。缺氧时氧化磷酸化受阻,ADP 与 Pi 不能合成 ATP,ADP/ATP 比例升高,增强胞质内磷酸果糖激酶 -1 及丙酮酸激酶活性,促进葡萄糖的酵解。

(三)糖有氧氧化的生理意义

1. 有氧氧化是体内供能的主要途径　如前所述,1 分子葡萄糖经第一阶段可裂解为 2 分子丙酮酸和 2 分子 $NADH+H^+$,2 分子 ATP。$NADH+H^+$ 经呼吸链可生成 $2×2.5=5$(或 $2×1.5=3$)分子 ATP;2 分子丙酮酸脱氢可产生 2 分子 $NADH+H^+$,又可生成 5 分子 ATP;2 分子乙酰 CoA 经三羧酸循环氧化共产生 20 分子 ATP,以上合计共产生 32(或 30)分子 ATP,即 1mol 的葡萄糖彻底氧化生成 CO_2 和 H_2O,可净生成 32mol ATP 或 30mol ATP(见第六章)。而糖酵解从葡萄糖开始仅生成 2mol ATP(若从糖原开始生成 3mol ATP),前者是后者的 16(或 15)倍。

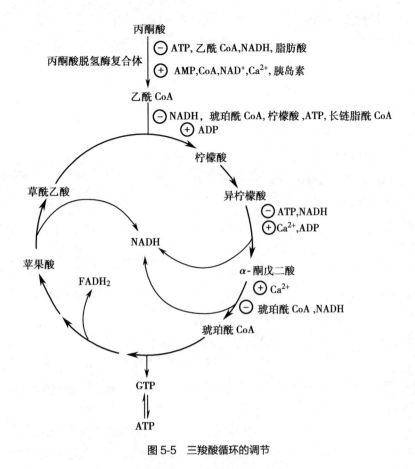

丙酮酸

$\ominus$ ATP, 乙酰 CoA, NADH, 脂肪酸

$\oplus$ AMP, CoA, NAD$^+$, Ca^{2+}, 胰岛素

丙酮酸脱氢酶复合体

乙酰 CoA

$\ominus$ NADH, 琥珀酰 CoA, 柠檬酸, ATP, 长链脂酰 CoA

$\oplus$ ADP

柠檬酸

草酰乙酸

异柠檬酸

$\ominus$ ATP, NADH

$\oplus$ Ca^{2+}, ADP

NADH

苹果酸

FADH$_2$

α-酮戊二酸

$\oplus$ Ca^{2+}

$\ominus$ 琥珀酰 CoA, NADH

琥珀酰 CoA

GTP

ATP

图 5-5　三羧酸循环的调节

脑是机体耗能大的主要器官,耗氧量占全身耗氧的 20%~25%,几乎以葡萄糖为唯一能源物质,以有氧氧化方式供能,每天约消耗 100g 葡萄糖,故有氧氧化对维持脑功能有重要意义。

2. 三羧酸循环是体内三大营养物质彻底氧化的共同途径　糖、脂肪、蛋白质经各自的分解代谢途径之后,均生成乙酰 CoA,然后进入三羧酸循环彻底氧化成 H$_2$O、CO$_2$ 并生成大量 ATP。实际上,三羧酸循环中只有一个底物水平磷酸化反应生成高能磷酸键。循环本身并不是释放能量、生成 ATP 的主要环节。其作用在于通过 4 次脱氢反应,为氧化磷酸化反应生成 ATP 提供 NADH+H$^+$ 和 FADH$_2$。

3. 三羧酸循环是体内三大营养物质代谢联系的枢纽　体内葡萄糖分解生成的乙酰 CoA 可以转变成脂肪,但前者在线粒体中进行,后者在胞质中进行,细胞可通过三羧酸循环的反应将乙酰 CoA 运送出线粒体(见第七章)。糖分解代谢产生的丙酮酸、α-酮戊二酸、草酰乙酸等可通过联合脱氨基逆行(见第八章)分别转变成丙氨酸、谷氨酸和天冬氨酸;同样这些氨基酸也可脱氨基后生成相应的 α-酮酸进入三羧酸循环彻底氧化,也可通过草酰乙酸转变为糖。脂肪分解产生甘油和脂肪酸,前者可转变成磷酸二羟丙酮,后者可生成乙酰 CoA,它们均可进入三羧酸循环氧化供能,故三羧酸循环是糖、脂肪、氨基酸互变的枢纽。三羧酸循环中的某些成分也可用于合成其他物质,例如琥珀酰 CoA 可用于血红素的合成,乙酰 CoA 是合成胆固醇的原料。

三、磷酸戊糖途径

除了糖酵解、糖有氧氧化外,葡萄糖还可经磷酸戊糖途径(pentose phosphate pathway)进行分解代谢。磷酸戊糖途径在胞质中进行,该途径的主要功能不是生成 ATP 供能,而是生成对细胞的生命活动具有重要意义的磷酸核糖和 NADPH。

(一) 磷酸戊糖途径的反应过程

磷酸戊糖途径在胞质中进行,反应过程分为两个阶段。第一个阶段是 6- 磷酸葡萄糖脱氢生成磷酸戊糖,第二阶段是一系列基团转移反应(图 5-6)。

1. **磷酸戊糖生成** 6- 磷酸葡萄糖脱氢酶(glucose-6-phosphate dehydrogenase, G-6-PD)催化 6- 磷酸葡萄糖脱氢生成 6- 磷酸葡萄糖酸内酯,并生成 NADPH,此酶是整个磷酸戊糖途径的限速酶,需要 Mg^{2+} 参与。6- 磷酸葡萄糖酸内酯在内酯酶的作用下水解为 6- 磷酸葡萄糖酸,后者在 6- 磷酸葡萄糖酸脱氢酶作用下再次脱氢并自发脱羧而转变为 5- 磷酸核酮糖,同时生成 NADPH 及 CO_2。5- 磷酸核酮糖在异构酶作用下,即转变为 5- 磷酸核糖;或者在差向异构酶作用下,转变为 5- 磷酸木酮糖。在 6- 磷酸葡萄糖生成 5- 磷酸核糖的过程中,共生成 2 分子 NADPH 和 1 分子 CO_2。

2. **基团转移反应** 在第一阶段中共生成 1 分子磷酸核糖和 2 分子 NADPH。前者用以合成核苷酸,后者用于许多化合物的合成代谢。但细胞中合成代谢消耗的 NADPH 远比核糖需要量大,因此,葡萄糖经此途径生成多余的核糖。第二阶段反应的意义就在于通过一系列基团转移反应,将多余的核糖转变成 6- 磷酸果糖和 3- 磷酸甘油醛而进入糖酵解途径。因此磷酸戊糖途径也称磷酸戊糖旁路。

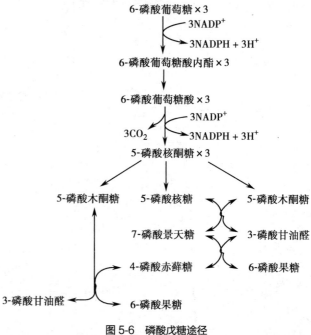

图 5-6 磷酸戊糖途径

基团转移反应中,2 分子 5- 磷酸木酮糖和 2 分子 5- 磷酸核糖在转酮醇酶催化下生成 2 分子 7- 磷酸景天糖和 2 分子 3- 磷酸甘油醛;生成的产物再在转醛醇酶催化下生成 2 分子 6- 磷酸果糖和 2 分子 4- 磷酸赤藓糖;后者再与 2 分子 5- 磷酸木酮糖在转酮醇酶催化下,生成 2 分子 6- 磷酸果糖和 2 分子 3- 磷酸甘油醛。2 分子 3- 磷酸甘油醛可缩合成 6- 磷酸果糖。

综上所述,1 分子 6- 磷酸葡萄糖经磷酸戊糖途径氧化,需 5 分子 6- 磷酸葡萄糖伴行,最后又生成 5 分子 6- 磷酸果糖,实际消耗 1 分子 6- 磷酸葡萄糖;磷酸戊糖途径有两次脱氢,6 分子 6- 磷酸葡萄糖共生成 12 分子 NADPH+H^+;有一次脱羧生成 CO_2,6 分子 6- 磷酸葡萄糖共生成 6 分子 CO_2;由于反应过程中有多种磷酸戊糖生成,故称为磷酸戊糖途径;限速酶是 6- 磷酸葡萄糖脱氢酶(G-6-PD),本途径的速率由 NADPH/$NADP^+$ 比例调控,NADPH 可反馈抑制此途径。磷酸戊糖途径的反应可归纳于图 5-6,总反应式为:

$$6\text{-磷酸葡萄糖} \times 6 + 6H_2O \xrightarrow[12NADP^+ \quad 12(NADPH+H^+)]{} 6\text{-磷酸果糖} \times 4 + 3\text{-磷酸甘油醛} \times 2 + 6CO_2$$

(二) 磷酸戊糖途径的生理意义

1. **为核酸的生物合成提供核糖** 5- 磷酸核糖是核酸和游离核苷酸的组成成分。磷酸戊糖途径是体内利用葡萄糖生成 5- 磷酸核糖的主要途径,为体内核苷酸和核酸的合成提供原料。

2. **提供 NADPH 作为供氢体参与多种代谢反应**

(1) NADPH 是体内许多合成代谢的供氢体:NADPH 作为供氢体参与胆固醇、脂肪酸、皮质激素和性激素等的生物合成,也参与非必需氨基酸的合成。

(2) NADPH 是加单氧酶系(羟化反应)的供氢体:有些羟化反应与生物转化(biotransformation)有关,因而 NADPH 参与药物、毒物和某些激素等的代谢(见第十八章)。

（3）NADPH 可维持谷胱甘肽（GSH）的还原态：还原型谷胱甘肽是体内重要的抗氧化剂，可以保护一些含 -SH 基的蛋白质或酶免受氧化剂尤其是过氧化物的损害。在红细胞中还原型谷胱甘肽更具有重要作用。它可以保护红细胞膜蛋白的完整性。6- 磷酸葡萄糖脱氢酶是磷酸戊糖途径的限速酶，如先天缺乏此酶，在进食蚕豆或服用氯喹、磺胺药等药物后易发生溶血性黄疸及贫血，此病被称为蚕豆病。致病机制为由于不能经磷酸戊糖途径得到充足的 NADPH 来维持还原型 GSH 的量，故红细胞易破裂，造成溶血性黄疸。

案例 5-1

患儿，男性，2 岁，因面色苍白伴血尿 2 天入院。2 天前患儿食新鲜蚕豆后，次日出现发热、恶心、呕吐，排浓茶尿症状，其母曾有类似病史。体格检查：体温 38℃，脉搏 148 次 /min，血压正常，呼吸急促，神情萎靡，皮肤及巩膜黄染，肝大。实验室检查：红细胞、血红蛋白及结合胆红素的值偏低，未结合胆红素值升高，肾功能正常，尿镜下未见红细胞。

思考：1. 该患儿可能患何疾病？

2. 发病机制是什么？

解析：1. 该患儿可能患蚕豆病，蚕豆病起病急，大多在进食新鲜蚕豆后 1~2 天内发生全身不适、疲倦乏力、畏寒、发热、头晕、头痛、厌食、恶心、呕吐、腹痛等。脉搏微弱而速，巩膜轻度黄染，尿色如浓红茶或甚至如酱油。

2. 蚕豆病是一种 6- 磷酸葡萄糖脱氢酶（G-6-PD）缺乏所导致的疾病，已知有遗传缺陷的敏感红细胞，因 G-6-PD 的缺陷不能提供足够的 NADPH 以维持还原型谷胱甘肽（GSH）的还原性（抗氧化作用），在遇到蚕豆和某种因子后更诱发了红细胞膜被氧化，产生溶血反应。G-6-PD 有保护正常红细胞免遭氧化破坏的作用，新鲜蚕豆是很强的氧化剂，当 G-6-PD 缺乏时则红细胞被破坏而致病。

第三节　糖原的合成与分解

糖原（glycogen）是糖在体内的储存形式，体内肝脏、肌肉和肾脏都能合成糖原。食物来源的糖类大部分转变成脂肪（甘油三酯）后储存于脂肪组织内，只有一小部分以糖原形式储存。糖原作为葡萄糖储备的生物学意义在于它可以迅速被动用或供能或补充血糖以满足机体的急需；而脂肪则较慢，且基本不能转变为血糖。肝糖原占肝脏重量的 5%，总量约 100g，肌糖原占肌肉重量的 1%~2%，总量为 300g，肾糖原含量极少主要参与肾酸碱平衡的调节）。人体糖原总量为 400g，如只靠糖原供能，仅能消耗 8~12 小时。肝和肌是储存糖原的主要组织器官，但肝糖原和肌糖原的生理意义又有区别。肝糖原能直接分解维持血糖，但肌糖原不能直接补充血糖，需先经酵解生成乳酸，再经糖异生作用转变成糖。

糖原是由葡萄糖以 α-1,4 糖苷键（直链）与 α-1,6 糖苷键（支链）连接成的大分子。糖原合成与糖原分解的过程，实际上是糖原分子变大与变小的过程。

一、糖原的合成

葡萄糖加到糖原"引物"上，使糖原分子变大的过程称为糖原合成（glycogenesis）。葡萄糖先在己糖激酶或葡萄糖激酶（肝）作用下磷酸化成为 6- 磷酸葡萄糖，再转变成 1- 磷酸葡萄糖。后者与尿苷三磷酸（UTP）

反应生成尿苷二磷酸葡萄糖（uridine diphosphate glucose，UDPG）及焦磷酸。

$$\text{1-磷酸葡萄糖} \underset{\text{UTP} \quad \text{PPi}}{\overset{\text{UDPG焦磷酸化酶}}{\rightleftarrows}} \text{尿苷二磷酸葡萄糖（UDPG）}$$

反应是可逆的，由 UDPG 焦磷酸化酶（UDPG pyrophosphorylase）催化。由于焦磷酸在体内迅速被焦磷酸酶水解，使反应向右进行。这一过程消耗的 UTP 可由 ATP 和 UDP 通过转磷酸基团生成，故糖原合成是个耗能过程。糖原分子上每增加一分子葡萄糖，需消耗 2 分子 ATP。UDPG 可看作"活性葡萄糖"，在体内作为葡萄糖供体。

最后在糖原合酶（glycogen synthase）作用下，UDPG 的葡萄糖基转移给糖原引物的糖链末端，形成 α-1，4-糖苷键。所谓糖原引物是指原有的细胞内的较小的糖原分子。游离葡萄糖不能作为 UDPG 的葡萄糖基的接受体。上述反应反复进行，可使糖链不断延长。糖原合成过程的限速酶是糖原合酶。

$$\underset{\text{（UDPG）}\quad\text{（G}_n\text{）}}{\text{尿苷二磷酸葡萄糖+糖原"引物"}} \xrightarrow{\text{糖原合酶}} \underset{\text{（UDP）（G}_{n+1}\text{）}}{\text{尿苷二磷酸+糖原}}$$

在糖原合酶作用下，糖链只能延长，不能形成分支，当链长增至超过 11 个葡萄糖残基时，分支酶就将长约 7 个葡萄糖残基的糖链转移至另一段糖链上，以 α-1，6-糖苷键连接，从而形成糖原分子的分支（图 5-7）。在糖原合酶和分支酶的交替作用下，糖原分子变长，分支变多，分子变大。分支的形成不仅可增加糖原的水溶性，更重要的是可增加非还原端数目，以便多个磷酸化酶同时作用迅速分解糖原。

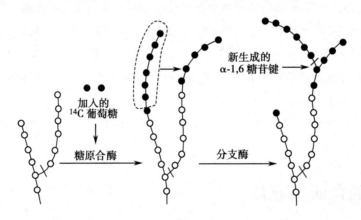

图 5-7　分支酶的作用

二、糖原的分解

糖原分解（glycogenolysis）习惯上是指肝糖原分解为葡萄糖。从糖原分子的非还原端开始，在糖原磷酸化酶（glycogen phosphorylase）作用下分解，生成 1- 磷酸葡萄糖。1- 磷酸葡萄糖在变位酶催化下，转变成 6- 磷酸葡萄糖，此步反应可逆。在肝脏合成的葡萄糖 -6- 磷酸酶催化下，加水，脱磷酸，使 6- 磷酸葡萄糖转变成葡萄糖。葡萄糖 -6- 磷酸酶只存在于肝、肾中，而不存在于肌肉中，所以只有肝、肾糖原可直接补充血糖，而肌糖原只能进行糖酵解，生成乳酸后再经糖异生作用转变成糖。

磷酸化酶是糖原分解的限速酶，该酶只能水解 α-1，4- 糖苷键而对 α-1，6- 糖苷键无作用。当糖链上的葡萄糖基逐个磷酸解至离分支点约 4 个葡萄糖基时，由脱支酶将 3 个葡萄糖基转移到邻近糖链的末端，仍以 α-1，4- 糖苷键连接。剩下 1 个以 α-1，6- 糖苷键与糖链形成分支的葡萄糖基被脱支酶水解成游离葡萄糖（图 5-8）。糖原在磷酸化酶与脱支酶的交替作用下分解，分子越变越小。

糖原合成及分解代谢途径可归纳于图 5-9。

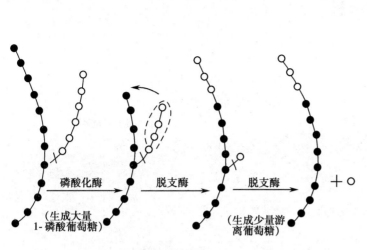

图 5-8　脱支酶的作用

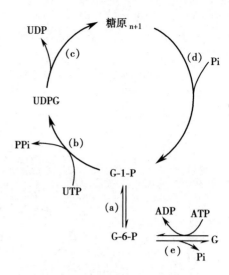

图 5-9　糖原的合成与分解

a. 磷酸葡萄糖变位酶；b.UDPG 焦磷酸化酶；c. 糖原合酶；d. 磷酸化酶；e. 葡萄糖 6- 磷酸酶

三、糖原合成与分解的调节

糖原合成和分解代谢的限速酶分别是糖原合酶和糖原磷酸化酶。这两种酶均存在磷酸化和去磷酸化两种形式，但两酶磷酸化后活性表现不同，即糖原合酶磷酸化后处于无活性状态，而磷酸化酶磷酸化后处于活性状态，从而调节糖原合成和分解的速率，以适应机体的需要。糖原合酶的磷酸化通过激素介导的蛋白激酶 A（PKA）催化；糖原磷酸化酶的磷酸化由磷酸化酶激酶催化，磷酸化酶激酶也由 PKA 催化。磷酸化酶激酶也有磷酸化和去磷酸化两种形式，在 PKA 作用下磷酸化酶激酶 b 转变为磷酸化的有活性的磷酸化酶激酶 b。糖原合酶和磷酸化酶活性调节均有共价修饰和别构调节两种形式。

（一）共价修饰

糖原合酶和磷酸化酶的共价修饰均受激素的调节，这些激素通过 cAMP- 蛋白激酶系统改变酶的活性。例如，饥饿时血糖含量下降，促进胰高血糖素和肾上腺素分泌增加，两者分别与其细胞膜上的特异受体结合，激活膜上腺苷酸环化酶的活性，此酶催化 ATP 转变成 cAMP，后者可激活 PKA。PKA 催化有活性的糖原合酶 a 磷酸化，转变成无活性的糖原合酶 b，使糖原合成减少；同时 PKA 也激活磷酸化酶激酶 b，后者催化无活性的磷酸化酶 b 磷酸化，转变为有活性的磷酸化酶 a，促进糖原分解，维持血糖浓度恒定。肾上腺素使肝及肌肉中的 cAMP 水平增高，有利于肝糖原及肌糖原分解，胰高血糖素使肝内的 cAMP 水平升高，有利于肝糖原直接分解补充血糖。饱食后则相反，胰岛素分泌增加，通过增强磷酸二酯酶活性，分解 cAMP 降低其浓度，从而抑制 PKA，解除对磷蛋白磷酸酶的抑制，使糖原合酶和磷酸化酶均脱去磷酸，从而激活糖原合酶、抑制磷酸化酶，加速糖原合成、抑制糖原分解。共价修饰过程归纳如图 5-10。

（二）别构调节

葡萄糖或 ATP 是磷酸化酶的别构抑制剂，而 AMP 则是磷酸化酶的别构激活剂。6- 磷酸葡萄糖是糖原合酶的别构激活剂，却是磷酸化酶的别构抑制剂，ATP 也可别构激活糖原合酶，促进糖原合成，抑制糖原分解。

四、糖原贮积症

糖原贮积症（glycogen storage disease）是一类遗传性代谢病，其特点为体内某些器官组织中有大量糖原堆

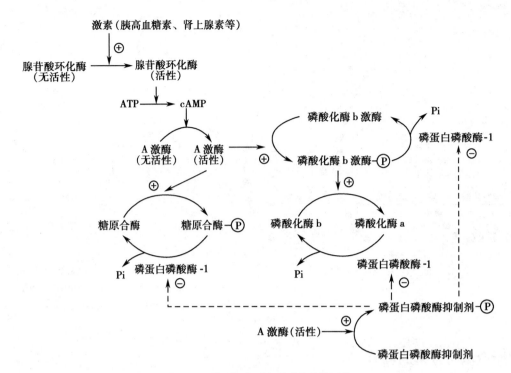

图 5-10　糖原合成、分解的共价修饰调节

积。引起糖原贮积症的病因是患者先天缺乏与糖原代谢,特别是糖原分解代谢有关的酶类。根据所缺陷酶的种类不同,本症可分为Ⅰ~Ⅷ型,每型糖原贮积症受累器官部位不同,糖原结构也有差异,对健康或生命的影响程度也不同。如Ⅰ型患者缺乏葡萄糖 -6- 磷酸酶,不能动用糖原维持血糖,将引起严重后果,为减轻症状,需少量多餐。糖原贮积症分型见表 5-1。

表 5-1　糖原贮积症分型

型别	缺陷的酶	受累器官	糖原结构
Ⅰ	葡萄糖 -6- 磷酸酶	肝、肾	正常
Ⅱ	溶酶体 α- 葡糖苷酶	所有组织	正常
Ⅲ	脱支酶	肝、肌肉	分支多、外周糖链短或无
Ⅳ	分支酶	所有组织	分支少、外周糖链特别长
Ⅴ	肌糖原磷酸化酶	肌肉	正常
Ⅵ	肝糖原磷酸化酶	肝	正常
Ⅶ	磷酸果糖激酶 -1	肌肉、红细胞	正常
Ⅷ	磷酸化酶激酶	脑、肝	正常

第四节　糖异生

体内糖原的储备有限,正常成人每小时可由肝释出葡萄糖 210mg/kg 体重,理论上,8~12 小时肝糖原即被耗尽,血糖无法维持。事实上即使禁食 24 小时,血糖仍维持于正常范围,长期饥饿时也仅略下降。这时除了周围组织减少对葡萄糖的利用外,主要还是依赖肝将氨基酸、乳酸等转变成葡萄糖,不断地补充血糖。这种从非糖化合物(乳酸、甘油、生糖氨基酸等)转变为葡萄糖或糖原的过程称为糖异生(gluconeogenesis)。机体内进行糖异生补充血糖的主要器官是肝,肾在正常情况下糖异生能力只有肝的1/10,但长期饥饿时肾糖异生能力则可代偿性增强至几乎与肝相同。

一、糖异生途径

从丙酮酸生成葡萄糖的具体反应过程称为糖异生途径(gluconeogenic pathway)。其他非糖物质可先转变为丙酮酸或糖异生途径的中间代谢物,再进行糖异生。糖异生途径基本上是糖酵解的逆行。糖酵解的三个关键酶催化的反应是不可逆的,称为"能障"。在另外四个酶催化下,可绕过这三个能障,使非糖物质顺利转变为葡萄糖,这三个能障相关反应过程如下:

(一)丙酮酸转变为磷酸烯醇式丙酮酸

糖酵解途径中磷酸烯醇式丙酮酸由丙酮酸激酶催化生成丙酮酸。在糖异生途径中其逆过程由两步反应组成:

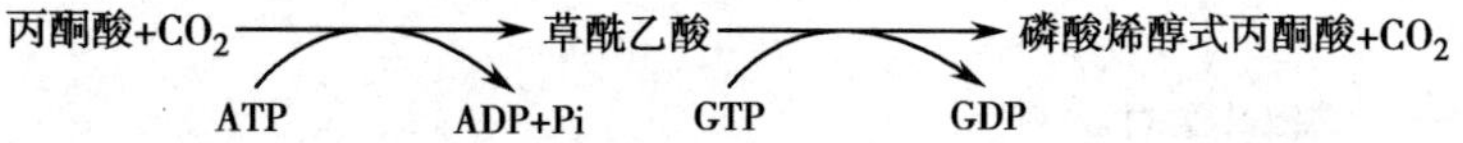

$$\text{丙酮酸} + CO_2 \xrightarrow[\text{ATP} \quad \text{ADP+Pi}]{} \text{草酰乙酸} \xrightarrow[\text{GTP} \quad \text{GDP}]{} \text{磷酸烯醇式丙酮酸} + CO_2$$

催化第一步反应的是丙酮酸羧化酶,其辅酶为生物素。反应分两步,CO_2先与生物素结合,需消耗ATP;然后活化的CO_2再转移给丙酮酸生成草酰乙酸。

第二步反应由磷酸烯醇式丙酮酸羧激酶催化草酰乙酸转变成磷酸烯醇式丙酮酸。反应中消耗一个高能磷酸键,同时脱羧。上述两步反应共消耗2个ATP。

由于丙酮酸羧化酶仅存在于线粒体内,故胞质中的丙酮酸必须进入线粒体,才能羧化生成草酰乙酸。而磷酸烯醇式丙酮酸羧激酶在线粒体和胞质中都存在,因此草酰乙酸可在线粒体中直接转变为磷酸烯醇式丙酮酸再进入胞质,也可在胞质中被转变为磷酸烯醇式丙酮酸。但是,草酰乙酸不能直接透过线粒体内膜,需借助两种方式将其转运入胞质:一种是经苹果酸脱氢酶作用,将其还原成苹果酸,然后通过线粒体内膜进入胞质,再由胞质中苹果酸脱氢将苹果酸脱氢氧化为草酰乙酸而进入糖异生反应途径。另一种方式是经天冬氨酸转氨酶的作用,生成天冬氨酸后再逸出线粒体,进入胞质中的天冬氨酸再经胞质中丙氨酸转氨酶的催化而恢复生成草酰乙酸。

(二)1,6-二磷酸果糖转变为6-磷酸果糖

这是糖异生途径的第2个能障,在果糖二磷酸酶-1催化下,1,6-二磷酸果糖水解生成6-磷酸果糖。

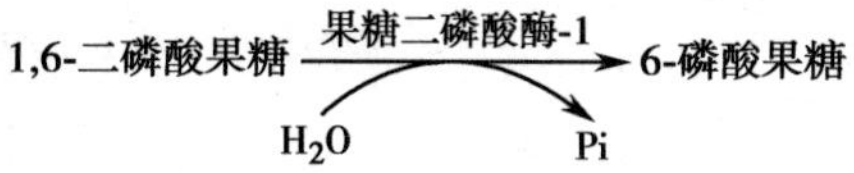

$$\text{1,6-二磷酸果糖} \xrightarrow[H_2O \quad \text{Pi}]{\text{果糖二磷酸酶-1}} \text{6-磷酸果糖}$$

(三)6-磷酸葡萄糖水解为葡萄糖

此步反应与糖原分解的最后一步相同,在肝(肾)中存在的葡萄糖-6-磷酸酶催化下,6-磷酸葡萄糖水解为葡萄糖。

糖异生的原料为乳酸,甘油及生糖氨基酸。乳酸可脱氢生成丙酮酸;甘油先磷酸化为α-磷酸甘油,再脱氢生成磷酸二羟丙酮;丙氨酸等生糖氨基酸通过联合脱氨基作用(见第八章),逆行转变成丙酮酸或草酰乙酸,然后均可通过糖异生途径转变为糖,故糖异生途径是体内维持血糖浓度的最重要途径。糖异生途径可归纳如图5-11。

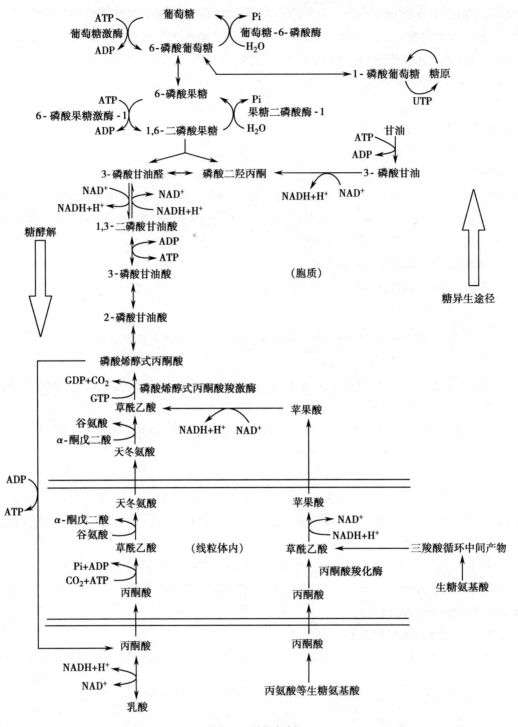

图 5-11　糖异生途径

二、糖异生的调节

糖异生途径 4 个关键酶,即丙酮酸羧化酶、磷酸烯醇式丙酮酸羧激酶、果糖二磷酸酶及葡萄糖 -6- 磷酸酶,受多种代谢物及激素的调节。此外,糖酵解与糖异生是方向相反的两条代谢途径,促进糖异生的别构剂或激素,必然抑制糖酵解。

(一) 代谢物的调节

1. ATP、柠檬酸促进糖异生作用　ATP、柠檬酸是磷酸果糖激酶 -1 的别构抑制剂,是果糖二磷酸酶的别构激活剂,可促进糖异生作用;ADP、AMP 和 2,6- 二磷酸果糖是果糖二磷酸酶的别构抑制剂,抑制糖异生作用。目前认为 2,6- 二磷酸果糖的水平是肝内调节糖的分解或糖异生反应方向的主要信号。

2. 乙酰 CoA 促进糖异生作用　乙酰 CoA 是丙酮酸羧化酶的别构激活剂,又能反馈抑制丙酮酸脱氢酶复合体的活性。例如,饥饿时脂肪动员,大量脂酰 CoA 在线粒体内进行 β- 氧化,生成大量的乙酰 CoA,并释放 ATP。乙酰 CoA 激活丙酮酸羧化酶同时抑制丙酮酸脱氢酶复合体,ATP 激活果糖二磷酸酶并同时抑制磷酸果糖激酶 -1,最终表现为促进糖异生,抑制糖的分解。

（二）激素调节

1. 糖皮质激素　糖皮质激素是最重要的调节糖异生的激素,可诱导肝内糖异生的 4 个关键酶的合成,又能促进肝外组织蛋白质分解为氨基酸,使糖异生原料增加,进一步促进糖异生。

2. 肾上腺素和胰高血糖素　此 2 种激素均可激活肝细胞膜上的腺苷酸环化酶,使 cAMP 水平提高,进而增强磷酸烯醇式丙酮酸羧激酶活性,促进糖异生;另外它们促进脂肪分解为甘油和脂肪酸,甘油是糖异生的原料,脂肪酸氧化产生的乙酰 CoA 可促进糖异生作用。胰高血糖素还能诱导磷酸烯醇式丙酮酸羧激酶基因的表达,增加酶的合成,促进糖异生。

3. 胰岛素　胰岛素阻遏磷酸烯醇式丙酮酸羧激酶的合成,同时抑制腺苷酸环化酶的活性,使 cAMP 水平下降,抑制糖异生作用。

三、糖异生的生理意义

1. 饥饿情况下维持血糖浓度恒定　空腹或饥饿时,肝糖原分解产生的葡萄糖仅能维持 8~12 小时,此后,机体完全依靠糖异生作用来维持血糖浓度恒定,这是糖异生最主要的生理意义。饥饿时,肌肉产生的乳酸量较少,因为乳酸的多少与运动强度有关,所以,主要以氨基酸和甘油作为糖异生的原料。在饥饿早期,一方面肌肉蛋白质分解为氨基酸,再以丙氨酸和谷氨酰胺形式运输至肝脏进行糖异生;另一方面随着脂肪组织中脂肪分解增强,运送至肝脏的甘油增多,也用于糖异生转变为葡萄糖,维持血糖水平,保证脑、红细胞等重要器官的能量供应。

2. 调节酸碱平衡　长期饥饿时,肾糖异生增强,可促进肾小管细胞分泌氨,有利于肾脏的排 H^+ 保 Na^+,使 NH_3 与原尿中 H^+ 生成 NH_4Cl 排出体外,从而降低原尿中 H^+ 的浓度;另外使乳酸经糖异生作用转变成糖,可防止乳酸堆积,这些均对维持机体酸碱平衡有一定意义。

3. 有利于乳酸的利用（见乳酸循环）

四、乳酸循环

当肌肉在缺氧或剧烈运动时,肌糖原经糖酵解产生大量乳酸,由于肌肉组织内不能进行糖异生作用,所以乳酸经细胞膜弥散入血液,经血液循环被肝摄取,在肝内异生为葡萄糖。葡萄糖释入血液后又可被肌肉摄取,这就构成了一个循环,称为乳酸循环,也称为 Cori 循环（图 5-12）。乳酸循环的形成是由于肝和肌组织中酶的特点所致。乳酸循环的生理意义第一可防止因乳酸堆积引起的酸中毒;第二有利于肌肉中乳酸的回收利用,避免浪费能源。乳酸循环是耗能的过程,2 分子乳酸异生为葡萄糖需消耗 6 分子 ATP。

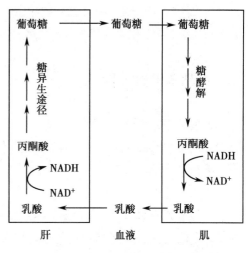

图 5-12　乳酸循环

第五节　血糖的调节及糖代谢障碍

在机体各种调节机制作用下,正常人体内存在一整套精细调节糖代谢的机制,能满足细胞生命活动的需要。但是,在一些神经系统疾患、内分泌失调、肝、肾功能障碍及某些酶的遗传缺陷等情况下,糖代谢会出现障碍,导致发生一些临床症状,如高血糖、糖尿病或低血糖等代谢异常疾病。

一、血糖的来源与去路

血液中的葡萄糖称为血糖,正常人空腹血糖浓度为 3.89~6.11mmol/L(70~110mg/dl)。正常情况下,血糖浓度保持相对恒定,这对保证组织器官的正常生理活动极为重要,特别是脑和红细胞,因它们主要靠血糖供能。

血糖的来源为肠道吸收、肝糖原分解或肝内糖异生生成的葡萄糖释入血液内。血糖的去路则为周围组织以及肝的摄取利用。这些组织中摄取的葡萄糖的利用、代谢各异。某些组织用于氧化供能;肝、肌可用于合成糖原;脂肪组织和肝可将其转变为甘油三酯等。血糖的来源与去路可总结如图 5-13。

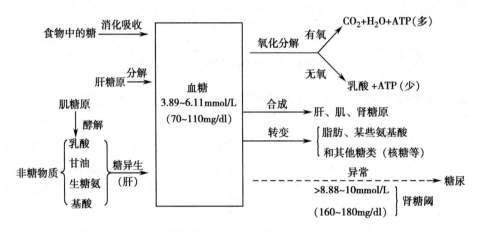

图 5-13　血糖的来源与去路

血糖浓度之所以能保持相对恒定,是机体不断进行代谢,使血糖来源和去路达到动态平衡的结果(见图 5-13)。在不同情况下,机体的能量来源、消耗有很大的差异,糖代谢的调节还涉及脂肪和氨基酸的代谢,血糖水平保持恒定是糖、脂肪、氨基酸代谢协调的结果,而这种平衡与协调需要体内多种因素的协同调节,主要有神经、激素、组织器官和代谢物水平的调节。

二、血糖水平的调节

1. **神经系统调节**　神经系统对血糖的调节属于整体调节,通过对各种促激素或激素分泌的调节,进而影响各代谢中的酶活性而完成调节作用。如情绪激动时,交感神经兴奋,使肾上腺素分泌增加,促进肝糖原分解,肌糖原酵解和糖异生作用,使血糖升高;当处于静息状态时,迷走神经兴奋,使胰岛素分泌增加,导致血糖水平降低。

2. **激素水平调节**　调节血糖的激素有两大类,一类是降血糖激素,即胰岛素;另一类是升高血糖激素,有胰高血糖素、肾上腺素、糖皮质激素和生长素等。这两类激素的作用相互抵抗、相互制约,它们通过调节糖原合成和分解、糖氧化分解、糖异生等途径的关键酶或限速酶的活性或含量来调节血糖浓度恒定。现将各种激素调节糖代谢的机制列于表 5-2。

表 5-2　激素对血糖浓度的影响

激素	作用机制
降血糖激素	
胰岛素	1. 促进肌肉、脂肪细胞摄取葡萄糖
	2. 诱导糖酵解的 3 个关键酶合成,增强丙酮酸脱氢酶复合体活性,促进糖的氧化分解
	3. 通过增强磷酸二酯酶活性,降低 cAMP 水平,从而使糖原合成酶活性增强,磷酸化酶活性减弱,加速糖原合成,抑制糖原分解
	4. 抑制糖异生作用的 4 个关键酶,抑制糖异生
	5. 减少脂肪分解,促进糖转变为脂肪
升血糖激素	
胰高血糖素	1. 通过细胞膜受体激活 PKA,抑制糖原合成酶,激活磷酸化酶使糖原合成减少,肝糖原分解增加
	2. 抑制糖酵解
	3. 促进糖异生
	4. 加速脂肪分解,促进糖异生
肾上腺素	1. 通过细胞膜受体激活依赖 cAMP 的蛋白激酶 A,促进肝糖原分解,肌糖原酵解
	2. 促进糖异生
糖皮质激素	1. 抑制肌肉及脂肪组织摄取葡萄糖
	2. 促进蛋白质和脂肪分解为糖异生原料,促进糖异生
生长激素	与胰岛素作用相抵抗

3. 器官水平调节　肝脏是体内调节血糖浓度的主要器官。肝脏通过肝糖原的合成、分解和糖异生作用维持血糖浓度恒定。

4. 代谢物水平调节　一般来讲,底物或产物浓度对各自的代谢途径有正或负反馈调节;代谢中间产物或终产物对该代谢途径的限速酶、关键酶的抑制或激活是通过别构效应来实现的,详见上述糖代谢各代谢途径的调节。

三、糖代谢紊乱与疾病

正常人体对摄入的葡萄糖具有很大的耐受能力,血糖水平不会因食入大量葡萄糖而持续升高,也不会出现大的波动。临床上糖代谢紊乱时,可引起血糖异常,主要包括低血糖和高血糖,而糖尿病是最常见的糖代谢紊乱疾病。

(一) 糖耐量与糖耐量试验

人体调节葡萄糖的能力称为葡萄糖耐量或耐糖现象。人体对摄入葡萄糖有很强的耐受能力,当一次性摄食大量葡萄糖后,血糖浓度仅暂时升高,不久即可恢复到正常水平,这是正常的耐糖现象。如果摄取葡萄糖后血糖上升后恢复缓慢,这说明血糖调节障碍,称为耐糖现象失常。临床上常用的检测糖耐量的方法是,先测定受试者清晨空腹血糖浓度,然后一次进食 100g 葡萄糖(或按每千克体重 1.5~1.75g 葡萄糖)。进食后每隔 0.5 小时或 1 小时测血糖一次,至 3~4 小时为止。以时间为横坐标,血糖浓度为纵坐标,绘成的曲线称为糖耐量曲线(图 5-14)。

正常人的糖耐量曲线的特点:空腹血糖浓度正常;食糖后血糖浓度升高,1 小时内达高峰,但不超过 8.88mmol/L(160mg/dl);此后血糖浓度迅速降低,在 2 小时之内降至正常水平。

糖尿病患者因胰岛素分泌不足或机体对胰岛素的敏感性下降,糖耐量曲线表现为:空腹血糖浓度较正常值高;进食糖后血糖迅速升高,并可超过肾糖阈;在 2 小时内不能恢复至空腹血糖水平。

艾迪生病(Addison disease)患者肾上腺皮质功能减退,糖耐量曲线:空腹血糖浓度低于正常值;进食糖后血糖浓度升高不明显;短时间即恢复原有水平(见图 5-14)。

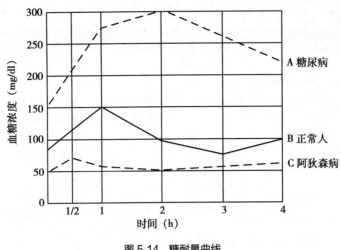

图 5-14　糖耐量曲线

（二）低血糖

空腹血糖低于 3.89mmol/L（70mg/dl）称为低血糖（hypoglycemia）。脑组织对低血糖极为敏感，低血糖时可出现头晕、心悸、出冷汗等虚脱症状。如果血糖持续下降至低于 2.53mmol/L（45mg/dl），可发生低血糖昏迷，如能及时给病人静脉点滴葡萄糖，症状就会得到缓解。引起低血糖的原因有：

1. 胰岛 B 细胞器质性病变，如 B 细胞肿瘤可导致胰岛素分泌过多。

2. 肾上腺皮质功能减退，使糖皮质激素分泌不足。

3. 严重肝疾患，肝糖原的储存及糖异生作用降低，肝不能有效调节血糖。

4. 饥饿时间过长或持续的剧烈体力活动也可引起低血糖。

（三）高血糖与糖尿病

空腹血糖浓度持续超过 7.22mmol/L（130mg/dl）时称为高血糖（hyperglycemia）。当血糖浓度超过肾糖阈（8.88~10mmol/L 或 160~180mg/dl）时，葡萄糖即从尿中排出，称为糖尿。正常人偶尔也可出现高血糖和糖尿，如进食大量糖或情绪激动时交感神经兴奋引起肾上腺素分泌增加等均可引起一过性高血糖，甚至糖尿。但这只是暂时的，且空腹血糖正常，属于生理性的。病理性糖尿多见于下列两种情况：

1. **肾性糖尿**　由于肾疾患导致肾小管重吸收能力下降，即使血糖浓度不高，也因肾糖阈下降出现糖尿，称为肾性糖尿。

2. **糖尿病**　糖尿病是以高血糖和糖尿为主要症状的疾病，致病原因可能是因胰岛素相对或绝对缺乏；或胰岛素受体数目减少；或与胰岛素的亲和力降低。临床上糖尿病分为胰岛素依赖型（1 型）和非胰岛素依赖型（2 型），我国糖尿病以成人多发的 2 型糖尿病为主。糖尿病常伴有多种并发症，如糖尿病视网膜病变、糖尿病性周围神经病变、糖尿病性周围血管病变、糖尿病肾病等。2000 年 9 月以色列科学家宣布，他们已发现了 1 型糖尿病的致病基因 IDDM17，它位于人类第 10 号染色体上，这些都表明糖尿病有遗传倾向。2001 年 1 月，比利时科学家宣布发现一种与 2 型糖尿病有关的基因 SHIP2，其表达产物可能抑制胰岛素分泌，降低机体对胰岛素的敏感性。该基因不起作用时，胰岛素分泌失控，导致血糖水平急剧降低。另外，胰岛素缺乏使糖氧化分解减少造成的能量缺乏可引起脂肪大量动员，进而导致脂代谢紊乱，产生酮症酸中毒等（见第七章）。

（廖之君）

糖主要生物学功能是提供能源和碳源，也是机体组织和细胞结构的重要组成成分。糖代谢是葡萄糖在体内的代谢过程，包括分解代谢与合成代谢。主要代谢途径有糖的无氧分解、糖的有氧氧化、磷酸戊糖途径、糖原合成与糖原分解和糖异生等。

糖的无氧分解是葡萄糖在无氧情况下分解生成乳酸的反应过程，包括糖酵解和乳酸生成两个阶段，在胞质中进行。调节糖无氧分解的关键酶是 6-磷酸果糖激酶-1、丙酮酸激酶和己糖激酶（肝中为葡萄糖激酶）。糖无氧分解的生理意义在于供能迅速，也是某些组织生理情况下的主要的供能途径。1 分子葡萄糖（或糖原）经酵解可净生成 2 分子（或 3 分子）ATP。

葡萄糖或糖原在有氧条件下彻底氧化，生成 CO_2、H_2O 并产生大量能量的过程称为糖的有氧氧化。它是体内糖氧化供能的主要方式，在胞质和线粒体中进行。糖的有氧氧化包括三个阶段：第一阶段为葡萄糖经糖酵解分解为丙酮酸，在胞质中进行；第二阶段为丙酮酸进入线粒体，氧化脱羧生成乙酰 CoA；第三阶段是乙酰 CoA 进入三羧酸循环氧化生成 CO_2 和 H^+。1 分子乙酰 CoA 经三羧酸循环运转一周，经 2 次脱羧，4 次脱氢，1 次底物水平磷酸化，消耗 1 分子乙酰基。三羧酸循环是糖、脂、蛋白质彻底氧化的共同途径，又是三者相互转变相互联系的枢纽。1 分子葡萄糖完全氧化可产生 32 或 30 分子 ATP。糖有氧氧化的关键酶除了与糖酵解相同的 3 个酶外，还有丙酮酸脱氢酶复合体，柠檬酸合酶，异柠檬酸脱氢酶和 α-酮戊二酸脱氢酶复合体。ATP/AMP、NADH/NAD^+ 比值通过别构效应调节有氧氧化速率。胰岛素、Ca^{2+} 可促进糖氧化分解。在氧供应充足条件下，糖有氧氧化对糖酵解的抑制作用称为巴斯德效应。

磷酸戊糖途径的主要生理意义是提供 NADPH+H^+ 和磷酸核糖，限速酶是 6-磷酸葡萄糖脱氢酶，如先天缺乏此酶，可患蚕豆病。

糖原是体内糖的储存形式，由葡萄糖聚合而成。糖原合成与分解的关键酶分别为糖原合酶和磷酸化酶。糖原合成过程每增加一个葡萄糖单位需消耗 2 分子 ATP。在肝脏，肝糖原可分解为葡萄糖，是维持血糖稳定的重要因素。在肌肉，缺乏葡萄糖-6-磷酸酶，肌糖原不能直接分解为葡萄糖。

非糖物质（乳酸、甘油、生糖氨基酸等）转变为葡萄糖或糖原的过程称为糖异生。肝是糖异生的主要场所，其次是肾脏。糖异生的途径基本上是糖酵解的逆行。酵解中三个关键酶催化的不可逆反应分别由糖异生的四个关键酶：丙酮酸羧化酶、磷酸烯醇式丙酮酸羧激酶、果糖二磷酸酶-1 和葡萄糖-6-磷酸酶催化。糖异生最主要的生理意义是在饥饿时维持血糖浓度的相对恒定。

血糖指血中的葡萄糖，血糖水平相对恒定，维持在 3.89~6.11mmol/L，这是由于血液中葡萄糖来源和去路达到动态平衡的结果。这种平衡又受到神经、激素、器官和代谢物水平几个层次的调节。胰岛素是降血糖激素，而胰高血糖素、肾上腺素、糖皮质激素和生长素是升血糖激素；肝脏通过肝糖原的合成、分解和糖异生维持血糖浓度恒定；底物或产物浓度对各自的代谢途径有正或负反馈调节；终产物通过对该代谢途径的关键酶或限速酶以别构效应来调节其活性。

人体处理摄入葡萄糖的能力称为糖耐量。通过糖耐量曲线的测定可判断机体有无糖代谢紊乱，主要是高血糖和低血糖。糖尿病是最常见的糖代谢紊乱疾病。

1. 糖酵解途径的丙酮酸有哪些代谢去路?

2. 糖的无氧分解途径中 ATP 是如何产生和利用的?

3. 简述磷酸戊糖途径的生理意义。

4. 糖异生途径与糖酵解比较,两者有哪些反应和酶是不同的?

5. 试述血糖的来源和去路。

第六章　生物氧化

6

学习目标

掌握　生物氧化的概念和特点;呼吸链的概念、组成和排列顺序;氧化磷酸化的定义、偶联部位;底物水平磷酸化的概念;胞质中 NADH 的氧化方式。

熟悉　生物氧化的方式、参与生物氧化的酶类及 CO_2 的生成方式;氧化磷酸化的偶联机制。

了解　ATP/ADP 循环;氧化磷酸化的影响因素;微粒体的氧化体系、过氧化物酶体氧化体系、超氧化物歧化酶的作用和意义。

糖、脂肪、蛋白质等有机物在生物体内氧化,生成 H_2O 和 CO_2,并释放能量的过程称为生物氧化(biological oxidation)。生物氧化产生的能量有相当一部分可使 ADP 磷酸化生成 ATP,供生命活动需要,其余部分能量主要以热能形式释放,可用于维持体温。由于生物氧化这一过程是在组织细胞内进行的,表现为细胞摄取 O_2,释放出 CO_2,因此生物氧化又称组织呼吸(tissue respiratory)或者细胞呼吸(cellular respiratory)。

第一节　概述

一、生物氧化的方式与特点

生物氧化包括氧化和还原两个过程。发生加氧、脱氢或失电子的反应称为氧化;相反,加电子、加氢或脱氧的反应称为还原。体内氧化最常见的方式是脱氢和失电子。在生物氧化过程中,氧化反应与还原反应是伴随发生的,即氧化 - 还原反应偶联。也就是说,一个物质的氧化必然伴随着另一物质的还原,反之亦然。

生物体内并不存在游离的氢原子或者电子,所以生物氧化过程中代谢物在酶的催化下脱下的电子或氢原子必须被另外一个物质接受。在这种反应中,提供氢原子或者电子的物质称为供氢体或供电子体,在反应中被氧化;反之,接受氢原子或电子的物质称为受氢体或受电子体,在反应中被还原。在生物氧化过程中,主要包括如下几种氧化方式。

(一) 加氧反应

直接向代谢物分子中加入氧原子或氧分子(详见第四节)。例如,苯丙氨酸氧化为酪氨酸。

$$苯丙氨酸 + [O] \xrightarrow{\text{苯丙氨酸羟化酶}} 酪氨酸$$

(二) 脱氢反应

从代谢物分子上脱下一对氢原子,由受氢体接受。体内代谢物脱氢主要有直接脱氢及加水脱氢两种方式。例如:乳酸氧化为丙酮酸和苯甲醛氧化为苯甲酸。

直接脱氢

$$
\begin{array}{ccc}
\text{COOH} & & \text{COOH} \\
| & & | \\
\text{CH–OH+NAD}^+ & \xrightarrow{\text{LDH}} & \text{C=O+NADH+H}^+ \\
| & & | \\
\text{CH}_3 & & \text{CH}_3 \\
乳酸 & & 丙酮酸
\end{array}
$$

加水脱氢

$$\underset{苯甲醛}{\text{CHO}}\ +\text{FAD}+\text{H}_2\text{O} \xrightarrow{\text{醛氧化酶}} \underset{苯甲酸}{\text{COOH}}\ +\text{FADH}_2$$

(三) 失电子反应

指从代谢物分子上脱去一个电子,使其原子或离子的正价数升高。例如,细胞色素(cytochrome,Cyt)中的铁离子为 Fe^{2+},失电子后由 Fe^{2+} 变为 Fe^{3+},Fe^{3+} 加电子则变为 Fe^{2+}。

$$\text{Cyt} - \text{Fe}^{2+} \underset{+\,e\,(还原)}{\overset{-\,e\,(氧化)}{\rightleftharpoons}} \text{Cyt} - \text{Fe}^{3+}$$

生物氧化遵循氧化反应的一般规律,其本质与体外氧化相同,如氧化方式都包括加氧、脱氢、失电子,终产物都是 CO_2 和 H_2O,释放的总能量也相同。但生物氧化在氧化条件和表现形式上和体外氧化有明显不同特点:第一,生物氧化过程是在 pH 值接近中性、37℃、水环境中进行的酶促反应;第二,CO_2 由有机酸脱羧生成,H_2O 由代谢物脱氢,经过电子传递,最终与氧结合生成;第三,生物氧化是一系列酶的催化下逐步进行,能量逐步释放,有利于 ATP 生成,能量利用率高;第四,氧化速率受机体生理功能及内、外环境变化等多种因素的调控。

二、参与生物氧化的酶类

生物体内的氧化反应是在一系列酶的催化下进行的,参与的酶类可分为不需氧脱氢酶、需氧脱氢酶和氧化酶类。这些酶类都是结合酶,各种酶的酶蛋白不同,但不少酶的辅助因子相同。

(一)氧化酶类

此类酶催化代谢物脱氢,并直接把氢交给氧分子生成 H_2O。例如抗坏血酸氧化酶和细胞色素 c 氧化酶等。辅基常含有铁、铜等金属离子。

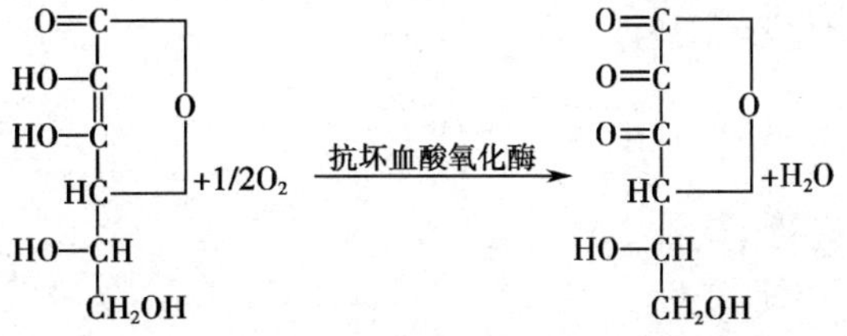

L-抗坏血酸 → 脱氢抗坏血酸

(二)需氧脱氢酶

此类酶催化代谢物脱氢,直接把氢交给氧分子,但生成 H_2O_2。某些需氧脱氢酶习惯上也称为氧化酶,例如黄嘌呤氧化酶。此类酶的辅基常是 FMN 或 FAD,故也称黄素酶类,有些酶的辅基中还含钼、铁等。

$$黄嘌呤 + O_2 + H_2O \xrightarrow{\text{黄嘌呤氧化酶}} 尿酸 + H_2O_2$$

(三)不需氧脱氢酶

此类酶是体内最重要的脱氢酶,它们催化代谢物脱氢,不以氧作为受氢体,而把氢交给辅酶,如 NAD^+、$NADP^+$、FMN 或 FAD,经过一系列的传递体的传递将氢交给氧,生成 H_2O 并产生 ATP。根据辅助因子的不同分为两类:一是以 NAD^+、$NADP^+$ 为辅酶的不需氧脱氢酶,如苹果酸脱氢酶、乳酸脱氢酶等;二是以 FMN、FAD 为辅基的不需氧脱氢酶,如脂酰 CoA 还原酶、琥珀酸脱氢酶等。

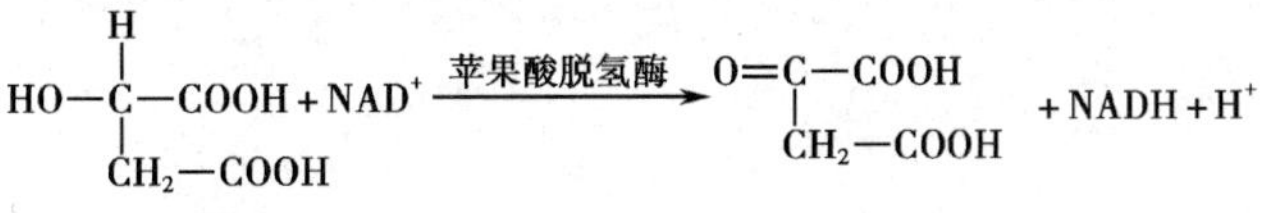

苹果酸 → 草酰乙酸

三、CO_2 的生成

生物氧化的另外一个重要产物是 CO_2。CO_2 的生成方式来自有机酸的脱羧,而不是代谢物的碳原子与氧直接化合。根据脱去 CO_2 的羧基位置不同,脱羧反应可分为 α- 脱羧和 β- 脱羧;根据脱羧是否伴有氧化(脱氢)反应,又可分为单纯脱羧和氧化脱羧。不同类型的脱羧反应由不同的脱羧酶所催化。

1. α- 单纯脱羧

$$R-CHNH_2-COOH \xrightarrow[\text{Vit } B_6]{\text{氨基酸脱羧酶}} RCH_2NH_2 + CO_2$$

2. β- 单纯脱羧

$$\underset{\substack{|\\COCOOH}}{CH_2-COOH} \xrightleftharpoons[\text{丙酮酸羧化酶}]{\text{(脱羧酶)}} CH_3COCOOH + CO_2$$

3. α- 氧化脱羧

$$CH_3COCOOH + NAD^+ + CoASH \xrightarrow{\text{丙酮酸脱氢酶复合体}} CH_3COSCoA + NADH + H^+ + CO_2$$

4. β- 氧化脱羧

$$\underset{\substack{|\\CHOHCOOH}}{CH_2COOH} + NADP^+ \xrightleftharpoons[]{\text{苹果酸酶}} CH_3COCOOH + NADPH + H^+ + CO_2$$

第二节　ATP 的生成与储备

一、ATP 的结构与相互转换作用

　　机体营养物质经生物氧化生成的能量,除用于基本的生命活动和维持体温外,大约 40% 以化学能储存于 ATP 及其他高能化合物中,形成高能磷酸键或高能硫酯键。水解时释放的能量高于 21kJ/mol 的化合物,称为高能化合物。ATP 是关键性的高能化合物,是体内能量直接利用的主要形式,是体内能量转换的中心。ATP 循环(ATP cycle),也称 ATP/ADP 循环,是这种能量转换和利用的最基本方式。

(一) ATP

　　ATP 是一种高能磷酸化合物,如图所示 ATP 含有两个高能磷酸键(即 γ、β 的 ~P),分子简式可以写成 A-P~P~P(式中 A 代表腺苷);ADP 只含一个 ~P,分子简式可以写成 A-P~P。

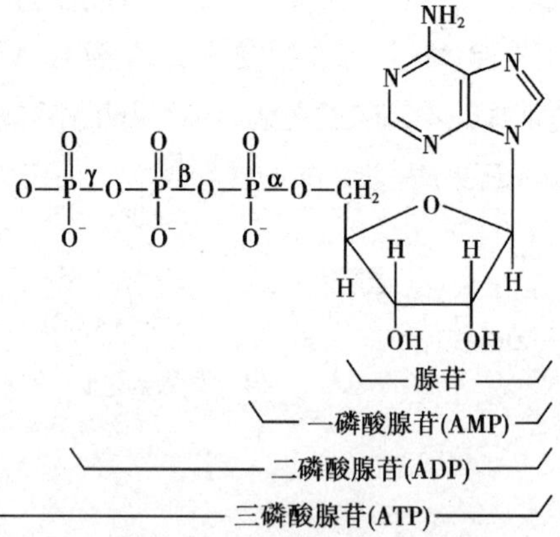

　　此外体内还存在其他高能化合物,如磷酸肌酸、磷酸烯醇式丙酮酸、GTP、UTP、CTP、乙酰 CoA 等。为糖原、磷脂、蛋白质等合成提供能量的 UTP、CTP、GTP 不能从物质氧化过程中直接生成,但能在二磷酸核苷激酶的催化下,从 ATP 中获得 ~P。反应如下:

$$ATP + UDP \longrightarrow ADP + UTP$$
$$ATP + CDP \longrightarrow ADP + CTP$$
$$ATP + GDP \longrightarrow ADP + GTP$$

　　另外,当体内 ATP 消耗过多(例如肌肉剧烈收缩)时,ADP 累积,在腺苷酸激酶(adenylate kinase)催化下,由 2 分子 ADP 转变成 ATP 被利用。

$$ADP + ADP \rightleftharpoons ATP + AMP$$

此反应是可逆的，当 ATP 需要量降低时，AMP 从 ATP 中获得 ~P 生成 ADP。

此外，ATP 还可将 ~P 转移给肌酸生成磷酸肌酸（creatine phosphate，CP）作为肌肉和脑组织中能量的一种贮存形式。

（二）ATP 循环

生物体能量的生成和利用都以 ATP 为中心。ATP 循环是指体内 ATP 的生成和利用所形成的循环。此循环联系着体内能量的产生、储存和利用，完成不同生命活动过程中能量的穿梭转换。ATP 分子含有 2 个高能磷酸键（~P），ATP 水解为 ADP+Pi 后释能 30.5kJ/mol（97.3kcal/mol），被机体内各种生命过程直接利用（图 6-1）。通过 ATP 循环，不断产生 ATP，满足了生命活动中大量消耗 ATP 的需要。人体内 ATP 含量虽然不多，但每日经 ATP/ADP 相互转变的量相当可观。

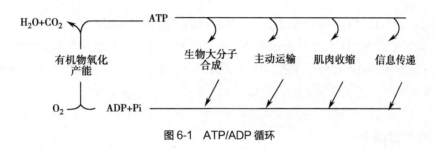

图 6-1　ATP/ADP 循环

二、ATP 的生成方式

体内 ATP 生成有两种方式，分别为底物水平磷酸化（substrate level phosphorylation）和氧化磷酸化（oxidative phosphorylation），其中氧化磷酸化是生成 ATP 的最主要方式。

1. **底物水平磷酸化**　底物水平磷酸化生成 ATP 的反应与底物脱氢或脱水反应相偶联。底物分子脱氢或脱水，使底物分子内部能量重新排列，产生高能键（高能磷酸键或高能硫酯键），然后，这些高能键断裂直接将能量转移给 ADP（或 GDP）生成 ATP（或 GTP），此过程称为底物水平磷酸化。底物水平磷酸化是体内生物氧化生成 ATP 的次要方式，目前已知体内有 3 个常见的底物水平磷酸化反应，分别存在于糖酵解和三羧酸循环中。

2. **氧化磷酸化**　氧化磷酸化是体内 ATP 生成主要方式。它是在电子传递过程中偶联 ADP 磷酸化生成 ATP 的过程。具体过程将在本章第三节介绍。

三、高能磷酸键的储备

生物氧化释放的能量除部分用于基本的生命活动和维持体温外，其余的主要以 ATP 中高能磷酸键（~P）的形式储存。ATP 多由 ADP 磷酸化生成；而 AMP 可先磷酸化生成 ADP，ADP 再磷酸化生成 ATP。

细胞内腺苷酸（AMP、ADP 及 ATP）是有限的，当体内营养物质氧化分解过多或 ATP 利用减少（如餐后休息）时，细胞内 ATP 数量增加，而 AMP 和 ADP 数量减少，使氧化磷酸化过程减弱。

在富含肌酸激酶的组织，肌酸激酶可催化 ATP 将 ~P 转移至肌酸分子，生成磷酸肌酸，贮存能量。肌肉中 ATP 含量很低（以 mmol/kg 计），而当肌肉急剧收缩时必须大量消耗 ATP，消耗量可达 6mmol/（kg·s），远远超过营养物质氧化分解生成 ATP 的速度，此时肌肉收缩的能量就依赖于磷酸肌酸贮存的能量。磷酸肌酸

将 ~P 转移至 ADP 生成 ATP，由 ATP 直接提供肌肉收缩所需要的能量。耗能较多的脑组织中也含有丰富的磷酸肌酸。

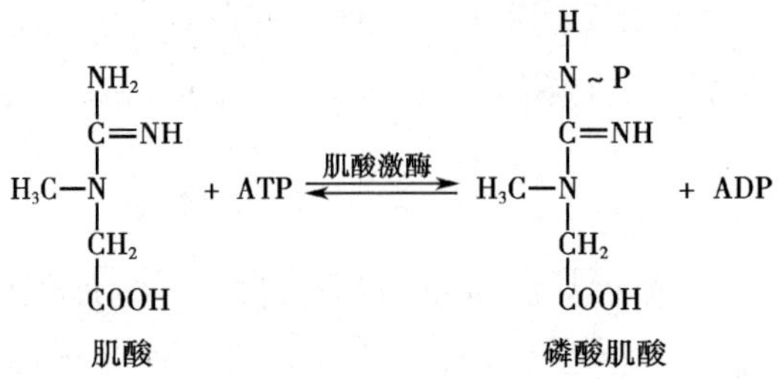

$$\underset{\text{肌酸}}{\begin{matrix} NH_2 \\ | \\ C=NH \\ | \\ H_3C-N \\ | \\ CH_2 \\ | \\ COOH \end{matrix}} + ATP \xrightleftharpoons{\text{肌酸激酶}} \underset{\text{磷酸肌酸}}{\begin{matrix} H \\ | \\ N\sim P \\ | \\ C=NH \\ | \\ H_3C-N \\ | \\ CH_2 \\ | \\ COOH \end{matrix}} + ADP$$

第三节　氧化磷酸化

营养物质在生物氧化过程中脱下的 2H，可经线粒体内呼吸链的连续传递，最终与氧结合生成 H_2O 并逐步释放能量，此能量驱动 ATP 合酶催化 ADP 磷酸化生成 ATP，这种 ATP 生成方式称为氧化磷酸化。氧化磷酸化是由氧化过程和磷酸化过程相偶联，即在电子传递过程中偶联 ADP 磷酸化生成 ATP 的过程，故又称偶联磷酸化。氧化磷酸化在线粒体内进行，是体内 ATP 生成的主要方式。

一、呼吸链的主要成分

（一）呼吸链的概念

代谢物脱下的成对氢原子（2H）以还原当量（$NADH+H^+$ 和 $FADH_2$）的形式存在，然后通过多种酶和辅酶所催化的连锁反应逐步传递，最终与氧结合生成水，同时释放出能量。这个过程是在细胞线粒体进行的，与细胞呼吸有关，所以将此传递链称为呼吸链（respiratory chain）。在呼吸链中，酶和辅酶按一定顺序排列在线粒体内膜上，其中传递氢的酶或辅酶称为递氢体，传递电子的酶或辅酶称为电子传递体。不论递氢体还是电子传递体都起传递电子的作用，所以呼吸链又称电子传递链（electron transfer chain）。

（二）呼吸链的组成

用胆酸、脱氧胆酸等去污剂反复处理线粒体内膜，通过离子交换层析分离，可从线粒体内膜分离得到四种酶复合体（表 6-1）以及泛醌、细胞色素 c 六种具有传递电子功能的呼吸链组分。复合体在线粒体中的位置如图 6-2 所示，其中复合体Ⅰ、Ⅲ、Ⅳ镶嵌在线粒体内膜上，复合体Ⅱ镶嵌在线粒体内膜的基质侧。

表 6-1　人线粒体呼吸链复合体

复合体	酶名称	多肽链数	辅基
复合体Ⅰ	NADH- 泛醌还原酶	39	FMN，Fe-S
复合体Ⅱ	琥珀酸 - 泛醌还原酶	4	FAD，Fe-S
复合体Ⅲ	泛醌 - 细胞色素 c 还原酶	10	铁卟啉，Fe-S
复合体Ⅳ	细胞色素 c 氧化酶	13	铁卟啉，Cu

1. 复合体Ⅰ　即 NADH- 泛醌还原酶，复合体Ⅰ将电子从 $NADH+H^+$ 传递给泛醌（ubiquinone）。复合体Ⅰ含有以 FMN 为辅基的黄素蛋白（flavo-protein）和以铁硫簇（iron-sulfur cluster，Fe-S）为辅基的铁硫蛋白（iron-sulfur protein）。黄素蛋白和铁硫蛋白均具有催化功能。

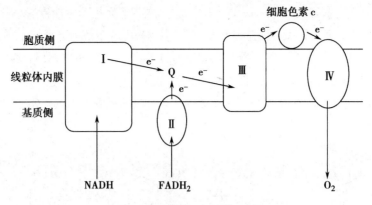

图 6-2　呼吸链各复合体位置示意图

在 FMN 中含有核黄素(维生素 B$_2$),其发挥功能的结构是异咯嗪。醌型或氧化型的 FMN 可接受 1 个质子和 1 个电子形成半醌型 FMNH·,后者再接受 1 个质子和 1 个电子形成氢醌型或还原型 FMNH$_2$。

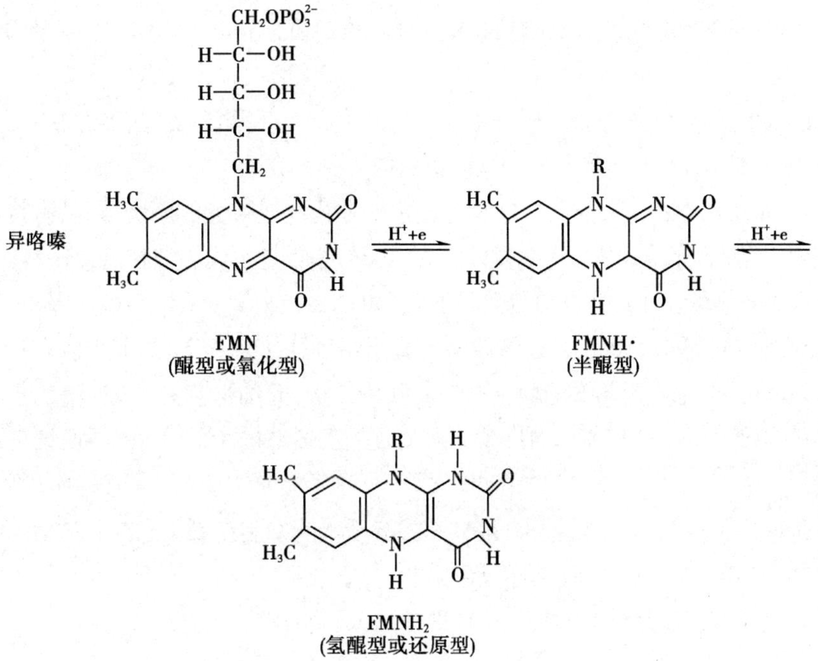

FMN
(醌型或氧化型)

$\xrightarrow{H^+ + e}$

FMNH·
(半醌型)

$\xrightarrow{H^+ + e}$

FMNH$_2$
(氢醌型或还原型)

铁硫蛋白是分子量较小的蛋白质,分子中含有非血红素铁和对酸不稳定的硫。氧化呼吸链有多种铁硫蛋白,其 Fe-S 辅基含有等量的铁原子和硫原子(Fe$_2$S$_2$,Fe$_4$S$_4$),通过其中的铁原子与铁硫蛋白中半胱氨酸残基的硫或无机硫相连接(图 6-3)。铁硫蛋白中的铁原子通过化合价的变化来传递电子,每次也只能传递一个电子。在复合体 I 中,其功能是将 FMNH$_2$ 的电子传递给泛醌。

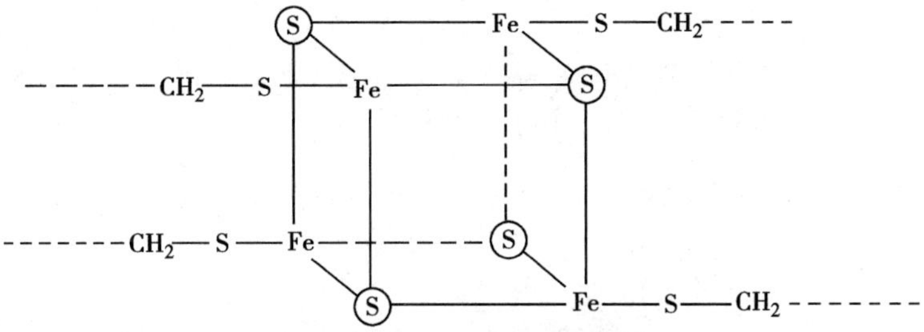

图 6-3　铁硫簇 Fe$_4$S$_4$ 结构示意图

Ⓢ表示无机硫

泛醌(ubiquinone)也称辅酶Q(coenzyme Q,CoQ),是一种广泛存在于生物界的小分子脂溶性的醌类化合物。泛醌的一个侧链由多个异戊二烯连接形成,不同生物来源的泛醌所含异戊二烯侧链的数目也不同,人体内泛醌侧链由10个异戊二烯单位组成,用$CoQ_{10}(Q_{10})$表示。因这一侧链具有的疏水作用,它能在线粒体内膜迅速扩散,使泛醌极易从线粒体内膜中分离出来,故不包含在上述的复合体中。泛醌接受1个质子和1个电子还原成半醌型(泛醌$H \cdot$),再接受1个质子和1个电子还原成二氢泛醌,后者又可脱去质子和电子而被氧化为泛醌。

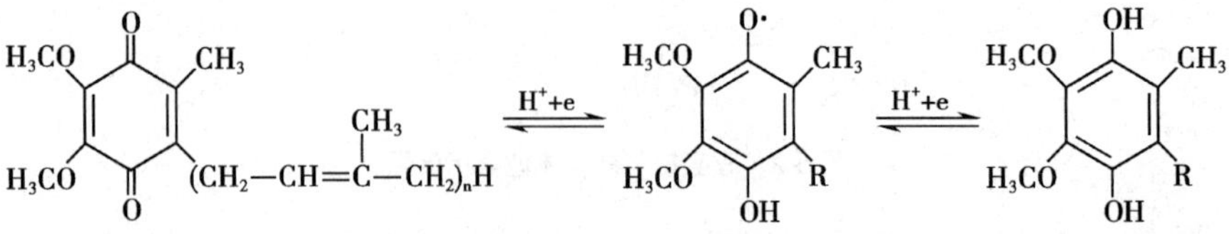

泛醌　　　　　　　　　泛醌H·　　　　　　　　二氢泛醌
(醌型或氧化型)　　　 (半醌型)　　　　　(氢醌型或还原型)

2. 复合体 II　即琥珀酸-泛醌还原酶,主要作用是将电子从琥珀酸传递给泛醌。复合体 II 含有以FAD为辅基的黄素蛋白和铁硫蛋白。FAD与FMN一样起传递质子和电子的作用。铁硫蛋白传递电子机制也同复合体 I 中的Fe-S。

3. 复合体 III　即泛醌-细胞色素c还原酶,主要作用是将电子从泛醌传递给细胞色素c。复合体 III 含有细胞色素b($Cyt b_{562}$,$Cyt b_{566}$)、细胞色素c_1和铁硫蛋白。

细胞色素(cytochrome,Cyt)是一类以铁卟啉为辅基的催化电子传递的酶类,因具有特殊的吸收光谱而呈现颜色。依据它们吸收光谱的差异,将线粒体内膜中参与呼吸链组成的细胞色素分为a、b、c三大类,每一类中又因其最大吸收峰的微小差别再分为几种亚类,如$Cyt a$、$Cyt a_3$、$Cyt b_{562}$、$Cyt c$及$Cyt c_1$等。各种细胞色素的主要差别是铁卟啉辅基的侧链以及铁卟啉与酶蛋白的连接方式上,如细胞色素b、细胞色素c的铁卟啉都是铁-原卟啉IX,但细胞色素b与酶蛋白以非共价连接,而细胞色素c铁卟啉的乙烯侧链与酶蛋白半胱氨酸残基共价连接。$Cyt a$的辅基为血红素a,其C-2的乙烯基被3个相连的异戊烯长链取代,C-8的甲基被甲酰基取代。

细胞色素c是球形蛋白质,分子量较小,是唯一能溶于水的细胞色素。它与线粒体内膜外表面结合不紧密,极易与线粒体内膜分离,故不存在上述复合体中。

细胞色素传递电子的机制是铁卟啉辅基中铁离子结合、释放电子的过程。

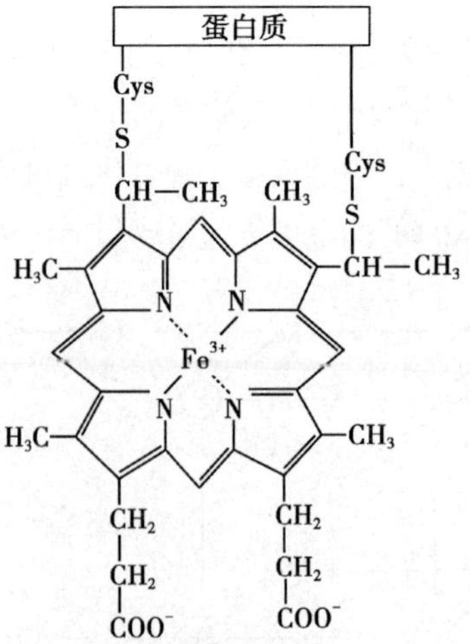

细胞色素c辅基

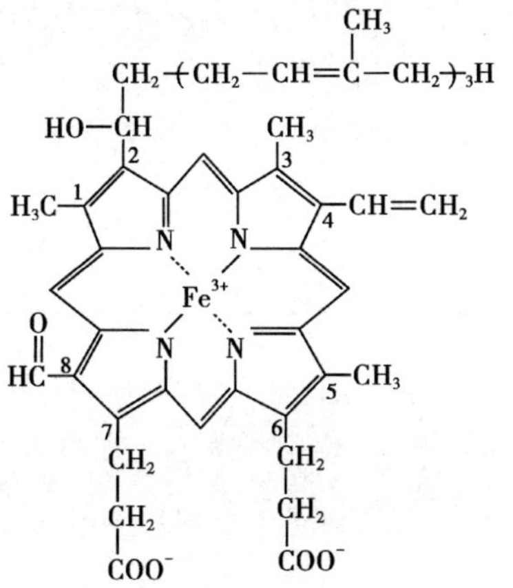

细胞色素a辅基 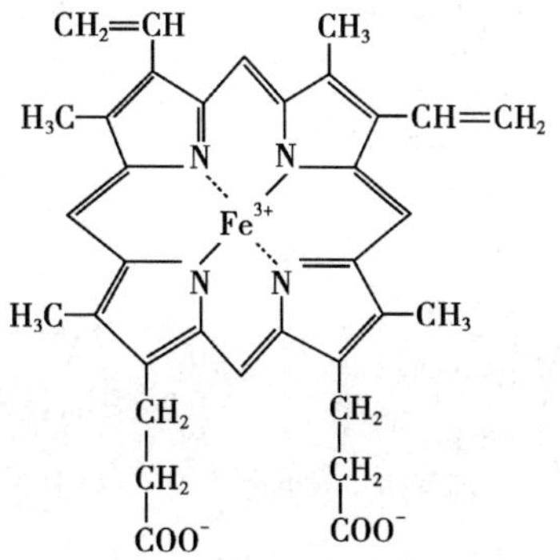　　　　　　细胞色素b辅基

4. 复合体Ⅳ　即细胞色素 c 氧化酶,主要功能是将电子从细胞色素 c 传递给氧。复合体Ⅳ含有 Cyt a 和 Cyt a_3,两者结合于同一酶蛋白的不同部位,由于两者结合紧密,很难分开,故称之为细胞色素 aa_3(Cyt aa_3)。除含有铁卟啉辅基外,复合体Ⅳ还含铜离子,Cu^+ 与 Cu^{2+} 互变起传递电子的作用。细胞色素 aa_3 可以直接将电子传递给氧,使氧激活形成活化的氧,后者与介质中的质子化合生成水分子,所以细胞色素 aa_3 又称为细胞色素氧化酶。

二、呼吸链中的电子传递顺序

在呼吸链中,各种电子传递体是按一定顺序排列的。呼吸链成分的排列顺序是由下列实验确定的:①根据呼吸链各组分的标准氧化还原电位由低到高的顺序排列(电位低容易失去电子)(表 6-2);②在体外将呼吸链拆开和重组,鉴定四种复合体的组成与排列;③利用呼吸链特异的抑制剂阻断某一组分的电子传递,在阻断部位以前的组分处于还原状态,后面组分处于氧化状态,根据吸收光谱的改变进行检测;④利用呼吸链各组分特有的吸收光谱,以离体线粒体无氧时处于还原状态作为对照,缓慢给氧,观察各组分被氧化的顺序。

表 6-2　呼吸链中各种氧化还原对的标准氧化还原电位

氧化还原对	$E^{0'}$ (V)	氧化还原对	$E^{0'}$ (V)
$NAD^+/NADH+H^+$	−0.32	Cyt c_1　Fe^{3+}/Fe^{2+}	0.22
$FMN/FMNH_2$	−0.219	Cyt c　Fe^{3+}/Fe^{2+}	0.25
$FAD/FADH_2$	−0.219	Cyt a　Fe^{3+}/Fe^{2+}	0.29
Q/QH_2	0.05(或 0.10)	Cyt a_3　Fe^{3+}/Fe^{2+}	0.55
Cyt b　Fe^{3+}/Fe^{2+}	0.06	$1/2 O_2/H_2O$	0.82

目前认为线粒体内有两条呼吸链,NADH 氧化呼吸链和琥珀酸氧化呼吸链(图 6-4)。

(一)NADH 氧化呼吸链

生物氧化中绝大多数脱氢酶如乳酸脱氢酶,苹果酸脱氢酶都是以 NAD^+ 为辅酶,所以 NADH 氧化呼吸链是最常见的一条呼吸链。代谢物在相应酶的催化下脱氢,NAD^+ 接受氢生成 $NADH+H^+$,然后通过 NADH 氧化呼吸链将其携带的 2 个电子逐步传递给氧生成水,即 $NADH+H^+$ 脱下的 2H 经复合体Ⅰ(FMN,Fe-S)传给 CoQ,再经复合体Ⅲ(Cyt b,Fe-S,Cyt c_1)传至 Cyt c,然后传至复合体Ⅳ(Cyt a,Cyt a_3),最后将 2e 交给 $1/2 O_2$ 生成水。

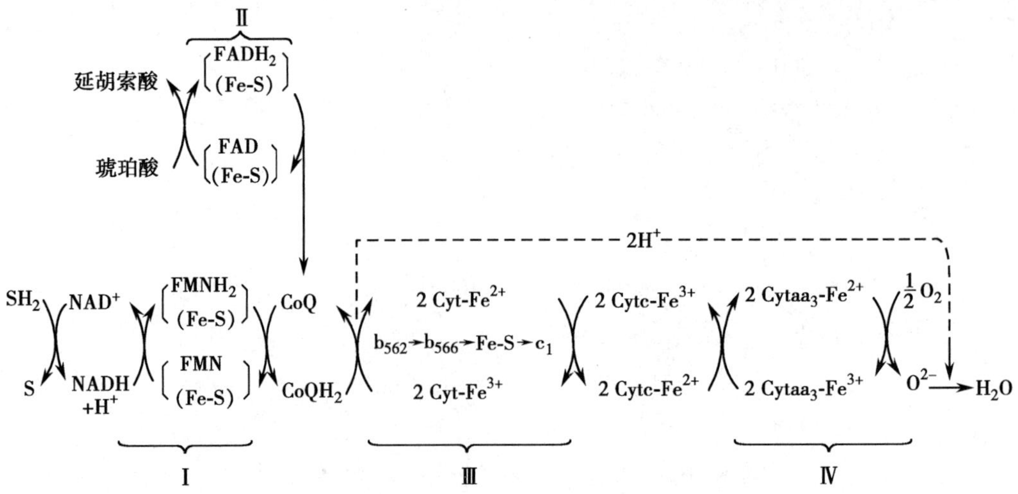

图 6-4 两种呼吸链电子传递过程及水的生成

(二) 琥珀酸氧化呼吸链（FADH₂ 氧化呼吸链）

琥珀酸在琥珀酸脱氢酶催化下脱去的 2H 经复合体 Ⅱ（FAD，Fe-S，b_{560}）使 CoQ 形成 CoQH₂，再往下的传递与 NADH 氧化呼吸链相同。α- 磷酸甘油脱氢酶及脂酰 CoA 脱氢酶催化代谢物脱下的氢也由 FAD 接受，通过此呼吸链被氧化，故归属于琥珀酸氧化呼吸链。

三、线粒体外 NADH 的氧化磷酸化

线粒体内生成的 NADH 可直接参加氧化磷酸化过程，但胞质中生成的 NADH 要进入线粒体才能进行氧化磷酸化。线粒体内膜结构复杂，对多种物质的通透具有严格的选择性，在胞质中生成的 NADH 不能自由透过线粒体内膜，故线粒体外 NADH 所携带的氢必须通过某种转运机制才能进入线粒体，然后经呼吸链进行氧化磷酸化。转运机制主要有 α- 磷酸甘油穿梭（α-glycerophosphate shuttle）和苹果酸 - 天冬氨酸穿梭（malate-aspartate shuttle）。

(一) α- 磷酸甘油穿梭

α- 磷酸甘油穿梭作用主要存在于脑和骨骼肌中。如图 6-5 所示，线粒体外的 NADH 在胞质中 α- 磷酸甘油脱氢酶催化下，使磷酸二羟丙酮还原成 α- 磷酸甘油，后者通过线粒体外膜，再经位于线粒体内膜近胞

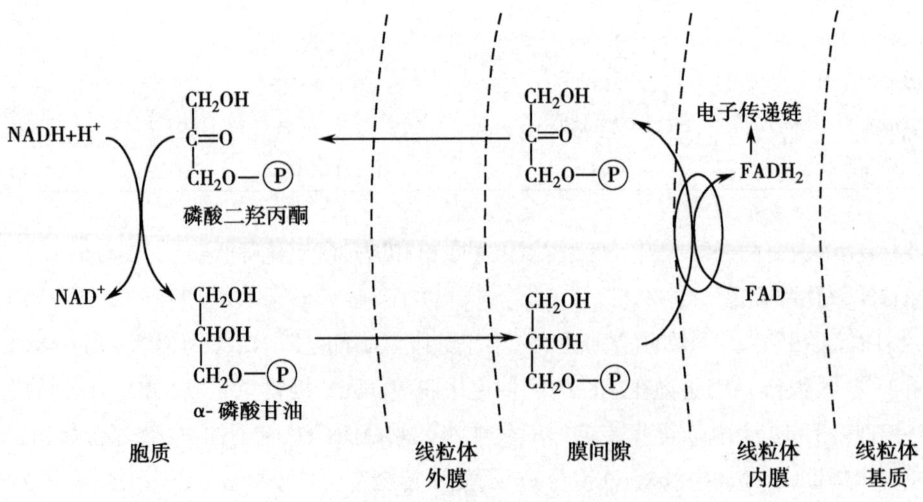

图 6-5 α- 磷酸甘油穿梭

质侧的以 FAD 为辅基的 α- 磷酸甘油脱氢酶催化下,氧化生成磷酸二羟丙酮和 FADH₂。磷酸二羟丙酮可穿出线粒体外膜至胞质,继续进行穿梭,而 FADH₂ 则进入琥珀酸氧化呼吸链,生成 1.5 分子 ATP。

(二) 苹果酸 - 天冬氨酸穿梭

苹果酸 - 天冬氨酸穿梭主要存在于肝和心肌中。如图 6-6 所示,胞质中的 NADH 在苹果酸脱氢酶的作用下,使草酰乙酸还原成苹果酸,后者通过线粒体内膜上的 α- 酮戊二酸转运蛋白进入线粒体,又在线粒体内苹果酸脱氢酶的作用下重新生成草酰乙酸和 NADH,生成的 NADH 进入 NADH 氧化呼吸链,生成 2.5 分子 ATP。线粒体内生成的草酰乙酸经天冬氨酸转氨酶的作用生成天冬氨酸,后者经酸性氨基酸转运蛋白转运出线粒体再转变成草酰乙酸,继续进行穿梭。

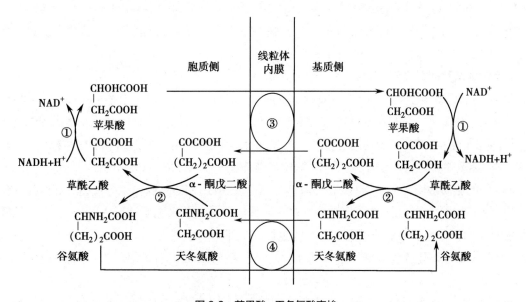

图 6-6 苹果酸 - 天冬氨酸穿梭
①苹果酸脱氢酶;②天冬氨酸转氨酶;③ α- 酮戊二酸转运蛋白;④酸性氨基酸转运蛋白

四、氧化磷酸化

线粒体氧化呼吸链电子传递释放的能量可驱动 ADP 磷酸化生成 ATP。氧化与磷酸化的偶联部位即 ATP 的生成部位,可根据以下实验方法及数据大致确定。

(一) P/O 比值

研究氧化磷酸化最常用的方法是测定离体完整线粒体的磷和氧的消耗比,即 P/O 比值。将底物、ADP、H_3PO_4、Mg^{2+} 和分离得到的较完整的动物组织的线粒体一起作用,发现在消耗氧气的同时,也消耗了一定量的 H_3PO_4,测定氧和无机磷酸的消耗量,即可得出 P/O 比值。利用完整离体线粒体实验,根据加入不同底物的 P/O 比值,可以推断出氧化磷酸化的偶联部位(表 6-3)。

表 6-3 不同底物的离体线粒体实验测得的 P/O 比值

底物	呼吸链的组成	P/O 比值	生成 ATP 数
β- 羟丁酸	$NAD^+→FMN→$泛醌$→Cyt→O_2$	2.4~2.8	2.5
琥珀酸	$FAD→$泛醌$→Cyt→O_2$	1.7	1.5
维生素 C	$Cyt\ c→Cyt\ aa_3→O_2$	0.88	1
细胞色素 c	$Cyt\ aa_3→O_2$	0.61~0.68	1

很多实验所得的以NADH为电子供体和以琥珀酸为电子供体的P/O比值分别为2~3和1~2,所以表6-3中的P/O比值采用*Lehninger Principles of Biochemistry*(第4版,2005年)中的折中数据,即NADH为电子供体时,P/O比值为2.5;琥珀酸为电子供体时,P/O比值为1.5。

(二) 自由能变化

在氧化还原反应或电子传递反应中,自由能($\triangle G^{0'}$)和电位变化($\triangle E^{0'}$)之间存在下述关系:

$$\triangle G^{0'}=-nF\triangle E^{0'}$$

n为传递电子数;F为法拉第常数($F=96.5kJ/V\cdot mol$)

经测定(数据见表6-2),从$NAD^+\to CoQ$测得的电位差为0.36V,从$CoQ\to Cyt\ c$电位差为0.19V,从$Cyt\ aa_3\to O_2$电位差为0.58V。根据自由能变化公式计算它们相应的$\triangle G^{0'}$分别为 -69.5kJ/mol、-36.7kJ/mol、-112kJ/mol,而合成每摩尔ATP需要的自由能约为30.5kJ,可见以上三个部位释放的能量足以提供生成ATP所需的能量,说明以上三个部位就是氧化磷酸化的偶联部位。

(三) 氧化磷酸化偶联机制

1. 化学渗透假说 化学渗透假说(chemiosmotic hypothesis)是20世纪60年代初由Peter Mitchell提出的,1978年获诺贝尔化学奖。其基本要点是电子经呼吸链传递的同时,把质子(H^+)从线粒体内膜的基质侧转运到内膜的胞质侧,而H^+不能自由透过线粒体内膜,因此产生膜内外两侧的质子电化学梯度(H^+浓度梯度和跨膜电位差),外面的pH比里面的低1.4个单位,膜电势为0.14,外正内负以此储存能量。当质子顺浓度梯度从内膜的胞质侧回流到基质时,驱动ADP与Pi生成ATP,由转移的质子数可以计算出呼吸链生成ATP数。传递1对电子时,复合体Ⅰ、Ⅲ、Ⅳ分别由线粒体内膜基质侧向胞质侧泵出4、4、2个质子(图6-7)。而每生成1个ATP需要4个质子通过ATP合酶返回线粒体基质。在复合体Ⅰ、Ⅲ、Ⅳ处分别生成1、1、0.5个ATP。所以NADH氧化呼吸链每传递2H生成2.5分子ATP;$FADH_2$氧化呼吸链每传递2H生成1.5分子ATP。

2. ATP合酶 ATP合酶(ATP synthase)是线粒体内膜上利用电子传递链氧化释放的能量催化ADP和Pi合成ATP的酶。该酶是跨膜蛋白复合体,位于线粒体内膜的基质侧,由F_1(亲水部分)和F_0(疏水部分)组成。F_0是一个疏水蛋白复合体,镶嵌在线粒体内膜中,由疏水的a_1、b_2、c_{9-12}亚基组成,形成跨内膜质子通道。9~12个c亚基形成环状结构;a亚基位于c亚基环的外侧,与c亚基构成H^+回流通道;b亚基在外侧连接F_0与F_1(图6-8)。

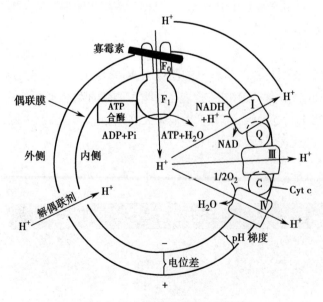

图6-7 氧化磷酸化的化学渗透学说

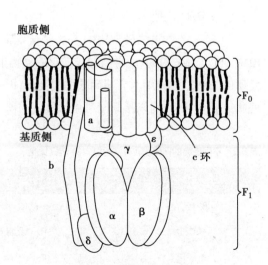

图6-8 ATP合酶结构模式图

F_1 为一大的亲水寡聚酶复合体,突出于线粒体基质的颗粒状蛋白,由 $\alpha_3\beta_3\gamma\delta\varepsilon$ 亚基组成(见图6-8),起催化 ATP 合成作用。$\alpha_3\beta_3$ 亚基间隔排列形成6聚体,催化部位位于 β 亚基,β 亚基必须与 α 亚基结合才有活性。β 亚基有3种构象(图6-9):疏松结合型构象(loose binding,L),可疏松结合 ADP 和 Pi,无催化活性;紧密结合型构象(tight binding,T),与 ATP 结合紧密,可利用 H^+ 从 F_0 回流所释放的能量,使 ADP+Pi 生成 ATP;开放型构象(open,O),可释放合成的 ATP。γ 亚基起控制 H^+ 回流的作用,γ 亚基 C 端的 α-螺旋深入到 $\alpha_3\beta_3$ 六聚体的中心孔中,参与六聚体的转动。δ 亚基连接 α、β 亚基,ε 亚基可调节 ATP 合酶活性。在 F_0 与 F_1 之间还有寡霉素敏感相关蛋白(oligomycin sensitive conferring protein,OSCP),在 F_1 外侧通过 b 亚基与 F_0 相连接。

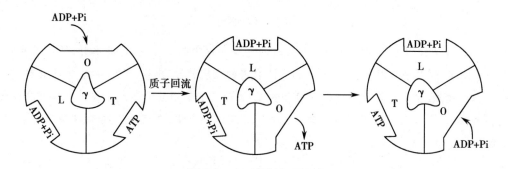

图6-9 ATP 合酶的工作机制
三个 β 亚基构象不同:O 开放型;L 疏松型;T 紧密型

近年来发现,质子回流能驱动构象相互转化,在 H^+ 回流所释放能量驱动下,γ 亚基发生转动,带动 $\alpha_3\beta_3$ 所形成的6聚体不断地转动。在转动中 β 亚基发生 L 型→T 型→O 型→L 型的反复循环变构,不断地结合 ADP+Pi,合成 ATP、释放 ATP(见图6-9)。γ 亚基每旋转一周,分成3步进行。每步旋转120°,释放1分子 ATP。若 c 环有9个 c 亚基,则9个 H^+ 回流,平均每3个质子回流生成1分子 ATP;若 c 环中有12个 c 亚基,则12个 H^+ 回流,平均每4个质子回流生成1分子 ATP。结合实验,目前多数人认为,每4个 H^+ 回流生成1分子 ATP。NADH 氧化呼吸链每传递2个电子,分别从线粒体内膜侧向胞质侧转移 $4H^+$、$4H^+$、$2H^+$,因此 NADH 氧化呼吸链每传递2个电子,生成2.5分子 ATP;琥珀酸氧化呼吸链每传递2个电子,生成1.5分子 ATP。

五、影响氧化磷酸化的因素

(一) ADP 的调节作用

正常机体氧化磷酸化的速率主要受 ADP 的调节。当机体利用 ATP 增多,使 ADP 浓度增高,转运入线粒体后使氧化磷酸化速度加快;反之 ADP 不足,氧化磷酸化速度减慢。这种 ADP 作为关键物质对氧化磷酸化的调节作用称为呼吸控制(respiratory control)。

(二) 抑制剂

1. 呼吸链抑制剂 此类抑制剂能够特异阻断呼吸链中特异部位的电子传递。例如,鱼藤酮(rotenone)、粉蝶霉素 A(piericidin A)及异戊巴比妥(amobarbital)等与复合体Ⅰ中的铁硫蛋白结合,从而阻断电子由 NADH 向 CoQ 的传递。抗霉素 A(antimycin)、二巯基丙醇(dimercaptopropanol,BAL)抑制复合体Ⅲ中 Cyt b 与 Cyt c_1 间的电子传递。CO、CN^-、N_3^- 及 H_2S 抑制细胞色素 c 氧化酶,使电子不能传递给氧,因此此类抑制剂可使细胞内呼吸停止,引起机体迅速死亡。CN^- 存在于某些工业生产的氰化物蒸汽或粉末中,苦杏仁、桃仁、白果(银杏)中也有一定含量。室内生火炉若产生 CO,易致 CO 中毒(煤气中毒)。

2. 解偶联剂 解偶联剂(uncoupler)能使氧化与磷酸化的偶联过程脱离,阻止 ATP 的合成。其基本作用机制是解偶联剂使线粒体内膜外侧的 H^+ 不经 F_0 质子通道回流,破坏呼吸链传递电子过程中建立的线粒体内膜 H^+ 梯度,呼吸链氧化过程与磷酸化过程脱离,因此 F_1 不能催化 ATP 合成,传递电子过程产生的能量以热能的形式散失。2,4- 二硝基苯酚(2,4-dinitrophenol,DNP)、缬氨霉素(valinomycin)以及哺乳动物和人棕色脂肪组织、骨骼肌、心肌线粒体内膜中的解偶联蛋白(uncoupler protein)等皆可使氧化与磷酸化脱偶联。冬眠动物、耐寒动物依靠解偶联蛋白维持体温。某些新生儿缺乏棕色脂肪组织,不能维持其正常体温而引起硬肿症。感冒和传染型疾病时,病毒或细菌可产生一种解偶联物,使患者体温升高。

相关链接

新生儿硬肿症

新生儿硬肿症是指新生儿期由多种原因引起的皮肤和皮下脂肪变硬,伴有水肿、低体温的临床综合征。病因尚未明了,但与很多因素有关,包括新生儿自身的生理特点、感染、窒息缺氧、寒冷损伤,其中还包括早产儿的脂肪组织,特别是产热的棕色脂肪含量低,因此热的储备能力不足。临床症状包括体温过低、皮脂硬化和水肿、器官功能损害、代谢紊乱等。治疗原则是正确复温、合理供应热卡、早期预防和纠正脏器功能衰竭和积极消除病因。

3. 氧化磷酸化抑制剂 此类抑制剂对电子传递和 ATP 合成均有抑制作用。例如,寡霉素(oligomycin)通过与寡霉素敏感相关蛋白(OSCP)的结合,阻止 H^+ 从 F_0 通道中向 F_1 回流,抑制 ATP 合酶活性,而抑制磷酸化过程,此时由于线粒体内膜两侧电化学梯度增高影响呼吸链质子泵的功能,继而也抑制电子传递,使氧化过程和磷酸化过程同时受抑制。

(三)甲状腺激素

甲状腺激素(T_3、T_4)能诱导细胞膜上 Na^+,K^+-ATP 酶的生成,使 ATP 加速分解为 ADP 和 Pi,ADP 进入线粒体数量增多,促进氧化磷酸化,T_3 还可诱导解偶联蛋白基因表达增加,因而引起耗氧和产热均增加。故甲状腺功能亢进时出现发热、消瘦、基础代谢率升高等表现。

(四)线粒体 DNA

线粒体 DNA(mitochondria DNA,mtDNA)为裸露的双链环状 DNA,内环为轻链,外环为重链。编码线粒体蛋白质合成必需的 22 种 tRNA 和 2 种 rRNA 的基因,所编码的 13 种蛋白质全都参与构成呼吸链复合体蛋白,与氧化磷酸化密切相关。mtDNA 缺少组蛋白保护,无损伤修复机制,氧化磷酸化中又可产生氧自由基损伤,使其突变率约为核 DNA 的 10~20 倍。突变到一定程度必导致氧化磷酸化损伤,对耗能较多的中枢神经系统影响最大,其次为肌肉、心脏、胰、肝和肾脏。常见的线粒体病有母性遗传性疾病(卵细胞含几十万 mtDNA,精子中仅几百个)、中老年退化性疾病等,如 Leber 遗传性视神经病、肌阵挛性癫痫伴红纤维病、线粒体肌病脑病伴乳酸中毒及卒中样发作、慢性进行性外眼肌麻痹、线粒体心肌病、帕金森病(Parkinson disease)、非胰岛素依赖性糖尿病及氨基糖苷诱发的耳聋等。随年龄增长,mtDNA 突变累积主要集中于大脑黑质区和脊髓灰质区的神经元,肌肉中缺失 mtDNA 最高可达 0.1%。此外,氧自由基还使线粒体内膜损伤、mtDNA 断裂、蛋白质生物合成速度下降、细胞色素 c 氧化酶活性下降和线粒体数目减少等。所有这些,都使氧化磷酸化损伤随年龄而加重,促进了衰老。

第四节 非供能氧化途径

生物氧化过程的脱氢酶多数是不需氧脱氢酶,以辅酶(基)作为直接受氢体,不直接需要氧。体内其他氧化体系中的氧化过程需要需氧脱氢酶或氧化酶参与,脱下的氢直接以氧为受氢体。这些酶主要存在于微粒体和过氧化物体中。

一、微粒体的氧化体系

(一) 加单氧酶

加单氧酶(monooxygenase)催化氧分子中一个氧原子加到底物分子上(羟化),另一个氧原子被氢(来自 $NADPH+H^+$)还原成水。故又称混合功能氧化酶(mixed-function oxidase)或羟化酶(hydroxylase)。其反应式如下:

$$RH+NADPH+H^++O_2 \rightarrow ROH+NADP^++H_2O$$

上述反应需要细胞色素 P_{450}(cytochrome P_{450},Cyt P_{450})参与。Cyt P_{450} 属于 Cyt b 类,与 CO 结合后在波长 450nm 处出现最大吸收峰。Cyt P_{450} 在生物中广泛分布,哺乳类动物 Cyt P_{450} 分属 10 个基因家族。人 Cyt P_{450} 有 100 多种同工酶,对被羟化的底物各有其特异性。此酶在肝和肾上腺的微粒体中含量最多,参与类固醇激素、胆汁酸及胆色素等的生成,以及药、毒物的生物转化过程。连接 NADPH 与 Cyt P_{450} 的是 NADPH-Cyt P_{450} 还原酶。NADPH 首先将电子交给该酶中的黄素蛋白,黄素蛋白再将电子传递给以 Fe-S 为辅基的铁氧还蛋白。与底物结合的氧化型 Cyt P_{450} 接受铁氧还蛋白的 1 个 e 后,与 O_2 结合形成 $RH \cdot P_{450} \cdot Fe^{3+} \cdot O_2$,再接受铁氧还蛋白的第 2 个 e,使氧活化形成 O_2^{2-}。此时 1 个氧原子使底物(RH)羟化(R-OH),另 1 个氧原子与来自 NADPH 的质子结合生成 H_2O(图 6-10)。

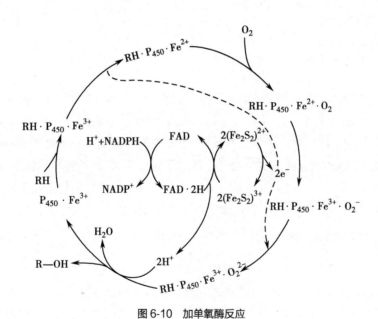

图 6-10　加单氧酶反应

(二) 加双氧酶

此酶催化氧分子中的 2 个氧原子加到底物中带双键的 2 个碳原子上。如色氨酸吡咯酶,可使色氨酸氧化成甲酰犬尿酸原。

色氨酸　　　　　　　　　　　甲酰犬尿酸原

二、过氧化物酶体氧化体系

(一)过氧化氢酶

过氧化氢酶(catalase)又称触酶,其辅基含有 4 个血红素,催化反应如下:

$$2H_2O_2 \rightarrow 2H_2O + O_2$$

在粒细胞和吞噬细胞中,H_2O_2 可氧化杀死入侵的细菌;甲状腺细胞中产生的 H_2O_2 可使 $2I^-$ 氧化为 I_2,进而使酪氨酸碘化生成甲状腺激素。

(二)过氧化物酶

过氧化物酶(peroxydase)以血红素为辅基,催化 H_2O_2 直接氧化酚类或胺类化合物,反应如下:

$$R+H_2O_2 \rightarrow RO+H_2O \quad 或 \quad RH_2+H_2O_2 \rightarrow R+2H_2O$$

临床上判断粪便中有无隐血时,就是利用白细胞中含有过氧化氢,将联苯胺氧化成蓝色化合物。

体内还存在一种含硒的谷胱甘肽过氧化物酶,可使 H_2O_2 或过氧化物(ROOH)与还原型谷胱甘肽(G-SH)反应,生成的氧化型谷胱甘肽,再由 NADPH 供氢使氧化型谷胱甘肽重新被还原。此类酶具有保护生物膜及血红蛋白免遭损伤的作用。

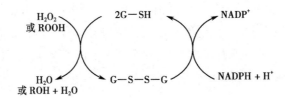

三、超氧化物歧化酶

O_2 得到一个电子使氧原子外层产生未成对电子,这种氧原子称为超氧阴离子(superoxide anion,O_2^-)。呼吸链电子传递过程漏出的电子可与 O_2 结合产生超氧阴离子(O_2^-)(占耗 O_2 的 1%~4%),体内其他物质(如黄嘌呤)氧化时也可产生 O_2^-。O_2^- 可进一步生成 H_2O_2 和羟自由基($\cdot OH$),统称活性氧类(reactive oxygen species,ROS)。ROS 化学性质活泼,对几乎所有的生物分子均有氧化作用,尤其对各种生物大分子造成氧化损伤,影响细胞的功能。例如,ROS 可使磷脂分子中不饱和脂肪酸氧化生成过氧化脂质,使生物膜受到损伤;过氧化脂质还可与蛋白质结合形成化合物,累积成棕褐色的色素颗粒,称为脂褐素,与组织老化有关。

超氧化歧化酶(superoxide dismutase,SOD)可催化 1 分子 O_2^- 氧化生成 O_2,另一分子 O_2^- 还原生成 H_2O_2。

$$2O_2^- + 2H \xrightarrow{\text{SOD}} H_2O_2 + O_2$$

在真核细胞胞质中的 SOD,以 Cu^{2+}、Zn^{2+} 为辅基,称为 CuZn-SOD;线粒体内的 SOD,以 Mn^{2+} 为辅基,称 Mn-SOD。生成的 H_2O_2 可被上述的过氧化氢酶分解。SOD 是人体防御内、外环境中超氧阴离子损伤的重要酶。

(李存保)

糖、脂肪、蛋白质等有机物在生物体内氧化生成水和CO_2，并释放能量的过程称为生物氧化。能量一部分用于合成 ATP 以维持生命活动，其余主要以热能形式维持体温。体内能量直接利用、储存的形式和能量转换的中心是 ATP，ATP 循环是这种转换的最基本方式。

体内 ATP 生成的方式是底物水平磷酸化和氧化磷酸化，以后者为主。底物水平磷酸化是把底物分子中高能键（高能磷酸键或高能硫酯键）的能量，直接交给 ADP（或 GDP），最终生成 ATP（或 GTP）的过程。氧化磷酸化是呼吸链递氢递电子氧化释能与 ADP 磷酸化成 ATP 储能相偶联进行的过程。呼吸链是线粒体内膜中一系列递氢递电子酶及其辅酶按一定顺序排列成的连锁性氧化还原体系，这些酶及辅酶除 CoQ 和 Cyt c 外，均先构成复合体I~IV，再依次连接成体系。复合体I由以 FMN 为辅基的黄素蛋白与铁硫蛋白组成，功能是把代谢物脱氢生成的 $NADH+H^+$ 中的 2H 传递给 CoQ。复合体III由 Cyt b、Cyt c_1 和铁硫蛋白组成，功能是把 $CoQH_2$ 中 2e 传递给 Cyt c，但不接受 $2H^+$，$2H^+$ 被释放到线粒体内膜外。复合体IV即 Cyt c 氧化酶，人线粒体为 Cyt a 和 Cyt a_3，功能是把 2e 转交给 $1/2O_2$，使其成为 O^{2-}，再与线粒体基质中 $2H^+$ 结合生成 H_2O。复合体 II 由辅基为 FAD 的黄素蛋白、铁硫蛋白及 Cyt b_{450} 组成，功能是把代谢物脱氢生成的 $FADH_2$ 中的 2H 传递给 CoQ。体内存在的重要呼吸链有 NADH 呼吸链和琥珀酸呼吸链，前者依次由复合体I、CoQ、复合体III、Cyt c 和复合体IV组成，后者由复合体 II、CoQ、复合体III、Cyt c 和复合体IV组成。前者存在 NADH→CoQ、CoQ→Cyt c 和 Cyt c→O_2 之间存在 3 个偶联部位，故代谢物脱下的 2H 经其传递生成 2.5 分子 ATP，后者仅有 CoQ→Cyt c 和 Cyt c→O_2 两个偶联部位，故只生成 1.5 分子 ATP。每个偶联部位均由 ATP 合酶催化生成 ATP。ATP 合酶由埋在内膜中的 F_0 和突出于线粒体基质的 F_1 组成。F_0 中有 H^+ 通道，F_1 由 $\alpha_3\beta_3\gamma\delta\varepsilon$ 亚基组成，催化部位位于 β 亚基，与 α 亚基结合后具有催化活性。β 亚基有 L、T、O 型 3 种构象，其功能分别为结合 ADP 和 Pi，使 ADP+Pi 合成 ATP、释放 ATP。氧化磷酸化受体内许多因素影响，其中有些与临床疾病的发生密切相关，如氰化物中毒、CO 中毒、新生儿硬肿症、甲状腺功能亢进的表现等。胞质中的 $NADH+H^+$ 可经 α- 磷酸甘油穿梭或苹果酸穿梭进入线粒体，再经呼吸链生成 ATP。

除线粒体氧化体系外，在微粒体、过氧化物酶体还存在其他氧化体系，参与呼吸链以外的氧化过程，其特点是不伴磷酸化，不能生成 ATP，主要与体内代谢物、药物和毒物的生物转化有关。

1. 简述 NADH 氧化呼吸链的组成及排列顺序。

2. 化学渗透学说的要点是什么？

3. 胞质中 NADH 是如何氧化的？

4. ATP 的生成方式有哪些？

5. 为什么 ADP/ATP 是氧化磷酸化的限速因素？

第七章　脂类代谢

7

07章

学习目标	
掌握	脂肪动员、必需脂肪酸、脂肪酸的 β- 氧化及酮体生成、利用及生理意义；甘油磷脂的组成、分类及降解；胆固醇合成部位、原料、关键酶及转化；血脂、血浆脂蛋白的分类、组成及生理功能。
熟悉	脂类的消化与吸收；甘油三酯的合成代谢；脂肪酸的合成代谢；载脂蛋白的分类和功能；血浆脂蛋白的代谢过程。
了解	不饱和脂肪酸的命名及分类；不饱和脂肪酸的衍生物及生理意义；胆固醇和甘油磷脂的代谢及生理功能。

第一节　概述

脂类（lipids）又称脂质,是生物体内的重要有机化合物,脂类都具有不溶于水而易溶于有机溶剂的共同物理性质。其基本的化学结构是脂肪酸和醇类等缩合而成的酯及其衍生物,但各种脂类在具体化学组成和化学结构上差别很大。脂类不仅是机体重要的能量物质,还参与了多种生理活性物质的生成及代谢的调节。

脂类包括脂肪（fat）、类脂（lipoids）及其衍生物。脂肪又称三酰甘油（triacylglycerol, TAG）或甘油三酯（triglyceride, TG）;类脂主要包括磷脂（phospholipid, PL）、糖脂（glycolipid）、胆固醇（cholesterol）及胆固醇酯（cholesteryl ester, CE）等。

脂肪是由 1 分子甘油（glycerol）和 3 分子脂肪酸（简称脂酸）通过酯键连接而成的化合物,是甘油的脂肪酸酯,故又称三酰甘油,医学上常称为甘油三酯。三酰甘油分子内的三个脂酰基可以相同,称为简单甘油三酯;也可以不同,称为混合甘油三酯。高等动物的脂肪是混合甘油三酯。另外体内还存在少量的甘油一酯（monoacylglycerol）和甘油二酯（diacylglycerol, DAG）(图 7-1)。

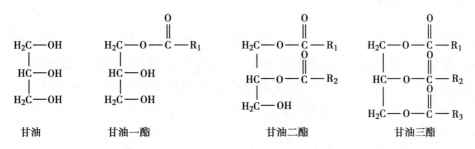

图 7-1　甘油、甘油一酯、甘油二酯和甘油三酯的结构

类脂中的磷脂是含有磷酸的脂类,包括甘油磷脂（phosphoglycerides）和鞘磷脂（sphingophospholipids）,甘油磷脂由甘油、脂肪酸、磷酸及连接在磷酸上的含氮化合物取代基团组成,鞘磷脂则是含鞘氨醇或者二氢鞘氨醇的磷脂;甘油糖脂是含有糖基或糖链的脂类。

一、脂类在体内的分布及主要生理功能

（一）脂肪在体内的分布及主要生理功能

脂肪又称为储存脂,主要以油滴状的微粒存在于脂肪细胞之中,分布于皮下、腹腔大网膜和内脏周围等脂肪组织,是体内储存能量的一种方式。成年男子脂肪含量占体重的 10%~20%,女子稍高。人体内脂肪含量可因膳食、营养状况和活动量及疾病的影响而变动,故储存脂又有"可变脂"之称。

脂肪在体内的主要生理功能有:①储能与供能。氧化 1g 脂肪释放的能量约为 38kJ,比等重量的糖或蛋白质氧化所释放的能量多一倍多,另外,脂肪具有高疏水性,在体内以无水形式储存,在体内储存 1g 脂肪的体积仅占 1.2ml,为同等重量糖原所占体积的 1/4,相同体积的脂肪彻底氧化所释放的能量是糖原的 8 倍,因此脂肪是体内最主要的浓缩高效的储能物质。②皮下脂肪组织不易导热,可以防止热量散失而保持体温。③皮下和内脏周围脂肪组织犹如软垫,可在机体遭受机械撞击时对内脏和肌肉起到缓冲保护作用。④脂肪组织具有内分泌功能,自 1994 年发现脂肪组织中有瘦素（leptin）mRNA 的表达后,开启了人们对脂肪细胞因子研究的热潮,随着更多的脂肪细胞因子如脂联素和抵抗素等相继被发现,脂肪组织的分泌功能逐渐被人们所认识。脂肪组织是一个具有多种内分泌、自分泌和旁分泌功能的内分泌器官已经得到学术界的共识。

(二)类脂在体内的分布及主要生理功能

类脂是构成生物膜的基本成分,神经组织中含量较多,其他组织含量较少。类脂约占体重的 5%,含量基本不受营养状况及机体活动的影响,故称固定脂或基本脂。

类脂的主要生理功能有:①组成生物膜。构成生物膜的脂质主要是磷脂、糖脂和胆固醇,以磷脂最多。磷脂分子构成了生物膜的主要结构——脂质双层(lipid bilayer)。由于构成磷脂分子的脂肪酸烃链具有不同的长度和饱和度,影响磷脂分子的相对位置,从而影响膜的流动性;胆固醇散布于磷脂分子之间,其极性头部与磷脂分子的极性头部紧紧相依,甾环结构使与之相邻的磷脂烃链的活动性下降,因此胆固醇的存在和含量对于维持膜的稳定性发挥重要作用。②作为细胞内信号分子。膜上某些类脂如磷脂酰肌醇水解可生成三磷酸肌醇(IP_3)、甘油二酯(DAG),鞘磷脂产生的神经酰胺(ceramide)等均是细胞内重要的第二信使分子,参与细胞信息传递。③类脂可转变为其他具有重要生物学功能的物质,如胆固醇可转变为胆汁酸、类固醇激素和维生素 D_3,参与机体的代谢调节;磷脂分子中的花生四烯酸可转变成前列腺素、血栓素和白三烯等,可发挥各种重要生理功能。

二、脂类的消化与吸收

膳食中脂类主要为脂肪,约占 90%,还含有少量磷脂、胆固醇及其酯和一些脂肪酸等。食物脂类消化主要在小肠上段,成人口腔中没有消化脂类的酶,胃中仅含有少量脂肪酶,但活性受到胃酸 pH 的影响而下降。由于脂类难溶于水,故需要先经过胆汁酸盐的乳化作用分散成细小的微团(micelle),增大与脂肪酶的接触面积,才能被胰腺分泌的脂类水解酶水解进而被吸收。

(一)脂类的消化

小肠中由胰腺分泌的脂类消化酶主要有胰脂酶(pancreatic lipase)、辅脂酶(colipase)、磷脂酶 A_2(phospholipase A_2)、胆固醇酯酶(cholesteryl esterase)。

1. **胰脂酶** 特异性催化甘油三酯的 1 及 3 位酯键水解,生成 2- 甘油一酯(2-monoglyceride)及 2 分子脂肪酸,胰脂酶水解甘油一酯的活性较低,因此只有少部分甘油一酯进一步水解为甘油和脂肪酸,胰脂酶发挥作用时需吸附在脂肪微团的水 - 油界面上,这就需要辅脂酶的辅助,辅脂酶本身不具有脂肪酶活性,其主要作用是通过氢键和疏水键分别与胰脂酶和脂肪结合,使胰脂酶固定在脂肪微团的表面,有利于胰脂酶发挥水解作用,并防止其在水油界面的变性;同时辅脂酶还可解除胆汁酸盐对胰脂酶的抑制作用,从而增加胰脂酶活性,促进脂肪水解。

2. **磷脂酶 A_2** 催化磷脂 2 位酯键水解,生成溶血磷脂和脂肪酸,溶血磷脂是很强的乳化剂,可进一步促进脂类食物的乳化。

3. **胆固醇酯酶** 催化胆固醇酯水解,生成游离胆固醇及脂肪酸。

综上所述,脂类的消化产物包括甘油一酯、脂肪酸、胆固醇及溶血磷脂等,它们与胆汁酸盐乳化成更小的混合微团(mixed micelles),其直径约 20nm,极性增大,易于穿过小肠黏膜细胞表面的水屏障而被小肠黏膜细胞吸收。

(二)脂类的吸收

脂类的消化产物主要在十二指肠下段与空肠上部吸收。

1. 甘油、短链(2~4C)及中链(6~10C)脂肪酸易被肠黏膜吸收,并直接进入门静脉。一部分未被消化的短链及中链脂肪酸构成的甘油三酯,经胆汁酸盐乳化后被直接吸收,在肠黏膜细胞内脂肪酶的作用下水解为脂肪酸和甘油,通过门静脉进入血循环。

2. 长链脂肪酸(12~26C)及 2- 甘油一酯吸收入小肠黏膜细胞后,在光面内质网脂酰 CoA 转移酶(acyl CoA transferase)的催化下,重新酯化成甘油三酯,并进一步与磷脂、胆固醇、胆固醇酯以及细胞内粗面内质网合成的载脂蛋白(apolipoprotein,Apo)共同构成乳糜微粒(chylomicrons,CM),然后通过淋巴最终进入血液,被其他组织细胞摄取利用。上述小肠黏膜细胞中由甘油一酯重新酯化成脂肪的途径称为脂肪合成的甘油一酯途径(图7-2)。

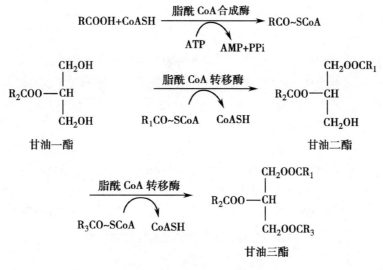

图7-2 脂肪合成的甘油一酯途径

第二节 甘油三酯代谢

甘油三酯是体内主要储能和供能物质。各组织的甘油三酯处于不断地合成代谢与分解代谢的自我更新状态中(图7-3),肝脏和脂肪组织代谢更新最为活跃。其次是小肠和肌肉,皮肤和神经组织的脂肪更新速率较低。

一、脂肪酸的化学

对比不同结构和不同来源的甘油三酯,其中的甘油是完全相同的,只是所含的脂肪酸不同,故不同脂肪性质、代谢及功能的区别是由其所含脂肪酸的不同决定的。脂肪酸是脂肪烃的羧酸,结构通式为 $CH_3(CH_2)_nCOOH$,主要以酯的形式存在,游离脂肪酸较少。

(一)脂肪酸的系统命名

脂肪酸系统命名遵循有机酸命名的原则,以脂肪酸碳链含有的碳原子数命名,称为某烷酸,碳链中含有双键称为某碳烯酸,双键位置写在名称的前面。脂肪酸中双键位置有两种编号方法:①Δ 编码体系,从羧基端碳原子起计数双键位置,羧基末端碳原子为第1位碳,标记为希腊字母 Δ^1 碳原子,向甲基方向顺序标记为 Δ^2 和 Δ^3 等碳原子。命名原则是先写碳原子数,再写双键数目,最后是双键位置。如:软脂酸含有16个碳原子,无双键,称为十六烷酸,也可用简写法表示,

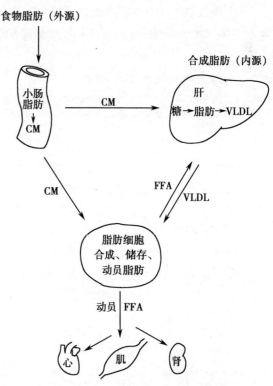

图7-3 甘油三酯代谢概况
FFA:游离脂肪酸;CM:乳糜微粒;VLDL:极低密度脂蛋白

简写为 16：0；油酸含 18 个碳原子，在第 9~10 位间有一个双键，称为 9- 十八碳单烯酸，简写为 18：1(9) 或 18：1，Δ^9。②ω 或 n 编码体系，从甲基端碳原子计数双键位置，甲基末端碳原子为第一位碳，标记为 ω-1 或 n-1，向羧基碳方向顺序标记为 ω-2 和 ω-3 等碳原子。依据最靠近 ω 碳原子第一个不饱和双键碳原子的位置，脂肪酸可以分为 ω-3、ω-6、ω-7 和 ω-9 等不饱和脂肪酸类别，称为 ω 簇(图 7-4)。如亚麻酸为 18 碳 3 烯多不饱和脂肪酸，其双键位置按 ω 编码体系分别为 ω-3、ω-6 和 ω-9。根据 Δ 编码体系命名为 9，12，15- 十八碳三烯酸，简写为 18：3(9，12，15) 或 18：3，$\Delta^{9,12,15}$；按 ω 编码体系归类于 ω-3 簇不饱和脂肪酸，写成 18：3，ω-3。在人体内相同 ω 簇的不饱和脂肪酸是可以相互转化的，而不同 ω 簇的不饱和脂肪酸在体内代谢中是不可以相互转化的，换言之 ω-3 和 ω-6 簇不饱和脂肪酸不仅不能互相转换，而且也都不能从 ω-7 和 ω-9 簇不饱和脂肪酸转化生成，因此不饱和脂肪酸的 ω 簇分类在脂肪酸代谢中更具有重要的意义。

$$CH_3—CH_2—CH=CH—CH_2—CH=CH—CH_2—CH=CH—(CH_2)_7—COOH$$

ω或n编码体系 ⟶   ⟵ Δ编码体系

十八碳-$\omega^{3,6,9}$三烯酸   十八碳-$\Delta^{9,12,15}$三烯酸

图 7-4　脂肪酸碳原子的编码方法(以亚麻酸为例)

(二) 脂肪酸的分类

饱和脂肪酸之间的区别主要在于碳氢链的长度不同；不饱和脂肪酸之间的区别主要在于碳氢链长度、双键的数目及双键位置的不同。

1. 脂肪酸根据其碳链长度分为短链、中链和长链脂肪酸　一般按碳原子数目多少，将脂肪酸分为短链脂肪酸(≤10C)、中链脂肪酸(12~18C)和长链脂肪酸(≥20C)，天然甘油三酯中的脂肪酸，大多数是含偶数碳原子的长链脂肪酸。

2. 脂肪酸根据其碳链是否存在双键分为饱和脂肪酸和不饱和脂肪酸

(1) 饱和脂肪酸：饱和脂肪酸以乙酸(CH_3COOH)为基本结构，碳链不含双键。不同饱和脂肪酸的差别在于含亚甲基(—CH_2—)的数目不同，如软脂酸含 14 个亚甲基，硬脂酸含 16 个亚甲基(表 7-1)。

表 7-1　常见的饱和脂肪酸和不饱和脂肪酸

习惯名称	系统名称	碳原子数及双键数	簇	分布
饱和脂肪酸				
月桂酸	n- 十二烷酸	12：0		广泛
豆蔻酸	n- 十四烷酸	14：0		广泛
软脂酸	n- 十六烷酸	16：0		广泛
硬脂酸	n- 十八烷酸	18：0		广泛
不饱和脂肪酸				
软油酸	9- 十六碳一烯酸	16：1	ω-7	广泛
油酸	9- 十八碳 一烯酸	18：1	ω-9	广泛
亚油酸	9，12- 十八碳二烯酸	18：2	ω-6	植物油
α- 亚麻酸	9，12，15- 十八碳三烯酸	18：3	ω-3	植物油
γ- 亚麻酸	6，9，12- 十八碳三烯酸	18：3	ω-6	植物油
花生四烯酸	5，8，11，14- 二十碳四烯酸	20：4	ω-6	植物油
timnodonic acid(EPA)	5，8，11，14，17- 二十碳五烯酸	20：5	ω-3	鱼油
clupanodonic acid(DPA)	7，10，13，16，19- 二十二碳五烯酸	22：5	ω-3	鱼油、脑
cervonic acid(DHA)	4，7，10，13，16，19- 二十二碳六烯酸	22：6	ω-3	鱼油

(2) 不饱和脂肪酸:凡含有双键的脂肪酸被称为不饱和脂肪酸。含有一个双键的为单不饱和脂肪酸,如油酸。含有 2 个或 2 个以上双键的为多不饱和脂肪酸,如 4,7,10,13,16,19- 二十二碳六烯酸。根据双键的位置,多不饱和脂肪酸分属于 ω-3、ω-6、ω-7 和 ω-9 四簇(表 7-2)。

表 7-2　不饱和脂肪酸及其母体脂肪酸

簇	母体不饱和脂肪酸	簇	母体不饱和脂肪酸
ω-7	软油酸(9-16:1)	ω-6	亚油酸(9,12-18:2)
ω-9	油酸(9-18:1)	ω-3	α- 亚麻酸(9,12,15-18:3)

相同簇的长链不饱和脂肪酸可由其母体脂肪酸代谢产生,例如花生四烯酸(20:4,ω-6)可由 ω-6 簇母体多不饱和脂肪酸亚油酸(18:2,ω-6)产生。但 ω-3、ω-6 和 ω-9 簇多不饱和脂肪酸在体内不能相互转化。在人体的脂肪酸中,有一些是机体代谢不可缺少的,但自身不能合成,必须由食物提供的脂肪酸,称为营养必需脂肪酸(essential fatty acid),包括亚油酸、亚麻酸和花生四烯酸。它们是前列腺素(prostaglandins,PG)、血栓烷(thromboxane,TX)及白三烯(leukotrienes,LTs)等生理活性物质的前体。

3. 脂肪酸根据双键的构型分为顺式和反式脂肪酸　天然存在的不饱和脂肪酸多为顺式,顺式脂肪酸经氢化或高温加热可以产生反式脂肪酸。研究显示反式脂肪酸具有使血清总胆固醇和低密度脂蛋白胆固醇升高而高密度脂蛋白胆固醇降低及诱发动脉粥样硬化的危险,因此应该大力提倡减少或忌食反式脂肪酸。

二、甘油三酯的分解代谢

(一) 甘油三酯水解

储存在脂肪细胞的甘油三酯,经一系列脂肪酶逐步水解成为游离脂肪酸(free fatty acid,FFA)和甘油,释放入血以供给其他组织氧化利用的过程,称为脂肪动员。

在催化甘油三酯水解成甘油和脂肪酸的反应中,甘油三酯脂肪酶是该代谢的关键酶。由于该酶受许多激素调节,又称为激素敏感性脂肪酶(hormone sensitive lipase,HSL)。肾上腺素、胰高血糖素、促肾上腺素皮质激素等可以升高细胞内 cAMP 浓度,使该酶活性增强,进而促进甘油三酯分解而被称为脂解激素。相反,胰岛素能降低细胞 cAMP 浓度,使 HSL 活性下降,抑制脂肪水解,减少脂肪动员,被称为"抗脂解激素"(图 7-5)。

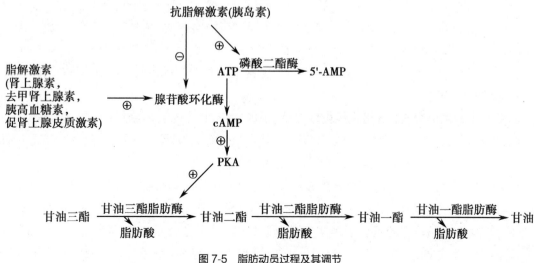

图 7-5　脂肪动员过程及其调节

（二）甘油的代谢

脂肪动员的产物之一为甘油，可以游离的形式在血液中运输，主要运输到肝、肾及小肠黏膜细胞等富含甘油激酶的组织中，经甘油激酶催化生成 α-磷酸甘油，后者再在磷酸甘油脱氢酶催化下生成磷酸二羟丙酮。磷酸二羟丙酮可循糖分解代谢途径继续氧化分解，释放能量。在肝细胞中也可经糖异生途径转变为葡萄糖或糖原。值得注意的是，肌肉及脂肪细胞甘油激酶活性很低，利用甘油的能力很弱。

相关链接

"β-氧化"学说

1904 年，Knoop 设计了一个富有创造性的实验，将不能被机体分解的苯基标记脂肪酸的 ω 甲基，以此带标记的脂肪酸喂养犬，按时检测尿中代谢产物。结果发现，不论脂肪酸碳链长短，若喂饲带标记的偶数碳脂肪酸，尿中排出的代谢物均为苯乙酸（$C_6H_5CH_2COOH$）；若喂饲带标记的奇数碳脂肪酸，尿液代谢物中均有苯甲酸（C_6H_5COOH）。据此他提出脂肪酸在体内的氧化分解首先是从羧基端 β-碳原子开始的，碳链依次断裂，每次断裂一个二碳单位，这就是著名的"β-氧化"学说。后来经酶学和核素示踪等技术证明他的设想是正确的。

（三）饱和脂肪酸的 β-氧化

脂肪动员的另一产物为脂肪酸，脂肪酸在有充足氧供给的情况下，可氧化分解为 CO_2 和 H_2O 并释放大量能量，因此脂肪酸是机体主要能量来源之一。肝和肌肉是进行脂肪酸氧化最活跃的组织，但脑、神经组织及红细胞等不能直接分解利用脂肪酸。脂肪酸最主要的氧化形式是 β-氧化，经过活化、转移、β-氧化和ATP 生成四个阶段，现分别叙述如下。

1. 脂肪酸的活化　脂肪酸在氧化分解前首先需要活化，在胞质中，脂酰 CoA 合成酶（acyl-CoA synthetase）催化脂肪酸生成脂酰 CoA，该反应需 ATP、CoA-SH、Mg^{2+} 参与。

活化后形成的脂酰 CoA 含有高能硫酯键，反应活性及水溶性均增加，从而提高了脂肪酸的代谢活性。由于反应中生成的焦磷酸（PPi）立即被焦磷酸酶水解，使反应不可逆。活化反应虽然仅 1 分子 ATP 参与反应，但是由于其产物是 AMP，故每分子脂肪酸活化实际上消耗了 2 个高能磷酸键，这也是脂肪酸氧化分解代谢中唯一消耗 ATP 的反应。

2. 脂酰 CoA 经肉碱穿梭转移进入线粒体　催化脂肪酸 β-氧化的酶系存在于线粒体的基质内，胞质中活化的脂酰 CoA 需进入线粒体才能被氧化，但由于其不能直接通过线粒体内膜，因此需要肉碱（carnitine），即 L-β-羟-γ-三甲氨基丁酸，携带脂酰 CoA 转运至线粒体基质中。

线粒体内膜外侧面存在肉碱-脂酰转移酶 I，催化长链脂酰 CoA 与肉碱生成脂酰肉碱（acyl carnitine），后者在肉碱-脂酰肉碱转位酶作用下，穿过内膜进入线粒体基质。进入线粒体内的脂酰肉碱再由位于线粒体内膜内侧面的肉碱-脂酰转移酶 II 作用，重新转变为脂酰 CoA 并释出肉碱，肉碱可借助肉碱-脂酰肉碱转位酶的运转重回内膜外侧，这就完成了脂酰 CoA 的转移（图 7-6）。脂酰 CoA 在线粒体基质内进行 β-氧化。

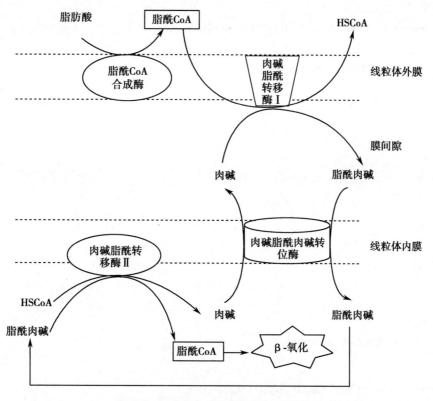

图 7-6　脂酰 CoA 经肉碱穿梭进入线粒体

位于线粒体内膜的肉碱 - 脂酰转移酶 I 和酶 II 属于同工酶,其中酶 I 活性低,是脂肪酸 β- 氧化的限速酶,脂酰 CoA 进入线粒体是脂肪酸 β- 氧化的主要限速步骤。当饥饿、高脂低糖饮食或糖尿病时,该酶活性增强,脂肪酸氧化增强。相反,饱食后,丙二酰 CoA 增多,该酶被抑制,脂肪酸氧化减少,脂肪合成增加。

3. 脂肪酸的 β- 氧化　脂酰 CoA 进入线粒体基质后,在脂肪酸 β- 氧化多酶复合体的催化下进行氧化分解,从脂酰基 β- 碳原子开始,经过脱氢、加水、再脱氢及硫解四步连续反应,完成一次 β- 氧化,其具体过程如下(图 7-7)。

(1) 脱氢:由脂酰 CoA 脱氢酶催化,辅酶为 FAD,脂酰 CoA 在 α 和 β 碳原子上各脱去一个氢原子生成具有反式双键的反 Δ^2- 烯脂酰辅酶 A 和 1 分子 $FADH_2$。

(2) 加水:由烯脂酰 CoA 水化酶催化,上一步生成的反 Δ^2- 烯脂酰 CoA 加水生成 L-β- 羟脂酰 CoA。

(3) 再脱氢:由 β- 羟脂酰 CoA 脱氢酶催化,辅酶为 NAD^+,L-β- 羟脂酰 CoA 脱氢生成 β- 酮脂酰 CoA 和 1 分子 $NADH+H^+$。

(4) 硫解:由 β- 硫解酶催化,β- 酮脂酰 CoA 在 α 和 β 碳原子之间断开,加上一分子辅酶 A 生成乙酰 CoA 和一个少两个碳原子的脂酰 CoA。

每次通过上述四步反应可使长链脂酰 CoA 减少 2 个碳原子,同时两次脱氢分别生成 1 分子 $FADH_2$ 和 1 分子 $NADH+H^+$,它们通过呼吸链传递,最后生成 H_2O,同时放出能量合成 ATP。减少 2 个碳原子的脂酰 CoA 反复进行 β- 氧化,最终使得偶数碳的脂肪酸全部生成乙酰 CoA 并进入三羧酸循环,彻底氧化成 H_2O 和 CO_2。

从上述过程可以看出,脂肪酸的氧化分解有以下三个特点:①脂肪酸需先活化为脂酰 CoA,这是一个耗能过程;②脂肪酸氧化分解主要在线粒体中进行,没有线粒体的成熟红细胞不能利用脂肪酸氧化供能;③β- 氧化过程中产生 $FADH_2$ 和 $NADH+H^+$,这两种还原物质中的氢要经呼吸链传递给氧生成水,因此 β- 氧化是个需氧过程。

4. ATP 生成　脂肪酸氧化可释放大量的 ATP,是体内重要的能量来源。以软脂酸 ($C_{16:0}$) 为例,经过 7

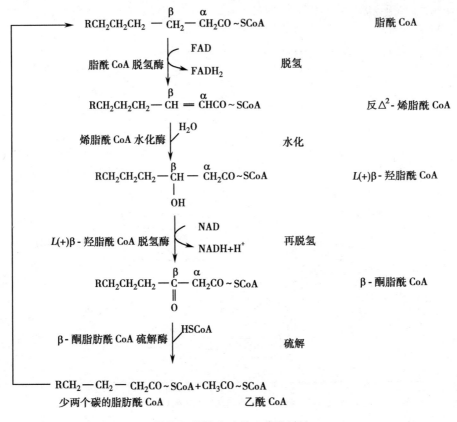

图 7-7 脂酰 CoA 的 β- 氧化过程

次 β- 氧化,最终可生成 8 分子乙酰 CoA、7 分子 $FADH_2$、7 分子 $NADH+H^+$,其氧化的总反应式为:

$$CH_3(CH_2)_{14}CO\sim SCoA+7CoA\text{-}SH+7FAD+7NAD^++7H_2O \rightarrow 8CH_3CO\sim SCoA+7FADH_2+7NADH+H^+$$

7 分子 $FADH_2$ 通过呼吸链氧化产生 $7 \times 1.5=10.5$ 分子 ATP,7 分子 $NADH+H^+$ 通过呼吸链氧化产生 $7 \times 2.5=17.5$ 分子 ATP,8 分子乙酰 CoA 通过三羧酸循环氧化产生 $8 \times 10=80$ 分子 ATP。因此 1 分子软脂酸彻底氧化分解成 CO_2 和 H_2O 共产生 108 分子 ATP,减去脂肪酸活化消耗两个高能磷酸键,净生成 106 分子 ATP。每 1mol ATP 水解释放的自由能为 30.56kJ,1mol 软脂酸在体内彻底氧化时,净生成 $106 \times 30.56=3233$kJ/mol,而 1mol 软脂酸在体外彻底氧化成为 CO_2 和 H_2O 时的自由能为 9791kJ,故其能量利用效率为 33%。

由此可见,脂肪酸与葡萄糖一样都是机体重要的能源物质。以重量或摩尔计算,脂肪酸产生的能量均比葡萄糖多(表 7-3)。

表 7-3 软脂酸与葡萄糖在体内氧化产生 ATP 的比较

	软脂酸	葡萄糖
以 1mol 计	106ATP	32ATP
以 100g 计	41.4ATP	17.8ATP
能量利用效率	33%	33%

(四) 其他脂肪酸的氧化方式

1. **不饱和脂肪酸的氧化** 人体的脂肪酸约一半以上是不饱和脂肪酸。不饱和脂肪酸的氧化与饱和脂肪酸一样,所不同的是,饱和脂肪酸 β- 氧化过程中产生的烯脂酰 CoA 是反式 Δ^2 烯脂酰 CoA。而天然不饱和脂肪酸所含双键均为顺式,因此当不饱和脂肪酸在氧化过程中可产生顺式 Δ^3 烯脂酰 CoA 或顺式 Δ^2 烯脂酰 CoA,当产生顺式 Δ^3 烯脂酰 CoA 时,需经线粒体特异的 Δ^3 顺→ Δ^2 反烯酰 CoA 异构酶催化,将 Δ^3 顺

式转变为 Δ^2 反式构型，β- 氧化才能继续进行；当产生顺式 Δ^2 烯脂酰 CoA 时，则先水化生成 $D(-)$-β- 羟脂酰 CoA，再经线粒体 $D(-)$-β- 羟脂酰 CoA 表构酶催化，将右旋异构体转变为 β- 氧化酶系所需的 $L(+)$-β- 羟脂酰 CoA 左旋异构体，才能继续进行 β- 氧化。

2. 极长链脂肪酸的氧化　体内存在的极长链脂肪酸（如 C_{20}，C_{22}），由于不能进入线粒体基质，需先经过氧化酶体中的脂肪酸 β- 氧化酶系催化，氧化成较短链脂肪酸，然后再进入线粒体内彻底氧化分解，过氧化酶体对较短链脂肪酸不能继续氧化。极长链脂肪酸在过氧化酶体中的第一步反应由以 FAD 为辅基的脂肪酸氧化酶催化，脱下的氢不与呼吸链偶联产生 ATP 而生成 H_2O_2，后者被过氧化氢酶分解。

3. 奇数碳原子脂肪酸的氧化　人体含有极少量奇数碳原子的脂肪酸，其活化转移入线粒体后也可循 β- 氧化方式进行；不同的是该类脂肪酸经多次 β- 氧化后，除了生成多个乙酰 CoA 外，最终还会生成 1 分子丙酰 CoA。丙酰 CoA 通过羧化反应及异构酶的作用转变为琥珀酰 CoA，后可进入三羧酸循环，进一步氧化分解；或经草酰乙酸异生为糖。此外，支链氨基酸氧化亦可产生丙酰 CoA。

（五）酮体的生成及利用

在肝细胞，脂肪酸通过 β- 氧化生成的大量乙酰 CoA，除少量进入三羧酸循环，为肝组织自身提供所需要的能量外，大部分则转变成特有的中间代谢产物酮体（ketone bodies），酮体是脂肪酸在肝脏中氧化分解时特有的中间代谢物，乙酰乙酸（acetoacetate）、β- 羟丁酸（β-hydroxybutyrate）及丙酮（acetone）三种物质。

1. 酮体的生成　酮体的合成原料为脂肪酸 β- 氧化产生的乙酰 CoA，合成酮体的酶类存在于肝脏的线粒体内，反应过程可分三步进行（图 7-8）。

（1）乙酰乙酰 CoA 的生成：在乙酰乙酰 CoA 硫解酶的作用下，2 分子乙酰 CoA 缩合成 1 分子乙酰乙酰 CoA，并释放出 1 分子 CoA-SH。

（2）HMG-CoA 的生成：在羟甲基戊二酸单酰 CoA 合酶催化下，乙酰乙酰 CoA 再与 1 分子乙酰 CoA 缩合生成羟甲基戊二酸单酰 CoA（3-hydroxy-3-methyl glutaryl CoA，HMG-CoA），并释出 1 分子 CoA-SH。

（3）酮体的生成：在 HMG-CoA 裂解酶作用下，HMG-CoA 裂解生成乙酰乙酸和乙酰 CoA。在 β- 羟丁酸脱氢酶的催化下，乙酰乙酸被还原成 β- 羟丁酸，所需的氢由 NADH+H⁺ 提供，少数乙酰乙酸可在乙酰乙酸脱羧酶的催化下脱羧生成丙酮。在血液中乙酰乙酸占酮体总量 30%，β- 羟丁酸占 70%，而丙酮含量极微。

肝脏富含生成酮体的各种酶类，尤其是 HMG-CoA 合酶，因此生成酮体是肝脏特有的功能。但是肝脏氧化酮体的酶活性很低，因此不能氧化利用酮体。肝产生的酮体透过细胞膜进入血液，运输到肝外组织进一步分解氧化，因此酮体的代谢特点是"肝内生成，肝外利用"。

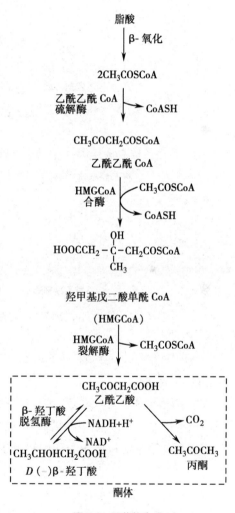

图 7-8　酮体的生成

2. 酮体的利用　在心、肾、脑及骨骼肌等肝外许多组织的线粒体中，含有较多的分解酮体的酶类，主要有琥珀酰 CoA 转硫酶（succinyl CoA thiophorase）、乙酰乙酸硫解酶（acetoacetic acid thiolase）、乙酰乙酸硫激酶（acetoacetic acid thiokinase）及 β- 羟丁酸脱氢酶等。这些酶能够将酮体氧化分解成 H_2O 和 CO_2，同时释放大量能量供这些组织利用。酮体中的 β- 羟丁酸先经 β- 羟丁酸脱氢酶的催化转变为乙酰乙酸然后进行分解。

(1) 乙酰乙酸的活化:乙酰乙酸首先需要活化成乙酰乙酰 CoA 进而再分解。

1) 在心、肾、脑及骨骼肌中,当有琥珀酰 CoA 存在时,乙酰乙酸在琥珀酰 CoA 转硫酶作用下,转变生成乙酰乙酰 CoA(图 7-9)。

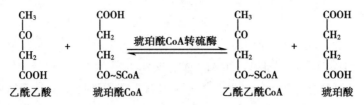

图 7-9　琥珀酰 CoA 转硫酶催化乙酰乙酸活化

2) 在心、肾和脑中尚有乙酰乙酸硫激酶,可直接活化乙酰乙酸生成乙酰乙酰 CoA(图 7-10)。

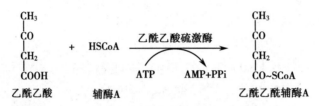

图 7-10　乙酰乙酸硫激酶催化乙酰乙酸活化

(2) 乙酰乙酰 CoA 硫解:经乙酰乙酰 CoA 硫解酶的催化,乙酰乙酰 CoA 可硫解生成 2 分子乙酰 CoA,乙酰 CoA 进入三羧酸循环彻底氧化(图 7-11)。

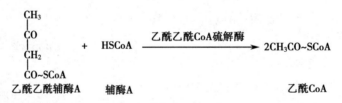

图 7-11　乙酰乙酰 CoA 硫解酶催化乙酰乙酰 CoA 硫解

(3) 丙酮的呼出:含量很少的丙酮主要随尿排出体外,血中浓度过高时可直接从肺呼出,会嗅到丙酮味(类似烂苹果味)。

3. 酮体生成的生理意义　酮体是肝脏输出能源的一种形式。酮体溶于水,分子小,容易通过血脑屏障及肌肉毛细血管壁,是脑组织和肌肉的重要能源。正常情况下,脂肪酸碳链长,不易通过血脑脊液屏障,脑组织主要利用血糖供能,肝外组织利用酮体氧化供能,可减少对葡萄糖的需求,以保证脑组织、成熟红细胞对葡萄糖的需要。当饥饿或糖供应不足时,酮体替代葡萄糖成为脑组织的主要能源,以保证脑组织的正常功能。

在正常情况下,血中仅含少量酮体,维持在 0.03~0.5mmol/L。在饥饿、低糖饮食或糖尿病时,脂肪动员加强,肝中酮体生成过多,当超出肝外组织的利用能力时,可引起血中酮体升高,造成酮血症。肾酮阈值为 70mg/dl,血中酮体浓度超过此值时超出肾小管的重吸收能力,出现酮尿症。由于 β-羟丁酸和乙酰乙酸均是酸性物质,当其在血中浓度过高时,可导致酮症酸中毒。

4. 酮体生成的调节

(1) 激素的调节作用:饱食后,胰岛素分泌增加,脂肪动员减少,进入肝脏的脂肪酸减少,因而酮体生成减少。饥饿时,胰高血糖素和肾上腺素等脂解激素分泌增多,脂肪动员加强,血中游离脂肪酸浓度升高而使肝脏摄取游离脂肪酸增多,β-氧化增强,酮体生成增多。

(2) 代谢物的调节作用:饱食后通过糖代谢生成的乙酰 CoA 及柠檬酸能别构激活乙酰 CoA 羧化酶,促进丙二酰 CoA 生成。丙二酰 CoA 能竞争抑制肉碱脂酰转移酶 I,从而阻止脂酰 CoA 进入线粒体内进行 β-氧化,减少酮体生成。饥饿或糖供给不足时,糖代谢减弱,3-磷酸甘油及 ATP 不足,脂肪酸酯化减少,主要进入线粒体进行 β-氧化,酮体生成增多。

三、甘油三酯的合成代谢

(一) 脂肪酸的生物合成

脂肪酸合成以葡萄糖分解所产生的乙酰 CoA 为主要原料,在胞质中进行,由脂肪酸合成酶系催化先合成含有 16 碳的软脂酸,再经进一步加工生成更长或更短碳链的或不饱和脂肪酸。

1. **合成部位**　在肝、肾、脑、肺、乳腺及脂肪等组织的胞质中均存在脂肪酸合成酶系,其中肝脏是人体合成脂肪酸的主要场所,其合成能力较脂肪组织大 8~9 倍。脂肪组织的主要功能是储存脂肪,合成脂肪的脂肪酸来源主要通过摄取小肠吸收的食物脂肪酸和肝合成的脂肪酸,也可以葡萄糖为原料合成脂肪酸。

2. **合成原料**　脂肪酸合成的碳源来自乙酰 CoA,同时需要 NADPH+H⁺ 提供氢原子以及 ATP 供能。乙酰 CoA、NADPH+H⁺、ATP 主要来自于糖代谢。细胞糖分解代谢产生的乙酰 CoA 全部在线粒体内,而合成脂肪酸的酶系存在于胞质。线粒体内的乙酰 CoA 必须进入胞质才能合成脂肪酸。实验证明乙酰 CoA 不能自由透过线粒体内膜,要通过柠檬酸 - 丙酮酸循环(citrate pyruvate cycle)转运(图 7-12)。

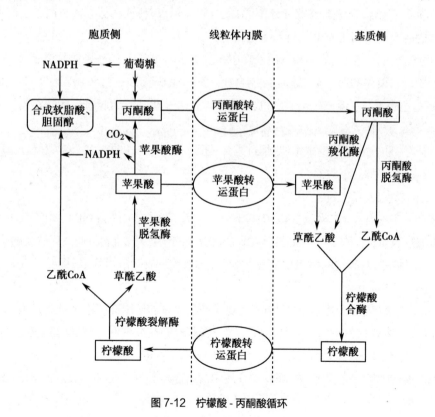

图 7-12　柠檬酸 - 丙酮酸循环

在柠檬酸 - 丙酮酸循环中,乙酰 CoA 首先在线粒体内与草酰乙酸缩合生成柠檬酸,后者通过线粒体内膜上的载体转运进入胞质;胞质中柠檬酸裂解酶使柠檬酸裂解释出乙酰 CoA 和草酰乙酸,乙酰 CoA 用以合成脂肪酸,而草酰乙酸则在苹果酸脱氢酶的作用下,还原生成苹果酸,苹果酸再经线粒体内膜载体转运入线粒体内。苹果酸也可在苹果酸酶作用下分解为丙酮酸,再转运入线粒体,最终均生成草酰乙酸,再参与转运乙酰 CoA。每经一次柠檬酸 - 丙酮酸循环,可使 1 分子乙酰 CoA 进入胞质,同时消耗 2 分子 ATP,另外还为脂肪酸的合成提供部分 $NADPH+H^+$。

脂肪酸的合成过程中有多次加氢还原反应,所需氢是以 NADPH 的形式提供的。脂肪酸合成所需的 NADPH 有两个主要的来源:一是葡萄糖的磷酸戊糖途径,二是上述的柠檬酸 - 丙酮酸循环。

3. 合成过程

(1) 丙二酸单酰 CoA 的合成:脂肪酸合成时,除 1 分子乙酰 CoA 直接参与反应外,其余的乙酰 CoA 均先羧化生成丙二酸单酰 CoA,然后参与脂肪酸的合成。

$$ATP+HCO_3^- + 乙酰\ CoA \longrightarrow 丙二酸单酰\ CoA+ADP+H_3PO_4$$

此反应由乙酰 CoA 羧化酶(acetyl-CoA carboxylase)催化,该酶存在于胞质中,是软脂酸合成的限速酶,其辅基为生物素,Mn^{2+} 为激活剂,在反应过程中起到携带和转移羧基的作用。柠檬酸、异柠檬酸是该酶的别构激活剂,可使无活性的单体聚合成有活性的多聚体,而软脂酰 CoA 及其他长链脂酰 CoA 是别构抑制剂,能使多聚体解聚成无活性的单体。

乙酰 CoA 羧化酶也受化学修饰调节,可被一种依赖 AMP(不是 cAMP)的蛋白激酶磷酸化而失活。胰高血糖素能激活此激酶而抑制乙酰 CoA 羧化酶的活性,而胰岛素通过蛋白磷酸酶作用使乙酰 CoA 羧化酶脱磷酸化而恢复活性。

(2) 脂肪酸的合成:不同物种的脂肪酸合成酶系的结构、性质等存在差异。

大肠埃希菌脂肪酸合成酶系是一个由 7 种不同功能的酶与酰基载体蛋白(acyl carrier protein,ACP)聚合形成的多酶复合体,7 种酶分别是:丙二酸单酰转移酶、β- 酮脂酰合成酶、β- 酮脂酰还原酶、α,β- 烯脂酰水化酶、α,β- 烯脂酰还原酶、脂酰转移酶和硫酯酶;酰基载体蛋白,其辅基与 CoA-SH 相同,起脂酰基载体作用,脂肪酸合成的各步反应均在 ACP 的辅基上进行。

哺乳类动物脂肪酸合成酶系的 7 种酶活性集中在分子量为 250kDa 的一条多肽链上,由一个基因编码,属多功能酶,通常以二聚体的形式参与脂肪酸的合成。每一亚基均有一个 ACP 结构域,其丝氨酸残基连接 4′ - 磷酸泛酰氨基乙硫醇(E_2- 泛 -SH)作为脂酰基的载体。每一亚基的酮脂酰合成酶结构域中含有半胱氨酸的 SH 基(E_1- 半胱 SH)作为脂酰基的另一载体。

各种生物合成脂肪酸的过程基本相似,经过缩合、还原、脱水、再还原等多个步骤反复循环,每次延长 2 个碳原子,最后生成软脂酸(图 7-13)。

软脂酸合成的总反应式为:

$$CH_3COSCoA+7HOOCCH_2COSCoA+14NADPH+14H^+ \longrightarrow CH_3(CH_2)_{14}COOH+7CO_2+6H_2O+8HSCoA+14NADP^+$$

4. 脂肪酸碳链的加长

胞质中脂肪酸合成酶催化合成的产物是软脂酸,通过对软脂酸进行加工,再生成碳链长短不一的脂肪酸,碳链的缩短仅需在线粒体内通过 β- 氧化即可完成;而碳链的延长则是在肝细胞的内质网或线粒体中进行。

(1) 内质网脂肪酸碳链延长酶体系:软脂酸主要通过此酶系的作用使碳链延长。以丙二酸单酰 CoA 为二碳单位的供给体,由 $NADPH+H^+$ 供氢,其合成过程与软脂酸的合成相似,但脂酰基连在 CoA-SH 上进行反应,而不是以 ACP 为载体。此途径可将脂肪酸碳链延长至二十四碳,但以十八碳的硬脂酸为最多。

(2) 线粒体脂肪酸碳链延长酶体系:线粒体基质中含有脂肪酸延长酶体系,按照脂肪酸 β- 氧化逆反应基本相似的过程,使软脂酸碳链延长。此酶系由乙酰 CoA 提供碳原子、$NADPH+H^+$ 供氢,通过缩合、加氢、脱水、再加氢的反应步骤,每一轮反应可加上 2 个碳原子,一般可延长脂肪酸碳链至 24 或 26 个碳原子,但仍以硬脂酸最多。

5. 不饱和脂肪酸的合成

人体含有的不饱和脂肪酸主要有软油酸($16:1,\Delta^9$)、油酸($18:1,\Delta^9$)、亚油酸($18:2,\Delta^{9,12}$)、亚麻酸($18:3,\Delta^{9,12,15}$)及花生四烯酸($20:4,\Delta^{5,8,11,14}$)等。前两种单不饱和脂肪酸可由相应的脂肪酸活化后由去饱和酶(desaturase)催化脱氢生成;而后三种多不饱和脂肪酸,由于体内缺乏 Δ^9 以上

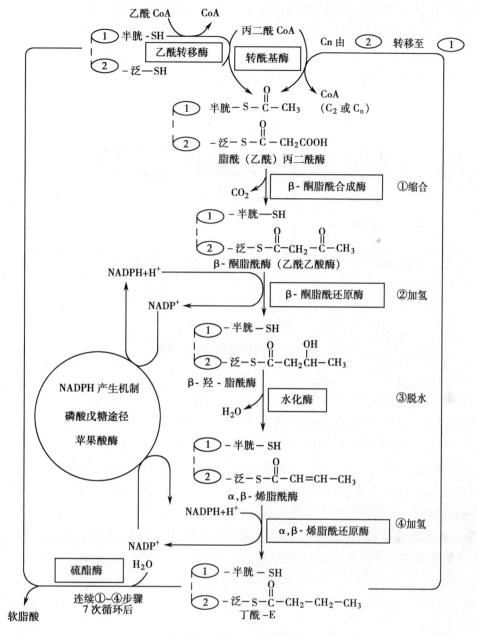

图 7-13 软脂酸的生物合成

的去饱和酶,故人体细胞不能合成,必须从食物植物油中获取,因此是营养必需脂肪酸(essential fatty acid)。

(二) α- 磷酸甘油的合成

甘油三酯合成中的甘油主要来自 α- 磷酸甘油。后者的来源有两条途径:一是来自糖代谢,糖酵解的中间产物磷酸二羟丙酮在 α- 磷酸甘油脱氢酶作用下,由 NADH+H⁺ 提供氢原子还原生成 α- 磷酸甘油,此反应普遍存在于人体各组织中,是 α- 磷酸甘油的主要来源。二是甘油的再利用,细胞内游离的甘油也可经甘油激酶催化,生成 α- 磷酸甘油。

(三) 甘油三酯的合成

1. 合成部位与合成原料 肝、脂肪组织及小肠是合成甘油三酯的主要场所,甘油三酯的合成在细胞的内质网中进行。合成甘油三酯所需的原料为脂酰 CoA 和 α- 磷酸甘油。

2. 合成基本过程

(1) 甘油一酯途径:小肠黏膜细胞主要利用消化吸收的甘油一酯及长链脂肪酸为原料,在脂酰 CoA 转移酶的催化下合成甘油三酯。后者以乳糜微粒(CM)的形式经淋巴进入血液循环。

(2) 甘油二酯途径:肝细胞及脂肪细胞主要通过此途径合成甘油三酯。由糖酵解途径产生的 α- 磷酸甘油在脂酰 CoA 转移酶作用下,依次加上 2 分子脂酰 CoA 生成磷脂酸(phosphatidic acid,PA)。后者在磷脂酸磷酸酶作用下,水解脱去磷酸生成 1,2- 甘油二酯,然后在脂酰 CoA 转移酶作用下,再加上 1 分子脂酰基,生成甘油三酯(图 7-14)。

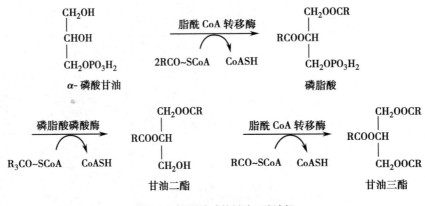

图 7-14 脂肪合成的甘油二酯途径

3. 不同组织甘油三酯合成的特点

(1) 肝脏:肝脏通过甘油二酯途径合成甘油三酯,合成的原料为糖、甘油和脂肪酸。脂肪酸可来自脂肪动员,糖、氨基酸生成的内源性脂肪酸,食物中来的外源性脂肪酸。

肝脏合成甘油三酯能力最强,但却不能贮存,合成的甘油三酯与载脂蛋白及磷脂、胆固醇等组装成极低密度脂蛋白(very low density lipoprotein,VLDL),经血液循环向肝外组织输出。若磷脂合成障碍或载脂蛋白合成障碍就会影响甘油三酯转运出肝,导致甘油三酯在肝脏中聚集可导致脂肪肝的形成。另外,若进入肝脏的脂肪酸过多,合成脂肪的能力超过了合成载脂蛋白的能力,也可引起脂肪肝。

(2) 脂肪组织:脂肪组织脂肪的合成与肝脏基本相同,通过甘油二酯途径合成,但脂肪组织因缺乏甘油激酶,不能直接利用游离甘油,只能利用糖分解提供的 α- 磷酸甘油;脂肪组织既能合成又能贮存甘油三酯,当机体需要能量时,贮存在脂肪细胞中的甘油三酯被动员分解为甘油和脂肪酸,通过血液循环运输到肝、心、肌肉等组织利用。

(3) 小肠黏膜上皮细胞:小肠黏膜上皮细胞合成脂肪有两条途径:进餐后,食物中的脂肪水解生成游离脂肪酸和甘油一酯,吸收后经甘油一酯途径合成脂肪,并参与乳糜微粒的组成,这是小肠黏膜脂肪合成的主要途径。在饥饿情况下,小肠黏膜也能利用糖、甘油和脂肪酸作原料,经甘油二酯途径合成甘油三酯,这部分脂肪参与 VLDL 的组成,而合成原料和过程类似肝脏。

(四) 甘油三酯合成的调节

1. 代谢物的调节作用 进食高脂肪食物或饥饿引起脂肪动员加强时,肝细胞内脂酰 CoA 增多,可别构抑制乙酰 CoA 羧化酶,从而抑制体内脂肪酸的合成;进食糖类使 NADPH+H[+] 及乙酰 CoA 供应增多,有利于脂肪酸的合成,同时糖代谢加强使细胞内 ATP 增多,可抑制异柠檬酸脱氢酶,造成异柠檬酸及柠檬酸堆积,透出线粒体可别构激活乙酰 CoA 羧化酶,使脂肪酸合成增加。

2. 激素的调节作用 胰岛素是调节脂肪合成的主要激素,它不仅促进糖酵解和磷酸戊糖途径,为脂肪合成提供原料,还能诱导乙酰 CoA 羧化酶、脂肪酸合成酶,乃至 ATP- 柠檬酸裂解酶等的合成,从而促进甘油三酯的合成。而胰高血糖素可使乙酰 CoA 羧化酶磷酸化而降低其活性,故能抑制脂肪酸的合成,同时还抑制甘油三酯的合成,减少肝脂肪向血中输出。肾上腺素、生长素也能抑制乙酰 CoA 羧化酶,减少脂肪酸合成。

四、多不饱和脂肪酸的重要衍生物

体内的前列腺素（prostaglandin，PG）、血栓烷（thromboxane A2，TXA$_2$）、白三烯（leukotrienes，LTs），均由花生四烯酸转变生成，这几种物质在体内虽然含量极少，但几乎参与所有细胞代谢活动，并且与炎症、免疫、过敏、心血管病等重要病理过程有关，对调节细胞代谢具有重要作用。

细胞膜上的磷脂含有丰富的花生四烯酸，当细胞受到一些外界刺激时，细胞膜中的磷脂酶 A$_2$ 被激活，水解磷脂释放出花生四烯酸，后者在一系列酶的作用下合成 PG，TX 及 LT。下面简要介绍它们的结构与功能。

（一）前列腺素、血栓烷及白三烯的化学结构及命名

前列腺素，因最早发现于人体精液而命名，是一类含有二十碳原子的多不饱和脂肪酸衍生物，以前列腺酸（prostanoic acid）为基本骨架，具有一个五碳环和两条侧链（R$_1$ 及 R$_2$）。

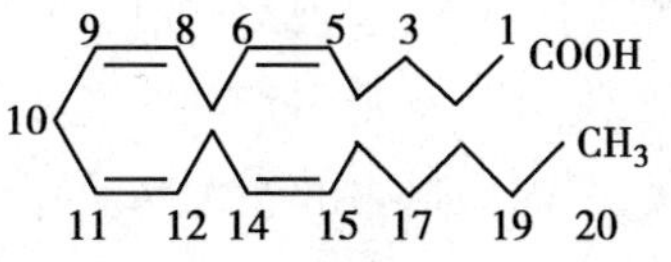

花生四烯酸
（20:4，$\Delta^{5,8,11,14}$）

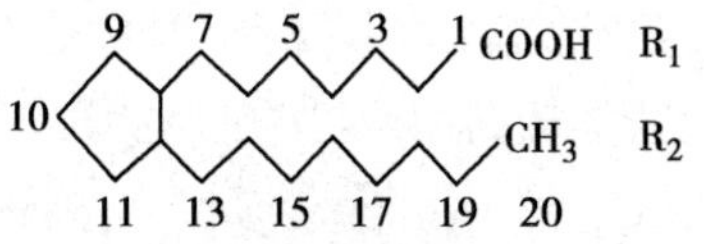

前列腺酸

根据五碳环上取代基团和双键位置不同，PG 分为 9 型，分别命名为 PGA、B、C、D、E、F、G、H 及 I；根据 R$_1$ 及 R$_2$ 两条侧链中的双键数目，PG 又分为 1、2、3 类，在字母右下角标示，如 PGF$_1$α、PGF$_2$α 等。体内 PGA，E 及 F 较多，PGG$_2$、PGH$_2$ 是 PG 合成过程中的中间产物。PGI$_2$ 是带双环的 PG，除五碳环外，还有一个含氧的五碳环，因此又称前列腺环素（prostacyclin）。前列腺素 F 第 9 位碳原子上的羟基有 2 种立体构型，羟基位于五碳环平面之下的称为 α- 型，用虚线连接；位于平面之上的称为 β- 型，用实线表示。天然前列腺素均为 α- 型而没有 β- 型。

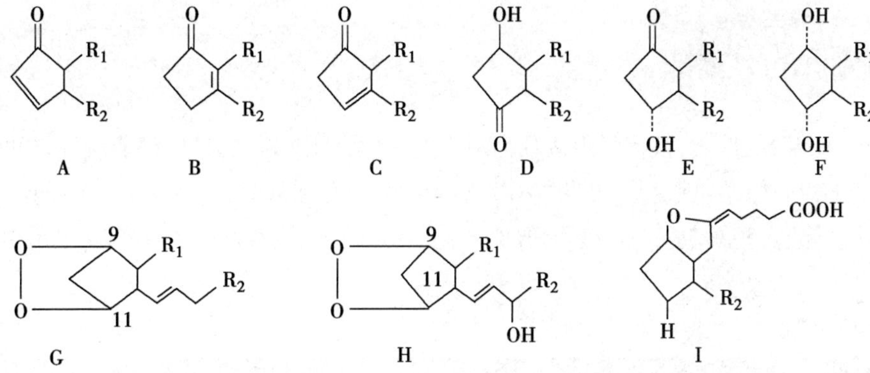

血栓烷，也是二十碳不饱和脂肪酸的衍生物，它有前列腺酸样骨架但又不相同，分子中的五碳环为含氧的烷所取代。

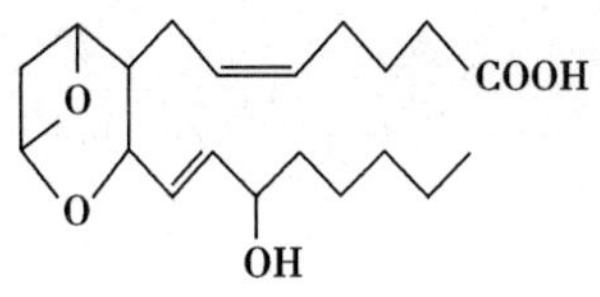

白三烯，是不含前列腺酸骨架的二十碳多不饱和脂肪酸。一般 LT 有 4 个双键，所以在 LT 字母的右下方标 4。LT 合成的初级产物为 LTA$_4$，在 5,6 位上有一氧环。如在 12 位加水引入羟基，并将 5,6 位的环氧键断裂，则为 LTB$_4$。如 LTA$_4$ 的 5,6 环氧键打开，在 6 位与谷胱甘肽反应则生成 LTC$_4$、LTD$_4$ 及 LTE$_4$ 等衍生物。

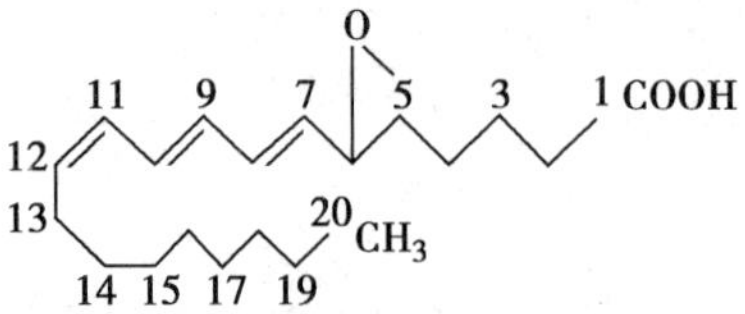

The structure at top shows: O at position between 5 and COOH chain, with numbered carbons.

（二）PG、TX 及 LT 的主要生理功能

1. PG　前列腺素的功能可影响心血管、消化、生殖等全身组织系统,也可作用于炎症、过敏和免疫等多种生理和病理过程。血管内皮细胞合成的 PGI_2 不仅可以扩张冠状动脉血管,而且是体内活性最大的血小板聚集抑制剂,它能抑制许多因素引起的血小板聚集和黏附,PGE_2 能诱发炎症,促进局部血管扩张,毛细血管通透性增加,引起红、肿、痛、热等症状。PGE_2、PGA_2 能使动脉平滑肌舒张,有降血压作用。PGE_2 和 PGI_2 能抑制胃酸分泌,促进胃肠平滑肌蠕动。卵泡产生的 PGE_2 及 $PGE_{2\alpha}$,能使黄体溶解。分娩时子宫内膜释出的 $PGF_{2\alpha}$ 能引起子宫收缩,促进分娩。

2. TX　血小板产生的 TXA_2 及 PGF_2 促进血小板聚集,血管收缩,促进凝血及血栓形成。而血管内皮细胞释放的 PGI_2 则有很强的舒血管、抗血小板聚集、抑制凝血和抗血栓形成的作用,与 TXA_2 的作用对抗。北极地区的因纽特人摄食富含二十碳五烯酸(EPA)的深水鱼油,二十碳五烯酸能在体内合成 PGE_3、PGI_3 和 TXA_3 三类化合物。PGI_3 能抑制花生四烯酸从膜磷脂释放,因而抑制 PGI_2 及 TXA_2 的合成;由于 PGI_3 的活性与 PGI_2 相同,而 TXA_3 的活性则较 TXA_2 弱得多,因此因纽特人抗血小板聚集及抗凝血作用较强,被认为是他们不易患心肌梗死的重要原因之一。

3. LT　已证实过敏反应和变态反应的慢反应物质(SRS-A)是 LTC_4、LTD_4 及 LTE_4 的混合物,其使支气管平滑肌收缩作用较组胺及 $PGF_{2\alpha}$ 强 100~1000 倍,且作用缓慢而持久。此外,LTB_4 还能调节白细胞的功能,促进其游走及趋化作用,刺激腺苷酸环化酶,诱发多形核白细胞脱颗粒,使溶酶体释放水解酶类,促进炎症及变态反应的发展。IgE 与肥大细胞表面受体结合,可引起肥大细胞释放 LTC_4、LTD_4 及 LTE_4,三者引起支气管及胃肠平滑肌剧烈收缩。LTD_4 还使毛细血管通透性增加,LTB_4 使中性及嗜酸性粒细胞游走,引起炎症浸润。

第三节　磷脂的代谢

磷脂是一类含磷酸的脂类,按化学组成分为两大类,一类是由甘油构成的磷脂统称甘油磷脂,另一类是由鞘氨醇构成的磷脂称鞘磷脂。甘油磷脂在体内含量最多、分布最广,鞘磷脂主要分布在大脑和神经髓鞘。磷脂分子既含有疏水脂酰基长链,又含有极性强的磷酸和取代基团,因此磷脂是双极性化合物(表 7-4)。

表 7-4　两类磷脂的分子组成

	相同的组成成分(分子数)		不同或不尽相同的组成成分	
	磷酸	脂肪酸	醇类	其他成分
甘油磷脂	1	2	甘油	胆碱、乙醇胺、丝氨酸、肌醇等
鞘磷脂	1	1	鞘氨醇	胆碱

一、甘油磷脂的代谢

（一）甘油磷脂的组成、结构及分类

甘油磷脂由甘油、脂肪酸、磷酸及含氮化合物等组成,其基本结构为:

$$\begin{array}{c}
\text{O}\\
\text{CH}_2\text{O}-\overset{\text{O}}{\overset{\|}{\text{C}}}-\text{R}_1\\
\text{R}_2-\overset{\text{O}}{\overset{\|}{\text{C}}}-\text{O}-\text{CH}\\
\text{CH}_2\text{O}-\overset{\text{O}}{\overset{\|}{\text{P}}}-\text{OX}\\
\text{OH}
\end{array}$$

在甘油的 1 位和 2 位羟基上各结合 1 分子脂肪酸,通常 2 位脂肪酸为花生四烯酸,在 3 位羟基上再结合 1 分子磷酸,此即为磷脂酸。根据与磷酸羟基相连的 -X 取代基团不同,重要的甘油磷脂可分为六类(表 7-5),其中磷脂酰胆碱含量最多,是构成细胞膜磷脂双分子层结构的基本成分。

表 7-5　机体内几种重要的甘油磷脂

HO-X	X 取代基团	甘油磷脂的名称
水	—H	磷脂酸
胆碱	—CH$_2$CH$_2$N$^+$(CH$_3$)$_3$	磷脂酰胆碱(卵磷脂)
乙醇胺	—CH$_2$CH$_2$NH$_3^+$	磷脂酰乙醇胺(脑磷脂)
丝氨酸	—CH$_2$CHNH$_2$COOH	磷脂酰丝氨酸
甘油	—CH$_2$CHOHCH$_2$OH	磷脂酰甘油
肌醇	（肌醇结构式）	磷脂酰肌醇
磷脂酰甘油	CH$_2$CHOHCH$_2$OPOOHOCH$_2$HCOCOR$_2$CH$_2$OCOR$_1$	二磷脂酰甘油(心磷脂)

(二) 甘油磷脂的合成

1. 合成部位　人体全身各组织细胞内质网中均有合成磷脂的酶系,但以肝、肾及肠等组织最活跃。肝脏合成的磷脂除自身利用外,还可用于组成血浆脂蛋白参与脂类的运输。

2. 合成原料　合成磷脂的原料主要有胆碱、乙醇胺、丝氨酸、肌醇、磷酸盐、甘油二酯等。甘油二酯中的饱和脂肪酸、甘油主要由葡萄糖代谢提供,但其 2 位的多不饱和脂肪酸为必需脂肪酸,必须从植物油中摄取。胆碱可由食物供给,亦可在体内合成。丝氨酸脱羧后生成乙醇胺,乙醇胺由 S- 腺苷甲硫氨酸提供 3 个甲基即可合成胆碱。另外,合成磷脂还需要 ATP、CTP 等,ATP 主要用来提供合成磷脂所需的能量,CTP 不但能提供能量,而且是合成过程中活化中间产物所必需的。

3. 合成基本过程　合成基本过程可分为两种途径,两种途径中都需要甘油二酯作为前体,并且合成过程需要 CTP 的参与。两种途径的区分主要是根据被 CTP 活化的部分不同。

(1) 甘油二酯合成途径:在此途径,首先,磷酸胆碱或磷酸乙醇胺首先被 CTP 活化成 CDP- 胆碱和 CDP- 乙醇胺,然后分别与甘油二酯再合成磷脂酰胆碱(卵磷脂)及磷脂酰乙醇胺(脑磷脂)(图 7-15)。这两类磷脂在体内含量最多,占组织及血液中磷脂的 75% 以上。

(2) CDP- 甘油二酯合成途径:在此途径,甘油二酯首先被 CDP 活化生成 CDP- 甘油二酯,CDP- 甘油二酯作为直接前体和重要中间物,在相应合成酶催化下,与丝氨酸、肌醇或磷脂酰甘油缩合,分别生成磷脂酰肌醇(phosphatidyl inositol)、磷脂酰丝氨酸(phosphatidyl serine)及二磷脂酰甘油(cardiolipin,心磷脂)(图 7-16)。

Ⅱ型肺泡上皮细胞合成的特殊磷脂酰胆碱,其 1,2 位均为软脂酰基,称为二软脂酰胆碱,是较强的乳化剂,能降低肺泡的表面张力,有利于肺泡的伸张。如新生儿肺泡上皮细胞二软脂酰胆碱合成障碍,则引起肺不张,出现"新生儿呼吸窘迫综合征"。

NH2
HOCH2CHCOOH
丝氨酸
CO2
HOCH2CH2NH2
乙醇胺
3S-腺苷甲硫氨酸
HOCH2CH2N+(CH3)3
胆碱
ATP
乙醇胺激酶
ADP
ATP
胆碱激酶
ADP
磷酸乙醇胺
磷酸胆碱
CTP
CTP: 磷酸乙醇胺
胞苷转移酶
PPi
CTP
CTP: 磷酸胆碱
胞苷转移酶
PPi
CDP—OCH2CH2NH2
CDP-乙醇胺
CDP—OCH2CH2N(CH3)3
CDP-胆碱
CH2OOCR1
R2COO—CH
CH2OH
甘油二酯
CMP
CMP
磷脂酰乙醇胺
磷脂酰胆碱

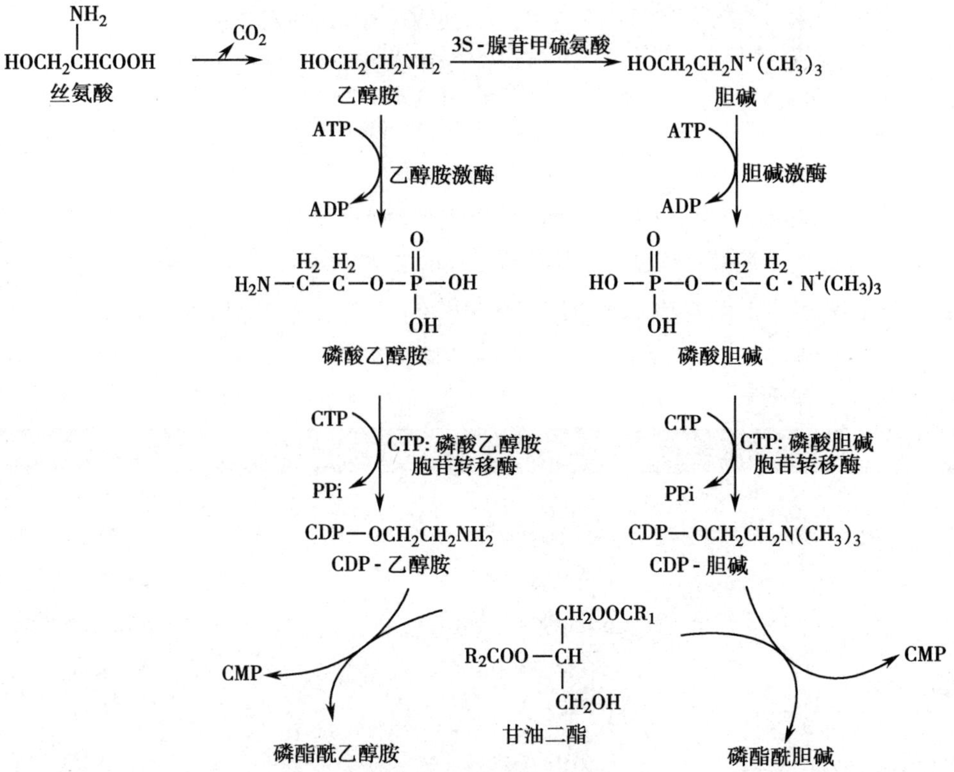

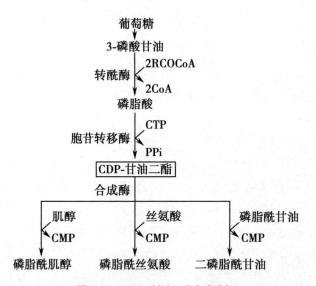

图 7-15　甘油二酯合成途径

葡萄糖
3-磷酸甘油
2RCOCoA
转酰酶
2CoA
磷脂酸
CTP
胞苷转移酶
PPi
CDP-甘油二酯
合成酶
肌醇
CMP
丝氨酸
CMP
磷脂酰甘油
CMP
磷脂酰肌醇
磷脂酰丝氨酸
二磷脂酰甘油

图 7-16　CDP-甘油二酯合成途径

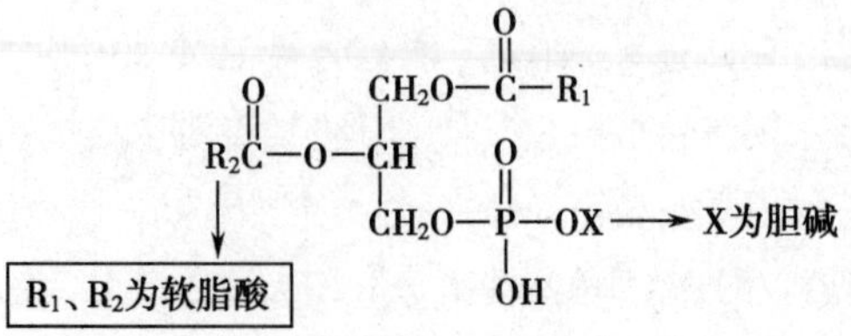

X为胆碱
R1、R2为软脂酸

（三）甘油磷脂的降解

生物体内存在能使甘油磷脂水解的多种磷脂酶（phospholipase），分别作用于甘油磷脂分子中不同的酯键，生成的产物包括有溶血磷脂、脂肪酸、磷酸含氮物等。各种磷脂酶的名称、作用部位及相关产物见图 7-17

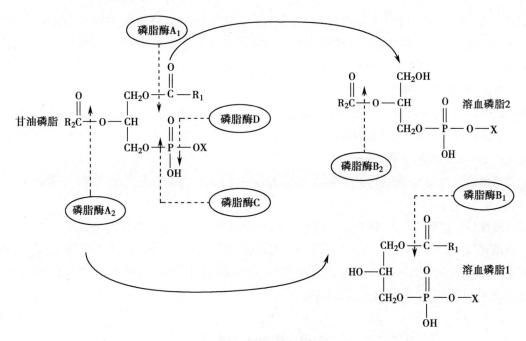

图 7-17　各种磷脂酶的作用

和表 7-6。产物中的溶血磷脂是各种甘油磷脂经磷脂酶 A_1 或 A_2 水解脱去一个脂酰基后的产物,是一类具较强表面活性的物质,能使红细胞膜或其他细胞膜破坏,引起溶血或细胞坏死。

表 7-6　甘油磷脂降解相关酶及产物

磷脂酶种类	磷脂酶作用部位	相关产物
磷脂酶 A_1	1 位酯键	溶血磷脂 2
磷脂酶 A_2	2 位酯键	溶血磷脂 1
磷脂酶 B_1	溶血磷脂 1	甘油磷酸 -X
磷脂酶 B_2	溶血磷脂 2	甘油磷酸 -X
磷脂酶 C	磷酸酯键	甘油二酯、磷酸含氮物
磷脂酶 D	DO-X 酯键	磷脂酸、含氮化合物

二、鞘磷脂的代谢

(一) 鞘磷脂的化学组成及结构特点

鞘脂类由鞘氨醇、脂肪酸、磷酸及含氮化合物等组成。其结构特点是不含甘油而含鞘氨醇(sphingosine),鞘氨醇是一类含 16~20 个碳的长链不饱和氨基二元醇,有一疏水性尾部:长链脂肪烃尾,一个极性头部:2个羟基及 1 个氨基。值得注意的是,鞘脂中的脂肪酸以酰胺键与鞘氨醇的氨基相连,鞘脂的末端羟基常为极性基团(X)所取代,如磷酸胆碱或糖基。鞘脂分子中的脂肪酸,主要为 16C、18C、22C 或 24C 饱和或单不饱和脂肪酸。鞘脂结构与理化性质与甘油磷脂颇为相似。

鞘氨醇
$$CH_3(CH_2)_mCH=CH-CHOH$$
脂肪酸
$$CHNHCO(CH_2)_nCH_3$$
$$CH_2-O-X$$
取代基

按取代基 X 的不同,鞘脂分为鞘磷脂及鞘糖脂两类。鞘磷脂末端羟基取代基团 X 为磷酸胆碱或磷酸乙醇胺,X 为磷酸胆碱的鞘磷脂也称为神经鞘磷脂,在鞘磷脂中含量最多,是神经髓鞘的主要成分,也是构成生物膜的重要磷脂。鞘糖脂含糖,其 X 取代基团为单糖基或寡糖链。

(二) 神经鞘磷脂的合成代谢

神经鞘磷脂(sphingomyelin)是人体中含量最多的鞘磷脂,由鞘氨醇、脂肪酸及磷酸胆碱构成。它是构成生物膜的重要磷脂,常与磷脂酰胆碱并存于细胞膜的外侧。在神经髓鞘中,脂类的 5% 为神经鞘磷脂;在人红细胞膜中,20%~30% 为神经鞘磷脂。

1. 合成部位　全身各组织细胞内质网中含有合成鞘氨醇的酶,故各组织均能合成神经鞘磷脂,以脑组织最为活跃。

2. 合成原料　软脂酰 CoA、脂酰 CoA、丝氨酸、CDP- 胆碱等是神经鞘磷脂合成的基本原料。

3. 合成过程　软脂酰 CoA 和丝氨酸在鞘氨醇合成酶系的催化下合成鞘氨醇,鞘氨醇在脂酰基转移酶的催化下,其氨基与脂酰 CoA 进行酰胺缩合,生成 N- 脂酰鞘氨醇(也称神经酰胺),再由 CDP- 胆碱供给磷酸胆碱,生成神经鞘磷脂。合成过程见图 7-18。

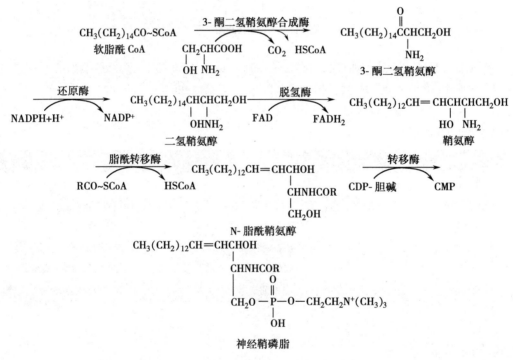

图 7-18　神经鞘磷脂的合成过程

(三) 神经鞘磷脂的降解

脑、肝、脾、肾等细胞的溶酶体中,有神经鞘磷脂酶(sphingomyelinase),属磷脂酶 C 类,能使磷酸酯键水解,产物为磷酸胆碱及 N- 脂酰鞘氨醇。后者作为脂类第二信使参与肿瘤、凋亡相关信号传递。

如先天性缺乏神经鞘磷脂酶,则鞘磷脂不能降解而在细胞内积存,引起肝、脾大及痴呆等鞘磷脂沉积的病症,称为 Nieman-Pick 病。

第四节　胆固醇代谢

类固醇(steroids)化合物的结构与甘油三酯和磷脂完全不同,是以环戊烷多氢菲(cyclopentanoperhydrophenanthrene)为母体结构,不同类固醇化合物的 C_3 羟基、C_{17} 连接的侧链碳原子数及取代基团不同,其生理功能也各异。胆固醇是类固醇家族的重要成员,具有环戊烷多氢菲烃核结构,有一个 C_3 羟基,因最早从动物胆石中分离而得名,只存在于动物体内,植物不含胆固醇而含植物固醇。

胆固醇是动物体内重要的脂类物质,人体含胆固醇约 140g,广泛分布于全身各组织,其中脑及神经组织中含量最高,每 100g 组织中约含 2g,其总量占全身胆固醇总量的 1/4。人体胆固醇可体内合成或从食物摄取,如动物内脏、蛋黄、鱼子、奶油及肉类等是人体食物胆固醇主要来源。植物性食品所含植物固醇不易为人体吸收,摄入过多可抑制胆固醇的吸收。胆固醇在体内有两种存在形式:游离胆固醇(free cholesterol,FC)及胆固醇酯(cholesteryl ester,CE),结构式如下:

胆固醇   胆固醇酯

一、胆固醇的合成

(一) 合成部位

成人除脑组织及成熟红细胞外,几乎全身各组织均可合成胆固醇,每天可合成 1~1.5g 左右。肝脏是合成胆固醇的主要场所。体内胆固醇 75%~80% 由肝合成,10% 由小肠合成。胆固醇的合成主要在胞质及内质网中进行。

(二) 合成原料

乙酰 CoA 是胆固醇合成的碳源,NADPH+H⁺ 为供氢体,此外尚需 ATP 供能。每合成 1 分子胆固醇需 18 分子乙酰 CoA,36 分子 ATP 及 16 分子 NADPH+H⁺。乙酰 CoA 及 ATP 大多来自线粒体中糖的有氧氧化,故乙酰 CoA 主要在线粒体内产生,因此需在线粒体内与草酰乙酸结合成柠檬酸进入胞质,即前面所述及的柠檬酸 - 丙酮酸循环,而 NADPH 则主要来自糖的磷酸戊糖途径。因此糖是胆固醇合成原料的主要来源,长期高糖饮食可引起高胆固醇血症。

(三) 合成基本过程

胆固醇合成过程复杂,共有 30 步酶促反应,可划分为三个阶段(图 7-19)。

1. **甲羟戊酸(MVA)的合成**   在胞质中,2 分子乙酰 CoA 在乙酰乙酰硫解酶催化下,缩合成乙酰乙酰 CoA;然后在羟甲基戊二酸单酰 CoA 合酶催化下再与 1 分子乙酰 CoA 缩合生成 HMG-CoA。此阶段的反应与酮体生成相同,但是由另外一套酶催化完成的,因为酮体与胆固醇合成的亚细胞定位不同。胞质中生成的 HMG-CoA,在 HMG-CoA 还原酶(HMG-CoA reductase)的催化下,由 NADPH+H⁺ 供氢,还原生成甲羟戊酸(mevalonic acid,MVA)。HMG-CoA 还原酶是合成胆固醇的限速酶,其活性受众多因素的调节。

2. **鲨烯的合成**   在胞质内一系列酶催化下,ATP 提供能量,使 MVA 磷酸化、脱羧生成 5 碳焦磷酸化合物(异戊烯焦磷酸和二甲基丙烯焦磷酸)。3 分子 5 碳焦磷酸化合物缩合成 15 碳的焦磷酸法尼酯。2 分子 15 碳焦磷酸法尼酯在鲨烯合酶的作用下,再缩合、还原生成含 30 碳的多烯烃化合物鲨烯(squalene)。

3. **胆固醇的合成**   鲨烯进入内质网,经单加氧酶、环化酶等的作用,先环化生成羊毛固醇,后者再经氧化、脱羧、还原等反应,脱去 3 分子 CO_2 生成 27 碳的胆固醇。

4. **胆固醇的酯化**   胆固醇酯化是胆固醇吸收转运的重要步骤,细胞内和血浆中的游离胆固醇都可以

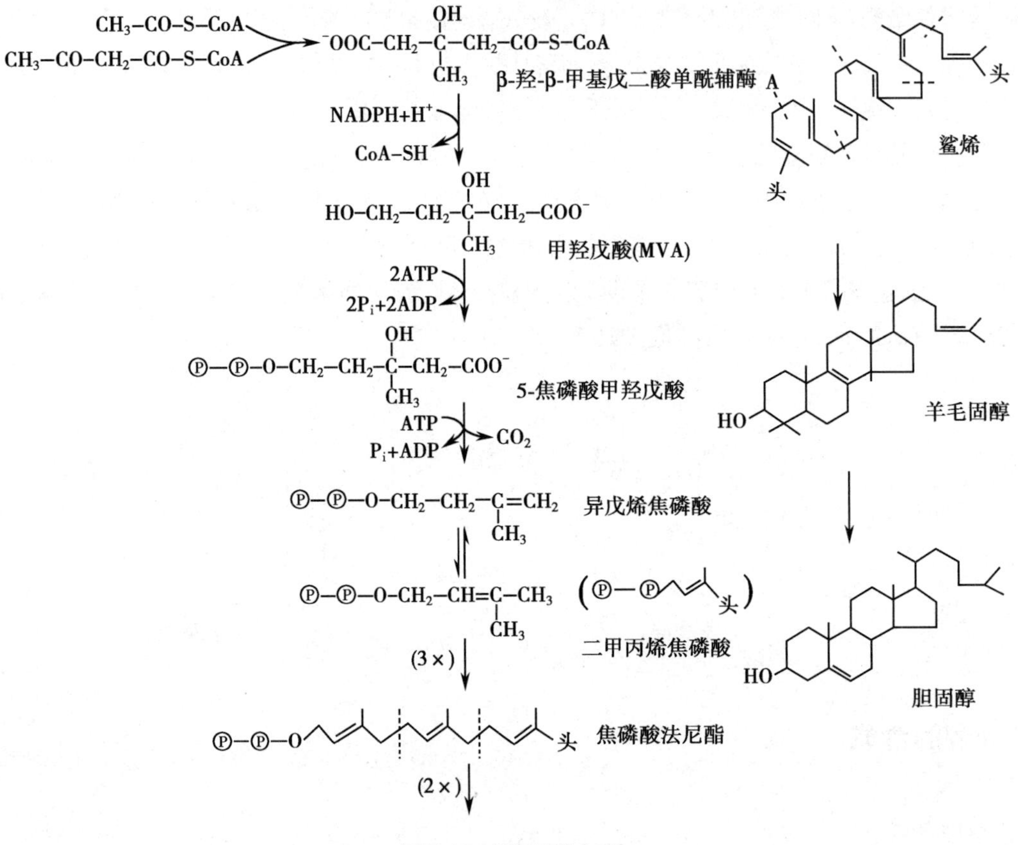

CH₃-CO-S-CoA

CH₃-CO-CH₂-CO-S-CoA

$$^-OOC-CH_2-\underset{\underset{CH_3}{|}}{\overset{\overset{OH}{|}}{C}}-CH_2-CO-S-CoA$$

β-羟-β-甲基戊二酸单酰辅酶 A

鲨烯

NADPH+H⁺
CoA-SH

$$HO-CH_2-CH_2-\underset{\underset{CH_3}{|}}{\overset{\overset{OH}{|}}{C}}-CH_2-COO^-$$

甲羟戊酸(MVA)

2ATP
2Pᵢ+2ADP

$$Ⓟ-Ⓟ-O-CH_2-CH_2-\underset{\underset{CH_3}{|}}{\overset{\overset{OH}{|}}{C}}-CH_2-COO^-$$

5-焦磷酸甲羟戊酸

ATP
Pᵢ+ADP   CO₂

$$Ⓟ-Ⓟ-O-CH_2-CH_2-\underset{\underset{CH_3}{|}}{C}=CH_2$$

异戊烯焦磷酸

$$Ⓟ-Ⓟ-O-CH_2-CH=\underset{\underset{CH_3}{|}}{C}-CH_3$$ (Ⓟ-Ⓟ 头)

二甲丙烯焦磷酸

(3×)

羊毛固醇

HO

$$Ⓟ-Ⓟ-O-CH_2$$ ～～～ 头   焦磷酸法尼酯

(2×)

胆固醇

HO

图 7-19 胆固醇的合成

被酯化成胆固醇酯,但在这两个部位中催化胆固醇酯化的酶及反应过程不同。

(1) 细胞内胆固醇的酯化:在细胞内,在脂酰辅酶 A- 胆固醇脂酰转移酶(acly CoA-cholesterol acyltransferase,ACAT) 催化下,脂酰 CoA 的脂酰基转移到游离胆固醇第 3 位羟基上,生成胆固醇酯。细胞内胆固醇水平是该酶活性的重要调解因子。ACAT 在调节细胞内胆固醇的合成和平衡中发挥重要作用。

(2) 血浆内胆固醇的酯化:在血浆内,在卵磷脂 - 胆固醇酰基转移酶(lecithin-cholesterol acyltransferase,LCAT)催化下,卵磷脂第 2 位碳原子的脂酰基(多为不饱和脂酰基)转移至胆固醇第 3 位羟基上,生成胆固醇酯及溶血磷脂酰胆碱。LCAT 由肝实质细胞合成,合成后分泌入血,在血浆中发挥催化作用。肝实质细胞有病变或损伤时,可使 LCAT 活性降低,引起血浆胆固醇酯含量下降。

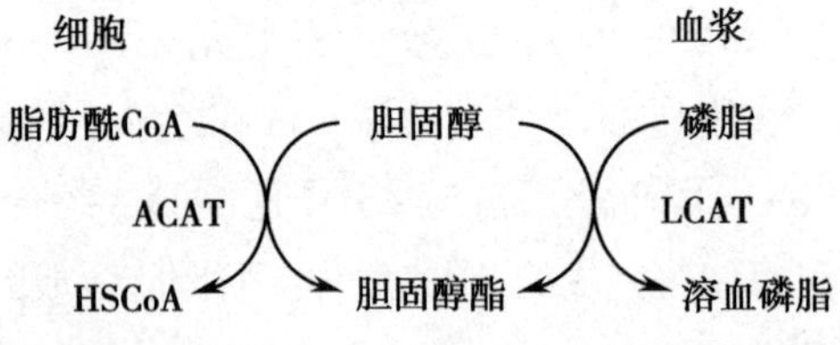

细胞   血浆

脂肪酰CoA ⟍   ⟋ 胆固醇   磷脂 ⟍   ⟋

         ACAT   LCAT

HSCoA ⟋   ⟍ 胆固醇酯   溶血磷脂 ⟋   ⟍

(四) 胆固醇合成的调节

HMG-CoA 还原酶是胆固醇合成的限速酶。各种因素通过影响 HMG-CoA 还原酶的含量或活性控制胆固醇合成速率,调节胆固醇合成。

1. **饥饿与饱食** 饥饿与禁食可抑制肝脏合成胆固醇,而肝外组织的合成减少不多。饥饿与禁食时,一方面可引起 HMG-CoA 还原酶合成减少及活性降低,另一方面,由于糖供应不足所导致的胆固醇合成原料乙酰 CoA、ATP、NADPH+H⁺ 不足也是胆固醇合成减少的重要原因。相反,摄取高糖、饱和脂肪膳食后,肝脏 HMG-CoA 还原酶活性增强,胆固醇的合成增加。

2. **胆固醇的调节** 外源与内源胆固醇均可反馈性抑制 HMG-CoA 还原酶的合成,而减少胆固醇合成,这种负反馈调节主要存在于肝脏,小肠则不受此种反馈调节。降低食物胆固醇量,对酶合成的抑制解除,胆固醇合成增加。因此长期低胆固醇饮食,并不能显著降低血浆胆固醇浓度。胆固醇的氧化产物如 7β- 羟胆固醇、25- 羟胆固醇对 HMG-CoA 还原酶也有较强的抑制作用。此外,植物性食物中的谷固醇、麦角固醇及纤维素等可影响食物中的胆固醇的吸收,从而降低血胆固醇的浓度。

3. 激素的调节 胰岛素及甲状腺素能诱导肝 HMG-CoA 还原酶的合成和增强 HMG-CoA 还原酶的活性,从而促进胆固醇的合成。胰高血糖素及皮质醇则能抑制并降低 HMG-CoA 还原酶的活性,因而减少胆固醇的合成。甲状腺素除能促进胆固醇的合成外,同时又促进胆固醇在肝脏转变为胆汁酸,且后一作用较前一作用强,因而甲状腺功能亢进时,患者血清胆固醇含量反而下降。

二、胆固醇在体内的转化与排泄

由于胆固醇的母核环戊烷多氢菲在体内不能被氧化分解,所以胆固醇不能被彻底氧化分解,但其侧链可经氧化、还原等反应生成其他具有环戊烷多氢菲母核的生理活性化合物,参与调节代谢或直接被排出体外。

1. 转变为胆汁酸 在肝脏中转变成胆汁酸(bile acid)是胆固醇在体内代谢的最主要去路。正常人每天合成 1~1.5g 胆固醇,其中 2/5(0.4~0.6g)在肝中转变成为胆汁酸,随胆汁排入肠道(见第十八章)。

2. 转化为类固醇激素 体内的类固醇激素由胆固醇转化而来,主要转化部位在肾上腺皮质和性腺,因此可分为肾上腺皮质激素和性激素。肾上腺皮质激素是由肾上腺皮质合成的,肾上腺皮质细胞中储存大量胆固醇酯,其含量可达 2%~5%,90% 来自血液,10% 自身合成,肾上腺皮质球状带合成盐皮质激素——醛固酮,束状带合成糖皮质激素——皮质醇和皮质酮,网状带合成雄激素——雄酮等;性激素主要是由性腺合成,其中睾丸间质细胞合成睾酮,卵巢的卵泡内膜细胞及黄体可分别合成分泌雌二醇及孕酮。类固醇激素在调节水盐代谢、促进性器官的发育、维持副性征等方面具有重要作用。

3. 转化为 7- 脱氢胆固醇 皮肤中的胆固醇经酶促氧化为 7- 脱氢胆固醇,后者再经紫外光照射转变为维生素 D_3。维生素 D_3 分别在肝、肾羟化后形成具有生理活性的 1,25- 二羟维生素 D_3,参与调节体内的钙磷代谢。

4. 胆固醇的排泄 体内大部分胆固醇在肝脏转变为胆汁酸盐,随胆汁一起排入肠腔。还有部分胆固醇可与胆汁酸盐结合形成混合微团而"溶"于胆汁,直接随胆汁排出,或可随肠黏膜细胞脱落而排入肠道。进入肠道的胆固醇可随同食物胆固醇被吸收。未被吸收的胆固醇可直接或经肠菌还原为粪固醇后随粪便排出。

第五节　血浆脂蛋白代谢

一、血脂

血浆中所含的脂类统称血脂。其组成主要包括:甘油三酯、磷脂、胆固醇及其酯以及游离脂肪酸等。血脂的来源有二:一为外源性,从食物摄取的脂类经消化吸收进入血液;二是内源性,由肝、脂肪细胞以及其他组织合成后释放入血。血脂含量不如血糖恒定,受膳食、年龄、性别、职业以及代谢等的影响,波动范围较大,其反映了血脂来源与去路之间的动态平衡及机体的功能状态。血浆脂类含量测定,可以反映体内脂类代谢的状况,临床上用作高脂血症、动脉硬化、冠心病的辅助诊断。空腹状态下个体血脂水平相对稳定,临床血脂检测常在空腹12小时左右抽取空腹血进行化验,能够可靠地反映血脂水平。正常成年人空腹12~14小时血脂的组成及含量见表7-7。

表 7-7　正常人空腹血脂的组成及含量

组成	血浆含量		空腹时主要来源
	mg/dl	mmol/L	
总脂	400~700(500)		
甘油三酯	10~150(100)	0.11~1.69(1.13)	肝
总胆固醇	100~250(200)	2.59~6.47(5.17)	肝
胆固醇酯	70~200(145)	1.81~5.17(3.75)	
游离胆固醇	40~70(55)	1.03~1.81(1.42)	
总磷脂	150~250(200)	48.4~80.7(64.6)	肝
卵磷脂	50~200(100)	16.1~64.6(32.3)	肝
神经磷脂	50~130(70)	16.1~42.0(22.6)	肝
脑磷脂	15~35(20)	4.8~13.0(6.4)	肝
游离脂肪酸	5~20(15)		脂肪组织

注:括号内为均值

二、血浆脂蛋白的分类、组成及结构

脂类难溶于水,将它们分散在水中往往呈乳浊液。而正常人血浆含脂类虽多,却仍清澈透明,这是因为血浆中脂类都是与血浆中的蛋白质结合存在,以各种血浆脂蛋白(lipoprotein)的形式进行运输。血浆中能与脂类结合并参与脂类转运的蛋白质,被称为载脂蛋白(apolipoprotein,Apo)。血浆中游离脂肪酸与清蛋白结合运输,但不属于血浆脂蛋白的范畴。

(一)血浆脂蛋白的分类

各种血浆脂蛋白因所含脂类及蛋白质成分和比例不同,其颗粒大小、密度、表面电荷、电泳行为及免疫性等性质各不相同(表7-8)。一般用电泳法及超速离心法可将血浆脂蛋白分为四类。

1. **电泳法**　电泳法分类的主要根据是血浆脂蛋白在电场中迁移率的不同,由于不同脂蛋白有着不同的表面电荷和质量,因此在电场中会产生不同的迁移率,按其在电场中移动的快慢,可将脂蛋白分为α-脂蛋白(α-LP)、前β-脂蛋白(preβ-LP)、β-脂蛋白(β-LP)及乳糜微粒(CM)四类。与血清蛋白的醋酸纤维素薄膜电泳结果进行比较,α-脂蛋白游动最快,相当于α₁-球蛋白的位置;β-脂蛋白相当于β-球蛋白位置;前β-脂蛋白位于β-脂蛋白之前,相当于α₂-球蛋白的位置,乳糜微粒则留在原点不动(图7-20)。

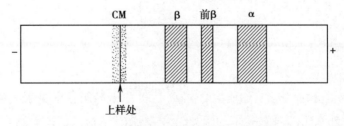

图 7-20　血浆脂蛋白琼脂糖凝胶电泳示意图

2. **超速离心法**　超速离心法的分类的主要依据是血浆脂蛋白分子密度的差别。由于各种脂蛋白含脂类及蛋白质比例不同,其密度亦各不相同。由于蛋白质的密度比脂类大,故血浆脂蛋白的密度随蛋白质比例的增加而升高,蛋白质含量越高,密度越大;脂类含量越高,密度越小。将血浆放在一定密度的盐溶液中进行超速离心时,各种脂蛋白因密度大小不同而表现不同的浮沉状态被分离,据此将血浆脂蛋白分为四类:即乳糜微粒(chylomicron,CM);极低密度脂蛋白(very low density lipoprotein,VLDL);低密度脂蛋白(low density lipoprotein,LDL)和高密度脂蛋白(high density lipoprotein,HDL)。四种脂蛋白的密度大小依次为:CM<VLDL<LDL<HDL。这四类脂蛋白分别与电泳分类法的CM、前β-脂蛋白、β-脂蛋白和α-脂蛋白相对应。除上述四类脂蛋白外,还有一种中间密度脂蛋白(intermediate density lipoprotein,IDL),它是VLDL在血浆中的中间代谢产物,其组成及密度介于VLDL及LDL之间。

表 7-8　血浆脂蛋白的分类、性质、组成及功能

分类	超速离心法	CM	VLDL	LDL	HDL
	电泳分类法	CM	preβ-LP	β-LP	α-LP
性质	密度(g/ml)	<0.96	0.96~1.006	1.006~1.063	1.063~1.210
	颗粒直径(nm)	80~1000	30~80	20~30	9~12
	漂浮系数(sf)	>400	20~400	0~20	沉降
组成/%	蛋白质	0.5~2	5~10	20~25	50
	脂类	98	90	80	50
	甘油	80~95	50~70	10	5
	总胆固醇	1~4	15	45~50	20
	磷脂	5~7	15	20	25
功能		转运外源性甘油三酯与胆固醇到全身	转运内源性甘油三酯与胆固醇到全身	转运内源性胆固醇到全身	逆向转运胆固醇到肝脏

(二)血浆脂蛋白的组成

从表7-8可看出,所有的血浆脂蛋白均由脂质和载脂蛋白组成,其中脂质有甘油三酯、磷脂、胆固醇及其酯。但是各类血浆脂蛋白中脂质和蛋白的组成比例及含量差异很大,使得不同脂蛋白的大小、密度等各不相同。乳糜微粒含甘油三酯最多,达80%~95%,颗粒最大,含蛋白质最少,约1%,故密度最小。VLDL含甘油三酯亦多,达50%~70%,但其蛋白质含量约10%,高于CM,故密度较CM大。LDL含胆固醇及胆固醇酯最多,约40%~50%。HDL含蛋白质量最多,约50%,故密度最高,颗粒最小,主要含磷脂及胆固醇。

(三)血浆脂蛋白的结构

各种血浆脂蛋白虽然大小不同,但都具有大致相似的球状结构,疏水性较强的甘油三酯及胆固醇酯均位于脂蛋白的内核,如CM及VLDL主要以甘油三酯为内核,LDL及HDL则主要以胆固醇酯为内核。而载脂蛋白、磷脂及游离胆固醇则以单分子层覆盖于脂蛋白表面,其非极性的疏水基团与内部的疏水链相联系,其极性的亲水基团朝外,使得脂蛋白具有亲水性(图7-21)。

三、载脂蛋白

迄今为止,已从人血浆分离出20多种载脂蛋白。主要有ApoA、B、C、D及E五类,其中ApoA又分为AⅠ、AⅡ、AⅣ;ApoB又分为B$_{100}$及B$_{48}$;ApoC又分为CⅠ、CⅡ、CⅢ。各种载脂蛋白在不同的血浆脂蛋白中的分布和含量大不相同。如HDL主要含ApoAⅠ及ApoAⅡ;LDL几乎只含ApoB$_{100}$;VLDL除含ApoB$_{100}$以外,还有ApoCⅠ、CⅡ、CⅢ及ApoE;CM含ApoB$_{48}$而不含ApoB$_{100}$。现在,人类大多数载脂蛋白的基因结构、染色体定位、氨基酸序列均已确定。近年来的研究表明,作为组成血浆脂蛋白的核心组分,载脂蛋白在血浆脂蛋白结构、功能和代谢中都发挥有重要作用,至少包括:①载脂蛋白能够结合和转运脂质,稳定脂蛋白的

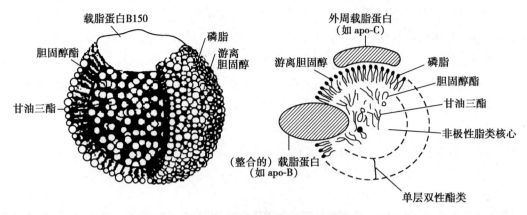

图 7-21　血浆脂蛋白的结构示意图

结构；②载脂蛋白参与调节血浆脂蛋白代谢关键酶活性，例如，ApoCⅡ是脂蛋白脂肪酶 (lipoprotein lipase, LPL) 的激活因子，ApoAⅠ是磷脂酰胆碱 - 胆固醇酰基转移酶 (LCAT) 的激活因子；③载脂蛋白参与血浆脂蛋白被相应受体的识别，在脂蛋白代谢上发挥极为重要的作用。人血浆载脂蛋白性质、功能及含量见表 7-9。

表 7-9　人血浆载脂蛋白的结构、功能及含量

载脂蛋白	分子量	氨基酸数	分布	功能	血浆含量 (mg/dl)*
AⅠ	28 300	243	HDL, CM	激活 LCAT，识别 HDL 受体	123.8+4.7
AⅡ	17 500	77×2	HDL	稳定 HDL 结构，激活 HL	33 ± 5
AⅣ	46 000	371	HDL, CM	辅助激活 LPL	17 ± 2△
B100	512 723	4536	VLDL, LDL	识别 LDL 受体	87.3 ± 14.3
B48	264 000	2152	CM	促进 CM 合成	?
CⅠ	6500	57	CM, VLDL, HDL	激活 LCAT?	7.8 ± 2.4
CⅡ	8800	79	CM, VLDL, HDL	激活 LPL	5.0 ± 1.8
CⅢ	8900	79	CM, VLDL, HDL	抑制 LPL，抑制肝 ApoE 受体	11.8 ± 3.6
D	22 000	169	HDL	转运胆固醇酯	10 ± 4△
E	34 000	299	CM, VLDL, HDL	识别 LDL 受体	3.5 ± 1.2
J	70 000	427	HDL	结合转运脂质，激活补体	10△
(a)	500 000	4529	LP(a)	抑制纤溶酶活性	0~120△
CETP	64 000△	493	HDL, d>1.21	转运胆固醇酯	0.19 ± 0.05
PTP	69 000	?	HDL, d>1.21	转运磷脂	?

注：* 华西医科大学生物化学教研室、载脂蛋白研究室对 625 例成都地区正常成人测定结果；△ 国外报道参考值；CETP= 胆固醇酯转运蛋白；LPL= 脂蛋白脂肪酶；PTP= 磷脂转运蛋白；HL= 肝脂肪酶

四、血浆脂蛋白代谢

（一）乳糜微粒（CM）

　　CM 是运输外源性甘油三酯及胆固醇的主要形式。食物中的脂肪消化吸收时，小肠黏膜细胞利用消化产物再合成的甘油三酯，连同磷脂及胆固醇，加上载脂蛋白 B48、AⅠ、AⅣ、AⅡ 等形成新生的 CM，经淋巴管进入血液，从 HDL 获得 Apo C 及 E，形成成熟的 CM。Apo CⅡ能激活肌肉、心及脂肪等组织毛细血管内皮细胞表面的脂蛋白脂肪酶 (LPL)，LPL 水解 CM 中的甘油三酯，释出的脂肪酸被心脏、肌肉、脂肪组织及肝组织所摄取利用。在 LPL 的反复作用下，CM 内核的甘油三酯 90% 以上被水解，其表面的 Apo AⅠ、AⅣ、AⅡ、C 等连同表面的磷脂及胆固醇转运给 HDL，CM 颗粒逐步变小，胆固醇和胆固醇酯的含量相对增加，最后转变成为富含胆固醇酯、Apo B48 及 Apo E 的 CM 残粒，后者通过其所含的 Apo E 被肝细胞表面的乳糜微粒残粒

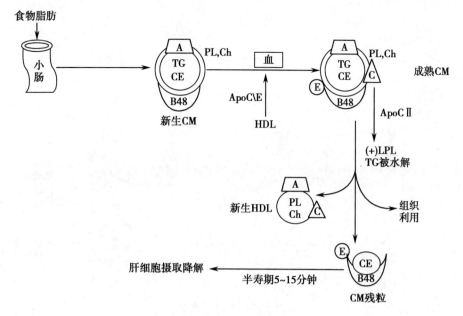

图 7-22　CM 的代谢

受体(又称 Apo E 受体)结合并将其吞噬入肝细胞代谢(图 7-22)。正常人 CM 半寿期为 5~15 分钟,因此空腹 12~14 小时后血浆中不再含有 CM。

(二) 极低密度脂蛋白(VLDL)

VLDL 是运输内源性甘油三酯的主要形式。肝细胞以葡萄糖、食物及脂肪组织动员的脂肪酸为原料合成甘油三酯,加上 Apo B_{100}、E 以及磷脂、胆固醇即形成 VLDL。小肠黏膜细胞亦可合成少量 VLDL。VLDL 分泌入血后的经历和 CM 十分相似,首先从 HDL 获得 Apo C,其中的 Apo C Ⅱ激活肝外组织毛细血管内皮细胞表面的 LPL,和 CM 一样,VLDL 中的甘油三酯在 LPL 作用下水解,同时其表面的 Apo C、磷脂及胆固醇向 HDL 转移,而 HDL 的胆固醇酯又转移到 VLDL。VLDL 颗粒变小、密度逐渐增加、Apo B_{100} 及 E 含量相对增加,转变为中间密度脂蛋白(IDL)。IDL 中的载脂蛋白主要是 Apo B_{100} 及 E。部分 IDL 被肝细胞摄取代谢,未被肝细胞摄取的 IDL 中的 TG 在 LPL 及肝脂肪酶作用下进一步水解,其表面的 Apo E 转给 HDL,仅剩下胆固醇酯和 Apo B_{100},转变为密度更大的 LDL。因此 IDL 既是 VLDL 的中间代谢物,同时又是 LDL 的前体(图 7-23)。所以,LDL 是在血液中由 VLDL 转变产生的。VLDL 在血中的半寿期为 6~12 小时。

(三) 低密度脂蛋白(LDL)

LDL 是转运内源性胆固醇的主要形式。如上所述,血浆中的 LDL 由 VLDL 转变而来,其主要脂类成分是胆固醇酯,载脂蛋白为 Apo B_{100}。肝脏是降解 LDL 的主要器官,约 50% 的 LDL 在肝中降解。肾上腺皮质、卵巢、睾丸等组织摄取及降解 LDL 的能力亦较强。LDL 代谢有两种途径:LDL 受体途径与非受体途径。

LDL 受体介导的降解途径是 LDL 代谢的主要途径,正常情况下,大约 2/3 的 LDL 通过此途径降解,其余的 1/3 则主要通过巨噬细胞等非受体介导途径清除。LDL 受体广泛分布于肝、动脉壁细胞等全身各组织的细胞膜表面,能特异识别结合含 Apo E 或 Apo B_{100} 的脂蛋白。血浆中的 LDL 与 LDL 受体结合后,被吞入细胞内与溶酶体融合。在溶酶体蛋白水解酶作用下,LDL 中的 Apo B_{100} 水解为氨基酸,而胆固醇酯被胆固醇酯酶水解为游离胆固醇及脂肪酸。游离胆固醇具有如下重要作用:①抑制内质网 HMG-CoA 还原酶,从而抑制细胞本身胆固醇合成;②在转录水平抑制细胞 LDL 受体蛋白的合成,减少细胞对 LDL 的进一步摄取;③激活内质网脂酰 CoA 胆固醇脂酰转移酶(ACAT)的活性,使游离胆固醇酯化成胆固醇酯,储存胞质中;④游离胆固醇被细胞膜摄取,可用以更新细胞膜。在肾上腺、卵巢等细胞中则合成类固醇激素。可见,游离胆固醇不仅参与细胞膜的组成和类固醇激素的合成,更是在调节体内胆固醇代谢中发挥重要作用。

血浆 LDL 还可被修饰成氧化修饰 LDL(oxidized LDL,Ox-LDL)被单核-巨噬细胞系统中的巨噬细胞及

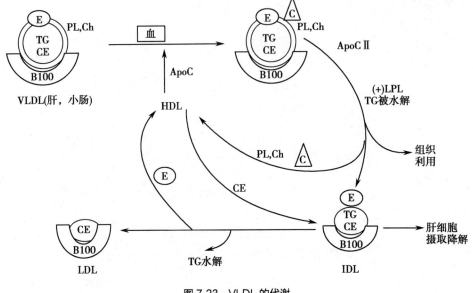

图 7-23　VLDL 的代谢

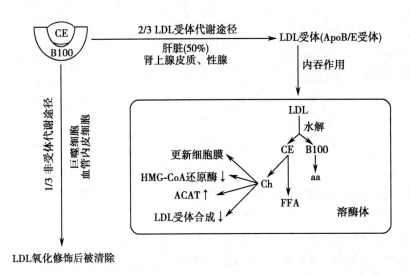

图 7-24　LDL 的代谢

血管内皮细胞清除。由于这种清除方式不受调控,高胆固醇血症时,大量 LDL 被巨噬细胞摄取后在动脉壁沉积,可导致动脉粥样硬化(图 7-24)。

相关链接

LDL 受体

20 世纪 80 年代,美国得克萨斯大学分子遗传系生物化学家 Michael S.Brown 和 Joseph L.Goldstein 两人在研究胆固醇的代谢调节过程中发现了细胞表面的 LDL 受体,并发现 LDL 受体控制细胞对 LDL 的摄取,从而保持血液 LDL 浓度正常,防止胆固醇在动脉血管壁的沉积。这一研究成果是对胆固醇代谢调节研究的伟大贡献,彻底改变了人们对胆固醇代谢的认识,从而使人们对血胆固醇水平过高所致疾病的治疗大为改观。Brown 与 Goldstein 因此共同获得 1985 年的诺贝尔生理学或医学奖。这些研究为相关疾病(如冠心病)的预防和治疗提供了崭新的手段。

(四) 高密度脂蛋白(HDL)

HDL 是逆向转运胆固醇的主要形式。HDL 主要由肝脏合成,其次是小肠。另外,当 CM 及 VLDL 中的甘油三酯水解后,其表面的 Apo A I、A Ⅳ、A Ⅱ、C 以及磷脂,胆固醇等脱离 CM 及 VLDL 亦可形成新生 HDL。HDL 按密度大小又分为 HDL_1、HDL_2 及 HDL_3。HDL_1 仅在摄取高胆固醇膳食后才在血中出现,正常人血浆中主要含 HDL_2 及 HDL_3。HDL 代谢的主要意义是将肝外组织细胞中的胆固醇通过血液循环转运到肝脏,在肝脏中转化为胆汁酸后进而排出体外。

刚从肝或小肠分泌的 HDL 或 CM 残余形成的 HDL 均呈盘状,为新生 HDL。进入血液后,其表面的 Apo A I 激活肝细胞分泌到血浆中的卵磷脂:胆固醇脂酰转移酶(LCAT),后者使 HDL 表面的卵磷脂第 2 位上的脂酰基被转移到游离胆固醇的第 3 位羟基上,从而使游离胆固醇酯化生成胆固醇酯,胆固醇酯由于其非极性而进入 HDL 内部,表面消耗的磷脂和胆固醇不断从组织细胞膜、CM 及 VLDL 得到补充,反应使双脂层的盘状 HDL 被逐步膨胀为单脂层的球状 HDL_3,同时其表面的 Apo C 及 Apo E 又转移给 CM 及 VLDL,最后转变为密度较小、颗粒较大的 HDL_2,此过程称为 HDL 成熟。

HDL 主要在肝脏降解。HDL 可与肝细胞膜的 HDL 受体结合,然后被肝细胞摄入,其中的胆固醇可用于合成胆汁酸或直接通过胆汁排出体外。HDL 在血浆中的半衰期为 3~5 天。

HDL 在 LCAT、Apo A I 及 CETP 等的作用下,可将外周组织中衰老细胞膜中的胆固醇经血液逆向转运至肝脏代谢并排出体外,因此可清除血液中"多余"的胆固醇,降低血浆中的胆固醇浓度。

HDL 也是 Apo C Ⅱ 的贮存库。向 CM 及 VLDL 提供 Apo C Ⅱ 激活 LPL,一旦 CM、VLDL 中的甘油三酯水解后,ApoC Ⅱ 又回到 HDL(图 7-25)。

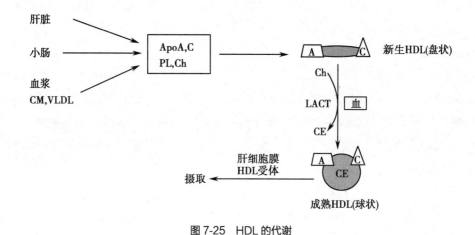

图 7-25　HDL 的代谢

五、血浆脂蛋白代谢异常

(一) 高脂蛋白血症

血脂水平的变化可反映脂类代谢的情况,脂类代谢异常通常表现为高脂血症(hyperlipidemia)。高脂血症是指血脂水平高于正常范围的上限。由于血脂在血浆中以血浆脂蛋白形式运输,所以高脂血症实际上也可以认为是高脂蛋白血症(hyperlipoproteinemia)。正常人上限标准因地区、膳食、年龄、劳动状况、职业以及测定方法不同而有差异。一般以成人空腹 12~14 小时血甘油三酯超过 2.26mmol/L(200mg/dl),总胆固醇超过 6.21mmol/L(240mg/dl),儿童总胆固醇浓度超过 4.14mmol/L(160mg/dl)为高脂血症的标准。

1970 年世界卫生组织(WHO)建议,将高脂蛋白血症分为六型,其血浆脂蛋白及血脂的改变见表 7-10。

表 7-10　高脂蛋白血症分型

分型	脂蛋白变化	血脂变化	
I	乳糜微粒增高	甘油三酯↑↑↑	总胆固醇↑
IIa	低密度脂蛋白增加		总胆固醇↑↑
IIb	低密度及极低密度脂蛋白同时增加	甘油三酯↑↑	总胆固醇↑↑
III	中间密度脂蛋白增加（电泳出现宽β带）	甘油三酯↑↑	总胆固醇↑↑
IV	极低密度脂蛋白增加	甘油三酯↑↑↑	
V	极低密度脂蛋白及乳糜微粒同时增加	甘油三酯↑↑↑	总胆固醇↑

　　高脂血症又可分为原发性和继发性两大类。原发性高脂血症是指因基因突变而导致的与脂蛋白代谢有关的酶、脂蛋白受体或载脂蛋白的遗传性缺陷所致。而继发性高脂血症是继发于其他疾病如糖尿病、肾病和甲状腺功能减退等，另外长期大量摄入高糖、高脂饮食也可诱发高脂血症。

　　长期的高脂血症易引起脂质浸润，沉积于大、中动脉管壁而导致血管硬化并产生功能障碍，因此高脂血症常与动脉粥样硬化、心绞痛、心肌梗死、脑栓塞等疾病密切相关。

（二）动脉粥样硬化

　　动脉粥样硬化(atherosclerosis, AS)主要是由于血浆中胆固醇含量过高，沉积于大、中动脉内膜上，形成粥样斑块，引起局部坏死，结缔组织增生，血管壁纤维化和钙化等病理改变，使血管管腔狭窄，如发生在冠状动脉，常引起心肌缺血，称为冠心病，甚至发生心肌梗死，其确切病因至今尚未完全明了，且发病机制十分复杂。研究表明，LDL、VLDL 因为能增加动脉壁胆固醇内流和沉积的脂蛋白故具有致 AS 作用，而 HDL 能够促进胆固醇运出血管，如具有抗 AS 作用。

（三）遗传性缺陷

　　已发现参与脂蛋白代谢的关键酶如 LPL 和 LCAT，载脂蛋白如 Apo CII、Apo B、Apo E、Apo AI 和 Apo CIII，以及脂蛋白受体如 LDL 受体等的遗传性缺陷，都能引起血浆脂蛋白代谢的异常。LPL 缺陷出现 I 型高脂蛋白血症；载脂蛋白缺陷最常见的是 Apo E 变异，可导致 III 型高脂蛋白血症。Brown 和 Goldstein 研究发现 LDL 受体缺陷是引起家族性高胆固醇血症的重要原因。LDL 受体缺陷是常染色体显性遗传，患者在 20 岁前就发生典型的冠心病症状。

（张茵茵）

学习小结

　　脂类是脂肪和类脂的总称。脂肪，主要分布在脂肪组织，主要功能是储存能量和氧化供能；类脂包括磷脂、糖脂、胆固醇及其酯等，是生物膜的重要组成成分，并参与细胞信号传递、体内多种生理活性物质的转化。

　　脂类消化吸收主要是在小肠上段，需要先经过胆汁酸盐的乳化，增大与脂肪酶的接触面积，进而经胰脂酶、辅脂酶、磷脂酶 A_2、胆固醇酯酶等酶的作用，脂类水解为甘油、脂肪酸及胆固醇等，水解产物主要在空肠被吸收。吸收的长链脂肪酸(14~26C)及胆固醇等则在小肠黏膜上皮细胞内合成 CM，经淋巴进入血液循环。

　　甘油三酯经脂肪酶逐步水解产生甘油和脂肪酸并释放入血进而进到组织中氧化的过程称为脂肪动员。脂肪动员产生的甘油经磷酸化、脱氢转变为磷酸二羟丙酮后进入糖代谢途径氧化分解或转变成糖。脂肪酸则在肝、肌、心等组织的线粒体中通过 β- 氧化(包括脱氢、加水、再脱氢、硫解等步骤)产生乙酰 CoA,进入三羧酸循环分解,并释出大量能量,以 ATP 形式供机体利用。脂肪酸在肝内 β 氧化时可生成酮体,运至肝外组织氧化,是糖供应不足时,脑和肌组织的重要能源。

肝、脂肪组织及小肠是合成甘油三酯的主要场所,肝脏合成能力最强,利用糖代谢提供的甘油和由糖转化的脂肪酸,经甘油二酯途径合成脂肪;脂肪组织利用糖代谢提供的甘油和由糖转化的脂肪酸,经甘油二酯途径合成脂肪,也可利用水解 CM 和 VLDL 中的甘油三酯所产生的脂肪酸合成脂肪并储存在脂肪细胞中;小肠黏膜细胞利用消化吸收的甘油一酯和脂肪酸,经甘油一酯途径合成脂肪。

脂肪酸合成是在胞质中脂肪酸合成酶系的催化下,以乙酰 CoA 为原料,经丙二酰 CoA 途径先合成软脂酸,体内其他脂肪酸则由软脂酸加工而来。但亚油酸 (18:2,$\Delta^{9,12}$)、亚麻酸 (18:3,$\Delta^{9,12,15}$)、花生四烯酸 (20:4,$\Delta^{5,8,11,14}$) 等多不饱和脂肪酸在人体不能合成,必须从食物摄取。花生四烯酸是前列腺素、血栓烷、白三烯等重要生理活性物质的前体。

磷脂包括甘油磷脂和鞘磷脂两大类,人体以甘油磷脂为主,最常见的甘油磷脂为卵磷脂和脑磷脂。鞘磷脂主要分布于脑和神经髓鞘中。甘油磷脂的合成有甘油二酯合成途径和 CDP-甘油二酯合成途径,两种途径中是都以磷脂酸为前体,需 CTP 参加。甘油磷脂的降解是磷脂酶 A、B、C、D 催化下的水解反应。

人体内胆固醇的来源一是从食物摄取,二是自身合成。摄入过多可抑制胆固醇的吸收及体内胆固醇的合成。体内合成以乙酰 CoA 为原料,同时需要 NADPH+H^+ 提供氢原子和 ATP 供能。HMG-CoA 还原酶是胆固醇合成的限速酶,胆固醇的合成可受许多因素调节,控制能量平衡可有效控制胆固醇水平。胆固醇在体内主要转化为胆汁酸、类固醇激素、维生素 D_3 等重要化合物。

血脂主要包括甘油三酯、磷脂、胆固醇及其酯和少量游离脂肪酸,除游离脂肪酸与清蛋白结合运输外,其余血脂均以脂蛋白形式运输。按超速离心法和电泳法可将血浆脂蛋白分为乳糜微粒 (CM)、极低密度脂蛋白 (前 β-)、低密度脂蛋白 (β-) 及高密度脂蛋白 (α-) 四类。CM 主要转运外源性甘油三酯及胆固醇,VLDL 主要转运内源性甘油三酯,LDL 主要将肝合成的内源性胆固醇转运至肝外组织,而 HDL 则参与胆固醇的逆向转运,将机体周围组织胆固醇运回肝脏代谢。胆固醇主要以胆汁酸盐形式排出。

血脂水平高于正常范围上限即为高脂血症,也可以认为是高脂蛋白血症。高脂血症分为原发性和继发性两大类。原发性高脂血症是原因不明的高脂血症,已证明有些是遗传性缺陷。继发性高脂血症是继发于其他疾病如糖尿病、肾病和甲状腺功能减退等。研究表明,血浆脂蛋白质与量的变化与动脉粥样硬化的发生发展有密切联系。

复习参考题

1. 简述体内乙酰 CoA 的主要来源及去路。

2. 结合脂肪酸合成需要乙酰 CoA、ATP 及 NADPH 这些物质,试讨论摄取大量蔗糖时,它们在体内如何合成脂肪?

3. 根据酮体生成和代谢的相关知识,解释糖尿病酮症酸中毒的发病机制。

4. 简述血浆脂蛋白的分类、结构特点及生理功能。

5. 人体胆固醇可由食物摄取,也可自身合成。如摄取胆固醇量增加,人体自身合成胆固醇量有何改变? 机体如何调节?

第八章　氨基酸代谢

8

学习目标	
掌握	氨基酸代谢概况；氨基酸脱氨基作用和 α-酮酸代谢；体内氨的来源、转运，尿素的生成；一碳单位的代谢；含硫氨基酸的代谢。
熟悉	蛋白质的营养作用；必需氨基酸的概念、种类；蛋白质的腐败作用；高血氨、氨中毒；氨基酸的脱羧基作用；芳香族氨基酸的代谢。
了解	蛋白质消化、氨基酸吸收；体内蛋白质的转换更新；尿素合成的调节；支链氨基酸的代谢。

氨基酸是蛋白质的基本组成单位,体内蛋白质的合成、分解都与氨基酸有关。蛋白质在体内必须首先分解成氨基酸才能进一步代谢,所以氨基酸代谢是蛋白质分解代谢的中心内容。体内蛋白质的更新以及氨基酸的分解均需摄入食物蛋白质加以补充,为此在讨论氨基酸代谢之前,先介绍蛋白质的营养作用及其消化吸收。

第一节　蛋白质的营养作用

蛋白质是人体细胞和细胞外间质的基本构成成分,参与肌肉收缩、物质运输、血液凝固、催化化学反应、调节物质代谢、维持组织细胞的生长、繁殖以及组织的更新和修复等多种生理功能。蛋白质还可作为能源物质进行氧化供能,每克蛋白质在体内氧化分解可产生 17.19kJ(4.1kcal) 的能量。由蛋白质分解生成的氨基酸可转变为某些激素、神经递质、胺类等活性物质,还参与嘌呤和嘧啶等重要化合物的合成。各种组织细胞的蛋白质不断进行更新代谢,机体必须从膳食中摄取足够质和量的蛋白质,才能维持正常代谢和各种生命活动的顺利进行,以及满足机体生长发育、更新和增殖的需要。

一、蛋白质的需要量

(一)氮平衡

蛋白质含氮量平均为 16%。食物中含氮化合物绝大多数是蛋白质,测定食物含氮量即可代表食物中蛋白质的含量。蛋白质在体内代谢产生的含氮化合物主要通过尿、粪排出。因此,可依据氮平衡(nitrogen balance)实验,即人体每日摄入食物的氮含量(摄入氮)和排泄物的氮含量(排出氮)间接反映蛋白质在体内的代谢概况。

1. 氮的总平衡　摄入氮 = 排出氮,反映机体蛋白质"收支"平衡,见于正常成人。

2. 氮的正平衡　摄入氮 > 排出氮,反映每日机体摄入蛋白质量大于排出量。见于儿童、孕妇、青少年及恢复期患者。

3. 氮的负平衡　摄入氮 < 排出氮,反映蛋白质摄入量不能满足机体的需要。见于长期饥饿、营养不良和消耗性疾病等。

(二)生理需要量

在完全禁食蛋白质的情况下,健康成人每日仍排出约 20g 蛋白质的氮。由于食物蛋白质与人体蛋白质的氨基酸组成的差异,不能全部被人体利用,加上消化道中食物蛋白质难以全部消化吸收,故成人每日最低需要 30~50g 蛋白质。我国营养学会推荐成人每日蛋白质的需要量为 80g。

二、必需氨基酸和蛋白质营养价值

天然蛋白质是由 20 种氨基酸组成。这些氨基酸虽然对机体来说都不可缺少,但并不都需要直接从食物供给,有一部分可在人体内合成或者可由其他氨基酸转变而成。但有 8 种氨基酸体内不能合成,必须由食物蛋白质供给,这些氨基酸称为营养必需氨基酸(nutritionally essential amino acid)。异亮氨酸、甲硫氨酸、缬氨酸、亮氨酸、色氨酸、苯丙氨酸、苏氨酸和赖氨酸是营养必需氨基酸。其他 12 种氨基酸体内能合成,不一定需要从食物获取,称为营养非必需氨基酸(nutritionally nonessential amino acid)。组氨酸和精氨酸体内合成量常不能满足生长发育的需要,也必须由食物提供,可以将这两种氨基酸视为营养半必需氨基酸(nutritionally semi-essential amino acid)。

食物蛋白质的营养价值高低,取决于食物中必需氨基酸的种类、数量和相互比例。一般说来,含有必需氨基酸种类齐全和数量充足的蛋白质,其营养价值高,反之营养价值低。由于动物蛋白质所含的必需氨基酸的种类和数量与人体蛋白质更接近,利用率更高,故营养价值高于植物蛋白质。

若将几种营养价值较低的蛋白质混合食用,可使其所含必需氨基酸相互补充,从而提高营养价值,称为食物蛋白质的互补作用。例如,谷类蛋白质含赖氨酸较少,但色氨酸含量相对多些,豆类蛋白质含赖氨酸较多而色氨酸较少,因此,两种食物混合食用,可明显提高蛋白质的营养价值。动、植物蛋白混用,蛋白质的互补作用更显著,在小麦、小米和大豆中加入 10% 的牛肉干可使蛋白质的价值超过单用牛奶或肉类本身。临床上治疗各种原因引起的低蛋白质血症,如进食困难、严重腹泻、烧伤、外科术后等,常补充混合氨基酸。

三、蛋白质的消化、吸收与腐败

(一) 蛋白质的消化
未经消化或消化不完全的蛋白质不易吸收,如果异体蛋白质直接进入人体,则会引起过敏现象,产生毒性反应。唾液中无水解蛋白质的酶类,蛋白质的消化自胃中开始,主要在小肠中进行。

1. 胃中的消化　胃蛋白酶(pepsin)由胃蛋白酶原经胃酸激活或胃蛋白酶自身激活生成。胃蛋白酶原由胃黏膜主细胞分泌。胃蛋白酶最适 pH 为 1.5~2.5,主要水解芳香族氨基酸,产物主要是多肽及少量氨基酸。此外,胃蛋白酶还具有凝乳作用,使乳汁中的酪蛋白(casein)与 Ca^{2+} 凝集形成富酪蛋白钙的乳凝块,使乳汁在胃中的停留时间延长,有利于乳汁中蛋白质的充分消化。

2. 小肠中的消化　在小肠内,有胰腺和肠黏膜细胞分泌的多种蛋白酶和肽酶,每种酶作用的专一性不同(图 8-1),在它们的协同作用下共同完成对蛋白质的消化。

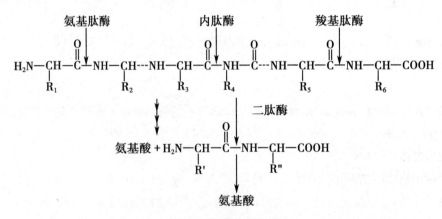

图 8-1　蛋白水解酶作用示意图

胃蛋白酶 R_3= 芳香族氨基酸、甲硫、亮;胰蛋白酶 R_3= 精、赖;糜蛋白酶 R_3= 苯丙、酪、色;弹性蛋白酶 R_3= 脂肪族氨基酸;上述四种酶 R_4= 任何氨基酸。

(1) 胰液中的蛋白酶及其作用:蛋白质消化主要靠胰液蛋白酶来完成,这些酶的最适 pH 在 7.0 左右。胰液中的酶基本可分为两大类,即内肽酶(endopeptidase)与外肽酶(exopeptidase)。内肽酶包括胰蛋白酶(trypsin)、糜蛋白酶(chymotrypsin)及弹性蛋白酶(elastase),它们可特异性地水解蛋白质内部的肽键。外肽酶可特异地水解蛋白质或多肽末端的肽键,主要包括羧基肽酶 A 和 B。

(2) 肠液中肠激酶及其作用:无论是内肽酶还是外肽酶,都是以酶原的形式从胰腺细胞分泌出来。分布在肠黏膜细胞刷状缘表面的肠激酶(enterokinase)能使胰蛋白酶原激活为胰蛋白酶,然后胰蛋白酶迅速激活糜蛋白酶原、弹性蛋白酶原、羧基肽酶原和氨基肽酶原。胰蛋白酶还具有自身激活作用,但体内这种自身激活作用较弱(图 8-2)。此外,胰液中还存在胰蛋白酶抑制剂,能保护胰组织免受蛋白酶的自身消化。

(3) 小肠黏膜细胞的消化作用:蛋白质经胃液和胰液中蛋白酶消化后,水解产物中大部分是寡肽(2/3),只有小部分是氨基酸(1/3)。小肠黏膜细胞的刷状缘及肠液中存在有寡肽酶(oligopeptidase),例如氨基肽酶(aminopeptidase)和二肽酶(dipeptidase)。氨基肽酶从氨基末端逐个水解释出氨基酸,最后经二肽酶催化全部水解为氨基酸。

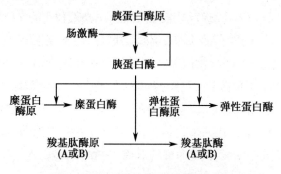

图 8-2 胰液中各种蛋白水解酶的激活过程

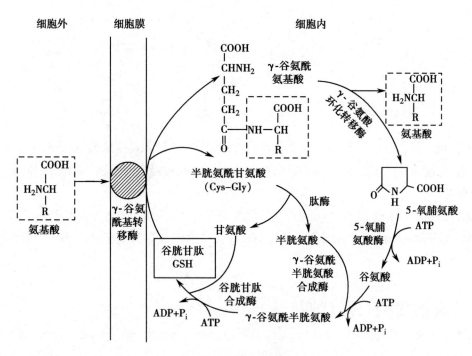

图 8-3 γ- 谷氨酰基循环

(二) 氨基酸的吸收

肠黏膜细胞膜上有转运氨基酸的转运蛋白,能与氨基酸和 Na⁺ 结合,结合后转运蛋白的构象发生改变,从而把二者转入黏膜细胞内,再由钠泵将 Na⁺ 泵出细胞,此过程消耗 ATP。

由于氨基酸结构的差异,转运氨基酸的载体蛋白也不相同。已知在小肠黏膜的刷状缘上参与氨基酸和小肽吸收的转运蛋白至少有:中性氨基酸转运蛋白(分为极性和疏水性两种)、碱性氨基酸转运蛋白、酸性氨基酸转运蛋白、亚氨基酸转运蛋白、β- 氨基酸转运蛋白、二肽、三肽转运蛋白。氨基酸的主动转运不仅存在于小肠黏膜,也存在于肾小管细胞及肌细胞等细胞膜上,这对于细胞浓集和利用氨基酸具有重要作用。

除了上述氨基酸的吸收机制外,Meister 提出氨基酸向细胞内的转运过程是通过谷胱甘肽起作用的,称为 "γ- 谷氨酰基循环" (γ-glutamyl cycle),其反应过程首先由谷胱甘肽对氨基酸转运,然后是谷胱甘肽的再生成,由此构成一个循环(图 8-3)。在 γ- 谷氨酰基循环中,每转运一个氨基酸消耗 3 分子 ATP。参与循环反应的各种酶存在于小肠黏膜细胞,肾小管细胞和脑组织中,γ- 谷氨酰基转移酶(γ-glutamyl transferase)是关键酶,它位于细胞膜上,其余的酶均在胞质中。

(三) 蛋白质的腐败作用

在结肠下部,食物中未被消化的蛋白质及未被吸收的氨基酸被肠道细菌分解,发生化学变化的过程称蛋白质的腐败作用(putrefaction)。腐败作用的产物除少数(如少量脂肪酸及维生素等)可被机体吸收利用外，大多数对人体有害，例如胺类、氨、酚类、吲哚及气体硫化氢等。

1. 胺类的生成 细菌蛋白酶水解蛋白质生成氨基酸，再经氨基酸脱羧基作用产生胺类。例如，组氨酸脱羧基转变成组胺、赖氨酸转变成尸胺、色氨酸转变成色胺、酪氨酸转变成酪胺、苯丙氨酸生成苯乙胺等。正常情况下，这些胺类在肝中转化。当肝功能受损时，酪胺和苯乙胺不能在肝内分解转化而进入脑组织，经 β- 羟化酶催化，生成假神经递质 β- 羟酪胺(章胺，octopamine)和苯乙醇胺，其结构类似于正常神经递质儿茶酚胺，可竞争性地取代儿茶酚胺，抑制神经冲动的传递，使大脑发生异常抑制，这可能是肝性脑病发生的原因之一。

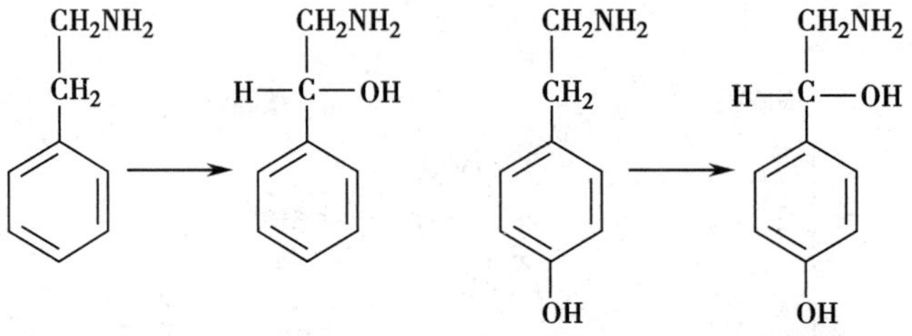

苯乙胺　　　苯乙醇胺　　　酪胺　　　β-羟酪胺

2. 氨的生成 肠道氨有两个来源，氨基酸在肠道细菌作用下脱氨基生成的氨，血液中尿素渗入肠道，在肠道细菌尿素酶作用下生成的氨。这些氨均可被吸收入血，在肝脏合成尿素然后排出。降低肠道的 pH，可减少氨的吸收。

3. 其他有害物质的生成 腐败作用还产生硫化氢、吲哚、甲基吲哚和苯酚等有害产物。正常情况下，这些有害物质大部分随粪便排出，只有小部分被肠道吸收，在肝中代谢转变而解毒，因此不会发生中毒现象。

第二节　氨基酸的一般代谢

一、氨基酸代谢库

食物蛋白质经消化而被吸收的氨基酸(外源性氨基酸)与体内组织蛋白质降解产生的氨基酸及体内合成的非必需氨基酸(内源性氨基酸)混在一起，不分彼此，分布在细胞内液和细胞外液中，共同组成氨基酸代谢库(aminoacid metabolic pool)。氨基酸代谢库以游离氨基酸总量计算，肌肉中氨基酸占代谢库的50%以上，肝约占10%，肾约占4%，血浆占1%~6%。消化吸收的大多数氨基酸主要在肝脏进行分解代谢，支链氨基酸的分解代谢则主要在骨骼肌中进行。因此，肌肉和肝脏对维持血浆中氨基酸水平起着重要的作用。

各种氨基酸具有共同的结构特点，因此它们的代谢途径有共同之处。但不同氨基酸存在结构上的差异，代谢方式由各不相同，部分氨基酸可彻底分解氧化供能。体内氨基酸的代谢概况用图 8-4 表示。

二、氨基酸的脱氨基作用

氨基酸分解代谢的最主要方式是脱氨基作用。脱氨基作用在大多数组织中均可进行，主要方式有转氨基、氧化脱氨基、联合脱氨基和非氧化脱氨基作用等，以联合脱氨基最为重要。

(一) 转氨基作用

1. 转氨酶与转氨基作用 在转氨酶(transaminase)催化下将 α- 氨基酸的氨基转移到另一 α- 酮酸的酮

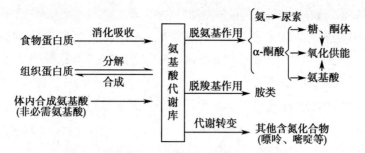

图 8-4 氨基酸代谢概况

基上,生成相应的氨基酸,原来的氨基酸则转变成 α- 酮酸的过程称转氨基作用(transamination)。

$$
\begin{array}{ccccccc}
& R_1 & & R_2 & & R_1 & & R_2 \\
& | & & | & & | & & | \\
H-C-NH_2 & + & C=O & \xrightleftharpoons{\text{转氨酶}} & C=O & + & H-C-NH_2 \\
& | & & | & & | & & | \\
& COOH & & COOH & & COOH & & COOH
\end{array}
$$

转氨酶也称氨基转移酶(aminotransferase),广泛分布于体内各组织中,其中以肝及心肌含量最丰富。转氨基作用的平衡常数接近 1.0,反应是完全可逆的。因此转氨基作用既是氨基酸的分解代谢的方式之一,也是体内非必需氨基酸合成的重要途径。体内大多数氨基酸可以参加转氨基反应,但赖氨酸、苏氨酸、脯氨酸及羟脯氨酸除外。

体内存在多种转氨酶,不同氨基酸与 α- 酮酸之间的转氨基作用只能由专一的转氨酶催化。但是各种转氨酶活性不同,其中最重要的转氨酶是丙氨酸转氨酶(alanine transaminase,ALT)和天冬氨酸转氨酶(aspartate aminotransferase,AST)。

$$
\begin{array}{ccccccc}
CH_3 & & COOH & & CH_3 & & COOH \\
| & & | & & | & & | \\
CHNH_2 & + & (CH_2)_2 & \xrightarrow{\text{ALT}} & C=O & + & (CH_2)_2 \\
| & & | & & | & & | \\
COOH & & C=O & & COOH & & CHNH_2 \\
& & | & & & & | \\
& & COOH & & & & COOH \\
\text{丙氨酸} & & \alpha\text{-酮戊二酸} & & \text{丙酮酸} & & \text{谷氨酸}
\end{array}
$$

$$
\begin{array}{ccccccc}
COOH & & COOH & & COOH & & COOH \\
| & & | & & | & & | \\
CH_2 & & (CH_2)_2 & \xrightarrow{\text{AST}} & CH_2 & + & (CH_2)_2 \\
| & + & | & & | & & | \\
CHNH_2 & & C=O & & C=O & & CHNH_2 \\
| & & | & & | & & | \\
COOH & & COOH & & COOH & & COOH \\
\text{天冬氨酸} & & \alpha\text{-酮戊二酸} & & \text{草酰乙酸} & & \text{谷氨酸}
\end{array}
$$

ALT 和 AST 在体内广泛存在,但在各组织中活性差异很大(表 8-1),以肝和心脏组织的活性最高。当因某种原因造成细胞破坏或细胞膜通透性增加时,则转氨酶可以大量释放入血,造成血清中转氨酶活性明显升高。例如急性肝炎患者血清 ALT 活性显著升高;心肌梗死患者血清 AST 活性显著上升。可用此作为肝病或心肌梗死辅助诊断、疗效观察和预后的指标之一。

表 8-1 正常成人各组织中 ALT 和 AST 活性(U/g 湿组织)

组织	ALT	AST	组织	ALT	AST
心	7 100	156 000	胰腺	2 000	28 000
肝	44 000	142 000	脾	1 200	14 000
骨骼肌	4 800	99 000	肺	700	10 000
肾	19 000	91 000	血清	16	20

2. 转氨基作用机制 转氨酶的辅酶是磷酸吡哆醛(维生素 B_6 的磷酸酯),未与底物结合时,吡哆醛的醛基结合在转氨酶活性中心的赖氨酸 ε- 氨基上。在转氨基过程中,氨基酸先与磷酸吡哆醛形成 Schiff 碱,经双键移位、水解使原来的氨基酸转变为相应的 α- 酮酸,磷酸吡哆醛变成磷酸吡哆胺。磷酸吡哆胺和另一 α-酮酸再形成 Schiff 碱,经双键移位、水解释出磷酸吡哆醛,同时形成相应的 α- 氨基酸。磷酸吡哆醛和磷酸吡哆胺的互变,在转氨基反应中起着传递氨基的作用,下式说明反应过程。

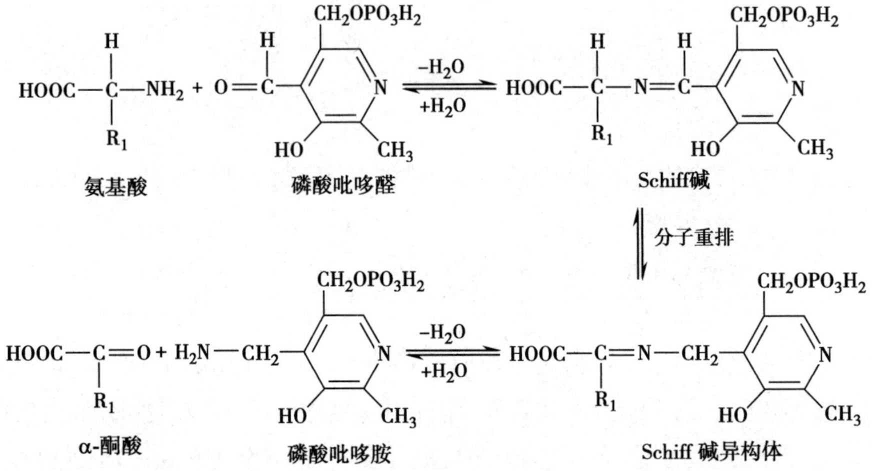

很多转氨酶需要以 α- 酮戊二酸作为氨基的受体,这主要是由于 α- 酮戊二酸接受氨基后生成谷氨酸,可借助高活性的谷氨酸脱氢酶脱去氨基。

(二) L- 谷氨酸氧化脱氨基作用

L- 谷氨酸脱氢酶广泛存在于肝、肾、脑等组织中,是一种不需氧脱氢酶,活性强,专一催化 L- 谷氨酸氧化脱氨生成 α- 酮戊二酸和氨,其辅酶是 NAD^+ 或 $NADP^+$。

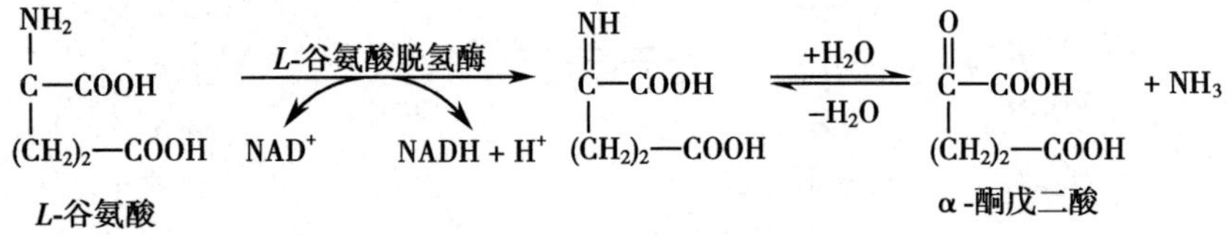

反应全过程是可逆的。一般情况下,反应有利于谷氨酸的生成,但当谷氨酸浓度高而氨浓度低时,则有利于 α- 酮戊二酸的生成。L- 谷氨酸脱氢酶由 6 个相同亚基组成,分子质量为 336 000,其活性受别构调节,GDP 和 ADP 是别构激活剂,GTP 和 ATP 则是别构抑制剂,因此当体内能量不足时,即能促进谷氨酸加速氧化,这对于氨基酸氧化供能起重要的调节作用。

(三) 联合脱氨基作用

将氨基酸转氨基作用和谷氨酸氧化脱氨基作用偶联进行的脱氨基方式称为联合脱氨基作用。它是体内各种氨基酸脱氨基的主要方式。其过程是氨基酸首先在转氨酶的作用下,将 α- 氨基转移到 α-酮戊二酸上形成谷氨酸,然后谷氨酸在 L- 谷氨酸脱氢酶作用下脱去氨基重新生成 α- 酮戊二酸,后者再继续参加转氨基作用(图 8-5)。由于 α- 酮戊二酸参加的转氨基作用普遍存在于各组织中,L- 谷氨酸脱氢酶分布广泛,所以此种联合脱氨基作用很易进行,因全过程可逆,也是体内合成非必需氨基酸的重要途径。

但在骨骼肌和心肌中,L- 谷氨酸脱氢酶的活性很弱,氨基酸难以进行上述联合脱氨基。在骨骼肌和心肌中,主要通过嘌呤核苷酸循环(purine nucleotide cycle)脱去氨基。经过转氨基作用产生的谷氨酸通过转氨酶的催化将氨基转给草酰乙酸,生成天冬氨酸;天冬氨酸将氨基转移到次黄嘌呤核苷酸(IMP)上生成腺苷酸代琥珀酸,后者经过裂解释出延胡索酸并生成腺嘌呤核苷酸(AMP)。AMP 在腺苷酸脱氨酶(此酶在肌肉组织中活性较强)催化下脱去氨基重新生成 IMP,后者可以再参加循环(图 8-6)。由此可见,嘌呤核苷酸循

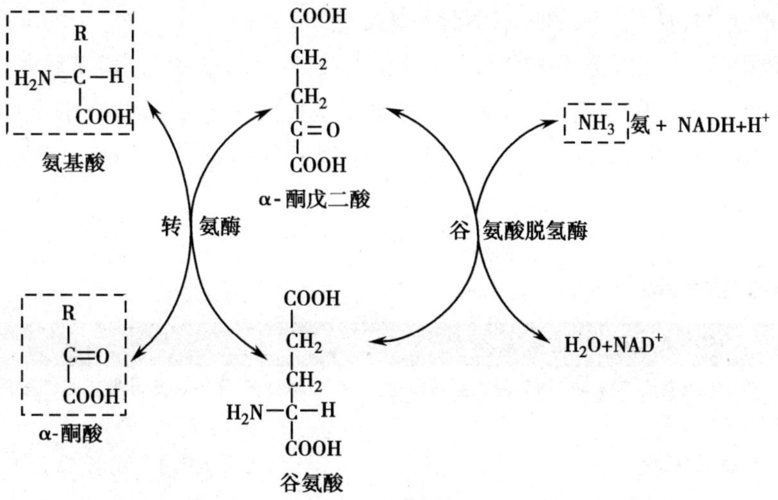

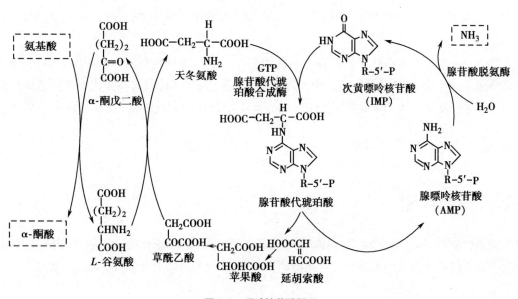

图 8-5 联合脱氨基作用

图 8-6 嘌呤核苷酸循环

环可以被认为是另一种形式的联合脱氨基作用。

在嘌呤核苷酸循环中通过转氨基作用形成的天冬氨酸通过此种联合脱氨方式脱去氨基生成延胡索酸,延胡索酸可进入三羧酸循环途径,所以嘌呤核苷酸循环在肌肉的能量代谢中起重要作用。

（四）非氧化脱氨基作用

除上述脱氨基方式外,某些氨基酸可以其特有的方式脱氨基。如丝氨酸在丝氨酸脱水酶催化下的脱水脱氨基作用。半胱氨酸也可在脱硫化氢酶催化下,先脱下 H_2S 然后水解生成丙酮酸和氨。此外,天冬氨酸在天冬氨酸酶催化下直接脱氨,同时生成延胡索酸。

三、α- 酮酸的代谢

氨基酸脱去氨基后生成的 α- 酮酸通过各自特有的代谢途径进一步代谢,主要有以下三方面的代谢去路。

1. 经氨基化生成非必需氨基酸　α- 酮酸可经联合脱氨基作用的逆过程氨基化生成相应的 α- 氨基酸。

体内不能合成必需氨基酸,是因为相应的 α- 酮酸不能合成。

2. 转变为糖及脂类　　动物实验和核素标记实验证明大多数氨基酸经脱氨基后生成的 α- 酮酸,可转变为糖及脂类。在体内能转变成糖的氨基酸称为生糖氨基酸(glucogenic amino acid);能转变成酮体的氨基酸称为生酮氨基酸(ketogenic amino acid);能转变成糖和酮体的氨基酸称为生糖兼生酮氨基酸(glucogenic and ketogenic amino acid)(表 8-2)。

表 8-2　氨基酸生糖及生酮性质的分类

类别	氨基酸
生糖氨基酸	甘氨酸、丙氨酸、缬氨酸、甲硫氨酸、脯氨酸、丝氨酸、谷氨酰胺、天冬酰胺、半胱氨酸、精氨酸、组氨酸、天冬氨酸、谷氨酸
生酮氨基酸	亮氨酸、赖氨酸
生糖兼生酮氨基酸	苯丙氨酸、酪氨酸、色氨酸、苏氨酸、异亮氨酸

3. 氧化供能　　α- 酮酸在体内可转变成乙酰 CoA、丙酮酸和 α- 酮戊二酸、琥珀酰 CoA、延胡索酸、草酰乙酸等三羧酸循环的中间产物。这些产物可彻底氧化生成 CO_2 和 H_2O,同时释放能量供生理活动的需要。

综上所述,氨基酸代谢与糖和脂肪的代谢密切相关。氨基酸可转变为糖和脂肪;糖可转变成脂肪及非必需氨基酸。三羧酸循环是物质代谢互变的枢纽,通过它将糖代谢、脂类代谢和氨基酸代谢紧密地联系起来,既可以使三大营养物彻底氧化分解,也可使其彼此相互转变,从而构成一个完整的代谢体系。

第三节　氨的代谢

氨能渗透过细胞膜与血脑屏障,对细胞以及中枢神经系统具有毒害作用。故氨在体内不能积聚,必须及时消除。正常情况下血氨的来源和去路保持动态平衡,使细胞内氨浓度保持低水平。正常人血氨浓度一般低于 $58.7\mu mol/L$(0.1mg/dl)。

一、体内氨的来源

体内有毒性的氨有三个重要的来源。

1. 氨基酸脱氨基作用和胺类分解产生氨　　氨基酸脱氨基作用是体内氨的主要来源。此外胺类物质的分解、嘌呤核苷酸和嘧啶核苷酸的分解也可产生氨。

$$RCH_2NH_2 \xrightarrow{\text{胺氧化酶}} RCHO+NH_3$$

2. 肠道吸收氨　　肠道吸收的氨来自肠道蛋白质腐败作用和肠道尿素水解产生的氨。肠道产氨量较多,每日约有 4g。肠道氨主要在结肠吸收入血,NH_3 比 NH_4^+ 易于穿过细胞膜而被吸收。在肠道碱性环境中 NH_4^+ 易转变成 NH_3 而被吸收,酸性环境中 NH_3 转变成 NH_4^+ 不易被吸收。临床上对高血氨病人采用弱酸性透析液做结肠透析,而禁用碱性肥皂水灌肠就是为了减少氨的吸收。

3. 肾小管上皮细胞泌氨　　在肾小管上皮细胞,谷氨酰胺在谷氨酰胺酶催化下水解成谷氨酸和氨,氨分泌到肾小管腔中。若原尿 pH 偏酸,NH_3 易与尿中的 H^+ 结合生成 NH_4^+,以铵盐形式随尿排出,这对调节机体酸碱平衡有重要意义。若原尿 pH 偏碱,NH_3 易被吸收入血。肝硬化腹水患者肝功能下降,有高血氨倾向,不宜使用碱性利尿药。

二、氨的转运

有毒的氨必须以无毒性的方式经血液运输到肝合成尿素或转运至肾以铵盐形式排出,其转运方式有下述两种:

1. 丙氨酸 - 葡萄糖循环　肌肉中产生的氨以丙酮酸作为转移氨基的载体,以丙氨酸形式经血液转移到肝。在肝脏丙氨酸经联合脱氨基作用重新生成氨和丙酮酸,氨用于合成尿素,丙酮酸经糖异生途径转变成葡萄糖,葡萄糖由血液输送到肌肉组织,沿糖酵解再生成丙酮酸,后者接受氨基又转变为丙氨酸。丙氨酸和葡萄糖在肌肉和肝之间进行氨的转运,称为丙氨酸 - 葡萄糖循环(alanine-glucose cycle)(图 8-7)。通过这个循环,可使肌肉中的氨以无毒的丙氨酸形式运输到肝,同时肝脏又为肌肉组织提供了能生成丙酮酸的葡萄糖。

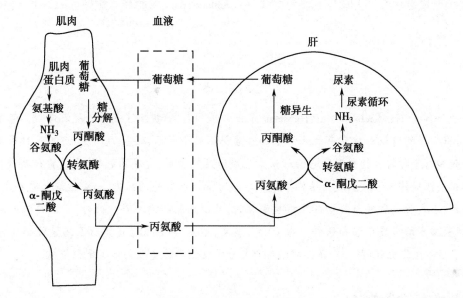

图 8-7　丙氨酸 - 葡萄糖循环

2. 谷氨酰胺的运氨作用　在脑、肌肉等组织中产生的氨和谷氨酸在谷氨酰胺合成酶(glutamine synthetase)催化下,由 ATP 分解供能合成谷氨酰胺,并由血液运送至肝或肾,再经谷氨酰胺酶(glutaminase)水解生成谷氨酸,释放出氨。

$$\begin{array}{ccc}
\text{COOH} & & \text{CONH}_2 \\
| & & | \\
\text{CH}_2 & \text{NH}_3+\text{ATP} \qquad \text{ADP+Pi} & \text{CH}_2 \\
| & \text{谷氨酰胺合成酶} \rightarrow & | \\
\text{CH}_2 & & \text{CH}_2 \\
| & \leftarrow \text{谷氨酰胺酶} & | \\
\text{CHNH}_2 & \text{NH}_3 \qquad \text{H}_2\text{O} & \text{CHNH}_2 \\
| & & | \\
\text{COOH} & & \text{COOH} \\
\text{谷氨酸} & & \text{谷氨酰胺}
\end{array}$$

在肝脏谷氨酰胺分解产生的氨合成尿素排除,在肾脏氨以铵盐的形式随尿排出。因此,谷氨酰胺是氨的解毒产物,又是氨的储存及运输形式。它的生成对控制脑组织中氨的浓度起重要作用。因此,临床上对氨中毒患者补充谷氨酸盐来降低氨浓度。

正常细胞中的天冬氨酸可接受由谷氨酰胺提供的酰胺基合成天冬酰胺,但白血病癌细胞不能或仅能微量合成天冬酰胺,需依靠从血液摄取天冬酰胺,因此临床上应用天冬酰胺酶(asparaginase)使血液中的天冬酰胺水解,从而减少癌细胞的天冬酰胺来源,阻抑了癌细胞的蛋白质合成,从而达到治疗白血病的目的。

$$
\begin{array}{c}
\underset{|}{\text{CONH}_2} \\
\underset{|}{\text{CH}_2} \\
\underset{|}{\text{CHNH}_2} \\
\text{COOH}
\end{array}
+ H_2O \xrightarrow{\text{天冬酰胺酶}}
\begin{array}{c}
\underset{|}{\text{COOH}} \\
\underset{|}{\text{CH}_2} \\
\underset{|}{\text{CHNH}_2} \\
\text{COOH}
\end{array}
+ NH_3
$$

天冬酰胺   天冬氨酸

三、尿素的合成

体内的氨主要在肝中合成尿素,尿素无毒性、水溶性强,可由肾脏排出。人体内 80%~90% 的氮以尿素形式排出,小部分以铵盐形式经肾排出。将犬的肝脏切除,血及尿中尿素含量显著降低。急性重型肝炎患者血氨水平明显上升,尿素水平明显下降。实验及临床观察证明肝脏是合成尿素的主要器官。肾和脑虽能合成尿素,但合成量甚微。在体内,经鸟氨酸循环(ornithine cycle),又称尿素循环(urea cycle)合成尿素。

相关链接

鸟氨酸循环

1932 年德国学者 Han Krebs 和 Kurt Henseleit 根据一系列实验,提出了鸟氨酸循环学说。鸟氨酸循环的实验依据是:将大鼠的肝切片放在有氧条件下加铵盐保温数小时后,铵盐的含量减少,同时尿素增多。在此切片中分别加入各种化合物并观察它们对尿素生成速度的影响,发现鸟氨酸、瓜氨酸和精氨酸都能够加速尿素的合成。根据这 3 个氨基酸的结构推断鸟氨酸可能是瓜氨酸的前体,而瓜氨酸又是精氨酸的前体。实验还观察到,当大量鸟氨酸与肝切片及铵盐保温时,确有瓜氨酸的积存。此外,早已证明肝脏含有精氨酸酶,催化精氨酸水解成鸟氨酸和尿素。基于以上事实,Krebs 和 Henseleit 提出了鸟氨酸循环学说。Krebs 一生中提出了 2 个生化循环(另一个是三羧酸循环),为生物化学的发展做出了重大贡献。

(一) 鸟氨酸循环的详细步骤

鸟氨酸循环的详细过程比较复杂,可分以下四步:

1. 氨基甲酰磷酸的合成 在肝细胞线粒体内,代谢中产生的氨及 CO_2 在氨基甲酰磷酸合成酶 I(carbamoyl phosphate synthetase I,CPS-I)催化下,合成含有高能磷酸键、性质活泼的氨基甲酰磷酸,反应消耗 2 个 ATP,此反应不可逆。

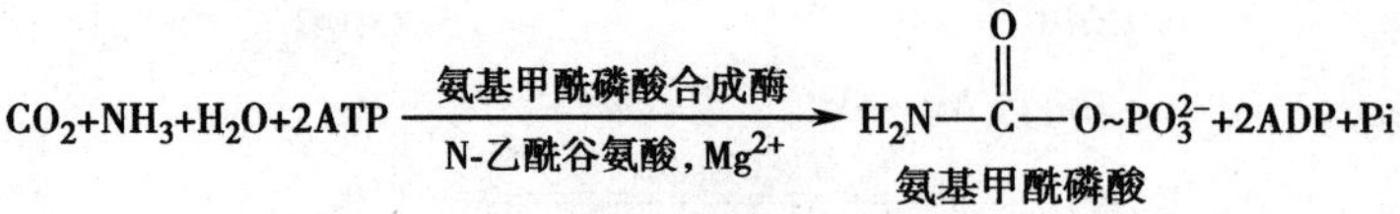

$$
CO_2 + NH_3 + H_2O + 2ATP \xrightarrow[\text{N-乙酰谷氨酸},\ Mg^{2+}]{\text{氨基甲酰磷酸合成酶}} H_2N\overset{\overset{\displaystyle O}{\|}}{-C}-O\sim PO_3^{2-} + 2ADP + Pi
$$

氨基甲酰磷酸

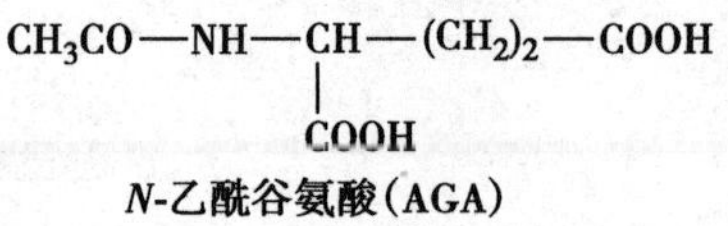

$$
\underset{\underset{\text{COOH}}{|}}{CH_3CO-NH-CH-(CH_2)_2-COOH}
$$

N-乙酰谷氨酸(AGA)

氨基甲酰磷酸合成酶 I 属别构酶。N- 乙酰谷氨酸(N-acetyl glutamatic acid,AGA)是该酶的别构激活剂,能增强 CPS-I 与 ATP 的亲和力。

真核细胞中有两种类型的 CPS。肝线粒体内的 CPS I,利用游离氨为氮源合成氨基甲酰磷酸,参与尿素合成;胞质中的 CPS II,利用谷氨酰胺为氮源合成氨基甲酰磷酸,参与嘧啶的从头合成(见第九章)。

2. 瓜氨酸的合成 氨基甲酰磷酸在线粒体内经鸟氨酸氨基甲酰转移酶(ornithine carbamoyl transferase,

OCT）的催化,将氨基甲酰基转移至鸟氨酸,生成瓜氨酸(citrulline),该反应不可逆。

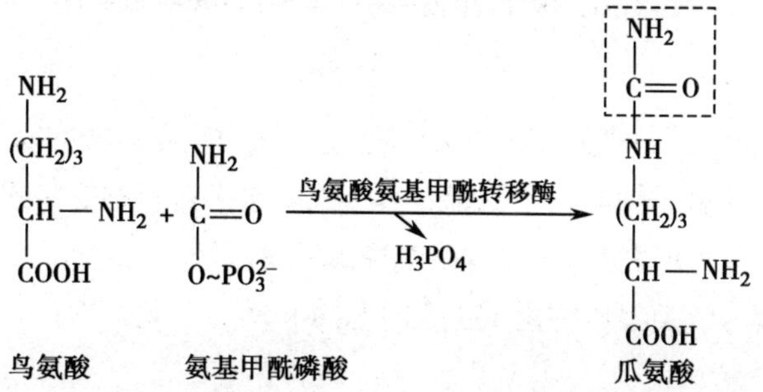

鸟氨酸　　　氨基甲酰磷酸　　　　　　　　　　　瓜氨酸

3. 精氨酸的合成　　瓜氨酸自线粒体转运到胞质,在精氨酸代琥珀酸合成酶(argininosuccinate synthetase, ASAS)催化下,与天冬氨酸反应生成精氨酸代琥珀酸,此反应由 ATP 供能。其后精氨酸代琥珀酸再由精氨酸代琥珀酸裂解酶(argininosuccinate lyase, ASAL)催化,裂解为精氨酸及延胡索酸。

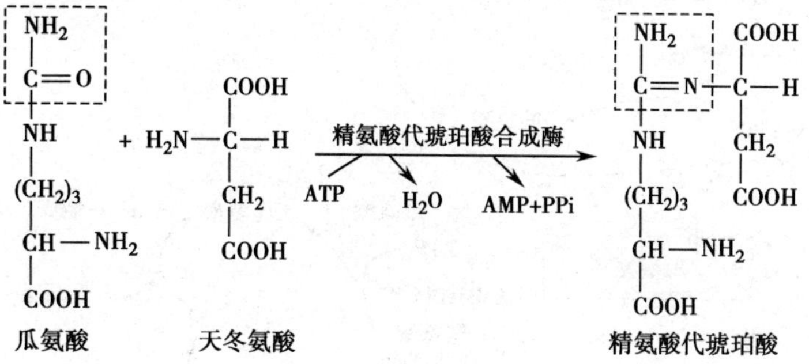

瓜氨酸　　　天冬氨酸　　　　　　　　　　　精氨酸代琥珀酸

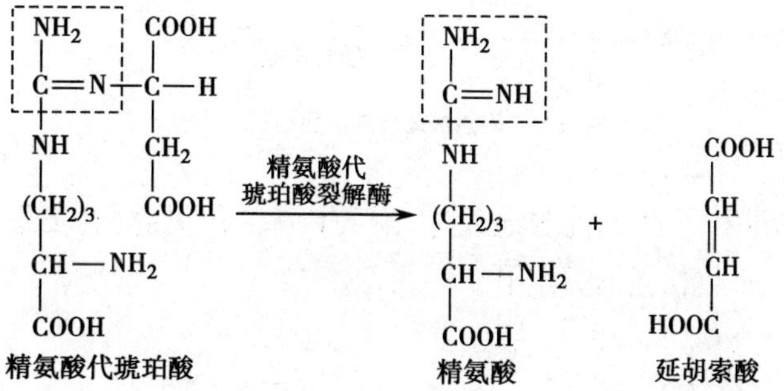

精氨酸代琥珀酸　　　　　　　精氨酸　　　　　延胡索酸

在上述反应中,天冬氨酸有供给氨基的作用,而其本身又可由草酰乙酸与谷氨酸经转氨基作用再生成。谷氨酸的氨基可来自体内多种氨基酸。由此可见,多种氨基酸的氨基可通过天冬氨酸而参加尿素合成。

4. 精氨酸水解生成尿素　　在胞质中精氨酸酶(arginase)催化下精氨酸水解生成尿素和鸟氨酸。鸟氨酸经线粒体膜上的载体转运重新进入线粒体,参与下一次循环。在上述反应中,鸟氨酸、赖氨酸与精氨酸竞争结合于精氨酸酶,因此鸟氨酸、赖氨酸是精氨酸酶强有力的抑制剂。

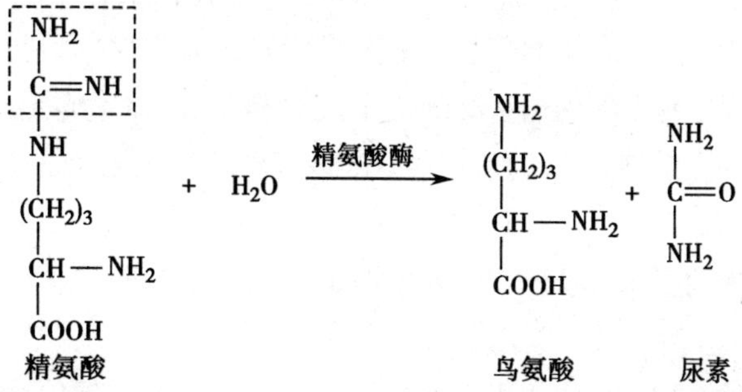

精氨酸　　　　　　　　　　鸟氨酸　　　　尿素

尿素合成的总反应可总结为:

$$2NH_3 + CO_2 + 3ATP + 3H_2O \longrightarrow \overset{\displaystyle NH_2}{\underset{\displaystyle NH_2}{C}} = O + 2ADP + AMP + 4Pi$$

由此可见,尿素分子中的两个氮原子,其一来自氨,另一来自天冬氨酸的氨基,而天冬氨酸又是由其他氨基酸转变而来的,因此尿素分子中的两个氮都是直接或间接来自多种氨基酸的氨基。尿素合成是一个耗能过程,合成1分子尿素需消耗3分子ATP,4个高能磷酸键。

尿素合成的中间步骤及其在细胞中的定位总结于图8-8。

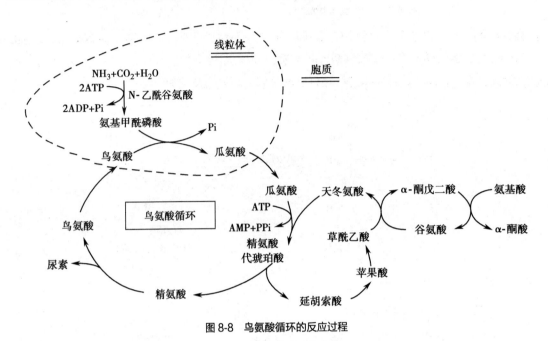

图 8-8　鸟氨酸循环的反应过程

精氨酸除水解生成鸟氨酸和尿素外,还可通过一氧化氮合酶的作用生成瓜氨酸和一氧化氮(NO)。NO起神经递质、平滑肌弛缓剂和血管松弛剂的作用。

（二）尿素合成的调控

1. 高蛋白膳食的影响　高蛋白膳食或严重饥饿情况下,尿素合成速度加快,排泄的含氮物中尿素占80%~90%,低蛋白膳食或高糖膳食使尿素合成速度减慢,排泄的含氮物中尿素可低至60%。

2. AGA的调节　AGA是CPS-Ⅰ的别构激活剂,它由乙酰辅酶A与谷氨酸经AGA合成酶的催化而合成,而精氨酸又是AGA合成酶的激活剂。因此,肝中精氨酸浓度增高时,尿素合成加速。这是临床上用精氨酸治疗高血氨症的依据。

3. 鸟氨酸循环中间产物的影响　循环的中间产物如鸟氨酸、瓜氨酸、精氨酸浓度增加均可加速尿素的合成。

4. 鸟氨酸循环中酶系的影响　鸟氨酸循环中的各种酶,以精氨酸代琥珀酸合成酶的活性最低,是尿素合成的限速酶,可调节尿素的合成速度。

(三)高血氨症和肝性脑病

肝是合成尿素、解除氨毒的重要器官。当肝功能严重损伤时，尿素合成发生障碍，血氨浓度增高，称为高血氨症(hyperammonemia)。常见的临床症状包括呕吐、厌食、间歇性共济失调、嗜睡甚至昏迷等。一般认为，氨通过血-脑脊液屏障进入脑组织，与 α-酮戊二酸结合生成谷氨酸，与谷氨酸进一步结合生成谷氨酰胺。因 α-酮戊二酸是三羧酸循环的中间产物，其含量的减少，使三羧酸循环减弱，而谷氨酰胺的合成又需要 ATP 供能，故谷氨酸与谷氨酰胺的合成，使脑组织中 ATP 生成减少，大脑能量供应不足，导致大脑功能障碍，引起肝性脑病。另一种可能性是谷氨酸、谷氨酰胺生成增多，渗透压增大引起脑水肿，引起昏迷。

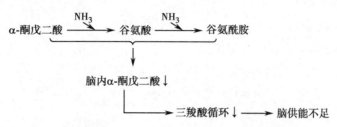

另外，当肝功能受损时，肠道蛋白质腐败作用的产物酪胺和苯乙胺不能在肝内分解转化而进入脑组织形成假神经递质 β-羟酪胺和苯乙醇胺，它们可取代正常神经递质儿茶酚胺，干扰正常脑神经冲动的传导。因此临床治疗血氨升高引起肝性脑病的措施是减少血氨的来源，增加血氨的去路。

理论与实践

肝性脑病的防治

当肝功能严重损伤时，尿素合成障碍血氨浓度升高，出现高血氨症。严重的高血氨可诱发肝性脑病，临床主要表现为意识障碍和昏迷，肝性脑病的发病机制非常复杂，氨中毒学说受到普遍支持，另一种发病机制可能与肝脏疾病引起的氨基酸代谢异常有关(见正文)。实验室检查包括肝功能和血氨。

肝性脑病的防治关键是限制蛋白质的摄入量、降低血氨浓度和防止氨进入脑组织，临床上常采取酸性利尿剂、酸性盐水灌肠、静脉滴注或口服谷氨酸盐、精氨酸等降血氨药物等措施降低患者的血氨浓度。另外，服用一些保肝药物也是非常必要的。

第四节　个别氨基酸代谢

氨基酸除了上述一般代谢途径外，有些氨基酸因侧链(R 基团)不同，还有其特殊的代谢途径。本节介绍某些氨基酸脱羧基作用生成的生物胺和一碳单位的代谢，然后介绍含硫氨基酸、芳香族氨基酸和支链氨基酸的代谢。

一、氨基酸的脱羧基作用

氨基酸通过脱羧基作用(decarboxylation)生成相应的胺类物质。催化脱羧反应的酶是氨基酸脱羧酶，其辅酶是磷酸吡哆醛。虽然有些氨基酸脱羧产物具有重要的生理作用，但大多数氨基酸脱羧产生的胺类对机体有毒性作用。体内广泛存在着单胺氧化酶，能将胺类氧化成为相应的醛类，再进一步氧化成羧酸，后者从尿中排出或氧化成 CO_2 和水，从而避免胺类在体内蓄积。

$$\text{氨基酸} \quad \begin{array}{c} R \\ | \\ H-C-NH_2 \\ | \\ COOH \end{array} \xrightarrow[\text{磷酸吡哆醛}]{\text{氨基酸脱羧酶}} RCH_2NH_2 + CO_2 \quad \text{胺类}$$

$$RCH_2NH_2 \xrightarrow[\text{单胺氧化酶}]{\substack{H_2O \quad NH_3 \\ O_2 \quad H_2O_2}} RCHO \xrightarrow{1/2 O_2} RCOOH$$

胺   醛   羧酸

（一）γ-氨基丁酸

γ-氨基丁酸（γ-aminobutyric acid, GABA）由谷氨酸脱羧基生成，催化此反应的酶是谷氨酸脱羧酶，此酶在脑、肾组织中活性很高，所以脑中 γ-氨基丁酸含量较高。

$$\begin{array}{c} COOH \\ | \\ (CH_2)_2 \\ | \\ CHNH_2 \\ | \\ COOH \end{array} \xrightarrow[CO_2]{L\text{-谷氨酸脱羧酶}} \begin{array}{c} COOH \\ | \\ (CH_2)_2 \\ | \\ CHNH_2 \end{array}$$

L-谷氨酸   γ-氨基丁酸

GABA 是一种抑制性神经递质，对中枢神经有抑制作用。临床上使用维生素 B_6 治疗妊娠呕吐的机制是维生素 B_6 作为谷氨酸脱羧酶的辅酶，促进谷氨酸脱羧生成 GABA，从而抑制神经组织兴奋性，达到治疗呕吐的效果。

γ-氨基丁酸可与 α 酮戊二酸进行转氨基作用，生成琥珀酸半醛，进一步氧化成琥珀酸，再通过三羧酸循环氧化生成 CO_2 和 H_2O。

（二）组胺

组胺（histamine）由组氨酸经组氨酸脱羧酶催化脱去羧基生成。组胺主要在乳腺、肺、肝、肌及胃黏膜等的肥大细胞产生。

$$\underset{\text{L-组氨酸}}{\text{组氨酸结构}} \xrightarrow[CO_2]{\text{组氨酸脱羧酶}} \underset{\text{组胺}}{\text{组胺结构}}$$

组胺是一种强烈的血管舒张剂，并能增加毛细血管的通透性，造成血压下降甚至休克。在机体的炎症及创伤部位常有组胺的释放。组胺可刺激胃蛋白酶和胃酸的分泌，可被用于研究胃分泌功能。组胺可使平滑肌收缩，引起支气管痉挛导致哮喘。组胺可经氧化或甲基化而灭活。

（三）5-羟色胺

色氨酸首先由色氨酸羟化酶催化生成 5-羟色氨酸，再经 5-羟色氨酸脱羧酶作用生成 5-羟色胺（5-hydroxytryptamine, 5-HT）。

$$\underset{\text{色氨酸}}{\text{色氨酸结构}} \xrightarrow{\text{色氨酸羟化酶}} \underset{\text{5-羟色氨酸}}{\text{5-羟色氨酸结构}}$$

$$\xrightarrow[CO_2]{\text{5-羟色氨酸脱羧酶}} \underset{\text{5-羟色胺}}{\text{5-羟色胺结构}}$$

5-羟色胺广泛分布于体内的各组织,除神经组织外,胃肠道、血小板、乳腺细胞中也存在。脑内的 5-羟色胺是一种神经递质,具有抑制作用,直接影响神经传导;在外周组织,5-羟色胺具有强烈的血管收缩作用。

5-羟色胺及代谢产物 5-羟吲哚乙酸均可由尿排出体外。类癌患者的血清中 5-羟色胺含量增高,尿中 5-羟吲哚乙酸含量增多,通过对尿中 5-羟吲哚乙酸的检验可协助类癌诊断。5-羟色胺在松果体内还可转变成褪黑激素,后者经肝脏灭活。

(四) 多胺

多胺(polyamines)是指含有多个氨基的化合物。某些氨基酸脱去羧基后可生成多胺,如鸟氨酸在鸟氨酸脱羧酶催化下可生成腐胺(putrescine),然后转变成精脒(spermidine)和精胺(spermine)。

$$L\text{-鸟氨酸} \xrightarrow[-CO_2]{\text{鸟氨酸脱羧酶}} H_2N-(CH_2)_4-NH_2 \text{(腐胺)}$$

$$S\text{-腺苷甲硫氨酸(SAM)} \xrightarrow[-CO_2]{\text{SAM脱羧酶}} \text{腺苷}-S-(CH_2)_3-NH_2 \text{(脱羧基SAM)}$$

$$\text{腐胺} + \text{脱羧基SAM} \xrightarrow[-\text{腺苷}-S-CH_3]{\text{丙胺转移酶}} H_2N-(CH_2)_3-NH-(CH_2)_4-NH_2 \text{(精脒)}$$

$$\text{精脒} + \text{脱羧基SAM} \xrightarrow[-\text{腺苷}-S-CH_3]{\text{丙胺转移酶}} H_2N-(CH_2)_3-NH-(CH_2)_4-NH-(CH_2)_3-NH_2 \text{(精胺)}$$

鸟氨酸脱羧酶(ornithine decarboxylase)是多胺合成的限速酶。精脒与精胺具有调节细胞生长的作用。多胺能与 DNA 及 RNA 结合,稳定其结构,促进核酸及蛋白质合成。在生长旺盛的组织如胚胎、再生肝及癌组织中,多胺含量升高。临床上测定肿瘤患者血、尿中多胺含量作为辅助诊断和病情观察的指标之一。

在体内大部分多胺与乙酰基结合后由尿排出,小部分氧化为 NH_3 和 CO_2。

二、一碳单位的代谢

1. **一碳单位的概念** 一碳单位(one carbon unit)是指某些氨基酸在分解代谢过程中产生的含一个碳原子的基团,包括甲基($-CH_3$)、甲烯基($-CH_2-$),甲炔基($-CH=$)、甲酰基($-CHO$)及亚氨甲基($-CH=NH$)。一碳单位是体内代谢的重要必需基团,参与许多重要反应和化合物修饰。如参与嘌呤和嘧啶的合成,化合物的甲基化修饰等。

2. **一碳单位代谢的载体** 一碳单位不能游离存在,需与四氢叶酸(tetrahydrofolic acid,FH_4)结合,FH_4 是一碳单位的载体,也是一碳单位代谢的辅酶。FH_4 由二氢叶酸还原酶(dihydrofolate reductase)催化叶酸还原而生成。一碳单位通常结合在 FH_4 的 N^5、N^{10} 位或 N^5 和 N^{10} 位上。FH_4 的结构及其生成反应如下:

5,6,7,8-四氢叶酸(FH_4)

$$\text{叶酸} \xrightarrow[NADPH+H^+ \quad NADP^+]{\text{二氢叶酸还原酶}} \text{二氢叶酸} \xrightarrow[NADPH+H^+ \quad NADP^+]{\text{二氢叶酸还原酶}} \text{四氢叶酸}$$

3. **一碳单位的生成** 一碳单位主要来源于甘氨酸、丝氨酸、组氨酸及色氨酸的分解代谢。一碳单位生成的同时即结合在 FH_4 的 N^5、N^{10} 位上。甲基或亚氨甲基结合在 N^5,甲烯基或甲炔基在 N^5 和 N^{10},甲酰基结合在 N^{10}。

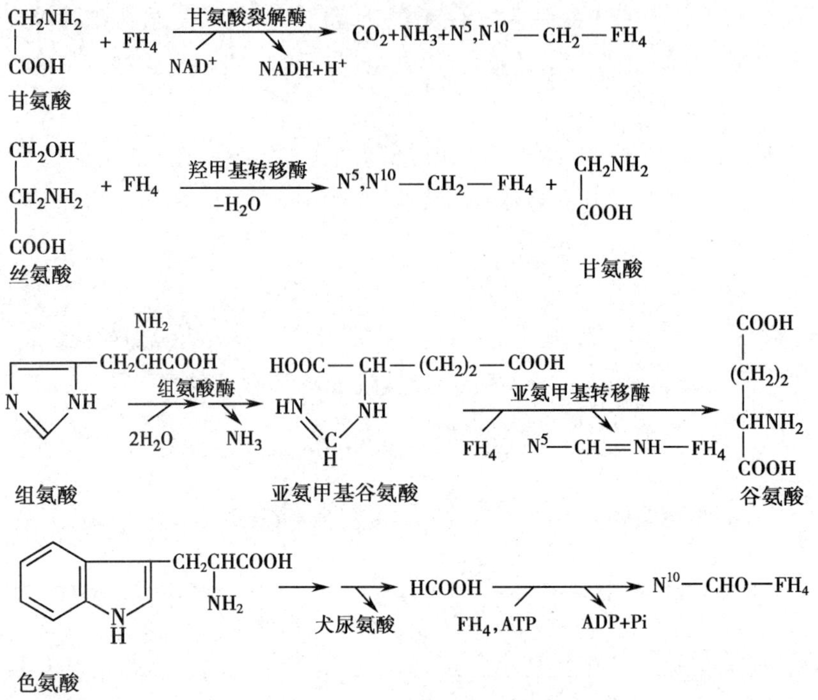

$$\begin{array}{c} CH_2NH_2 \\ | \\ COOH \end{array} + FH_4 \quad \xrightarrow[\text{NAD}^+ \quad \text{NADH+H}^+]{\text{甘氨酸裂解酶}} \quad CO_2+NH_3+N^5,N^{10}-CH_2-FH_4$$

甘氨酸

$$\begin{array}{c} CH_2OH \\ | \\ CH_2NH_2 \\ | \\ COOH \end{array} + FH_4 \quad \xrightarrow[-H_2O]{\text{羟甲基转移酶}} \quad N^5,N^{10}-CH_2-FH_4 + \begin{array}{c} CH_2NH_2 \\ | \\ COOH \end{array}$$

丝氨酸 　　　　　　　　　　　　　　　　　　　　　　甘氨酸

组氨酸 → 亚氨甲基谷氨酸 → 谷氨酸

色氨酸 → 犬尿氨酸 → HCOOH → $N^{10}-CHO-FH_4$

4. 一碳单位的相互转换　不同一碳单位的碳原子的氧化状态不同,在相应酶的催化下,不同一碳单位可以互变,但生成 N^5- 甲基四氢叶酸的反应是不可逆的(图 8-9)。N^5- 甲基四氢叶酸能将甲基转给同型半胱氨酸生成甲硫氨酸,游离出 FH_4 使 FH_4 获得重新利用的机会。具体过程见含硫氨基酸代谢。

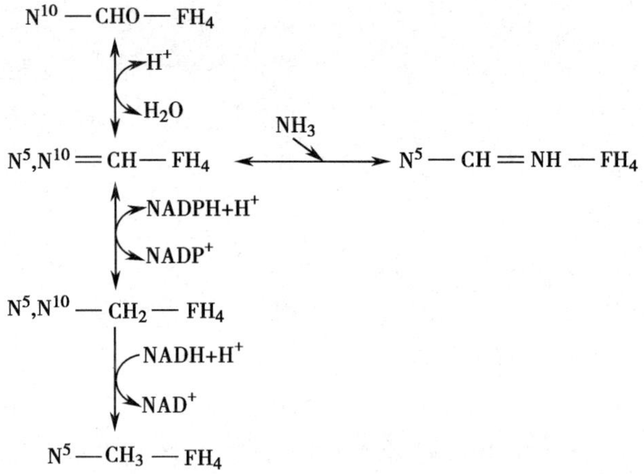

5. 一碳单位的生理功能　一碳单位参与核苷酸合成,是嘌呤和嘧啶的合成原料。$N^5,N^{10}-CH_2-FH_4$ 直接提供甲基用于脱氧核苷酸 dUMP 向 dTMP 的转化,$N^{10}-CHO-FH_4$ 和 $N^5,N^{10}=CH-FH_4$ 分别参与嘌呤碱中 C_2、C_8 的生成。一碳

图 8-9　不同一碳单位之间的相互转变

单位还为许多化合物合成间接提供甲基,$N^5-CH_3-FH_4$ 是甲硫氨酸合成的甲基供体,甲硫氨酸进一步生成 S- 腺苷甲硫氨酸,为许多化合物的合成直接提供甲基。

一碳单位将氨基酸代谢与核酸代谢密切联系起来。一碳单位代谢障碍或 FH_4 不足时,可引起巨幼细胞贫血等疾病。磺胺类药物及某些抗肿瘤药(如甲氨蝶呤等)通过干扰细菌和肿瘤细胞四氢叶酸的合成,进而影响核酸合成而达到抑菌和抗肿瘤的作用。

三、含硫氨基酸的代谢

含硫氨基酸有甲硫氨酸、半胱氨酸和胱氨酸三种,它们之间的代谢是相互联系的。甲硫氨酸可转变为半胱氨酸和胱氨酸,后两者也可以互变,但后两者不能变成甲硫氨酸,甲硫氨酸是必需氨基酸。

(一)甲硫氨酸代谢

1. 甲硫氨酸的转甲基作用与甲硫氨酸循环　甲硫氨酸在腺苷转移酶(adenosyl transferase)催化下接受从 ATP 转移的腺苷,生成 S- 腺苷甲硫氨酸(S-adenosyl methionine,SAM)。SAM 是体内最重要的甲基直接供体,

可在甲基转移酶的催化下，为许多甲基化反应提供甲基，生成 50 多种甲基化合物，如肾上腺素、胆碱、肉毒碱、肌酸等，因此 SAM 称为活性甲硫氨酸。

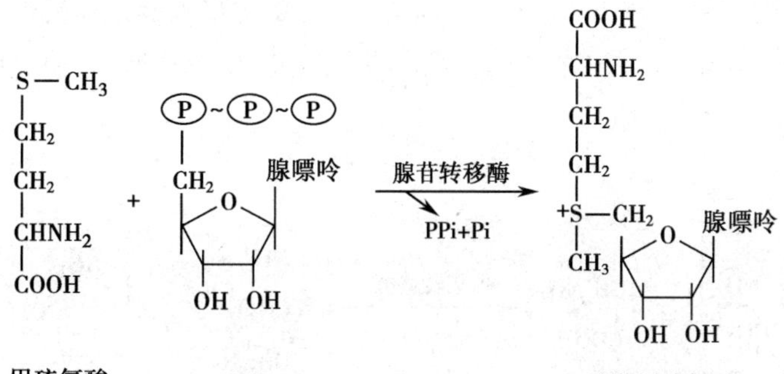

甲硫氨酸　　　ATP　　　　　　　　　　　　　　S-腺苷甲硫氨酸
　　　　　　　　　　　　　　　　　　　　　　　　　　（SAM）

SAM 转出甲基后生成 S- 腺苷同型半胱氨酸，后者水解释出腺苷变为同型半胱氨酸，同型半胱氨酸接受 N^5-CH_3-FH_4 提供的甲基再生成甲硫氨酸，形成一个循环过程，称为甲硫氨酸循环（methionine cycle）（图 8-10）。甲硫氨酸循环的生理意义是由 N^5-CH_3-FH_4 提供甲基生成 SAM，SAM 作为体内甲基化反应的直接供体，参与体内甲基化反应。

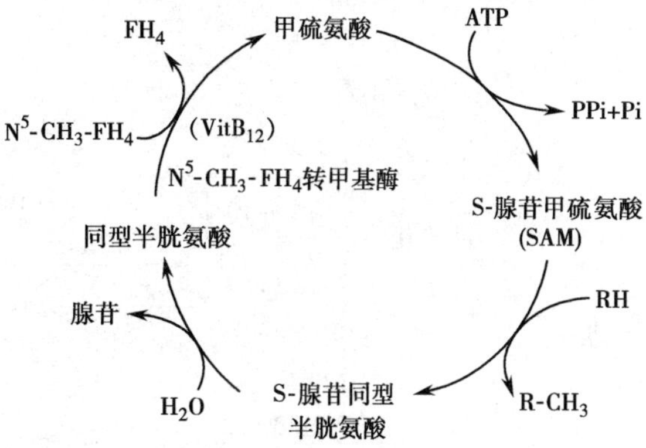

催化同型半胱氨酸重新生成甲硫氨酸的 N^5-CH_3-FH_4 转甲基酶以维生素 B_{12} 为辅酶，当维生素 B_{12} 缺乏时，N^5-CH_3-FH_4 的甲基转移受阻，因此影响甲硫氨酸重新生成，同时影响 FH_4 的再生，使组织中游离 FH_4 减

图 8-10　甲硫氨酸循环

少，一碳单位代谢受影响，导致核酸合成障碍，影响细胞分裂，引起巨幼细胞贫血。同时同型半胱氨酸在血中堆积可造成高同型半胱氨酸血症，它是心血管疾病和高血压的危险因子。

相关链接

同型半胱氨酸与心血管疾病

1969 年，Mc Cully 博士报道由于遗传缺陷造成甲硫氨酸代谢障碍，引起体内同型半胱氨酸含量高达几百 nmol/L，患儿往往由于严重的心血管疾病而早死。近年来，科学家将同型半胱氨酸与胆固醇一起归为导致心脏病的独立致病因子。

体内同型半胱氨酸主要通过两条途径进行代谢，即甲基化途径和转硫途径。甲基化途径即甲硫氨酸循环，约 50% 的同型半胱氨酸经此途径重新合成甲硫氨酸；转硫途径需要依赖维生素 B_6 的胱硫醚 β 合成酶等的催化，约 50% 的同型半胱氨酸经此途径不可逆生成半胱氨酸和 α- 酮丁酸。目前科学家们正试图通过增加转硫途径等多种手段降低血中同型半胱氨酸浓度，以期达到预防心血管疾病等的作用。

2. 甲硫氨酸参与肌酸的合成　　肌酸（creatine）和磷酸肌酸（creatine phosphate，CP）在能量储存及利用中起重要作用。肌酸以甘氨酸为骨架，由精氨酸提供脒基、S- 腺苷甲硫氨酸供给甲基而合成。肝脏是合成肌酸的主要器官。肌酸在肌酸激酶（creatine kinase，CK）催化下，接受由 ATP 转来的高能磷酸键形成磷酸肌酸，储备在心肌、骨骼肌及脑组织。

肌酸激酶由两种亚基组成,即 M 亚基(肌型)和 B 亚基(脑型),构成三种同工酶,MM、MB 和 BB,分别分布在骨骼肌、心肌和脑。心肌梗死时,血中 MB 型活性增高,可作为辅助诊断的指标之一。

肌酸和磷酸肌酸代谢的终产物是肌酸酐(creatinine)。肌酸、磷酸肌酸和肌酸酐的代谢见图 8-11。正常成人每日尿中肌酸酐排出量恒定,肾功能障碍时,肌酸酐排出受阻,血中浓度升高,检查血或尿中肌酸酐含量有助于肾功能的诊断。

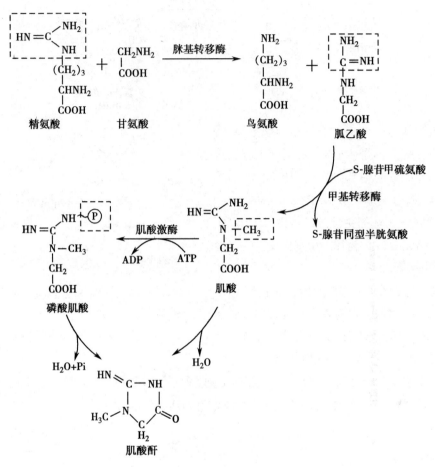

图 8-11　肌酸代谢

(二) 半胱氨酸和胱氨酸的代谢

1. **半胱氨酸与胱氨酸互变**　半胱氨酸含巯基 (—SH),胱氨酸含有二硫键(—S—S—),二者可通过氧化还原而互变。在蛋白质分子中两个半胱氨酸残基间所形成的二硫键对维持蛋白质分子构象起重要作用。蛋白质分子中半胱氨酸的巯基是许多蛋白质或酶的活性基团。

2. **活性硫酸根的代谢**　含硫氨基酸经分解可生成 H_2S,再进一步氧化生成硫酸根。半胱氨酸是体内硫酸根的主要来源。半胱氨酸可直接脱去巯基和氨基,生成丙酮酸、氨和 H_2S,后者迅速被氧化成硫酸根,再经 ATP 活化生成活性硫酸根,即 3'- 磷酸腺苷 -5'- 磷酸硫酸 (3'-phospho-adenosine-5'-phosphosulfate, PAPS)。反应过程如下所示:

$$ATP + SO_4^{2-} \xrightarrow{-PPi} AMP-SO_3^- \xrightarrow{+ATP} 3'-PO_3H_2-AMP-SO_3^- + ADP$$

PAPS

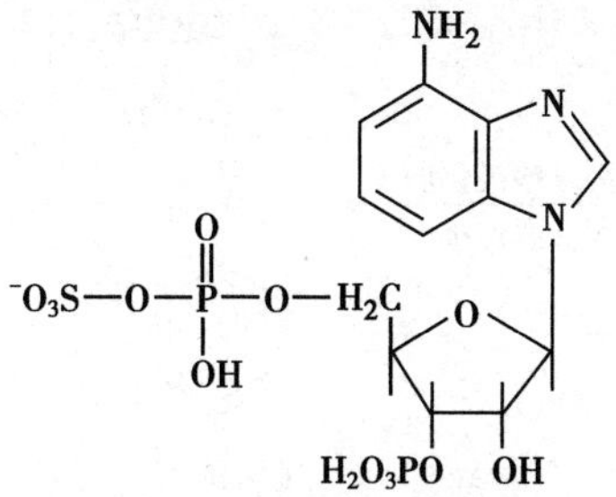

PAPS的结构

PAPS 的性质活泼,是硫酸根的供体,在肝脏的生物转化中起重要作用,可提供硫酸根使某些物质生成硫酸酯,如类固醇激素结合硫酸根后被灭活。此外,PAPS 也可参与硫酸角质素及硫酸软骨素等分子中硫酸氨基糖的合成。

3. 谷胱甘肽的生成 谷胱甘肽是谷氨酸、半胱氨酸和甘氨酸组成的三肽,体内广泛存在。GSH 的活性基团是半胱氨酸残基的巯基,GSH 氧化型和还原型两种形式可以互变。谷胱甘肽在人体解毒、氨基酸转运及代谢中均有重要作用。

4. 牛磺酸的生成 半胱氨酸还可经氧化、脱羧生成牛磺酸,它是结合胆汁酸的重要组成成分。牛磺酸在脑组织中含量较多,可能与大脑的发育有关。

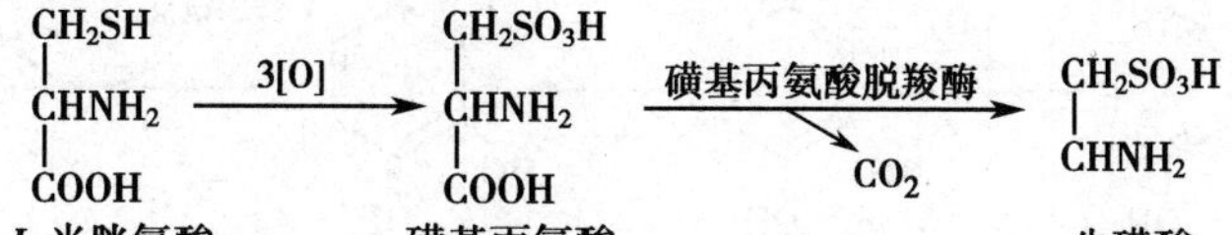

四、芳香族氨基酸的代谢

芳香族氨基酸包括苯丙氨酸、酪氨酸和色氨酸。酪氨酸可由苯丙氨酸羟化生成。苯丙氨酸与色氨酸为营养必需氨基酸。

(一)苯丙氨酸和酪氨酸代谢

1. 苯丙氨酸转变为酪氨酸 在正常情况下,苯丙氨酸主要经苯丙氨酸羟化酶(phenylalanine hydroxylase)催化生成酪氨酸。苯丙氨酸羟化酶是一种单加氧酶,主要存在于肝脏等组织,辅酶为四氢生物蝶呤,催化的反应不可逆,故酪氨酸不能转变为苯丙氨酸。

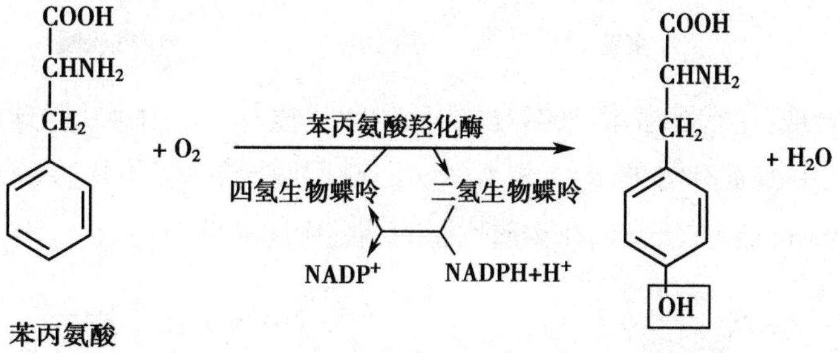

苯丙氨酸除上述主要代谢途径外,少量可经转氨酶作用生成苯丙酮酸。先天性缺乏苯丙氨酸羟化酶的患者,苯丙氨酸不能正常地转变为酪氨酸,造成体内苯丙氨酸蓄积,并经转氨基作用生成苯丙酮酸,再进一步生成苯乙酸等衍生物,尿中出现大量苯丙酮酸等代谢产物,称苯丙酮尿症(phenylketonuria,PKU)。该病患者神经系统发育受障碍,智力低下。治疗原则是早期发现,并适当控制膳食中苯丙氨酸的摄入。

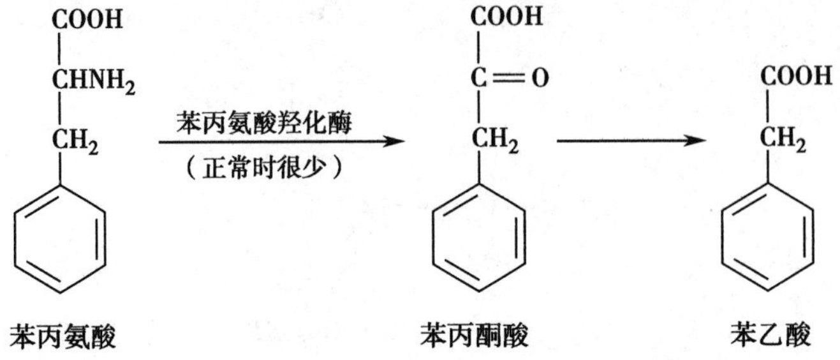

苯丙氨酸 —苯丙氨酸羟化酶（正常时很少）→ 苯丙酮酸 → 苯乙酸

2. 酪氨酸代谢

（1）儿茶酚胺的合成：酪氨酸在肾上腺髓质和神经组织经酪氨酸羟化酶（tyrosine hydroxylase）催化生成 3,4- 二羟苯丙氨酸（3,4-dihydroxyphenylalanine L-DOPA，多巴）。再经多巴脱羧酶催化生成多巴胺（dopamine）。在肾上腺髓质多巴胺经羟化生成去甲肾上腺素（norepinephrine），后者再接受 SAM 提供的甲基转变成肾上腺素（epinephrine）。多巴胺、去甲肾上腺素、肾上腺素统称为儿茶酚胺（catecholamine），即含邻苯二酚的胺类。酪氨酸羟化酶是儿茶酚胺合成的限速酶。

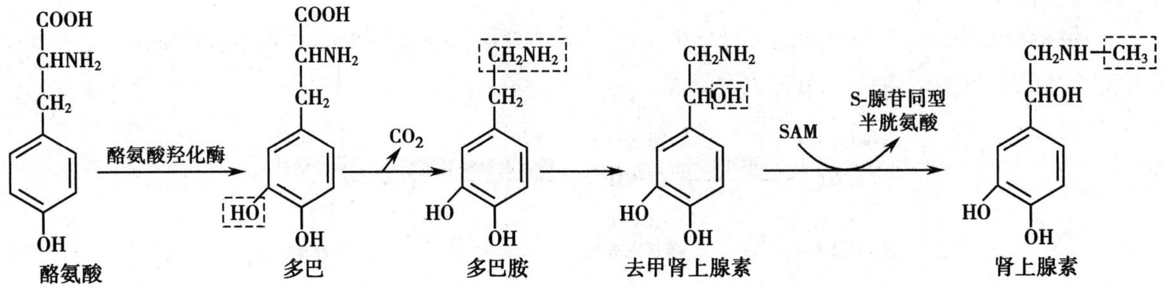

酪氨酸 —酪氨酸羟化酶→ 多巴 —CO₂→ 多巴胺 → 去甲肾上腺素 —SAM / S-腺苷同型半胱氨酸→ 肾上腺素

（2）黑色素的合成：在黑色素细胞中，酪氨酸在酪氨酸酶催化下羟化生成多巴，多巴再经氧化生成多巴醌，多巴醌进一步环化和脱羧生成吲哚醌。吲哚醌的聚合物即是黑色素（melanin）。人体若缺乏酪氨酸酶，黑色素合成障碍，皮肤及毛发呈白色，称为白化病（albinism）。该病患者对阳光敏感，易患皮肤癌。

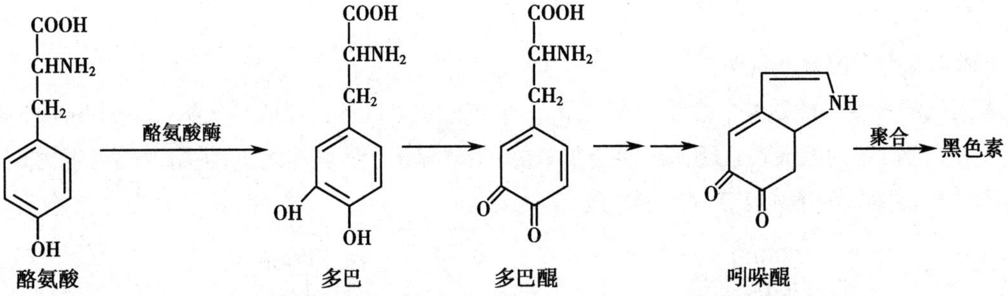

酪氨酸 —酪氨酸酶→ 多巴 → 多巴醌 → 吲哚醌 —聚合→ 黑色素

（3）甲状腺激素的合成：甲状腺激素是酪氨酸的碘化衍生物。它是由甲状腺球蛋白分子中的酪氨酸残基碘化后生成的。甲状腺激素有两种，即 3,5,3′,5′- 四碘甲腺原氨酸（甲状腺素，thyroxine，T_4）和 3,5,3′- 三碘甲腺原氨酸（triiodothyronine，T_3），它们在物质代谢的调控中起重要作用。

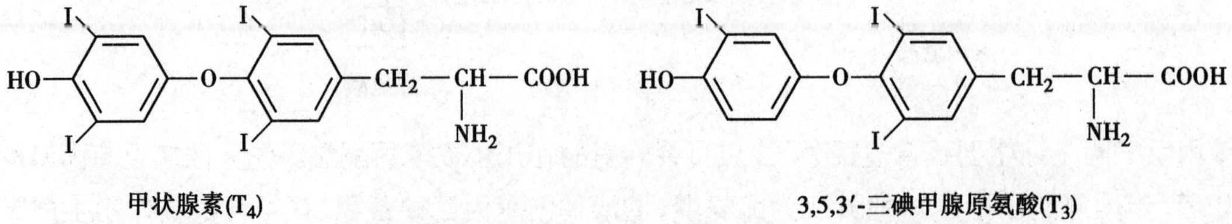

甲状腺素（T_4）　　　　3,5,3′-三碘甲腺原氨酸（T_3）

（4）酪氨酸的分解代谢：酪氨酸在酪氨酸转氨酶的作用下，生成对羟苯丙酮酸，经氧化生成尿黑酸，再经尿黑酸氧化酶催化等一系列反应生成延胡索酸和乙酰乙酸，二者分别参与糖代谢和脂类代谢，所以苯丙氨酸和酪氨酸是生糖兼生酮氨基酸。体内尿黑酸分解代谢的酶先天性缺陷时，尿黑酸氧化受阻，则出现尿黑酸尿症（alkaptonuria）。

现将苯丙氨酸和酪氨酸在体内代谢过程总结如图 8-12 所示。

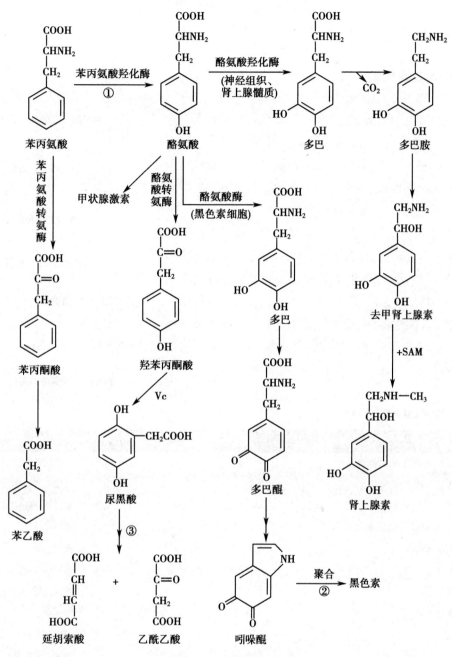

图 8-12　苯丙氨酸和酪氨酸代谢
圈内数字代表代谢缺陷部位：①苯丙酮酸尿症；②白化病；③尿黑酸尿症

（二）色氨酸的代谢

色氨酸除参与蛋白质合成外，还可经氧化脱羧产生 5- 羟色胺。在肝中色氨酸分解最后可生成丙酮酸及乙酰乙酰 CoA，故色氨酸为生糖兼生酮氨基酸。此过程中产生一碳单位及包括烟酸在内的多种酸性中间代谢产物。由于烟酸的合成量很少，不能满足机体的需要，仍需从食物中补充烟酸。在色氨酸代谢中，有多种维生素如维生素 B_1、B_2、B_6 的参与，这些维生素缺乏时，可引起色氨酸代谢障碍。

五、支链氨基酸的代谢

支链氨基酸包括缬氨酸、亮氨酸和异亮氨酸,它们都属于营养必需氨基酸,在体内的分解有相似的代谢过程,大致分为三个阶段:①通过转氨基作用生成相应的 α- 酮酸;②通过氧化脱羧生成相应的脂酰 CoA;③通过脂酸 β- 氧化过程,生成不同的中间产物参与三羧酸循环,其中缬氨酸分解产生琥珀酰 CoA,亮氨酸分解产生乙酰 CoA 和乙酰乙酰 CoA,异亮氨酸分解产生琥珀酰 CoA 和乙酰 CoA,所以它们分别属于生糖氨基酸,生酮氨基酸和生糖兼生酮氨基酸。支链氨基酸的分解代谢主要在骨骼肌中进行(图 8-13)。

综上所述,氨基酸除了主要参与蛋白质合成外,还可以转变为神经递质、激素、嘌呤和嘧啶等多种含氮物质,具有重要的生理功能(表 8-3)。

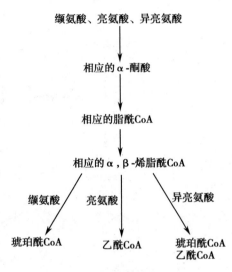

图 8-13 支链氨基酸的分解代谢

表 8-3 氨基酸衍生的重要含氮化合物

氨基酸	衍生的化合物	生理功能
天冬氨酸、谷氨酰胺、甘氨酸	嘌呤碱	含氮碱基、核酸成分
天冬氨酸、谷氨酰胺	嘧啶碱	含氮碱基、核酸成分
甘氨酸	卟啉化合物	血红素、细胞色素
甘氨酸、精氨酸、甲硫氨酸	肌酸、磷酸肌酸	能量储存
苯丙氨酸、酪氨酸	黑色素	皮肤色素
苯丙氨酸、酪氨酸	儿茶酚胺、甲状腺素	神经递质、激素
色氨酸	5- 羟色胺、烟酸	神经递质、维生素
谷氨酸	γ- 氨基丁酸	神经递质
组氨酸	组胺	血管舒张剂
甲硫氨酸、鸟氨酸	精脒、精胺	细胞增殖促进剂
半胱氨酸	牛磺酸	结合胆汁酸成分
精氨酸	一氧化氮(NO)	细胞信号转导分子
丝氨酸	乙醇胺、胆碱	磷脂成分

(于水澜)

氨基酸是蛋白质的基本组成单位。体内氨基酸主要来自食物蛋白质的消化吸收。食物蛋白质的营养价值取决于所含氨基酸的种类和数量,体内不能合成必须由食物供应的氨基酸称为营养必需氨基酸。食物蛋白质在胃和小肠各种蛋白酶协同作用下水解成氨基酸,氨基酸主要通过载体蛋白和 γ- 谷氨酰基循环的方式在小肠吸收。未被消化的蛋白质和未被吸收的氨基酸在大肠下端可发生腐败作用,其产物大多数对人体有害,随粪便排出,被吸收的部分经肝脏解毒。

内源性与外源性氨基酸共同构成"氨基酸代谢库",参与体内代谢。氨基酸分解代谢的主要途径是脱氨基作用,其方式有转氨基、氧化脱氨基、联合脱氨基、非氧化脱氨基作用。许多氨基酸首先在转氨酶的催化下将氨基转移到 α- 酮戊二酸,生成 L- 谷氨酸,后者在 L- 谷氨酸脱氢酶的催化下进行氧化脱氨基作用,脱去氨基而生成 α- 酮戊二酸。这一过程称联合脱氨基作用,它是体内大多数氨基酸脱氨基的主要方式。由于该过程可逆,因此也是体内合成非必需氨基酸的重要途径。骨骼肌、心肌等组织中谷氨酸脱氢酶活性低,需经嘌呤核苷酸循环使氨基酸脱去氨基。

α- 酮酸是氨基酸的碳架,除氨基化再合成非必需氨基酸外,都可转变成丙酮酸、乙酰 CoA、乙酰乙酸和三羧酸循环的中间产物。多数氨基酸为生糖氨基酸,亮氨酸和赖氨酸为生酮氨基酸。两者均可氧化生成 CO_2、H_2O 和大量能量。

氨对人体是有毒物质。血中氨以丙氨酸和谷氨酰胺的形式转运。体内氨有三个主要的来源,即组织中氨基酸脱氨基及胺分解产生的氨、肠道吸收的氨以及肾小管上皮细胞分泌的氨。

氨的主要去路是经鸟氨酸循环合成尿素排出体外,小部分氨在肾以铵盐形式随尿排出。若血氨浓度过高,进入脑中消耗了脑细胞中 α- 酮戊二酸,导致三羧酸循环障碍,使能量缺乏,可引起肝性脑病。

脱羧基作用也是氨基酸的重要代谢途径。一些氨基酸脱羧基作用产生的胺类物质如 γ- 氨基丁酸、组胺、5-羟色胺、多胺等,在体内具有重要的生理作用。

某些氨基酸在分解代谢中可产生含有一个碳原子的基团,称为一碳单位,包括:甲基,甲烯基,甲炔基,亚氨甲基和甲酰基。一碳单位不能游离存在,四氢叶酸是其载体。一碳单位的功能是作为合成嘌呤和嘧啶核苷酸的原料,是联系氨基酸代谢与核酸代谢的枢纽。叶酸和维生素 B_{12} 缺乏可致巨幼细胞贫血。

含硫氨基酸包括甲硫氨酸,半胱氨酸和胱氨酸。甲硫氨酸的主要功能是通过甲硫氨酸循环,生成活性甲基(SAM),作为体内重要的甲基供体,此外,还可参与肌酸等的代谢。半胱氨酸可参与活性硫酸、谷胱甘肽、牛磺酸的生成。

芳香族氨基酸有苯丙氨酸、酪氨酸和色氨酸。苯丙氨酸经羟化生成酪氨酸,酪氨酸代谢可产生儿茶酚胺、甲状腺素、黑色素。苯丙酮尿症、白化病等遗传病与苯丙氨酸或酪氨酸代谢异常有关。色氨酸是生糖兼生酮氨基酸,其分解可产生 5- 羟色胺、一碳单位和烟酸。

支链氨基酸包括缬氨酸、亮氨酸和异亮氨酸,都是营养必需氨基酸。它们在体内的分解有相似的代谢过程,分别是生糖氨基酸、生酮氨基酸和生糖兼生酮氨基酸。支链氨基酸的分解代谢主要在骨骼肌中进行。

1. 简述体内血氨的来源和去路。

2. 简述常见的先天性氨基酸代谢缺陷疾病的类型和可能的生化机制。

3. 简述联合脱氨基作用的基本过程。

4. 参加尿素循环的氨基酸有哪些？这些氨基酸都能用于蛋白质的生物合成吗？

5. 如果给一只老鼠喂食含有一 ^{15}N 标记的 Ala, 老鼠分泌出的尿素是否变成了 ^{15}N 标记的？如果是的话, 尿素中的一个氨基酸被标记, 还是两个氨基酸都被标记了？说明理由。

第九章　　核苷酸代谢

学习目标	
掌握	嘌呤、嘧啶核苷酸从头合成途径以及补救合成途径的概念;从头合成的原料;嘌呤核苷酸的相互转变;脱氧核苷酸的生成。
熟悉	嘌呤、嘧啶核苷酸补救合成反应;嘌呤、嘧啶核苷酸的分解代谢;尿酸与痛风症;抗代谢物与肿瘤的治疗。
了解	核酸的消化;核苷酸从头合成的过程。

核苷酸是核酸的基本结构单位,食物中的核酸主要以核蛋白形式存在,核蛋白在胃中被胃酸水解成核酸与蛋白质。核酸进入小肠,在胰液和肠液中的各种水解酶催化下不断被水解,生成核苷酸及其进一步的水解产物核苷、碱基、戊糖(图 9-1)。这些消化产物可被肠黏膜吸收,戊糖可进入糖代谢途径,碱基则主要被分解排出体外,很少被机体利用。体内核苷酸主要由细胞自身合成,不需从食物提供,因此核苷酸不是营养必需物质。但核苷酸具有多种生物学功用:①作为核酸合成的原料,这是核苷酸最主要的功能;②体内能量的利用形式,ATP 是细胞的主要能量形式;③参与代谢和生理调节,例如 cAMP 是多种细胞膜受体激素作用的第二信使;④组成辅酶,例如 AMP 可作为多种辅酶(NAD⁺、FAD 等)的组成成分;⑤活化中间代谢物,例如 UDPG 是合成糖原、糖蛋白的活性原料,SAM 是活性甲基的载体等。

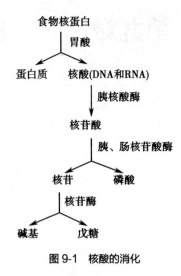

图 9-1　核酸的消化

体内核苷酸的合成有 2 条途径:从头合成途径(de novo synthesis)和补救合成途径(salvage pathway)。从头合成途径是指从氨基酸、一碳单位、CO_2 等小分子开始的合成途径;补救合成途径是指以嘌呤或者嘧啶碱为原料的合成途径。两者在不同组织的重要性不同,如脑和骨髓等主要进行补救合成,肝则主要进行从头合成途径。各组织中嘌呤和嘧啶的分解代谢途径没有差别。

第一节　嘌呤核苷酸代谢

一、嘌呤核苷酸合成代谢

(一) 从头合成途径

嘌呤核苷酸从头合成是以 5- 磷酸核糖、谷氨酰胺、天冬氨酸、甘氨酸、一碳单位和 CO_2 为原料(图 9-2),经一系列酶促反应,生成核苷酸的过程。除某些细菌外,几乎所有生物体都能合成嘌呤碱。嘌呤核苷酸从头合成在胞质中进行,肝脏是主要器官,其次是小肠和胸腺。首先由磷酸戊糖途径生成的 5- 磷酸核糖,与 ATP 反应生成活化的 5-磷酸核糖 -1- 焦磷酸(PRPP),催化此反应的酶是磷酸核糖焦磷酸合成酶(PRPP 合成酶);接着,PRPP 上的焦磷酸被谷氨酰胺提供的酰胺基取代,由磷酸核糖酰胺转移酶催化,生成 5- 磷酸核糖胺(PRA);然后在 5-磷酸核糖 C_1' 上逐次加入合成原料,经酶促反应逐步生成次黄嘌呤核

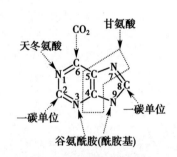

图 9-2　合成嘌呤碱的原料

苷酸(IMP)(图 9-3),IMP 再进一步转变成腺嘌呤核苷酸(AMP)和鸟嘌呤核苷酸(GMP)(图 9-4)。合成是耗能过程,由 ATP 供能。

(二) 补救合成途径

补救合成途径是以嘌呤碱或嘌呤核苷为原料,经酶催化生成嘌呤核苷酸的过程。补救合成过程比较简单,消耗能量少。若以嘌呤为原料,由磷酸核糖转移酶催化生成核苷酸。例如,腺嘌呤磷酸核糖转移酶(adenine phosphoribosyl transferase,APRT)催化 AMP 的合成;次黄嘌呤 - 鸟嘌呤磷酸核糖转移酶(hypoxanthine-guanine phosphoribosyl transferase,HGPRT)催化 IMP 与 GMP 的合成。

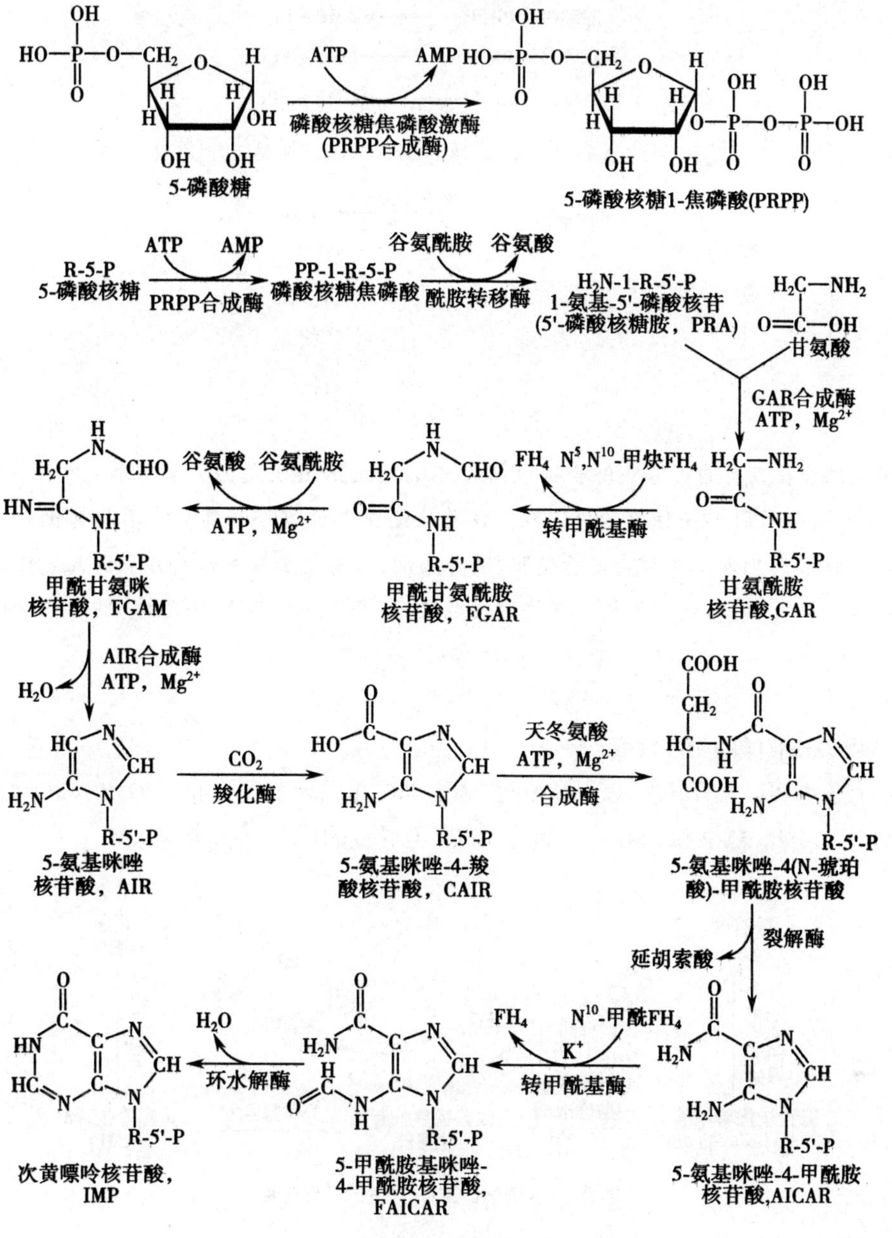

图 9-3 次黄嘌呤核苷酸的从头合成途径

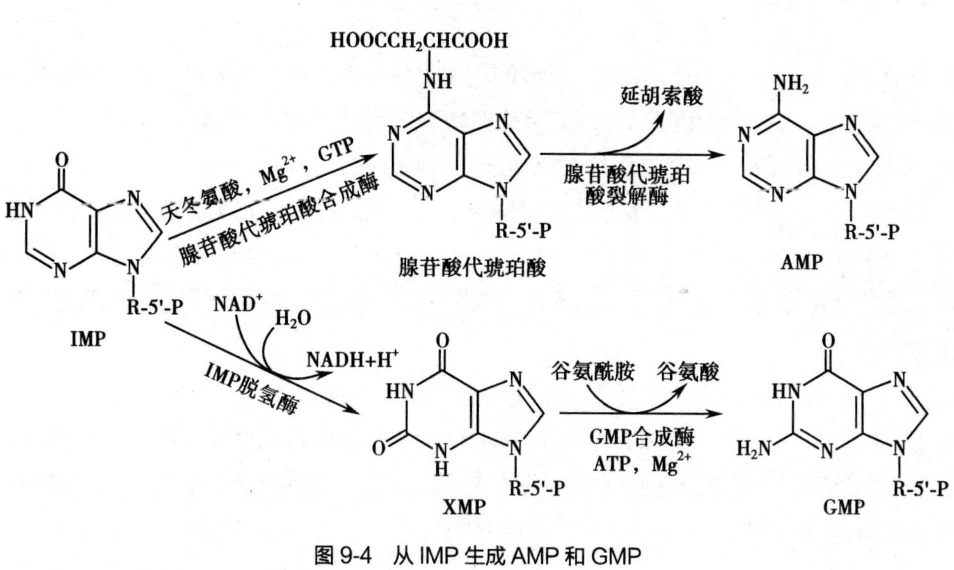

图 9-4 从 IMP 生成 AMP 和 GMP

$$\text{腺嘌呤} + \text{PRPP} \longrightarrow \text{AMP} + \text{PPi}$$
$$\text{次黄嘌呤} + \text{PRPP} \longrightarrow \text{IMP} + \text{PPi}$$
$$\text{鸟嘌呤} + \text{PRPP} \longrightarrow \text{GMP} + \text{PPi}$$

若以嘌呤核苷为原料,则由核苷激酶催化生成核苷酸。例如,腺苷激酶催化腺嘌呤核苷生成 AMP。

$$\text{腺嘌呤核苷} \xrightarrow[\text{ATP} \quad \text{ADP}]{\text{腺苷激酶}} \text{AMP}$$

相关链接

莱施 - 尼汉综合征

莱施 - 尼汉综合征又称自毁容貌综合征(Lesch-Nyhan syndrome),是由次黄嘌呤 - 鸟嘌呤磷酸核糖转移酶(HGPRT)基因缺陷所引起一种遗传代谢病。该酶缺陷使次黄嘌呤和鸟嘌呤不能转化为 IMP 和 GMP,而降解为尿酸。该病患儿表现为智力发育受阻、共济失调,具有攻击性和敌对性。患儿发作性的用牙齿咬伤自己的指尖和口唇,或将自己的脚插入车轮的辐条之间,患儿知觉正常,一边疼痛一边悲叫,一边继续自残行为。

(三) 体内嘌呤核苷酸的相互转变

体内嘌呤核苷酸可以相互转变,以保持彼此平衡。IMP 可以转变成 AMP 及 GMP,AMP、GMP 也可以转变成 IMP(图 9-5)。由此,AMP 和 GMP 之间也是可以相互转变的(不能直接转换)。

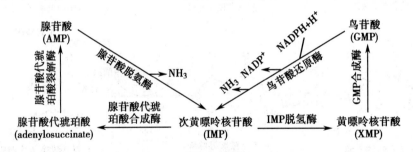

图 9-5　AMP 和 GMP 之间的相互转变

二、嘌呤核苷酸分解代谢

细胞内核苷酸的分解代谢过程与食物核苷酸的消化过程类似。嘌呤核苷酸首先在核苷酸酶的作用下水解生成核苷,再经核苷磷酸化酶催化,生成游离的碱基与核糖 -1- 磷酸。核糖 -1- 磷酸可进一步转变成核糖 -5- 磷酸,用于合成新的核苷酸,也可经磷酸戊糖途径氧化分解。

碱基可经补救合成途径再用于合成新的核苷酸,也可最终氧化分解生成尿酸(uric acid),并随尿液排出体外(图 9-6)。AMP 和 GMP 首先分别脱氨和氧化脱氨生成 IMP 和鸟嘌呤核苷,再生成次黄嘌呤和鸟嘌呤。次黄嘌呤和鸟嘌呤被黄嘌呤氧化酶催化生成黄嘌呤,进一步氧化生成尿酸。肝、小肠和肾是嘌呤核苷酸分解代谢的主要器官。

尿酸是嘌呤代谢的终产物,肾是其排泄器官。尿酸水溶性较差,正常人血浆中尿酸含量为 0.12~0.36mmol/L,男性略高于女性,血浆含量高于 0.48mmol/L 时,尿酸盐晶体即可沉积于关节、软骨、软组织和肾等处。痛风症是以血中尿酸含量过高导致关节炎、尿路结石及肾脏疾病为主要特征的疾病,是一种常见的代谢紊乱疾病,多见于男性。

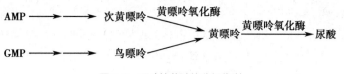

图 9-6　嘌呤核苷酸的分解代谢

案例 9-1

患者，男性，两年来因全身关节疼痛伴低热反复就诊，均被诊断为"风湿性关节炎"。经抗风湿和激素治疗后，疼痛现象稍有好转。两个月前，因疼痛加重，经抗风湿治疗不明显前来就诊。体格检查：体温 37.5℃，关节肿胀压痛，局部皮肤有脱屑和瘙痒现象，双侧耳廓触及绿豆大的结石数个，血尿酸 640μmol/L。

思考：1. 该患者患何种疾病？

2. 发病机制是什么？

解析：1. 该患者血尿酸 640μmol/L，明显增高，可能患痛风。

2. 痛风一般分为原发性痛风和继发性痛风。原发性痛风是嘌呤代谢紊乱和(或)尿酸排泄减少所致的高尿酸血症，尿酸盐沉积关节所致急性特征性关节炎和慢性痛风石疾病，主要表现急性发作性关节炎、痛风石形成等，重者可出现关节残疾和肾功能不全。继发性痛风指继发于肾脏疾病或某些药物所致尿酸排泄减少、骨髓增生性疾病及肿瘤化疗所致尿酸生成增多。

痛风的病因尚不清楚，可能是一种多基因疾病，某些参与嘌呤核苷酸代谢的酶先天性缺陷可引起痛风症，可能涉及 PRPP 合成酶、HGPRT、谷氨酰胺磷酸核糖酰胺转移酶、黄嘌呤脱氢酶等缺陷，使尿酸生成增多，产生高尿酸血症，引起痛风。

临床上常用次黄嘌呤的类似物别嘌呤醇(allopurinol)来治疗痛风症，别嘌呤醇是黄嘌呤氧化酶的竞争性抑制剂，能抑制尿酸的生成；别嘌呤醇还可与 PRPP 反应生成别嘌呤醇核苷酸，这不仅消耗核苷酸合成所必需的 PRPP，而且还作为 IMP 的类似物代替 IMP 反馈抑制嘌呤核苷酸的从头合成。

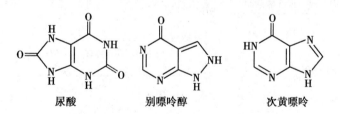

尿酸　　别嘌呤醇　　次黄嘌呤

第二节　嘧啶核苷酸代谢

一、嘧啶核苷酸合成代谢

(一) 从头合成途径

嘧啶核苷酸的从头合成以 PRPP、天冬氨酸、谷氨酰胺和 CO_2 为原料(图 9-7)，其合成途径与嘌呤核苷酸不同，以合成氨基甲酰磷酸为起点，先合成嘧啶环，然后加上由 PRPP 提供的磷酸核糖，生成嘧啶核苷

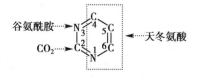

图 9-7　嘧啶从头合成的原料

酸,最先合成的嘧啶核苷酸是 UMP。

氨基甲酰磷酸的合成原料是谷氨酰胺和 CO_2,催化此反应的酶是胞质氨基甲酰磷酸合成酶 II（CPS-II）。氨基甲酰磷酸生成后,与天冬氨酸结合生成乳清酸;乳清酸接受来自 PRPP 的磷酸核糖,生成乳清酸核苷酸,后者再进一步转化为 UMP。胞嘧啶核苷酸是由 UMP 生成的,UMP 首先经尿苷酸激酶和二磷酸核苷激酶的催化,生成 UTP,后者再在 CTP 合成酶的催化下,从谷氨酰胺获得氨基,生成 CTP。脱氧胸腺嘧啶核苷酸（dTMP 或 TMP）是由脱氧尿嘧啶核苷酸（dUMP）经甲基化而生成的,dUMP 可来自两个途径:一个是 dUDP 的水解脱磷酸;另一个是 dCMP 的脱氨基,以后一个途径为主。

嘧啶核苷酸的从头合成过程见图 9-8。

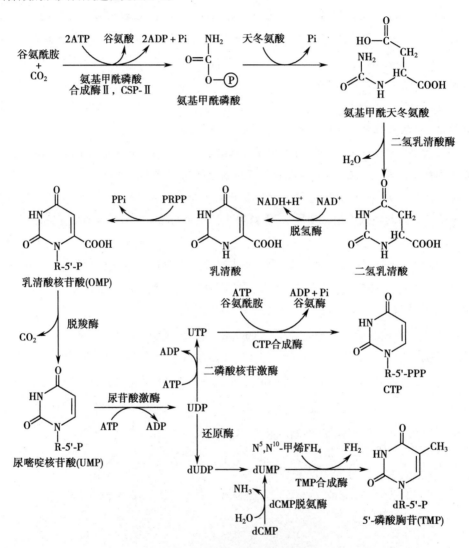

图 9-8 嘧啶核苷酸的从头合成途径

（二）补救合成途径

补救合成途径也以嘧啶碱或嘧啶核苷为原料,其合成途径有二:一是嘧啶磷酸核糖转移酶催化嘧啶碱,接受来自 PRPP 的磷酸核糖基,直接生成相应的核苷酸;二是嘧啶碱在核苷磷酸化酶的催化下,先与核糖-1-磷酸反应,生成嘧啶核苷,后者再在嘧啶核苷激酶的催化下,磷酸化生成核苷酸。

$$尿嘧啶+PRPP \xrightarrow{\text{尿嘧啶磷酸核糖转移酶}} UMP+PPi$$

$$尿嘧啶+核糖-1-磷酸 \xrightarrow{\text{尿苷磷酸化酶}} 尿嘧啶核苷+Pi$$

$$尿嘧啶核苷+ATP \xrightarrow{\text{尿苷激酶}} UMP+ADP$$

二、嘧啶核苷酸分解代谢

嘧啶核苷酸也是在核苷酸酶和核苷磷酸化酶的催化下,生成磷酸、核糖和嘧啶碱。胞嘧啶脱氨基转化成尿嘧啶,并继之再还原成二氢尿嘧啶,二氢尿嘧啶水解开环,最终生成 NH_3、CO_2 和 β- 丙氨酸。胸腺嘧啶水解生成 NH_3、CO_2 和 β- 氨基异丁酸(图 9-9)。β- 氨基异丁酸可进一步代谢或直接随尿排出,健康人的尿中约含 150mg/L,在某些癌症患者(如白血病)其排出的氨基酸量增加,可达到 2 倍。

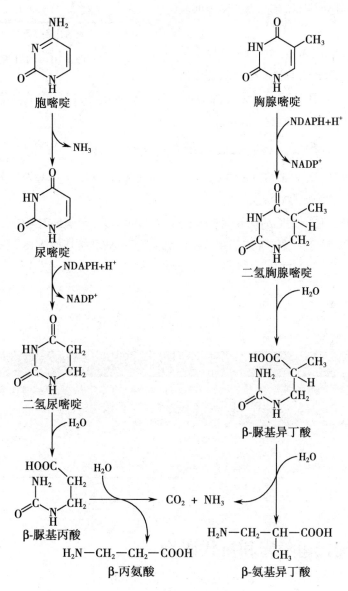

图 9-9 嘧啶碱的分解代谢

第三节 脱氧核糖核苷酸的生成

脱氧核糖核苷酸的生成在二磷酸核苷水平进行。嘌呤脱氧核苷酸和嘧啶脱氧核苷酸是由相应的核糖核苷酸在 NDP 水平上,以氢取代核糖分子中 C_2' 上的羟基,直接还原生成脱氧核苷酸,由核苷酸还原酶催化,而不是由脱氧核糖从头合成,其总反应式如下:

$$NDP+NADPH+H^+ \xrightarrow{\text{核糖核苷酸还原酶}} dNDP+NADP^++H_2O$$

在此 NDP 中的 N 仅代表 A、G、U、C 四种碱基。其反应机制比较复杂,核苷酸还原酶从 NADPH 获得电子时,需要硫氧化还原蛋白作为电子载体,硫氧化还原蛋白的巯基在核苷酸还原酶作用下氧化为二硫键,接着由硫氧化还原蛋白还原酶催化,重新生成还原型的硫氧化还原蛋白,由此构成了一个复杂的酶体系(图 9-10)。

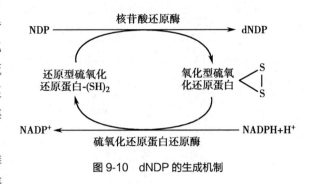

图 9-10　dNDP 的生成机制

生成的 dNDP 再磷酸化为 dNTP,由 ATP 提供磷酸基团,作为 DNA 生物合成的原料。核苷酸还原酶是一种别构酶,包括两个亚基,只有两个亚基结合时才具有酶活性,在 DNA 合成旺盛、分裂速度较快的细胞中,核苷酸还原酶体系活性较强。

$$dNDP + ATP \xrightarrow{\text{激酶}} dNTP + ADP$$

然而,脱氧胸腺嘧啶核苷酸(dTMP)是由 dUMP 经甲基化生成(见图 9-8),甲基由 N^5,N^{10}- 甲烯四氢叶酸提供,由 TMP 合成酶催化生成 dTMP。

细胞除了控制核苷酸还原酶的活性以调节脱氧核苷酸的浓度之外,还可以通过各种三磷酸核苷对还原酶的别构作用来调节不同脱氧核苷酸的生成。因为某一种 NDP 被还原酶还原成 dNDP 时,需要特定 NTP 的促进,同时也受另一些 NTP 的抑制(表 9-1),通过这样的调节,使合成 DNA 的 4 种脱氧核苷酸控制在适当的比例。

表 9-1　核苷酸还原酶的别构调节

作用物	主要促进剂	主要抑制剂
CDP	ATP	dATP,dGTP,dTTP
UDP	ATP	dATP,dGTP
ADP	dGTP	dATP,ATP
GDP	dTTP	dATP

第四节　核苷酸代谢障碍和抗代谢物

一、核苷酸的代谢障碍

参与核苷酸代谢的某些酶的缺失或调节失常会引起核苷酸代谢障碍。核苷酸代谢障碍能引起多种疾病(表 9-2)。

表9-2 核苷酸代谢障碍引起的疾病

临床疾病	缺陷的酶	原因	临床特点	遗传类型
1. 嘌呤核苷酸代谢障碍				
(1) 痛风	①PRPP 合成酶 ②HGPRT	调节失常	嘌呤产生和排泄过多	X-染色体连锁,隐性遗传
(2) Lesch-Nyhan 综合征 (自毁容貌综合征)	HGPRT	遗传缺陷	嘌呤产生和排泄多,脑性瘫痪	X-染色体连锁,隐性遗传
(3) 免疫缺陷症	①腺苷酸脱氨酶(ADA)缺乏 ②嘌呤核苷磷酸化酶(PNP)	遗传缺陷	B 细胞免疫缺陷,脱氧腺苷尿症	常染色体隐性遗传
(4) 肾结石	APRT	遗传缺陷	2,8-二羟基腺嘌呤肾结石	常染色体隐性遗传
(5) 黄嘌呤尿	黄嘌呤氧化酶	遗传缺陷	黄嘌呤肾结石,低尿酸血症	常染色体隐性遗传
2. 嘧啶核苷酸代谢障碍 先天性乳清酸尿症	①乳清酸磷酸核糖转移酶 ②乳清酸核苷酸脱羧酶	遗传缺陷	乳清酸排泄多 红细胞性贫血 乳清酸排泄较多	常染色体隐性遗传 常染色体隐性遗传

相关链接

腺苷酸脱氨酶(ADA)缺乏症

腺苷酸脱氨酶(ADA)缺乏可使 T 淋巴细胞因代谢产物的累积而死亡。ADA 缺陷为常染色体隐性遗传,测定红细胞的 ADA 水平,在杂合子中 ADA 仅为正常的一半。哺乳动物细胞中 ADA 催化腺苷酸和脱氧腺苷酸的脱氨基作用,ADA 缺乏可导致细胞中腺苷酸、脱氧腺苷酸、脱氧腺苷三磷酸(dATP)以及 S-腺苷同型半胱氨酸浓度的增加和 ATP 的耗尽,dATP 对正在分裂的淋巴细胞有高度选择性毒性。1990 年 11 月,美国 NIH 的 Blease 和 Culver 进行了首例人体细胞基因治疗临床试验。患先天性重症联合免疫缺陷综合征——ADA 缺乏症的四岁小女孩,利用逆转录病毒将 ADA 基因转移到 T 淋巴细胞中,再回输。患者免疫力明显提高,取得了巨大成功。治疗使她可以走出隔离间,避免因免疫功能低下而死于各种感染和疾病。

二、核苷酸的抗代谢物

(一) 嘌呤核苷酸的抗代谢物

某些嘌呤、氨基酸、叶酸的类似物,可竞争性抑制嘌呤核苷酸合成过程,从而阻止核酸以及蛋白质的生物合成,这些类似物称为嘌呤核苷酸的抗代谢物。抗代谢物能抑制肿瘤细胞的核酸与蛋白质的生物合成,具有抗肿瘤的作用。

嘌呤类似物有 6-巯基嘌呤(6-mercaptopurine,6-MP)、6-巯基鸟嘌呤、8-氮杂鸟嘌呤等(图 9-11)。6-MP 在临床上最常用,6-MP 的结构与次黄嘌呤相似,与 PRPP 结合生成的 6-MP 核苷酸,能抑制 IMP 向 AMP 和 GMP 的转化;IMP 可反馈抑制从头合成途径最初两个酶(PRPP 合成酶和磷酸核糖酰胺转移酶)的活性,6-MP 可以替代 IMP 抑制此二酶,从而阻断嘌呤核苷酸的从头合成途径。6MP 还可直接竞争性抑制次黄嘌呤-鸟嘌呤磷酸核糖转移酶活性,阻止补救合成途径中 AMP 和 GMP 的生成。

氮杂丝氨酸(重氮乙酰丝氨酸,azaserine)和 6-重氮-5-氧正亮氨酸(diazonorleucine)与嘌呤核苷酸合成原料之一谷氨酰胺的结构相似,抑制谷氨酰胺参与嘌呤核苷酸的合成。

叶酸类似物氨蝶呤(aminopterin)和甲氨蝶呤(methotrexate,MTX)可竞争性抑制二氢叶酸还原酶的活性,

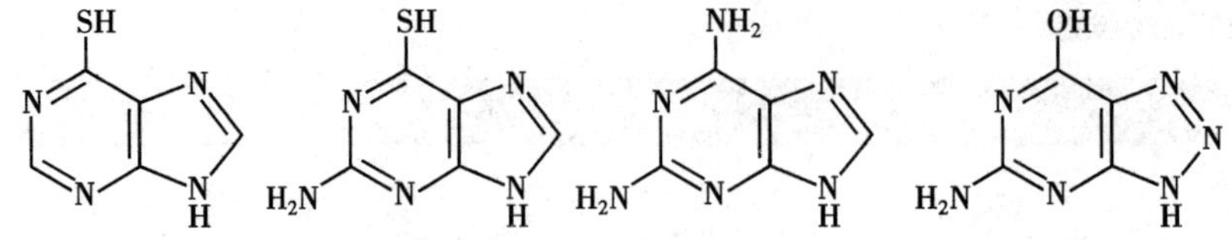

6-巯基嘌呤　　　6-巯基鸟嘌呤　　　2，6-二氨基嘌呤　　　8-氮杂鸟嘌呤

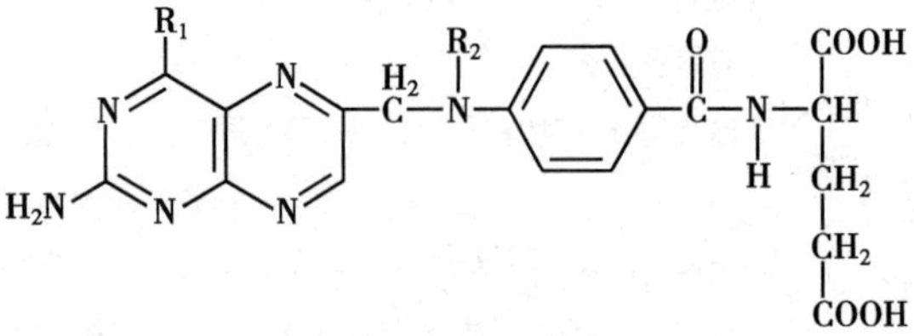

R₁=OH，R₂=H　叶酸

R₁=NH₂，R₂=H　氨蝶呤

R₁=NH₂，R₂=CH₃　甲氨蝶呤

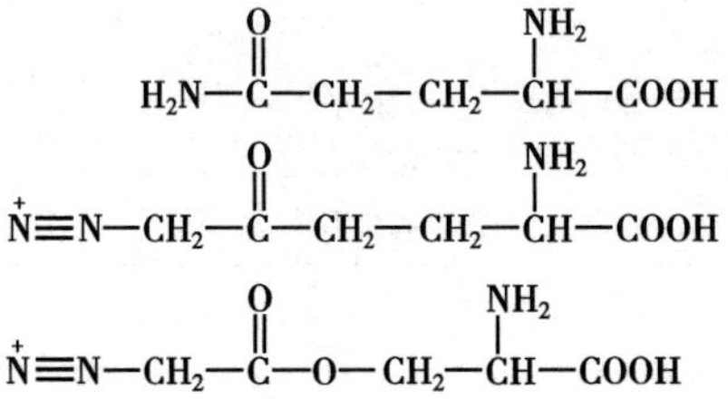

$H_2N-C-CH_2-CH_2-CH-COOH$　谷氨酰胺

$N=N-CH_2-C-CH_2-CH-COOH$　6-重氮-5-氧正亮氨酸

$N=N-CH_2-C-O-CH_2-CH-COOH$　氮杂丝氨酸(重氮乙酰丝氨酸)

图 9-11　嘌呤核苷酸抗代谢物

阻碍四氢叶酸的生成,嘌呤核苷酸因得不到一碳单位的供应而不能合成。MTX 在临床上常用于白血病的治疗。

(二) 嘧啶核苷酸的抗代谢物

与嘌呤核苷酸抗代谢相似,嘧啶核苷酸的抗代谢物是一些嘧啶、氨基酸或叶酸的类似物,通过阻断嘧啶核苷酸的合成达到抗肿瘤目的。嘧啶的类似物有 5- 氟尿嘧啶 (5-fluorouracil,5-FU),5-FU 是临床上常用的抗肿瘤药物,它在体内经转化生成氟尿嘧啶核苷三磷酸(FUTP),FUTP 以 FUMP 的形式掺入 RNA 分子中,从而破坏 RNA 的结构与功能。

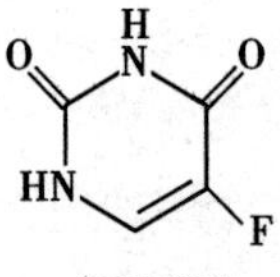

5-氟尿嘧啶

氮杂丝氨酸的结构与谷氨酰胺相似(见图 9-11),也可抑制嘧啶核苷酸的从头合成与 CTP 的生成。

(三) 脱氧核糖核苷酸的抗代谢物

脱氧核糖核苷酸抗代谢物主要有阿糖胞苷和环胞苷,阿糖胞苷是改变戊糖结构的核苷类似物,可抑制胞苷二磷酸(CDP)还原成脱氧胞苷二磷酸(dCDP),从而直接抑制 DNA 的合成。

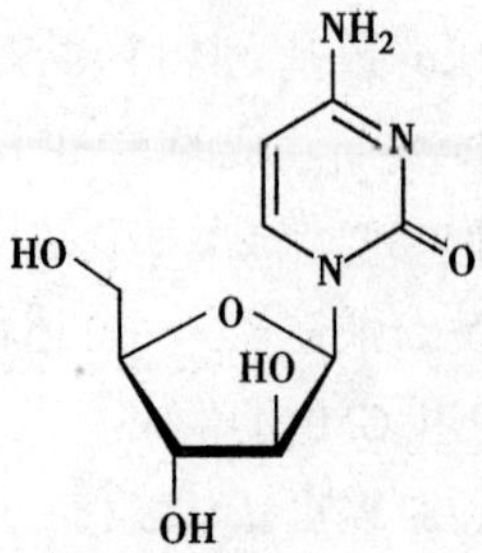

阿糖胞苷 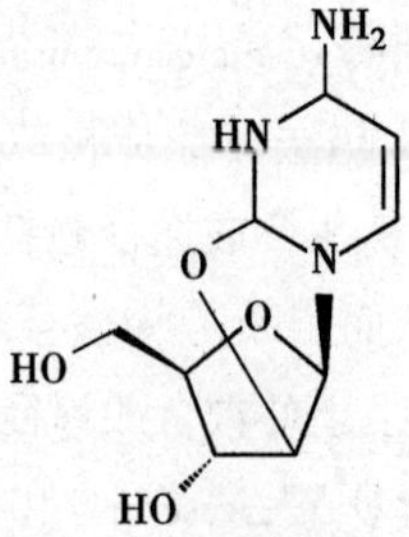　　　环胞苷

另外能阻断 TMP 合成的物质也是脱氧核糖核苷酸抗代谢物,前面提及的 5- 氟尿嘧啶除在体内可以转

化成 FUTP 外,还可转化生成氟尿嘧啶脱氧核苷—磷酸(FdUMP),FdUMP 与 dUMP 的结构相似,是胸苷酸合成酶的抑制剂,使 TMP 的合成受阻;同样,四氢叶酸类似物甲氨蝶呤(MTX)等通过抑制二氢叶酸还原酶阻断 TMP 的合成。

(廖之君)

学习小结

体内的核苷酸主要由机体细胞自身合成,食物来源的嘌呤和嘧啶极少被机体利用。从小分子化合物合成核苷酸的途径称为从头合成途径。嘌呤核苷酸从头合成的原料是谷氨酰胺、天冬氨酸、甘氨酸、一碳单位和 CO_2。首先从核糖 -5-磷酸生成 PRPP,再逐步合成次黄嘌呤核苷酸,后者再转化成腺苷酸和鸟苷酸;嘧啶核苷酸从头合成的原料是天冬氨酸、谷氨酰胺和 CO_2,从氨基甲酰磷酸的合成开始,首先生成尿嘧啶核苷酸,再在尿苷三磷酸水平上生成胞苷三磷酸。脱氧核糖核苷酸是在核苷二磷酸水平上还原生成。利用现有碱基或者核苷合成核苷酸的途径称为补救合成途径。嘌呤的分解产物是尿酸,而嘧啶的分解产物是氨、CO_2 和小分子 β- 氨基酸。碱基类似物、谷氨酰胺类似物、叶酸类似物和戊糖类似物是嘌呤与嘧啶核苷酸合成的抗代谢物,抑制核酸的合成。

复习参考题

1. 嘌呤和嘧啶核苷酸从头合成途径有什么特点?指出分别有哪些氨基酸参与合成过程。

2. 比较生物体内嘌呤和嘧啶核苷酸补救合成途径的异同点。

3. 简要说明嘌呤和嘧啶核苷酸合成的调节。

4. 列表比较两种氨基甲酰磷酸合成酶的异同点。

5. 核苷酸抗代谢药物可分为几类?

第十章　物质代谢的联系与调节

10

物质代谢是生命活动的基本特征之一，是生命活动的物质基础和能量基础。机体在生命活动过程中不断摄入 O_2 及营养物质，在细胞内进行中间代谢（合成、分解、转化），同时不断排出 CO_2 及其他代谢废物，这种机体和环境之间不断进行的物质交换即物质代谢（metabolism）。食物中的糖、脂及蛋白质经消化吸收进入体内，在细胞内进行分解和合成代谢，分解代谢一方面释放能量用于合成 ATP，以满足生命活动的需要；另一面生成的中间物可作为合成代谢的底物，用以合成更新机体自身的蛋白质、脂类、糖类等结构成分，另外，机体组织中原有的糖、脂、蛋白质也在每天进行着分解和更新。机体中每种物质都有自己特有的代谢途径，但又不是完全独立的，同一物质或者不同物质的各条代谢途径之间相互联系、相互作用、相互制约又相互协调，形成体内复杂的代谢网络。机体通过调节体内各种物质代谢的强度、方向和速率，使之能有条不紊地进行，确保机体能够适应各种内、外环境的变化，完成各种生理功能，即为代谢调节（metabolic regulation）。

第一节　物质代谢的联系

一、物质代谢的特点

1. **整体性**　体内的各种物质代谢不是彼此孤立的，而是彼此相互联系、相互转变，相互依存，相互制约，构成统一的整体。例如在机体摄取的食物中，往往同时含有糖类、脂类、蛋白质、水、无机盐及维生素等，这些物质到达体内后从消化吸收到中间代谢（分解与合成）、排泄都是同时进行的，并且经常共用同一代谢通路，例如糖、脂、蛋白质三大营养物质彻底氧化分解都会经历三羧酸循环；另外，各种代谢之间是互为基础的，例如糖、脂在体内氧化释出的能量，为机体生物大分子（蛋白质、核酸、多糖等）的合成提供能量，各种酶蛋白合成又为各种物质代谢提供了必备条件。机体各组织器官的物质代谢由于细胞结构、功能不同而各具特点，但他们是相互支持和联系的。在机体内存在精细的调节机制，不断调节各种物质代谢的强度、方向和速率，保证机体各种物质代谢有条不紊地进行。

2. **可调节性**　机体所处内外环境不断变化，为了适应这种变化，机体就要对物质代谢进行调节。机体根据生理状况的需要，通过酶、激素、神经系统调节各种物质的代谢速率和代谢方向，保证各种物质代谢适应内外环境的变化，能有条不紊地进行。

3. **各组织、器官的特色性**　由于各组织、器官的结构以及在机体中发挥的功能各不相同，故各自的代谢按照不同需要来进行，因而在物质代谢方面各具特色。如肝在糖、脂及蛋白质的代谢方面具有极其重要的作用，是人体内物质代谢的枢纽；脂肪组织的功能是储存和动员脂肪，而脑组织及红细胞则主要以葡萄糖为能源，值得注意的是，各组织器官代谢差异与其所含酶的种类与含量的差别密切相关。

4. **共同代谢池**　无论由体内组织细胞合成的，还是从体外摄入的营养物质，在代谢时只要是同一化学结构的物质，在进行中间代谢时，不分彼此，均进入共同的代谢池中参与代谢。例如血糖和血液中的氨基酸，它们中既有食物消化吸收来的，也有本身体内分解代谢或转化而来的，均可混为一体进入共同代谢池，参与各种组织的代谢，不分彼此。

5. **ATP 是机体能量储存与利用的共同形式**　在生物体内，ATP 是能量生成、利用和储存的主要形式。体内糖、脂及蛋白质分解释放的能量都可储存在 ATP 分子的高能磷酸键中。直接供给生命活动能量的能源物质是 ATP，人体生命活动如生长、发育、繁殖、运动、肌肉收缩、神经冲动的传导及蛋白质、核酸、多糖等生物大分子的合成等均直接利用 ATP。

6. **NADPH 是合成代谢所需的还原当量**　机体中很多合成代谢都需要还原当量，这些还原当量主要由 NADPH 提供，NADPH 主要经磷酸戊糖途径生成，它可为脂肪酸、胆固醇及脱氧核糖核酸等物质的合成提供还原当量。

二、物质代谢的相互联系

(一) 在能量代谢上的相互联系

机体能量的产生主要来自三大营养物质(糖、脂及蛋白质)的氧化分解,三大物质在体内的分解代谢途径虽各不相同,但有共同规律。首先,他们都会生成共同中间产物——乙酰辅酶A;其次,它们最终都会经历三羧酸循环和氧化磷酸化这两个共同途径并将释放的能量以ATP形式储存。一般情况下,由于蛋白质是构成机体组织细胞的重要组分,通常无多余储存,故供能以糖和脂肪为主,尽量节约蛋白质的消耗。糖是我们食物中的主要成分,可提供总热量的50%~70%,脂肪为10%~40%,它是体内储能的主要方式。当糖供应不足时,机体可加强对脂肪的动员,脑组织也可利用脂肪分解产生的酮体供能。由于糖、脂、蛋白质分解代谢有共同的通路,所以,当任一种供能物质分解代谢占优势时,常能抑制和节约其他供能物质的降解。例如,脂肪分解增强、生成的ATP增多,ATP/ADP比值增高,可别构抑制糖分解代谢中的限速酶6-磷酸果糖激酶-1活性,从而抑制糖分解代谢。因疾病不能进食或无食物供给时,机体储存的糖原被分解利用,肝脏糖异生增强,蛋白质分解加强,以保证血糖恒定并满足脑组织对糖的需要。

(二) 糖、脂、蛋白质及核苷酸代谢之间的相互联系

体内糖、脂、蛋白质和核酸等的代谢通过共同的中间代谢物、三羧酸循环和生物氧化等联成整体,糖、脂和蛋白质之间可以互相转变。

1. 糖代谢与脂代谢的相互联系 糖在体内可转变成脂肪,合成脂肪酸和胆固醇所需的乙酰辅酶A和NADPH主要就来自糖代谢,另外葡萄糖氧化分解产生磷酸二羟丙酮可还原成α-磷酸甘油。当机体摄入的糖量超过体内能量消耗时,除在肝和肌肉合成少量糖原储存外,大量乙酰辅酶A用以合成脂肪酸和脂肪,在脂肪组织中储存,成为肥胖及血甘油三酯升高的原因。然而脂肪绝大部分在体内不能转变成糖,因为脂肪分解产生脂肪酸和甘油,脂肪酸氧化产生的乙酰辅酶A在动物体内不能合成糖,甘油可以在肝、肾、肠等组织中沿糖异生途径转变成糖,但其量与脂肪中大量脂肪酸相比是极少的。脂肪分解代谢有赖于糖代谢的正常进行,当饥饿、糖供给不足或糖代谢障碍时,脂肪动员增强,可造成血中酮体升高,产生高酮血症。

2. 糖代谢与氨基酸代谢的相互联系 20种人体氨基酸中,绝大部分都可以通过脱氨基作用生成相应的α-酮酸,其中部分α-酮酸本身就是糖分解代谢的中间产物,如丙酮酸、α-酮戊二酸等,另一些则可以通过反应转化成糖代谢的中间产物,如甲硫氨酸、缬氨酸的酮酸可转变为琥珀酸,以上两种方式都使得这些酮酸得以循糖异生途径转变为葡萄糖。反之,葡萄糖代谢产生的产物如丙酮酸、草酰乙酸等也可通过转氨基或氨基化作用生成相应的非必需氨基酸,但体内8种必需氨基酸不能由糖代谢的中间产物转变生成,必须由食物供给,因此食物中的蛋白质不能完全由糖、脂替代,而蛋白质却能替代糖和脂肪进行供能。当机体缺乏糖时,组织蛋白分解就要增强。

3. 脂类代谢与氨基酸代谢的相互联系 脂类绝大部分在体内不能转变为氨基酸,因为脂肪中脂肪酸不能转变为氨基酸,但是脂肪分解所产生的甘油可通过甘油激酶磷酸化后脱氢生成磷酸二羟丙酮,循糖异生途径生成糖,再转变成非必需氨基酸。生糖、生酮或生糖兼生酮氨基酸分解生成的乙酰辅酶A可经缩合反应合成脂肪酸,进而合成脂肪,因此蛋白质可转变成脂肪。乙酰辅酶A也可合成胆固醇以满足机体的需要。氨基酸也可作为合成磷脂的原料。

4. 核酸与氨基酸代谢的相互联系 核酸的合成首先需要核苷酸,体内嘌呤和嘧啶核苷酸的从头合成途径中都需要氨基酸,如甘氨酸、天冬氨酸、谷氨酰胺等,另外还需要一碳单位,一碳单位来自氨基酸分解产生,所以一碳单位也是联系氨基酸与核苷酸代谢的一条纽带。另外,核苷酸合成所需的磷酸核糖由磷酸戊糖途径提供。

糖、脂、氨基酸代谢途径间的相互联系见图 10-1。

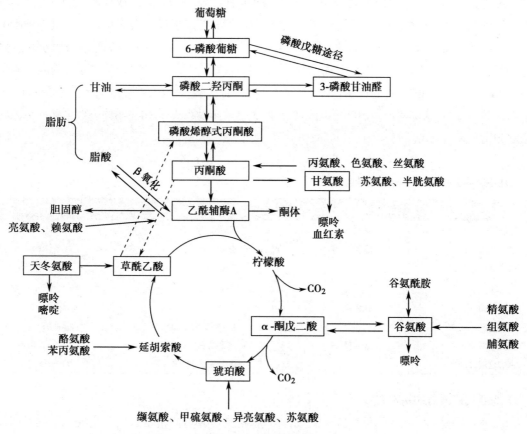

图 10-1　糖、脂、氨基酸代谢途径间的相互联系
□中为枢纽性中间代谢物

第二节　物质代谢的调节

代谢调节在生物界中普遍存在,是生物进化过程中为了适应环境变化逐步形成的一种适应能力,进化程度愈高的生物,其代谢调节方式愈复杂、精细。单细胞生物主要通过细胞内代谢物浓度的变化来影响酶的活性和含量,进一步调节各代谢途径的速度,以维持细胞的代谢及生长、繁殖等活动的正常进行,这种调节称为细胞水平的代谢调节。高等生物除了细胞水平的调节外,还发展了完整的内分泌系统,通过细胞分泌的激素,对其他细胞发挥代谢调节作用,这种调节称为激素水平的代谢调节。高等动物和人还有功能十分复杂的神经系统,在中枢神经系统的控制下,通过神经递质作用于靶细胞,并通过各种激素的互相协调对机体代谢进行综合调节,这种调节称为整体水平的代谢调节。生物体内的代谢调节在三个不同水平上进行,即细胞水平调节、激素水平调节和整体水平调节。

一、细胞水平的调节

细胞水平的调节是生物体最原始和最基本的调节方式。细胞水平的调节主要包括酶的区域化分布、酶的活性和含量的调节。

(一)细胞内酶的区域化分布

在体内,多种物质代谢往往同时进行,为了防止各条代谢途径互相干扰,扰乱正常代谢或者产生无效循环,细胞内不同的代谢途径的酶系往往各自呈相对集中的区域化(compartmentation)定位分布,这是各代谢途径正常进行的基本前提,也是代谢调节的基础。原核细胞无细胞核,其完成代谢过程所需要的各种酶类,如参与糖酵解、氧化磷酸化的酶,磷脂及脂酸生物合成的酶都连接在细胞的质膜上。真核细胞中酶的分布与原核细胞不同,因具有多种内膜系统,可形成不同胞内区域,从而导致真核细胞中酶的分布区域化,可避免各种代谢途径酶促反应的相互干扰,而且能使调节因素较专一的作用于某一亚细胞区域的酶系中的关键酶,从而准确地调控特定的代谢过程,例如脂肪酸的合成酶系分布在胞质中,而脂肪酸的 β- 氧化酶系则分布在线粒体中,这样两个代谢就可以隔离开来,防止二者之间产物和底物的无效循环。体内各种酶的区域化分布见表 10-1。

表 10-1 真核细胞内主要代谢途径与某些酶的区域分布

酶系或酶	亚细胞区域	酶系或酶	亚细胞区域
糖酵解	胞质	脂酸 β- 氧化	线粒体
磷酸戊糖途径	胞质	酮体合成	线粒体
糖原合成与分解	胞质	胆固醇合成	胞质、内质网
糖异生	胞质	磷脂合成	内质网
三羧酸循环	线粒体	尿素合成	线粒体、胞质
糖的有氧氧化	胞质及线粒体	DNA 和 RNA 合成	细胞核
氧化磷酸化	线粒体	蛋白质合成	内质网、胞质
脂酸合成	胞质	血红素合成	胞质、线粒体

(二) 物质代谢调节的基本方式

物质代谢途径是由一系列酶促反应所组成,其代谢的速度和方向常常只由一个或几个具有调节作用的酶的活性所决定,称为关键酶(key enzymes)。关键酶往往具有以下特点:①这些酶通常催化单向或非平衡反应;②这些酶催化的反应速率是整条代谢途径中最慢的,所以又称限速酶(rate-limiting enzyme);③这些酶的活性受底物、产物和多种代谢物或效应剂的调节,因此整条代谢才能有效的被调节,因此又称调节酶(regulatory enzyme)。关键酶活性可以决定整个代谢途径的速度和方向,如细胞中 ATP/ADP 的比值可以直接影响 6- 磷酸果糖激酶 -1 和丙酮酸激酶的活性,调节糖酵解的速率,还可通过调节果糖 -1,6- 二磷酸酶合成而影响糖异生。因此,调节关键酶活性,改变物质代谢的速率与方向是体内代谢快速调节的一种重要方式。表 10-2 列出一些重要物质代谢途径的关键酶。

表 10-2 某些重要代谢途径的关键酶

代谢途径	关键酶
糖酵解	己糖激酶、6- 磷酸果糖激酶 -1、丙酮酸激酶
三羧酸循环	柠檬酸合酶、异柠檬酸脱氢酶、α- 酮戊二酸脱氢酶复合体
磷酸戊糖途径	6- 磷酸葡萄糖脱氢酶
糖原合成	糖原合酶
糖原分解	糖原磷酸化酶
糖异生	丙酮酸羧化酶、磷酸烯醇式丙酮酸羧激酶、果糖 -1,6- 二磷酸酶、葡萄糖 -6- 磷酸酶
脂肪动员	甘油三酯脂肪酶
脂肪酸 β- 氧化	肉碱脂酰转移酶 I
脂酸合成	乙酰 CoA 羧化酶
胆固醇合成	HMG-CoA 还原酶
酮体合成	HMG-CoA 合酶
尿素合成	精氨酸代琥珀酸合成酶

1. 反馈调节 代谢途径的底物或终产物常影响该途径起始反应的酶活性,即反馈调节(feedback regulation)。反馈调节中终产物的积累抑制初始步骤酶的活性,使反应减慢或停止,使代谢产物的生成不至于过多,为负反馈或反馈抑制,例如长链脂酰 CoA 对乙酰 CoA 羧化酶的别构抑制就属于负反馈。反馈调节中底物或中间产物激活后续途径的酶活性,加速反应进行,则为正反馈或反馈激活,例如核苷酸从头合成途径中 5- 磷酸核糖对 PRPP 合成酶的激活即为正反馈。

2. 底物循环 代谢途径中某些可逆反应的正反方向是由不同酶催化的,即不同酶各自催化单向反应使得两个作用物互变,由此构成的循环为底物循环(substrate cycle)。可由下式表示:

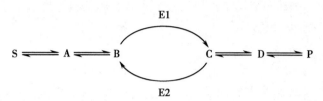

式中 E1 和 E2 分别代表催化 B、C 两种代谢中间物之间的单向不可逆反应的酶,它们的活性受多种因素的调节。底物循环使代谢调节更为灵敏、精细,如糖酵解中 6- 磷酸果糖生成 1,6- 二磷酸果糖由 6- 磷酸果糖激酶 -1 催化,而其在糖异生中的逆反应则由果糖二磷酸酶 -1 催化,磷酸化与脱磷酸化之间构成了一个底物循环(图 10-2),且受代谢底物、产物以及激素的调控。

3. 级联反应 在代谢连锁反应中,一个酶被激活后,引起其他酶依次被激活,使原始信号逐级放大,被称为级联反应(cascade reaction)。如肝糖原的合成与分解的关键酶分别是糖原合酶和糖原磷酸化酶,均具有磷酸化和脱磷酸化形式,并可在不同酶的催化下相互转变,催化其转变的酶本身也可磷酸化和脱磷酸化,其相互转变也受酶的催化,这样

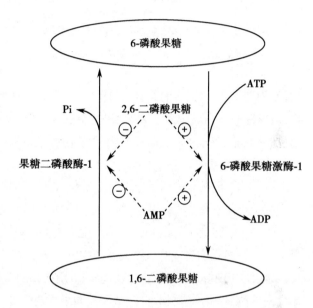

图 10-2 磷酸果糖激酶与果糖二磷酸酶 -1 所催化的底物循环

就构成了级联反应。级联反应的主要作用是放大效应以及使级联中各级都可得到调节。

(三) 细胞内酶活性的调节

物质代谢调节是通过对关键酶的活性或含量的调节而实现的。改变酶的结构使酶的活性发生变化从而调节酶促反应速度,这类调节在数秒或数分钟内即可发生作用,属于快速调节,包括别构调节和化学修饰调节。通过调节酶蛋白的合成或降解而改变细胞内酶的含量,一般需数小时或几天才能实现,属于迟缓调节,包括酶蛋白的合成和降解。

1. 别构调节

(1) 别构调节的概念:某些小分子化合物与某些酶分子活性中心以外的某一部位特异地结合,引起酶蛋白分子构象发生变化,从而改变酶的活性,这种调节称酶的别构调节 (allosteric regulation)。能使酶发生别构效应的小分子化合物称为别构剂,其中能引起酶活性增高的称为别构激活剂;引起酶活性降低的则称为别构抑制剂。具有别构调节作用的酶称为别构酶,各代谢途径中的关键酶多属于别构酶。某些代谢途径中的别构酶及其别构效应剂列于表 10-3。

(2) 别构调节的机制:别构调节的发生依赖于别构酶的结构,通常别构酶的组成中包含两个以上的亚基,即使只有一个亚基也至少包含两个活性部位。其中一个亚基能与底物结合(酶的活性中心),起催化作

表 10-3　一些代谢途径中的别构酶及其效应剂

代谢途径	别构酶	别构激活剂	别构抑制剂
糖酵解	己糖激酶	AMP、ADP、FDP、Pi	G-6-P
	6- 磷酸果糖激酶 -1	2,6- 二磷酸果糖	ATP、柠檬酸
	丙酮酸激酶	2,6- 二磷酸果糖	ATP、乙酰 CoA
三羧酸循环	柠檬酸合酶	AMP	ATP、长链脂酰 CoA
	异柠檬酸脱氢酶	AMP、ADP	ATP
糖异生	丙酮酸羧化酶	乙酰 CoA、ATP	AMP
	果糖双磷酸酶 -1	ATP、5'-AMP	AMP、F-6-P
糖原合成	糖原合酶	G-6-P	
糖原分解	磷酸化酶	AMP、G-1-P、Pi	ATP、G-6-P
脂酸合成	乙酰 CoA 羧化酶	柠檬酸、异柠檬酸	长链脂酰 CoA
胆固醇合成	HMG-CoA 还原酶		胆固醇
嘌呤核苷酸合成	谷氨酰胺 PRPP 酰胺转移酶	PRPP	IMP、AMP、GMP
嘧啶核苷酸合成	天冬氨酸氨基甲酰转移酶		CTP

用,称为催化亚基;而有的亚基能与别构效应剂结合而起调节作用,称为调节亚基;有的别构效应剂与底物都结合在同一个亚基的不同活性部位,与别构效应剂结合的部位称调节部位,而与底物结合的部位称催化部位。别构效应剂可以是酶的底物、产物或其他小分子化合物。它们通过自身浓度的变化灵敏地改变酶的构象,影响酶的活性,从而调节代谢的强度和反应的方向以及能量的产生与消耗的平衡。别构效应剂引起酶分子构象的改变进而引起酶活性改变,酶分子构象的改变有的表现为亚基之间结合紧密状态的改变、有的则引起亚基聚合或解聚;有的是由原聚体变为多聚体。

(3) 别构调节的意义:别构调节过程不需要能量,是体内快速调节酶活性的一种重要方式。别构调节剂往往是一条代谢途径的底物或者产物或者是其他小分子代谢物,这些物质在细胞内浓度的变化可以极灵敏地反映代谢的需求并适时适量地调节别构酶的活性。通常代谢终产物的堆积常可使该途径中催化起始反应的酶受到别构反馈抑制,从而减弱了代谢强度,防止了产物的过度生成,例如长链脂酰 CoA 对乙酰 CoA 羧化酶的反馈抑制、IMP 对酰胺转移酶的反馈抑制等;有一些别构调节是为了使能量得以有效利用,不致浪费,例如糖供应充足时,6- 磷酸葡萄糖增多,可别构激活糖原合酶,并抑制糖原磷酸化酶,促使过剩的糖以糖原形式储存,并抑制糖原的分解,防止 ATP 的过量生成;另外一些代谢中间产物可以同时别构调节多条代谢途径,从而协调各条途径的代谢,例如当糖代谢增强时,柠檬酸增多,柠檬酸可别构抑制 6- 磷酸果糖激酶 -1,激活乙酰 CoA 羧化酶,从而分流了柠檬酸的前身物质乙酰 CoA 到脂肪酸的合成中,是两条代谢途径得以协调。

2. 化学修饰调节

(1) 化学修饰的概念:酶蛋白肽链上氨基酸残基的某些基团,可在其他酶的催化下发生可逆的共价修饰,从而引起酶活性变化的一种调节称为酶的化学修饰(chemical modification)又称共价修饰调节(covalent modification)。酶的化学修饰包括磷酸化与脱磷酸化、乙酰化与脱乙酰化、甲基化与去甲基化、腺苷化与去腺苷化及 -SH 与 -S-S- 互变等,其中,磷酸化与脱磷酸化在代谢调节中最为多见(表 10-4)。

(2) 化学修饰调节的机制:酶的化学修饰是体内快速调节的另一种重要方式。以磷酸化和脱磷酸为例:磷酸化反应是在蛋白激酶(protein kinase,PK)的催化下,由 ATP 提供磷酸基,磷酸化的部位是在酶蛋白分子的丝氨酸、苏氨酸或酪氨酸残基的羟基上,而脱磷酸反应则是由磷酸酶催化的水解反应,细胞内存在着多种蛋白激酶和蛋白磷酸酶,通过磷酸化和脱磷酸化反应修饰其底物蛋白,在调节物质代谢和信号转导中均起着十分重要的作用(图 10-3)。

表 10-4　酶促化学修饰对酶活性的调节

酶	化学修饰类型	酶活性改变
糖原合酶	磷酸化 / 脱磷酸	抑制 / 激活
糖原磷酸化酶	磷酸化 / 脱磷酸	激活 / 抑制
磷酸化酶 b 激酶	磷酸化 / 脱磷酸	激活 / 抑制
磷酸果糖激酶	磷酸化 / 脱磷酸	抑制 / 激活
磷酸化酶磷酸酶	磷酸化 / 脱磷酸	抑制 / 激活
丙酮酸脱氢酶	磷酸化 / 脱磷酸	抑制 / 激活
丙酮酸脱羧酶	磷酸化 / 脱磷酸	抑制 / 激活
果糖二磷酸酶	磷酸化 / 脱磷酸	激活 / 抑制
HMG-CoA 还原酶	磷酸化 / 脱磷酸	抑制 / 激活
乙酰 CoA 羧化酶	磷酸化 / 脱磷酸	抑制 / 激活
甘油三酯脂肪酶	磷酸化 / 脱磷酸	激活 / 抑制

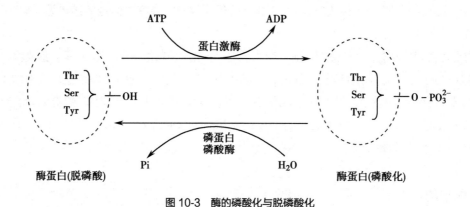

图 10-3　酶的磷酸化与脱磷酸化

　　(3) 酶促化学修饰的特点:①绝大多数受化学修饰调节的酶都具有无活性(或低活性)和有活性(或高活性)两种形式,且在不同酶的催化下可以互变,而催化互变反应的酶又受机体其他调节物质(包括激素等)的调节;②化学修饰是酶促反应,由于一分子酶可催化多分子底物酶分子共价修饰,而共价修饰后的酶又可以催化多分子底物反应,故具有级联放大效应;③耗能少,磷酸化与脱磷酸是最常见的酶促化学修饰反应,一分子亚基发生磷酸化通常只消耗 1 分子 ATP,这比合成酶蛋白所消耗的 ATP 要少得多,再加上放大效应,因此是体内非常经济有效的调节方式;④化学修饰按需调节,按生理需要来进行。如肝糖原磷酸化酶的化学修饰,餐后血糖浓度增高,则磷酸化酶 a 在磷酸化酶 a 磷酸酶的催化下即水解脱去磷酸基而转变成无活性的磷酸化酶 b,从而减弱或停止糖原的分解。

　　别构调节和化学修饰调节是调节代谢速率和方向的两种不同方式,均属于快速调节。有的酶可同时受这两种方式的双重调节。二者相辅相成,对于调节代谢的顺利进行和内环境的稳定具有重要意义。

　　3. 酶含量的调节　除了通过改变酶分子结构以调节细胞内的酶活性外,机体还可通过改变细胞内酶的合成或降解速度以控制细胞内酶的含量,从而影响代谢的速度和强度。这种调节是迟缓而长效的调节,其调节效应通常要数小时甚至数日才能实现。酶蛋白合成的调节包括诱导和阻遏两个方面。一般将能诱导酶蛋白合成的化合物称为诱导剂,能减少酶合成的化合物称为酶的阻遏剂。某些底物、产物、激素或药物均是体内一些酶的诱导剂或阻遏剂。通常,底物或其类似物往往是酶的诱导剂,例如高蛋白饮食引起氨基酸分解增多,氨基酸可诱导尿素循环酶系的合成。另外,很多药物和毒物可促进肝细胞微粒体中加单氧酶或其他一些药物代谢酶的诱导合成,从而加速药物失活,具有解毒作用,当然,这也是引起耐药性的原因;而产物多为阻遏剂,例如高胆固醇对 HMG-CoA 还原酶的阻遏作用。细胞内酶含量还受酶蛋白降解速度的影响。溶酶体中的蛋白水解酶可非特异降解酶蛋白;蛋白酶体能特异水解泛素化的待降解酶蛋白。

二、激素水平的调节

激素是一类由特定的细胞合成并分泌的化学物质,它随血液循环至全身,作用于特定的靶组织或靶细胞(target cells),通过一系列细胞信号转导反应,引起细胞物质代谢沿着一定的方向进行而产生特定的生物学效应。通过激素来调控物质代谢是高等动物体内代谢调节的重要方式。不同的激素作用于不同组织产生不同的生物学效应。激素能对特异的组织或细胞发挥作用,是由于该组织或细胞上有能特异识别和结合相应激素的受体(receptor)。按激素受体在细胞的部位不同,可将激素分为两大类:

1. 膜受体激素　膜受体是一类存在于细胞表面质膜上的跨膜糖蛋白。膜受体激素包括胰岛素、促性腺激素、生长激素、促甲状腺激素、甲状旁腺素等蛋白质类激素,生长因子等肽类激素,此外还包括肾上腺素等儿茶酚胺类激素。这类激素一般都是水溶性的,难以跨过细胞膜的磷脂双分子层结构,不能进入靶细胞内,而是作为第一信使分子与相应的靶细胞膜受体结合,通过跨膜传递将所携带的信息传递到细胞内。然后通过细胞内第二信使将信号逐级放大,产生显著的代谢效应。各跨膜信号传递详见"第十五章细胞信号转导"。

2. 胞内受体激素　包括类固醇激素、前列腺素、甲状腺素及视黄酸等疏水性激素。这类激素可直接通过细胞膜磷脂双分子层结构甚至核膜,进入细胞内或核内,与相应的细胞内受体结合。细胞内受体大多位于细胞核内,也有的位于胞质中。胞质中的受体与激素结合后再进入核内,核内受体与激素结合成复合物,该复合物与 DNA 的特定序列即激素反应元件(hormone response element)结合,调节结构基因的开放、诱导某些蛋白质合成而产生生物学效应。

三、整体水平的调节

人类生活的环境是不断变化的,机体可在神经系统的主导下,通过神经、体液途径直接调控细胞水平的调节,使各个组织、器官中物质代谢相互协调、相互联系,又相互制约,以适应环境的变化,维持内环境的相对恒定。现以饥饿及应激为例说明物质代谢的整体调节。

(一) 饥饿

在某些生理(如食物短缺、绝食等)或病理状态(如昏迷、幽门梗阻等)下不能进食时,若不能及时治疗和补充葡萄糖,则机体物质代谢在整体调节下将发生一系列的变化。

1. 短期饥饿　短期饥饿通常指禁食 1~3 天。肝糖原在餐后 6~8 小时即开始分解补充血糖,在餐后 24 小时后即接近耗竭。血糖浓度降低,引起胰岛素分泌减少和胰高血糖素分泌增加,产生下列代谢改变。

(1) 骨骼肌蛋白质分解增强:骨骼肌部分蛋白质分解,产生的氨基酸大部分转变为丙氨酸和谷氨酰胺,通过血液循环进入肝以补充肝脏糖异生原料。饥饿第 3 天,肌肉释放氨基酸加速,丙氨酸占输出总氨基酸的 30%~40%,成为饥饿时肌肉释放的主要氨基酸。

(2) 糖异生作用增强:饥饿 2 天后,肝糖异生明显增强,速度约为每天 150g 葡萄糖,其中 10% 来自甘油,30% 来自乳酸,40% 来自氨基酸。肝是饥饿初期糖异生的主要场所(约 80%),另有 20% 的糖异生在肾皮质中进行。

(3) 脂肪动员加强,酮体生成增多:短期饥饿时,脂肪动员中毒增强,产生的脂肪酸约 25% 在肝转变为酮体。此时,脂肪酸和酮体成为心肌、骨骼肌和肾的重要供能物质,一部分酮体可被脑利用。由于心肌、骨骼肌和肾皮质氧化脂肪酸和酮体增加,减轻了这些组织对糖的利用,保障脑的葡萄糖供应。

(4) 机体从葡萄糖氧化供能为主转变为脂肪氧化供能为主:除脑组织细胞和红细胞外,组织细胞减少摄取利用葡萄糖,增加摄取利用脂肪酸和酮体。

总之,饥饿时能量来源主要是储存的蛋白质和脂肪,脂肪占能量来源的 85% 以上。短期饥饿时及时补充葡萄糖不仅可减少酮体的生成,降低酮症酸中毒的发生,而且可防止蛋白质的消耗。每输入 100g 葡萄糖可节省蛋白质 50g,这对不能进食的消耗性疾病患者尤其重要。

2. 长期饥饿　饥饿一周以上为长期饥饿,长期饥饿时的代谢改变是:

(1) 脂肪动员进一步加强,肝内大量酮体产生,脑组织利用酮体增加,超过葡萄糖的利用。肌肉则以脂肪酸为主要燃料,以保证酮体优先供应给脑组织。

(2) 肾脏糖异生明显增强,几乎和肝脏相等。肝糖异生的原料主要是乳酸和丙酮酸。

(3) 肌肉蛋白质分解下降,肌释出氨基酸减少,负氮平衡有所改善。主要因为蛋白质是机体组织细胞的主要构成成分,继续大量分解将危及组织结构。

(二) 应激

应激 (stress) 是机体受到创伤、剧痛、出血、烧伤、冷冻、中毒、急性感染、情绪紧张等强烈刺激时所作出的适应反应。是以交感神经兴奋和肾上腺髓质和皮质激素分泌增多为主要表现的一系列神经和内分泌变化。包括交感神经兴奋、肾上腺素、胰高血糖素和生长激素的分泌增加,胰岛素分泌减少,胰高血糖素和生长激素水平升高,引起一系列糖、脂肪和蛋白质等物质代谢发生相应变化。

1. 血糖水平升高　应激时,由于肾上腺素和胰高血糖素分泌增加,激活磷酸化酶促进肝糖原分解而抑制糖原合成,同时肾上腺皮质激素和胰高血糖素使糖异生作用增强,加上肾上腺皮质激素和生长激素使周围组织对糖的利用降低,均可致血糖升高。这对于保证脑的能量供应具有重要意义。

2. 脂肪动员加强　应激时,由于肾上腺素和胰高血糖素分泌增多,激活甘油三酯脂肪酶使脂肪动员增强,血中游离脂肪酸升高,成为心肌、骨骼肌及肾等组织能量的主要来源。

3. 蛋白质分解增强　应激时,蛋白质代谢的主要表现是分解增强,丙氨酸等氨基酸释出增加,为肝细胞糖异生提供原料,同时尿素合成和排泄增加,出现负氮平衡。

从上述代谢变化可知,应激时糖、脂肪和蛋白质代谢特点是分解代谢增强,合成代谢减弱,血中分解代谢的产物葡萄糖、氨基酸、游离脂肪酸、甘油、乳酸、酮体和尿素等含量增加,使代谢适应环境的变化,维持机体代谢平衡。

(张茵茵)

体内各种物质代谢同时进行,彼此互相协调、相互联系、相互制约。体内物质代谢的特点是:①整体性;②可调节性;③各组织器官各具代谢特点;④代谢物具有共同的代谢池;⑤ATP 是共同的能量形式;⑥NADPH 是合成代谢所需的还原当量。

糖、脂肪和蛋白质是人体内的主要供能物质。它们的分解代谢有共同的代谢通路——三羧酸循环。三羧酸循环是联系糖、脂肪和氨基酸代谢的纽带。通过一些枢纽性中间产物,可以相互联系及沟通。糖、脂和蛋白质等作为能源物质在能量供应上可相互代替并相互制约。三大营养物质及核苷酸代谢之间也是相互关联,但不能完全互相转变。

物质代谢调节分为三级水平,即细胞水平调节、激素水平调节和整体水平的调节。细胞水平的调节是生物最基本的调节方式,主要是通过调节关键酶的活性或含量以影响酶活性。酶活性的调节是通过其结构改变来调节酶的活性,因此可快速适应机体的需要,包括别构调节和化学修饰调节。酶含量的调节是通过调节酶蛋白的合成与降解来改变酶含量,从而影响酶的活性,调节缓慢但持续时间长,属于迟缓调节。在激素水平的调节中,激素与靶细胞受体特异地结合,受体对信号进行转换并启动靶细胞内信息系统,使靶细胞产生生物学效应。激素分为膜受体激素和细胞内受体激素。前者具有亲水性,不能透过细胞膜,需结合膜受体才能将信号跨膜传递入细胞内。后者为疏水性激素,可透过细胞膜与胞内受体(大多在核内)结合,形成二聚体与 DNA 上特定激素反应元件结合来调控特定基因的表达。整体水平的调节是机体通过内分泌腺间接调节代谢和直接影响组织器官的代谢,以适应环境的变化,维持内环境的相对稳定。整体水平的调节是在神经系统主导下,通过神经、体液调控各条代谢途径,是整个机体代谢得到整合,以适应内外环境变化,饥饿和应激状态下物质代谢的改变就是整体调节的结果。

1. 简述体内物质代谢的特点。

2. 简述三大营养物质(糖、脂肪和蛋白质)代谢之间相互联系。

3. 试比较酶的快速调节与迟缓调节。

4. 比较酶的别构调节和化学修饰调节的异同。

5. 短期饥饿和长期饥饿时,机体的代谢变化有何不同?

第三篇

遗传信息的传递

第十一章　DNA 的生物合成

11

学习目标	
掌握	DNA 复制的基本特征；参与 DNA 复制的主要酶和蛋白质因子的种类、作用；原核生物和真核生物 DNA 复制各阶段的基本过程；DNA 损失与修复的类型。
熟悉	端粒和端粒酶的概念；复制起始、引发体、负超螺旋概念；光修复、切除修复、重组修复及 SOS 修复的概念。
了解	端粒酶延长端粒机制；DNA 连接酶的作用机制；光修复、切除修复、重组修复及 SOS 修复机制。

生物体的遗传信息储存于 DNA 分子的碱基序列中，而基因就是编码生物活性产物的 DNA 功能片段，这些生物活性产物主要是蛋白质或各种 RNA。1958 年，Francis Crick 把遗传信息的传递规律归纳为中心法则（central dogma），即亲代 DNA 通过复制（replication）将遗传信息传递给子代，使遗传性状得以代代相传。通过转录（transcription）和翻译（translation）将遗传信息从 DNA 传递给 RNA，其中的 mRNA 又将此信息翻译成组成蛋白质的氨基酸序列信息。1970 年，Howard Martin Temin 发现逆转录（reverse transcription）现象后对中心法则进行了补充和完善，形成了目前所公认的生物界遗传信息传递的中心法则（图 11-1）。从本章开始将以中心法则为线索，分章依次讨论 DNA 的生物合成，以复制为主；RNA 的生物合成，即转录；蛋白质的生物合成，即翻译。本章讨论的内容主要涉及 DNA 生物合成的三个方面，即子代 DNA 的合成，即 DNA 的复制、RNA 逆转录为 DNA 和细胞内 DNA 受到损伤时进行的修复合成。

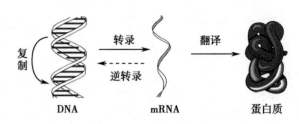

图 11-1 遗传信息传递的中心法则

第一节 DNA 复制的一般规律

DNA 复制是指以亲代 DNA 为模板合成子代 DNA 的过程。DNA 复制过程可分为起始、延长和终止 3 个阶段，此过程需要多种酶和蛋白质因子参与，并具有一定的特征。DNA 复制的一般规律包括：具有特异的起始位点、双向复制、半保留复制、半不连续复制和高保真性。

一、特异的起始位点

DNA 复制总是从序列特异的 DNA 复制起始位点（origin，ori）开始，即 DNA 的复制不是从任意点随机开始的，DNA 复制起始点的核苷酸序列具有结构上的特异性：①含多个独特的短重复序列组成；②这些短重复序列能被复制起始因子识别并结合；③富含 AT，使得复制起始点部位易发生解链。大肠埃希菌（E. coli）复制起始位点 oriC 的结构如图 11-2。

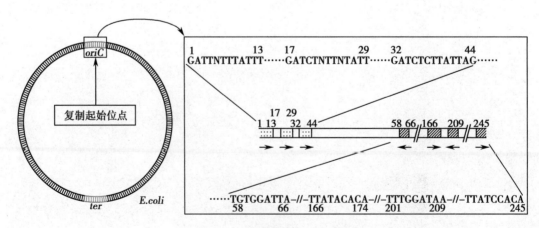

图 11-2 E.coli 复制起始位点 oriC 结构

二、双向复制

大多数原核和真核生物的 DNA 复制都是从固定的复制起始点开始,分别向两个方向进行解链,形成两个延伸方向相反的复制叉(replication fork),称为双向复制(bidirectional replication)。复制叉是指 DNA 双链解开后,由未解开的双链 DNA、已解开的两条单链 DNA 和正在合成中的子链 DNA 所形成的"Y"形结构。原核生物的 DNA 是闭合环状双链分子,其复制在一个固定起始点开始,分别向两侧形成两个复制叉,称为单点双向复制。真核生物基因组庞大而复杂,由多条染色体组成,全部染色体均需复制,每条染色体有多个复制起始点,每个复制起始点产生两个移动方向相反的复制叉,复制完成时复制叉相遇并汇合连接,称为多点双向复制。能独立完成复制的功能单位称为复制子(replicon),习惯上将两个复制起始位点之间的距离称为一个复制子长度。原核生物 DNA 由单复制子完成复制,而真核生物 DNA 复制是多复制子的复制(图 11-3)。

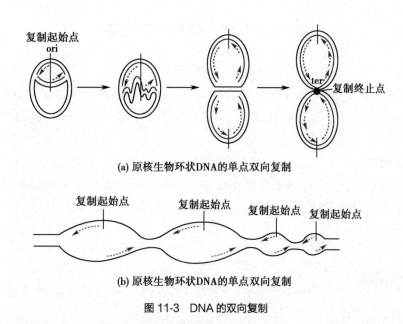

(a) 原核生物环状DNA的单点双向复制

(b) 原核生物环状DNA的单点双向复制

图 11-3　DNA 的双向复制

三、半保留复制

DNA 复制时,亲代 DNA 解开为两股单链,各自作为模板(template),按碱基配对规律,合成与模板互补的子链。子代细胞的 DNA 中一股单链完整地来源于亲代,而另一股单链则完全重新合成,两个子细胞的 DNA 都和亲代 DNA 的碱基序列一致,这种复制方式称为半保留复制(semi-conservative replication)。

(一) 半保留复制的实验依据

理论上,亲代 DNA 复制出两条子代双链,有全保留式、半保留式和混合式 3 种可能。DNA 复制究竟以何种方式进行? 1953 年,James Watson 和 Francis Crick 在提出 DNA 双螺旋模型时即推测 DNA 以半保留方式复制,1958 年 Messelson 和 Stahl 用实验证实 DNA 复制方式是半保留方式(图 11-4)。Matthew Stanley Meselson 和 Franklin Stahl 在实验中将 *E.coli* 放入 $^{15}NH_4Cl$ 作为唯一氮源的培养基中培养,连续培养若干代后,分离出的所有 DNA 分子都被 ^{15}N 所标记。^{15}N-DNA 的密度较普通 ^{14}N-DNA 的密度高,用氯化铯密度梯度离心后,^{15}N-DNA 形成的致密带位于 ^{14}N-DNA 形成的致密带下方。然后,将 ^{15}N 标记的 *E.coli* 转移至普通培养基($^{14}NH_4Cl$ 为氮源)中培养,提取子一代 DNA 作密度梯度离心,发现只有一条 DNA 带,密度介于 ^{15}N-DNA 和 ^{14}N-DNA 区带之间(称为中间密度 DNA)。这些实验结果提示:形成的子一代 DNA 是 $^{14}N/^{15}N$ 各一半的杂合分子,这排除了全保留式复制的可能性,但还不能排除混合式复制。因此,两位科学家继续将 ^{15}N 标记的 *E. coli* 在普

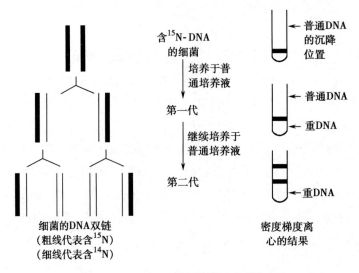

含 ^{15}N-DNA 的细菌

培养于普通培养液

第一代

继续培养于普通培养液

第二代

细菌的DNA双链
（粗线代表含 ^{15}N）
（细线代表含 ^{14}N）

普通DNA的沉降位置

普通DNA

重DNA

重DNA

密度梯度离心的结果

图 11-4 证明 DNA 复制为半保留复制的实验

通培养基中培育出子二代,提取子二代 DNA 进行分析后发现,其中一半为中间密度 DNA,另一半为轻密度 DNA,这一结果排除了混合式复制的可能性。随着 *E.coli* 在普通培养基中培养代数的增加,轻密度 DNA 区带所占的比例越来越大,而中间密度 DNA 区带逐渐被稀释掉,这些结果更进一步证明了 DNA 以半保留方式进行复制。

（二）半保留复制的意义

由于半保留复制使两个子代 DNA 和亲代 DNA 的碱基序列一致,因此半保留复制的意义是使 DNA 中储存的遗传信息正确无误地传递给子代,体现了遗传的保守性,是物种稳定的分子基础。但遗传的保守性是相对的,而不是绝对的。

四、半不连续性复制

DNA 双螺旋的两条链反向平行。催化 DNA 合成的聚合酶只能从 5′→ 3′ 方向合成子链,因此 DNA 复制时,同一个复制叉上已解链作为模板的两条 DNA 链走向相反,两条子链的合成走向也相反。合成走向与解链方向相同的子链可以随着双链的不断解开而连续合成,称为领头链或前导链(leading strand)。合成走向与解链方向相反的子链必须待模板母链解开一定长度后才能从 5′→ 3′ 方向合成引物并延长,这种过程周而复始,因此该子链的合成是不连续的,这股不连续复制的子链称为随从链或后随链(lagging strand)。领头链连续复制而随从链不连续复制的方式称为半不连续复制(semi-discontinuous replication)。复制中随从链上的不连续 DNA 片段称为冈崎片段(图 11-5)。

五、高保真性

DNA 半保留复制使子代细胞得到和亲代细胞相一致的遗传物质,所以 DNA 复制具有高保真性(high fidelity),确保 DNA 复制的高保真性,至少需要依赖 3 种机制:①遵守严格的碱基配对规律,即 A-T、C-G 配对,错配碱基之间难以形成氢键;②在复制延长中,DNA 聚合酶对碱基的选择功能,即 DNA 聚合酶在复制延长中能正确选择底物核苷酸,使之与模板核苷酸准确配对;③在复制出错时,DNA 聚合酶具有即时校读(proofreading)功能,即可通过 DNA 聚合酶的 3′→ 5′ 外切酶活性(后面将详述)切除错配的核苷酸,再利用其 5′→ 3′ 聚合酶活性掺入正确的核苷酸。在碱基配对正确时,DNA 聚合酶不表现外切酶活性(图 11-6)。

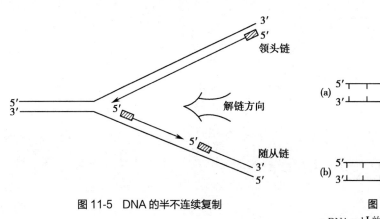

图 11-5　DNA 的半不连续复制

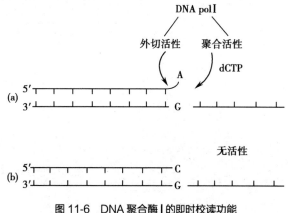

图 11-6　DNA 聚合酶 I 的即时校读功能

a. DNA-pol I 的外切酶活性切除错配的碱基,聚合酶活性掺入正确配对的核苷酸;b. 碱基配对正确时 DNA-pol I 并不表现外切酶活性

第二节　参与 DNA 复制的酶类及蛋白因子

DNA 复制是一个复杂的酶促核苷酸聚合过程,需要多种生物分子共同参与。参与复制的生物分子主要有:①模板:指解开成单链的 DNA 母链;②底物:脱氧核苷三磷酸 (deoxynucleotide triphosphate,dNTP),包括 dATP、dGTP、dCTP 和 dTTP 四种;③引物(primer):提供 3′ -OH 末端使 dNTP 可依次聚合;④酶和蛋白质因子:主要有 DNA 聚合酶、解旋酶、单链 DNA 结合蛋白、DNA 拓扑异构酶、引物酶和 DNA 连接酶等。

一、DNA 聚合酶

DNA 聚合酶(DNA polymerase,DNA-pol)是指以 DNA 为模板,催化底物 dNTP 合成 DNA 的一类酶,全称为依赖 DNA 的 DNA 聚合酶(DNA-dependent DNA polymerase,DDDP)。

(一) DNA 聚合酶的催化活性

1. **5′→3′聚合酶活性**　所有生物的 DNA-pol 都具有的特点:①具有 5′→3′聚合酶活性,无 3′→5′聚合酶活性。这决定了 DNA 的合成方向始终是 5′→3′。②DNA-pol 不能催化游离的 dNTP 聚合,只能在核苷酸链的 3′ -OH 末端添加 dNTP,延长核苷酸链。因此 DNA 复制时,子链的合成需要一段寡聚核苷酸片段以提供 3′ -OH 末端,这一寡聚核苷酸片段,称为引物。所有细胞和多数病毒的引物为 RNA,引物序列需与模板链的 3′ 末端链互补,在 DNA-pol 催化下,新的脱氧核苷酸与引物的 3′ OH 末端核苷酸形成 3′,5′ - 磷酸二酯键,逐个加入 dNTP,使新链不断延长,其基本化学反应见图 11-7,可简写如下:

$$(dNMP)n + dNTP \rightarrow (dNMP)_{n+1} + PPi$$

2. **核酸外切酶活性**　核酸外切酶(exonuclease)是指能从核酸链的末端(5′末端或 3′末端)将核苷酸依次水解的酶,简称外切酶。外切酶活性具有方向性,有 5′→3′外切酶活性和 3′→5′外切酶活性两种,它们分别从 5′→3′、3′→5′方向依次水解连接核苷酸的磷酸二酯键。

(二) DNA 聚合酶的种类

1. **原核生物 DNA 聚合酶**　截至目前,已发现大肠埃希菌有 5 种 DNA 聚合酶(表 11-1)。分子生物学和遗传学的研究证实,DNA-pol Ⅲ是原核生物 DNA 复制过程中真正起催化作用的 DNA 聚合酶。

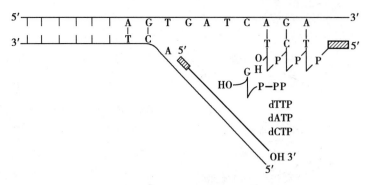

图 11-7　复制过程中脱氧核苷酸的聚合

表 11-1　原核生物大肠埃希菌 DNA 聚合酶

类型	主要功能	类型	主要功能
DNA-pol Ⅰ	去除 RNA 引物,DNA 损伤的修复	DNA-pol Ⅳ	SOS 修复,跨损伤修复
DNA-pol Ⅱ	DNA 损伤的修复	DNA-pol Ⅴ	SOS 修复,跨损伤修复
DNA-pol Ⅲ	DNA 复制的主要酶		

　　(1) DNA 聚合酶Ⅰ(DNA pol Ⅰ)由 Arthur Kornberg 等于 1956 年首先从大肠埃希菌提取液中发现。DNA pol Ⅰ由分子量为 109kDa 的一条肽链构成,二级结构以 α- 螺旋为主,分为 A 至 R 共 18 个 α- 螺旋肽段。DNA-pol Ⅰ包括 5′→3′聚合酶活性、3′→5′外切酶活性和 5′→3′外切酶活性 3 个酶活性结构域。用特异的蛋白酶可将 DNA-pol Ⅰ水解成大小 2 个片段:①大片段:含有 604 个氨基酸残基,又称为 Klenow 片段,保留了 5′→3′聚合酶活性和 3′→5′外切酶活性,它是基因工程操作中常用的工具酶之一;②小片段:含有 323 个氨基酸残基,具有 5′→3′外切酶活性(图 11-8)。

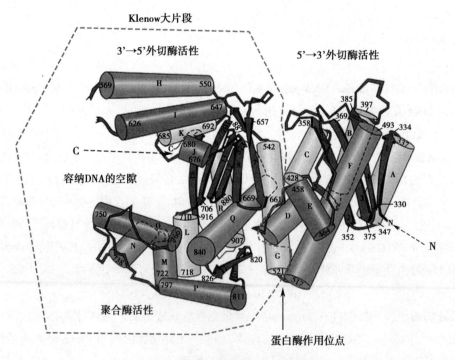

图 11-8　大肠埃希菌 DNA-pol Ⅰ的结构

　　DNA-pol Ⅰ催化脱氧核苷酸聚合的能力远不及 DNA-pol Ⅲ强,但在 DNA 复制过程中发挥特殊的重要功能:①利用其独特的 5′→3′外切酶活性,在 DNA 复制终止阶段切除引物,还可切除错配的核苷酸,起到切除修复作用;②利用其 3'→5'外切酶活性,切除复制过程中错配的核苷酸,起即时校读作用;③利用其 5'→3'聚合酶活性,可对复制和修复中出现的空隙进行填补。

(2) DNA 聚合酶Ⅱ(DNA polⅡ)由 Thomas B. Kornberg 于 1971 年发现,目前对其了解不多。研究表明,DNA-polⅡ具有 5'→3'聚合作用,但也不是复制的主要聚合酶。目前认为 DNA-polⅡ是一种参与基因重组和 DNA 损伤修复的酶。

(3) 1971 年,Thomas B. Kornberg 还发现了 DNA-polⅢ。它是由 α、β、γ、δ、δ'、ε、θ、τ、χ 和 ψ 10 种亚基组成的不对称的异源二聚体,含有 2 个核心酶、1 对 β 亚基二聚体环(滑动夹子)和 1 个 γ 复合物。核心酶(core enzyme)由 α、ε 和 θ 三个亚基构成,其中 α 亚基具有 5'→3'聚合酶活性,以合成 DNA;ε 亚基具有 3'→5'外切核酸酶活性(即时校读功能)和对底物的选择功能;θ 亚基起组装作用。每个核心酶附着 1 个 β 亚基二聚体形成的环,以便核心酶夹住单链 DNA 模板并滑动,使聚合酶不脱离模板 DNA 而持续聚合。其余亚基一起构成 γ 复合物,其主要功能是协同 β 亚基夹住模板 DNA,促进全酶组装至模板上,并增强核心酶的活性(图 11-9)。

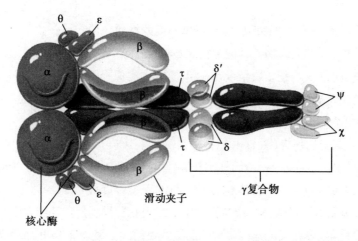

图 11-9　大肠埃希菌 DNA-pol Ⅲ的结构

DNA pol Ⅲ是大肠埃希菌基因组 DNA 复制的主要承担者。DNA-pol Ⅲ在 RNA 引物提供 3'-OH 的基础上催化合成前导链和后随链。DNA-pol Ⅲ具有极强的催化效率,每个酶分子每分钟可催化多达 10^5 个核苷酸聚合。

除了上述 3 种 DNA-pol 为大肠埃希菌基因组 DNA 复制所必需之外,在大肠埃希菌中还存在 DNA-pol Ⅳ和Ⅴ。这两种酶参与了不同寻常的 DNA 的修复过程,主要涉及 DNA 的损伤后修复。

2. 真核生物的 DNA 聚合酶　真核生物细胞中含有多种 DNA 聚合酶,其中常见的 5 种分别命名为 DNA-polα、β、γ、δ 和 ε(表 11-2)。DNA-polδ 类似于 *E.coli* 中的 DNA-pol Ⅲ,是合成子链的主要酶,此外还具

表 11-2　真核生物 DNA 聚合酶

DNA 聚合酶	α	β	γ	δ	ε
相对分子质量 (kDa)	>250	39~68	160~200	>170	256
细胞内定位	核	核	线粒体	核	核
5'→3'聚合酶活性	有	有	有	有	有
3'→5'外切活性	无	无	有	有	有
持续合成能力	中等	低	高	有 PCNA 时高	高
功能	起始引发,引物酶活性	低保真性的复制	线粒体 DNA 的复制	延长子链的主要酶,解旋酶活性	填补引物空缺,切除修复,重组

有解旋酶的活性;DNA-pol α 能催化 RNA 链的合成,且合成 RNA 链的长度有限,因此认为具有引物酶活性;DNA-pol β 类似于 *E.coli* 中的 DNA-polⅡ;DNA-pol ε 类似于 *E.coli* 中的 DNA-polⅠ;DNA-pol γ 是线粒体中 DNA 复制的酶。

二、解旋酶

解旋酶(helicase),能够利用 ATP 供能断裂 DNA 双螺旋间的氢键,使 DNA 局部形成两条单链。在 *E.coli* 中,早期发现的与复制相关的基因被命名为 *dnaA*、*dnaB*、*dnaC*……*dnaX* 等,其编码的蛋白质被命名为 DnaA、DnaB、DnaC……DnaX 等。在 *E.coli* 中发现的解旋酶曾被称为 rep(replication)蛋白,后来研究发现 rep 蛋白就是 DnaB,现被定名为解旋酶。

三、拓扑异构酶

拓扑是指物体或图像作弹性位移而又保持物体不变的性质。原核生物的 DNA 是环状的,无游离末端。真核生物的 DNA 虽然是线状的,但因有很长的长度,DNA 又与组蛋白结合在一起,实际上类似于无游离末端。当 DNA 复制时局部双链被打开,由于无游离末端,DNA 解链产生的旋转张力不可能通过末端的旋转而消除,这将使其余部分的双螺旋有扭曲形成正超螺旋的趋势(图 11-10)。

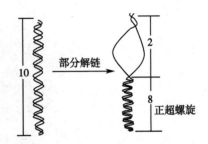

图 11-10　DNA 部分解链形成正超螺旋

DNA 拓扑异构酶(DNA topoisomerase)简称拓扑酶,能增加 DNA 双链的负超螺旋,从而使 DNA 复制时局部双链打开产生的正超螺旋被消除,并且未打开的双链仍能保持天然负超螺旋构象。DNA 拓扑异构酶广泛存在于原核和真核生物中,其对 DNA 分子的作用是既能水解,又能连接磷酸二酯键。目前至少发现有Ⅰ、Ⅱ、Ⅲ和Ⅳ型,以Ⅰ型和Ⅱ型研究的比较清楚。

拓扑酶Ⅰ:在不消耗 ATP 的情况下,切断 DNA 双链中的一股链,使 DNA 解链旋转中不致打结,适当时候又把切口封闭,使 DNA 变为负超螺旋。

拓扑酶Ⅱ:无 ATP 供能时,拓扑酶Ⅱ可切断处于超螺旋状态 DNA 分子某一部分的两条链,断端通过切口使超螺旋松弛;有 ATP 供能时,松弛状态的 DNA 分子转变为负超螺旋状态,断端在同一酶催化下重新连接(图 11-11)。

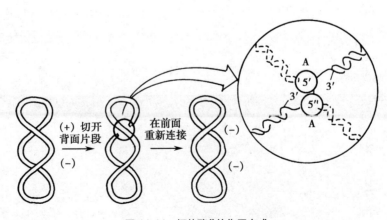

图 11-11　拓扑酶Ⅱ的作用方式

四、引物酶

由于 DNA 聚合酶不具备催化两个游离的 dNTP 聚合形成磷酸二酯键的能力,只能在已结合模板的引物 3′ -OH 末端逐一掺入 dNTP 而延长 DNA 新链,因此,复制起始时必须有引物参与。引物酶(primase)是复制起始时催化生成 RNA 引物的酶。它是一种 RNA 聚合酶,以核苷三磷酸(NTP)为底物。大肠埃希菌的引物酶又称 DnaG,由 dnaG 基因编码。在真核生物,DNA-polα 具有引物酶的活性,用于催化合成 RNA 引物。引物酶催化合成的引物长度约为十几到几十个核苷酸不等,合成方向也是沿着 5′→3′ 方向进行。

五、单链 DNA 结合蛋白

DNA 复制时局部解螺旋形成的单链由于碱基互补配对关系存在形成双链的趋势,因此解开的 DNA 单链作为模板时需要稳定于单链状态。单链 DNA 结合蛋白(single stranded DNA binding protein,SSB)对单链 DNA 有高亲和力,能特异地结合到分开的单链 DNA 上。一方面维持模板 DNA 的单链状态,另一方面使已分开的 DNA 单链免受细胞内广泛存在的核酸酶的降解,从而起到稳定和保护单链 DNA 的作用。原核生物的 SSB 是同源四聚体,具有协同效应。当 DNA 聚合酶向前推进时,SSB 与 DNA 模板单链呈不断结合、解离、再结合的状态,使之一直作为模板,DNA 复制得以完全进行。在真核生物中,一种单链 DNA 结合蛋白称为复制蛋白 A(replication protein A,RPA),它结合到暴露的单链 DNA 上。

六、DNA 连接酶

DNA 连接酶(DNA ligase)催化 DNA 链的 3′ -OH 末端和另一个 DNA 链的 5′ -P 末端连接,形成 3′,5′ 磷酸二酯键,从而把两段相邻的 DNA 片段连成完整的 DNA 链。实验证明,DNA 连接酶的作用特点是:①只能连接 DNA 双链上的缺口(nick),而不能连接空隙或裂口(gap)。缺口指 DNA 某一条链上两个相邻核苷酸之间的磷酸二酯键破坏所形成的单链断裂(图 11-12);裂口指 DNA 某一条链上失去一个或数个核苷酸所形成的单链断裂。②只能连接碱基互补基础上双链中的单链缺口,而对单独存在的 DNA 单链或 RNA 单链没有连接作用。③如果 DNA 两股都有单链缺口,只要缺口前后的碱基互补,也可由连接酶连接。DNA 连接酶不仅在 DNA 复制中起连接作用,而且在 DNA 修复、重组、剪接中也起连接作用。因此,DMA 连接酶是基因工程的重要工具酶之一。

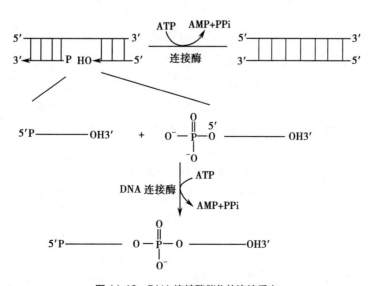

图 11-12　DNA 连接酶催化的连接反应

七、其他蛋白因子

真核生物基因组包括细胞核基因组和核外基因组（线粒体和叶绿体）。真核生物染色体 DNA 复制远比原核生物复杂。因此，除了上述参与 DNA 复制的酶及蛋白因子外，还需复制蛋白 A（RPA）、复制因子 C（replication factor C，RFC）、增殖细胞核抗原（proliferating cell nuclear antigen，PCNA），以及核酸酶 H I（RNase H I）和瓣状核酸内切酶 -1（flap endonuclease 1，FEN1）等蛋白因子的参与（表 11-3）。

表 11-3 参与真核生物 DNA 复制的其他蛋白因子

蛋白因子	功能
复制蛋白 A（RPA）	激活 DNA 聚合酶 α，使解旋酶易于结合 DNA
复制因子 C（RFC）	结合引物 - 模板链，促进 PCNA 与引物 - 模板链结合，有依赖于 DNA 的 ATPase 活性
增殖细胞核抗原（PCNA）	滑动夹子，与合成连续性有关；激活 DNA-pol δ 聚合酶活性；且具有促进核小体生成的作用
核酸酶 H（RNase H I）	去除 RNA 引物
瓣状核酸内切酶 -1（FEN 1）	去除 RNA 引物中最后一个核苷酸

第三节　DNA 的复制过程

原核生物与真核生物的 DNA 复制过程与机制大致相同，只是由于真核生物基因组庞大，且染色体 DNA 在细胞核内组装成核小体，因此 DNA 复制过程更为复杂。生物体内 DNA 的复制是一个连续过程，为了便于理解和阐述，整个复制过程可以分为起始（initiation）、延长（elongation）和终止（termination）3 个阶段。本节主要介绍原核生物 DNA 复制过程，并介绍真核生物 DNA 复制过程与原核生物的异同。

一、原核生物 DNA 的复制过程

原核生物染色体 DNA 大多为环状的 DNA 分子，复制过程遵循半保留复制、半不连续复制和双向复制等规律。下面以大肠埃希菌 DNA 复制为例，学习原核生物 DNA 复制的过程和特点。

（一）复制起始

复制的起始是相对复杂的环节，在此过程中，各种酶和蛋白因子共同作用，在复制起始点，解开双链，形成复制叉，并合成引物形成引发体（primosome）。

1. DNA 双链解开　在 E.coli 中，首先在起始相关蛋白 DnaA（DnaA initiator-associating protein）和整合宿主因子（integration host factor，IHF）的协助下，ATP-DnaA 识别并结合到起始点 oriC 的特殊序列上，使得局部富含AT 的区域解链，形成开放复合物；接着在 DnaC 的协助下，解旋酶 DnaB 结合 DNA 链，并使得 DnaA 和 DnaC 释出，使 DNA 双链解开（图 11-13）。

2. 引发体形成　DnaB 扩大 DNA 双链的解链范围；引物酶（DnaG 蛋白）进入，并合成 RNA 引物，形成引发体。因此，引发体由解旋酶 DnaB、引物酶 DnaG 和 DNA 的复制起始区域构成。

随着 RNA 引物的合成和 DNA-pol Ⅲ 的加入，在复制起始部位两侧形成两个复制叉，复制进入延长阶段（见图 11-13）。

（二）复制延长

在复制叉处，DNA-pol Ⅲ 催化 dNTP 以 dNMP 方式逐个加入引物或延伸中子链的 3′ -OH 上，其化学本

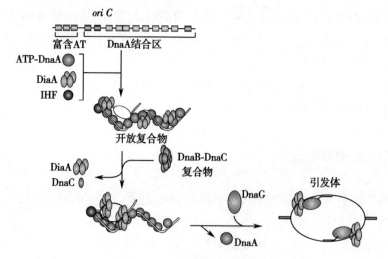

图 11-13　大肠埃希菌 DNA 复制起始

质是 3′,5′-磷酸二酯键的不断生成。复制叉处 DNA 延长是由 DnaB 蛋白解开双链,SSB 稳定并保护单链,DNA-pol Ⅲ 以其不对称异源二聚体蛋白质的 2 个核心酶分别催化领头链和随从链以 5′→3′ 方向延长(图 11-14),底物 dNTP 的 α 磷酸与引物或延伸中子链的 3′-OH 反应生成 3′,5′-磷酸二酯键,dNMP 的 3′-OH 又成为延伸中子链的 3′-OH 末端,使下一个底物可以掺入。由于 DNA 的两条互补链方向相反,随从链的模板 DNA 可折叠或绕成环状(见图 11-14),使随从链与领头链的生长点都能分别处在同一 DNA-pol Ⅲ 的 2 个核心酶的催化位点上。

领头链的子链延伸方向与解链方向相同,可以连续延长。随从链的子链延伸方向与解链方向相反,因此呈不连续延长,延长过程要不断生成引物,引物生成只需要引物酶,不需要 DnaA、B、C 蛋白参与。延长过程中 DnaB 蛋白解开双链产生的张力在复制叉前方的 DNA 双链中被拓扑酶引入负超螺旋而消除。DNA 复制延长速度相当迅速,在营养充足、生长条件适宜时,*E. coli* 每 20 分钟可繁殖一代,按其基因组约 3×10^6 碱基对计算,相当于每秒钟掺入 2500 个左右的核苷酸。

（三）复制终止

原核生物基因组大多是闭合环状 DNA,按照双向复制规律,两个复制叉向相反方向行进到达终止点时汇合。复制终止阶段主要包括切除引物、填补空缺、连接缺口等步骤。

由于复制的半不连续性,随从链上出现许多冈崎片段。每个冈崎片段有一段 RNA 引物,必须除去 RNA 引物并用 DNA 填补,其大致过程为(图 11-15):①切除引物:由 RNA 酶 H(RNase H)识别并切除 RNA 引物,但 RNase H 不能切除与 DNA 末端直接连接的 RNA 引物的最后一个核苷酸,这是因为 RNase H 只能断裂 2 个核苷酸之间的键,与 DNA 末端直接连接的核苷酸由 DNA-pol Ⅰ 的 5′→3′ 外切酶活性切除;②填补空缺:由 DNA-pol Ⅰ 催化

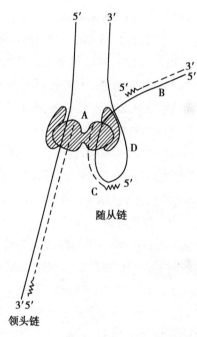

图 11-14　原核生物 DNA-pol Ⅲ 催化领头链和随从链的延长模式

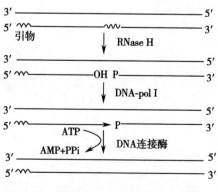

图 11-15　复制终止 RNA 引物切除、填补和连接过程

前一个复制片段的 3′-OH 延长以填补留下的空隙；③连接缺口：片段间的缺口由 DNA 连接酶在相邻的 5′-P 和 3′-OH 之间形成磷酸二酯键。这样所有冈崎片段的 RNA 引物都被替代并连接成完整的 DNA 子链。此过程在子链延长中已陆续开始进行。

领头链 5′ 末端也有引物水解后的空隙，环状 DNA 最后复制的 3′-OH 端继续延长，即可填补该空隙及连接，完成基因组 DNA 的复制过程。

二、真核生物 DNA 的复制过程

真核生物 DNA 复制在细胞周期的 S 期（即 DNA 合成期）进行，一个细胞周期中仅复制一次，复制过程与原核生物 DNA 复制基本相似，但真核生物基因组结构庞大且染色体由核小体的构成。此外，染色体末端包含端粒 DNA 结构。因此，真核生物 DNA 的复制更加复杂与精细。

（一）复制起始

真核生物复制起始点多、起始序列较短；酵母 DNA 的复制起始点包含富含 AT 的核心序列，又称为自主复制序列（autonomous replication sequences，ARS）。真核生物以多个复制子复制，但各个复制子的起始并不同步。参与起始的酶和蛋白质较多，除需 DNA-pol α、δ 外，另有许多蛋白质如拓扑酶、复制因子（replication factor，RF），如 RFA，RFC，以及增殖细胞核抗原（proliferation cell nuclear antigen，PCNA）的参与。PCNA 为同源三聚体，具有和原核生物 DNApol Ⅲ 的 β 亚基类似的结构和功能，且具有促进核小体生成的作用。因此，PCNA 的表达水平可以作为检验细胞增殖能力的重要指标。

真核生物 DNA pol α 和 pol δ 处理具有聚合酶活性外，分别具有引物酶和解旋酶活性。DNA-pol α 以解开的一段 DNA 为模板，首先催化 NTP 合成 8~10 nt 的一段 RNA 引物，然后它由引物酶活性转变为 DNA 聚合酶活性，以 dNTP 为原料，在 RNA 的 3′-OH 末端的基础上延长 15~30nt，从而形成 RNA-DNA 引物。RNA-DNA 引物上的这段 DNA 称为起始 DNA（initiate DNA，iDNA）。

（二）复制延长

DNA-pol α 不具备持续合成的能力，当 iDNA 达到一定长度（约 40nt）后，复制因子 C（RFC）结合到引物-模板接合处，使得 DNA pol α 与模板 DNA 脱离，同时 RFC 负责组装 PCNA 滑动夹子，介导 PCNA 装载于 DNA 上。然后 DNA pol δ 结合到 PCNA 组成的滑动夹子上，导致 DNA pol α/δ 之间完成转换，DNA pol δ 开始催化底物聚合，延伸子链（图 11-16）。在 PCNA 和 DNA-pol δ 协同作用下，前导链可以持续合成，冈崎片段合成长度为 130~200nt。

单个复制起始点复制的速度较慢，但由于真核生物是多复制子复制，因此总复制速度较快，且复制速

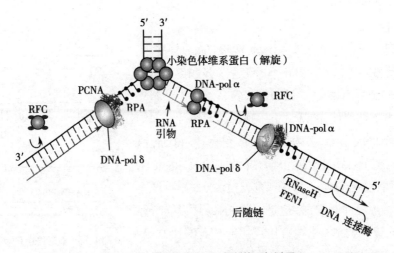

图 11-16 真核生物 DNA 复制的延长过程

度与生物发育的时空有关。

（三）复制终止

真核生物 DNA 复制的终止也需要切除引物并将不连续的冈崎片段连接成完整的子链 DNA。此外，真核生物 DNA 复制过程中还需要连接多个复制子，复制完成后随即与组蛋白组装成核小体。

引物的去除需要由 RNase HⅠ 降解 RNA-DNA 引物中的 RNA，最后一个冈崎片段上的核糖核苷酸由瓣状内切核酸酶（FEN1）除去。去除引物后留下的空隙由 DNA-polδ 填补，最后 DNA 连接酶将相邻的 DNA 片段以 3′,5′-磷酸二酯键连接起来，形成完整的子链 DNA。

由于真核生物染色体 DNA 为线性分子，在复制终止阶段，由于 DNA 合成只能是 5′→3′ 方向，在引物切除后 DNA-pol 无法填补 5′-端留下的空隙。如果这个空隙不被填补，真核生物染色体 DNA 将面临随着 DNA 复制次数的增加而逐渐缩短的问题，且新合成 DNA 单链可能被核内的 DNA 酶（DNase）降解。这些问题曾经困扰了人们许多年，后来随着端粒酶的发现，使得这个问题得以解决。

端粒（telomere）是真核生物染色体 DNA 末端，维持染色体稳定性和 DNA 复制完整性的特殊结构，由端粒 DNA 和 DNA 结合蛋白组成。端粒 DNA 是富含 TG 的多次短重复序列，重复次数可达十至百余次。该重复短片段有种族特异性，如：人的端粒 DNA 含有 TTAGGG 重复序列（图 11-17）。端粒的结构由端粒酶（telomerase）催化合成。端粒酶是一种特殊的逆转录酶活性的特殊核蛋白复合物，由 RNA 和蛋白质组成，其 RNA 富含 CA 重复序列，蛋白质部分包括端粒酶结合蛋白 1（human telomerase associated protein 1，hTP1）和端粒酶逆转录酶（human telomerase reverse transcriptase，hTRT）。

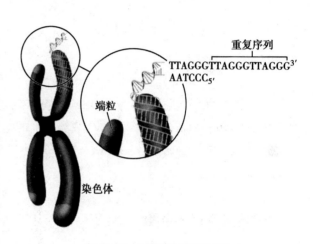

图 11-17　人的端粒结构示意图

端粒酶催化合成端粒 DNA 的机制称为爬行模型（inchworm model），其过程大致为：①端粒酶辨认并结合母链：端粒酶利用自身的 RNA 与端粒 DNA 的 3′-末端序列互补而辨认结合。②逆转录延长母链并反折：以自身 RNA 为模板，以互补的 DNA 链末端为引物，延长端粒 DNA 的 3′-OH 末端。富含 TG 的端粒 DNA 链延长到一定长度时，端粒酶脱离母链，重新定位 RNA 模板，开始下一轮延伸。当端粒 DNA 延长至一定长度后通过形成非标准的 G-G 发夹结构形成反折。③DNA 聚合酶复制子链：自身反折作为模板，在 DNA-pol 的催化下，以延长的 DNA 作为模板，反折的 3′-OH 末端作为引物，由 DNApol 催化按 5′→3′ 方向补齐子链 DNA，最后的缺口由 DNA 连接酶连接（图 11-18）。

原核生物和真核生物 DNA 复制的主要区别简单总结见表 11-4。

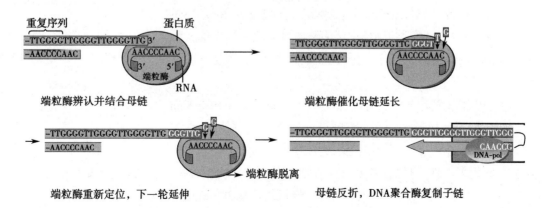

图 11-18　端粒酶催化作用的爬行模型

表 11-4 原核生物和真核生物 DNA 复制的主要区别

	原核生物	真核生物
复制子	单复制子复制	多复制子复制
冈崎片段	长	短
复制叉前进速度	快	慢
复制时期	一个复制过程没结束,第二个复制过程就可开始	仅发生在 S 期,一个细胞周期中仅复制一次
核小体的分离与重新组装	无	有
引物	RNA 小片段	除 RNA 外还有 DNA 片段(iDNA)作为组成成分
引物酶	特殊的 RNA 聚合酶	DNA-pol α
链延长的主要 DNA 聚合酶	DNA-pol Ⅲ	DNA-pol δ
末端空隙的填补方式	环状 DNA 最后复制的 3′-OH 端继续延长	端粒酶延长端粒

第四节 逆转录

自然界中绝大多数生物都是以 DNA 作为遗传物质,但也有某些噬菌体和病毒以 RNA 为遗传物质,如噬菌体 Qβ、MS2、Rous 肉瘤病毒(RSV)、禽类白血病病毒(ALV)等。以 RNA 为模板,在逆转录酶的催化下合成 DNA 的过程称为逆转录(reverse transcription)。逆转录时信息流动方向是从 RNA→DNA,与转录时信息流动方向正好相反。

一、逆转录及逆转录酶

逆转录又称为反转录,是指以 RNA 为模板合成 DNA 的过程,此过程与以 DNA 为模板合成 RNA 的转录过程方向相反,所以称为逆转录。催化逆转录过程的酶称为逆转录酶(reverse transcriptase),该酶有 3 种酶促活性:①依赖 RNA 的 DNA 聚合酶活性(逆转录活性);②RNase H 活性,可以特异地水解 RNA-DNA 杂合双链中的 RNA 链;③依赖 DNA 的 DNA 聚合酶活性。

二、逆转录的过程

从单链 RNA 生成双链 DNA 的生成过程包括:①逆转录病毒感染宿主细胞后,逆转录酶以病毒 RNA 为模板,dNTP 为底物,以 5′→3′ 方向合成与 RNA 互补的 DNA(complementary DNA,cDNA)单链,生成 RNA-DNA 杂化双链;②逆转录酶利用 RNase H 活性水解杂化双链中的模板 RNA 链;③RNA 水解后剩下的单链 cDNA 为模板,dNTP 为底物合成双链 cDNA。

按上述过程,病毒利用逆转录酶合成的双链 cDNA 保留了病毒 RNA 的全部遗传信息,可以被整合到宿主细胞染色体 DNA 中,随宿主细胞 DNA 的复制而复制,并传递给子代细胞。整合到宿主细胞染色体 DNA 中的病毒 DNA 也可以作为模板,转录出逆转录病毒的遗传物质 RNA,其本质是 mRNA,能指导合成逆转录酶等病毒蛋白质,包装出含有病毒 RNA、逆转录酶的病毒颗粒,又可感染新的宿主细胞(图 11-19)。

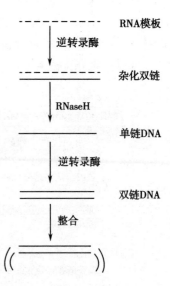

图 11-19 逆转录酶催化 cDNA 合成

三、逆转录的意义

1. 加深了人们对中心法则的认识　传统中心法则认为 DNA 处于生命活动的中心位置。逆转录现象说明,至少在某些生物,RNA 同样具有携带并传递遗传信息的功能,扩充了中心法则。

2. 利用逆转录酶获取基因工程中的目的基因　基因工程中以目的基因 mRNA 为模板,人工合成的寡聚胸苷酸(poly T)为引物,在逆转录酶的催化下体外合成 cDNA 单链,再进一步合成 cDNA 双链,获得目的基因片段。

3. 拓宽了病毒致癌理论　详见第十六章。

第五节　DNA 的损伤与修复

作为遗传物质,DNA 的完整性和稳定性至关重要。在长期的生物进化过程中,生物体不免会受到内外环境中各种因素的影响,从而造成 DNA 损伤(DNA damage)。同时,在生物进化过程中,为了适应环境,无论低等生物还是高等生物都形成了自己的 DNA 损伤修复系统,来应对各种因素造成的不同 DNA 损伤,从而恢复 DNA 的正常结构,保持细胞的正常功能。

一、DNA 损伤

(一) DNA 损伤的因素

引起 DNA 损伤的因素很多,根据引发机制不同,损伤因素可以分为体内因素和体外因素。体内因素包括机体代谢物、DNA 复制错误及 DNA 本身的热不稳定因素等;体外因素则包括物理因素、化学因素及生物因素。

1. 体内因素　①机体代谢物:如活性氧(ROS)可以直接作用于碱基,产生 8-OH 脱氧鸟嘌呤;②DNA 复制错误:尽管 DNA-pol 具有校读功能,但复制时极少产生的错配的碱基依然有可能被保留下来;③DNA 自身不稳定性:当 DNA 所处环境的温度、pH 值等因素发生变化时,DNA 分子中的组成成分发生改变,如碱基上的氨基可以互变异构成亚氨基。

2. 体外因素　①物理因素:最常见的是紫外线及各种电离辐射。紫外线照射,可使 DNA 分子中同一链上相邻的嘧啶碱基之间形成共价连接的二聚体。离辐射产生的 OH 自由基,引起 DNA 链上碱基氧化、开环和脱落等。②化学因素:引起 DNA 损伤的化学因素种类很多,如自由基、碱基类似物、碱基修饰物、化学诱变剂、烷化剂等。③生物因素:主要指细菌和病毒,如黄曲霉菌、麻疹病毒、疱疹病毒和免疫缺陷病毒等。

(二) DNA 损伤的类型

根据 DNA 分子结构的改变不同,DNA 损伤主要有以下几种。

1. 点突变(point mutation)　指 DNA 分子上只有一个碱基或碱基对发生改变。狭义的点突变也称作单碱基置换(base substitution)。如果是一种嘌呤被另一种嘌呤取代,或嘧啶被另一种嘧啶取代,称为转换(transition);如果是嘌呤被嘧啶或嘧啶被嘌呤取代,则称为颠换(transversion)。

2. 缺失(deletion)或插入(insertion)　指 DNA 分子上一个碱基或一段核苷酸链的丢失或增加。若缺失或插入的核苷酸数目不是 3 的倍数,可导致遗传信息的框移突变(frameshift mutation),即三联体密码的阅读方式发生改变。

3. DNA 链的断裂　电离辐射、某些化学毒剂导致 DNA 链的断裂,脱氧核糖的破坏、碱基开坏和脱落都是引起 DNA 断裂的常见原因。碱基或脱氧核糖的损伤可引起 DNA 双螺旋局部变性,形成核酸内切酶的敏感位点,经特异核酸内切酶切割后造成 DNA 链的断裂。

4. 重排（rearrangement） 指 DNA 分子内发生核苷酸片段的交换、内迁或序列颠倒，也就是 DNA 分子内部重组。

事实上，DAN 的损伤是一个及其复杂的过程。当 DNA 受到损伤时，在局部范围发生的损伤，常常不止一种，而是多种损伤的复合存在。

二、DNA 损伤后修复

各种原因造成的 DNA 损伤虽不可避免，然而 DNA 的修复与损伤几乎同时发生，这种修复作用是生物在长期进化过程中获得的一种保护功能。细胞内存在多种修复 DNA 损伤的途径。根据 DNA 损伤后修复的机制不同，将 DNA 的修复分为光修复（light repair）、切除修复（excision repair）、重组修复（recombination repair）和 SOS 修复（SOS repair）等。一种 DNA 的损伤可通过多种途径来修复，而一种修复途径也可同时参与到多种损伤修复过程。

（一）光修复

大剂量的紫外线可使 DNA 分子中相邻嘧啶之间的双链打开并发生共价结合，形成嘧啶二聚体，如 T-T、C-T、C-C，其中以 T-T 最为常见。普遍存在于各种生物体内的光修复酶能识别结合嘧啶二聚体，利用波长为 300~600nm 的可见光的能量使二聚体解聚，使 DNA 恢复正常（图 11-20）。

（二）切除修复

切除修复是生物界最普遍的一种修复方式。依据损伤的机制不同，又可分为碱基切除修复和核苷酸切除修复。

1. 碱基切除修复（base excision repair） DNA 中受损碱基可以通过碱基切除修复来恢复其正常结构。此过程需要一种特异的 DNA 糖基化酶（glycosylase）参与。首先此酶识别 DNA 中受损的碱基，切断糖与碱基之间的糖苷键，从 DNA 骨架上将其切除，留下一个无碱基位点；然后，在无碱基位点核酸内切酶的催化下，断裂磷酸二酯键，去除剩余的磷酸核糖部分；接着，产生的单一核苷酸空隙由 DNA 聚合酶根据另一条链的碱基合成互补序列；最后，由 DNA 连接酶连接切口（图 11-21）。

2. 核苷酸切除修复（nucleotide excision repair） 与碱基切除修复类似，只是核苷酸切除修复识别大片段 DNA 损伤或 DNA 双螺旋结构的变形。在大肠埃希菌参与核苷酸切除修复的蛋白质主要有 4 种：UvrA、

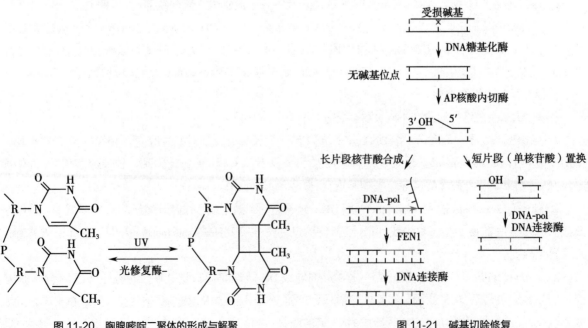

图 11-20　胸腺嘧啶二聚体的形成与解聚　　　　　　图 11-21　碱基切除修复

UvrB、UvrC 和 UvrD（Uvr：紫外线抵抗，ultravoilet resistant）。UvrA 和 UvrB 可识别和结合 DNA 受损部位，UvrC 具有切除功能。其过程为：①UvrA、UvrB 识别结合 DNA 损伤部位：2 个 UvrA 和 1 个 UvrB 分子组成复合物结合于 DNA，并沿着 DNA 移动，UvrA 能够识别 DNA 损伤造成的 DNA 双螺旋结构变形，UvrB 能使 DNA 解链，在损伤部位形成一个单链区。②UvrC、UvrD 切除 DNA 损伤部位：UvrB 募集核酸内切酶 UvrC，在损伤部位的两侧切断 DNA 链，其中一个切点位于损伤部位 5′ 端 8 个核苷酸处，另一个切点位于 3′ 端 4~5 个核苷酸处。然后，在 UvrD 解旋酶作用下分离两切口间的 DNA 片段。③填补、连接：由 DNA-pol I 催化填补空隙，再由 DNA 连接酶连接缺口（图 11-22）。

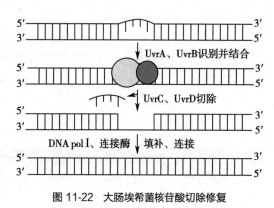

图 11-22　大肠埃希菌核苷酸切除修复

真核生物核苷酸切除修复需要许多种蛋白因子参与，如 XPA、XPB、XPC、XPD、XPF、XPG 等。它们具有识别 DNA 损伤部位、解旋酶活性、切除核苷酸等功能。编码 XP 蛋白质的某些基因缺欠，会导致着色性干皮病（xeroderma pigmentosum，XP）。这是一种罕见的常染色体隐性遗传性疾病，患者对紫外线造成的 DNA 损伤不能修复，最终可能引起皮肤癌。

（三）重组修复

若 DNA 损伤较严重，上述修复机制未能及时修复，而 DNA 已进入复制，此时细胞还可通过重组修复方式进行修复。重组修复实际上是先复制后修复，其基本过程为：①复制：DNA 断裂损伤面较大、又不能及时修复的 DNA 可以被复制，复制酶在 DNA 损伤部位无法通过碱基配对合成子代 DNA 链，只能跳过损伤部位，在下一个冈崎片段的起始位置或领头链的相应位置上重新启动合成，因此子代 DNA 链会在损伤对应处留下空隙；②重组：利用重组蛋白 A（recombination protein A，RecA）的核酸酶活性，将另一条健康母链 DNA 与有空隙的子链 DNA 进行重组交换，将健康母链 DNA 上相应的片段填补于子链空隙处，而此时母链 DNA 又出现空隙；③填补、连接：以另一子链 DNA 为模板，经 DNApol 催化合成新的 DNA 片段填补母链 DNA 的空隙，最后由 DNA 连接酶连接，使健康母链 DNA 复原（图 11-23）。

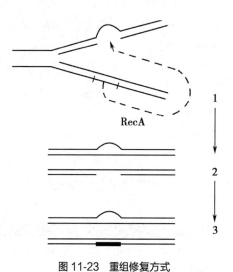

图 11-23　重组修复方式

1. 示损伤部位，虚线箭头示片段交换；2. 重组后，损伤链有缺陷单链，健康母链带空隙；3. 粗短线代表健康母链复制复原

实际上重组修复并未将损伤去除,但由于DNA进行了复制,将亲代DNA中的损伤分配到子代DNA中。随着复制的不断进行,若干代后,即使损伤始终未除去,但损伤链所占比例越来越低,可在后代细胞群中被"稀释"掉。

(四) SOS 修复

SOS修复是最初在 *E.coli* 中发现的一种应急DNA修复机制。当DNA受到广泛损伤产生很多单链区域而难以复制,危及细菌生存时,可诱导SOS修复机制。SOS修复机制主要包括:①促进与切除修复、重组修复相关的酶和蛋白质的表达,从而增强这些修复机制;②在模板损伤处诱导产生缺乏校读功能的特殊DNA聚合酶,其不需模板就能掺入核苷酸使细胞能够生存,但付出的代价是产生广泛的突变。

(樊建慧)

学习小结

DNA生物合成包括3种方式:子代DNA合成、逆转录和DNA修复合成。

DNA复制是指以亲代DNA为模板合成子代DNA的过程,具有特异的起始位点、双向复制、半保留复制、半不连续复制和高保真性5个基本特征。参与复制的生物分子主要有:模板、底物、引物、多种酶和蛋白质因子(如DNA聚合酶、解旋酶、单链DNA结合蛋白、引物酶、拓扑异构酶和DNA连接酶等)。目前发现原核生物的DNA聚合酶有DNA-pol Ⅰ、Ⅱ、Ⅲ、Ⅳ和Ⅴ5种,其中DNA-pol Ⅲ是原核生物DNA复制延长中真正起催化作用的酶;真核生物常见的5种DNA聚合酶为DNA-pol α、β、γ、δ和ε,其中DNA-pol δ是合成子链的主要酶,兼具有解旋酶活性。

原核生物复制起始,解旋酶(DnaB)、引物酶(DnaG)和DNA起始复制区域的复合结构形成引发体,由引物酶合成RNA引物;DNA-pol Ⅲ负责催化延伸DNA子链,延伸方向总是5′→3′;原核生物环状DNA是单复制子,复制叉向终止点汇合而终止复制。真核生物的DNA复制过程与原核生物基本相似,但参与复制的酶种类、数量更多更复杂,特别是真核生物复制终止需端粒酶催化延长端粒,端粒对维持染色体的稳定性及DNA复制的完整性起重要作用。

逆转录是指以RNA为模板合成DNA的过程,催化逆转录过程的酶称为逆转录酶,该酶有3种酶促活性:依赖RNA的DNA聚合酶活性(逆转录活性)、RNase H活性和依赖DNA的DNA聚合酶活性。

在长期的生物进化过程中,体内、体外不同的因素都可以导致DNA损伤。根据DNA分子的改变,可将DNA损伤分为点突变、缺失和插入、DNA链的断裂和重排等几种类型。同时,生物体具有DNA损伤修复系统,来恢复DNA的正常结构和功能。DNA损伤的修复主要有光修复、切除修复、重组修复和SOS修复等方式,其中切除修复是细胞内最重要的修复机制。

复习参考题

1. 简述原核生物和真核生物DNA复制的主要区别。

2. 试述原核生物DNA聚合酶的种类并对它们的性质和功能进行比较。

3. 逆转录酶具有哪些酶促活性?

4. 参与复制的生物分子主要有哪些?

5. DNA损伤的主要修复机制有哪些?

第十二章　RNA 的生物合成

12

RNA 生物合成有两种方式:一是 DNA 指导的 RNA 合成,也称为 RNA 转录,由 DNA 依赖的 RNA 聚合酶催化,是生物体遗传信息从染色体 DNA 传递给蛋白质分子,即"中心法则"的重要环节。另一种方式是 RNA 指导的 RNA 合成过程,也称为 RNA 复制,由 RNA 依赖的 RNA 聚合酶催化,是 RNA 病毒在宿主细胞以病毒单链 RNA 为模板合成 RNA 的方式。本章主要介绍 RNA 转录。

RNA 转录与 DNA 复制有许多相似之处:都是酶催化的核苷酸聚合过程;都以 DNA 为模板;以三磷酸核苷酸为原料;由依赖 DNA 的聚合酶以 5′→3′方向催化核苷酸之间生成磷酸二酯键;都遵从碱基互补配对规则;产物都是多聚核苷酸链。但又有区别(表 12-1)。

表 12-1　复制和转录的区别

	复制	转录		复制	转录
模板	DNA 中的两条链	DNA 中的模板链	酶	DNA 聚合酶	RNA 聚合酶
方式	半保留,半不连续	不对称	碱基配对	A-T,G-C	A-U,T-A,G-C
引物	小分子 RNA	不需要	终产物	子代双链 DNA	mRNA,tRNA,rRNA 等
原料	dNTP(N:A、G、C、T)	NTP(N:A、G、C、U)			

第一节　转录的特征及相关酶

问题与思考

为保留物种的全部遗传信息,整个基因组 DNA 均需复制。人类基因组编码蛋白质的基因为 2~2.5 万,其中只有 2%~15% 的基因处于转录活性状态。

思考:在真核生物庞大的基因组中,为什么只有少部分基因启动发生转录?

在 DNA 双链中,按碱基配对规律能指导生成 RNA 的一股链作为模板指导 RNA 的生物合成。催化转录的酶是依赖 DNA 的 RNA 聚合酶(DNA dependant RNA polymerase,DDRP),简称 RNA 聚合酶(RNA pol)。

一、转录的基本特征

复制是为了保留物种的全部遗传信息,因此复制是基因组 DNA 的全长复制。转录是有选择性的,人类基因组中 2~2.5 万个基因,其总长度只占基因组 DNA 的一小部分,并且每种细胞的基因在不同的生长发育时期、不同的生理条件下,也只有一部分被转录。能转录出 RNA 的 DNA 区段,称为结构基因(structural gene)。在某一结构基因中,DNA 的两条链只有一条链作为模板指导转录,另一条链不被转录;不同结构基因的模板链并不总是在同一条 DNA 单链上,转录的这两种选择性称为不对称转录(asymmetric transcription)。在结构基因,DNA 双链中指导转录生成 RNA 的一条 DNA 链称为模板链(template strand)或有意义链(sense strand)。相对的另一条单链称为编码链(coding strand)或反意义链(antisense strand)。转录与复制一样,产物链总是沿 5′→3′方向延长(图 12-1)。编码链的碱基序列与 mRNA 的编码序列基本相同,只是其上的 T 在 mRNA 的相应碱基为 U。文献中刊出 DNA 序列时,以大写字母代表编码链,小写字母代表模板链。为了简单明了的表达,书写基因序列时往往只写编码链的序列。

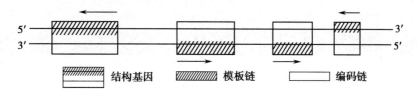

图 12-1 不对称转录

箭头表示 5′→3′ 转录的方向

二、RNA 聚合酶

RNA 聚合酶催化合成 RNA 是以 DNA 为模板、4 种核糖核苷三磷酸(NTP)为原料,Mn^{2+} 和 Zn^{2+} 参与的核苷酸的聚合反应。RNA 合成的化学反应机制与 DNA 聚合酶催化的 DNA 合成相似,RNA 链的合成方向也是 5′→3′,第一个核苷酸带有 3 个磷酸基,其后每加入一个核苷酸脱去一个焦磷酸,形成磷酸二酯键。与 DNA 聚合酶作用不同的是,RNA 聚合酶作用无需引物,它能直接在模板上合成 RNA 链。

RNA 聚合酶无校对功能,转录发生的错误率比复制发生的错误率高。对大多数基因而言,一个基因可以转录产生许多 RNA 拷贝,而且 RNA 最终被降解和替代,所以转录产生的错配 RNA 对细胞的影响比复制产生错配 DNA 对细胞的影响小。

(一)原核生物的 RNA 聚合酶

原核生物(以大肠埃希菌为例)的 RNA 聚合酶全酶(holoenzyme)是由 4 种、5 个亚基 $\alpha_2\beta\beta'\sigma$ 构成的蛋白质,分子量 480kDa。σ 亚基可与全酶分离,4 聚体 $\alpha_2\beta\beta'$ 称为核心酶(core enzyme)。体外实验结果表明,全酶能与模板的特异启动序列结合,σ 亚基辨认启动序列的转录起始位点,核心酶与启动序列的结合位点紧密结合,然后全酶在转录起始点起始转录,转录延长阶段只由核心酶催化完成。经研究确定,α 亚基可选择基因进行转录,决定转录的特异性;β 亚基催化核苷酸之间生成磷酸二酯键,起核苷酸聚合作用,参与转录的全过程;β′ 亚基的功能是使酶与模板结合,并有解螺旋酶的功能,能解开 DNA 的局部双螺旋,也与转录的全过程有关。有证据表明,大肠埃希菌 RNA 聚合酶还有第五种亚基 ω 存在,其功能不详。

RNA 聚合酶有多种 σ 亚基,不同的 σ 亚基与核心酶组成不同的全酶,转录三种 RNA,即 mRNA、tRNA 和 rRNA。σ 亚基根据其分子量命名。例如:σ^{70}(分子量 70kDa)是辨认一般基因启动序列和转录起始点的,σ^{32} 是辨认热休克反应激蛋白基因启动序列和转录起始点的。各亚基及功能见表 12-2。

表 12-2 大肠埃希菌 RNA 聚合酶

亚基	分子量	亚基数目	功能
α	36 512	2	决定哪些基因被转录
β	150 618	1	催化核苷酸的聚合
β′	155 613	1	结合并解开 DNA 模板
σ	70 263	1	辨认启动序列及起始点

(二)真核生物的 RNA 聚合酶

真核生物有三种 RNA 聚合酶,称为 RNA 聚合酶Ⅰ、Ⅱ、Ⅲ,分别转录生成不同种类的 RNA 前体。每种 RNA 聚合酶都由多个亚基组成,某些亚基与原核生物 RNA 聚合酶亚基的结构有一定的同源性,功能也相似。但真核生物 RNA 聚合酶中没有原核 σ 亚基的对应物,因此必须借助各种转录因子才能选择和结合到启动子上。三种 RNA 聚合酶的核定位、功能和敏感性都不尽相同(表 12-3)。

表 12-3 真核生物的 RNA 聚合酶

种类	I	II	III
核定位	核仁	核质	核质
转录产物	45S-rRNA	hnRNA	tRNA、5S-rRNA、snRNA
对鹅膏蕈碱的反应	耐受	极敏感	中度敏感

第二节 转录的基本过程

与 DNA 复制过程相似,原核生物和真核生物的转录过程都可划分为三个阶段:起始、延长和终止,两者的转录延长过程大致相似,但起始过程有较大区别,转录终止也不一样。

一、原核生物的转录过程

转录过程(图 12-2)分为起始、延长和终止三个阶段。起始过程需要 RNA 聚合酶全酶,由 σ 亚基辨认起始点,延长过程由 RNA 聚合酶核心酶催化,终止过程分为两类:依赖 ρ 因子的转录终止和非依赖 ρ 因子的转录终止。

(一) 转录起始

转录起始(transcription initiation)过程包括:RNA 聚合酶全酶结合到 DNA 模板的启动序列,局部 DNA 双链解开,按模板碱基配对规律掺入第 1、第 2 个 NTP,形成转录起始复合物,即 RNA 聚合酶全酶 -DNA-pppGpN-OH-3′。

启动序列(promoter,P)是 RNA 聚合酶辨认结合、起始转录的特异 DNA 序列。原核生物的启动序列位于结构基因的上游,长度约为 55bp,含有转录起始点和两个部位,即结合部位和识别部位(图 12-3)。

1. 转录起始点 转录起始点(transcription start site)是模板 DNA 上开始转录的第一个核苷酸位点。在编码链的对应第一个碱基(通常为 A 或 G)标以 +1,从起始点开始顺转录方向的序列为下游,用正数表示,从起始点开始与转录方向相反的序列为上游,用负数表示。转录起始点由 RNA 聚合酶 σ 亚基辨认。

2. 结合部位 是指与 RNA 聚合酶核心酶开始紧密结合的序列。其中心位于起始点上游 –10bp 处,称为 –10 区,或 Pribnow 盒(Pribnow box)。Pribnow 盒的保守序列为 5′-TATAAT-3′,碱基组成全

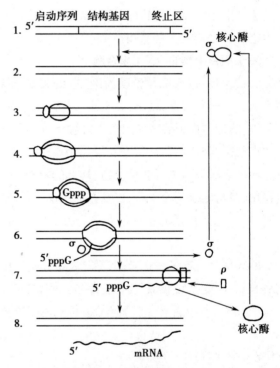

图 12-2 原核生物的转录过程

1、2. 待转录的基因,3′→5′ 单链为模板链;3、4. 转录起始,全酶结合于启动区;5. 第一个 pppG 加入;6. σ 因子释出,开始链延长;7. 转录终止,ρ 因子加入,核心酶释出;8. 转录完成

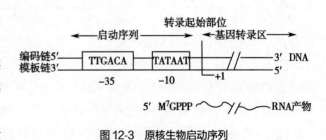

图 12-3 原核生物启动序列

是 A-T 配对,所以 T_m 值较低,此区域的 DNA 双链容易解开,有利于 RNA 聚合酶的结合,促进转录起始。

3. 识别部位　识别部位是指 RNA 聚合酶 σ 亚基识别启动序列的部位。其中心位于起始点上游 −35bp 处,称为 −35 区,保守序列为 5′-TTGACA-3′。

任何天然的启动序列不会恰好与上述保守序列完全一致,它们与保守序列总有一些差别,但若某一启动序列的保守序列与上述序列越接近,RNA 聚合酶越容易与之结合并开始转录。

大肠埃希菌的转录起始过程是,RNA 聚合酶 σ 亚基首先识别结构基因上游启动序列的识别部位,之后全酶向下游移动到结合部位,核心酶与之紧密结合,引起 DNA 双链分子局部区域发生构象变化,在结合部位附近打开约 17 个 bp 长度的双链,暴露出 DNA 模板链。RNA 聚合酶的 σ 亚基再辨认模板链上的转录起始点,根据模板链上起始位点的两个核苷酸序列,按碱基互补原则,在 RNA 聚合酶的催化下以 3′,5′ 磷酸二酯键连接形成转录起始复合物(RNA 聚合酶全酶 -DNA-pppGpN--OH-3′)(图 12-4),其第一个核苷酸总是三磷酸嘌呤核苷(GTP 或 ATP),以 GTP(可写成 pppG)更为常见。随后,σ 亚基从模板及 RNA 聚合酶上脱落,RNA 聚合酶的核心酶沿着模板向下游移动,进入转录延长阶段。脱落下来的 σ 亚基可再次与核心酶结合组成全酶而循环利用。

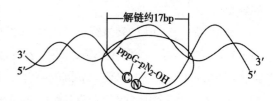

图 12-4　原核生物转录起始复合物

(二) 转录延长

转录延长过程,RNA 聚合酶核心酶不断打开 DNA 双链,产生单链模板,按碱基配对规律,核心酶催化 NTP 连接到转录起始复合物四磷酸二核苷酸的游离 3′-OH,生成磷酸二酯键,并以 5′→3′ 方向,将 NMP 不断掺入延长中的 RNA 链。在碱基配对中,模板为 A 时,新生 RNA 中掺入的是 U 而不是 T。

延长的每一步反应为:$(NMP)_n + NTP \rightarrow (NMP)_{n+1} + PPi$

RNA 链延长过程中,打开的 DNA 双链区长度约为 17bp,其中与新合成的 RNA 形成 RNA/DNA 杂化双链约为 12bp,这种由"RNA 聚合酶核心酶 -DNA- 新生 RNA"组成的转录复合物,形象地称为转录空泡(transcription bubble)(图 12-5)。

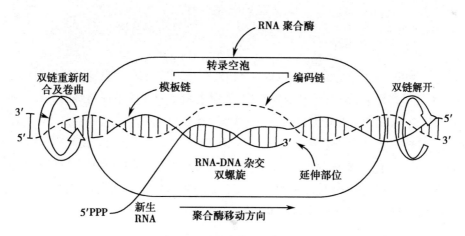

图 12-5　原核生物的转录复合物

转录复合物中,碱基互补配对有三种,其稳定性是:$G \equiv C > A = T > A = U$,A=U 配对是三种配对中稳定性最低的,转录形成的 DNA/RNA 杂化双链比 DNA/DNA 双链稳定性低,在局部转录结束后,DNA/RNA 杂化双链自然打开,RNA 链逐步从模板上脱离。因此转录空泡前方的 DNA 双链逐步解开,后方 RNA 链逐步与 DNA 模板链脱离,DNA 双链又重新结合。转录空泡随着链的延长,动态地在 DNA 模板上推进,直至终点。

在电子显微镜下观察原核生物的转录,可看到羽毛状的图形(图 12-6)。图形表明,在同一 DNA 模板上,有多个转录同时进行。在 RNA 链上观察到的小黑点是核糖体,一条 mRNA 链上有多个核糖体,正在进行下一步的翻译工作,可见转录尚未完成,翻译已在进行。这是因为原核生物没有核膜,使得转录和翻译同时高效率地进行着。真核生物有核膜把转录和翻译隔成不同的细胞内区域,因此没有这种现象。

图12-6 电子显微镜下原核生物的转录现象

(三) 转录终止

当 RNA 聚合酶核心酶移动到结构基因末端的终止序列时,核心酶在 DNA 模板链上停止,转录产物 RNA 和 RNA 聚合酶从转录复合物上依次脱落,转录不再进行,这一过程称为转录终止。脱落下来的核心酶又可以与 σ 因子重新缔合成全酶,参与转录起始。原核生物转录终止机制有两类:依赖 ρ 因子的转录终止和非依赖 ρ 因子的转录终止。

1. **依赖于 ρ 因子的转录终止** 在 DNA 模板链终止区存在寡聚 G,而新生 RNA 链 3′端存在寡聚 C。ρ 因子是能控制转录终止的蛋白质,由相同的亚基组成六聚体,具有 ATP 酶和解螺旋酶活性。ρ 因子能识别结合新生 RNA 链 3′端的寡聚 C,ρ 因子结合后,引起 ρ 因子和核心酶构象发生变化,核心酶停止移动,ρ 两种酶活性被激活,利用 ATP 供能解开新生 RNA/DNA 杂化双链,RNA 链释放,转录终止(图 12-7)。

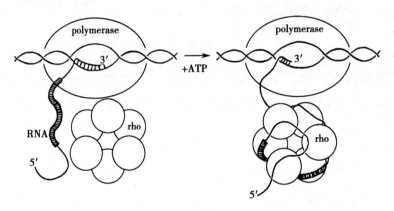

图12-7 ρ 因子的作用原理
RNA 链上带条纹线处代表 polyC 的区段(左),ρ(Rho)因子结合 RNA(右),发挥其 ATP 酶及解螺旋酶活性

2. **非依赖 ρ 因子的转录终止** 在 DNA 模板链终止区有 GC 丰富的反向重复序列和下游的寡聚 A 序列。GC 丰富的反向重复序列自身能形成局部双链结构,使新生 RNA 链 3′端形成特殊的茎环结构。新生 RNA 链下游寡聚 U 与模板 dA 结合的 A=U 配对的稳定性最弱(图 12-8)。RNA 的这两种结构是终止转录的关键,其机制:一是茎环结构在 RNA 分子中形成,可以改变 RNA 聚合酶的空间结构,使其不再向下游移动,转录停止;其二,RNA 分子自身形成局部双链,使转录复合物中的杂化双链更不稳定,RNA/DNA 杂化双链易于解离,转录复合物解体,转录停止;三是下游寡聚 U 使新生的 RNA 链仅以寡聚 U 与模板的 dA 结合,这种配对的稳定性最低,RNA 链易从模板链上解离,转录终止(图 12-9)。

二、真核生物的转录过程

真核生物转录过程比原核生物复杂,其 RNA 聚合酶、起始过程、终止过程有很大不同,其延长过程基本一致。

(一) 转录起始

真核生物转录起始是由 RNA 聚合酶、启动序列、转录因子共同参与进行的。真核生物的启动子(promoter)与原核生物启动序列类似,但 RNA 聚合酶不直接与启动子结合,而是由多种转录因子、RNA 聚

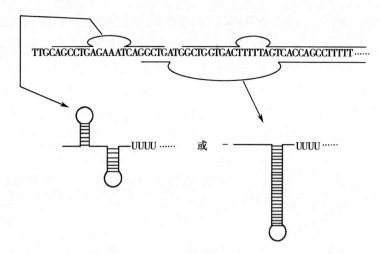

图 12-8 大肠埃希菌 *rpl-L* 基因 3′末端碱基序列(上)与转录产物二级结构(下)

合酶在启动序列区组成转录前起始复合物
(preinitiation complex, PIC), 启动转录(图 12-10)。
目前研究较多的是 RNA 聚合酶 Ⅱ 识别并结
合的启动子, 由一个转录起始点和一个转录
调控共有序列组成, 共有序列为 TATAAA, 位
于 -30bp, 称为 TATA 盒(TATA box), 又称 Hogness
盒。TATA 盒是 RNA 聚合酶 Ⅱ 结合的部位, 它
决定转录起始的准确性及基础水平的转录。

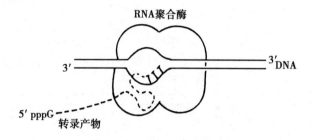

图 12-9 非依赖 ρ 因子的转录终止模式

转录因子(transcriptional factors, TF)是指影
响 RNA 聚合酶活性, 调控转录起始过程的蛋
白质因子。能够直接或间接结合 RNA 聚合酶,
参与组成转录前起始复合物的转录因子, 称
为基本转录因子(basal transcriptional factors, TF)。
相应于 RNA 聚合酶 Ⅰ、Ⅱ 和 Ⅲ 的 TF, 分别称
为 TFⅠ、TFⅡ 和 TFⅢ。真核生物 TFⅡ 又分为
TFⅡA、TFⅡB、TFⅡD、TFⅡE、TFⅡF 及 TFⅡH
等。TFⅡD 是一种寡聚蛋白, 含有 TATA 结合
蛋白(TATA-binding protein, TBP)和多种 TBP 辅因
子(TBP-associated factor, TAF)。TBP 结合于 DNA
的小沟, 使 DNA 弯曲成约 80°, 有助于双链解

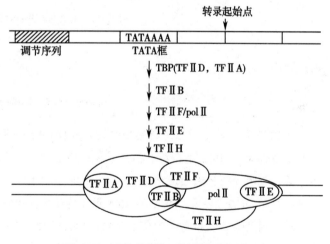

图 12-10 真核生物转录前起始复合物的形成

开。TAF 有特异性, 含有不同 TAF 的 TFⅡD 可以识别不同的启动子。

上述启动子和基本转录因子对于真核生物 RNA 聚合酶的转录是必需的, 但不是足够的, 它们只能给
出微弱的频率, 而要达到适宜水平的转录, 还需要位于上游的一些调节控制元件及其识别因子, 即顺式作
用元件(cis-acting element)参与作用, 详见第十四章。

(二) 转录延长

真核生物转录延长过程与原核生物大致相似, 但是因有核膜相隔, 没有转录与翻译同步的现象。另外,
RNA 聚合酶前移时要遭遇核小体, 有核小体移位和解聚的现象。

(三) 转录终止

真核生物转录终止的机制与原核生物不同。以真核生物 mRNA 的转录终止为例, 绝大多数真核

mRNA3′端有多聚腺苷酸(poly A),但它并非从模板上转录而来,而是转录后加工修饰产生的,3′端加polyA的修饰与mRNA的转录终止密切相关。哺乳动物编码蛋白质的结构基因下游编码链有AATAAA保守序列,此序列下游有GT丰富序列,它们共同构成转录终止和polyA修饰的位点。转录经过该位点时,新生的mRNA链上出现AAUAAA及其下游的GU丰富序列,特异的酶系统能识别结合这些序列,在AAUAAA与GU丰富序列之间切断hnRNA,随之在新生的hnRNA 3′末端加上polyA。与此同时RNA聚合酶Ⅱ仍在继续转录,但是由于新生RNA的5′端没有帽子结构保护,转录产生的RNA链被核酸酶降解,转录也就终止(图12-11)。

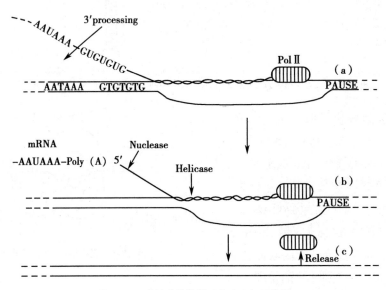

图12-11 真核生物的转录终止及加尾修饰

相关链接

真核生物转录的分子基础

美国科学家罗杰.大卫.科恩伯格(Roger David Kornberg)1947年生于美国密苏里州圣路易斯,1967年毕业于哈佛大学,1972年在斯坦福大学获得博士学位。在英国剑桥医学研究理事会分子生物学研究室做博士后。任教于哈佛大学医学院,斯坦福大学结构生物学教授。科恩伯格的杰出成就是以真核生物酵母为研究材料,在分子水平上揭示了RNA聚合酶Ⅱ及各种蛋白因子在转录过程中的作用,为在转录水平上阐明真核基因的表达调控奠定了分子基础。2005年他以"真核基因转录的结构基础"一文总结其整整30年的研究工作,首次揭示了真核生物转录过程的分子基础和机制。由此,科恩伯格独享了2006年度诺贝尔化学奖。

第三节 真核生物转录后加工修饰

在细胞内,RNA聚合酶催化合成的是初级转录产物(primary transcript),尚不具有生物活性,称为RNA前体。RNA前体往往需要经过加工,包括链的剪接、5′端与3′端形成特殊结构、核苷修饰以及编辑等过程,才能转变为有生物学活性的成熟的RNA分子,这些加工过程总称为RNA的转录后加工(post-transcriptional processing)。

一、mRNA 前体的加工

真核 mRNA 前体是核内不均一 RNA（heterogeneous nuclear RNA，hnRNA）。hnRNA 在核内需进行 5′端加帽和 3′端加尾修饰、内含子剪切、外显子连接以及甲基化修饰等加工，有一部分 mRNA 还进行编辑，才成为成熟的 mRNA。

1. 5′端加帽 真核基因 mRNA 前体的第一个核苷酸一般总是 5′嘌呤核苷三磷酸，即 pppPu，以 pppG 多见。当转录进入延长阶段不久，在新生 mRNA 前体的 5′端就开始进行加工修饰，形成 7- 甲基鸟苷三磷酸核苷（m^{7}GpppG）的结构，称为帽子结构。其加工过程是，先由磷酸酶水解 pppG 的 γ 磷酸基团，生成 5′ppG，然后由鸟苷酰转移酶将 GTP 中的 GMP 转移到 5′端，形成由 5′-5′磷酸二酯键连接的 GpppG，再由甲基转移酶从 S- 腺苷甲硫氨酸中将甲基转移到新添加的 G 的第 7 位氮原子上形成 m^{7}GpppG（图 12-12）；帽子结构的功能是可以保护 mRNA 免受核酸酶从 mRNA 的 5′端对它的降解，帽子还能促进 mRNA 从细胞核转运到细胞质以及与翻译起始必需的一种因子中的帽子结合蛋白结合，从而促进翻译。

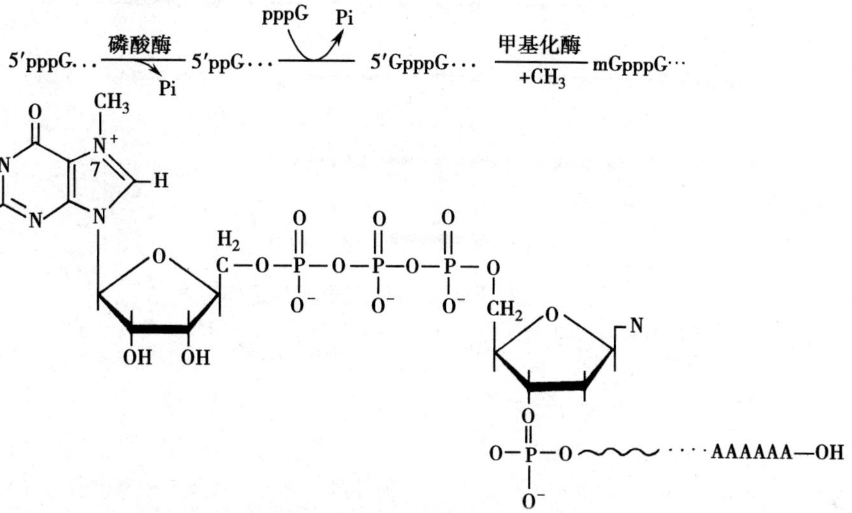

图 12-12　真核生物 mRNA 的 5′帽结构及形成过程

2. 3′端加尾 mRNA 的加尾修饰与转录终止偶联，已如前述。polyA 尾的平均长度为 200 个核苷酸，它的功能是保护 mRNA 不易被核酸酶从 3′端开始对它降解，从而延长作为翻译模板的寿命。它还能和特异的蛋白质结合，增强 mRNA 作为翻译模板的活性。在 hnRNA 上也发现 polyA 尾巴，推测这一过程也应在核内完成，而且先于 mRNA 中段的剪接。

3. mRNA 前体的剪接

（1）断裂基因、外显子及内含子：20 世纪 70 年代有人用腺病毒 mRNA 和它的模板 DNA 杂交，在电镜下观察结果，发现模板 DNA 链中有不能和 mRNA 杂交的区域，它们位于杂交区域之间形成凸出的环状结构。将卵清蛋白 mRNA 与它的基因 DNA 杂交也发现类似情况。根据上述实验结果，20 世纪 70 年代末提出了断裂基因的概念。真核生物的结构基因是由若干个编码区和非编码区互相间隔但又连续镶嵌而构成，去除非编码区后将编码区连接，可翻译出完整的多肽链。因此真核生物的结构基因的编码区是不连续的，这种编码区不连续的结构基因称为断裂基因（split gene）。在断裂基因及其初级转录产物中出现，并表达为成熟 RNA 的核酸序列，称为外显子（exon），即断裂基因的编码区。在断裂基因及其初级转录产物中出现，而在剪接过程中被除去的核酸序列，称为内含子（intron），即断裂基因的非编码区。非编码区隔断了基因的线性表达。真核生物绝大多数编码蛋白质的基因都是断裂基因。第一个被详细研究的断裂基因是鸡的卵清蛋白基因，其全长 7.7kb（图 12-13），该基因有 8 个外显子和 7 个内含子。图中用数字表示的黑色部分为外显子,L 表示前导序列,用字母表示的白色部分为内含子。成熟的 mRNA 为 386 个氨基酸组成的多肽链编码序列。一部分编码真核 rRNA 及 tRNA 的基因也是断裂基因。

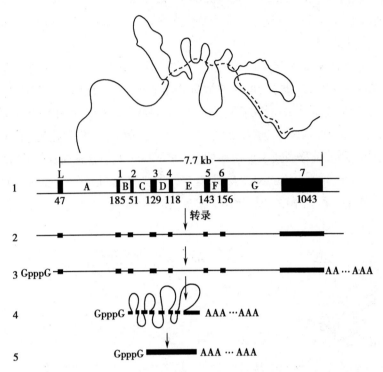

图 12-13　断裂基因及其转录、转录后修饰

1. 卵清蛋白基因;2. 转录初级产物 hnRNA;3. hnRNA 的首、尾修饰;4. 剪接过程中套素 RNA 的形成;5. 胞质中出现的 mRNA,套素已去除。图上方为成熟 mRNA 与基因 DNA 杂交的电镜所见,虚线代表 mRNA,实线为 DNA 模板

　　(2) hnRNA 和 snRNA:hnRNA 中的外显子和内含子的剪接加工需要核内的小分子 RNA,即核内小 RNA(small nuclear RNA, snRNA)的参与,snRNA 由 100~300 个核苷酸组成,分子中碱基以尿嘧啶含量最丰富,因此根据 U 的不同将 snRNA 分为不同的 U 系列,现已发现有 snRNA U1、U2、U4、U5、U6 等类别。U 系列 snRNA 与多种核内蛋白质结合形成小核糖核蛋白颗粒(small nuclear ribonucleoprotein particles, snRNPs),snRNPs 是一种超大分子复合体,其装配需要 ATP 提供能量,是 hnRNA 剪接的场所,参与 hnRNA 的剪接加工。

　　(3) mRNA 的剪接过程:去除初级转录产物 hnRNA 分子中的内含子,将外显子连接起来,成为成熟 mRNA 的过程称为 mRNA 的剪接(mRNA splicing)。较短的 hnRNA 在转录完毕后才进行加工,较长内含子的 hnRNA 则是一边转录一边加工。剪接的本质是磷酸酯键的转移反应即转酯反应。hnRNA 的外显子与内含子的交界处有保守的核苷酸序列,尤其是内含子两端的序列十分保守,是选择进行剪切的位点,称为剪接点序列,其 5′端总是 GU,3′端总是 AG,在内含子中靠近 3′端处还有保守序列 PyPyPuAPy,称分支点。体外实验显示剪接过程中有两次转酯反应:第一次转酯反应是内含子分支点处的腺苷酸(A)的 2′-OH 攻击内含子 5′端与外显子 1 连接的磷酸二酯键,将磷酸二酯键转移到内含子 5′端与内含子分支点 A 之间,形成 2′,5′-磷酸二酯键,剪下 3′端游离的外显子 1。分支点 A 原来已有以 3′,5′-磷酸二酯键连接的两核苷酸,加上 2′,5′-磷酸二酯键的连接,在腺苷酸处则出现一个分支,形成"套素"(lariat)状中间产物;第二次转酯反应是外显子 1 游离的 3′端攻击内含子 3′端与外显子 2 之间的 3′,5′-磷酸二酯键,使 3′,5′-磷酸二酯键转移到外显子 1 与外显子 2 之间,将两外显子相连接,内含子以套素形式被剪切下来(图 12-14)。

　　细胞内转脂反应是在剪接体(spliceosome)中进行的,剪接体由一系列 snRNP 和 hnRNA 的剪接点序列以及内含子的分支点序列结合组装而成。以酵母为例,首先 U1-snRNP 通过互补序列识别结合内含子的 5′端剪接点序列、U₂-snRNP 识别结合分支点的 A 序列;然后,U₄、U₅ 和 U₆snRNP 加入(其中 U₅-snRNP 识别结合内含子 3′端剪接点)形成完整的剪接体,此时内含子发生弯曲成套索状,上、下游的外显子 1 和外显子 2 靠近;最后,结构调整,释放 U₁ 和 U₄,U₂、U₅ 和 U₆ 形成催化中心,发生二次转酯反应(图 12-15)。

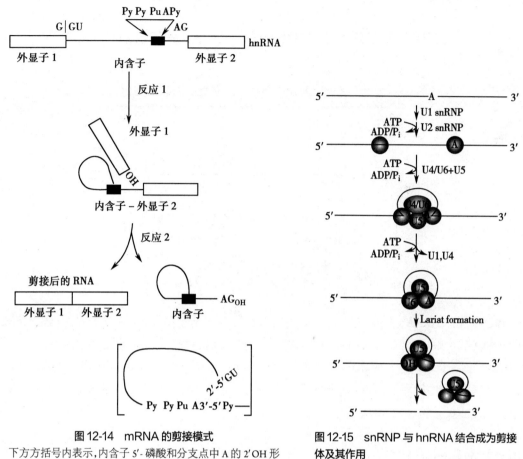

图 12-14　mRNA 的剪接模式

下方方括号内表示,内含子 5′-磷酸和分支点中 A 的 2′OH 形成 5′,2′-磷酸二酯键

图 12-15　snRNP 与 hnRNA 结合成为剪接体及其作用

4. mRNA 的编辑　编辑(editing)是指对基因的编码序列进行的转录后加工。有些基因最终表达产物的氨基酸序列与基因的编码序列并不完全对应,mRNA 编码序列的差异是经过编辑后形成的。所谓的 mRNA 编辑是基因转录产生的 mRNA 分子中,由于核苷酸的缺失,插入或替换,使 mRNA 的序列与基因编码序列不完全对应,导致一个基因可产生数种氨基酸序列不同、功能不同的蛋白质分子。例如,人类基因组只有一个载脂蛋白 B(Apo B)基因,但可编码产生两种形式 Apo B:一种是 Apo B100(分子量 513kDa),由肝细胞合成,是以 Apo B 基因表达的全长 mRNA 作为模板翻译产生的;另一种是 Apo B48(分子量 250kDa),由小肠黏膜细胞合成,是以经过编辑生成的 Apo B mRNA 作为模板翻译产生的。在小肠黏膜细胞中存在一种胞嘧啶核苷脱氨酶,它能特异催化 Apo B 第 2153 位氨基酸的密码子 CAA 中的 C 脱氨基转变成 U,从而使原来 CAA(编码 Gln)转变为终止密码子 UAA,使 Apo B mRNA 翻译终止在第 2153 位,得到比 Apo B100 蛋白短的肽段,即 Apo B48,分子量是 Apo B100 的 48%。mRNA 编辑作用说明,基因的编码序列经过编辑加工,一个基因序列有可能产生几种不同的蛋白质,使细胞产生多种分化,因此也称为分化加工。这可能是生物在长期进化过程中形成的、更经济有效地扩展原有遗传信息的机制。

二、rRNA 前体的加工

真核生物的 18S-rRNA 基因、28S-rRNA 基因和 5.8S-rRNA 基因串联排列一起构成一个转录单位。各转录单位又成簇排列在一起,之间由不被转录的间隔区分隔,间隔区序列构成染色体上 rDNA 的重复序列。由 RNA 聚合酶 I 催化转录这些 rRNA 基因,首先生成 rRNA 的前体 45S-rRNA,然后经剪切分解出 18S rRNA,余下部分再分解出 28S rRNA 和 5.8S rRNA(图 12-16)。5S rRNA 基因自己独立成体系,在成熟过程中加工甚少,几乎不进行修饰和剪切。

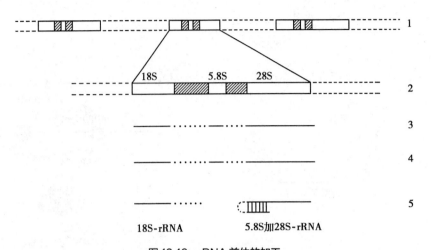

图 12-16 rRNA 前体的加工
1、2. rDNA,斜线为内含子,虚线是基因间隔;3. 45S 转录产物;4. 剪接;5. 终产物

在 18S、28S 及 5.8S rRNA 分子中还广泛地进行甲基化修饰。甲基化作用多发生于核糖上,较少在碱基上。真核生物 rRNA 的甲基化修饰加工,由各种修饰酶催化完成,而决定被修饰碱基的具体位置,需要一些核仁小 RNA(snoRNA)的参与。这些 snoRNA 分子中的某些序列可与被修饰的 rRNA 的序列互补结合,从而使修饰酶识别这些位点并进行加工。甲基化修饰后,45S 的 rRNA 前体在细胞核酸酶的催化下,经过一系列酶切,产生成熟的 18S、28S 及 5.8S 的 rRNA。

三、tRNA 前体的加工

真核生物含有大量多拷贝的编码 tRNA 的基因。真核生物约有 40~50 种不同的 tRNA 分子。它们的前体分子由 RNA 聚合酶 III 催化生成,然后加入成熟。前体加工过程包括:

1. 剪切与剪接 在核酸内切酶 RNaseP 的作用下,切除 tRNA 前体中 5′端的一部分序列;由核酸内切酶切除内含子,连接酶将其两侧的外显子连接起来形成反密码环(图 12-17)。

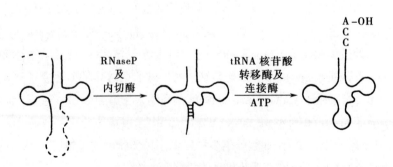

图 12-17 tRNA 前体的加工

2. 添加 3′ 末端的 -CCA-OH 由核酸外切酶 RNase D 切除 3′端个别核苷酸后,由 tRNA 核苷酸转移酶催化加上 3′末端的 -CCA-OH。

3. 稀有碱基的生成 特异部位的碱基被加工生成稀有碱基,如甲基化反应 U→T、脱氨基反应 A→I、转位反应 U→ψ、还原反应 U→DHU 等。

四、RNA 的"自我剪接"

Cech 在研究原生动物四膜虫 26S-rRNA 前体的一个内含子剪切中发现,该内含子的剪切不需要剪接体或任何蛋白质的参与,而是通过"自我剪接"的作用机制进行剪接。这种由 RNA 分子催化自身内含子剪接的反应称为自我剪接(self splicing)。在其他单细胞生物体、线粒体、叶绿体的 rRNA 前体,一些噬菌体的 mRNA 前体也发现有这类能被自身剪接的内含子,称为组 I 内含子(group I intron)。某些线粒体和叶绿体的 mRNA 前体和 tRNA 前体具有另一类自我剪接的内含子,称为组 II 内含子(group II intron),这类内含子的剪接与前面介绍的 mRNA 前体的剪接相同,但是没有剪接体的参与。具有自我剪接内含子的 RNA 具有催化功能,因此本质上属于核酶(ribozyme)(见第三章)。

(曾　妍)

学习小结

DNA 指导的 RNA 生物合成称为转录,分为转录起始、延长和终止几个阶段,RNA 合成的方向是 5′→3′。原核生物 RNA-pol 全酶形式是 $\alpha_2\beta\beta'$ σ,以 σ 亚基识别启动序列,核心酶 $\alpha_2\beta\beta'$ 催化合成 mRNA、tRNA 和 rRNA。原核生物的转录终止有两种方式:依赖 ρ 因子的转录终止和非依赖 ρ 因子的转录终止。

真核生物有三种 RNA-pol。RNA-pol I 催化合成 rRNA 前体,RNA-pol II 催化合成 mRNA 前体,RNA-pol III 催化合成 tRNA、5S-rRNA 及 snRNA 前体。真核 RNA-pol 由多亚基组成,结构复杂。RNA-pol II 与启动子的结合需要多种基本转录因子参与。

真核生物 mRNA 前体的加工包括 5′ 端加 m^7GpppG 帽子结构、3′ 端加 polyA 尾结构、切除内含子连接外显子及 mRNA 的编辑等。真核 mRNA 前体内含子有特殊结构:5′ 剪接位点、3′ 剪接位点和分支点。剪接的转酯反应在剪接体进行,剪接体含有小核糖核蛋白颗粒(snRNP)。mRNA 分子可经过编辑加工产生不同的 mRNA 分子,翻译出不同的蛋白质。真核生物 tRNA 和 rRNA 前体,其内含子序列由特异的核酸酶切除,某些碱基经过化学修饰加工,才成为成熟的 tRNA 和 rRNA。有些真核生物 tRNA、rRNA 和 mRNA 前体含有自我剪接内含子,这类内含子的剪接不需要蛋白质参与,内含子自身的 RNA 具有催化剪接的功能。

复习参考题

1. 何谓不对称性转录?

2. 大肠埃希菌的 DNA 聚合酶和 RNA 聚合酶有哪些重要的异同点?

3. 原核生物与真核生物 RNA 聚合酶作用有何异同?

4. 真核生物 RNA 转录后如何加工修饰?

5. 试比较复制与转录的异同点。

13

掌握　翻译、遗传密码、注册、成肽、转位、核糖体循环、蛋白质生物合成后加工等的概念;参与蛋白质生物合成的物质;遗传密码的特点;mRNA、tRNA及核糖体在蛋白质生物合成中的作用;原核生物蛋白质生物合成的基本过程;真核生物和原核生物蛋白质生物合成的异同。

熟悉　新生肽链的折叠;一级结构和空间结构的修饰;原核生物起始因子、延长因子和释放因子的种类和生物学功能。

了解　分泌性蛋白质合成后的靶向输送;分子病;抗生素、白喉毒素和干扰素干扰蛋白质生物合成的机制。

蛋白质生物合成也称为翻译(translation),是指以 mRNA 为模板合成蛋白质的过程,其本质是将 mRNA 中 4 种核苷酸序列编码的遗传信息转换成蛋白质一级结构中 20 种氨基酸的排列顺序。翻译过程分为起始、延长和终止 3 个阶段,翻译初级产物经过翻译后加工才能成为有生物学活性的蛋白质。翻译全过程需要 200 多种生物大分子参与,其中包括核糖体、mRNA、tRNA 及多种蛋白质因子。许多抗生素、毒素和干扰素正是通过抑制或干扰细菌或病毒的蛋白质生物合成而发挥作用的。

第一节　蛋白质的生物合成体系

问题与思考

蛋白质是由氨基酸组成的生物大分子,不同蛋白质分子中氨基酸特定的排列是由结构基因中碱基排列顺序决定的。mRNA 是结构基因转录的产物,含有 DNA 携带的遗传信息,是蛋白质生物合成的直接模板,不同蛋白质有其特定的 mRNA 模板。mRNA 分子中每 3 个相邻的核苷酸组成一个遗传密码,编码一种氨基酸,因此 mRNA 分子中四种核糖核苷酸的组成和排列顺序决定了蛋白质分子中氨基酸的排列顺序。

思考:究竟是哪 3 个核苷酸组成 1 个遗传密码子来决定哪个氨基酸呢?

蛋白质的生物合成体系是指参与蛋白质生物合成的全部物质,包括原料 20 种氨基酸、翻译模板 mRNA、翻译场所核糖体、转运氨基酸的工具 tRNA、酶和蛋白质因子、供能物质 ATP 和 GTP 以及无机离子 Mg^{2+} 等。以下主要介绍三种 RNA 在蛋白质生物合成中的作用。

一、翻译模板——mRNA

原核生物与真核生物 mRNA 的结构不同,因此 mRNA 转录方式及产物也有所不同。在原核生物中,数个功能相关的结构基因常串联排列而构成一个转录单位,转录生成的一段 mRNA 可编码几种功能相关的蛋白质,称为多顺反子(polycistron)。但在真核生物中,一个 mRNA 分子只编码一种蛋白质,称为单顺反子(monocistron)。原核生物和真核生物 mRNA 的结构都包括 5′端非编码区、编码区和 3′端非编码区,真核生物 mRNA 的 5′端、3′端还分别有帽子结构、多聚腺苷酸尾巴。在 mRNA 编码区内,从 5′→3′每相邻的 3 个核苷酸编码一种氨基酸,这种三联体核苷酸就称为遗传密码(genetic coden)或密码子(codon)。mRNA 分子中 4 种核苷酸以 4^3 方式组合形成 64 个密码子(表 13-1)。在 64 个遗传密码中 AUG 是甲硫氨酸的密码,但当它位于 mRNA 链 5′端时还兼做多肽链合成的起始信号,所以 AUG 被称为起始密码。UAA、UAG 和 UGA 三个密码不代表任何氨基酸,只代表蛋白质合成的终止信号,故被称为终止密码。

遗传密码具有以下特点:

1. 方向性　mRNA 分子中遗传密码阅读方向是 5′→3′,也就是说起始密码子总是位于 mRNA 开放阅读框架的 5′末端,而终止密码子在 mRNA 的 3′末端,遗传信息在 mRNA 分子中的这种方向性排列决定了多肽链合成的方向总是从 N 末端到 C 末端。

2. 连续性　mRNA 中起始密码子与终止密码子之间的碱基序列是编码序列,称为开放阅读框架(open reading frame,ORF)。编码序列中的三联体密码子一个接一个连续不断地排列,密码子之间既无交叉也无间隔的现象称为遗传密码的连续性。由于遗传密码具有连续性,若开放阅读框架内发生非 3 倍碱基的缺失或插入就会造成框移突变,使缺失或插入处下游翻译产物氨基酸序列改变。

表13-1 通用遗传密码表

| 第1个核苷酸(5') | 第2个核苷酸 | | | | 第3个核苷酸(3') |
	U	C	A	G	
U	苯丙氨酸 UUU	丝氨酸 UCU	酪氨酸 UAU	半胱氨酸 UGU	U
	苯丙氨酸 UUC	丝氨酸 UCC	酪氨酸 UAC	半胱氨酸 UGC	C
	亮氨酸 UUA	丝氨酸 UCA	终止密码子 UAA	终止密码子 UGA	A
	亮氨酸 UUG	丝氨酸 UCG	终止密码子 UAG	色氨酸 UGG	G
C	亮氨酸 CUU	脯氨酸 CCU	组氨酸 CAU	精氨酸 CGU	U
	亮氨酸 CUC	脯氨酸 CCC	组氨酸 CAC	精氨酸 CGC	C
	亮氨酸 CUA	脯氨酸 CCA	谷氨酰胺 CAA	精氨酸 CGA	A
	亮氨酸 CUG	脯氨酸 CCG	谷氨酰胺 CAG	精氨酸 CGG	G
A	异亮氨酸 AUU	苏氨酸 ACU	天冬酰胺 AAU	丝氨酸 AGU	U
	异亮氨酸 AUC	苏氨酸 ACC	天冬酰胺 AAC	丝氨酸 AGC	C
	异亮氨酸 AUA	苏氨酸 ACA	赖氨酸 AAA	精氨酸 AGA	A
	甲硫氨酸 AUG	苏氨酸 ACG	赖氨酸 AAG	精氨酸 AGG	G
G	缬氨酸 GUU	丙氨酸 GCU	天冬氨酸 GAU	甘氨酸 GGU	U
	缬氨酸 GUC	丙氨酸 GCC	天冬氨酸 GAC	甘氨酸 GGC	C
	缬氨酸 GUA	丙氨酸 GCA	谷氨酸 GAA	甘氨酸 GGA	A
	缬氨酸 GUG	丙氨酸 GCG	谷氨酸 GAG	甘氨酸 GGG	G

3. **简并性** 编码20种氨基酸的61个密码子,称为有意义密码。有意义密码中,除了甲硫氨酸和色氨酸各有一个密码子编码外,其余18种编码氨基酸每种至少有2个密码子。几个密码子编码同一种氨基酸的现象称为密码子的简并性。编码同一种氨基酸的几个密码子称为同意义密码。同意义密码中前2位碱基往往是相同的,只是第3位碱基不同,表明密码子的特异性往往由前2位碱基决定,第3位碱基变异,往往不影响密码的意义。生物体有选择同意义密码中某一个密码优先使用的特性,称为密码的偏爱性。

4. **通用性** 所有生物都使用同一套遗传密码的现象称为密码的通用性。也有个别例外,如线粒体以及某些原生动物的遗传密码与上述遗传密码有些差别,某些密码子的意义与上述表中所列的该密码子的意义不同。遗传密码的通用性,也是基因工程的基础,例如在大肠埃希菌中可表达真核生物的蛋白质。

5. **摆动性** 翻译过程中氨基酸的掺入依赖于 mRNA 上的密码子和 tRNA 上的反密码子的碱基反向配对结合。遗传密码第3位碱基与反密码子中第1位碱基的配对除了遵循常见的碱基配对规则外,有时会出现不遵循常见碱基配对规则的情况,从而使一种 tRNA 的反密码子可以与决定同一种氨基酸的不同密码子配对结合,这种现象称为密码的摆动性。将不遵循常见规则的碱基配对部位称为摆动位置(表13-2)。

表13-2 摆动位置的碱基配对

tRNA 反密码子第1位碱基	I	U	G
mRNA 密码子第3位碱基	U,C,A	A,G	U,C

当密码子的第3位碱基发生突变时并不会影响 tRNA 带入正确的氨基酸,与遗传密码的简并性一样,摆动配对可以保护基因突变时不影响蛋白质多肽链中氨基酸的排列顺序,在减少突变的有害效应方面具有重要意义。

二、蛋白质合成的场所——核糖体

rRNA 和蛋白质组成的核糖体是蛋白质合成的场所。核糖体由大小2个亚基组成,只有大、小亚基聚合成核糖体并组装上 mRNA 才能进行蛋白质的生物合成。翻译过程中,内部有2个可供氨基酰 -tRNA 结合的部位，即肽酰位（peptidyl site，P 位）和氨基酰位（aminoacyl site，A 位），原核生物还有一个排出空载 tRNA 的排出位（exit site，E 位），主要在大亚基上。P 位是翻译起始时，原核生物的 fMet-tRNAi^{fMet} 或真核生物的 Met-tRNAi^{Met} 占据的部位；也是翻译延长时，3′ 端连接了肽链的肽酰 -tRNA 占据的部位；A 位是翻译延长过程中，氨基酰 -tRNA 进入核糖体后占据的部位；E 位是原核生物卸载 tRNA 占据并排出的部位，真核生物没有 E 位，卸载 tRNA 直接从 P 位排出（图 13-1）。

翻译过程中一个 mRNA 分子上同时结合着多个核糖体在进行蛋白质合成，这种 mRNA 和多个核糖体的聚合物称为多聚核糖体（图 13-2）。

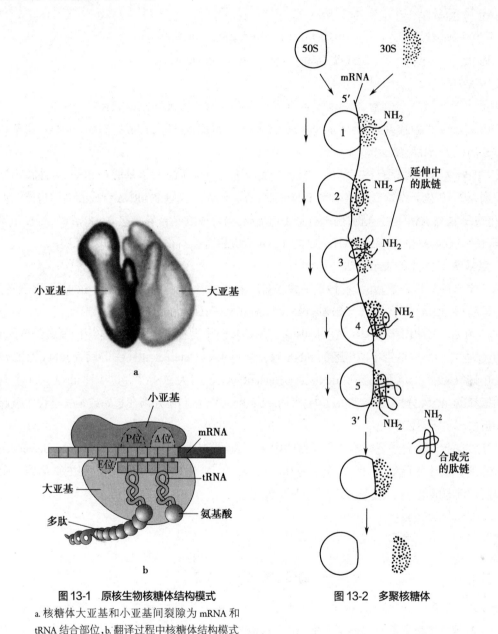

图 13-1　原核生物核糖体结构模式
a. 核糖体大亚基和小亚基间裂隙为 mRNA 和 tRNA 结合部位，b. 翻译过程中核糖体结构模式

图 13-2　多聚核糖体

三、氨基酸的运载工具——tRNA

在蛋白质生物合成过程中，tRNA 具有运输氨基酸至蛋白质合成场所的作用。tRNA 3′ 末端的 -CCA-OH 能与氨基酸共价结合，起转运氨基酸的作用。每一种氨基酸可以有 2~6 种特异的 tRNA 搬运，但每一种

tRNA 只能特异地转运某一种氨基酸。同时，tRNA 的反密码子能识别 mRNA 的密码子，并且与它反向配对结合，在 mRNA 密码子与对应氨基酸之间起桥梁作用，可形象地称之为"适配器"（adaptor）作用，使氨基酸按 mRNA 的序列排列合成蛋白质。

（一）氨基酰 -tRNA 的合成

氨基酰 -tRNA 合成酶催化氨基酸与特异 tRNA 结合生成氨基酰 -tRNA。氨基酰 -tRNA 合成酶有高度特异性，即能特异地识别氨基酸，又能特异识别 tRNA，并利用 ATP 释放的能量完成氨基酰 -tRNA 的合成。反应分为 2 个步骤，第 1 步是氨基酸和 ATP- 酶复合物（ATP-E）反应生成中间产物氨基酰 -AMP-E，第 2 步是氨基酰 -AMP-E 与 tRNA 结合生成氨基酰 tRNA。

$$氨基酸 +ATP\text{-}E \longrightarrow 氨基酰 -AMP\text{-}E+PPi$$

$$氨基酰 -AMP\text{-}E+tRNA \longrightarrow 氨基酰 -tRNA+AMP+E$$

总反应式为：

$$氨基酸 +tRNA+ATP \xrightarrow{\text{氨基酰 -tRNA 合成酶}} 氨基酰 -tRNA + AMP + PPi$$

反应中氨基酸的 α- 羧基与 tRNA 的 3′末端 CCA—OH 以酯键连接，形成氨基酰 - tRNA。每活化 1 分子氨基酸需要消耗 2 个高能磷酸键。

氨基酰 -tRNA 合成酶具有校正活性。反应分 2 步进行有利于酶对氨基酸和 tRNA 两种底物分别特异地相互识别，从而正确无误地完成氨基酰 -tRNA 的合成。例如异亮氨酰 -tRNA 合成酶偶尔也能错误地结合缬氨酸，生成缬氨酰 -AMP-E 复合物，由于有第 2 步反应，当合成酶结合异亮氨酰 -tRNA 时，可校正第 1 步发生的错误，使缬氨酰 -AMP 水解，从而异亮氨酰 -tRNA 合成酶可重新正确地结合异亮氨酸。

（二）氨基酰 -tRNA 的表示方法

如用三字母缩写代表氨基酸，各种氨基酸和对应的 tRNA 结合形成的氨基酰 -tRNA 可以表示为：氨基酸的三字母缩写 -tRNA^{氨基酸的三字母缩写}，如 Asp-tRNA^{Asp}，Ser-tRNA^{Ser}，Gly-tRNA^{Gly} 等。

密码子 AUG 可编码甲硫氨酸（Met），同时作为起始密码子。在真核生物中与甲硫氨酸结合的 tRNA 至少有 2 种：①在起始位点携带甲硫氨酸的 tRNA 称为起始 tRNA（initiation tRNA），简写为 tRNA$_i^{Met}$；②在肽链延长中携带甲硫氨酸的 tRNA 称为延长 tRNA（elongation tRNA），简写为 tRNA^{Met}。这 2 种 tRNA 与甲硫氨酸结合后形成的氨基酰 -tRNA 分别表示为 Met-tRNA$_i^{Met}$ 和 Met-tRNA^{Met}，它们可分别在起始或延长过程中被起催化作用的酶和蛋白因子所辨认。

原核生物的起始密码子只能辨认甲酰化的甲硫氨酸，即 *N*- 甲酰甲硫氨酸（*N*-formylmethionine，fMet），因此起始位点的甲酰化甲硫氨酰 -tRNA 表示为 fMet-tRNA$_i^{fMet}$。*N*- 甲酰甲硫氨酸中的甲酰基从 N^{10}- 甲酰四氢叶酸转移到甲硫氨酸的 α- 氨基上，由转甲酰基酶催化。

相关链接

遗传密码与诺贝尔奖

20 世纪 60 年代，M.W.Nirenbreg 等先合成了一条全部由尿嘧啶核苷酸（U）组成的多核苷酸链，即 UUU……。然后将这种多聚 U 加入到含有 20 种氨基酸以及有关酶的缓冲液中，结果只产生了一种由苯丙氨酸组成多肽链。这是一个惊人的发现：与苯丙氨酸对应的遗传密码是 UUU。这是世界上解读出的第一个遗传密码子。H.G.Khorana 等将化学合成与酶促合成反应巧妙结合，确定了半胱氨酸、缬氨酸等密码子。R.W.Holley 是 tRNA 的发现者之一，他成功制备了一种纯 tRNA，标志着核酸化学结构的确定。

经过多位科学家的共同努力，1966 年确定了 64 个遗传密码及其意义，M.W.Nirenbreg、H.G.Khorana、R.W.Holley 三位美国科学家因此共同荣获 1968 年诺贝尔生理学或医学奖。遗传密码的破译，是生物学史上一个重要的里程碑。

第二节 蛋白质的生物合成过程

蛋白质生物合成（翻译）从 mRNA 上 5′ 端的起始密码子 AUG 开始，以 5′→3′ 方向阅读密码，肽链合成从 N 端→C 端方向延长，直至终止密码子出现。翻译过程也分为起始、延长和终止 3 个阶段，每一阶段都需要多种蛋白质因子，分别称为起始因子（initiation factors，IF）、延长因子（elongation factors，EF）和释放因子（release factors，RF）。本节主要介绍原核生物和真核生物的翻译过程，并比较真核生物与原核生物翻译的异同。

一、原核生物蛋白质的合成过程

（一）翻译起始

原核生物翻译起始需起始因子 IF 参与，目前发现原核生物有 3 种 IF，即 IF-1、IF-2 和 IF-3，它们的生物学功能见表 13-3。

表 13-3 原核生物的起始因子及生物学功能

起始因子	生物学功能
IF-1	占据 A 位防止结合其他氨基酰 -tRNA，并阻止大小亚基的结合
IF-2	是 GTP 连接蛋白，促进起始 fMet-tRNA$_i^{fMet}$ 与 30S 小亚基结合
IF-3	结合 30S 小亚基，使之与 50S 大亚基分开；提高 P 位对结合起始 fMet-tRNA$_i^{fMet}$ 的敏感性

原核生物翻译起始可分为以下 4 步：

1. **核糖体大小亚基分离** 起始因子 IF-3 和 IF-1 与核糖体结合，使大小亚基分离。

2. **mRNA 与小亚基结合** 原核生物 mRNA 起始密码子上游有嘌呤核苷酸丰富的序列，此序列由 Shine-Dalgarno 发现，故称为 S-D 序列。S-D 序列可以和 30S 小亚基中 16S-rRNA 3′ 端嘧啶核苷酸丰富的序列配对结合（图 13-3）。在 S-D 序列和起始密码子之间的核苷酸又可与核糖体小亚基蛋白（ribosomal proteins in small subunit，rps）结合，这段核苷酸序列被称为 rps 辨认序列。原核生物就是通过上述核酸 - 核酸、核酸 - 蛋白质的相互作用，把 mRNA 结合到核糖体的小亚基上，并在 AUG 处精确定位，形成复合体。

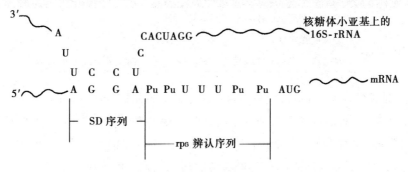

图 13-3 原核生物 mRNA 与核糖体小亚基结合的分子机制

rps：核糖体小亚基蛋白

3. **fMet-tRNAi^{fMet} 的结合** fMet-tRNAi^{fMet} 和起始因子 IF-2 及 GTP 形成三联复合物，与 mRNA 的起始密码子配对，结合到小亚基上。

4. **核糖体大亚基的结合** fMet-tRNAi^{fMet} 就位后，起始因子 IF-3 就脱离小亚基，随着 IF-3 的脱落，核糖体大、小亚基结合形成完整核糖体，fMet-tRNAi^{fMet} 占据 P 位，与此同时 GTP 水解，IF-1 和 IF-2 脱离，形成由完整核糖体、mRNA、fMet-tRNAi^{fMet} 组成的翻译起始复合物（图 13-4）。

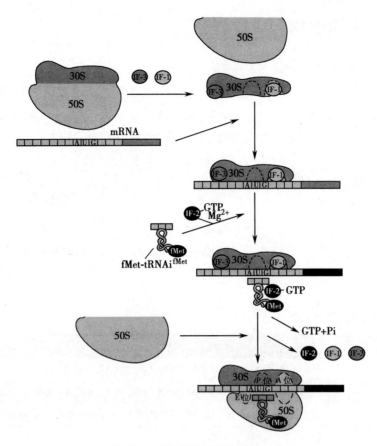

图 13-4　原核生物的翻译起始过程

（二）翻译延长

原核生物翻译延长需延长因子 EF 参与，目前发现原核生物有 2 种 EF，即 EF-T 和 EF-G，其中 EF-T 有 Tu 和 Ts 两个亚基，这些 EF 的生物学功能见表 13-4。

表 13-4　原核生物延长因子的生理功能

延长因子	生物功能
EF-Tu	结合 GTP，携带氨基酰 -tRNA 进入 A 位
EF-Ts	GTP 交换蛋白，使 EF-Tu 上的 GDP 交换成 GTP
EF-G	单体 G 蛋白，具有 GTPase 活性，水解 GTP，发挥转位酶作用，促进肽酰 -tRNA 由 A 位移至 P 位

原核生物翻译延长可分为 3 步，即注册（registration）、成肽（peptide bond formation）和转位（translocation）。

1. **注册**　又称进位（entrance），是氨基酰 tRNA 根据 mRNA 中密码子的指引，在延长因子 EF-T 的参与下进入核糖体 A 位，与 mRNA 结合。在注册过程中有延长因子 EF-T 的再循环，即当 EF-T 中的 Tu 与 GTP 结合时，Ts 就解离出来，Tu-GTP 与注册的氨基酰 -tRNA 结合，以氨基酰 -tRNA-Tu-GTP 活性复合物形式进入并结合核糖体 A 位。Tu 有 GTP 酶活性，可以在氨基酰 tRNA 注册的同时将 GTP 水解，Tu-GDP 脱离核糖体后释放 GDP，同时与 Ts 结合生成 Tu-Ts 二聚体，即 EF-T。EF-T 又能参加新一轮注册（图 13-5）。

2. **成肽**　成肽是由转肽酶催化生成肽键的过程。此过程是将 P 位上 fMet-tRNAi^fmet 的甲酰甲硫氨酰基与 A 位 tRNA 携带的氨基酸的氨基反应，生成肽键。成肽反应在 A 位上进行，成肽后，A 位上是二肽酰 -tRNA，P 位上是卸载 tRNA（图 13-6）。

3. **转位**　延长因子 EF-G 具有转位酶活性，在 GTP 供能情况下可将核糖体向 mRNA 的 3′ 侧相对位移一个密码子。产生的结果是 P 位上卸载 tRNA 移入 E 位并离开核糖体，A 位上二肽酰 -tRNA 进入 P 位，新进

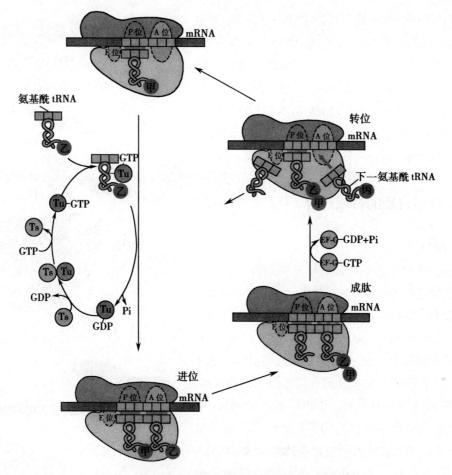

图 13-5　原核生物的翻译延长和延长因子 EF-T 的再循环

入 A 位的密码子又可接受相应氨基酰 tRNA 的注册（见图 13-5）。

　　经过注册、成肽和转位，肽链延长了一个氨基酸残基，又可进入新一轮延长，如此周而复始直至翻译终止。因此，活化的氨基酸在核糖体缩合成肽的过程，也就是翻译延长过程，又称为狭义的核糖体循环。需要注意的是，每次成肽反应均是 P 位上肽酰 -tRNA 所携带的肽酰的 α- 羧基与 A 位上氨基酰 -tRNA 所携带的氨基酸的 α- 氨基形成肽键，是多个氨基酸残基转到新进入的单个氨基酸残基上来延长肽链，而不是新加入的单个氨基酸残基转到肽酰分子上。

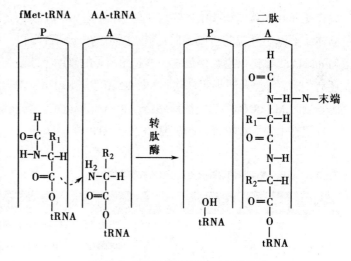

图 13-6　原核生物核糖体上肽键的生成

（三）翻译终止

　　翻译终止涉及 2 个阶段：首先，识别终止密码子，新生肽链从最后一个肽酰 -tRNA 中释放出来；其次，tRNA、mRNA 释放，核糖体大、小亚基解离。识别终止密码子的是释放因子 RF，目前发现原核生物有 3 种 RF，即 RF-1、RF-2 和 RF-3。RF-1 能特异识别终止密码子 UAA、UAG；RF-2 可识别 UAA、UGA；RF-3 具有 GTP 酶活性，可结合并水解 1 分子 GTP，促进 RF-1 和 RF-2 与核糖体结合。

　　当翻译延长到核糖体 A 位上出现终止密码子时，RF-1 或 RF-2 在 RF-3 的辅助下与相应的终止密码子结合，并诱导转肽酶变构成酯酶，后者将 P 位上肽酰 -tRNA 中的酯键水解，使新生肽链从 P 位肽酰 -tRNA 上释放出来。RF-3 是 GTP 结合蛋白，在此过程中能水解 GTP 使 tRNA、RF 及 mRNA 离开核糖体，紧接着核糖体大小亚基解离而进入下一个翻译起始过程(图 13-7)。以 mRNA 为模板在核糖体上连续地、循环式地合成蛋白质的过程，即翻译的全过程循环称为广义的核糖体循环。

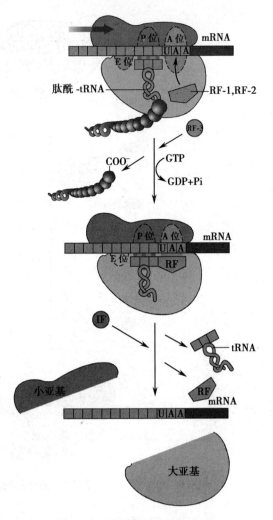

图 13-7　原核生物的翻译终止过程

二、真核生物蛋白质的合成过程

(一) 翻译起始

真核生物与原核生物翻译起始有 3 点是相同的：①核糖体小亚基结合起始氨基酰 -tRNA；②在 mRNA 上必须找到合适的起始密码子；③大亚基必须与已经形成复合物的小亚基、起始氨基酰 -tRNA、mRNA 结合。

但真核生物翻译起始比原核生物复杂，两者的主要区别是：①起始因子不同：真核生物翻译起始因子种类多，至少有 10 种，用 eIF 表示(表 13-5)。②起始氨基酰 -tRNA 不同：真核生物起始密码子所辨认的甲硫氨酸不需要甲酰化，因此真核生物翻译起始时的起始氨基酰 -tRNA 是 Met-tRNAi^{Met}。③起始过程不同：真核生物核糖体的大小亚基分离后，Met-tRNAi^{Met}-eIF-2-GTP 的三联复合物先和小亚基结合，然后才是 mRNA 就位和核糖体的大亚基结合。④mRNA 在核糖体小亚基上就位的机制不同：真核生物由帽子结合蛋白与 mRNA 5′端帽子结合，然后在一些起始因子的辅助下才能与小亚基结合。mRNA 5′端与小亚基结合之后，还有"扫描"过程，即小亚基连同 Met-tRNAi^{Met} 从 mRNA 5′端向下游移动，"寻找"起始密码子，到达起始密码子处时 Met-tRNAi^{Met} 与之配对结合，mRNA 完成就位。⑤能量消耗不同：真核生物翻译起始除象原核生物一样消耗 1 分子 GTP 外，还需消耗 1 分子 ATP。

表 13-5　真核生物翻译的重要起始因子及生物学功能

起始因子	生物功能
eIF-1	多功能因子，参与翻译的多个步骤
eIF-2	单体 GTP 结合蛋白，促进起始 Met-tRNAi^{Met} 与 40S 小亚基结合
eIF-2B	鸟苷酸交换因子(GEF)，将 eIF-2 上的 GDP 交换成 GTP
eIF-3	最先与 40S 小亚基结合，促进大小亚基分离
eIF-4A	eIF-4F 复合物成分，有解旋酶活性，有利于 mRNA 扫描
eIF-4B	结合 mRNA，促进 mRNA 扫描定位起始 AUG
eIF-4E	eIF-4F 复合物成分，结合 mRNA 的 5′端帽子结构
eIF-4G	eIF-4F 复合物成分，连接 eIF-4E、eIF-3 和 PABP 等组分
eIF-5	水解 GTP，促进各种起始因子从核糖体释放，进而结合大亚基
eIF-6	促进无活性的 80S 核糖体解聚生成 40S 小亚基和 60S 大亚基

（二）翻译延长

真核生物翻译延长与原核生物基本相似，但是反应体系和延长因子不同，真核生物延长因子 eEF1-α、eEF1-βγ 和 eEF-2 的功能分别相应于原核生物延长因子 EF-Tu、EF-Ts 和 EF-G。另外，真核生物核糖体没有 E 位，转位时卸载 tRNA 直接从 P 位脱落。

（三）翻译终止

真核生物翻译终止与原核生物基本相似，但是目前认为只有一种释放因子 eRF，完成原核生物 3 种 RF 的功能。

第三节　蛋白质合成后修饰和靶向输送

新合成的多肽链往往不具有生物活性，必须经过分子折叠及不同的加工修饰才转变成为具有天然构象的活性蛋白质，该过程称为蛋白质生物合成后加工或修饰。修饰过程包括新生肽链的折叠、一级结构修饰、空间结构修饰。另外，在核糖体上合成的蛋白质还需要靶向输送到特定细胞部位，如线粒体、溶酶体、细胞核等细胞器，有的分泌到细胞外，并在靶位点发挥各自的生物学功能。

一、新生肽链的折叠加工

细胞中大多数新生肽链的折叠都不是自动完成的，而需要其他酶和蛋白质的协助，这些协助折叠的酶和蛋白质主要包括分子伴侣（chaperone）、蛋白质二硫键异构酶（protein disulfide isomerase，PDI）、肽 - 脯氨酰顺反异构酶（peptide prolyl cis-trans isomerase，PPI）。

（一）新生肽链的折叠

1. 分子伴侣　分子伴侣是细胞中一类保守蛋白质，可识别肽链的非天然构象，促进各种功能域和整体蛋白质的正确折叠。分子伴侣的作用是：①刚合成的蛋白质以未折叠的形式存在，其中的疏水性片段很容易相互作用而自发折叠，分子伴侣能有效地封闭蛋白质的疏水表面，防止错误折叠的发生；②对已经发生错误折叠的蛋白质，分子伴侣可以识别并帮助其恢复正确的折叠。分子伴侣还能识别变性的蛋白质，避免或消除蛋白质变性后因疏水基团暴露而发生的不可逆聚集，并且帮助其复性，或介导其降解。

细胞内的分子伴侣至少有两大家族，即热休克蛋白（heat shock protein，Hsp）70 家族和 Hsp60 家族。Hsp70 家族包括 Hsp70、Hsp40 和 GrpE 三种成员，广泛存在于各种生物。Hsp60 家族主要包括 Hsp60 和 Hsp10 两种蛋白。Hsp60 家族并非都是热休克蛋白，故称伴侣素或分子伴素。

2. 蛋白质二硫键异构酶　多肽链内或肽链之间二硫键的正确形成对稳定分泌蛋白、膜蛋白等的天然构象十分重要，这一过程主要在细胞内质网进行。多肽链的几个半胱氨酸间可能出现错配二硫键，影响蛋白质正确折叠。蛋白质二硫键异构酶在内质网腔活性很高，可在较大区段肽链中催化错配二硫键断裂并形成正确的二硫键，最终使蛋白质形成热力学最稳定的天然构象。

3. 肽 - 脯氨酰顺反异构酶　脯氨酸为亚氨基酸，多肽链中肽酰 - 脯氨酸间形成的肽键有顺反异构体，空间构象有明显差别。天然蛋白质多肽链中肽酰 - 脯氨酸间肽键绝大部分是反式构型，仅 6% 为顺式构型。肽 - 脯氨酰顺反异构酶可促进上述顺反两种异构体之间的转换，在肽链合成需形成顺式构型时，可使多肽在各脯氨酸弯折处形成正确折叠。

（二）一级结构的加工

1. N 端的加工　新生多肽链的 N 端在原核生物和真核生物分别为甲酰甲硫氨酸、甲硫氨酸，但是在成熟的原核生物蛋白质中没有甲酰甲硫氨酸，大多数成熟的真核蛋白质 N 端也不是甲硫氨酸。蛋白质在生物合成过程中或合成后,细胞内特异的脱甲酰基酶可以去除 N 端的甲酰基,氨基肽酶可以去除 N 端的甲硫氨酸。

2. 氨基酸残基的共价修饰　氨基酸残基修饰方式很多,常见的有乙酰化、羟基化、磷酸化、糖基化和二硫键的形成等。N 端氨基的乙酰化在蛋白质中十分普遍。前胶原蛋白中特异位点的脯氨酸和赖氨酸残基羟基化成为羟脯氨酸和羟赖氨酸残基后,生成为成熟的胶原蛋白。许多酶的活性涉及丝氨酸、苏氨酸以及酪氨酸残基的磷酸化,它们是在蛋白质合成后由特异的蛋白激酶催化将 ATP 中的磷酸基团转移到上述氨基酸残基的羟基上形成的。糖基化修饰发生在蛋白质中特异位点的丝、苏氨酸残基的羟基或天冬酰胺残基的酰氨基上,分别形成 O- 连接型及 N- 连接型糖链。

3. 水解加工　某些蛋白质合成时是没有生物活性的前体,需水解去除部分肽段后才能成为有生物活性的成熟蛋白质。如胰岛素原是一条肽链,在细胞内被特异的蛋白酶水解去除中间的肽段(C 肽),产生 A 链和 B 链,两者由两个二硫键相连,B 链羧基端再经加工后才能成为成熟的胰岛素,分泌到细胞外。水解加工也发生在细胞外,如胰蛋白酶原的激活、凝血因子的活化等。

(三) 空间结构的加工

1. 亚基聚合　具有四级结构的蛋白质是由 2 个及 2 个以上亚基构成的,这就需要这些多肽链通过非共价键聚合成多聚体才能表现生物活性。例如 Hb 由两条 α 链、两条 β 链聚合后形成四级结构才能发挥其生理功能。

2. 辅基连接　结合蛋白质在肽链合成后必须与相应的辅基结合才具有生物活性。例如,糖蛋白、脂蛋白、核蛋白、色蛋白及各种带有辅基的酶。

3. 脂酰化　某些长链脂肪酸可与蛋白质共价连接,如蛋白质从内质网向高尔基体移行过程中,酰基转移酶可催化脂肪酸与肽链中 Ser 或 Thr 的羟基以酯键连接,而使新生蛋白质棕榈酰化,有趣的是被棕榈酰基修饰过的蛋白质分子大多定位到细胞质膜上。除长链脂肪酸外,异戊二烯亦可与蛋白质共价结合,以增强蛋白质的疏水性。

二、蛋白质的靶向输送

蛋白质在核糖体上合成后有 3 个去向:①保留在胞质;②进入细胞器;③分泌至细胞外,输送到其发挥作用的靶器官和靶细胞。分泌至细胞外的蛋白质,称为分泌性蛋白质。分泌性蛋白质合成后,定向输送到其发挥作用的靶器官或靶细胞的过程,称为分泌性蛋白质的靶向输送。

1. 信号肽　分泌性蛋白质的 N 端具有以疏水性氨基酸为主的特异氨基酸序列,可以引导分泌性蛋白进入内质网,此序列称为信号肽(signal peptide)。信号肽是决定分泌性蛋白质靶向输送的重要信息,有如下 3 个特点:①N 端常有 1 个或几个带正电荷的碱性氨基酸残基,如赖氨酸、精氨酸;②中间为 10~15 个残基构成的疏水核心区,主要含疏水中性氨基酸,如亮氨酸、异亮氨酸等;③C 端多以侧链较短的甘氨酸、丙氨酸结尾,紧接着是被信号肽酶(signal peptidase)裂解的位点。

2. 信号识别颗粒　分泌性蛋白质的靶向输送还需要信号识别颗粒(signal recognition partical,SRP)。胞质中的 SRP 是 6 个多肽业基和 1 个 7S RNA 组成的 11S 复合体,至少有 3 个结构域:信号肽结合域、SRP 受体结合域和翻译停止域。当核糖体上刚露出肽链 N 端信号肽段时,SRP 便与之结合并暂时终止翻译,从而保证翻译起始复合物有足够的时间找到内质网膜。SRP 还可结合 GTP,有 GTP 酶活性。

3. 分泌蛋白的靶向输送过程　分泌性蛋白质的靶向输送是一种翻译输送同步进行的机制,其主要过程是(图 13-8):①组装核糖体,翻译合成 N 端包括信号肽在内的约 70 个氨基酸残基;②SRP 与核糖体、信号肽和 GTP 结合,暂时终止肽链延伸;③SRP 引导核糖体 - 多肽 -SRP 复合物,识别结合内质网膜上的 SRP 受体。通过水解 GTP 使 SRP 解离再循环利用,多肽链开始继续延长;④与此同时,核糖体大亚基与核糖体受

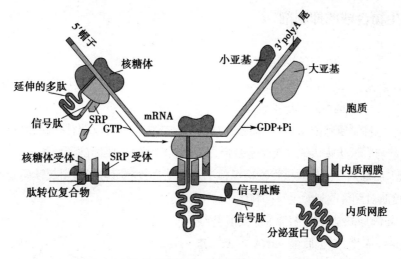

图 13-8 信号肽引导真核分泌性蛋白质进入内质网

体结合,锚定内质网膜上,水解 GTP 供能,诱导肽转位复合物开放形成跨内质网膜通道,新生肽链 N 端信号肽即插入此通道,肽链边合成边进入内质网腔;⑤内质网膜的内侧面存在信号肽酶,通常在多肽链合成 80% 以上时,将信号肽段切下,肽链本身继续增长,直至合成终止;⑥多肽链合成完毕,全部进入内质网腔中。内质网腔 Hsp70 消耗 ATP,促进肽链折叠成具有天然构象的蛋白质,然后输送到高尔基体,并在此继续加工后贮存于分泌小泡,最后将分泌性蛋白质排出胞外,从而完成靶向输送过程。特别要注意的是信号肽已在运输过程中被切除,所以成熟分泌性蛋白质的 N 端并无信号肽。

相关链接

信 号 肽

美国科学家 G.Blobel 等 1970 年提出蛋白质"信号假说",认为蛋白质具有内在信号分子,能够调节蛋白质在细胞内的转运和定位,首次阐述了信号肽的作用,Blobel 由此获得 1999 年度诺贝尔生理学或医学奖。

第四节 蛋白质生物合成与医学的关系

蛋白质不仅是基因表达的产物,而且还是生命活动的直接执行者,因此蛋白质生物合成中质和(或)量的异常都会影响机体的正常生命活动,甚至导致疾病的发生,如分子病。另外,干扰和抑制蛋白质生物合成的物质较多,其作用机制也各不相同。本节将介绍分子病及重要的蛋白质生物合成抑制剂。

一、分子病

由于基因的遗传缺陷使表达的蛋白质结构异常和功能障碍,从而造成的疾病称分子病。目前已知由于基因突变而引起的遗传性疾病有五千多种。例如镰状细胞贫血就是一种典型的分子病,编码血红蛋白 β 亚基的基因发生点突变,从正常的 T 变为 A,使 β 亚基中第 6 位氨基酸残基由正常的谷氨酸变成缬氨酸,导致血红蛋白结构异常,患者出现 HbS 容易析出凝集,红细胞变形为镰刀形,细胞脆性增加,容易破裂溶血,导致红细胞功能障碍。

二、蛋白质的生物合成的抑制剂

(一) 抗生素

抗生素是某些真菌代谢产生的能够杀灭或抑制细菌的药物。大多数抗生素能专一抑制原核生物的翻译系统,故而能专一杀灭细菌而对真核细胞无害。

1. 四环素族 能抑制氨基酰 -tRNA 与原核生物的核糖体 A 位结合,从而抑制细菌的蛋白质生物合成。

2. 氯霉素 能与原核生物核糖体大亚基结合,抑制转肽酶活性,阻断翻译延长。

3. 链霉素和卡那霉素 能与原核生物核糖体小亚基结合,改变其构象,引起读码错误,使毒素类细菌蛋白失活。高浓度时对翻译的起始也有抑制作用。

4. 红霉素 能与原核生物核糖体 50S 大亚基结合,抑制转位酶 EF-G 活性,阻止肽酰 -tRNA 从 A 位转到 P 位,从而中断翻译。

5. 嘌呤霉素 结构与酪氨酰 -tRNA 相似,可以取代一些氨基酰 -tRNA 进入原核或真核生物核糖体 A 位,但当肽链延长过程中转肽生成肽酰 - 嘌呤霉素时,容易从核糖体脱落,终止肽链合成。由于嘌呤霉素对原核和真核生物的翻译过程均有干扰作用,因此不能用作抗菌药,有人将其试用于治疗肿瘤。

(二) 白喉毒素

白喉毒素是由白喉杆菌产生的一种对真核生物具有剧毒作用的酶蛋白,能将 NAD^+ 中的 ADP- 核糖基转移到 eEF-2 中特异的氨基酸残基上,使 eEF-2 失活,从而阻断真核生物的翻译 (图 13-9)。

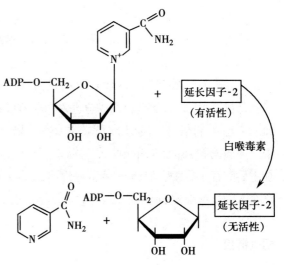

图 13-9 白喉毒素作用机制

(三) 干扰素

干扰素是真核细胞感染病毒后,病毒双链 RNA 诱导宿主细胞生成的具有抗病毒作用的一组小分子糖蛋白。干扰素可抑制病毒繁殖,保护宿主细胞,其抑制病毒繁殖的机制包括以下两方面 (图 13-10)。

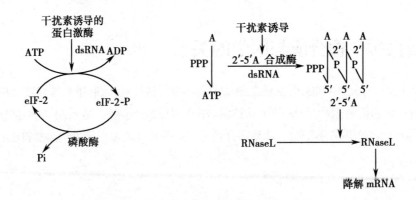

图 13-10 干扰素抑制病毒繁殖的作用机制
干扰素诱导 eIF-2 磷酸化 (左) 和干扰素诱导病毒 RNA 降解 (右)

1. 激活一种蛋白激酶 干扰素在某些病毒等双链 RNA 存在时,能诱导 eIF-2 蛋白激酶活化。该活化的激酶使真核生物 eIF-2 磷酸化而失活,从而抑制病毒蛋白质合成。

2. 间接活化核酸内切酶使 mRNA 降解 干扰素先与双链 RNA 共同作用活化 2'-5' 寡聚腺苷酸 (2'-5'A)

合成酶,使 ATP 以 $2'$,$5'$ 磷酸二酯键连接,聚合为 $2'$-$5'$ A。$2'$-$5'$ A 再活化一种核酸内切酶 RNase L,后者使病毒 mRNA 发生降解,阻断病毒蛋白质合成。

案例 13-1

　　患者,女,15 岁。有发热、咽剧痛、咽部有白色分泌物等症状,入院后从咽部脱落下一块灰白色假膜,约 5mm×7mm。发育营养中等,神志清,嗜睡,呼吸均匀,声音稍有嘶哑;右侧鼻腔内有较多血性浆液性分泌物,通气不畅,唇干,张口呼吸,口中流出带血涎液;软腭、扁桃体、腭垂、咽后壁高度充血、水肿,腭垂有新鲜出血创面;咽后壁、软腭及双侧扁桃体有灰白色假膜附着,颈部淋巴结肿大,周围软组织高度水肿,呈"牛颈"状,触痛明显;心界不大,心率齐,无杂音,肺可闻干啰音,腹平软,肝脾未及。

　　实验室检查:白细胞计数 $(15.4\~19.8)\times10^9$/L,中性粒细胞 0.82~0.9,血红蛋白 136~175g/L,血小板计数 $(30\~87)\times10^9$/L。尿蛋白(++++),可见白细胞及颗粒管形。咽分泌物纳萨染色找到白喉杆菌样的细菌,白喉杆菌豚鼠毒力试验阳性。痰培养生长白喉杆菌样的细菌。

　　思考:1. 该患者初步诊断什么疾病?

　　　　　2. 请利用生物化学知识分析白喉的病因与发病机制。

　　解析:1. 该患者初步诊断为咽白喉。

　　　　　2. 从该患者咽分泌物中找到白喉杆菌,白喉杆菌豚鼠毒力试验阳性,痰培养生长白喉杆菌。软腭、扁桃体、腭垂、咽后壁高度充血、水肿;咽后壁、软腭及双侧扁桃体有灰白色假膜附着,颈部淋巴结肿大,周围软组织高度水肿,呈"牛颈"状。这些症状主要是白喉毒素通过使 eEF-2 失活,抑制细胞蛋白质的生物合成,引起上皮细胞坏死、纤维蛋白渗出及白细胞浸润所致。

（曾　妍）

学习小结

蛋白质生物合成也称为翻译,指以mRNA为模板合成蛋白质的过程,其本质是将mRNA中4种核苷酸序列编码的遗传信息转换成蛋白质一级结构中20种氨基酸的排列顺序。蛋白质合成体系由几百种成分组成,其中mRNA是蛋白质生物合成的模板,其密码子顺序决定了所合成肽链的氨基酸顺序;tRNA可运输和协助活化氨基酸,并在密码子与对应氨基酸之间起"接合器"作用;核糖体是蛋白质生物合成的场所,由大小亚基组成,内部有分别容纳肽酰-tRNA和氨基酰-tRNA的P位和A位。

原核与真核生物翻译过程均可分为起始、延长和终止3个阶段,两者除翻译起始差别较大外,其余过程基本相同。延长阶段包括注册(又称进位)、成肽和转位3步,此过程又称狭义的核糖体循环。而将翻译的全过程循环称为广义的核糖体循环。新合成的多肽链需要经过加工才具有生物活性。加工过程包括新生肽链的折叠、一级结构的加工、空间结构的加工和分泌性蛋白质的靶向输送等。某些抗生素、毒素和干扰素对蛋白质生物合成有抑制作用。

复习参考题

1. 原核生物与真核生物翻译起始过程的异同点有哪些?

2. 目前发现的原核生物延长因子有哪些? 各自有何生物学功能?

3. 原核生物mRNA在核糖体小亚基上就位的机制是什么?

4. 试述遗传密码的组成及特点。

5. 试述三种RNA在蛋白质生物合成中的作用。

14

学习目标

掌握	基因和基因组的概念;基因表达的概念、方式及特性;转录起始是基因表达调控的基本点;基因转录激活受到转录调节蛋白与特异 DNA 序列相互作用的调节;操纵子调控模式在原核基因转录起始的调节中具有普遍性;乳糖操纵子的转录调控;色氨酸操纵子的转录调控;顺式作用元件和反式作用因子在真核基因表达调控中的特征;真核 RNA-Pol Ⅱ 转录起始的调节。
熟悉	基因表达调控的生物学意义;原核基因转录调节的特点。
了解	基因表达调控的多层次及除转录起始外其他水平的表达调节。

1958 年,英国科学家 F. Crick 提出了生物学遗传中心法则,揭示了遗传信息流动从 DNA 到蛋白质的传递规律。此后,令科学家们感兴趣的问题是,究竟是何种机制控制着遗传信息的传递？一个基因的表达究竟是在什么时候、什么特定组织器官开启或关闭？1961 年,法国科学家 F. Jacob 和 J. Monod 提出了著名的操纵子学说,开创了基因表达调控研究的新纪元。

基因表达调控是多细胞生物细胞分化、形态发生和个体发育的分子基础,也是了解生物体生命活动和功能多样性的理论基础。因此,基因表达调控不仅是现代分子生物学研究的主要方向之一,也是人们认识生命体不可或缺的重要内容。

第一节　基因、基因组与基因表达

基因不仅可以通过复制把遗传信息传递给下一代,还可以使遗传信息得到表达,也就是使遗传信息以一定的方式反映到蛋白质的分子结构上,从而使后代表现出与亲代相似的性状。

一、基因

基因的概念源自经典遗传学的奠基人孟德尔(G. Mendel)的遗传因子。从孟德尔遗传因子到现代基因的概念,人类对基因的研究与认识经历了 100 多年。随着人们对基因复杂性的了解不断深入,似乎现在越来越难对基因做一个精确的定义。从遗传学角度讲,基因(gene)是位于染色体上的遗传基本单位,含有编码蛋白质或 RNA 的遗传信息单位;从分子生物学角度讲,基因是含有特定遗传信息的核酸序列(DNA 或 RNA),编码具有生物学功能的产物,包括 RNA 和蛋白质。基因除含有编码序列(外显子)外,还含有编码区前后对基因表达具有调控作用的序列和编码序列之间的间隔序列(内含子)。

二、基因组及人类基因组计划

基因组(genome)是德国遗传学家 H. Winkler 在 1920 年将基因(gene)和染色体(chromosome)两个词缩合而创造的一个新词,意思是指染色体上的全部基因。在现代分子生物学和遗传学中,基因组是指一个生物体所有遗传物质的总和,它包括所有 DNA 或 RNA 分子。基因组既包括编码基因,也包括非编码 DNA,以及线粒体 DNA 或叶绿体 DNA 等。简而言之,基因组是一种生物的 DNA 或 RNA 所含的全部遗传信息。

绝大多数生物的基因组都由 DNA 或 RNA 组成。病毒的基因组通常较小,如人类免疫缺陷病毒(HIV)基因组为两条相同的 RNA 单链,基因组大小为 9.7×10^3 bp,主要由 3 个结构基因和 3 个调节基因组成。原核基因组也比较简单,如大肠埃希菌的基因组是环状 DNA,大小约为 4.2×10^6 bp,绝大多数是编码序列,共有 4200 多个基因。真核基因组则相当庞大,如人类染色体基因组由 22 条常染色体和 X、Y 两条性染色体组成,约 3.3×10^9 bp 的 DNA 序列组成。真核基因组绝大多数是非编码序列,结构基因只占全部序列的 5% 10%,估计约含 2 万 ~3 万个基因。真核细胞还含有线粒体 DNA 或叶绿体 DNA。通常所说的基因组是指染色体基因组。

人类基因组计划(human genome project, HGP)被誉为生命科学的"登月计划",由美国生物学家于 1985 年率先提出,于 1990 年正式启动。美国、英国、法国、德国、日本和我国科学共同参与了这一科学计划。该计划的目标是通过测定人类基因组 DNA 约 30 亿个碱基对的排列顺序,确定所有人类基因在染色体上的位置,绘制人类基因组图谱,从而破译人类全部遗传信息(图 14-1)。截至 2003 年,HGP 的测序和完成图绘

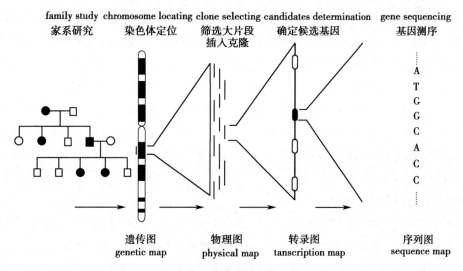

图 14-1　HGP 研究内容示意图

制工作已经完成。其中,2000 年 6 月人类基因组工作草图分别由公共基金资助的国际 HGP 和私人企业塞雷拉基因组公司(Celera Genomics)各自独立完成,并分别公开发表,这一成就被认为是 HGP 成功的里程碑。在 HGP 中,中国科学家完成了人类染色体 3 号染色体短臂上一个约 30Mb 区域的测序任务,该区域约占人类整个基因组的 1%。

三、基因表达及表达调控的基本原理

基因表达(gene expression)是指基因通过转录和(或)翻译而产生 RNA 和(或)蛋白质的过程。不同生物的基因组含有不同数量的基因,而且基因表达的水平也不是固定不变的。在不同环境、不同生长阶段和发育时期,基因表达水平高低不同,多数情况只有一小部分基因处于表达活性状态。这依赖于机体内一套完整、精细、严密的基因表达调控机制,以适应环境、维持生长和发育的需要。生物体为适应环境变化和维持自身生存、生长和发育的需要,调控基因的表达,即为基因表达调控(regulation of gene expression)。在一定调控机制下,大多数基因经历基因激活、转录及翻译等过程,产生具有特定生物学功能的蛋白质分子,赋予细胞或个体一定形态表型和生物学功能。

(一) 基因表达的方式

生物只有适应环境才能生存,当周围的营养、温度、湿度和酸度等条件变化时,生物体就要改变自身基因表达状况,以调整体内执行相应功能蛋白质的种类和数量,从而改变自身的代谢、生理活动等以适应环境。根据基因表达对环境刺激反应性的不同,可以把基因表达大致分为基本表达(constitutive gene expression)和适应性表达(adaptive gene expression)两类。

1. **基本表达**　有些基因产物对生命全过程都是必需的或必不可少的,这类基因在一个生物个体的几乎所有细胞中持续表达,通常被称为管家基因(housekeeping gene)。例如,编码组蛋白基因、编码核糖体蛋白基因和编码三羧酸循环反应所需酶的基因等,由于管家基因的表达受环境刺激的影响较小,对生命的组成和功能的体现是必需的,我们将这类基因的表达称为基本(或组成性)基因表达。基因的基本表达只受原核的启动序列或真核的启动子与 RNA 聚合酶相互作用的影响,而不受其他机制调节。当然,基本的基因表达水平并非绝对"一成不变",而是变化较小。

2. **适应性表达**　与管家基因不同,另一些基因表达很容易受环境变化影响,随环境信号变化,这类基因表达水平出现明显升高或降低的现象。这些为适应环境变化,而明显改变表达水平的基因表达属于适应性的表达。在特定环境信号刺激下,相应的基因被激活,基因表达产物增加,这类基因属可诱导基因

（inducible gene）。可诱导基因在一定的环境中表达增强的过程称为诱导（induction）。例如，当细胞内 DNA 损伤时，修复酶基因就会在体内被诱导激活，使修复酶的表达量增加，完成 DNA 的损伤修复过程；相反，如果基因对环境信号应答时被抑制，这类基因属可阻遏基因（repressible gene）。可阻遏基因表达水平降低的过程称为阻遏（repression）。例如，当培养基中色氨酸供应充足时，细菌依赖培养基中的色氨酸生存，无须自身合成，细菌体内与色氨酸合成有关酶的编码基因表达就会被阻遏。诱导和阻遏是两种不同类型的适应性表达，在生物界普遍存在，也是生物体适应环境的基本途径。可诱导或可阻遏基因除受原核生物启动序列或真核生物启动子与 RNA 聚合酶相互作用的控制外，尚受其他机制的调节，这类基因的调控序列通常含有针对特异刺激的反应元件。

（二）基因表达的时空特异性

所有生物的基因表达都具有严格的规律性。简单生物如病毒、细菌的基因表达表现为严格的时间特异性；多细胞生物，乃至高等哺乳类动物及人类基因表达表现为严格的时间和空间特异性。生物物种越高级，基因表达规律就越复杂，越精细，这是生物进化的需要及适应能力的表现。

1. 时间特异性 按功能需要，某一特定基因的表达严格按照一定的时间顺序发生，这就是基因表达的时间特异性（temporal specificity）。噬菌体、病毒或细菌侵入宿主后呈现一定的感染阶段，随感染阶段发展，生长环境变化，有些基因开启，有些基因关闭。例如，霍乱弧菌在感染宿主后，44 种基因的表达上调，193 种基因的表达受到抑制，而相伴随的是这些细菌呈现高传染状态，引起患者腹泻和水电解质紊乱等症状。又如，肝细胞内编码甲胎蛋白（alpha fetal protein，AFP）的基因在胎儿期活跃表达，因此合成大量的 AFP；成年后这一基因的表达水平降低，几乎检测不到 AFP。但是，当肝细胞发生转化形成肝癌细胞时，AFP 的基因又重新被激活，合成大量的 AFP。因此，血浆中 AFP 的水平可以作为肝癌早期诊断的一个重要指标。

多细胞生物（如人）从一个受精卵发育成为一个成熟的个体，经历了很多不同的发育阶段，在每个不同的发育阶段，都有不同的基因严格按特定的时间顺序开启或关闭，表现为与生长、发育、分化阶段一致的时间性。因此，多细胞生物基因表达的时间特异性又称为阶段特异性（stage specificity）。

2. 空间特异性 多细胞生物在个体生长、发育过程中，不同组织细胞中基因表达的数量、强度和种类各不相同，即在个体的不同空间位置基因表达不同，这就是基因表达的空间特异性（spatial specificity）。例如：胰岛素在胰岛 β 细胞合成，降钙素在甲状腺滤泡旁细胞合成。基因表达伴随时间或阶段顺序所表现出的这种空间分布差异，实际上是由细胞在器官的分布决定的。因此，基因表达的空间特异性也称为细胞特异性（cell specificity）或组织特异性（tissue specificity）。

（三）基因表达调控的多层次性和复杂性

基因表达调控体现在基因表达的全过程中。原核生物基因表达的调控可以发生基因的激活、转录和翻译三个不同层次及 RNA、蛋白质的稳定性方面；真核生物基因表达调控的层次更复杂，包括基因水平、转录水平、转录后水平、翻译水平和翻译后水平等多级水平。调控结果使基因表达水平提高的称为正性调控，使基因表达水平降低的称为负性调控。但就整个基因表达调控而言，无论真核生物还是原核生物的转录水平，尤其是转录起始水平的调节是最有效和经济的方式，也是最主要的调节方式，即转录起始是基因表达的基本、关键控制点。

基因表达的转录起始调节与基因的结构、性质，细胞内所存在的转录调节蛋白及生物个体或细胞所处的内外环境均有关。仅就基因转录起始的阶段而言，其调节主要与特异 DNA 序列与转录调节蛋白（即转录因子）两大基本要素有关。特异 DNA 序列是指位于结构基因上、下游（主要是上游）具有调节功能的 DNA 序列，即调节序列，也称为调控区。转录调节蛋白是指可以与特异 DNA 序列识别、结合，调节 RNA 聚合酶活性的蛋白质。转录调节蛋白与特异 DNA 序列共同影响 RNA 聚合酶活性，对转录起始阶段进行调节。

（四）基因表达调控的意义

1. 适应环境、维持生长和增殖　生物体所处的内、外环境是在不断变化的,从低等生物到高等生物,乃至人体都必须对内、外环境的变化做出适当的反应。生物体的这种适应能力总是与某种或某些蛋白质分子的功能有关。细胞内功能蛋白质分子的有或无、多或少的变化则由编码这些蛋白质分子的基因表达与否、表达水平高低等状况决定。通过一定的基因表达调控机制,可使生物体表达出适应性的蛋白质分子,以适应环境,维持生长和增殖。例如,当环境中葡萄糖供应充足时,细菌中利用葡萄糖的酶的基因表达增强,利用其他糖类酶的基因关闭;当葡萄糖耗尽而有乳糖存在时,利用乳糖酶的基因则表达,此时细菌利用乳糖作碳源,维持生长和增殖。高等动物体内更加普遍存在适应性表达的方式。例如:经常饮酒者体内代谢乙醇的醇脱氢酶活性较高即与相应基因表达水平升高有关。

2. 维持细胞分化与个体发育　多细胞生物的基因表达调控更加复杂、精细和完善,其意义除了可使生物体能更好地适应环境、维持生长和增殖外,还在于维持细胞分化和个体发育。在多细胞个体生长、发育的不同阶段及同一生长发育阶段的不同组织器官内蛋白质分子的表达都存在很大的差异,这些差异决定着细胞的表型。例如,果蝇幼虫(蛹)最早期只有一组"母亲效应基因"表达,使受精卵发生头尾轴和背腹轴的固定,之后三组"分节基因"按顺序表达、控制蛹的"分节"发育过程,最后这些"节"分别发育为成虫的头、胸、翅膀、肢体、腹部及尾巴等。高等哺乳类动物各组织、器官的发育、分化都是由一些特定基因控制的。当某种基因缺陷或表达异常时,则会出现相应组织或器官的发育异常。如人的先天性心脏病、唇腭裂等。

第二节　原核生物基因表达的调控

转录起始是原核生物基因表达调控的基本控制点,原核生物没有成形的细胞核(即没有核膜),亚细胞结构及其基因组结构要比真核生物简单得多,所以原核基因转录起始的调节有自己的特点。

操纵子(operon)是原核生物的基本转录单位,操纵子模型在原核生物基因表达调控中具有普遍性,如乳糖操纵子(lac operon)、阿拉伯糖操纵子(ara operon)及色氨酸操纵子(trp operon)等。

一、乳糖操纵子的转录调控

操纵子通常是由两个以上功能相关的结构基因及其上游的启动序列(promoter,P)、操纵序列(operater,O)、其他调节序列成簇串联而成。P序列、O序列及其他调节序列形成特异DNA调节序列(调控区),调节控制结构基因的表达。P序列是RNA聚合酶识别、结合的部位(见第十二章);O序列与P序列毗邻或接近,其DNA序列常与P序列交错、重叠,它是原核阻遏蛋白的结合位点。当O序列上结合有阻遏蛋白时会阻止RNA聚合酶与P序列结合,或使RNA聚合酶不能沿DNA向下游移动,阻止转录,介导负性调节,所以可认为O序列是控制RNA聚合酶能否转录的"开关";有些操纵子含有其他调节序列,可影响RNA聚合酶的活性,如乳糖操纵子的分解代谢物基因活化蛋白(catabolite gene activation protein,CAP)结合位点,操纵子结构见图14-2。在操纵子的上游常存在表达阻遏物的阻遏基因(repressor gene),阻遏物与O序列的结合与否,是影响O序列关或开的调控因素。操纵子转录调控模式包括诱导调节、阻遏调节和转录衰减(transcription attenuation)三种类型。

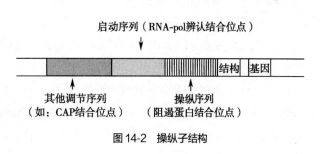

图14-2　操纵子结构

（一）乳糖操纵子的结构

1961 年，F. Jacob 和 J. Monod 通过研究大肠埃希菌乳糖代谢相关酶的基因表达提出了著名的操纵子学说，从此开创了基因表达调控研究的新纪元。

大肠埃希菌（*E.coli*）的乳糖操纵子长约 5000bp，是目前对操纵子研究最详尽的例子，也是研究转录水平调控规律的基本模式。大肠埃希菌的乳糖操纵子由 5′ 到 3′ 端依次为 CAP 结合位点、启动序列 P 和操纵序列 O 形成的调控区及 Z、Y、A 三个结构基因组成。*lac Z、lac Y* 和 *lac A* 三个结构基因，分别编码与利用乳糖有关的三种酶：β 半乳糖苷酶（β galactosidase）、透酶和乙酰基转移化酶，三种酶的作用使细菌开始利用乳糖作为能源物质。由 P 序列、O 序列和 CAP 结合位点形成的调控区调节控制 Z、Y、A 三个结构基因的转录（图 14-3）。乳糖操纵子上游存在此操纵子的阻遏基因 *lac I*，其编码的阻遏蛋白可与 O 序列结合，控制 Z、Y 和 A 基因的转录。

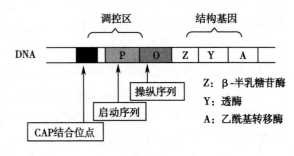

图 14-3　*lac* 操纵子

（二）乳糖操纵子的调节机制

乳糖操纵子是调节乳糖分解代谢相关酶的生物合成的操纵子，属于可诱导型转录调控操纵子。

1. 阻遏蛋白的负性调节　当培养基中没有乳糖时，*E.coli* 没有必要产生利用乳糖的酶。此时，*lac* 操纵子上游的阻遏基因产物阻遏蛋白特异地结合操纵序列 O，阻碍 RNA 聚合酶与启动序列 P 结合，或 RNA 聚合酶不能沿 DNA 向前移动，此时操纵子被阻遏蛋白阻遏处于关闭状态，结构基因不能表达出利用乳糖的三种酶，这种调节被称为负性调节。但是，阻遏蛋白的阻遏作用并非绝对，偶尔有阻遏蛋白与 O 序列解聚。因此，每个细胞中可能会有寥寥数个分子利用乳糖的三种酶的生成。

当培养基中有乳糖时，乳糖能被菌体内原先存在的极少量透酶催化、转运进入细胞，再经少数 β- 半乳糖苷酶催化，转变为半乳糖（galactose，Gal）。后者作为诱导物分子结合在阻遏蛋白的特异部位，引起阻遏蛋白构象改变，导致阻遏蛋白不能结合到 O 序列上，操纵子去阻遏，RNA 聚合酶与启动序列 P 结合，并移向结构基因，操纵子开放表达出三种利用乳糖的酶，此时细菌就可有效地利用乳糖。此调控模式属于操纵子的诱导调节（图 14-4）。半乳糖的类似物异丙基硫代半乳糖苷（IPTG）是一种作用极强的诱导剂，不被细菌代谢而十分稳定，因此在实验室被广泛应用。

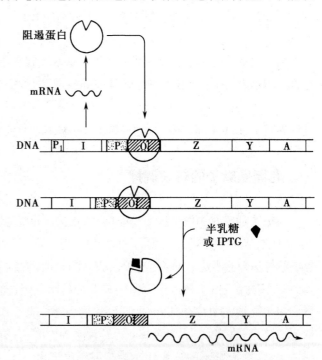

图 14-4　*lac* 操纵子的阻遏蛋白负性调节

由于乳糖操纵子的启动序列作用很弱，单纯因乳糖的存在发生去阻遏使乳糖操纵子转录开放，还不能使细胞很好利用乳糖，必须同时有 CAP 来加强 RNA 聚合酶转录活性，细菌才能合成足够的酶来利用乳糖。

2. CAP 的正性调节　分解代谢物基因活化蛋白 CAP 是一种碱性二聚体别构蛋白，cAMP 可使其别构激活。当 cAMP 与 CAP 结合后其构象发生改变，对 DNA 分子上 CAP 结合位点的亲和力增强，发挥正性调节的作用，即有利于 RNA 聚合酶与启动序列的结合、并推动 RNA 聚合酶前移转录结构基因。cAMP 的浓度

与葡萄糖的有无呈负相关,即当无葡萄糖时,cAMP
的浓度增高;有葡萄糖时,cAMP 的浓度降低,CAP
的正性调节见图 14-5。

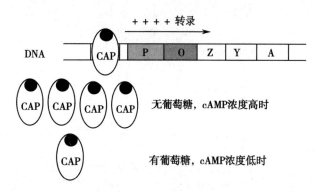

3. 协调表达 对 *lac* 操纵子来说 CAP 是正性
调节因素,Lac 阻遏蛋白是负性调节因素。两种调
节机制根据存在的碳源性质及水平协调调节 *lac* 操
纵子的表达。

图 14-5 CAP 的正性调节

当 Lac 阻遏蛋白封闭转录时,CAP 对该系统不
能发挥作用;但是,如果没有 CAP 存在来加强转录
活性,即使阻遏蛋白从操纵序列上解聚仍无转录活
性。可见,*lac* 操纵子的开放即需要去除阻遏蛋白的负性调节又要具有 CAP 的正性调节。两种机制相辅相成、
互相协调、互相制约,以适应细菌对能量的需求。

lac 操纵子协调调节能很好地解释在单纯乳糖(无葡萄糖)存在时,细菌是如何利用乳糖作为碳源的。
然而,当细菌生长环境既有葡萄糖又有乳糖时,细菌优先利用葡萄糖才是最节能的。这时,葡萄糖通过降
低 cAMP 浓度,阻碍了 cAMP 对 CAP 的别构作用,缺乏正性调节而抑制了 *lac* 操纵子的转录,使细菌只能利
用葡萄糖。葡萄糖对 *lac* 操纵子的阻遏作用称为分解代谢阻遏(catabolite repression)。*lac* 操纵子的协调调节
机制见图 14-6。

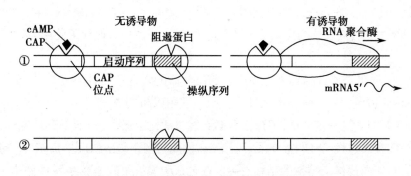

图 14-6 CAP、阻遏蛋白、cAMP 和诱导剂对 *lac* 操纵子的调节
①当葡萄糖浓度低,cAMP 浓度高时;②当葡萄糖浓度高,cAMP 浓度低时

二、色氨酸操纵子的转录调控

大肠埃希菌乳糖操纵子的调节属于诱导调节模式,控制的是分解代谢,其底物小分子的存在诱导操纵
子打开而合成一系列利用乳糖的酶。大肠埃希菌的色氨酸操纵子(trp operon)作用则正好相反,它是调节色
氨酸合成代谢相关酶表达的操纵子,控制的是合成代谢,最终合成产物是色氨酸。在培养基中缺乏色氨酸
时操纵子打开,而加入色氨酸后将促使操纵子的关闭,操纵子的关闭不但受到类似于乳糖操纵子阻遏调节
模式的调控,还要通过转录衰减的模式最终关闭转录。

(一)色氨酸操纵子的结构

大肠埃希菌的色氨酸操纵子的调控区由启动序列、操纵序列和前导序列(leading sequence,L)构成,
结构基因区 5′端到 3′端依次为 *trp E*、*trp D*、*trp C*、*trp B*、*trp A* 五个结构基因,分别编码邻氨基苯甲酸酶、
邻氨基苯甲酸焦磷酸转移酶、邻氨基苯甲酸异构酶、色氨酸合成酶和吲哚甘油 -3- 磷酸合成酶。阻遏基
因 *trp I* 的位置远离色氨酸操纵子,在其自身的启动子作用下,以组成性方式低水平表达色氨酸阻遏蛋白 I
(图 14-7)。

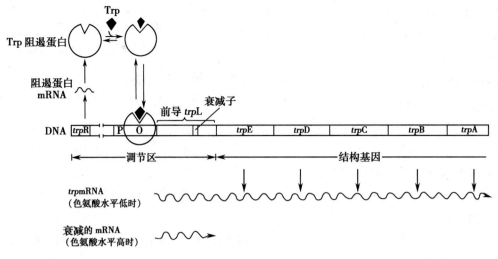

图 14-7 *trp* 操纵子

(二) 色氨酸操纵子的调控机制

1. **阻遏调控** 当环境中不存在色氨酸时,阻遏蛋白 I 并没有与操纵序列 O 结合的活性,操纵子是开放的,编码色氨酸合成代谢相关酶的结构基因表达,从而细菌可以自己合成色氨酸;若环境中存在足够浓度的色氨酸时,阻遏蛋白 I 与色氨酸结合后构象变化而活化,与操纵序列 O 特异性结合,从而阻遏操纵子转录,细菌不再合成色氨酸。这种以终产物阻止基因转录的机制称为反馈阻遏(见图 14-7),此终产物(色氨酸)称为辅阻遏物。细菌生物合成系统的操纵子多属于这种类型,其调控可使细菌处在生存繁殖最经济、最节省的合理状态。

2. **转录衰减** 阻遏蛋白通过与辅阻遏物色氨酸结合后的阻遏作用并不完全,仅能阻断 70% 的转录起始。因此,大肠埃希菌色氨酸操纵子的表达调控除了有阻遏机制外,还有其他调节机制,即转录衰减。实验观察表明:当色氨酸达到一定浓度,但还没有高到能够活化阻遏蛋白 I 使其起阻遏作用的程度时,色氨酸合成酶类的生物合成过程已经明显减弱,而且产生的酶量与色氨酸浓度呈负相关。进一步的研究发现这种调控现象与色氨酸操纵子特殊的结构有关。在色氨酸操纵子的操纵序列 O 和第一个结构基因之间有属于调控区的前导序列 L,转录起始位点位于前导序列 L 之中,因此首先转录出 161 个核苷酸的前导 RNA 序列,它主要包括含有 2 个色氨酸密码子的前导肽编码序列和 4 段特异的互补序列。序列 2 与序列 1 和 3 互补,序列 3 与序列 2 和 4 互补,在序列 4 下游有一串 U。由于转录和翻译偶联,从刚合成的前导 RNA 上起始翻译时,转录还在进行之中,若环境中有较多的色氨酸,细菌能合成色氨酰 -tRNA,核糖体能顺利地完成前导 RNA 的翻译,到达前导肽的终止密码子,刚好覆盖序列 1 和序列 2,此时 RNA 聚合酶转录出的序列 3 和序列 4 能形成发夹结构,其下游是一串 U,构成终止子,使操纵子转录尚未进入结构基因就终止。前导 RNA 中的这种终止子称为衰减子(attenuator)。这表示在阻遏调节的基础上,进一步通过转录衰减模式色氨酸操纵子 100% 地被阻断。若环境中缺乏色氨酸,无色氨酰 -tRNA 合成,前导 RNA 翻译时核糖体停留在色氨酸密码子处,只覆盖了序列 1,RNA 聚合酶转录出序列 2 和 3,它们也构成发夹结构,但继续转录出的序列 4 就不能再和序列 3 形成终止子,转录能继续延长,色氨酸操纵子可以表达(图 14-8)。大肠埃希菌色氨酸操纵子表达调控中转录衰减辅助阻遏调控,使表达调控更精确。

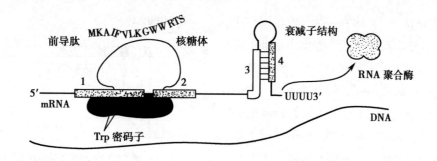

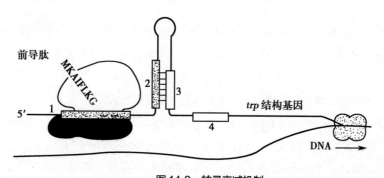

图 14-8　转录衰减机制

上图：环境中有较多的色氨酸；下图：环境中缺乏色氨酸

第三节　真核生物基因表达的调控

真核生物的基因组结构庞大，含有数万个基因，其基因表达的调控比原核更复杂。与原核生物基因表达的调控主要通过操纵子实现所不同的是，真核生物基因表达调控主要通过顺式作用元件（cis-acting element）与反式作用因子（trans-acting factor）的相互作用，影响 RNA 聚合酶活性而进行。

一、顺式作用元件

参与真核生物基因转录起始调控的特异 DNA 序列比原核生物更为复杂，涉及编码基因两侧的 DNA 序列。顺式作用元件是指与相关基因同处一个 DNA 分子上，能与转录因子结合，调控转录起始的 DNA 序列。顺式作用元件可位于基因的 5′ 上游区、3′ 下游区或基因内部，位于 5′ 上游区占多数（图 14-9）。

按功能可将顺式作用元件分为启动子（promoter）、增强子（enhancer）和沉默子（silencer）等。其中启动子和增强子是起正性调控作用的顺式作用元件，而沉默子是起负性调控作用的顺式作用元件。

图 14-9　顺式作用元件

A、B 分别代表同一基因中的两段特异 DNA 序列；B 序列通过一定机制影响 A 序列，并通过 A 序列控制该基因转录起始的准确性及频率；A、B 序列就是调节这个基因转录活性的顺式作用元件

（一）启动子

真核基因启动子（promoter）是指能与 RNA 聚合酶以及转录因子结合并启动基因转录的 DNA 序列（图 14-10）。这段序列一般包括转录起始点以及若干具有独立功能的元件，每一元件含 7~20bp 的 DNA 序列。按功能分析，启动子含有两种元件：一是核心启动子元件（core promoter element），包括转录起始点及其上

游 −25bp 处的 TATA 盒，又称 Hogness 盒，其核心序列为 TATAAAA。核心启动子元件的作用是确定转录起始点，产生基础水平的转录。二是上游启动子元件(upstream promoter element)，通常包括位于 −70bp 附近的 CAAT 盒和 GC 盒以及距转录起始点更远一些的上游元件。这些元件与相应的转录因子结合能提高或改变转录效率。不同基因具有不同的上游启动子元件，其位置也不相同，因此可产生不同的调控作用。

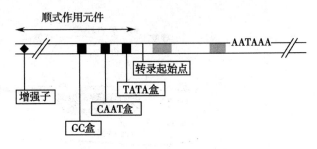

图 14-10　顺式作用元件的组成

　　由 TATA 盒及转录起始点构成核心启动子元件即可构成最简单的启动子。典型的启动子则由 TATA 盒及上游的 CAAT 盒和(或)GC 盒组成，这类启动子通常具有一个转录起始点及较高的转录活性。

(二) 增强子

　　增强子(enhancer)是增强启动子的转录活性，决定基因的时间、空间特异性表达的 DNA 序列。最早是在 SV40 病毒中发现的长约 200bp 的一段 DNA，可使旁侧的基因转录提高 100 倍，其后在多种真核生物，甚至在原核生物中也发现的增强转录的类似序列。增强子通常为 100~200bp 的 DNA 短片段，也和启动子一样由若干功能元件构成，基本核心元件常为 8~12bp，可以单拷贝或多拷贝串联形式存在，它们是特异的转录激活因子结合部位。增强子和上游启动子常交错覆盖或连续存在。有时，对结构密切联系而又无法区分的启动子、增强子样结构则统称为启动子。增强子活化转录起始与其方向无关，将增强子方向倒置依然能活化靶基因转录；增强子还能远距离发挥作用，它可以位于被活化基因的上游或下游 1~30kb 范围内，甚至可位于基因之中。

(三) 沉默子

　　沉默子(silencer)是指通过与特异的转录因子结合后，对转录起阻抑作用的顺式作用元件，属于负性调节元件。与增强子一样，沉默子的作用可不受序列方向的影响，也能远距离发挥作用。还有些 DNA 序列即可作为正性、又可作为负性调节元件发挥顺式调节的作用，这取决于与其结合的转录因子的性质，真核基因转录起始的调节以正性调节为主。

二、反式作用因子

　　真核基因转录调节蛋白又称转录调节因子或转录因子(transcriptional factors，TF)。转录因子通过与特异的顺式作用元件识别、结合，激活另一基因的转录，故又称反式作用因子(trans-acting factor)。但有的转录因子可特异识别、结合自身基因的调节序列，调节自身基因的表达，这种转录因子称为顺式作用蛋白(cis-acting protein)。通常所说的转录因子就是指反式作用因子，大多数反式作用因子是 DNA 结合蛋白质；也有的反式作用因子不能直接结合 DNA，而是通过蛋白质 - 蛋白质相互作用参与 DNA- 蛋白质复合物的形成，调节基因转录。

(一) 转录因子的分类

　　转录因子按功能可分为两类：一是基本转录因子(general transcription factors，TF)，也称通用转录因子，是为促进 RNA 聚合酶与启动子结合，在启动子处组装形成转录前起始复合物所必需的一组蛋白质因子。有人将其视为 RNA 聚合酶的组成成分或亚基。相应于 RNA 聚合酶Ⅰ、Ⅱ和Ⅲ的 TF，分别称为 TFⅠ、TFⅡ和 TFⅢ。真核生物 TFⅡ又分为 TFⅡA、TFⅡB、TFⅡD、TFⅡE、TFⅡF 及 TFⅡH 等(主要的 TFⅡ的功能见第十二章)，RNA 聚合酶Ⅱ需要基本转录因子的参与才能发挥催化作用。二是特异转录因子(special transcription factors)，这是特异基因转录所必需的转录因子，决定该基因的时间、空间特异性表达，包括转录激活因子和抑制因子,前者与启动子近端元件或增强子结合,后者与沉默子结合,分别起活化和抑制转录的功能。

(二) 转录因子的结构

转录因子至少包括两个结构域:DNA 结合结构域和转录调节(主要是激活)结构域。此外,很多转录因子还包含一个介导蛋白质 - 蛋白质相互作用的结构域,最常见的是二聚化结构域,二聚体的形成对它们行使功能具有重要意义。

1. **DNA 结合结构域** 通常由 60~100 个氨基酸残基组成。最常见的 DNA 结合结构域的形式是螺旋 - 转角 - 螺旋(helix-turn-helix,HTH)、螺旋 - 环 - 螺旋(helix-loop-helix,HLH)、锌指(zinc finger)和亮氨酸拉链(leucine zipper)等结构。①HTH 及 HLH:这类结构至少有两个 α- 螺旋,其间由短肽段形成的转角或环连接,当这类转录因子与 DNA 结合时,两个 HTH 或 HLH 结构形成对称的同二聚体,距离正好相当于 DNA 一个螺距(3.4nm),两个 α- 螺旋刚好分别嵌入 DNA 的深沟(图 14-11)。②锌指:典型的 C_2H_2(C:Cys、H:His)锌指由 30 个氨基酸残基组成,可以折叠成手指状二级结构,其中有两个半胱氨酸残基和两个组氨酸残基在空间结构中位于正四面体的四个顶点,与四面体中心的锌离子配价结合,故名锌指(图 14-12)。锌指可插入顺式元件的 DNA 大沟之中。③亮氨酸拉链:由可以形成 α- 螺旋的氨基酸序列构成,其中亮氨酸残基总是间隔 6 个氨基酸残基出现一次,形成的 α- 螺旋中一侧全是亮氨酸残基。两个含有这种 α- 螺旋的蛋白质分子可以通过亮氨酸残基的疏水相互作用而形成同源或异源二聚体。在 α- 螺旋区的 N 端旁侧有碱性氨基酸区域,二聚体的形成使两个亚基中的碱性区域互相靠拢,可与顺式作用元件的大沟结合。

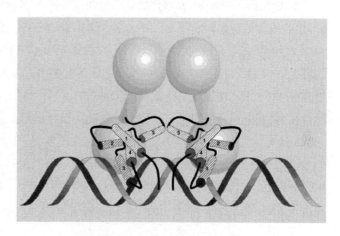

图 14-11 螺旋 - 转角 - 螺旋结构

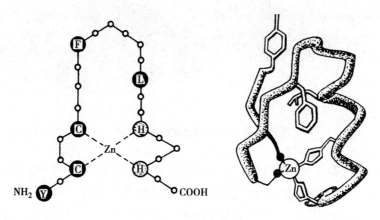

图 14-12 锌指结构

2. **转录调节结构域** 由 30~100 个氨基酸残基组成,其结构特点因转录因子而异。根据氨基酸组成的特点,转录调节结构域主要包括三种类型:①酸性激活结构域(acidic activation domain):是含酸性氨基酸的保守序列,形成带负电荷的螺旋区;②富含谷氨酰胺结构域(glutamine-rich domain),这类转录因子的 N 端有两个转录激活区,其中谷氨酰胺(Gln)残基含量达 25%,主要结合 GC 盒;③富含脯氨酸结构域(proline-rich domain),其中脯氨酸残基达 20%~30%,与转录的激活有关。

3. **二聚化结构域** 有些转录因子在模板 DNA 链上形成同源或异源二聚体的能力决定了基因的表达与否。二聚化结构域的二聚化作用与亮氨酸拉链和 HLH 结构有关。

三、真核基因转录的调控

DNA元件与调节蛋白对转录激活的调节最终是由RNA聚合酶活性体现,其中的关键环节是转录起始复合物的形成。真核生物有三种RNA聚合酶,分别由催化生成不同的RNA分子(见第十二章)。其中RNA聚合酶Ⅱ参与转录生成所有mRNA前体及大部分snRNAs,为满足RNA聚合酶Ⅱ转录的需要,参与真核基因转录起始的DNA调控序列及转录因子要复杂得多,转录起始复合物的动态构成是转录调控的主要方式。

(一) 转录起始的调节

1. 启动子影响转录起始的频率 真核生物的启动子由转录起始点、RNA聚合酶结合位点及控制转录活性的调节元件构成。启动子的核酸序列会影响其与RNA聚合酶的亲和力,而亲和力大小则直接影响转录起始的频率。但真核RNA聚合酶必须与转录因子形成复合物才能与启动子结合。

2. 转录因子决定RNA聚合酶Ⅱ的活性 真核生物RNA聚合酶在基本转录因子的辅助下与启动子结合,组装成转录前起始复合物。RNA聚合酶Ⅱ催化转录起始时,由基本转录因子TFⅡD与启动子核心序列TATA盒辨认、结合,并有TAF参与结合,接着是TFⅡA和TFⅡB与启动子结合,然后RNA聚合酶Ⅱ在TFⅡF的辅助下与TFⅡB及启动子结合,在此之后还有TFⅡE和TFⅡH等基本转录因子的加入,形成转录前起始复合物(PIC)。在TFⅡ的几种基本转录因子中,只有TFⅡD(其中的TBF亚基)具有位点特异的DNA辨认、结合能力,在上述有序的组装过程中起关键性指导作用。这样形成的PIC并不稳定,通常也不能有效启动mRNA转录。在迂回折叠的DNA构象中,结合了增强子的转录激活因子与PIC中的TBP接近或通过特异的TAF与TBP联系,形成稳定的PIC(图14-13)。此时,RNA聚合酶Ⅱ才能真正启动mRNA转录,TAF也是细胞特异性的,与转录激活因子共同决定组织特异性转录。正是由于这些基本转录因子和特异性转录因子决定了RNA聚合酶Ⅱ的活性,这些转录因子的浓度和分布将直接影响相关基因的表达。

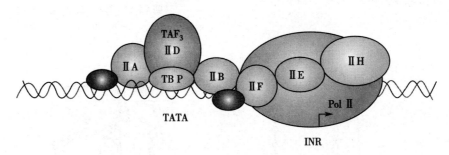

图14-13　转录起始复合物的形成

真核基因转录的调节是复杂的、多样的。不同的顺式作用元件组合可产生多种类型的转录调节方式;多种转录因子又可结合相同或不同的DNA元件。结合DNA前,特异的转录因子常需要通过蛋白质-蛋白质相互作用形成二聚体复合物。不同的二聚体对DNA的结合能力不同,对转录调节过程所产生的效果不同,有正性调节和负性调节。因此,基因调节元件不同,转录因子种类、性质及浓度不同,发生的DNA-蛋白质、蛋白质-蛋白质相互作用类型不同,产生协同、竞争或拮抗的不同转录起始调节方式。

(二) 转录起始终止的调节

真核细胞转录终止机制所知甚少。通常RNA聚合酶Ⅱ转录终止于poly A添加点以下(3'端)0.5~2kb范围内的多处可能位点,而不是想象中的在poly A添加点以上。主要是转录延伸过程中由于某种机制的作用,使RNA pol延伸复合物脱离模板,而不是RNA pol指导的RNA合成停止。真核生物的转录终止和加尾修饰同时进行,详细内容见第十二章。有证据表明一些真核基因及感染细胞中的病毒基因可以靠抗终止方式调节其转录水平。

(三) 转录后水平的调节

转录后的调控是指 RNA 水平的调控,即基因在转录和翻译之间的调节,它包括对基因转录产物进行一系列修饰、加工和编辑。具体可以是 mRNA 前体的剪接和加工、rRNA 前体的加工、tRNA 前体的加工,也可以是 RNA 编辑(见第十二章第三节),还可以是小分子 RNA,特别是非编码 RNA(noncoding RNA,ncRNA)引起的转录后基因沉默。另外 mRNA 运输、胞质内稳定性的调节也属于转录后水平的表达调节。以下主要介绍 ncRNA 在转录后水平的调控作用。

1. siRNA　小干扰 RNA(small interfering RNA,siRNA),又称短干扰 RNA(short interfering RNA),是细胞内一类长 20~25 个核苷酸的双链 RNA(double-stranded RNA,dsRNA),由 Dicer(RNase Ⅲ 家族中对双链 RNA 具有特异性的酶)加工而成。siRNA 参与 RNA 诱导的沉默复合物(RNA-induced silencing complex,RISC)的形成,并与特异的靶 mRNA 完全互补结合,导致靶 mRNA 降解,阻断翻译过程,进而抑制相关基因的表达。这种由 siRNA 介导的基因表达抑制作用被称为 RNA 干扰(RNA interference,RNAi)作用。

RNAi 是一种发生在转录后水平的基因表达调节机制,是生物体固有的一种对抗外源基因侵害的自我保护现象。这种 siRNA 既可以是内源的,也可以是外源导入的,它以序列特异性地结合靶 mRNA 为主要特征进行基因表达调控。

2. miRNA　微 RNA(microRNA,miRNA)是长度为 22 个核苷酸的非蛋白编码的小 RNA 分子。miRNA 广泛存在于真核生物中,其初始转录产物是发夹状结构,在一系列酶切作用下从前体 miRNA 生成成熟的 miRNA(见第三章第三节)。成熟 miRNA 通过与其他蛋白质一起形成 RISC,该复合物与其靶 mRNA 分子的 3' 端非翻译区(3'untranslated region,3'UTR)不完全互补匹配,引起靶 mRNA 的降解或抑制蛋白质翻译。目前已可通过人工合成 miRNA 特异性抑制基因表达,对疾病进程进行控制,如 miRNA 抑制病毒复制和肿瘤治疗。

以上 siRNA 和 miRNA 都属于小分子 ncRNA,有许多相同之处:①二者的长度都约在 22nt 左右;②二者生成都是由双链的 RNA 或 RNA 前体形成,依赖 Dicer 酶的加工和 Argonaute 家族蛋白存在;③二者都与 RISC 形成复合体,与靶 mRNA 结合引起基因沉默;④二者在介导沉默机制上有重叠,都在转录后水平上对靶基因表达进行调控。

但 miRNA 与 siRNA 也有很多不同点:①来源上,miRNA 是内源发夹结构的转录产物,而 siRNA 既可以是内源双链 RNA 诱导产生,又可以是外源人工体外合成的。②结构上,miRNA 是单链 RNA,而 siRNA 是双链 RNA。③Dicer 酶对二者的加工过程不同,miRNA 是不对称加工,miRNA 仅剪切 pre-miRNA 的一个侧臂,其他部分降解;而 siRNA 对称地来源于双链 RNA 的前体的两侧臂。④作用位置不同,miRNA 主要作用于靶标基因 3'-UTR,不完全互补;而 siRNA 通过完全互补匹配作用于 mRNA 的任何部位。⑤作用方式不同,miRNA 可抑制靶标基因的翻译,也可以导致靶 mRNA 降解,即在转录水平后和翻译水平起作用,而 siRNA 只能导致靶 mRNA 的降解,即为转录水平后调控。⑥生物学功能不同,miRNA 主要通过调节内源基因表达在发育过程中起作用;而 siRNA 不参与生物发育,通过 RNAi 作用抑制转座子活性和病毒感染。

3. lncRNA　长非编码 RNA(long noncoding RNA,lncRNA)是长度大于 200 个核苷酸的非编码 RNA,曾被认为是基因组转录的"噪音",是 RNA 聚合酶Ⅱ转录的副产物,不具有生物学功能。但不断积累的研究表明,lncRNA 参与了 X 染色体沉默,基因组印记以及染色质修饰,转录激活,转录干扰,核内运输等多种重要的调控过程。在转录后水平,lncRNA 与编码蛋白基因的转录本形成互补双链,一方面,它干扰 mRNA 的剪切,形成不同的剪切形式;另一方面,在 Dicer 酶的作用下产生内源性 siRNA,引起转录本降解(图 14-14)。

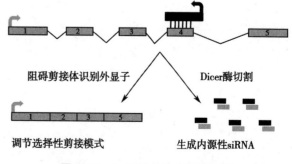

图 14-14　lncRNA 介导的转录后调控

4. circRNA 环状 RNA(circular RNA, circRNA)是一类特殊的非编码 RNA 分子,也是 RNA 领域最新的研究热点。与传统的线性 RNA(如 mRNA)不同,circRNA 分子呈闭合环状结构,不受 RNA 外切酶影响,表达更稳定,不易降解。在功能上,近年的研究表明,circRNA 分子富含 miRNA 结合位点,在细胞中起到 miRNA 海绵(miRNA sponge)的作用,通过解除 miRNA 对其靶基因的抑制作用,进而提高靶基因的表达水平。这一作用机制被称为竞争性内源 RNA(competing endogenous RNA, ceRNA)机制。在转录后水平,circRNA 通过与疾病关联的 miRNA 相互作用,在疾病中发挥着重要的调控作用(图 14-15)。

总之,真核生物的基因转录调控非常复杂,既包含"量"的调节,也包含"质"的调节;前者指各种 RNA 分子水平的升高和降低,后者指 RNA 分子的修饰加工等。

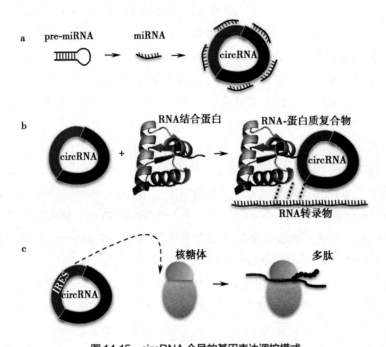

图 14-15 circRNA 介导的基因表达调控模式

a. circRNA 作为 miRNA 海绵,b. circRNA 与 RNA 结合蛋白以及靶 RNA 分子形成复合物,c. circRNA 含内核糖体进入序列(IRES)在体外翻译形成多肽(蛋白质)

(龚朝辉)

基因表达调控是生物体内基因表达过程在时间、空间上处于有序状态,并对环境条件的变化做出适当反应的复杂过程。基因表达调控的基本现象包括管家基因的基本表达与可诱导、可阻遏基因的适应性表达和基因表达的时空特异性。基因表达调控呈现多层次性,转录起始调节是基因表达调控的基本环节,转录起始调节的基本要素有特异 DNA 序列和转录调节蛋白。

原核生物的转录起始调控主要以操纵子为单位而进行,即编码功能相关的结构基因通常成簇排列在一起,由一个调节区控制开启或关闭基因的表达。具体表现在原核生物通过诱导或阻遏调节一些相应蛋白质的合成来应答环境因素的变化。大肠埃希菌的乳糖操纵子合成分解利用乳糖的 3 种酶,属于可诱导型操纵子。其通过阻遏蛋白的负性调节和 CAP 的正性调节之间的协调调节机制控制 3 种酶的合成,使大肠埃希菌适应环境。大肠埃希菌的色氨酸操纵子合成色氨酸合成代谢相关的 5 种酶,属于可阻遏型操纵子,其通过阻遏和转录衰减机制控制5 种酶的合成,使大肠埃希菌适应环境。

真核基因转录起始的调节过程主要通过顺式作用元件与反式作用因子的相互作用而实现。顺式作用元件是结构基因周围能与转录因子结合而影响转录的DNA 序列,按功能分为三类:启动子、增强子和沉默子。启动子和增强子是起正性调控作用的顺式作用元件,沉默子是起负性调控作用的顺式作用元件。反式作用因子依其功能可分为基本转录因子和特异转录因子两类。基本转录因子是RNA 聚合酶结合启动子所必需的一组蛋白质因子,决定三种 RNA(mRNA、tRNA 和 rRNA)转录的类别。特异转录因子通过结合它的调节序列激活或阻遏特异基因的转录。所有基因的转录调节都涉及包括 RNA-pol 在内的转录前起始复合物的形成。转录因子至少包括 DNA 结合结构域和转录调节结构域两个结构域。顺式作用元件与反式作用因子相互作用的转录起始调节模式,其实质在于通过蛋白质与 DNA、蛋白质与蛋白质之间的相互作用导致蛋白质和 DNA 构象的变化,进而发生功能的变化,以此决定基因是否转录。真核生物转录后调节不仅包括 RNA 的加工、编辑和修饰,还包括各种非编码 RNA 介导的基因沉默和竞争性调控。

1. 举例说明基因表达的时间特异性和空间特异性。

2. 举例说明"基本表达""诱导"和"阻遏"表达。

3. 转录激活调节的基本要素是什么?

4. 叙述操纵子的概念及 *lac* 操纵子的工作原理。

5. 解释启动子、增强子、转录调节因子及功能。

第四篇

综合篇

第十五章　细胞信号转导

15

细胞是构成生物体的基本单位。对于不断变化的体内外环境,单细胞生物可直接作出应答,而多细胞生物则需要通过复杂的信号传递系统来协调各细胞、组织和器官的代谢及功能,对环境变化作出应答,产生相应的生物学反应,保证机体生命活动的正常进行。各细胞间的通讯主要由细胞分泌的化学物质完成,这些在细胞间或细胞内传递信号,调节细胞生命活动的化学物质称为信息分子(signaling molecule)或称信号分子。细胞内外信息分子组成的信号转导通路和网络构成细胞信号转导(cell signaling transduction)系统,转导细胞内外的信息。

在人体内,如果细胞间不能准确有效地传递信息,机体就有可能出现代谢紊乱、细胞癌变甚至死亡。细胞外信息分子通过细胞膜或细胞内受体转导信息,使细胞内信息分子发生生物化学反应或蛋白质相互作用,从而影响细胞内物质代谢、基因表达调控以及细胞生物学功能(图 15-1),其最终目的是使机体在整体上对外界环境的变化发生最为适宜的反应,在物质代谢和生物学功能方面达到协调一致。

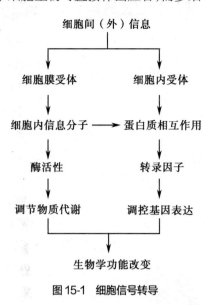

图 15-1　细胞信号转导

第一节　信息分子及细胞间信息传递方式

一、信息分子及其分类

信息分子是由特定的信号细胞产生,通过扩散或体液转运等方式作用于靶细胞,靶细胞对信息分子产生特异应答。根据信息分子作用部位,分为细胞间信息分子和细胞内信息分子两类。

(一)细胞间信息分子

由细胞分泌的,在细胞间传递信息,调节细胞生命活动的信息分子称为细胞间信息分子,或称第一信使。细胞间信息分子携带各种细胞外信息,通过细胞受体将信息转导入细胞内,调节细胞的功能。细胞间信息分子可以是小分子的化学物质,也可以是大分子的蛋白质;可以是脂溶性的,也可是水溶性的。细胞膜是水溶性信息分子信息传递的屏障,水溶性信息分子不进入细胞内,通过细胞膜受体转导信息。脂溶性信息分子可直接进入细胞内,通过细胞内受体转导信息。

根据细胞间信息分子的作用方式可将细胞间信息分子分为以下几类:

1. 激素　激素(hormone)是由内分泌细胞合成并分泌,经血液循环系统流经全身各组织,作用于远距离的靶细胞。经典的内分泌激素通过这种途径发挥作用,如甲状腺素、肾上腺素、胰岛素等,也称内分泌信号(endocrine signal)。

按激素受体位置及作用机制不同可将激素分为两类:①细胞膜受体激素(membrane receptor binding hormone):这些激素多是水溶性物质,经膜受体传递信息。如胰岛素、甲状旁腺素、生长因子、肾上腺素等。②细胞内受体激素(intracellular receptor binding hormone):这些激素为脂溶性,与胞内受体结合发挥作用。如类固醇激素、前列腺素、甲状腺素、肾上腺皮质激素、性激素、维生素 D 等。按结构特点可将激素分为:①多肽与蛋白质类:下丘脑激素、垂体激素、甲状旁腺素、胃肠激素、降钙素等;②儿茶酚胺类:肾上腺素、去甲肾上腺素等;③类固醇类:性激素、肾上腺皮质激素、维生素 D 等;④甲状腺素类;⑤脂肪酸衍生物、前列腺素等。

2. 神经递质　神经递质(neurotransmitters)是在神经末梢动作电位作用下,突触前膜释放的一种信息分子,又称突触分泌信号。它与突触后膜相应受体相互作用后产生快速和短暂的突触后电位改变,引起靶细胞的一系列生理生化反应。如乙酰胆碱、肾上腺素、5- 羟色胺等。

3. 局部化学物质 又称旁分泌信号(paracrine signal)。是由组织细胞分泌,通过组织液或细胞间液来运输或扩散,作用于邻近靶细胞,产生生物学效应的化学物质,如细胞因子、生长因子、前列腺素、NO 等。它们往往具有多功能性,即一种因子作用于不同靶细胞,产生不同的效应;或者作用于不同发育期的同种细胞,产生不同的效应。如转化生长因子 -β(transforming growth factor,TGF-β)对早期人胚胎的成纤维细胞呈刺激生长作用,但对稍晚期的人胚胎成纤维细胞呈抑制生长作用。

(二)细胞内信息分子

细胞内信息分子是指在细胞内传递信息的化学物质。主要有两类:一类是细胞受第一信使(细胞间信息分子)刺激后产生的、在细胞内传递信息的小分子化学物质,称为第二信使(secondary messenger)。体内常见的第二信使有 cAMP、cGMP、肌醇三磷酸(inositol triphosphate,IP_3)、Ca^{2+}、甘油二酯(diacylglycerol,DAG)等。另一类是信号蛋白分子,多数为原癌基因的产物,如 Ras 和底物酶(JAK、Raf)等。在细胞传递信息的过程中,细胞内信息分子往往通过改变蛋白激酶(protein kinase,PK)和蛋白磷酸酶(protein phosphatase,PP)的活性,对下游的效应蛋白或酶的磷酸化和去磷酸化状态进行调节,改变其活性从而发挥调控代谢速度及其他功能的作用。

二、细胞间信息传递方式

在不同组织细胞中,细胞信息传递方式各不相同,主要有以下两种途径。

(一)体液传递途径

信息分子可经血液、组织液、淋巴液、细胞间液等传递细胞间的信息,这种传递途径也称"细胞通讯"(cell communication)。体液传递途径根据信息分子作用距离的远近分为以下几种(图 15-2)。

1. 内分泌传递 信息分子为内分泌激素,由内分泌器官合成并分泌,通过血液循环流经全身到达远程靶器官、靶细胞发挥作用,可称这些激素为远程激素。

2. 旁分泌传递 信息分子通过组织液或细胞间液作用于近距离的靶细胞受体,产生效应,如神经细胞间电冲动的传导常通过神经递质及神经激素的介导。免疫活性细胞间的相互调节作用,则通过白细胞介素(interleukin)等细胞因子介导。

3. 自分泌传递 细胞对其自身合成及释放的信息分子做出反应,即自分泌传递。细胞分泌的生长因子作用于自身细胞,促进自身细胞的增殖、分化。肿瘤细胞常因过多地合成及释放生长因子,通过自分泌方式导致细胞失控性增殖。

4. 邻近接触 细胞膜表面的蛋白质可作为细胞的"触角",与邻近靶细胞膜表面的分子特异性识别和相互作用,并影响其功能。如存在于细胞膜的表皮生长因子可与靶细胞膜受体直接接触,也可借蛋白酶的裂解而脱落释放,经旁分泌而影响邻近细胞。

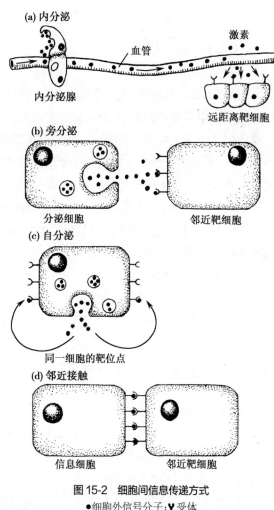

图 15-2 细胞间信息传递方式
●细胞外信号分子;▼受体

一种胞外信息分子可兼有上述两种或三种信息传递方式。由于体液系统容积大,流动性强,因此胞外信息分子浓度非常低(激素浓度 $10^{-15} \sim 10^{-9}$ mol/L),并且效应广泛。

(二)神经传导途径

神经传导途径主要通过神经突触产生迅速而准确的信息传递。因此突触传递是神经系统功能活动的基础。神经递质是突触传递的化学信使,按分子大小可将神经递质分为两大类:小分子神经递质(乙酰胆碱、儿茶酚胺、氨基酸等)和神经肽类,它们的作用特点如下:

1. 神经递质在突触前膜活性区定点、量子式释放,以最短距离(25~30nm)通过突触间隙,并以 0.5~1 毫秒的速度作用于突触后膜受体,信息以动作电位方式沿神经线性传递。神经传导速度比体液传递途径快。

2. 突触间隙小,局部神经递质浓度高,如乙酰胆碱可达 5×10^{-4} mol/L,信息传递效率高。神经递质半寿期较短,进入突触间隙后,迅速发挥作用,迅速被酶水解,有利于局部神经递质作用的调节。

3. 神经递质与突触后膜受体的结合具有高度选择性。同一种递质作用在不同的突触后膜受体,引起的效应不同。如肾上腺素作用于 β 受体可导致 cAMP 浓度升高,引起肌肉松弛;而作用于 α 受体则使 cAMP 浓度下降,引起肌肉收缩。神经递质的组织分布具有特异性,如甘氨酸主要存在于脑干、脊髓等,抑制性氨基酸 γ- 氨基丁酸存在于所有神经元。

第二节　信号转导的受体

一、受体种类和结构

受体(receptor)是细胞膜上或细胞内能识别细胞间信息分子并与之特异结合,产生生物学效应的一类生物分子。受体大多数是蛋白质,少数为糖脂。配体(ligand)是能与受体特异结合的生物活性物质。细胞间信息分子就是常见的配体,另外某些毒素、药物、维生素也可作为配体与受体结合,发挥生物学作用。受体在细胞信息转导过程中起着极为重要的作用。根据存在部位不同,受体可分为两大类:位于细胞膜上的膜受体和位于细胞质或细胞核内的细胞内受体。膜受体主要为蛋白质,很多膜受体含有糖链形成糖蛋白,还可与磷脂结合形成脂蛋白。胞内受体则几乎全是 DNA 结合蛋白。

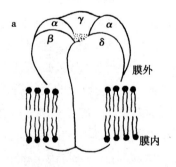

(一)膜受体结构特点

按受体转导信息机制不同,膜受体可分为以下四种:

1. **离子通道型受体**　离子通道型受体是细胞膜上的离子通道,其开放和关闭受特异性化学配体的控制,因此也称为配体门控受体型离子通道(ligand-gated receptor channel)。离子通道型受体的配体主要是神经递质、神经肽等。

离子通道型受体是一种膜结合蛋白,由 4 或 5 个亚基在突触膜上呈五边形排列,中心为离子通道,每个亚基有 4~5 个跨膜 α- 螺旋结构,如 N- 胆碱受体(图 15-3)。当神经递质与突触后膜上这类受体结合后,在数毫秒钟内引起受体构象改变,促使离子通道开放或关闭,离子内流引起膜电位改变,从而影响细胞功能。因此离子通道型受体是介导神经冲动的一种快速传递方式。

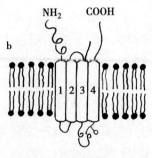

图 15-3　N- 胆碱受体
a. 受体由 5 个亚基组成($\alpha_2\beta\gamma\delta$),
b. 每个亚基有 4 个跨膜 α- 螺旋区

离子通道型受体可以是阳离子通道,如乙酰胆碱、谷氨酸、5-羟色胺等受体;也可是阴离子通道,如甘氨酸、γ-氨基丁酸等受体。

2. G 蛋白偶联受体 G 蛋白偶联受体(G-protein coupled receptor,GPCRs)是指膜受体蛋白能与 G 蛋白结合的一类受体。G 蛋白偶联受体通过 G 蛋白将细胞外信息转导到细胞内,改变细胞内第二信使(cAMP、IP₃等)浓度,调节细胞内酶的活性或功能蛋白的活性,引起生物学效应。

(1) 受体特点:G 蛋白偶联受体是单链的糖蛋白,N 端在细胞外侧,C 端在细胞内侧。由 7 个跨膜 α-螺旋结构、三个亲水性细胞外环和三个细胞内环连成束状。因此该受体也称为"七跨膜螺旋受体"。每个 α-螺旋结构分别由 20~25 个疏水氨基酸组成。受体疏水螺旋区的一级结构高度同源,亲水环的一级结构有较大的差异。胞内第三个环是 G 蛋白的结合区域(图 15-4)。

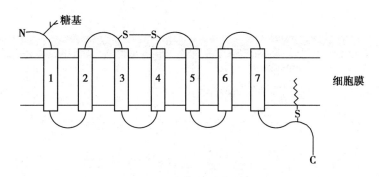

图 15-4 G 蛋白偶联受体的结构
矩形代表跨膜 α-螺旋,N 端被糖基化,C 端的半胱氨酸被软脂酰化

G 蛋白偶联受体广泛存在于全身各组织,通过激活腺苷酸环化酶(adenylate cyclase,AC)或磷脂酶 C(phospholipase C,PLC)的活性,催化细胞内产生第二信使。G 蛋白偶联受体介导的效应比较缓慢,可持续数秒、数分甚至数小时,也称缓慢传递。

G 蛋白偶联受体是糖蛋白,不同的受体有不同的糖基化模式,糖基化位点多位于受体的 N 端。受体蛋白存在一些保守的半胱氨酸残基,其中一些半胱氨酸对维持受体的结构起到关键作用。在胞外的第二环和第三环有两个高度保守的半胱氨酸残基,参与形成连接第二和第三环的二硫键,维持受体胞外结构的正确构象。G 蛋白偶联受体的 C 端也存在一个高度保守的半胱氨酸残基。在肾上腺素能 α 受体(adrenergic α receptor,α-AR)、肾上腺素能 β 受体(adrenergic β receptor,β-AR)和视紫红质受体(rhodopsin receptor),半胱氨酸残基是被软脂酰化的,使受体的胞内部分锚定于质膜,从而稳定受体胞内部分的三级结构。

(2) G 蛋白的结构及功能:G 蛋白又称鸟苷酸结合蛋白(guanine nucleotide binding protein),位于细胞膜的胞质侧,由 α、β、γ 三个亚基组成,β 和 γ 亚基通常结合在一起,α 亚基可与 GTP 或 GDP 可逆结合,并具有 GTP 酶活性。G 蛋白有两种构象:一是 αβγ 构成三聚体与 GDP 结合,此为非活化型;另一种构象是 βγ 二亚基脱离,α 亚基与 GTP 结合,此为活化型。当活化型 α 亚基转导信号后,α 亚基 GTP 酶水解 GTP 为 GDP,并与 βγ 亚基聚合成非活化型(图 15-5)。

G 蛋白种类很多,其中 βγ 亚基都非常相似,但 α 亚基各不相同,即 α 亚基决定 G 蛋白的特性及功能。根据 G 蛋白对效应蛋白或酶的作用不同,可分成若干种。常见的有兴奋型 G 蛋白(stimulatory G protein,Gs)、抑制型 G 蛋白(inhibitory G protein,Gi)、磷脂酶 C 型 G 蛋白(PI-PLC G protein,Gp)等(表 15-1)。G 蛋白偶联受体与相应信息分子结合后发生构象改变,使非活化型 G 蛋白转变为活化型,将信息由受体传递给效应蛋白或酶。G 蛋白调节的效应蛋白主要是腺苷酸环化酶、cGMP 磷酸二酯酶及磷脂酶 C、磷脂酶 A₂ 及离子通道等。

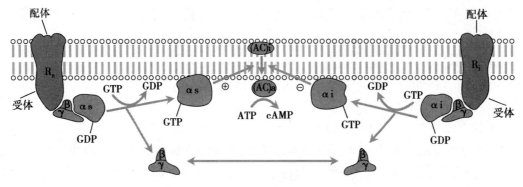

图 15-5　两种 G 蛋白的活化型和非活化型的互变

⊕：激活；⊖：抑制

表 15-1　G 蛋白及其 α 亚基

G 蛋白类型	α 亚基	功能	G 蛋白类型	α 亚基	功能
Gs	αs	激活腺苷酸环化酶	Gt	αt	激活 cGMP 磷酸二酯酶
Gi	αi	抑制腺苷酸环化酶	Go	αo	激活钾通道,抑制钙通道
Gp	α11、α14、α16	激活磷脂酶			

相关链接

G 蛋白的发现

　　激素作用研究表明,肾上腺素通过升高 cAMP 产生生物学效应。1971 年 Gilman AG 等分离到一种细胞株,含有正常肾上腺素受体和催化 cAMP 的腺苷酸环化酶(AC),但肾上腺素却不能使细胞内 cAMP 升高。经细胞组分分析,发现该细胞株缺少一种蛋白,这种蛋白能够结合 GTP,最终提取纯化出该蛋白为 GTP 结合蛋白,即 G 蛋白。G 蛋白结合在肾上腺素受体的胞内侧,是肾上腺素等受体信号转导,激活 AC 活性所必需的。为此 Gilman 和 Rodbell 分享了 1994 年诺贝尔生理学与医学奖。

　　3. 酶偶联受体　这类受体的信号转导需要依赖酶的催化作用,受体自身具有酶的活性,或受体自身没有酶活性,但受体可与酶分子结合而具有酶的催化作用,因此该类受体称为酶偶联受体(enzyme coupled receptor)。

　　(1) 酶偶联受体结构特点:酶偶联受体大多数为糖蛋白,由一条多肽链构成。该类受体分子的共同结构特点是含有三个结构域,即胞外配体结合结构域、胞内酶活性功能结构域、连接这两个区域的跨膜结构域。受体跨膜结构域仅有一段 22~26 个疏水氨基酸组成的 α- 螺旋结构,因此又称为"单跨膜螺旋受体"(图 15-6)。

　　受体胞外配体结合结构域多数含有糖链,结合的配体多数为细胞因子和生长因子,因此酶偶联受体的作用与细胞生长增殖密切相关。受体的胞内结构域含有不同的酶活性,根据偶联的酶不同将该类受体分为几种,见表 15-2。

　　(2) 酶偶联受体的基本作用机制:胞外信息分子与酶偶联受体结合,受体构象变化使受体发生二聚化,受体二聚体形成后可激活受体胞内结构域的酶活性(如 TKRs、STKR),或受体胞内结构域与胞质内酶结合(如 TKCRs),酶催化受体蛋白某些氨基酸残基发生化学修饰(如 Tyr 残基磷酸化),化学修饰的受体能与胞内蛋白质信号分子相互识别结合,将信息转导入细胞内。例如:EGF 受体是一种典型的蛋白酪氨酸激酶受体,其受体转导信号的作用机制见图 15-7。

　　4. 鸟苷酸环化酶活性受体　鸟苷酸环化酶(guanylate cyclase, GC)活性受体有膜受体和可溶性受体两种类型。膜受体的配体包括心钠素(atrionatriuretic peptide, ANP)和鸟苷蛋白。可溶性鸟苷酸环化酶(soluble guanylate cyclase, GC-S)受体的配体为 NO 和 CO。

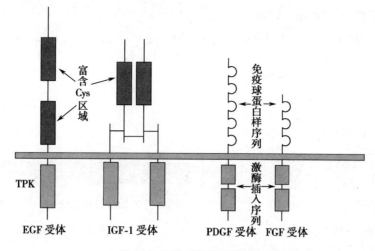

图 15-6　蛋白酪氨酸激酶受体

EGF：表皮生长因子；IGF-1：胰岛素样生长因子；PDGF：血小板衍生生长因子；
FGF：成纤维细胞生长因子

表 15-2　具有酶催化活性的受体

受体	受体英文名	受体举例
蛋白酪氨酸激酶受体	tyrosine kinases receptors，TKRs	表皮生长因子受体、胰岛素受体等
蛋白酪氨酸激酶偶联受体	tyrosine kinase-coupled receptors，TKCRs	干扰素受体、白细胞介素受体、T 细胞抗原受体等
蛋白酪氨酸磷酸酶受体	tyrosine phosphatases receptors，TPRs	CD45
蛋白丝/苏氨酸激酶受体	serine/threonine kinase receptors，STKR	转化生长因子 β 受体、骨形成蛋白受体等

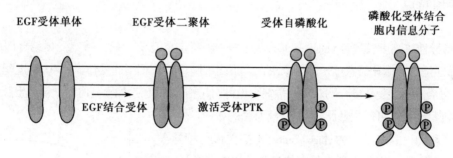

图 15-7　EGF 受体信号转导基本机制

　　膜受体多由同源的四聚体组成，每一条亚基包括 N 末端的胞外配体结构域、跨膜区域、膜内的蛋白激酶样结构域和 C 末端的鸟苷酸环化酶催化结构域。单跨膜结构域和胞内近膜区片段长度为 37 个氨基酸残基。蛋白激酶样结构域无激酶活性，目前尚不知它的功能。每条亚基通过胞外配体结构域间的氢键连接成四聚体。GC 是一个高度磷酸化的酶，受体与配体结合后，GC 的活性增强，发挥作用后迅速去磷酸化，GC 活性复原（图 15-8）。

　　胞液可溶性受体是由 αβ 两个亚基组成异源二聚体，分子量分别为 76kDa 和 80kDa。每个亚基具有一个鸟苷酸环化酶催化结构域和血红素结合结构域。当异源二聚体解聚后，酶活性丧失。

　　脑、肺、肝及肾等组织鸟苷酸环化酶活性受体大部分是胞质可溶性受体。心血管组织细胞、小肠、精子及视网膜杆状细胞则大多数为膜结合型受体。

（二）细胞内受体结构特点

　　细胞内受体（intracellular receptor）亦称 DNA 转录调节型受体或类固醇激素受体。细胞内受体的配体是疏水性的，可自由通过细胞膜，进入细胞内与特异性受体结合，结合了配体的受体可作为反式作用因子，与

DNA 的顺式作用元件结合,调控基因转录。

细胞内受体是含有 400~1000 个氨基酸残基的多肽链,一般可形成四个结构域(图 15-9)。

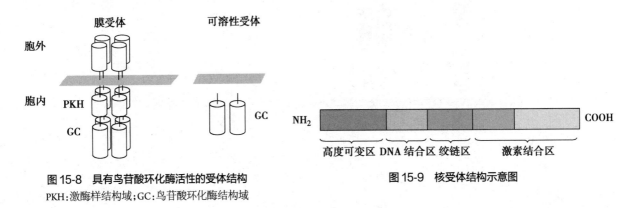

图 15-8　具有鸟苷酸环化酶活性的受体结构
PKH:激酶样结构域;GC:鸟苷酸环化酶结构域

图 15-9　核受体结构示意图

1. **高度可变区**　位于 N 末端,长度不一,含 25~603 个氨基酸残基,有转录激活作用。该区还是多数核受体抗体的结合部位。

2. **DNA 结合区**(DNA bound domain)　位于受体分子的中部,由 66~68 个氨基酸残基组成核心结构和后续的羧基端延伸部分。该区富含半胱氨酸,可构成锌指结构,与 DNA 结合。

3. **激素结合区**　位于多肽链 C 端,由 220~250 个氨基酸残基组成,该区可与激素配体结合,激活转录。另外,该区具有核定位信号,具有激素依赖性。

4. **铰链区**　位于 DNA 结合区和激素结合区之间,可能与转录因子相互作用及受体向核内运动有关。

二、受体作用特点

1. **高度特异性**　高度特异性(high specificity)是指一种特定信息分子只与特定受体结合而产生特定效应。这种选择性是由受体和信息分子的构象决定。不同细胞可存在相同的受体,与某一特定配体结合产生相同的效应。不同配体-受体复合物对同一种细胞也可引起相同的反应,如胰高血糖素及肾上腺素可结合于同一细胞的各自受体,都可产生糖原分解、升高血糖的效应。

2. **高度亲和力**　高度亲和力(high affinity)是指受体与特异性配体结合能力强,其解离常数低。体内信息分子浓度非常低,如激素浓度≤10^{-8}mol/L,但仍可引起显著生物学效应。配体-受体结合曲线显示受体与信息分子结合具有高度亲和力(图 15-10)。

3. **饱和性**　饱和性(saturability)是指配体与受体达到最大结合值后,不再随配体浓度增加而增大,出现饱和现象。

4. **可逆性**　可逆性(reversibility)是指配体与受体结合形成复合物是可以解离的。配体与受体以非共价键结合,因此配体与受体结合不稳定,很容易解离,或被其他专一配体置换(可置换性)。

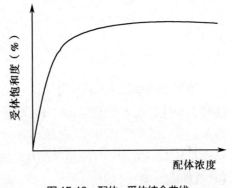

图 15-10　配体-受体结合曲线

5. **特定的作用模式**　受体在细胞内的分布,从数量到种类,均有组织特异性,并出现特定的作用模式,提示某类受体与配体结合后能引起某种特定的生理效应。

三、受体活性的调节

受体活性受到许多因素的调节,受体蛋白的基因表达量和降解速度均可影响受体的数量,受体与配体的亲和力大小也能影响配体的结合。受体的数目或亲和力下降,称为受体下调(downregulation),反之称为受体上调(upregulation)。受体酶活性和 G 蛋白活性的变化也对受体活性产生调节,受体活性调节的常见机制有:G 蛋白的调节、膜磷脂代谢的调节、酶促水解作用、可逆磷酸化等。

1. 磷酸化和脱磷酸化的作用 受体磷酸化和脱磷酸化在许多受体的功能调节上有重要作用。例如胰岛素和表皮生长因子受体酪氨酸残基的磷酸化。

2. 膜磷脂代谢的影响 膜磷脂在维持膜流动性和膜受体蛋白活性中有重要作用。例如质膜的磷脂酰乙醇胺被甲基化转变成磷脂酰胆碱后,可明显增强肾上腺素 β 受体激活腺苷酸环化酶的能力。

3. 酶促水解作用 有些膜受体可通过内化(internalization)方式被溶酶体酶水解降解。

4. G 蛋白的调节 G 蛋白在多种受体与腺苷酸之间起偶联作用,当一个受体被激活而使 cAMP 水平升高时,就会降低同一细胞受体对配体的亲和力。

第三节 信号转导的途径

一、cAMP- 蛋白激酶 A 途径

1957 年 Sutherland 用肾上腺素作用于肝细胞后,发现糖原磷酸化酶活性增高,进而发现一种热稳定因子 cAMP 与该酶活性有关,从而提出了肾上腺素的作用是通过 cAMP 作为第二信使,激活蛋白激酶 A(protein kinase A, PKA)而实现的。

cAMP-PKA 信号途径可以简要概括为:激素 + 受体→G 蛋白→AC→cAMP→PKA→底物蛋白(酶)→生物学效应。

1. 以 cAMP 为第二信使的细胞外信息分子 大多数肽类激素,如下丘脑的释放激素、垂体促激素、抗利尿激素、甲状旁腺素、绒毛膜促性腺激素、胰高血糖素等都是通过细胞膜上相应受体激活 G 蛋白,经 Gs 活化 AC,引起 cAMP 生成增多。儿茶酚胺的 β 受体也以此方式激活 AC,使 cAMP 增多。另外,生长抑素及儿茶酚胺 α_2 受体可通过 Gi 蛋白抑制 AC 活性,使 cAMP 减少,发挥抑制作用。

2. cAMP 的生成与分解 催化 cAMP 生成的酶是腺苷酸环化酶(adenylate cyclase, AC),它可催化 ATP 生成 $3'$, $5'$- 环磷酸腺苷(cAMP)和焦磷酸(PPi)。cAMP 在磷酸二酯酶(phosphodiesterase, PDE)催化下水解为 $5'$-AMP 而失活(图 15-11)。

正常细胞内 cAMP 平均浓度为 10^{-6}mol/L,在激素作用下 cAMP 浓度可升高 100 倍以上。cAMP 浓度与腺苷酸环化酶和磷酸二酯酶活性有关。如胰岛素可激活 PDE,加速 cAMP 水解。某些药物,如茶碱则抑制 PDE,使 cAMP 浓度升高。

3. cAMP 激活蛋白激酶 A cAMP 的生物效应主要是通过激活蛋白激酶 A(protein kinase A, PKA)而实现的。PKA 由 2 个催化亚基(C)和 2 个调节亚基(R)构成四聚体。R 亚基有 cAMP 的结合位点,当 cAMP 与 R 亚基结合时,R 亚基与 C 亚基解离,C 亚基活性被激活(图 15-12)。

4. 蛋白激酶 A 的生物学效应 PKA 广泛分布于各组织,是蛋白丝氨酸激酶的一种,可催化靶蛋白 Ser/Thr 残基磷酸化。PKA 主要在物质代谢和基因表达的调节中起作用。

(1) 对物质代谢的调节作用:PKA 可使糖原合酶 a 磷酸化,转变成无活性的糖原合酶 b,抑制糖原合成。PKA 还可激活糖原磷酸化酶 b 激酶使其活性增强,进而激活糖原磷酸化酶,促进糖原分解。PKA 还可使乙酰 CoA 羧化酶磷酸化,使其活性降低,抑制脂肪酸合成等(图 15-13)。

(2) 对基因表达的调控作用:PKA 激活后,可进入核内,磷酸化一些转录因子,直接调节转录因子的活

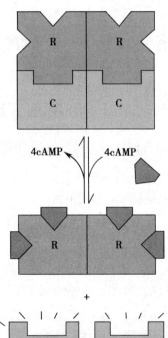

图 15-11 cAMP 的生成与水解

性,调控基因表达。细胞核内受 cAMP-PKA 信息传递途径调节的基因转录调控区都存在由 8 个碱基构成的共同 DNA 序列:TGACGTCA,称为 cAMP 响应元件(cAMP response element,CRE)。能与 CRE 结合的蛋白质,称作 CRE 结合蛋白(CRE binding protein,CREB)。CREB 的 C 端是 DNA 结合域,含有亮氨酸拉链结构(leucine zipper),N 端是转录活化域。PKA 的催化亚基可使 CREB 的 133 位 Ser 残基磷酸化,磷酸化的 CREB 与 CRE 结合,调控基因的转录(图 15-14)。

二、cGMP- 蛋白激酶 G 途径

cGMP 为另一种环核苷酸第二信使,广泛存在于动物各组织中,其含量为 cAMP 的 $1/100 \sim 1/10$。cGMP 可参与糖原分解、消化酶分泌、增强精子运动力等,并可通过调控光受体特异的 Na^+、Ca^{2+} 通道的开放和关闭而介导视网膜信息转导,还可通过激活蛋白激酶 G(protein kinase G,PKG)引起血管、气管、胃肠道多种平滑肌的舒张等。

1. **cGMP 的生成与分解**　细胞内 cGMP 由鸟苷酸环化酶(guanylate cyclase,GC)催化生成,如同 cAMP 一样,cGMP 经磷酸二酯酶水解生成 5′-GMP 而失活。

2. **鸟苷酸环化酶**　在哺乳动物细胞中 GC 有 2 种:

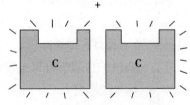

图 15-12　蛋白激酶 A 的激活
R:调节亚基;C:催化亚基

(1) 膜结合型 GC:膜结合型 GC 存在于细胞膜 GC 受体上,广泛分布于小肠黏膜、心血管细胞、精子、视网膜杆状细胞、成纤维细胞等。细胞膜 GC 受体结构域可与心钠素(ANP)等信息分子结合并介导信息传递。ANP 是由心房细胞合成的大分子蛋白质前体(ANF)衍生而来的小分子多肽。当心脏的血流负载过大时,心房细胞分泌 ANP,该信息分子与靶细胞膜上的 GC 活性受体结合,激活 GC。后者催化 GTP 转变成 cGMP。cGMP 能激活 PKG,催化有关蛋白质或有关酶类的丝氨酸 / 苏氨酸残基磷酸化,产生生物学效应,即松弛血管平滑肌和增加尿钠,并且它能间接影响交感神经系统和肾素 - 血管紧张素 - 醛固酮系统,从而降低血压。

(2) 胞质型 GC:即可溶性 GC 活性受体,存在于肺、肝、大脑及血小板等。在平滑肌细胞,可溶性 GC 受到一氧化氮(NO)的调节。NO 可激活可溶性 GC 活性受体,使 cGMP 升高,进而激活 PKG,而引起血管平滑肌舒张。临床上常用的硝酸甘油能产生 NO,经上述途径使血管扩张。CO 也能与可溶性 GC 受体血红素的 Fe^{2+} 结合,激活 GC,使细胞内 cGMP 浓度增高,达到 NO 相同的效应。

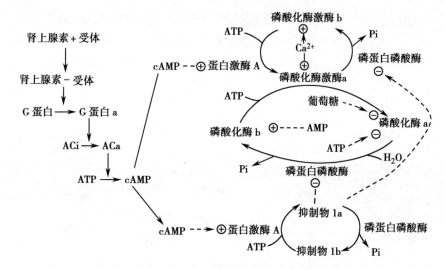

图 15-13　糖原磷酸化酶的激活与失活

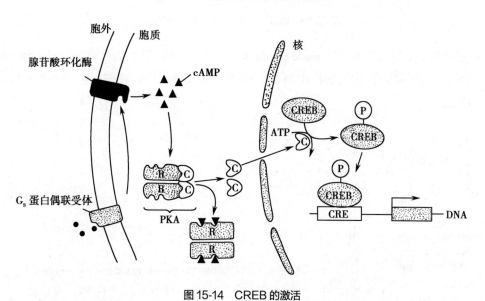

图 15-14　CREB 的激活

CRE：cAMP 响应元件；CREB：CRE 结合蛋白；PKA：蛋白激酶 A；R：受体

3. 蛋白激酶 G　PKG 是一种 Ser/Thr 蛋白激酶，为一单体酶。PKG 的催化域和调节域在同一亚基内。当 cGMP 与 PKG 的 cGMP 结构域结合后，PKG 才有活性。PKG 的靶蛋白有许多种。在平滑肌细胞内，PKG 可磷酸化内质网上的 IP_3 受体，抑制 Ca^{2+} 从内质网释放，使胞质 Ca^{2+} 浓度下降。值得注意的是 cGMP 引起的生物学效应在很多方面都与 cAMP 相反，如 cGMP 降低细胞内 Ca^{2+} 浓度，降低心肌收缩力，而 cAMP 则使细胞内 Ca^{2+} 浓度升高而使心肌收缩加强。

三、Ca^{2+}- 依赖性蛋白激酶途径

甘油二酯（diacylglycerol，DAG）、肌醇三磷酸（inositol-1，4，5-triphosphate，IP_3）是细胞内重要的第二信使，由磷脂酶 C（phospholipase C，PLC）催化细胞膜磷脂水解生成。

1. 激活 PLC 的信息分子　PLC 的激活有两种形式，一是通过 G 蛋白偶联受体，二是通过蛋白酪氨酸激酶受体（TKRs）。通过 G 蛋白偶联受体可激活 PLC-β，其胞外信息分子是神经递质（如肾上腺能 α 受体激动剂）、下丘脑和垂体激素、胃肠道激素、前列腺素（D_2、E_2）、血栓素 A_2、内皮素等。通过 TKR 可激活 PLC-γ，其胞外信息分子有 EGF、PDGF、FGF、NGF 等生长因子。

2. DAG、IP₃ 的生成 DAG、IP₃ 是由磷脂酰肌醇特异性磷脂酶 C 催化生成。PLC 分布极广,存在于众多类型细胞中,尤其在动物脑中含量丰富。当激素或神经递质等与 G 蛋白偶联受体或酶偶联受体结合后激活 PLC。PLC 特异水解细胞膜的磷脂酰肌醇 4、5 二磷酸(phosphatidylinositol-4、5-bisphosphate,PIP_2)上的磷酸酯键,生成 DAG 和 IP_3(图 15-15)。

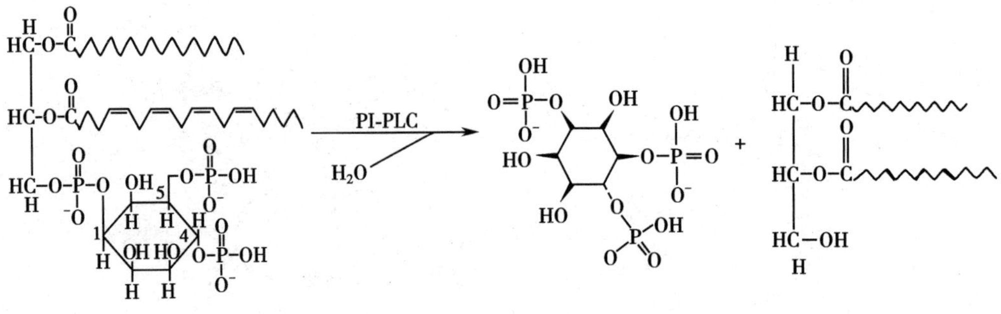

图 15-15 磷脂酰肌醇特异性 PLC 的作用

而 PIP_2 是由磷脂酰肌醇激酶(phosphatidylinositol kinases,PIKs)催化磷脂酰肌醇(phosphatidylinositol,PI)磷酸化生成。PI 是细胞膜磷脂的重要成分,由 PI-3K、PI-4K、PI-5K 分别催化 PI 的肌醇环上第 3、4、5 位的羟基磷酸化(图 15-16)。

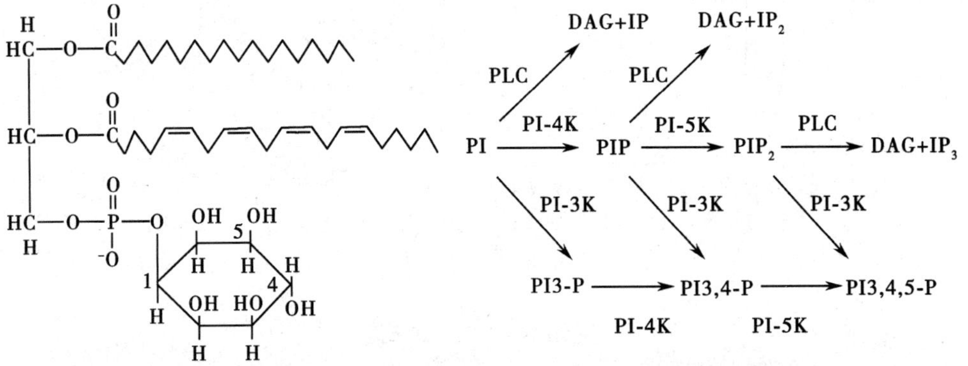

图 15-16 PIKs 和 PLC 催化 PI 生成 DAG 和 IP_3

IP:肌醇磷酸;IP_2:肌醇二磷酸;IP_3:肌醇三磷酸;PI:磷脂酰肌醇;PIP:磷脂酰肌醇一磷酸;PIP_2:磷脂酰肌醇二磷酸

3. IP₃ 信息传递途径 IP_3 是水溶性分子,可在细胞内扩散。在内质网或肌浆网膜表面存在 IP_3 受体,该受体是一种膜 Ca^{2+} 通道蛋白,IP_3 与 IP_3 受体结合使 Ca^{2+} 通道开放,内质网内的 Ca^{2+} 释放至胞质中,胞质游离 Ca^{2+} 浓度快速升高,Ca^{2+} 也是机体内一种重要的第二信使,参与许多生命活动,如收缩、运动、细胞分泌、分裂等。

(1) Ca^{2+} 细胞内外分布:Ca^{2+} 在细胞内外的浓度差别很大,胞质内游离 Ca^{2+} 在 0.1μmol/L 左右,而细胞外液游离 Ca^{2+} 浓度为 0.1~10mmol/L,二者相差近 10 000 倍。胞质游离 Ca^{2+} 浓度的改变可调节细胞生理活动。

(2) 细胞质 Ca^{2+} 浓度的调节:调节细胞质 Ca^{2+} 浓度的因素有三种:一是细胞膜钙通道开放,引起 Ca^{2+} 内流;二是细胞内钙库膜的钙通道开放,引起 Ca^{2+} 释放,肌浆网、内质网、线粒体是细胞内 Ca^{2+} 的储存库;三是细胞膜和细胞内钙库膜上的钙泵(Ca^{2+}-ATP 酶)能将胞质的 Ca^{2+} 返回细胞外或钙库。

当外刺激使胞外 Ca^{2+} 进入胞质,即使是少量的,或钙库的 Ca^{2+} 释放增加,均可导致胞质 Ca^{2+} 浓度大幅度增加,继而引起细胞一系列生物学效应。

(3) Ca^{2+} 信号传递及作用:胞质游离 Ca^{2+} 浓度升高,Ca^{2+} 与细胞内的钙结合蛋白结合,调节钙结合蛋白的功能而发挥生理作用。钙调蛋白(calmodulin,CaM)是细胞内一种重要的钙结合蛋白,CaM 是含有 148 个氨基酸残基的单链多肽,分子上有 4 个 Ca^{2+} 结合位点,Ca^{2+} 与 CaM 结合形成 Ca^{2+}-CaM 复合物后,引起 CaM

构象改变,从而激活 Ca^{2+}-CaM 依赖性蛋白激酶(CaM-PK)。

CaM-PK 是一种丝氨酸蛋白激酶,能使一些靶蛋白质或酶发生磷酸化。CaM-PK 的靶蛋白谱非常广泛,如糖原合酶、糖原磷酸化酶激酶、腺苷酸环化酶、Ca^{2+},Mg^{2+}-ATP 酶、丙酮酸羧化酶、磷脂酶 A_2、丙酮酸脱氢酶、3- 磷酸甘油醛脱氢酶和 α- 酮戊二酸脱氢酶等。

4. DAG 信息传递途径 DAG 通过激活细胞内 DAG 依赖性蛋白激酶 C(protein kinase C,PKC)的活性来传递信息。

(1) PKC 种类及结构:PKC 是分子量为 77~87kDa 的单聚体蛋白,至少有 10 余种亚型,可分为 3 类:常规型 PKC(conventional PKC,cPKC)包括 α、βⅠ、βⅡ、γ 4 种;新型 PKC(novel PKC,nPKC)包括 δ、ε、η、θ、μ 亚型;非典型 PKC(atypical PKC,aPKC)包括 ζ、λ、ι 亚型(图 15-17)。常规型 PKC 活性依赖 Ca^{2+} 激活,而新型和非典型 PKC 活性不需 Ca^{2+}。

(2) PKC 的激活:DAG 能与 PKC 调节结构域中富含 Cys 的模体 -2(CCR2)结合,使 PKC 构象改变,激活酶活性。激活后的 PKC 由胞质转移至胞膜发挥作用。

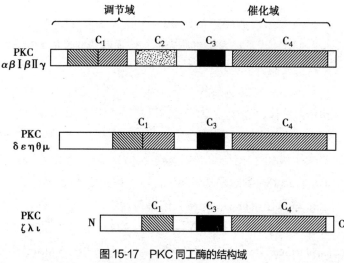

图 15-17 PKC 同工酶的结构域

C_1:富含半胱氨酸重复序列,DAG 结合部位;C_2:Ca^{2+} 结合部位;C_3:ATP 结合部位;C_4:结合底物催化磷酸基转移部位

DAG 激活 PKC 还需要 Ca^{2+} 和磷脂酰丝氨酸(phosphatidylserine,PS)等分子参与。佛波酯(phorbol ester)是一种促癌剂,可激活 PKC,长期用佛波酯处理细胞,可使 PKC 活性下降,称为 PKC 的下降调节。

(3) PKC 的作用:PKC 广泛存在于组织细胞内,它激活后可引起一系列靶蛋白质的 Ser/Thr 残基发生磷酸化。如糖原合酶、糖原磷酸化酶激酶、收缩蛋白、细胞骨架蛋白(肌球蛋白轻链、微管相关蛋白等)、膜受体(如 EGF 受体、胰岛素受体等)、膜蛋白(Na^+、K^+-ATP 酶、Ca^{2+}-ATP 酶等)、转录因子等磷酸化,发挥调节代谢和调控基因表达的作用,并与神经递质释放、内分泌腺和外分泌腺的分泌等作用有关。

PKC 对基因的活化过程可分为早期反应和晚期反应两个阶段(图 15-18)。PKC 能磷酸化早期反应基因

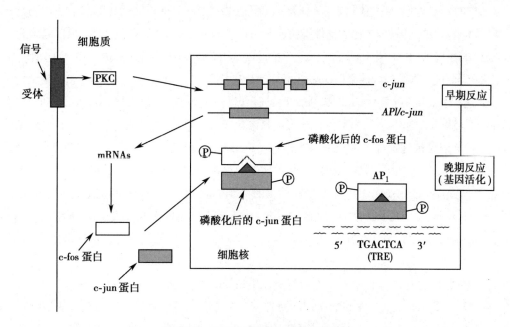

图 15-18 PKC 对基因的早期和晚期活化

的反式作用因子,加速早期反应基因的表达。早期反应基因多数为细胞原癌基因(如 *c-fos*、*c-jun* 等),它们表达的蛋白质具有跨核膜传递信息的功能,最终活化晚期反应基因,并导致细胞增生等变化。佛波酯正是作为 PKC 的强激活剂而引起细胞持续增生,诱导癌变。

四、酪氨酸蛋白激酶途径

酪氨酸蛋白激酶途径是指胞外信息分子与受体结合后,通过激活蛋白酪氨酸激酶(protein tyrosine kinase,PTK)引发的一系列细胞内信息传递的级联反应,从而产生各种生物学效应,包括细胞的生长、增殖、分化以及代谢调节等。

细胞中的 PTK 包括两大类:一类是位于细胞质膜上称为受体型 PTK,即蛋白酪氨酸激酶受体(TKRs),如胰岛素受体、表皮生长因子受体以及某些原癌基因(*erb-B*、*kit*、*fms* 等)编码的受体,属于催化型受体;另一类则位于胞质中,称为非受体型 PTK,如底物酶 JAK 和某些原癌基因(*src*、*yes* 等)编码的 PTK,它们可与非催化型受体(如蛋白酪氨酸激酶偶联受体,TKCRs)偶联而发挥作用。受体型 PTK 和非受体型 PTK 虽都能使底物蛋白质的酪氨酸残基磷酸化,但它们的信息传递途径有所不同。

1. **受体型 PTK-Ras-MAPK 信息传递途径** 丝裂原激活蛋白激酶(mitogen-activated protein kinase,MAPK)家族的分子与细胞生长增殖密切相关。MAPK 家族中最重要的有 ERK(extracellular regulated kinase)、JNK/SAPK(c-jun N-terminal kinase/stress-activated protein kinase)和 P38-MAPK 等 3 种亚家族。MAPK 受上游分子 MAPKK(MAP kinase kinase)活化激活,MAPKK 又受 MAPKKK(MAP kinase kinase kinase)活化激活,构成 MAPK 酶级联反应系统,使酶逐渐磷酸化。MAPK 激活后转移到细胞核内,使转录因子发生磷酸化,调控基因表达。

细胞内 Ras 蛋白与 MAPK 组成的信息传递途径是蛋白酪氨酸激酶受体(TKRs)的胞内信息传递途径。Ras 蛋白是一种低分子量 G 蛋白,因为与 Ras 癌基因高度同源而得名。Ras 蛋白与 GTP 结合增强活性,与 GDP 结合降低活性。Ras 蛋白本身还含有 GTP 酶活性,可受 GTP 酶活化蛋白(GTPase activating protein,GAP)激活,使 Ras 蛋白活性降低;细胞内的鸟嘌呤核苷酸交换因子(guanine nucleotide exchange factor,GNEF)促进 GTP 结合,使 Ras 蛋白活性加强。目前已发现 50 多种 Ras 蛋白,参与细胞内信号传递。

表皮生长因子(epidermal growth factor,EGF)、成纤维细胞生长因子(fibroblast growth factor,FGF)、胰岛素样生长因子(insulin-like growth factor,IGF)等生长因子通过 TKRs 和 Ras-MAPK 信息传递途径传递信息,信息传递过程(图 15-19):①EGF 与 EGF 受体结合,受体构象变化形成二聚体;②蛋白酪氨酸激酶受体的酶活性增高,使受体 Tyr 残基发生自磷酸化;③Tyr 残基磷酸化的受体能被含有 SH2 结构域(与 *src* 基因表达的 Src 蛋白同源的蛋白相互作用结构域 2)的衔接蛋白——生长因子受体结合蛋白(growth factor receptor bound protein 2,Grb2)识别结合;④Grb2 还含有 SH3 结构域,能被鸟苷酸释放蛋白(son of sevenless,SOS)识别结合形成 Grb2-SOS 复合物,该复合物进而激活 Ras 蛋白;⑤活化的 Ras 蛋白激活 MAPK 的级联反应:Raf 蛋白(属 MAPKKK)、MEK(属 MAPKK)、ERK1(属 MAPK);⑥活化的 ERK1 转移入细胞核,使某些转录因子发生磷酸化,进而调控基因表达,影响细胞的生长增殖。

2. **JAK-STAT 信息传递途径** JAK(Janus kinase/just another kinase)是一种细胞内蛋白酪氨酸激酶,属于非受体型 PTK,与其下游底物信号转导子和转录激活因子(signal transducer and activator of transcription,STAT)组成 JAK-STAT 信息传递途径。JAK-STAT 途径是蛋白酪氨酸激酶偶联受体(TKCRs)的细胞内信息传递途径。生长激素(growth hormone,GH)、干扰素、红细胞生成素(erythropoietin,EPO)、粒细胞集落刺激因子(granulocyte colony stimulating factor,G-CSF)和白细胞介素等通过 TKCRs 和 JAK-STAT 信息传递途径传递信息,信息传递过程(图 15-20):①干扰素与受体结合,受体形成二聚化;②二聚化受体与 JAK 结合亲和力增强,受体与 JAK 结合并激活 JAK 活性;③激活的 JAK 使受体 Tyr 磷酸化,Tyr 磷酸化的受体识别 STAT 的 SH2 结构域,并与之结合;④JAK 使结合在受体的 STAT Tyr 磷酸化;⑤磷酸化的 STAT 各亚型相互结合形成复合体,并与受体解离,转位到细胞核内;⑥STAT 与 DNA 上启动子序列(干扰素应答元件)结合,调控基因的转录。

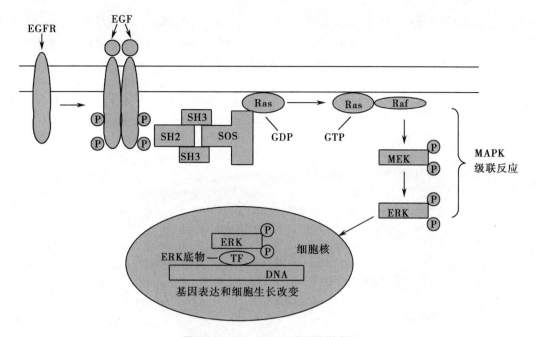

图15-19 Ras-MAPK信号传递途径

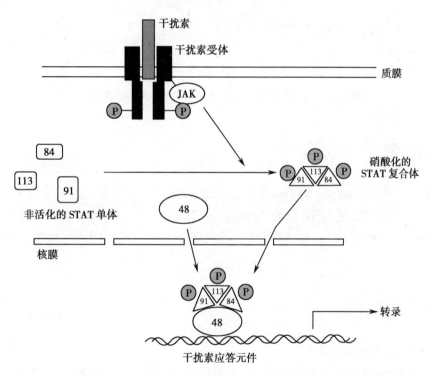

图15-20 干扰素激活 JAK 和 STAT,并诱导 STAT 复合体,核内转移及调节基因转录机制

五、胞内受体介导的信息转导途径

类固醇类激素包括肾上腺皮质激素、雄激素、雌激素、孕激素、甲状腺素等。它们是非极性分子,可自由通过细胞膜,进入胞内,直接与相应受体结合,传递信息。大多数类固醇激素受体(雄激素、雌激素、孕激素等)未与激素结合之前,即位于核内,与 HSP90(heat shock proteins)结合在一起;而糖皮质激素受体位于胞质内;醛固酮受体可分布于胞质或核内,均统称为胞内受体。

一般来说,激素进入细胞内,与胞核内的特异受体结合,导致受体构象变化,形成激素 - 受体复合物,作为转录因子,与DNA上特异基因邻近的激素响应元件(hormone response element,HRE)结合,进而促进(或抑制)这些基因的转录。HRE是一个短的DNA序列,位于靶基因启动子上游大约200个碱基处。受体上的DNA结合区结合于DNA上的HRE后,通过干扰转录因子的作用,调控基因表达(图15-21)。

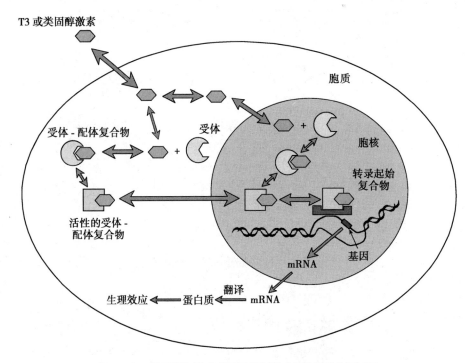

图 15-21　类固醇激素与甲状腺素通过胞内受体调节生理过程

第四节　信号转导与疾病

随着人们对信号转导机制的深入研究,发现信号转导过程中任何环节,包括信号分子、受体及信号转导蛋白的数量及结构的异常,都能引起细胞代谢及功能的紊乱,甚至引起疾病,如糖尿病、肿瘤、神经精神类疾病及霍乱等感染性疾病。同时,针对发生异常的信号途径进行有针对性的干预也是当前药物开发及临床治疗的热点领域。

一、信号转导与疾病发生

(一)细胞受体异常与疾病的发生

表皮生长因子受体(EGFR)含有蛋白酪氨酸激酶活性,转导细胞生长增殖信号。EGFR的异常表达与肿瘤的发生相关。在恶性神经胶质瘤细胞,EGFR基因发生一种突变,表达一种缺乏胞外EGF结构域的受体,该受体不受EGF的调控,持续表现出蛋白酪氨酸激酶活性,使细胞生长增殖信号增强,发生癌变。在膀胱癌、乳腺癌、肾脏肿瘤、前列腺癌等发现EGFR过度表达,因此EGFR过度表达是这些肿瘤发病的可能机制。

(二)细胞内信号传递异常与疾病的发生

一些疾病中,如'阿尔茨海默病患者的脑海马中腺苷酸环化酶活性降低,cAMP水平低下,并且降低程度与组织病理学的变化呈相关性。提示腺苷酸环化酶活性降低及cAMP水平低下可能与阿尔茨海默病的发病及症状有关。大量研究表明,大多数癌基因的编码蛋白均为信号转导的成分。它们通过对不同阶段的信号转导的干扰而导致细胞增殖与分化异常。如 ras 基因产物P21-ras是Ras-MAPK信息传递途径的信息分子,参与多种生长因子信息转导的调节。ras 基因第12,13,61位点突变后将使Ras处于持续的激活状态,使细胞无控性增殖,这是 *ras* 癌基因致癌的一个重要机制。

二、信号转导与疾病治疗

针对细胞受体水平和细胞内信号转导异常环节引起的疾病,人们提出了抗信号转导治疗(antisignal transduction therapy)的概念,即通过一些化合物,针对信息途径中的异常环节来阻断不正常的信息传递,达到治疗疾病的目的。PKC 参与调节多种细胞功能,而且能被佛波酯和其他促癌剂激活,也可被某些抗癌物抑制,所以 PKC 的特异性抑制剂(如 calphostin C)不仅可作为研究其生物效应的工具,而且也是潜在的肿瘤化疗药物。蛋白酪氨酸激酶(PTK)是大多数生长因子信息传递通中的活性物质,可促进细胞增殖,该激酶抑制剂,如木黄酮(genistein)对细胞的生长、分化有抑制作用。这促使人们去寻找更为特异的 PTK 抑制剂。已发现最有效的是小分子化合物 PD153035,可与 ATP 竞争非常特异地抑制 EGF 受体 PTK 活性,阻断 EGF 介导的细胞增殖作用,起到抗癌作用。因此抗信号转导治疗有望更广泛地应用于人类疾病的临床治疗。

(徐世明)

学习小结

细胞信号转导是多细胞生物对信息分子应答引起相应生物学效应的重要生理生化过程。细胞间信息分子有激素、神经递质、局部化学物质等,细胞内信息分子有 cAMP、cGMP、DAG、IP$_3$、Ca^{2+} 等。受体在信息传递过程中起识别并结合配体,转导信息引起相应的生物学效应等重要作用。受体可分为细胞膜受体和细胞内受体。与膜受体结合的细胞间信息分子是水溶性的,不能通过细胞膜。而与细胞内受体结合的信息分子是脂溶性的。信息转导体系包括:信息分子→与特异靶细胞受体结合→信息转换并激活细胞内信使系统→靶细胞产生相应生物学效应。

细胞膜受体介导的主要信息传递途径有:①cAMP-PKA 途径:cAMP 为第二信使,经 PKA 使靶蛋白 Ser/Thr 残基磷酸化,发挥调节物质代谢和基因表达等作用。②cGMP-PKG 途径:cGMP 为第二信使,经 PKG 使靶蛋白磷酸化,引起相应生物学效应。心钠素、NO 是该途径的主要信息分子。③IP$_3$-Ca^{2+}- 钙调蛋白依赖性蛋白激酶途径:IP$_3$ 和 Ca^{2+} 为第二信使,参与体内多种代谢的调节有关。④DAG-PKC 途径:以 DAG 为第二信使,激活 PKC,后者使一些靶蛋白磷酸化,发挥调节代谢和基因表达的作用。⑤Ras-MAPK 途径:Ras 蛋白与 MAPK 组成酶的级联反应,传递生长因子(如 EGF 等)等信息,调控基因表达,影响细胞的生长增殖。⑥JAK-STAT 途径:JAK 是细胞内蛋白酪氨酸激酶,与具有转录因子作用的 STAT 共同参与细胞因子(如干扰素等)的信息传递,通过调控基因转录,影响细胞的生长、分化、免疫等生物学功能。

胞内受体包括胞质受体和核受体,经胞内受体介导的信息分子是类固醇激素等,通过特定基因的激素响应元件(HRE)调节基因表达,导致生物学效应。

正常的信息转导是机体正常代谢与功能的基础,信息转导途径的任何一环节的异常可导致疾病的发生。

复习参考题

1. 细胞膜受体介导的主要信号转导途径有哪几条? 涉及的第二信使有哪些?

2. 概述表皮生长因子(EGF)调控细胞增

殖的细胞信号转导机制。

3. 以肾上腺素为例,cAMP-PKA 信号途径如何调节糖原的合成与分解?

第十六章　癌基因、抑癌基因与生长因子

16

学习目标	
掌握	病毒癌基因、细胞癌基因及抑癌基因的概念;原癌基因的激活机制;常见抑癌基因的作用机制。
熟悉	原癌基因的特点;原癌基因的产物;常见的抑癌基因;生长因子的作用机制。
了解	生长因子与疾病的关系。

肿瘤(tumor)是机体在各种致癌因素作用下，局部组织中的某个或某些细胞在基因水平上失去了对其正常生长的调控，导致细胞增殖失控，从而出现异常增生形成新生物。

在正常情况下，机体细胞的生长、增殖和分化是在多因素的精密调控下进行。细胞正常的生长、增殖和分化受到两类信号的调控：正、负调节信号。正调节信号促进细胞的生长和增殖，并阻止其发生终末分化，以癌基因(oncogene)及其表达产物为代表；负性调节信号抑制细胞增殖，促进细胞分化、成熟、衰老和凋亡，以抑癌基因(tumor suppressor gene)及其表达产物为代表。癌基因可以表达生长因子、生长因子受体等，通过细胞内信号转导途径刺激细胞增殖，一旦过度激活则会引起细胞恶性生长，转变为肿瘤细胞。因此肿瘤的发生与癌基因、抑癌基因及生长因子有密切关系(图16-1)。癌基因和抑癌基因是从基因角度阐述肿瘤发生和发展的分子机制而形成的重要理论，为肿瘤的分子靶向治疗奠定了基础。

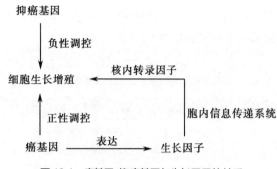

图 16-1　癌基因、抑癌基因与生长因子的关系

第一节　癌基因

癌基因(oncogene)是一类在正常细胞内促进细胞生长和增殖，在肿瘤细胞中活化(突变或过度表达)并引起细胞癌变的基因。

癌基因最早在可导致肿瘤发生的病毒中被鉴定，后来发现这些基因原本就存在于大部分生物的正常基因组中。癌基因根据其来源可以分为两类：一类是病毒癌基因(virus oncogene, v-onc)，另一类是细胞癌基因(cellular oncogene, c-onc)或原癌基因(protooncogene, pro-onc)。

一、病毒癌基因

癌基因最早发现于逆转录病毒中。1911年，美国病理学家 F. Rous 首先发现了鸡 Rous 肉瘤病毒(Rous sarcoma virus, RSV)。随后的研究中发现，RSV 能使鸡胚成纤维细胞在培养中转化，也能在接种鸡后诱发肉瘤。经进一步研究证实，它是一种 RNA 逆转录病毒(retrovirus)。RSV 病毒中除了含有病毒复制所需的基因(如 gag、pol 及 env)外，还含有一种特殊的癌基因片段 src(图16-2)，能导致培养的细胞转化。

在深入研究 RSV 的致癌分子机制时，1975年，JM. Bishop 从 RSV 中分离得到第一个病毒癌基因 src。研究证明该基因亦存在于正常鸡成纤维细胞基因组中。此后陆续发现许多禽类和鼠类病毒癌基因也有类似情况，为区分后来发现的细胞癌基因(c onc)，将这一类存在于病毒中的致癌基因称为病毒癌基因(v-onc)，如

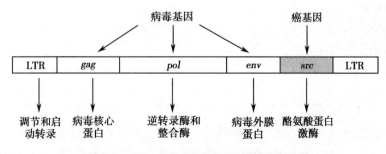

图 16-2　鸡 Rous 肉瘤病毒(RSV)基因组结构图

v-src。目前已在鸡类、小鼠、兔以及灵长类等中发现病毒癌基因约 40 多种,主要是 RNA 病毒,大多数是逆转录病毒,也可以是 DNA 病毒,常见的有 SV40 病毒、乙型肝炎病毒、丙型肝炎病毒、Ⅱ型疱疹病毒、人类乳头瘤病毒等。

病毒癌基因与对应的原癌基因,两者具有同源序列,表达的产物相似。但两者仍具有一些差异:①从结构上看,*v-onc* 是连续的,没有内含子,而 *c-onc* 是间断的,通常具有内含子或插入序列;②*v-onc* 比 *c-onc* 有更强的转化细胞能力;③*v-onc* 常会出现突变,但是 *c-onc* 却高度保守,较少出现突变。表 16-1 列举了部分癌基因来源及其原癌基因定位情况。

表 16-1 癌基因来源、原癌基因定位及相关肿瘤

癌基因	来源	原癌基因定位	相关肿瘤
abl	Abelson 鼠白血病病毒	9q34	慢性髓性白血病
src	Rous(鸡)肉瘤病毒	20q12-13	鲁斯肉瘤
myc	鸡肉瘤	8q24	Burkitt 淋巴瘤、肺癌
sis	猴肉瘤病毒	22q12.3-13.1	骨肉瘤、星形细胞瘤

二、细胞癌基因

存在于正常细胞的基因组中,与病毒癌基因有同源序列,具有促进正常细胞生长、增殖、分化和发育等生理功能。在正常细胞内未激活的细胞癌基因叫原癌基因,当其受到某些条件激活时,结构和表达发生异常,能使细胞发生恶性转化。

细胞癌基因在进化上高度保守,从单细胞酵母、无脊椎生物到脊椎动物乃至人类的正常细胞都广泛存在,属于管家基因。细胞癌基因的表达产物对细胞正常生长、增殖、分化起到重要的调控作用,但在某些因素(放射线、有害化学物质等)作用下,这类基因结构发生异常(突变、扩增或异位等)或表达异常引起过渡激活就可能导致细胞发生癌变。根据细胞癌基因编码产物的功能和定位可将常见的细胞癌基因分为蛋白激酶及信息传递蛋白两大类(表 16-2)。

表 16-2 细胞癌基因的分类

类别	癌基因
蛋白激酶类	
跨膜生长因子受体	*ERB-B，NEU，FMS，ROS，KIT，RET，SEA*
膜结合的酪氨酸蛋白激酶	*SRC，ABL，FGR，YES，FPS，LCK，KEK，FYM，LYN，TKL*
可溶性酪氨酸蛋白激酶	*MET，TRK*
胞质丝氨酸 / 苏氨酸蛋白激酶	*RAF，MOS，COT，PL-1*
非蛋白激酶受体	*MAS，ERB*
信息传递蛋白类	
与膜结合的 GTP 结合蛋白	*H-RAS，K-RAS，N-RAS*
生长因子类	*SIS，INT-2，HST*
核内转录因子	*C-MYC，N-MYC，L-MYC，FOS，JUN*

目前发现的细胞癌基因有百余种,依据其基因结构与功能特点可将细胞癌基因分为以下几个家族:*SRC* 家族、*RAS* 家族、*MYC* 家族、*SIS* 家族、*MYB* 家族。每个家族包括的成员及其表达产物功能见表 16-3。

表 16-3 癌基因家族及其表达产物

癌基因家族	家族成员	表达产物功能
SRC 家族	SRC、ABL、FGR、YES、FPS、LCK、KEK、FYM、LYN、TKLl	酪氨酸蛋白激酶活性
RAS 家族	H-RAS、K-RAS、N-RAS	编码 P21 蛋白,属于 GTP 结合蛋白
MYC 家族	C-MYC、N-MYC、L-MYC、FOS	编码核内 DNA 结合蛋白
SIS 家族	SIS	生长因子类
MYB 家族	MYB、MYB-ETS	核内转录因子

三、癌基因活化的机制

细胞癌基因在正常情况下的表达水平一般较低,并且具有分化阶段特异性、细胞类型特异性、细胞周期特异性等特点。当在物理、化学及生物因素的作用下发生突变,细胞癌基因的表达产物发生质和量的变化,以及表达方式上发生时间和空间上的改变,使得正常细胞脱离正常的信号控制,获得不受控制的异常增殖能力而发生恶性转化。从正常的原癌基因转变为具有使细胞转化功能的癌基因的过程称为原癌基因的活化(activation of protooncogene)。原癌基因可通过以下几种机制被激活。

(一)点突变

在射线或化学致癌剂作用下,某些原癌基因可能发生单个碱基的改变,即点突变(point mutation),从而改变原癌基因表达蛋白的氨基酸组成,导致蛋白质结构与功能的改变。原癌基因的产物能促进细胞的生长和分裂,点突变的结果可以使基因产物的活性显著提高,对细胞增殖的刺激,从而导致细胞的癌变。例如 RAS 家族的癌基因,正常细胞 H-RAS 基因第一个外显子的第 12 个密码子为 GGC,而在肿瘤细胞中突变为 GTC,其编码的 P21 蛋白第 12 位氨基酸由正常细胞的甘氨酸变为肿瘤细胞的缬氨酸,从而导致细胞发生癌变,见图 16-3。

正常细胞 *H-RAS* 基因碱基序列　ATG ACG GAA TAT AAG CTG GTG GTG GTG GGC GCC GGC GGT GTG

肿瘤细胞 *H-RAS* 基因碱基序列　ATG ACG GAA TAT AAG CTG GTG GTG GTG GGC GCC GTC GGT GTG

正常细胞 P21 蛋白氨基酸序列　Met Thr Glu Tyr Lys Leu Val Val Val Gly Ala Gly Ala Val

肿瘤细胞 P21 蛋白氨基酸序列　Met Thr Glu Tyr Lys Leu Val Val Val Gly Ala Val Ala Val

图 16-3 *H-RAS* 基因的点突变

(二)染色体易位或重排

在很多肿瘤细胞中可以见到染色体易位或重排。原癌基因从所在染色体的正常位置易位(translocation)至另一染色体上,而与其他染色体连接重排(rearrangement),形成染色体畸变。染色体易位重排可以通过原癌基因的转录激活以及形成融合基因两种方式导致肿瘤的发生。例如 t(8:14)和 t(9:22)易位。在人 Burkitt 淋巴瘤细胞中,位于 8 号染色体的 *C-MYC* 移至 14 号染色体免疫球蛋白重链基因调节区附近,与该区活性很高的启动子连接,可使 *C-MYC* 表达失控;而 t(9:22)是儿童急性淋巴细胞白血病的高危因素之一,第 9 号和第 22 号染色体之间发生易位,使 *C-ABL* 与 *BCR* 融合,从而产生出一种致癌的 P210 蛋白。

(三)获得启动子或增强子

在逆转录病毒基因组两端存在着长末端重复序列(long terminal repeat,LTR),其中含有强启动子和增强子序列。当逆转录病毒毒感染细胞后,病毒基因组所携带的 LTR 插入到细胞原癌基因内部或邻近位置,可以启动下游邻近基因的转录、影响结构基因的转录水平,使原癌基因从不表达转为表达或从低表达转为过度表达,导致细胞发生癌变。如:禽类白细胞增生病毒 ALV 不含 *v-onc*,但插入到宿主正常细胞 *C-MYC* 基因的上游,其 LTR 被整合成为 *C-MYC* 的启动子,使 *C-MYC* 的表达比正常高 30~100 倍。再如病毒基因组的 LTR 整合到原癌基因 *C-MOS* 邻近处,使 *C-MOS* 处于 LTR 的强启动子和增强子作用之下而被激活,导致成纤维细胞转化为肉瘤细胞。

(四)基因扩增

基因扩增(amplification)指的是细胞内染色体的倍数不发生改变,仅是某些基因拷贝数增加,而其他基因并未增加的现象。原癌基因扩增的结果是导致基因的表达产物过量表达,从而导致细胞发生转化。如 *RAS* 或 *C-MYC* 在小细胞肺癌中的扩增,以及 *HER2* 在乳腺癌中的扩增导致癌基因产物增高几十甚至上千倍。

不同的癌基因有不同的激活方式,一种癌基因可以有几种激活方式,如 *C-MYC* 的激活就有基因扩增和基因重排两种,很少见到 *C-MYC* 的点突变。通常原癌基因激活后的结果可能有:①出现新的表达产物;②出现过量的正常表达产物;③出现异常、截短的表达产物。在同一种肿瘤细胞中可以出现一种或多种情况。

四、原癌基因的产物与功能

原癌基因表达的蛋白质产物是细胞信号转导途径中的重要信号分子,主要生理功能是调控细胞生长、增殖、分化。当细胞接受胞外细胞生长信号(如生长因子),生长信号与细胞膜上的受体结合后,将细胞外的生长信号导入细胞内,借助一系列胞内信号传递体系,将接收到的生长信号由胞内传至核内,促进细胞生长。依据它们在细胞信号转导系统中的作用,可将原癌基因的产物分为以下四类。

(一)细胞外生长因子

该类原癌基因产物包括生长因子(growth factor,GF)、激素、神经递质和药物等,可以促进细胞自身的增殖。目前已知与恶性肿瘤发生相关的生长因子有:血小板源生长因子(platelet-derived growth factor,PDGF)、表皮生长因子(epidermal growth factor,EGF)、成纤维细胞生长因子(fibroblast growth factor,FGF)、转化生长因子(transformation growth factor,TGF)、胰岛素样生长因子 1(insulin-like growth factor 1,IGF 1)、粒细胞-巨噬细胞集落刺激因子(granulocyte-macrophage colony stimulating factor,GM-CSF)、巨噬细胞集落刺激因子(macrophage colony stimulating factor,M-CSF)等。这些生长因子过度表达时,不断作用于相应的受体细胞,持续输入大量生长信号,从而使细胞增殖失控。

(二)跨膜生长因子受体

某些原癌基因表达的产物为跨膜生长因子受体,这些受体的胞质结构域往往含有蛋白激酶活性,通过催化各种底物磷酸化,启动生长信号在胞内的传递(图 16-4)。这类受体一般包括两类:一类是酪氨酸蛋白激酶类受体,有 *ERB-B*(编码 EGFR 胞质部分)、*NEU*(编码 EGFR 样受体)、*FMS*(编码 PDGF 受体)、*C-ABL* 等;另一类是非酪氨酸蛋白激酶类受体,如丝氨酸/苏氨酸蛋白激酶受体,有 *MPL*、*C-MOS*、*C-RAF* 等。

(三)细胞内信号转导分子

当细胞外生长信号与膜受体结合后,通过胞内一系列信号传递体系将生长信号传递至胞内、核内,促进细胞生长(见图 16-4)。这些传递体系成员多数是原癌基因表达的产物,或通过这些基因产物的作用影响第二信使,如 cAMP、DAG、Ca^{2+} 等。作为胞内信号转导分子的癌基因产物包括非受体酪氨酸蛋白激酶(C-SRC、C-ABL 等)、丝氨酸/苏氨酸蛋白激酶(C-MAS、C-RAF 等)、RAS 蛋白(H-RAS、K-RAS 和 N-RAS)、磷脂酶(CRK)等。

(四)核内转录因子

某些癌基因(*MYC*、*FOS* 等)的表达产物属于转录因子,定位于细胞核内,它们能与靶基因的调控元件结合,直接调节转录活性。这些蛋白通常在细胞受到生长因子刺激时迅速表达,促进细胞的生长与分裂过程。目前认为,*C-FOS* 是一种即刻早期反应基因(immediate-early gene,IEG)。在生长因子、佛波酯、神经递质等作用下,*C-FOS* 能即刻、短暂表达。

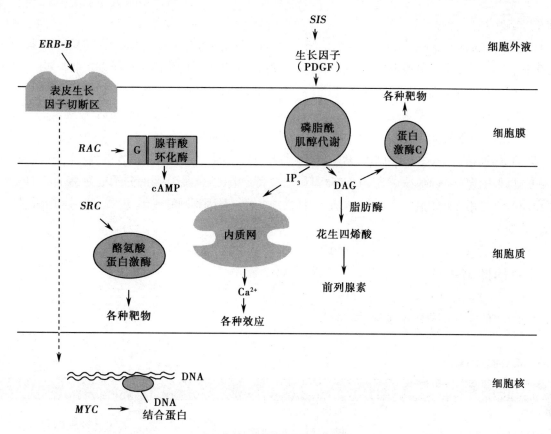

图 16-4 癌基因与生长信号转导
IP₃：三磷酸肌醇；DAG：甘油二酯

表 16-4 列举了部分癌基因及其表达产物定位与功能。

表 16-4 癌基因及其表达产物定位与功能

癌基因	表达产物细胞定位	功能	癌基因	表达产物细胞定位	功能
SIS	由细胞分泌	生长因子	ABL	胞质	酪氨酸蛋白激酶
INT-2	质膜	生长因子	RAF	胞质	丝氨酸蛋白激酶
ERB-B	质膜	生长因子受体	RAS	胞质	GTP 结合蛋白
FMS	质膜	生长因子受体	JUN	细胞核	转录因子
SRC	胞质	生长因子受体	FOS	细胞核	转录因子
TRK	质膜	酪氨酸蛋白激酶	MYS	细胞核	DNA 结合蛋白

第二节 抑癌基因

一、抑癌基因的基本概念

早在 1969 年，H. Harris 将恶性肿瘤细胞与同种正常成纤维细胞融合，所获杂种细胞的后代只要保留某些正常亲本染色体时就可表现为正常表型，但是随着染色体的丢失又可重新出现恶变细胞。该现象表明，正常染色体内可能存在某些抑制肿瘤发生的基因，它们的丢失、突变或失去功能，抑制肿瘤的功能丧失，从而导致肿瘤发生。

抑癌基因(tumor suppressor gene),也称为抗癌基因(anti-oncogene),是一类在被激活情况下具有抑制细胞过度生长、增殖,以及遏制肿瘤形成的基因。在一定情况下抑癌基因的失活可引起正常细胞转化,导致肿瘤形成。在正常情况下,抑癌基因与原癌基因共同调控细胞生长和分化,相互制约,协调表达,维持正负调节信号的相对稳定。当细胞生长到一定程度时,会自动产生反馈,使抑癌基因高表达,原癌基因不表达或低表达。当两者功能失衡时,会导致肿瘤发生。

抑癌基因通常用2或3个字母(常常用斜体)来表示,有时也介入蛋白质产物的大小。例如,*RB*基因是视网膜母细胞瘤(retinoblastoma)基因,*TP53*基因的命名源于其编码蛋白质的分子量为53kDa。抑癌基因的蛋白质产物可用其分子量大小(kDa)来表示,前面加P或与基因相同的代码,例如:*P21*基因编码的产物为P21蛋白。

二、常见的抑癌基因

目前常见的抑癌基因有10余种(表16-5)。

表16-5　常见的抑癌基因

基因	染色体定位	功能	相关肿瘤
APC	5q21	可能编码G蛋白	结肠癌
BRCA1	17q21	编码锌指蛋白(转录因子)	乳腺癌、卵巢癌
DCC	18q21	P192,细胞黏附分子	结肠癌
ERB-A	17q21	T3受体,锌指蛋白(转录因子)	急性非淋巴细胞白血病
NF-1	17p12	编码GTP酶激活剂	神经纤维瘤
NF-2	22q	编码连接膜与细胞骨架的蛋白	神经鞘膜瘤、脑膜瘤
P15	9q21	P15蛋白(CDK4、6抑制剂)	胶质母细胞瘤
P16	9p21	P16蛋白(CDK4、6抑制剂)	黑色素瘤等多种肿瘤
P21	6q21	P21蛋白(CDK4、6抑制剂)	前列腺癌
TP53	17p13	P53(转录因子)	结肠癌、胃癌等多种肿瘤
PTEN	10q23	细胞骨架蛋白和磷脂酶	胶质母细胞瘤
RB	13q14	P105(转录因子)	视网膜母细胞瘤、骨肉瘤、胃癌等
VHL	3p	转录调节蛋白	肾细胞癌、小细胞肺癌等
WT-1	11p13	编码锌指蛋白(转录因子)	肾母细胞瘤、肺癌、膀胱癌等

三、抑癌基因的作用机制

肿瘤的发生是多因素的,从原癌基因、抑癌基因的角度来说原癌基因激活、抑癌基因失活以及DNA修复基因缺陷是恶性肿瘤发生的遗传学机制。原癌基因和抑癌基因在一些生物学性质上有差异:①功能:抑癌基因在细胞生长增殖中起负性调控作用,抑制细胞生长和增殖,促进细胞分化、成熟、衰老及凋亡。而原癌基因作用刚好相反。②遗传方式:原癌基因是显性遗传,一旦激活即可参与促进细胞增殖和癌变的过程,而抑癌基因为隐性遗传,只有发生纯合失活时才失去抑癌功能。③突变的细胞类型:原癌基因仅在体细胞内发生突变,而抑癌基因不但可以在体细胞,还可以在生殖细胞中突变,因此而发生突变的遗传。

抑癌基因的表达产物主要包括转录因子、周期蛋白依赖性激酶抑制因子、DNA修复因子等,其功能包括抑制细胞增殖,促进细胞分化和凋亡、抑制细胞迁移、修复 DNA 损伤等,起负向调控作用。通常认为抑癌基因的突变是隐性的,一种抑癌基因通过一种或多种机制发挥抑癌作用,不同的癌基因具有不同的作用机制。本节仅简单介绍作用机制较为明确的 *RB* 基因、*TP53* 基因和 *P16* 基因。

(一) *RB* 基因

RB 基因是世界上第一个被克隆和完成全序列测定的抑癌基因。*RB* 基因最初发现于儿童的视网膜母细胞瘤(retinoblastoma,RB),因此称为 *RB* 基因,为视网膜母细胞瘤易感基因。本病可涉及儿童和成年人,具有家族性和散发性两种类型,家族性多见于儿童,而且双眼均受累;散发性则多见于成年人,常为单眼受累。

正常情况下,视网膜细胞含活性 *RB* 基因,控制视网膜细胞的生长发育以及视觉细胞的分化,当 *RB* 基因丧失功能或先天性缺失,视网膜则出现异常增殖,形成视网膜细胞瘤。*RB* 基因在各种组织中普遍表达,其表达异常可见于胃癌、喉癌、骨肉瘤、小细胞肺癌、乳腺癌、结肠癌等许多肿瘤。

RB 基因位于人染色体 13q14,当该区的两个等位基因均发生缺失即可导致视网膜母细胞瘤的发生。*RB* 基因全长约有 200kb,含有 27 个外显子,转录 4.7kb 的 mRNA,表达产物为 928 个氨基酸残基组成的蛋白质,分子量约为 105kDa,称为 P105 或 Rb 蛋白。RB 蛋白定位于细胞核内,有磷酸化和非磷酸化两种形式,非磷酸化形式为活性型,能促进细胞分化,抑制细胞增殖,非磷酸化 RB 蛋白主要存在于 G_0、G_1 期。而处于分裂增殖的肿瘤细胞只含有磷酸化型的 RB 蛋白,磷酸化的 RB 蛋白只存在于 S、M、G_2 期。在促有丝分裂剂诱导下,细胞进入 S 期时,RB 蛋白磷酸化水平增高;细胞生长停止时,Rb 蛋白磷酸化水平降低。说明 RB 蛋白的磷酸化修饰作用对细胞生长、分化起着重要的调节作用。

RB 蛋白是通过结合或释放转录因子 E-2F 来控制检查点进而调控细胞周期的。E-2F 是一类具有激活转录作用的活性蛋白,能促进转录的作用。在 G_0、G_1 期,低磷酸化型的 RB 蛋白与 E-2F 结合成复合物,抑制 E-2F 促进转录的作用;在细胞周期素 D(Cyclin D)和细胞周期蛋白依赖性激酶(cyclin dependent kinase,CDK)复合体 CyclinD1-CDK4 的作用下,RB 蛋白被磷酸化,RB 蛋白与 E-2F 解离,E-2F 变成游离状态,起促进转录作用,细胞立即进入增殖阶段。当 *RB* 基因发生缺失或突变,丧失抑制 E-2F 的能力,于是细胞增殖活跃,导致肿瘤发生(图 16-5)。

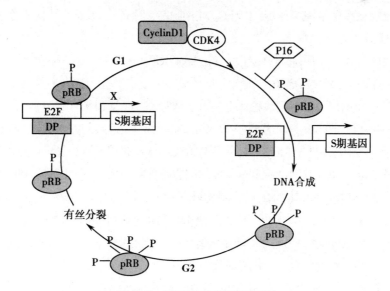

图 16-5 RB 蛋白作用机制示意图

(二) *TP53* 基因

早在 1979 年,大家都在研究 SV40 病毒的癌蛋白时,好几个研究小组都无意中分别独立发现了 P53 蛋白。在最初的十年里,*TP53* 基因一直被视为能够诱发肿瘤发生的癌基因;直至十年之后,科学家才分离出了野生型 TP53 基因,发现与此前认识正好相反,野生型 TP53 基因实际上是人体内发挥广泛作用的强有力的抑癌基因。而突变型的 TP53 基因与人类大约 50% 的肿瘤有关系,是迄今为止发现的与人类肿瘤相关性最高的基因。

TP53 基因广泛存在于动物体内,部分高度保守序列的同源性接近 100%。TP53 基因定位于人染色体 17p13,全长 16~20kb,含有 11 个外显子,转录产生 2.8kb 的 mRNA,编码 p53 蛋白。p53 蛋白是一种核内转录因子,含 393 个氨基酸残基,在体内以四聚体形式存在,其半寿期短,仅有 10~20 分钟,因此在正常情况下,细胞内 p53 蛋白含量很低,因此难以检测出来。p53 蛋白有三个结构域:①酸性区:位于 N 端,1~80 位氨基酸残基组成,含有一些特殊的磷酸化位点,具有转录激活的作用;该区易被蛋白酶水解,p53 蛋白半寿期较短与此有关。②核心区:位于 p53 蛋白分子中心,由第 102~290 位氨基酸残基组成的疏水性核心区,能特异性结合 DNA,在进化上高度保守,在功能上十分重要。③碱性区:位于 C 端,由第 319~393 位氨基酸残基组成,通过该区 p53 蛋白可形成四聚体;另外该区具有单独细胞转化的功能,起癌基因作用,该区还具有多个磷酸化位点,能够被多种蛋白激酶识别。p53 蛋白的结构见图 16-6。

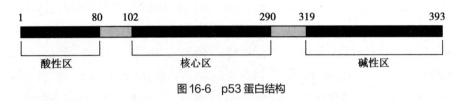

图 16-6   p53 蛋白结构

野生型 p53 蛋白在维持细胞正常生长、抑制恶性增殖中起着重要作用,因而被冠以"基因卫士"的称号。野生型 p53 蛋白的主要功能有:

1. 阻滞细胞周期   在细胞周期中,p53 蛋白的调节功能主要体现在 G1 和 G2/M 期校正点的监测,与转录激活作用密切相关。p53 下游基因 P21 编码蛋白是一个依赖 Cyclin 的激酶抑制剂,一方面 P21 可与一系列 Cyclin-CDK 复合物结合,抑制相应的蛋白激酶活性,导致 Cyclin-CDK 无法磷酸化 RB,非磷酸化状态的 RB 保持与转录调节因子 E2F 的结合,使 E2F 不能被活化,引起 G_1 期阻滞;另外 p53 下调 Cyclin B1 表达,细胞不能进入 M 期,CADD45 通过抑制 Cyclin B1-CDK2 复合物的活性发挥作用,14-3-3σ 与 CDC25C 结合,干扰 Cyclin B1-CDK2 复合物发挥转录调节作用,引起 G_2/M 期阻滞。由此可见,p53 蛋白是通过调控系列下游基因的表达而抑制细胞周期。

2. 促进细胞凋亡   p53 蛋白可通过 Bax/Bcl2、Fas/Apol、IGF-BP3 等蛋白激活细胞程序性死亡(programmed cell death,PCD)或调控细胞凋亡,从而防止细胞癌变。Bcl-2 可阻止凋亡形成因子如细胞色素 c 等从线粒体释放出来,具有抗凋亡作用,而 Bax 可与线粒体上的电压依赖性离子通道相互作用,介导细胞色素 c 的释放,具有凋亡作用。p53 可以上调 Bax 的表达水平,以及下调 Bcl-2 的表达共同完成促进细胞凋亡作用。另外,p53 还可通过死亡信号受体蛋白(如 Fas)途径,以及刺激线粒体释放高毒性的氧自由基来促进凋亡。

3. 维持基因组稳定   TP53 基因具有实时监控基因完整性的作用。一旦正常细胞的 DNA 受到损伤后,p53 蛋白可参与 DNA 的修复过程,其 DNA 结合结构域本身具有核酸内切酶的活性,可切除错配核苷酸,结合并调节核苷酸内切修复因子 XPB 和 XPD 的活性,影响其 DNA 重组和修复功能。p53 还可通过与 P21 和 GADD45 形成复合物,利用自身的 3'→5' 核酸外切酶活性,在 DNA 修复中发挥作用,以保证细胞中遗传物质的精确性和稳定性,防止细胞发生恶性转化。

4. 抑制肿瘤血管生成   肿瘤生长到一定程度后,可以通过自分泌途径形成促血管生成因子,刺激营养血管在瘤体实质内增生。p53 蛋白能刺激抑制血管生成基因 SMAD4 等表达,抑制肿瘤血管形成。在肿瘤进展阶段,TP53 基因突变导致新生血管生成,有利于肿瘤的快速生长,是肿瘤进入晚期的常见表现。

(三) P16 基因

P16 基因又称为周期蛋白依赖性激酶抑制因子 2A(cyclin-dependent kinase inhibitor 2A,CDKI2A)或多肿瘤

抑制基因 1(multiple tumor suppressor 1, MTS 1),是 1994 年才发现的新抗癌基因。基因定位于 9q21,全长 8.5kb,含 2 个内含子和 3 个外显子,编码 CDK 抑制蛋白,分子量 15.8kDa,故称为 P16 蛋白。

P16 基因是一种细胞周期中的基本基因,直接参与细胞周期的调控,负性调节细胞增殖及分裂。P16 蛋白是细胞周期抑制因子,通过调控细胞周期的进行,抑制肿瘤细胞生长。P16 蛋白能与 cyclin D/CDK 复合体中的 CDK4 或 CDK6 竞争性结合,造成 cyclin D/CDK4 和 cyclin D/CDK6 复合体的解离,当 P16 与 CDK4 或 CDK6 结合后,抑制 RB 的磷酸化,使 RB 不能与 E-2F 转录因子分离,转录因子作用被抑制,导致细胞周期阻滞,从而抑制细胞的生长增殖(见图 16-5)。

P16 基因的突变,使其失去抑制细胞增殖的功能,在多种肿瘤中可检测到 *P16* 基因的变异,包括碱基缺失、点突变和甲基化,但主要以基因缺失为主,约占 70%,且多为纯合性缺失;点突变发生频率较低,约 20%。*P16* 基因启动子区域 CpG 岛的过度甲基化使转录不能正常进行,常见于胸部肿瘤、前列腺癌、结肠癌、肾癌等。在人类 50% 肿瘤细胞株中发现有 *P16* 基因的纯合子缺失,突变,表明 *P16* 基因以缺失为主要突变方式广泛参与了肿瘤的形成,因此检测 *P16* 基因有无突变对判断患者肿瘤易感性以及预后,具有十分重要的临床意义。

癌基因和抑癌基因是在肿瘤研究过程中命名的。事实上,细胞的原癌基因和抑癌基因均是细胞的正常基因成分,具有重要的正常生理功能。除了肿瘤以外,它们在多种疾病过程中也发挥重要作用。

第三节　生长因子

一、生长因子概述

生长因子(growth factor, GF)是一类由细胞分泌的通过质膜上或胞内特异受体,将信息传递至细胞内,调节细胞生长与分化的多肽(蛋白质)类物质。生长因子的作用机制相当复杂,其对靶细胞作用方式主要有三种模式:内分泌(endocrine)、旁分泌(paracrine)和自分泌(autocrine),以后两种为主。

生长因子存在于血小板和各种成体与胚胎组织及大多数培养细胞中,对不同种类细胞具有一定的专一性。通常培养细胞的生长需要多种生长因子顺序的协调作用,肿瘤细胞具有不依赖生长因子的自主性生长的特点。目前已发现的生长因子有数十种,可来源于多种不同的组织,其靶细胞各不相同,功能各异(表 16-6)。

表 16-6　常见的生长因子

生长因子	来源	功能
表皮生长因子(EGF)	颌下腺,肾	促进表皮与上皮细胞的生长
促红细胞生成素(EPO)	肾、肝	调节成熟红细胞的发育
类胰岛素生长因子(IGF)	血清、胎盘	促进硫酸盐参入软骨组织 促进软骨细胞的分裂、对多种组织细胞其胰岛素样作用
神经生长因子(NGF)	颌下腺、神经元	营养交感及其感觉神经元
血小板源生长因子(PDGF)	血小板	促进间质及胶质细胞的生长
转化生长因子 α(TGF-α)	肿瘤细胞、转化细胞	类似于 EGF
转化生长因子 β(TGF-β)	肾、血小板、胎盘	对某些细胞起促进和抑制双向作用
血管内皮细胞生长因子(VEGF)	平滑肌、肿瘤	促进血管内皮细胞生长

二、生长因子的作用机制

绝大部分生长因子通过靶细胞受体介导的细胞信号转导而发挥作用(见第十五章),其中大部分受体位于细胞膜上,少部分位于细胞内。

生长因子的膜受体通常是一类跨膜糖蛋白,具有酪氨酸激酶活性,如 EGF 受体、FGF 受体、VEGF 受体等。当生长因子与受体结合后,激活受体酪氨酸激酶活性,或激活与受体偶联的胞质酪氨酸激酶活性,催化胞内的一系列相关底物蛋白质(或酶)磷酸化,活化蛋白激酶或胞内相关蛋白质,包括核内的转录因子,调节基因转录,达到调节生长与分化的作用(图 16-7)。

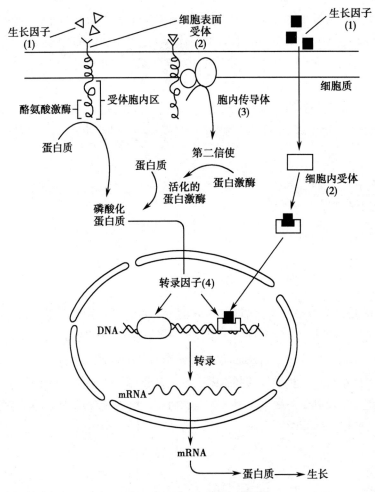

图 16-7　生长因子作用机制示意图

少部分生长因子的受体位于胞质。当生长因子与胞内相应受体结合,形成复合体进入细胞核活化相关基因,从而促进细胞生长(见图 16-7)。

三、生长因子与疾病

随着对生长因子研究的深入,目前发现很多疾病与生长因子在体内表达失调有着密切的关系。由于生长因子是由正常细胞分泌,既无药物类毒性,也无免疫反应性,因此有的生长因子已应用于临床治疗。如白细胞介素 -2 用于治疗癌症,对肾癌、黑色素瘤效果明显;也用于免疫调节剂和自身免疫有关的疾病。表皮生长因子用于人烧伤、创伤、糖尿病皮肤溃疡、压疮、静脉曲张性皮肤溃疡和角膜损伤,可促进伤口愈合。随着基因工程技术(见第二十一章第五节)的不断发展,生长因子的应用前景引起广大科研和医务工作者的重视。

(一)肿瘤

肿瘤的发生除了与癌基因的异常活化以及抑癌基因的异常失活有关外,还与生长因子及其受体的高度活化密切相关。如 EGF、VEGF 等的过表达导致正常细胞的调控失去功能或失去平衡,细胞的增生和分化过程出现不协调,从而产生肿瘤。在非小细胞肺癌(non-small cell lung cancer,NSCLC)中,生长因子 EGF 及其受体 EGFR 过表达率较高,其中 EGFR 过表达往往与 NSCLC 患者的 TNM 分期、生存及预后相关。因此,EGF 和 EGFR 在 NSCLC 的发展和转移方面起重要作用,可作为评估 NSCLC 进展及判断预后的指标。

(二)原发性高血压

高血压血管细胞学改变是血管平滑肌细胞增殖、结缔组织含量增加。实验表明,*MYC* 和 *FOS* 原癌基因的激活是启动平滑肌细胞增生的因素之一,原发性高血压大鼠心肌和平滑肌细胞内 *MYC* 基因表达比对照动物高出 50%~100%。起负调控作用的抑癌基因也参与原发性高血压的发生,原发性高血压大鼠血管平滑肌细胞野生型 *TP53* 基因的表达低于正常对照动物,并且还发现 *TP53* 基因有甲基化和突变倾向。

(三)动脉粥样硬化

动脉粥样硬化是一种以细胞增殖和变性为主要特征的疾病。近年研究表明,癌基因、抑癌基因与该病的发生有着密切地关系。动脉粥样硬化斑块损伤的细胞,癌基因表达比正常组织高 5~12 倍,从而产生过量的血小板源生长因子(PDGF),引起组织细胞的增生和血管壁斑块形成。

综上所述,癌基因、抑癌基因和生长因子在很多疾病的发生与发展有着密切的联系,因此对癌基因、抑癌基因和生长因子更深入的研究有利于进一步阐明很多疾病的发生机制,为疾病的治疗提供新的视野。

(龚朝辉)

学习小结

癌基因是细胞内正常存在的基因,其编码产物通常作为正调控信号促进细胞增殖。癌基因可分为病毒癌基因和细胞癌基因(原癌基因)。原癌基因是维持细胞正常生理功能的重要组成部分。一旦原癌基因发生活化(点突变、获得启动子或增强子、染色体易位、扩增或甲基化程度降低等),即被激活,异常表达,从而导致细胞恶变,形成肿瘤。

抑癌基因具有抑制细胞增殖,诱导终末分化和细胞凋亡的作用。一旦抑癌基因发生纯合缺失或突变,即失活后会丧失抑癌作用,反而促进癌症的发生。

生长因子是调节细胞生长与增殖的多肽(蛋白质)类物质。原癌基因通过其表达的产物生长因子类、生长因子受体、胞内信息传递体或核内转录因子的作用,促进细胞的生长增殖,一旦原癌基因被激活,其表达产物的质和量即会发生改变,从而导致细胞生长、增殖失控。癌基因、抑癌基因和生长因子在许多疾病过程中均起到重要作用。

复习参考题

1. 试述原癌基因概念及其特点。

2. 何为细胞癌基因的激活?举例说明癌基因的激活方式。

3. 论述癌基因、抑癌基因与肿瘤发生的关系。

4. 癌基因和抑癌基因如何相互协调来维持细胞的正常功能?

5. 生长因子如何调节细胞的生命活动?

第十七章　血液的生物化学

17

学习目标

掌握	血浆蛋白质的功能;红细胞的代谢特点;合成血红素的基本原料、关键酶。
熟悉	血液凝固;血液的化学组成及生理功能;血红素的合成过程和调节。
了解	血浆蛋白质的分类与性质;白细胞的代谢特点。

血液(blood)又称全血,是由液态的血浆(plasma)、溶于血浆中的可溶性物质,以及混悬在血浆中的红细胞、白细胞、血小板等有形成分组成。血浆是由血液中的水和溶解其中的无机物、代谢物和蛋白质组成。离体血液凝固后析出的浅黄色透明液体称血清(serum)。血清与血浆的主要区别是血清中没有纤维蛋白原和各种凝血因子。凝血过程中,血浆中的纤维蛋白原转变成纤维蛋白析出。血浆和血清均含有少量胆红素、胡萝卜素等,故呈浅黄色。

正常人体血液 pH 为 7.35~7.45,比重为 1.050~1.060,37℃时渗透压为 770kPa。血液总量约占体重 8%,平均约为 5000ml,任何器官的血流量不足,均可能造成组织损伤。一般健康人一次失血不超过总血量的 10% 时,对身体影响较小,当一次失血超过总血量的 20% 时,则对健康有严重影响,超过总血量的 30% 时,将危及生命。

第一节 血液和血浆蛋白质

一、血液的化学成分

在正常生理情况下,血液中的化学成分含量保持相对恒定。血液的化学成分包括水和气体、可溶性成分、有型成分。

(一) 水和气体

正常人血液含水 81%~86%,水中溶解少量的 O_2、CO_2 等气体。

(二) 可溶性成分

可溶性成分是溶解在血液中的所有化学物质,分为有机物成分和无机物成分。

1. **有机物成分** 主要包括含氮有机物和不含氮的有机物两类。

(1) 含氮有机物:包括蛋白质含氮化合物和非蛋白质含氮化合物。前者主要为各种血浆蛋白质、血红蛋白、多肽类激素及一些血清酶类等。后者为非蛋白质含氮物质(non-protein-nitrogen,NPN)。非蛋白质含氮化合物所含有的氮统称为非蛋白氮,主要包括尿素、尿酸、肌酸、肌酐、氨基酸及寡肽、氨、胺和胆红素等。其中尿素含量最多,约占 NPN 总量的一半。NPN 可由血液运至肾排出体外,当肾功能严重障碍时,上述物质排泄受阻,血中的 NPN 可明显升高;体内蛋白质分解代谢加强(如高热、糖尿病),消化道大出血时,也可引起血中的 NPN 增加。正常成人血中尿素为 1.8~7.1μmol/L,血清尿素为 2.5~6.4μmol/L,尿素含量变化不仅可反映肾功能状况,而且可帮助了解肝或体内蛋白质/氨基酸或氨代谢状况。血清肌酐值男性为 53~106μmol/L,女性 44~97μmol/L,每天排泄量恒定。肌肉萎缩及肝功能减退时,血清肌酐值降低;肾功能减退时,血清肌酐值浓度升高。尿酸是体内嘌呤代谢的终产物,在痛风症患者、肾功能减退者及某些血液病(如红细胞增多症、慢性白血病等)患者血尿酸都可能升高。

(2) 不含氮的有机物:包括糖类、脂类(含类固醇激素)及其他有机物等。血浆中葡萄糖、乳酸、酮体及脂类等含量与糖代谢和脂代谢密切相关。血浆中的脂类全部以脂蛋白的形式存在。血浆中还存在一些微量物质如酶、维生素、激素等。

2. **无机物成分** 血浆中含有多种无机盐,主要以离子状态存在,重要的离子有 Na^+、K^+、Ca^{2+}、Mg^{2+}、Cl^-、HCO_3^-、HPO_4^{2-} 等。他们在维持血浆晶体渗透压、酸碱平衡及神经肌肉的正常兴奋性等方面起重要作用。

(三) 有形成分

有形成分指混悬在血浆中的红细胞、白细胞及血小板等。

二、血浆蛋白质的种类与性质

(一) 血浆蛋白质的分类

血浆蛋白质种类繁多(表 17-1),可利用盐析、电泳、超速离心、层析等方法对血浆蛋白质进行分离,通常按来源、分离方法和生理功能将血浆蛋白质进行分类。用乙酸纤维素薄膜电泳,可将血清蛋白分成五条区带,从正极到负极分别为清蛋白(albumin)、α_1- 球蛋白(globulin)、α_2- 球蛋白、β- 球蛋白和 γ- 球蛋白(图 17-1)。

正常成人血浆总蛋白质含量为 60~80g/L,其中清蛋白(A)含量为 38~48g/L,占血浆蛋白的 50% 以上,球蛋白(G)为 15~30g/L,清蛋白与球蛋白浓度的比值(A/G)为 1.5~2.5。而肝疾患时,肝脏合成清蛋白能力下降,A/G 比值下降;免疫疾患时,球蛋白合成减少,A/G 比值可升高。急性炎症或某些组织损伤时,有些血浆蛋白质水平会增高,这种蛋白质称急性时相蛋白质(acute phase protein)。

表 17-1 人体正常血浆蛋白质的含量及功能

蛋白质	分子量(kDa)	血浆浓度(mg/L)	生物学作用
前清蛋白	55	100~400	结合运输甲状腺素、视黄醇
清蛋白	66.3	35 000~55 000	维持血浆胶渗压、运输胆红素和脂肪酸、提供营养
α_1- 球蛋白			
α_1- 酸性糖蛋白	44	550~1400	感染初期活性物质
α_1- 抗胰蛋白酶	54	2000~4000	拮抗胰蛋白酶和糜蛋白酶
α_1- 脂蛋白	220	2800~3870	运输脂类及脂溶性维生素
α_2- 球蛋白			
α_2- 巨球蛋白	725	1500~4200	抑制纤溶酶和胰蛋白酶,活化生长激素和胰岛素、急性时相反应物
铜蓝蛋白	134	150~600	氧化酶活性,结合并参与铜离子代谢,急性时相反应
结合珠蛋白(1-1)	100	1000~2200	结合血红蛋白
β- 球蛋白			
运血红素蛋白	57~80	800~1000	移出血液循环中的血红素
运铁蛋白	76	500~1000	运输 Fe^+、抗菌、抗病毒
β- 脂蛋白	3000	2000~3600	运输脂类、脂溶性维生素、激素
纤维蛋白原	341	2500~4400	激活后参与血栓溶解
γ- 球蛋白		2000~4500	
IgA、D、E、G、M	160~950	9000~18 000	抗菌、抗病毒的主要抗体,与感染、变态反应性疾病有关、早期防御

点样端接负极,另一端接正极。在 pH 8.6 的缓冲液中,蛋白质带负电荷,向正极移动。清蛋白染色最深,泳动速度也最快,泳动距离最长,γ- 球蛋白的带最宽,泳动最慢,距离最短。

如用分辨率更高的聚丙烯酰胺凝胶电泳和免疫电泳可将血清蛋白质分为数十种,见表 17-2。

目前已知血浆蛋白质有 200 余种,有些蛋白质的结构和功能尚不清楚,因此目前还难以对全部血浆蛋白质作出准确的分类。

(二) 血浆蛋白质的性质

血浆蛋白质种类繁多,功能各异,并具有以下特点:①除清蛋白、视黄醇结合蛋白及 C 反应

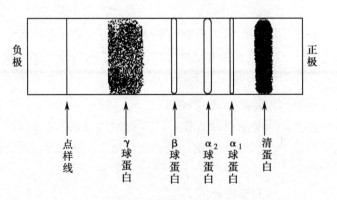

图 17-1 血浆蛋白质乙酸纤维素薄膜电泳图谱

表 17-2　人血浆蛋白质分类

血浆蛋白质种类	
1. 载体蛋白	前清蛋白、清蛋白、运铁蛋白、脂蛋白、结合珠蛋白、视黄醇结合蛋白、维生素 D 结合蛋白
2. 脂蛋白	HDL、LDL、VLDL、乳糜微粒
3. 免疫及补体系统	IgG、IgM、IgA、IgD、IgE 及补体 C1~C9 等
4. 凝血及纤溶系统	凝血因子Ⅶ、Ⅷ、Ⅸ、Ⅹ、Ⅺ、Ⅻ、凝血酶原、纤溶酶原等
5. 酶	卵磷脂 - 胆固醇酰基转移酶、胆碱酯酶、芳香酯酶、对氧磷脂酶 -1、铜蓝蛋白等
6. 蛋白酶抑制剂	α_1- 抗胰蛋白酶、α_2- 巨球蛋白、抗凝血酶Ⅲ等
7. 激素	胰岛素、促红细胞生成素等
8. 参与炎症反应蛋白	C- 反应蛋白、α_2- 酸性糖蛋白等

蛋白等少数外,血浆蛋白质几乎都是糖蛋白,其聚糖链具有多种功能,如生物信息识别作用、血浆蛋白定向转移等;聚糖链还与血浆蛋白质半衰期有关,切除糖链,半衰期缩短。②多数血浆蛋白质由肝细胞合成,如清蛋白、纤维蛋白与纤连蛋白等;少数由内皮细胞合成;γ- 球蛋白由浆细胞合成。③血浆蛋白质均为分泌型蛋白质,一般先在肝细胞内质网核糖体上合成蛋白质前体,然后经过信号肽切除、糖基化、磷酸化等加工修饰,到达质膜,分泌入血,此过程需要 30 分钟至数小时不等。④各种血浆蛋白质都有特异的半衰期,一般 5~20 天,如正常成人清蛋白的半衰期为 20 天。⑤许多血浆蛋白质具有多态性。多态性是指在人群中,常有两种以上、发生频率不低于 1% 的表现型,如 ABO 血型物质、α_1 抗胰蛋白酶、结合珠蛋白、运铁蛋白、血浆铜蓝蛋白等都有多态性。其多态性对遗传研究及临床工作有一定意义。

三、血浆蛋白质的功能

血浆蛋白质各组分的功能目前尚未阐明,其主要功能概括如下:

(一) 维持血浆胶体渗透压

血浆胶体渗透压(colloid osmotic pressure)是由血浆蛋白质产生的,主要是清蛋白,因其分子量小(69kDa),含量高,在生理 pH 条件下电负性高,能使水分子聚集在其分子表面,因此清蛋白所产生的胶体渗透压约占血浆胶体渗透压的 75%~80%。尽管胶体渗透压仅占血浆总渗透压的极小部分(1/230),但对水在血管内外的分布影响极大。当血浆蛋白质(尤其清蛋白)含量减少时,血浆胶体渗透压下降,导致血浆水转移到组织间潴留,引起水肿。肝功能不良及(或)慢性肾炎病人,由于清蛋白的合成不足或丢失过多而导致水肿。

(二) 运输作用

血浆蛋白质是亲水胶体,能与血浆中不溶或难溶于水的物质结合而起运输作用,如脂肪酸、胆色素、某些药物等与清蛋白结合而运输,一些特异性结合球蛋白担负金属离子(如运铁蛋白、铜蓝蛋白)及激素(如甲状腺素、皮质醇)等的运输。血浆蛋白质除起运输作用外,还具有调节被运输物质代谢的作用。如脂溶性维生素 A 先与视黄醇结合蛋白结合形成复合物,再与清蛋白以非共价键结合成视黄醇 - 视黄醇结合蛋白 - 前清蛋白复合物,这种复合物可防止视黄醇氧化。

(三) 催化作用

血浆中含有多种具有酶活性的蛋白质,根据其来源及功能可分为三类:

1. **血浆功能酶**　血浆功能酶(functional plasma enzymes)由组织细胞合成后分泌入血液,是血浆蛋白质的固有成分,主要在血浆中发挥催化作用。大多数由肝脏合成,如凝血及纤溶系统的蛋白水解酶。另外还有假胆碱酯酶、铜蓝蛋白、卵磷脂 - 胆固醇酰基转移酶、脂蛋白脂肪酶及肾素等,除后两种由组织毛细血管内皮细胞及肾小球旁器合成外,其余均由肝合成。在肝功能减退时,上述酶活性降低。

2. 外分泌酶　由外分泌腺分泌的酶,如胰淀粉酶、胰脂肪酶、胰蛋白酶、碱性磷酸酶和胃蛋白酶等,正常时仅有少量渗入血浆。它们的催化活性与血浆的正常功能无直接关系,而与外分泌腺功能状态有关。当这些器官受损时,血浆中相应酶含量增加,活性增高,如胰腺炎时血浆中淀粉酶含量明显增多。

3. 细胞酶　在细胞中起催化物质代谢作用的酶类,正常时血浆中含量甚微。多数没有器官组织特异性,少数酶来源于特定组织,表现为器官特异性。后一类酶活性的升高与相应脏器细胞病变或膜通透性改变有关。当特定器官病变时,血浆中相应酶含量变化有助于协助疾病的诊断或治疗,如肝脏疾患时血浆丙氨酸转氨酶升高。

(四) 免疫作用

机体对入侵的病原体或异种蛋白质(抗原)能产生具有抗体作用的蛋白质称之为免疫球蛋白(immunoglobulin, Ig)(又称抗体),由浆细胞产生,电泳时主要出现在 γ- 球蛋白区域。Ig 共分五大类 IgG、IgA、IgM、IgD 和 IgE,在体液免疫中起重要作用。

补体(complement)是血浆中一组协助抗体完成免疫功能的蛋白酶体系。免疫球蛋白识别特异抗原并与之结合,形成抗原 - 抗体复合物,进而激活补体系统,产生溶菌和溶细胞现象。

(五) 凝血、抗凝血和纤溶作用

多数的凝血因子、抗凝血因子属于血浆蛋白质,且以酶原的形式存在,在一定条件下被激活后发挥生理功能。

(六) 营养作用

正常成人血浆中约含有 200g 蛋白质起营养贮备作用。血浆蛋白质可被单核吞噬细胞系统吞饮,细胞内酶将其分解为氨基酸,进入氨基酸代谢池,用于组织蛋白质的合成或转变为其他含氮物质或进一步分解供能。肝每日利用氨基酸合成清蛋白 14~17g。

(七) 维持血液 pH

正常血浆 pH 为 7.35~7.45,血浆蛋白质的 pI 为 4.0~7.3。在生理 pH,血浆蛋白质为弱酸(呈负电性)。血浆蛋白一部分以弱酸形式存在,一部分则形成弱酸盐,血浆蛋白盐与相应蛋白形成缓冲体系,参与维持血浆正常 pH,但与血红蛋白及其他缓冲体系相比较,其作用较小。

第二节　血液凝固

血液凝固(blood coagulation)是血液由流动的液态转变为不流动的凝胶态的过程。血凝过程是一系列无活性的酶原被激活成有活性的酶,使溶胶状态的纤维蛋白原转变为凝胶状态的纤维蛋白,凝聚血细胞形成凝血。血凝块堵住血管的破损处,阻止血液继续从血管流出,这一过程称为止血(hemostasis)。参与血液凝固的物质统称为凝血因子(coagulation factor)。

一、凝血因子与抗凝物质

(一) 凝血因子的种类及命名

已知血浆和组织中的凝血因子有 14 种。国际凝血因子命名委员会按其发现先后顺序用罗马字统一命名,现已命名到Ⅷ。因子Ⅲ是唯一不存在于正常人血浆中的凝血因子,分布于各种组织中,又称组织因子(tissue factor, TF)。因子Ⅳ是钙离子,因子Ⅵ是活化的凝血因子Ⅴ,并非是独立的凝血因子,所以Ⅵ为缺号。另有两个因子:前激肽释放酶(prekallikrein, PK)和高分子激肽原(high molecular weight kininogen, HMWK)因发现晚,尚未用罗马数字命名。在正常生理状态下,多数因子(除Ⅲ、Ⅳ、Ⅴ、Ⅷ、高分子量激肽酶等)以无活性酶原形式存在,当血管内皮损伤时,这些因子被激活成为有活性的酶,促进血凝发生。

(二)凝血因子的化学本质

因子Ⅲ为脂蛋白,Ⅳ为钙离子,其余凝血因子均为糖蛋白。除Ⅳ外,其他的凝血因子由肝脏合成(ⅩⅢ由肝和骨髓合成)。凝血因子的性质及功能见表17-3。

表17-3 凝血因子的性质及功能

因子	名称	化学本质	生成部位	血浆中浓度(mg/L)	电泳位置	功能(活化型)
Ⅰ	纤维蛋白原	糖蛋白	肝	2000~4000	γ	形成纤维蛋白
Ⅱ	凝血酶原	糖蛋白	肝	150~200	α_2	催化Ⅰ→Ⅰa
Ⅲ	组织因子	脂蛋白	组织、内皮、单核细胞	0		Ⅶ的辅助因子
Ⅳ	Ca^{2+}	无机离子		90~110		辅因子
Ⅴ	前加速因子	糖蛋白	肝	5~10	β	辅因子(加速凝血酶Ⅱa的生成)
Ⅶ	稳定因子(血清凝血酶原转变加速素)	糖蛋白	肝	0.5~2	β	激活Ⅹ→Ⅹa
Ⅷ	抗血友病因子A(AHG)	糖蛋白	肝	0.1~0.2	β	加速Ⅹa形成的辅因子
Ⅸ	抗血友病因子B(christmas因子)	糖蛋白	肝	3~4	β	催化Ⅹ→Ⅹa
Ⅹ	Stuart-Prower因子	糖蛋白	肝	6~8	α	催化Ⅱ→Ⅱa
Ⅺ	血浆凝血活酶前体	糖蛋白	肝	4~6	β_2	催化Ⅸ→Ⅸa
Ⅻ	接触因子(Hageman因子)	糖蛋白	肝	2.9	β	激活Ⅸ及前激肽释放酶
ⅩⅢ	纤维蛋白稳定因子	糖蛋白	骨髓	25	β	使纤维蛋白交联稳定
	前激肽释放酶	糖蛋白	肝	1.5~5	γ	催化Ⅻ→Ⅻa
	高分子激肽原	糖蛋白	肝	7.0	α	激活Ⅻ及前激肽释放酶的辅因子

(三)凝血因子的功能

除凝血因子Ⅰ为主要底物外,凝血因子Ⅲ、Ⅳ、Ⅴ、Ⅷ及高分子激肽原为辅助因子,余下皆为酶原,凝血时依次被激活而发挥作用,使因子Ⅰ纤维蛋白原(溶胶态)转变成纤维蛋白(凝胶态)。

有些因子是丝氨酸蛋白酶的底物,如因子Ⅱ、Ⅴ、Ⅶ、Ⅷ、ⅩⅢ;有些因子的活性依赖于维生素K,如Ⅱ、Ⅶ、Ⅸ及Ⅹ。维生素K是γ-羧化酶的辅酶,γ-羧化酶可使这些凝血因子中的某些谷氨酸残基的γ位碳原子羧基化,成为γ-羧基谷氨酸,后者有较强的负电性,能与Ca^{2+}形成盐键。Ca^{2+}一侧与凝血因子γ-羧基谷氨酸连接,另一侧与血小板带负申的磷脂相连形成多酶复合物。该多酶复合物的形成是凝血反应的基础,在凝血过程中起着关键作用。缺乏维生素K,或没有γ-羧基谷氨酸形成,则影响凝血过程。

凝血因子Ⅲ是各种组织细胞合成的一种跨膜脂蛋白,不存在于血浆中。其氨基末端1~219氨基酸残基在细胞膜外侧,形成因子Ⅶ的受体。组织损伤时,血液与组织细胞接触,因子Ⅶ与Ⅲ结合,而被激活。

(四)抗凝物质

血浆中防止血液凝固的物质称为抗凝物质(anticoagulant)。抗凝物质通过和蛋白酶形成复合物抑制蛋白酶的活性,从而抑制血液凝固。现将主要的抗凝物质介绍如下:

1. **抗凝血酶Ⅲ** 抗凝血酶Ⅲ(antithrombin Ⅲ,AT Ⅲ)主要由肝合成,是血浆中最重要的抗凝成分,占血浆总抗凝血活性的80%左右。AT Ⅲ能持续抑制凝血酶,还能抑制凝血因子Ⅹa、Ⅸa、Ⅺa、Ⅻa、纤溶酶,起生理性抗凝作用。抗凝血酶Ⅲ可以直接与凝血酶结合,也可先与肝素结合,再与凝血酶结合形成三元复合物,其抑制作用比 ATⅢ单独作用高出 9000 倍。

ATⅢ升高一般不会引起病理性后果,ATⅢ降低,则血浆抗凝血活性下降,易发生血栓性栓塞症。ATⅢ减少一般见于:①遗传性 ATⅢ缺乏;②获得性抗凝血酶Ⅲ缺乏:见于各种肝病,如肝硬化、肝癌晚期等;③抗凝血酶Ⅲ丢失增多:如肾脏疾病;④ATⅢ消耗增多,如各种原因所造成的血液凝固性增高,ATⅢ中和活化的凝血因子,以致消耗增加。

2. 蛋白 C 系统　包括蛋白 C(PC)、蛋白 S(PS)和蛋白 C 抑制物。PC 是由肝细胞合成的依赖维生素 K 的糖蛋白,是一种蛋白酶原,可被膜结合的凝血酶 - 凝血调节素(thrombomodulin)-Ca^{2+} 复合物激活,有活性的 PC(APC)通过蛋白水解作用灭活凝因子 Va、Ⅷa,从而阻碍 Xa 与血小板磷脂结合,降低 Xa 的凝血活性。APC 还能促进纤维蛋白溶解。可见,凝血酶具有凝血和抗凝血的双重作用。PS 也是由肝合成的依赖维生素 K 的单链糖蛋白,它能作为 APC 的辅助因子加速 APC 对因子 Va 的灭活。蛋白 C 抑制物能与 PC 结合形成复合物而灭活 APC(图 17-2)。

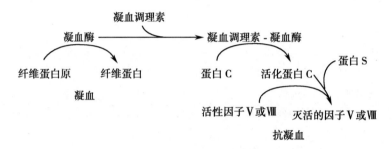

图 17-2　凝血酶的别构效应和对纤维蛋白原及蛋白 C 的作用
凝血调理素与凝血酶形成复合物,使凝血酶水解纤维蛋白原的活性转变成激活蛋白 C 的活性,活化的蛋白 C 在辅助因子蛋白 S 的协助下,灭活凝血因子,使凝血酶的作用由促进凝血转变成抗凝血

蛋白 C 和蛋白 S 缺乏或者突变可导致血栓性疾病。肝硬化、肝癌患者血浆 PC 及 PS 活性降低,降低的程度与肝功能受损的程度密切相关,可将血浆 PC 及 PS 活性降低的程度作为患者肝功能受损程度的一个指标。

3. 组织因子途径抑制物　组织因子途径抑制物(tissue factor pathway inhibitor,TFPI)是由小血管内皮细胞合成的单链糖蛋白,分子量 32kDa,通常与血浆脂蛋白结合。它能特异地与外源性凝血途径的 TF-Ⅶa-Ca^{2+}-Xa 复合物相互作用,抑制其活性,从而抑制外源性凝血途径。TFPI 对于调节血栓形成有重要作用,与防止动脉粥样硬化及冠心病的发病有关。

二、两条凝血途径

凝血过程基本上是一系列蛋白质有限水解的过程,凝血过程一旦开始,各个凝血因子依次被激活,形成一个"瀑布"样的反应链直至血液凝固。凝血因子 X 激活成 Xa 是使凝血酶原活化的关键步骤,激活因子 X 有内源性和外源性两条途径:

(一) 内源性凝血途径

内源性凝血途径(intrinsic pathway)是指血管内膜受损或血液在血管外与异物表面接触时触发的完全依靠血浆内的凝血因子逐步使因子 X 激活从而发生凝血的过程。凝血过程在理论上可分为三个阶段:

1. 接触活化阶段　该阶段是使因子 X 激活变成 Xa 的过程。通常因血液与带负电荷的异物表面接触而启动凝血。首先因子Ⅻ结合到异物表面被激活成Ⅻa,Ⅻa 可激活前激肽释放酶,使之成为激肽释放酶,后者反过来又能激活因子ⅩⅡ,这是一种正反馈,可使因子ⅩⅡa大量生成。ⅩⅡa又使因子ⅩⅠ激活为ⅩⅠa,从而启动内源性凝血途径。由因子ⅩⅡ激活到ⅩⅠa形成为止的步骤,称为表面激活。表面激活过程还需有高分子激肽原参与,表面激活所形成的ⅩⅠa在 Ca^{2+}(即因子Ⅳ)存在的情况下,可激活因子Ⅸ生成Ⅸa,Ⅸa再与因子Ⅷ和血小板因子3(PF_3)及 Ca^{2+} 组成因子Ⅷ复合物,即可激活因子Ⅹ生成Ⅹa,进而启动血凝过程(图17-3),此过程中的因子Ⅷ作为辅助因子,使Ⅸa对因子Ⅹ的激活速度提高20万倍。

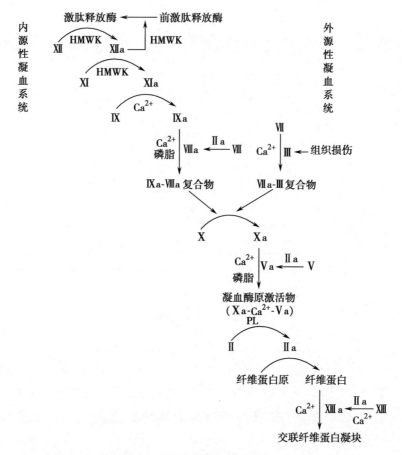

图 17-3　内源性及外源性凝血系统

2. 凝血酶(thrombin)生成阶段　在因子Ⅹa复合物作用下,血浆中凝血酶原(因子Ⅱ)转变为凝血酶(因子Ⅱa)。凝血酶有多方面的作用,其主要作用是催化纤维蛋白原的分解。还可以加速因子Ⅶ与凝血酶原酶复合物的形成并增强其作用,也能激活因子ⅩⅢ生成ⅩⅢa。

3. 纤维蛋白(fibrin)形成阶段　纤维蛋白原(因子Ⅰ)在凝血酶作用下裂解出纤维蛋白A肽及B肽后,形成纤维蛋白单体。单体在 Ca^{2+} 参与下,自动聚合成可溶性纤维蛋白聚合体。因子ⅩⅢ被凝血因子Ⅱa激活后,使可溶性纤维蛋白聚合体交联成稳定的纤维蛋白多聚体,完成血凝过程。

　　纤维蛋白原分子由α、β、γ三种肽链各两条组成。每三条肽链(α、β、γ肽链)结合成一条索状肽链,两条索状肽链的N-末端通过二硫键相连,形成纤维状分子。在血浆中以水溶性形式存在,且不会聚合(图 17-4)。

　　纤维蛋白原分子α、β链的N端分别有一段由16个和14个氨基酸残基组成的小肽,称为纤维肽A及B。A、B肽带有大量的负电荷,相同电荷之间的排斥作用使纤维蛋白原不能聚合。凝血酶的作用是切除这两个肽段,使纤维蛋白分子上的黏合点暴露,纤维蛋白分子间横向结合形成更大的纤维。经上述聚合形成的纤维蛋白所产生的血凝块是不牢固的,它很快在因子ⅩⅢa(纤维蛋白稳定因子)催化下进一步共价交联。ⅩⅢa是转酰胺酶,它能催化γ肽链C-末端上的谷氨酰胺残基与邻近γ肽链上的赖氨酸残基的ε-氨基共价结合

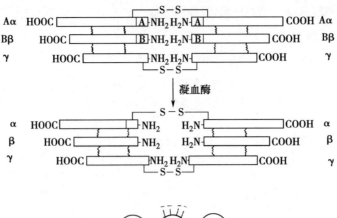

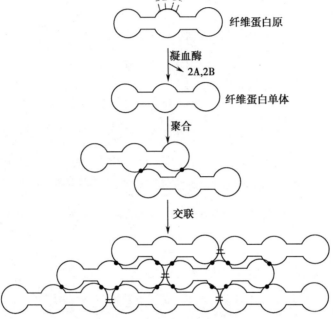

图 17-4　纤维蛋白的生成及聚合

（图 17-5）。同样 α 链之间也发生交联。经过共价交联形成的纤维蛋白网十分牢固。

（二）外源性凝血途径

外源性凝血途径（extrinsic pathway）是指由血管外组织释放组织因子（即因子Ⅲ）启动的凝血过程，又称组织因子途径。如创伤出血后发生凝血的情况。

正常情况下，因子Ⅲ不与血液接触，但在血管损伤或血管内皮细胞及单核细胞受到细菌内毒素、补体 C5a、白介素 1、肿瘤坏死因子、免疫复合物等刺激时，组织因子与血液接触并与因子Ⅶ结合，使其迅速转变为Ⅶa，形成Ⅶa-Ⅲ复合物，后者在 Ca^{2+} 和磷脂存在的情况下快速激活因子Ⅹ生成Ⅹa，进而启动血凝过程，此过程中组织因子是辅助因子，它能使Ⅶa 对因子Ⅹ的激活效力增加 1000 倍。因子Ⅹa 反过来又激活因子Ⅶ，进而使更多的因子Ⅹ被激活，形成外源性凝血途径的正反馈效应。

赖氨酸残基　　　　谷氨酰胺残基

因子 XⅢa
Ca^{2+}　→ NH_3

图 17-5　因子 XⅢa 催化纤维蛋白交联

外源性途径与内源性途径的不同点是前者缺乏接触活化阶段，仅是形成因子Ⅲ-Ⅶa 复合物即启动的凝血过程。由此可见因子Ⅹ的激活是内源、外源途径的交汇点。一旦形成Ⅹa，两者即进入凝血酶（thrombin）

生成与纤维蛋白(fibrin)生成的共同通路。通常外源性凝血途径凝血较快,内源性凝血途径较慢,但在实际情况中,单纯由一种途径引起凝血的情况并不多。

相关链接

血友病

　　血友病是一种性连锁隐性遗传性凝血因子缺乏引起的出血性疾病,以自发或创伤后持续性出血倾向为特征。血友病分 A、B、C 三型,分别由于缺乏因子Ⅷ、Ⅸ和Ⅺ引起。血友病是 X 染色体隐性遗传疾病,女性携带导致下一代男性发病,患者常自幼年发病,可以进行妊娠后的产前诊断。典型的血友病 A 型占血友病人数的 80%~85%,B 型约占 15%。

　　血友病患者难以靠自身功能止血,临床治疗主要采用凝血因子疗法,给患者注射凝血因子Ⅷ和因子Ⅸ,此法可迅速有效地止血,还可预防出血。严重的患者需要输血治疗并承担由此带来的治疗风险,如患上肝炎、HIV 或 AIDS;少数患者还会产生自身抗体。20 世纪 90 年代基因重组凝血因子Ⅷ出现,使血友病的治疗已非常安全。

三、血凝块的溶解

　　血液除存在凝血系统和抗凝血系统,还存在可使血凝块溶解的物质,这些物质构成纤维蛋白溶解系统(fibrinolytic system),简称纤溶系统。在生理条件下凝血系统、抗凝血系统、纤溶系统相互作用,维持动态平衡,使血液保持畅通流动。

　　纤溶系统对清除血凝块、修复损伤组织、维持血液流动有重要作用。血凝发生后,血凝块的溶解和血管的修复立即开始。纤溶过程可分为纤维蛋白溶酶原(plasminogen)(简称纤溶酶原)激活和纤维蛋白溶解两个阶段。纤溶酶原可在内源性因素(因子Ⅻa、因子Ⅺa、前激肽释放酶等)、外源性因素(血管、血液、组织激活剂)或外来的激活剂(尿激酶、链激酶)的作用下,转变成纤溶酶(plasmin)。纤溶酶再特异地水解纤维蛋白原中由精氨酸或赖氨酸的羧基构成的肽链,产生一系列纤维蛋白降解产物(fibrin degradation product,FDP),如小分子多肽 A、B、C、X、Y、E 及 D 等(图 17-6)。

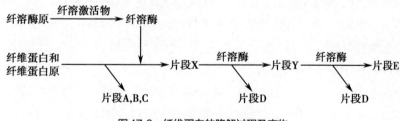

图 17-6　纤维蛋白的降解过程及产物

　　在正常情况下这些小片断的降解产物可被单核 - 巨噬细胞系统清除。此外内皮细胞还可释放纤溶酶原激活物抑制剂和纤溶酶抑制物,从而使凝血和纤溶两个过程在正常人体内相互制约,处于动态平衡,保持血流的通畅。如果这种动态平衡破坏,将会发生出血现象或血栓形成。

　　由于血液凝固性增高可引起血栓性疾病。血栓是指血循环中的有形成分在心脏或血管内形成的异常血凝块,常见于心肌梗死、脑动脉栓塞等。血栓形成的主要原因是血液处于高凝状态,当血管内皮损伤,激活内源性凝血途径;当组织损伤或细胞破坏,组织因子进入血液循环,激活外源性凝血途径,引起血液高凝状态;另外还与血小板的作用、血流状态等有关。血栓从局部脱落随血流至前方血管内堵塞部分或全部血管腔,导致血栓栓塞。血栓性疾病的发生率及病死率远高于出血性疾病。

第三节 红细胞代谢

红细胞是由骨髓中造血干细胞定向分化生成,是血液中最主要的细胞,占全血的 40%~45%。红细胞发育经历原始红细胞、早幼红细胞、中幼红细胞、晚幼红细胞、网织红细胞等阶段,最后生成为成熟红细胞,进入血液循环。在发育过程中红细胞发生一系列形态和代谢改变。细胞核、内质网、线粒体和核糖体等细胞器相继消失,失去合成核酸、蛋白质的能力,也不能进行有氧氧化等。成熟红细胞内含有大量的蛋白质,主要是血红蛋白,约占 95%。红细胞的生理学功能和代谢特征见表 17-4。

表 17-4　红细胞成熟过程中的代谢变化

代谢过程	有核红细胞	网织红细胞	成熟红细胞	代谢过程	有核红细胞	网织红细胞	成熟红细胞
分裂增殖能力	+	–	–	血红素合成	+	+	–
DNA 合成	+	–	–	三羧酸循环	+	+	–
RNA 合成	+	–	–	氧化磷酸化	+	+	–
RNA 的存在	+	+	–	糖酵解	+	+	+
蛋白质合成	+	+	–	磷酸戊糖途径	+	+	+
脂类合成	+	+	–				

注:"+":表示有此功能,"–":表示无此功能

一、红细胞的糖代谢途径

糖代谢是红细胞的主要代谢途径,成熟红细胞不能进行有氧氧化过程,但能进行糖酵解、磷酸戊糖途径、2,3- 二磷酸甘油酸支路等途径。每天成熟红细胞从血浆中摄取大约 30g 葡萄糖,其中 90%~95% 经糖酵解途径和 2,3- 二磷酸甘油酸支路被利用,5%~10% 通过磷酸戊糖途径。这些代谢相互联系,相互补充,构成了整个红细胞糖代谢体系。红细胞主要通过糖代谢获得红细胞所需的能量,还生成一些重要的代谢物,如还原性的 NADH 和 NADPH,2,3-DPG 等。

(一) 糖酵解途径

糖酵解途径是红细胞分解代谢的主要途径,是红细胞获得能量的唯一途径,1 分子葡萄糖经酵解产生 2 分子的 ATP 和 2 分子的乳酸,这一途径使红细胞内 ATP 浓度维持在 1.85×10^3 mol/L 水平。生成的 NADH 是高铁血红蛋白还原酶的辅助因子,可催化高铁血红蛋白还原为有载氧功能的血红蛋白。

红细胞中的 ATP 主要有如下生理作用:

1. 维持红细胞膜上钠泵(Na^+,K^+-ATPase)的正常运转,钠泵通过消耗 ATP 将 Na^+ 泵出红细胞外、将 K^+ 泵入红细胞内,维持细胞膜两侧的离子平衡,保持红细胞的容积和双凹盘状形态。如果红细胞糖酵解过程中的某些酶活性下降或任何一个发生缺陷,都可引起糖酵解紊乱,ATP 产量减少,从而使红细胞膜内外离子平衡失调,Na^+ 进入红细胞内多于 K^+ 排出,红细胞膨大成球形甚至破裂而易发生溶血。

2. 维持红细胞膜钙泵(Ca^{2+}-ATPase)的正常运转,钙泵可将细胞内 Ca^{2+} 泵入血浆,维持红细胞内的钙稳态。正常情况下,红细胞内 Ca^{2+} 浓度很低为 20μmol/L,血浆 Ca^{2+} 浓度为 2~3mmol/L,因此血浆 Ca^{2+} 可被动扩散进入红细胞。如 ATP 缺乏,钙泵不能正常运行,钙将聚集并沉积在细胞膜上,使膜失去韧性而易被破坏。

3. ATP 为红细胞膜脂类交换提供能量,以维持细胞膜脂质结构和功能。实验证明,缺乏 ATP 的红细胞膜,可塑性下降,硬度增加、易被破坏。

4. 少量 ATP 用于谷胱甘肽、NAD^+ 的生物合成和葡萄糖的活化,启动糖酵解过程。

(二) 2,3-二磷酸甘油酸支路

2,3-二磷酸甘油酸(2,3-bisphosphoglycerate,BPG)支路是红细胞内糖酵解途径的一条支路,由二磷酸甘油酸变位酶催化1,3-二磷酸甘油酸(1,3-BPG)生成2,3-BPG,再由2,3-BPG磷酸酶水解生成3-磷酸甘油酸的侧支途径,3-磷酸甘油酸沿糖酵解途径继续分解(图17-7)。

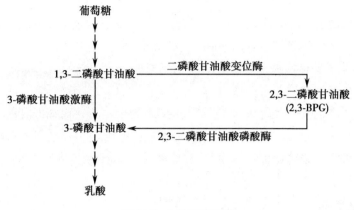

图17-7 2,3-BPG旁路

正常情况下2,3-BPG对磷酸甘油酸变位酶的负反馈作用大于对3-磷酸甘油酸激酶的抑制作用,因此2,3-BPG支路仅占糖酵解的15%~50%。但是由于2,3-BPG磷酸酶活性较低,2,3-BPG的生成大于分解,从而使红细胞中2,3-BPG含量高,动静脉血中2,3-BPG的含量分别是3-磷酸甘油酸的177倍和239倍。2,3-BPG的作用是参与调节血红蛋白对氧的运输。低氧状态,如贫血、吸烟、高海拔时血液中2,3-BPG水平升高,而氧过多时2,3-BPG水平下降。

2,3-BPG具有调控血红蛋白的作用。2,3-BPG是一个负电性很高的分子,可结合在脱氧Hb分子4个亚基的对称中心空穴内。由于2,3-BPG的负电基团与中心空穴侧壁的2个β亚基的带正电基团形成盐键(图17-8),使血红蛋白保持紧密构象,降低血红蛋白与O_2的亲和力。当血液流经氧分压较高的肺部时,2,3-BPG对Hb与O_2结合影响不大;当血液流入氧分压较低的组织时,2,3-BPG的可明显促进红细胞中HbO_2的释放,以供组织充分利用。因此2,3-BPG的重要作用是可与Hb紧密结合,降低Hb与O_2的亲和力,以便在血液流经氧分压低的外周组织时,促进含氧血红蛋白对O_2释放。

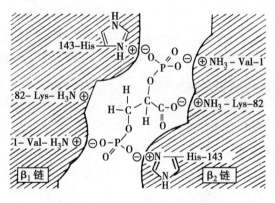

图17-8 2,3-BPG与血红蛋白的结合

(三) 磷酸戊糖途径

红细胞磷酸戊糖途径生成$NADPH^+$,在红细胞的氧化还原系统中具有重要的生理作用,能维持谷胱甘肽(GSH)的还原性,维持红细胞形态,保护红细胞膜上蛋白质、脂质及胞内血红蛋白及含巯基的酶蛋白不被氧化。

磷酸戊糖途径产生的NADPH参与谷胱甘肽循环,用于使氧化型谷胱甘肽(GSSG)还原成还原型谷胱甘肽(GSH),维持GSH/GSSG比值。例如红细胞内有少量H_2O_2产生时,可在谷胱甘肽过氧化物酶催化下,使H_2O_2还原成水,$NADPH+H^+$作为还原当量提供氢,GSSG重新还原成GSH,来维持红细胞内GSH的正常浓度(图17-9)。

由于氧化作用,红细胞内可产生少量高铁血红蛋白(methemoglobin,MHb)。MHb分子中的Fe^{2+}被氧化成为Fe^{3+},失去携带氧的功能,如果血中MHb过多并不能及时还原,则妨碍运氧能力,出现发绀等症状。红细胞中 NADH- 高铁血红蛋白还原酶及 NADPH- 高铁血红蛋白还原酶能催化 MHb 还原成 Hb，GSH 和维生素 C 也能直接还原 MHb，上述还原系统作用下红细胞 MHb 只占总量的 1%~2%。

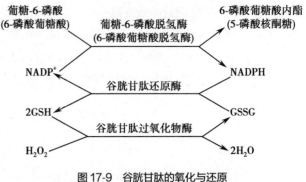

图 17-9　谷胱甘肽的氧化与还原

（四）血红蛋白的糖化

红细胞内的血红蛋白与葡萄糖经非酶催化的缩合反应，生成糖化血红蛋白（glycosylated hemoglobin，GHb），GHb 生成速度取决于血糖浓度和葡萄糖与血红蛋白接触的时间，血糖浓度越高，生成速度越快。糖化血红蛋白约占正常人血红蛋白总重的 3%。糖化血红蛋白有几种不同的类型，包括 $GHbA_1$、$GHbA_0$，其中含量最高的是 HbA_{1C}。糖尿病人空腹血糖持续升高，血红蛋白的糖化速度加快，生成的 $GHbA_{1C}$ 含量增加。目前将血液的 $GHbA_{1C}$ 水平测定作为糖尿病诊断、监测病情、判断预后的一项生化指标。

二、红细胞的脂类交换

成熟红细胞缺乏合成脂类的酶系，不能利用乙酰辅酶 A 等原料从头合成脂肪酸、脂肪、磷脂、胆固醇及胆固醇酯。红细胞膜脂质不断与血浆脂蛋白的脂质进行交换，以维持红细胞生存必要的膜脂组成、结构和功能。

三、血红蛋白的合成与调节

血红蛋白（hemoglobin，Hb）是红细胞中最主要的成分，为由 4 个亚基组成的四聚体球状结合蛋白。血红蛋白的每一个亚基由一分子的珠蛋白（globin）与一分子的血红素（heme）缔合而成。在成熟红细胞中的蛋白质约有 95% 是血红蛋白。血红蛋白是在红细胞成熟之前，在骨髓的幼红细胞和网织红细胞合成，红细胞不能合成血红素和珠蛋白。血红素是血红蛋白的辅基，也是肌红蛋白、细胞色素、过氧化氢酶、过氧化物酶等的辅基。

（一）血红素的生物合成

1. 合成部位　骨髓的幼红细胞和网织红细胞中合成，合成的起始和终末途径在线粒体，而中间过程在胞质内进行。

2. 血红素合成的主要原料　甘氨酸、琥珀酰辅酶 A 和 Fe^{2+}。

3. 血红素合成过程，可分为四个阶段

（1）δ- 氨基 γ- 酮戊酸（δ-aminolevulinic acid，ALA）的合成：在线粒体内，琥珀酰 CoA 和甘氨酸在 ALA 合酶催化下，缩合生成 ALA（图 17-10）。

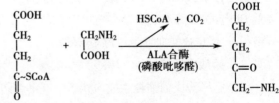

图 17-10　δ- 氨基 -γ- 酮戊酸的合成

ALA 合酶是血红素合成的限速酶，辅酶是磷酸吡哆醛，ALA 合酶活性受血红素的反馈调节。

（2）胆色素原的生成：ALA 生成后从线粒体扩散到胞质中，在 ALA 脱水酶催化下，2 分子 ALA 脱水缩合生成 1 分子胆色素原（也称卟胆原 porphobilinogen，PBG）（图 17-11）。ALA 脱水酶含有巯基，铅等重金属对其有抑制作用。

（3）尿卟啉原Ⅲ与粪卟啉原Ⅲ的生成：在胞质中，4 分子的胆色素原由尿卟啉原Ⅰ同合酶（又称胆色素脱氨酶）催化，脱氨生成 1 分子线状四吡咯，后者在尿卟啉原Ⅲ同合酶催化下环化成尿卟啉原Ⅲ（UPGⅢ），进一步在尿卟啉原Ⅲ脱羧酶的作用下,脱羧生成粪卟啉原Ⅲ(CPGⅢ)。

(4)血红素的生成:胞质中生成的粪卟啉原Ⅲ再扩散进入线粒体,经粪卟啉原Ⅲ氧化脱羧酶脱羧生成原卟啉原Ⅸ,在原卟啉原Ⅸ氧化酶的催化,生成原卟啉Ⅸ,后者在血红素合成酶(又称亚铁螯合酶,ferrochelatase)作用下与Fe^{2+}螯合,生成血红素(图17-12)。铅等重金属对亚铁螯合酶有抑制作用。血红素合成的基本过程见图17-12。

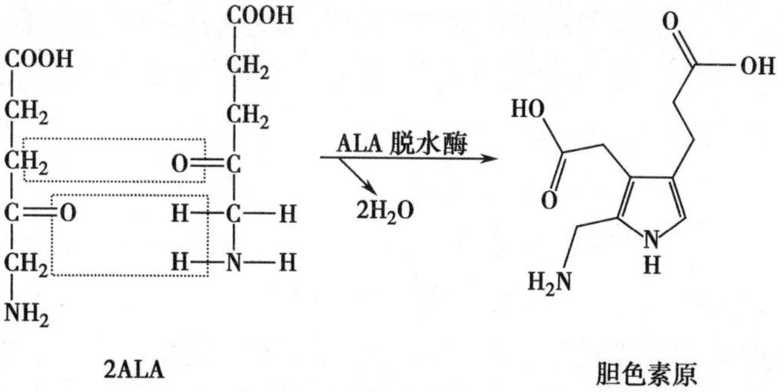

图 17-11 胆色素原的合成

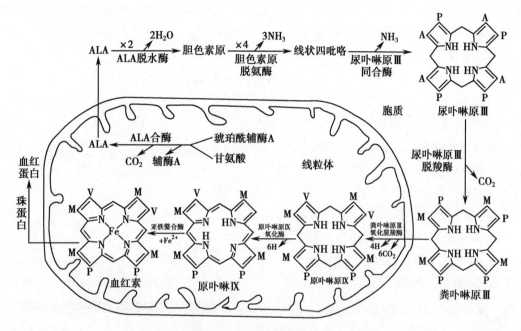

图 17-12 血红素的生物合成

血红素合成的特点可归结如下:①体内大多数组织细胞均有合成血红素的能力,但主要是骨髓与肝。成熟红细胞无线粒体,不能合成血红素;②血红素合成途径中间产物的转变主要是吡咯环侧链脱羧和脱氢;③血红素合成的第一步反应和最后两步反应在线粒体中进行,其他反应则都在胞质中进行,这种定位对终产物血红素的反馈调节作用具有重要意义。

(二)血红素与血红蛋白合成的调节

血红素的合成受多种因素的调节,其中最主要的是调节 ALA 的生成,主要调节因素有:

1. ALA 合酶 是血红素合成酶体系中的限速酶,许多因素可影响此酶活性。

(1)血红素:血红素生成过多时反馈抑制 ALA 合酶活性,此外血红素自发氧化生成高铁血红素可强烈抑制 ALA 合酶的活性,减少血红素的合成。磷酸吡哆醛是 ALA 合酶的辅酶,因此维生素 B_6 缺乏时血红素的合成减少。

(2)某些类固醇类激素:如雄激素、雌二醇等是血红素合成的促进剂,对骨髓中 ALA 合酶的合成有诱导作用,促进血红素合成。临床可用丙酸睾酮及其衍生物治疗再生障碍性贫血。

(3)致癌剂、杀虫剂及药物:需在肝中进行生物转化的物质可促进 ALA 合酶的合成,源于这些物质的生物转化需要细胞色素 P_{450},而后者的辅基是铁卟啉化合物,因此通过肝脏增加 ALA 合酶的合成量,以适应生物转化的需要。

2. **ALA 脱水酶与亚铁螯合酶**　这些酶虽不是血红素合成的限速酶,但对铅等重金属的抑制作用非常敏感,铅或重金属中毒时,这些酶的活性明显减低,导致铁卟啉合成障碍,血红素合成下降,引起贫血。此外,亚铁螯合酶的活性需要有还原剂(如还原型谷胱甘肽)的协同作用,还原剂减少也会抑制血红素的合成。血红素合成的抑制是铅中毒的重要标志。

3. **促红细胞生成素(erythropoietin,EPO)**　EPO 是由 166 个氨基酸残基组成的多肽链,为糖蛋白,分子量 34kDa。EPO 可促进原始红细胞增殖和分化、加速有核红细胞的成熟,并促进 ALA 合酶的生成,从而促进血红素的生成。成人血浆 EPO 主要在肾合成,胎儿和新生儿主要由肝合成。EPO 合成受机体氧供应量情况影响,当机体缺氧时 EPO 分泌增加,释放入血到达骨髓,与骨髓红系造血前体细胞膜特异受体结合,加速血红素、血红蛋白的合成,进而促进有核红细胞的成熟及增殖分化。目前临床已用重组 EPO 治疗部分贫血症。

铁卟啉合成代谢异常而导致卟啉或其中间代谢物排出增多,称为卟啉症(porphyria)。先天性卟啉症是血红素合成途径中的某种酶遗传性缺陷所致;后天性卟啉症则由于铅或某些药物中毒引起的铁卟啉合成障碍。

4. **血红蛋白**　在骨髓的有核红细胞及网织红细胞中,血红素生成后从线粒体转运至胞质与珠蛋白结合成血红蛋白。珠蛋白的合成过程与一般蛋白质相同,受血红素调控,血红素的氧化产物高铁血红素可促进血红蛋白的合成。cAMP 激活的蛋白激酶 A(PKA),可磷酸化无活性的起始因子 2(initiation factor-2,eIF-2)激酶,eIF-2 激酶使 eIF-2 磷酸化而失活。高铁血红素可抑制 cAMP 激活的 PKA,而使 eIF-2 活化,促进珠蛋白的合成(图 17-13)。

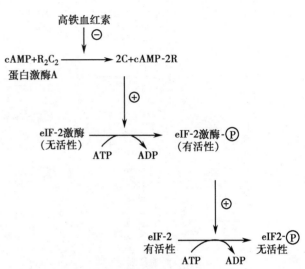

图 17-13　高铁血红素对起始因子 2 的调节

第四节　白细胞代谢

人体白细胞由粒细胞(中性粒细胞、嗜酸性粒细胞、嗜碱性粒细胞)、淋巴细胞和单核吞噬细胞组成,主要功能是抵抗侵入机体的各种外来病原菌。白细胞与成熟的红细胞不同,它具有完备的亚细胞结构,糖、脂、蛋白质的代谢旺盛,且易受外界环境因素的影响。白细胞的能量需求高,主要由三羧酸循环供给。

一、白细胞的糖代谢

粒细胞的线粒体很少,故糖酵解是主要的糖代谢途径,占 90%。中性粒细胞能利用外源性和内源性的糖进行糖酵解,为细胞的吞噬作用提供能量,约有 10% 的葡萄糖通过磷酸戊糖途径进行代谢。单核吞噬细胞虽然能进行有氧氧化和糖酵解,但以糖酵解为主。中性粒细胞和单核吞噬细胞被趋化因子激活后,细胞内磷酸戊糖途径产生大量的 NADPH。经 NADPH 氧化酶电子体系可使 O_2 接受单电子还原生成超氧阴离子(O_2^-),超氧阴离子再进一步转变成 H_2O_2,羟自由基($\cdot OH$)等,起杀菌作用。

$$2 O_2 + NADPH \longrightarrow 2 O_2^- + NADP^+ + H^+$$

二、白细胞的脂代谢

除中性粒细胞外,其他成熟白细胞能从头合成脂肪酸。在急性或慢性粒细胞性白血病的白细胞中,脂类合成速度加快,慢性淋巴细胞性白血病,则脂类合成速度减慢。单核吞噬细胞受多种刺激因子激活后,可将花生四烯酸转变成血栓烷、前列腺素、白三烯等活性物质。在脂氧化酶的作用下,粒细胞和单核吞噬细胞可将花生四烯酸转变成白三烯,它是速发型过敏反应中产生的慢反应物质。

三、白细胞的氨基酸和蛋白质代谢

粒细胞中氨基酸的浓度较高,尤其含有较高的组氨酸代谢物组胺。白细胞激活后,释放组胺参与变态反应。粒细胞中谷胱甘肽含量为红细胞的 7 倍。由于成熟粒细胞缺乏内质网,故蛋白质合成量很少。而单核巨噬细胞的蛋白质代谢很活跃,能合成多种酶、补体和各种细胞因子。

（孔 英 隋琳琳）

血液是由有形成分红细胞、白细胞、血小板以及液态血浆组成的红色流体组织。血浆的主要成分是水、无机盐、有机物质等。血清不同于血浆,是血液凝固后析出的淡黄色液体,主要缺少纤维蛋白原。

血浆蛋白质是血浆中多种蛋白质的总称,多在肝细胞合成,绝大部分为糖蛋白。血浆蛋白质具有转运、免疫、催化、营养、凝血、抗凝血及纤溶等多种重要的生理功能,并在维持血浆胶体渗透压、pH、机体内环境起重要作用。用乙酸纤维薄膜电泳将血浆蛋白质分为:清蛋白、α_1-球蛋白、α_2-球蛋白、β-球蛋白和γ-球蛋白。清蛋白含量最高,它能结合并转运许多物质,在维持血浆胶体渗透压中起重要作用。

血液凝固是一系列无活性的酶原被激活成具有活性的酶的反应过程。参与血液凝固的物质统称为凝血因子,血浆中有14种凝血因子,构成内源性凝血途径和外源性凝血途径。两条途径启动过程不同,但都通过激活因子X,进入共同的通路,激活凝血酶和纤维蛋白的生成。血液凝固可防止出血,但血管内凝血可造成心肌梗死,脑血栓等严重疾病。血液

中还有多种抗凝物质和纤溶酶,主要的抗凝成分有AT Ⅲ、蛋白C系统和组织因子途径抑制物;纤溶系统包括纤溶酶原、纤溶酶、纤溶酶原激活物和纤溶抑制物。在生理情况下凝血、抗凝血、纤溶系统相互作用,维持动态平衡,使血液在血管内畅通流动。如果这种动态平衡被破坏,将发生出血现象或形成血栓。

成熟红细胞只有细胞质膜及胞质,不能合成核酸和蛋白质,也不能进行有氧氧化,主要进行糖酵解和磷酸戊糖途径。2,3-BPG旁路代谢生成的2,3-BPG可调节血红蛋白的运氧功能。血红蛋白在红细胞成熟前合成,未成熟红细胞可利用琥珀酰CoA、甘氨酸和铁离子合成血红素,主要在骨髓和肝脏合成,ALA合酶是合成关键酶。血红素的合成受多种因素影响,主要通过调节ALA合酶的活性,还有ALA脱水酶,亚铁螯合酶及促红细胞生成素也参与血红素合成的调节。

在白细胞,糖酵解和磷酸戊糖旁路是主要代谢途径。白细胞吞噬作用的能量主要来自于糖酵解。磷酸戊糖途径产生大量的NADPH,NADPH氧化酶电子体系在白细胞的吞噬功能中起重要作用。

1. 红细胞中ATP的主要生理功能有哪些?

2. 简述红细胞内糖代谢和脂代谢的特点。

3. 2,3-BPG如何调节血红蛋白携氧功能?

4. 简述血红素合成的调节机制。

5. 内源性凝血途径和外源性凝血途径有哪些异同点?

第十八章　肝的生物化学

18

肝是人体最大的实质性器官,在人体各种代谢活动中占有十分重要的地位。肝在糖、脂类、蛋白质、核酸、维生素和激素等代谢中均发挥作用,是体内多种物质代谢相互联系的重要场所。肝还具有生物转化、分泌胆汁、参与脂类消化吸收等作用。肝几乎参与体内的一切代谢过程,所以被人们称为"物质代谢中枢"、体内最大的"化工厂"。

肝化学物质组成的特点是蛋白质含量高,约占肝干重的 1/2,其中一部分蛋白质参与肝细胞内各种细微结构生物膜的组成;另一部分构成肝细胞内的各种酶类,有数百种,其中有些酶是其他组织中所没有或者含量极少的。肝细胞内含有的丰富的酶类和完备的酶体系,使肝在全身的物质代谢、生物转化、分泌排泄、造血功能、激素的灭活和肝再生等方面有着独特而非常重要的作用。

第一节　肝在物质代谢中的作用

一、肝在糖代谢中的作用

肝主要作用是通过糖原合成、糖原分解及糖异生维持血糖浓度恒定,确保全身各组织特别是大脑与红细胞能量的供应。餐后血糖浓度升高,葡萄糖经门静脉进入肝,肝细胞迅速将过剩的葡萄糖合成糖原并储存于肝内,以降低血糖浓度。空腹时,血糖浓度下降,肝糖原迅速分解为 6-磷酸葡萄糖,在肝细胞丰富的葡萄糖 -6-磷酸酶催化下生成葡萄糖,释放入血,补充血糖,以供肝外组织利用。肝中糖原的储存量占肝重的10%,因病不能进食或反复呕吐、节食等情况,糖的来源减少,饥饿超过十几个小时后,储存的肝糖原绝大部分被消耗掉,此时,肝通过糖异生作用将一些非糖物质(如甘油、生糖氨基酸、乳酸等)在肝内转变为葡萄糖或糖原,以补充血糖,糖异生作用是肝供应血糖的主要途径。为避免组织蛋白质消耗和避免分解过多的脂肪而引起酮症酸中毒等代谢紊乱,对病人静脉点滴葡萄糖是非常必要的。

当肝严重受损时,肝糖原的合成、分解及糖异生作用降低,维持血糖浓度稳定的能力下降,易出现进食后一过性高血糖,空腹时易引起肝源性低血糖,甚至出现低血糖昏迷等现象。

二、肝在脂类代谢中的作用

肝在脂类的消化、吸收、分解、合成及运输等代谢中均起重要作用。

1. **有助于脂类的消化吸收**　肝细胞分泌的胆汁酸盐是很好的乳化剂,它能激活胰脂酶,促进脂类的消化吸收。当肝胆疾患造成胆汁酸分泌减少或胆道阻塞导致胆汁排出障碍时,均可引起脂类消化吸收障碍,可出现厌油腻、脂肪泻等临床症状。

2. **肝是脂肪酸分解、合成、改造及酮体生成的主要场所**　肝中脂肪酸的分解和合成代谢十分活跃,这是因为肝细胞内含有丰富的脂肪酸分解酶系(脂肪酸 β-氧化酶系)和脂肪酸合成酶系。脂肪酸碳链长短的改造、饱和程度的变化,大部分也在肝内进行。肝是体内生成酮体的主要器官(肾脏合成酮体量极微)。饥饿时,脂肪动员加强,释放的脂肪酸是体内多数组织的能量来源。肝细胞线粒体中含有活性较强的生成酮体的酶系,能利用脂肪酸分解产生的乙酰 CoA 合成酮体,通过血液运输到肝外组织进行氧化,为肝外组织提供能量来源。酮体比脂肪酸更易氧化供能,在血糖浓度过低的应激状态下,心、脑、肾和骨骼肌能直接利用酮体供能,这对维持生命具有重要生理意义。当肝内酮体的生成超过肝外组织酮体的利用能力时,可出现酮血症和酮尿症。

3. **肝是胆固醇代谢的重要器官**　肝利用糖及某些氨基酸代谢产生的乙酰 CoA 合成胆固醇,合成量约占全身合成胆固醇总量的 80%,是血浆胆固醇的主要来源。胆固醇可转变为肾上腺皮质激素、性激素及维生素 D 等生理活性物质。胆固醇在肝中还转变为胆汁酸盐排入胆道,参与脂肪的乳化。当胆道梗阻时,血浆中的胆固醇含量升高。肝还具有血浆胆固醇酯化的作用,肝合成的卵磷脂 - 胆固醇酰基转移酶(lecithin cholesterolacyltransferase LCAT)释放入血,催化血浆中大部分游离胆固醇接受卵磷脂上的脂酰基而转化成胆固醇酯以利运输,所以当肝功能障碍时,血浆胆固醇酯的含量会下降。

4. 肝是合成磷脂和脂蛋白的主要场所　肝是合成脂蛋白的主要场所,可合成 HDL 和 VLDL,在血液中 VLDL 可转变为 LDL。磷脂是脂蛋白的重要组分,主要在肝合成。肝功能受损,或合成卵磷脂的原料胆碱和甲硫氨酸等缺乏时,脂蛋白合成减少,肝内脂肪转运障碍,造成脂肪堆积,可导致"脂肪肝"。正常肝含脂类 4%~7%,脂肪肝时,脂类含量大于 10%。食物中可用于卵磷脂合成的胆碱和作为甲基供体的甲硫氨酸具有干预脂肪肝的作用。

三、肝在蛋白质代谢中的作用

肝的蛋白质代谢极为活跃,在人体蛋白质合成、分解,氨基酸代谢和尿素合成中发挥重要作用。

1. 肝是合成蛋白质的重要器官　肝在蛋白质合成中有 3 个特点:①量大:在人体中,肝细胞合成蛋白质的能力最强,其蛋白质合成量约占全身蛋白质合成量的 40% 以上;②更新快:肝内蛋白质的更新速度远远大于肌肉,肝内蛋白质的半衰期为 10 天,而肌肉蛋白质半衰期为 180 天;③种类多:在血浆中,除了 γ-球蛋白主要在单核 - 吞噬细胞系统合成外,其他各种蛋白质大都在肝中合成并分泌入血,如多种载脂蛋白(Apo A、B、C、E)和部分球蛋白(G)(α₁、α₂、β- 球蛋白)等,清蛋白(A)、纤维蛋白原和凝血酶原只在肝中合成。

肝合成清蛋白能力强,成人每日合成约 12g,占肝合成蛋白质总量的 1/4。清蛋白是维持血浆胶体渗透压的重要因素,慢性肝病时(如慢性肝炎或肝硬化时)、肝功能异常或营养不良时,血浆清蛋白浓度下降,出现水肿或腹水,γ- 球蛋白含量相对增加,使 A/G 比值变小,甚至 A/G 比值倒置。

大部分凝血因子在肝细胞中合成,如凝血因子(Ⅶ、Ⅸ、Ⅹ)、凝血酶原、纤维蛋白原等,故肝受损时,血浆中许多凝血因子含量降低,导致凝血功能障碍,出现凝血时间延长和出血倾向等。

2. 肝是氨基酸代谢的主要场所　肝细胞内氨基酸代谢的酶类非常丰富,所以氨基酸的转氨基作用(氨基移换作用)、脱氨基、脱羧基及氨基酸的特殊代谢都能在肝中进行。一些非必需氨基酸的合成、含氮化合物的合成、氨基酸的转变(如氨基酸转变为糖、脂肪酸)或氧化生成水和 CO_2 等过程也可在肝中进行。

当肝受损时,肝细胞通透性增强,血液中的某些与氨基酸代谢有关的酶(如肝细胞内活性较高的丙氨酸转氨酶)的含量会升高,它是临床诊断肝细胞受损的重要指标之一。肝还是芳香族氨基酸和芳香胺类的清除器官。当肝硬化患者门脉侧支循环建立时,产生的苯乙醇胺和 β- 羟酪胺等芳香胺类假神经介质不经过肝生物转化解毒,直接进入体循环可引起神经症状,肝性脑病(肝昏迷)的假神经介质学说可能是肝性脑病产生的机制之一。

3. 通过鸟氨酸循环合成尿素是肝的特异功能　肠道腐败作用产生的氨和氨基酸分解产生的氨是有毒的物质,它们可在肝中经鸟氨酸循环转化为无毒的尿素,以解除氨毒,这是肝的重要功能之一。当肝病变时,合成尿素的能力下降,血氨浓度升高,可引起神经系统症状,出现肝昏迷。临床上用谷氨酸和精氨酸降低血氨,可以治疗肝昏迷。

四、肝在维生素代谢中的作用

肝对于维生素的吸收、储存、运输、转化等方面均起重要作用。

1. 肝可分泌胆汁酸盐协助吸收脂溶性维生素　肝分泌的胆汁酸盐促进脂溶性维生素的吸收。胆道疾患时(如胆道梗阻等),胆汁酸盐进入肠道的通路受阻,影响脂溶性维生素的吸收。

2. 肝能储存多种维生素并参与维生素的转化 维生素 A、D、E、K 和 B₁₂ 主要在肝中储存,肝储存的维生素 A 约为体内总量的 95%。肝可使某些无活性的维生素原转变成有活性的维生素,如维生素 D₃ 转化为 25-(OH)-D₃,β-胡萝卜素转化为维生素 A 等。许多维生素在肝内转变为辅酶,如 FAD 中含维生素 B₂、NAD⁺ 和 NADP⁺ 中含维生素 PP 等。某些维生素还可参与体内其他重要物质的合成,如维生素 K 参与体内某些凝血因子的合成。如果肝出现病变,与维生素相关的代谢会受到影响而出现相应的体征,如维生素 K 缺乏时,机体会出现出血倾向;维生素 A 缺乏时,会导致夜盲症。维生素 E 还与抗氧化有关。

五、肝在激素代谢中的作用

肝在激素代谢中的作用主要是参与激素的灭活和排泄。在正常情况下,激素在体内维持一定的浓度。因为内分泌腺分泌激素时,机体可以控制激素的分泌量,而且激素在发挥调节作用之后,便在体内分解转化、降解而失去活性,这一过程称为激素的灭活。激素灭活过程是体内调节激素作用时间长短和强度的重要方式之一。激素经灭活后变成易于排泄的代谢终产物,随尿及胆汁排出体外。肝功能障碍时,激素灭活作用降低,可使某些激素在体内堆积,引起物质代谢的紊乱,如雌激素蓄积过多,可刺激某些局部小动脉扩张,出现男性乳房女性化、"蜘蛛痣"或"肝掌";醛固酮和抗利尿激素在体内堆积,可引起钠、水潴留;重症肝病患者出现水肿或腹水。

第二节 肝的生物转化作用

在生命活动过程中,人体内常产生或从外界摄入某些物质(如食品添加剂、药、其他化学物质、毒物或从肠道吸收的腐败产物等),它们既不能作为构成组织细胞的原料被机体利用,又不能氧化供能,其中一些物质对人体还有一定的生物学效应或毒性作用,需及时清除才能保证各种生理活动的正常进行。通常将这类物质称为非营养物质。非营养物质按其来源可分为内源性和外源性非营养物质两类。内源性非营养物质包括体内代谢产生的各种生物活性物质包括激素、神经递质、胺类等。还有一些是对机体有毒的代谢产物,如氨、胆红素等。外源性非营养物质为外界进入体内的药物、食品添加剂(如防腐剂)、色素、有机农药和毒物等。

一、生物转化作用概述

(一) 生物转化作用的定义

机体将外源性或内源性的非营养物质进行化学转变,增加其极性(水溶性),使其易于随胆汁或尿液排出体外的过程称为生物转化(biotransformation)。体内各种非营养物质的生物活性经过生物转化后,大多数物质毒性会降低或消失,但有些物质生物活性或毒性反而增加(如形成假神经递质),因此不能将肝的生物转化作用简单地看作是"解毒作用"。

(二) 生物转化作用的部位

肝是进行生物转化的主要器官,在肝细胞的胞质、微粒体及线粒体等部位存在与生物转化有关的酶类。体内的其他组织如肾脏、胃肠道、脾、皮肤及胎盘也有一定的生物转化功能。

(三) 生物转化作用的特点

生物转化作用具有反应的连续性、多样性和解毒与致毒双重性。

1. 反应的连续性 一种物质生物转化的反应过程往往相当复杂,常常需要几种连续的反应,并产生多种产物。但一般而言,大多先进行第一相(氧化、还原或水解)反应,然后进行第二相(结合)反应,使水溶性进一步增强。

2. 生物转化反应类型的多样性 同一类或同一种物质在体内可进行多种不同的生物转化反应,产生不同的产物。例如:进入生物体内的阿司匹林(乙酰水杨酸),先水解成水杨酸,水杨酸既可以与甘氨酸结合,也可与葡糖醛酸结合,还可以进行氧化反应,所以在尿中出现的生物转化产物可有多种形式。

3. 解毒与致毒的双重性 大多数物质经生物转化作用后,毒性减弱或消失(解毒),但也有少数物质经过生物转化后生物学活性或毒性反而出现或增强(致毒)。如:香烟中含有一种芳香烃 3,4- 苯并芘,本身无致癌作用,但进入人体后,在肝微粒体加单氧酶作用下,可产生几种环氧化物。这些环氧化物可进行分子重排生成酚类,也可与硫酸、葡糖醛酸等结合排出体外,还可再经氧化,生成 7,8,9,10- 四氢 -9,10- 环氧苯并芘二醇,成为很强的致癌剂,能与 DNA 分子中鸟嘌呤碱基的 2 位氨基共价结合,影响核酸的结构和功能,诱发细胞癌变。

二、生物转化反应类型

生物转化过程分为两相反应。第一相反应包括氧化、还原和水解反应。第一相反应后,许多分子中的非极性基团转化为极性基团,理化性质改变,易于排出体外。第二相反应为结合反应,一些非营养物质与某些极性强的物质(如葡糖醛酸、硫酸、氨基酸等)进行结合反应,使溶解度增加,易于随尿或胆汁排出体外。一些经过第一相反应的物质,其极性改变不大,不能排出体外,必须经过第二相反应。结合反应也使分子的生理活性发生明显的变化,如雌激素和醛固酮可在肝内与葡糖醛酸结合而灭活,雄激素在肝内与硫酸结合而失去活性。肝内催化生物转化的酶类概括于表 18-1。

表 18-1 参与肝生物转化的酶类

酶类	细胞内定位	反应底物或辅酶	结合基团的供体
第一相反应			
氧化酶类			
单加氧酶系	微粒体	$NADPH$、O_2、RH	
胺氧化酶	线粒体	RCH_2NH_2、O_2、H_2O	
脱氢酶类	胞质或微粒体	RCH_2OH 或 $RCHO$、NAD^+	
还原酶类	微粒体	硝基苯等;$NADPH$ 或 $NADH$	
水解酶类	胞质或微粒体	酯或酰胺或糖苷类化合物	
第二相反应			
葡糖醛酸基转移酶	微粒体	含羟基、巯基、氨基、羧基化合物	尿苷二磷酸葡糖醛酸(UDPGA)
硫酸转移酶	胞质	酚、醇、芳香胺类	3′- 磷酸腺苷 -5′- 磷酸硫酸(PAPS)
乙酰基转移酶	胞质	芳香胺、胺、氨基酸	乙酰 CoA
谷胱甘肽转移酶	胞质与微粒体	环氧化物、卤化物、胰岛素等	谷胱甘肽(GSH)
酰基转移酶	线粒体	酰基 CoA(如苯甲酰 CoA)	甘氨酸
甲基转移酶	胞质与微粒体	含羟基、氨基、巯基化合物	S- 腺苷甲硫氨酸(SAM)

(一) 第一相反应

1. 氧化反应 氧化反应是生物转化反应中最常见的类型。在肝细胞的微粒体、线粒体及胞质中均含有多种参与生物转化的氧化酶系,如单加氧酶系、单胺氧化酶系和脱氢酶系等。

(1) 单加氧酶系:微粒体中的单加氧酶(monooxygenase),又称羟化酶或混合功能氧化酶(见第六章),是肝内重要的代谢药物及毒物的酶系,能使多种脂溶性物质羟化,并参与活性维生素 D_3、类固醇激素和胆汁酸盐合成过程中的羟化,大多数氧化反应均通过此酶系进行。

(2) 单胺氧化酶系:肝线粒体单胺氧化酶(monoamine oxidase,MAO)系是一种黄素蛋白,可催化胺类物质发生氧化脱氨反应生成醛,醛在醛脱氢酶催化下生成酸。从肠道吸收来的蛋白质腐败产物(如组胺、色胺、尸胺及酪胺等),体内许多活性物质(如 5- 羟色胺、儿茶酚胺等)可通过此氧化反应使活性丧失或减弱。

$$RCH_2NH_2+O_2+H_2O \xrightarrow{\text{单胺氧化酶}} RCHO+NH_3+H_2O_2$$

(3) 脱氢酶系:此酶系包括醇脱氢酶(alcohol dehydrogenase,ADH) 和醛脱氢酶(aldehyde dehydrogenase,ALDH),它们分布于胞质和微粒体中,以 NAD$^+$ 为辅酶,催化醇类氧化成醛,后者再经醛脱氢酶催化生成酸。

$$RCH_2OH \xrightarrow[\text{NAD}^+\curvearrowright\text{NADH+H}^+]{\text{醇脱氢酶}} RCHO \xrightarrow[\text{H}_2\text{O+NAD}^+\curvearrowright\text{NADH+H}^+]{\text{醛脱氢酶}} RCOOH$$

2. 还原反应 肝细胞微粒体中存在由 NADPH 供氢的还原酶类,主要包括硝基还原酶类(nitroreductase) 和偶氮还原酶类(azoreductase),分别催化硝基化合物和偶氮化合物从 NADPH 接受氢而还原,生成相应的胺类。

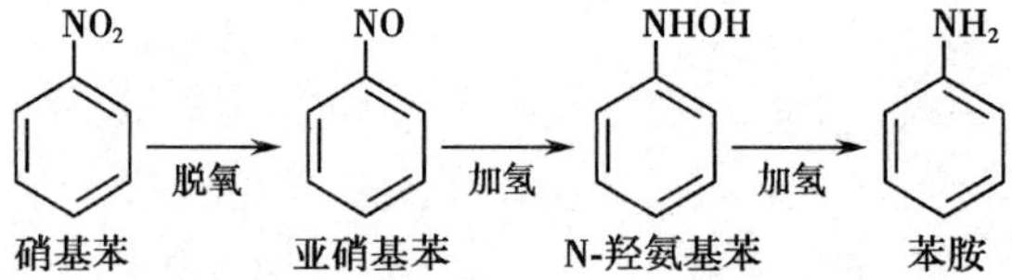

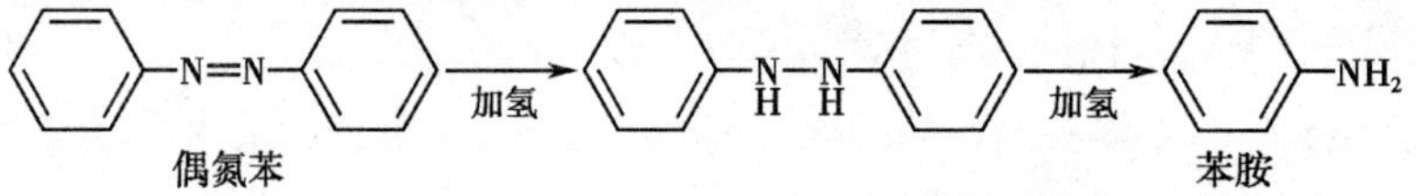

硝基苯 —脱氧→ 亚硝基苯 —加氢→ N-羟氨基苯 —加氢→ 苯胺

偶氮苯 —加氢→ —加氢→ 苯胺

3. 水解反应 在肝细胞微粒体和胞质中,含有多种水解酶类,如酯酶、酰胺酶、糖苷酶等,可催化脂类、酰胺类及糖苷类化合物发生水解反应。水解产物多数还需要进一步的反应(特别是结合反应)才能排出体外。

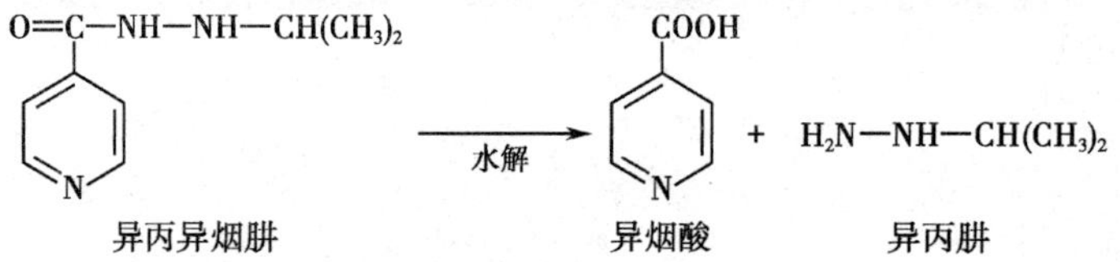

异丙异烟肼 —水解→ 异烟酸 + H$_2$N—NH—CH(CH$_3$)$_2$ 异丙肼

(二) 第二相反应

肝细胞内含有许多催化结合反应的酶类,所以结合反应的类型较多。结合物通常需要先转变为活性形式的供体,才能参加反应。如葡糖醛酸的活性供体为尿苷二磷酸葡糖醛酸(UDPGA),硫酸的活性供体为 3'- 磷酸腺苷 -5'- 磷酸硫酸(PAPS)等,常见的结合反应有以下类型:

1. 葡糖醛酸结合反应 在肝细胞微粒体含有葡糖醛酸转移酶,能将尿苷二磷酸葡糖醛酸(UDPG)中的葡糖醛酸基转移到含羟基、羧基、巯基或某些毒物及药物分子上,使它们易于排出。如苯酚、胆红素、吗啡、苯巴比妥类药物等均可与 UDPGA 结合。

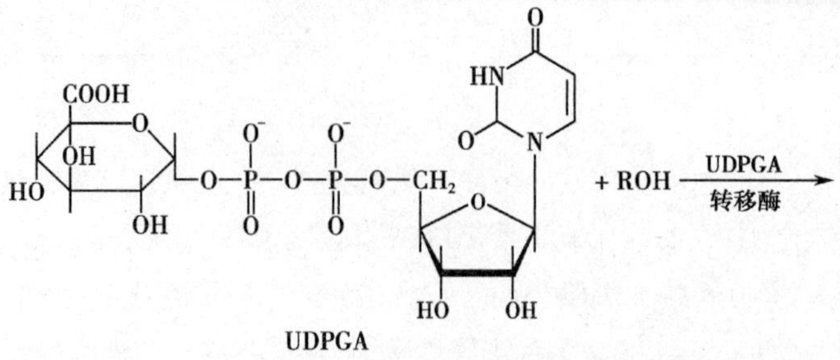

UDPGA + ROH —UDPGA 转移酶→

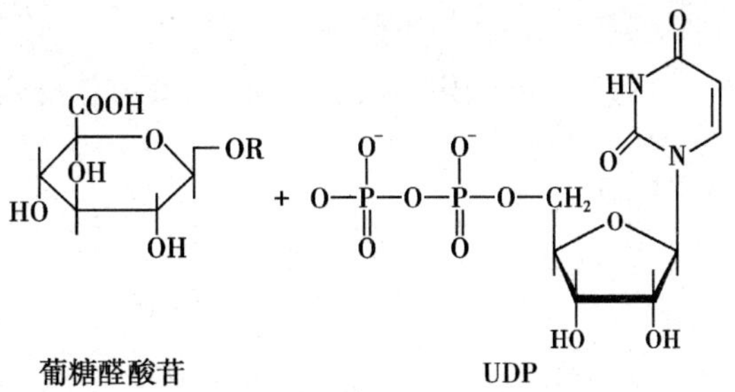

葡糖醛酸苷　　　　　　　　　　　　UDP

相关链接

葡糖醛酸

葡糖醛酸(D-glucuronic acid)为葡萄糖衍生的糖醛酸,很少以游离形式存在于自然界,大都存在于糖苷或多糖中,尤其是黏多糖中。在动物体内葡糖醛酸在 UDP-葡糖醛酸转移酶的作用下与内源性或外源性物质结合,生成酸性较强的葡糖醛酸盐,增大溶解性,促进结合物转运或排泄。葡糖醛酸内酯(肝泰乐)能与体内毒物结合成葡糖醛酸结合物而排出体外,临床上可用作保肝药物和食物中毒的解毒剂。

2. **硫酸结合反应**　也是一种较为常见的反应,3′-磷酸腺苷-5′-磷酸硫酸(PAPS)是硫酸的供体,又称"活性硫酸"。在肝细胞胞质中硫酸转移酶(sulfate transferase)的催化下,将硫酸基转移到多种醇类、酚类的羟基上或芳香族胺类化合物的氨基上,生成硫酸酯类化合物,如雌酮的灭活。

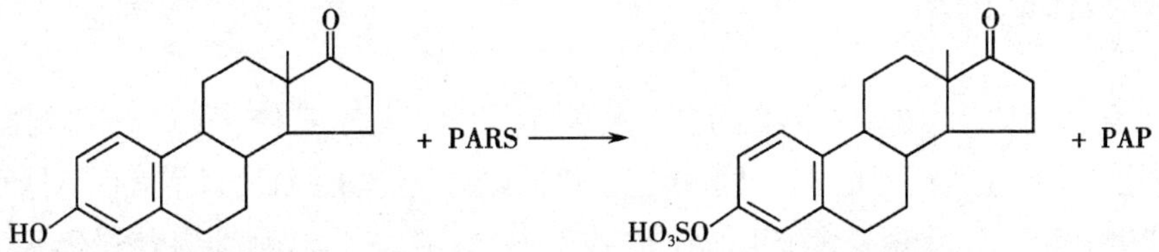

雌酮　　　　　　　　　　　　　　　　雌酮硫酸酯

3. **乙酰基结合反应**　在肝细胞乙酰转移酶(transacetylase)作用下,乙酰 CoA 的乙酰基转移到胺或氨基酸的氨基上,形成乙酰化合物。乙酰 CoA 是乙酰基的供体。例如,抗结核病药物异烟肼、大部分磺胺类药物都是通过这种形式被灭活。

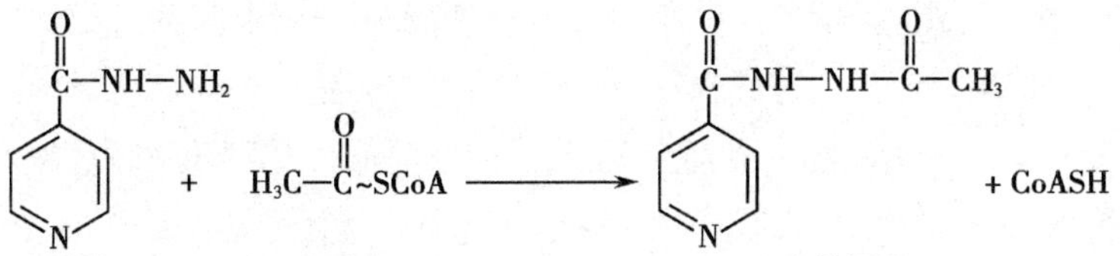

异烟肼　　　　　乙酰CoA　　　　　　　　　　乙酰异烟肼

磺胺类药物经乙酰基作用后,溶解度反而降低,当尿液呈酸性时易于析出,故在服用磺胺类药物时应加服适量的小苏打,以提高其溶解度,使之易于从尿中排出。

4. **谷胱甘肽结合反应**　在肝细胞谷胱甘肽-S-转移酶(glutathione S-transfersae, GST)催化下,谷胱甘肽与许多有毒的环氧化合物或卤代化合物结合,生成含 GSH 的结合产物,消除毒性,起保护肝的作用。

5. **甘氨酸结合反应**　有些药物、毒物等的羟基与辅酶 A 结合生成酰基辅酶 A 后,可与甘氨酸结合,在肝细胞线粒体酰基转移酶催化下,生成相应的结合产物。如苯甲酰辅酶 A 生成马尿酸。

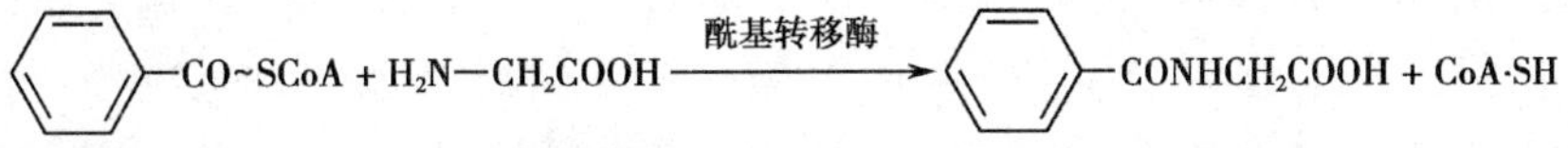

苯甲酰CoA　　　　　甘氨酸　　　　　　　　　　　马尿酸

6. 甲基结合反应 肝细胞胞质和微粒体的甲基转移酶催化下,由 S-腺苷甲硫氨酸(SAM)提供甲基,对体内一些胺类生物活性物质或含有巯基等的化合物及药物进行甲基化反应。如烟酰胺的甲基化反应。

烟酰胺　　　　　　　　　N-甲基烟酰胺

现将结合反应汇总于表 18-2。

表 18-2　结合反应的主要类型

酶类	定位	结合基团	结合基团供体	被结合物质
葡糖醛酸基转移酶	微粒体	葡糖醛酸	尿苷二磷酸葡糖醛酸	酚、醇、胺、含羧基或巯基化合物
硫酸转移酶	胞质	硫酸	3′-磷酸腺苷-5′-磷酸硫酸	酚、醇、芳香胺类
乙酰基转移酶	胞质	乙酰基	乙酰 CoA	芳香胺、胺、氨基酸
酰基转移酶	微粒体	甘氨酸	甘氨酸	酰基 CoA(如苯甲酰 CoA)
甲基转移酶	胞质	甲基	S-腺苷甲硫氨酸	生物胺、吡啶、喹啉
谷胱甘肽转移酶	胞质	谷胱甘肽	谷胱甘肽	环氧化物、卤化物、胰岛素等
环氧水化酶	微粒体	水	H_2O	不稳定的环氧化物

三、影响生物转化的因素

肝的生物转化作用受体内外许多因素的影响,如年龄、性别、疾病、遗传、诱导物及抑制物等。

1. 年龄与性别 新生儿特别是早产儿肝中与生物转化有关的酶系统发育不完善,对药物和毒物的耐受性较弱,易产生中毒现象,如氯霉素中毒所致的"灰婴综合征"。老年人脏器功能退化,生物转化能力下降,肝代谢药物的酶不易被诱导,对许多药物的耐受性降低,服药后使药物在血中的浓度相对较高,易出现中毒现象。例如,肌注哌替啶后,老年人总血浆浓度比青年人高 2 倍。所以对年龄超过 70 岁的老年病人,哌替啶剂量应减量。在临床用药上,对婴幼儿及老年人的剂量须加以严格控制。

2. 病理因素 肝炎、肝硬化等严重肝病变时,肝生物转化能力下降,药物或毒物灭活能力减弱,速度下降,药物的治疗剂量与毒性剂量之间的差距缩小,因此肝病病人用药应当慎重,避免对肝有损害的药物。

3. 诱导与抑制 某些因素产生的诱导作用,也可影响生物转化。如吸烟者体内对烟碱有较大的耐受力;长期服用某些药物可诱导相关酶的合成而出现耐药性;同时服用几种药物时药物间对酶产生竞争性抑制作用而影响它们的生物转化作用,所以临床用药时应考虑到上述因素。

第三节　胆汁酸代谢

胆汁(bile)是由肝细胞分泌的一种液体,正常人每天平均分泌胆汁 300~700ml。肝细胞刚分泌出来的胆汁称为肝胆汁(hepatic bile),呈金黄色或橘黄色,清澈透明,有黏性和苦味。肝胆汁进入胆囊后,胆囊不断吸收其中的水分和其他一些成分,同时胆囊壁又分泌出许多黏蛋白掺入胆汁,使胆汁浓缩 5~10 倍,变为黄褐色黏稠不透明的胆囊胆汁(gallbladder bile)。胆囊胆汁中的成分除 80% 的水分外,其余主要是胆汁酸盐,还有胆色素、胆固醇、磷脂、无机盐和蛋白质等。其中胆汁酸约占固体物质总量的 50%~70%。胆汁酸在胆汁中以钠盐或钾盐形式存在,称为胆汁酸盐。从外界进入机体的某些物质(如药物、毒物、重金属盐等),也可随胆汁进入肠腔,再排出体外。肝细胞分泌的胆汁可作为消化液促进脂类的消化吸收,又可作为排泄液将体内的某些代谢产物及生物转化产物输送到肠腔,随粪便排出。

正常人肝胆汁与胆囊胆汁组成成分的比较见表 18-3。

表 18-3 肝胆汁与胆囊胆汁组成成分的比较

	肝胆汁	胆囊胆汁		肝胆汁	胆囊胆汁
颜色	金黄色,清澈透明	暗褐色,黏稠不透明	胆色素(%)	0.05~0.17	0.2~1.5
比重	1.014	1.040	胆固醇(%)	0.05~0.17	0.2~0.9
pH	7.1~8.5	5.5~7.7	磷脂(%)	0.05~0.08	0.2~0.5
水(%)	96~97	80~82	无机盐(%)	0.2~0.9	0.5~1.1
胆汁酸(%)	0.2~2	0.5~10	蛋白质(%)	0.1~0.9	1~4

一、胆汁酸的种类

胆汁酸(bile acid)是胆汁中存在的一大类胆烷酸的总称,它是由胆固醇在肝内转化而来。

1. **初级胆汁酸和次级胆汁酸** 初级胆汁酸(primary bile acid)是由肝细胞合成的胆汁酸,包括胆酸、鹅脱氧胆酸及其与甘氨酸或牛磺酸结合后生成的甘氨胆酸、牛磺胆酸、甘氨鹅脱氧胆酸、牛磺鹅脱氧胆酸。次级胆汁酸(secondary bile acid),是由初级胆汁酸在肠道细菌作用下转变生成的,包括脱氧胆酸、石胆酸及相应的结合胆汁酸。

2. **游离胆汁酸(free bile acid)和结合胆汁酸(conjugated bile acid)** 游离胆汁酸包括胆酸、脱氧胆酸、鹅脱氧胆酸和少量的石胆酸。结合胆汁酸是由上述游离胆汁酸分别与甘氨酸或牛磺酸结合的产物,主要包括甘氨胆酸,牛磺胆酸、甘氨鹅脱氧胆酸和牛磺鹅脱氧胆酸(图 18-1)。

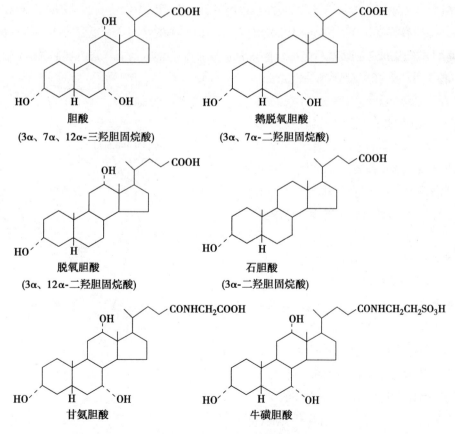

图 18-1 几种胆汁酸的结构式

总之,胆汁酸可分为初级胆汁酸和次级胆汁酸,初级胆汁酸和次级胆汁酸都有游离型和结合型两种形式(表18-4)。

表18-4 胆汁酸的分类

按来源分类	按结构分类	
	游离型胆汁酸	结合型胆汁酸
初级胆汁酸	胆酸	甘氨胆酸、牛磺胆酸
	鹅脱氧胆酸	甘氨鹅脱氧胆酸、牛磺鹅脱氧胆酸
次级胆汁酸	脱氧胆酸	甘氨脱氧胆酸、牛磺脱氧胆酸
	石胆酸	甘氨石胆酸、牛磺石胆酸

胆汁中所含的胆汁酸主要是结合型胆汁酸,它们均以钠盐或钾盐的形式存在,即胆汁酸盐(简称胆盐)。在结合型胆汁酸中,与甘氨酸结合者,同与牛磺酸结合者含量之比约为3:1。

二、胆汁酸的代谢

1. **初级胆汁酸的生成**　胆汁酸是胆固醇的代谢转变产物之一。在微粒体及胞质中,胆固醇 7α-羟化酶(cholesterol 7α-hydroxylase)催化胆固醇生成 7α-羟胆固醇,再在多种酶的作用下,经羟化、加氢、侧链氧化断裂和修饰等一系列酶促反应后,生成初级游离型胆汁酸。初级游离胆汁酸与甘氨酸或牛磺酸结合,生成初级结合型胆汁酸。正常人每日有 0.4~0.6g 胆固醇在肝中转化成胆汁酸,约占人体每日合成胆固醇的 2/5。

胆固醇 7α-羟化酶是胆汁酸生成的限速酶,受胆汁酸浓度的负反馈调节,包括胆汁酸和胆固醇的含量、维生素 C 及一些激素等,如甲状腺素可促进胆固醇 7α-羟化酶 mRNA 的合成,加速胆汁酸的生成。由于胆汁酸是以胆固醇为原料合成的,所以胆汁酸合成的增加,大大降低了血浆胆固醇浓度。此外,甲状腺素还能激活侧链氧化的酶系,增加胆汁酸的合成,也可降低血中胆固醇浓度。胆汁酸对胆固醇合成的限速酶 HMG-CoA 还原酶有抑制作用。胆汁酸代谢过程对体内胆固醇的代谢具有重要的调控作用。

2. **次级胆汁酸的生成**　初级结合型胆汁酸以钠盐或钾盐的形式随胆汁进入肠腔,协助脂类物质消化吸收后,在小肠下段和大肠上段受肠道细菌酰胺酶的作用,结合型初级胆汁酸水解脱去甘氨酸和牛磺酸,重新生成初级游离型胆汁酸,然后发生脱 7α-羟基反应生成次级游离型胆汁酸,即胆酸转变为脱氧胆酸、鹅脱氧胆酸转变为石胆酸。次级游离胆汁酸经肠道重吸收入肝,可再与甘氨酸和牛磺酸结合,生成次级结合型胆汁酸,以胆盐的形式存在,并随胆汁经胆管排入胆囊储存。

3. **胆汁酸的肠肝循环**　在进食脂类物质后,胆囊收缩,胆汁酸盐随胆汁排入小肠,进入肠道中的各种胆汁酸约有 95% 可被肠道重吸收,其余的随粪便排出。结合型胆汁酸在回肠部位以主动重吸收为主,游离型胆汁酸在肠道各部被动重吸收。被重吸收的各种胆汁酸,经门静脉重新入肝,肝把游离胆汁酸转变成结合胆汁酸,与重吸收的结合胆汁酸一起再随胆汁进入肠腔,此过程称为胆汁酸的肠肝循环(enterohepatic circulation)(图18-2)。

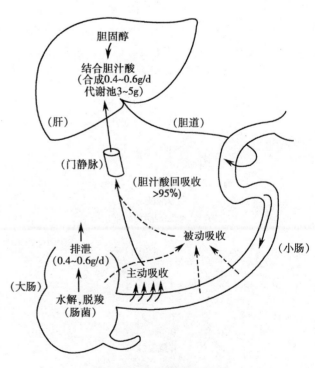

图18-2　胆汁酸的肠肝循环

肝每日合成胆汁酸 0.4~0.6g,体内共有胆汁酸 3~5g,这些量很难满足体内饱食后肠道乳化脂类的需要。因此,通过每日 6~12 次的肠肝循环,可使有限的胆汁酸反复利用,弥补肝合成胆汁酸量的不足,满足机体对胆汁酸的生理需要,最大限度发挥胆汁酸的生理功能,所以胆汁酸的肠肝循环具有重要意义。

三、胆汁酸的生理功能

1. **促进脂类的消化及吸收** 胆汁酸是较强的乳化剂,其分子结构中既有亲水的羟基、羧基、磺酸基等,又有疏水性的甲基、烃核和脂酰基侧链,因此,它具有亲水和疏水两个侧面,能够降低油、水两相之间的表面张力,使疏水的脂类物质在水溶液中乳化成细小的微团,扩大脂类和脂肪酶的接触面,促进脂类的消化。胆汁酸还能与甘油一酯、胆固醇、磷脂、脂溶性维生素等组成微团,使脂类物质易于透过肠黏膜表面的水层,促进脂类的吸收。

2. **抑制胆固醇在胆汁中析出沉淀** 肝中部分未转化为胆汁酸的胆固醇可随胆汁进入胆囊。当胆汁在胆囊中被浓缩后,难溶于水的胆固醇容易沉淀析出。但胆汁酸盐和磷脂的作用下,可使难溶于水的胆固醇分散形成可溶性微团,而难以结晶沉淀。因此,胆汁酸有阻止胆固醇从胆汁中析出沉淀的作用。当胆囊中胆固醇含量过高(如高胆固醇血症等)或胆汁酸的合成能力下降、肠肝循环减少、胆汁酸在消化道丢失过多、胆汁中胆汁酸盐和卵磷脂与胆固醇的比例下降(小于 10:1)等原因出现时,则可使胆固醇从胆汁中析出沉淀,形成结石。所以,胆汁酸有防止胆结石生成的作用。

3. **调控胆固醇代谢** 胆固醇合成的限速酶 HMG-CoA 还原酶和胆汁酸生成的限速酶 7α- 羟化酶均为诱导酶,受胆汁酸浓度升高的负反馈抑制作用,即胆汁酸可同时抑制胆固醇和胆汁酸的生物合成。

相关链接

胆 结 石

胆汁主要由胆固醇、胆汁酸和磷脂组成,三种成分含量保持一定的比例,并相互结合形成可溶性脂质 - 胆酸微粒团。若比例失调,导致胆汁中的胆固醇呈过饱和状态而易于沉积结晶,形成胆固醇结石。高胆固醇饮食或胆汁酸盐减少,均可导致胆汁中的三种成分比例发生改变。另外,胆囊感染等造成的功能损害,使胆汁淤滞,可促发胆石形成。还有一些研究显示,胆囊前列腺素合成的变化和胆汁中钙离子浓度过高也可能促发胆石形成。胆固醇结石是胆结石的一种,绝大多数在胆囊内形成,表面光滑呈多面形或椭圆形,直径 0.2~4cm,淡灰黄色,质硬,挤压不易破碎,单独存在或多个并存。胆囊结石多为胆固醇结石。肝脏分泌胆固醇过饱和的胆汁具有遗传性倾向,女性多于男性,并与肥胖有关。

第四节　胆色素代谢与黄疸

胆色素(bile pigment)是铁卟啉化合物分解代谢产生的各种物质的总称,包括胆红素(bilirubin)、胆绿素(biliverdin)、胆素原(bilinogen)和胆素(bilin)等。除胆素原族化合物无色外,其余均有一定颜色,故称"胆色素",正常时主要随胆汁排泄。胆色素的主要成分是胆红素,呈橙黄色或金黄色,是胆汁中的主要色素。胆色素有毒性,可引起大脑不可逆性损害,肝是胆红素代谢的主要器官。

一、胆红素的来源与生成

正常人每天产生 250~350mg 的胆红素。主要来自体内含铁卟啉的化合物,包括血红蛋白、肌红蛋白、过氧化物酶、过氧化氢酶和细胞色素等,以血红蛋白为主。衰老红细胞破坏释放出的血红蛋白,分解产生的胆红素约占总胆红素的 80%。其他胆红素来自骨髓中未成熟红细胞裂解(无效造血)释放的血红蛋白和铁卟啉酶类。肌红蛋白更新率低,产生的胆红素少。

血红蛋白是红细胞的主要成分(占红细胞干重的 95%)。正常红细胞的寿命约为 120 天。当红细胞衰老后,被单核-吞噬细胞系统(骨髓、肝、脾)中的吞噬细胞吞噬破坏,释放出血红蛋白。血红蛋白的日释放量约为 6~7.5g。释放出来的血红蛋白分解成珠蛋白和血红素。珠蛋白被分解为氨基酸而被机体再利用。血红素在 O_2 和 NADPH 的参与下,由单核-吞噬细胞系统(主要是脾和肝星形细胞)微粒体内的血红素加氧酶(heme oxygenase)催化氧化,释放出 CO 和铁,形成胆绿素,该反应是胆红素生成的限速步骤。铁进入体内铁代谢池供机体再利用或以铁蛋白的形式贮存。胆绿素在胞质中胆绿素还原酶(biliverdin reductase)的催化下,从 NADPH 中获得氢原子,还原成胆红素。体内胆绿素还原酶的活性较高,所以胆绿素一般不会累积或进入血中。胆红素的生成过程见图 18-3。

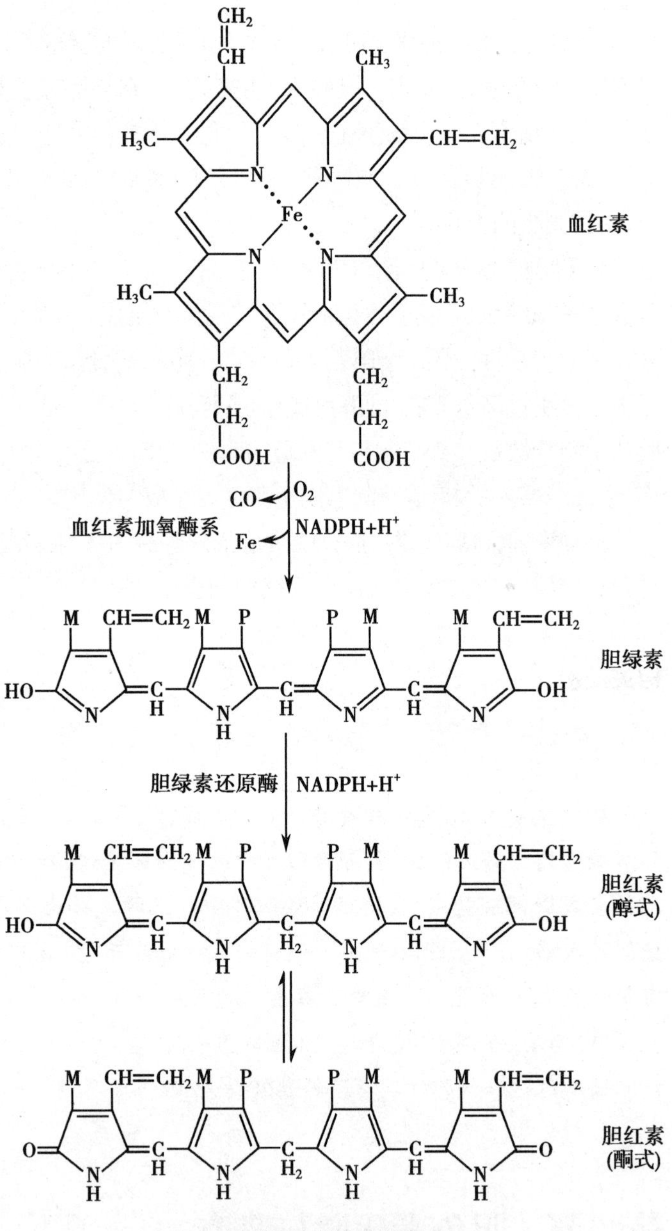

二、胆红素在血中的运输

胆红素是一种有毒物质。由于胆红素分子内部形成氢键,使整个分子形成一种卷曲的形状,因此胆红素具有疏水亲脂性,极易透过细胞膜。胆红素虽然难溶于水,但和血浆清蛋白有极高的亲和力,所以入血后主要形成胆红素-清蛋白复合物,增加了胆红素在血浆中的溶解度,有利于胆红素在血浆

图 18-3 胆红素的生成

中的运输,同时又限制其自由透过各种生物膜,从而抑制了胆红素对细胞发生的毒性作用。这种限制作用同样使胆红素不能透过肾小球的滤过膜,因而即使血中胆红素含量增加,也不会在尿中出现。在血浆中由清蛋白运输的胆红素,称为游离胆红素(free bilirubin)或血胆红素(hemobilirubin)。

正常情况下,胆红素在血浆中的浓度只有 1.7~17.1μmol/L,而血浆清蛋白结合胆红素的潜力较大,每 100ml 血浆中的清蛋白能结合 20~25mg 游离胆红素,完全可以满足结合全部胆红素的需要。清蛋白的含量下降、胆红素与结合部位的亲和力下降或外来物质(如磺胺药物,某些食品添加剂等)竞争性地与清蛋白结

合等因素,促使游离胆红素从血浆中向组织转移,对组织细胞产生毒性作用。若过多的游离胆红素与脑部基底核的脂类结合,会干扰脑的正常功能,称为胆红素脑病(bilirubin encephalopathy)(又称核黄疸)。新生儿由于血脑脊液屏障发育不全,游离胆红素更易进入脑组织。为防止此病的发生,临床上给高胆红素血症患儿补充含清蛋白的血浆。所以对新生儿高胆红素血症及先天性家族性非溶血性黄疸等血清中游离胆红素升高的疾病,更应引起注意,谨慎用药。

三、胆红素在肝中的转变

肝对胆红素的进一步代谢包括摄取、转化和排泄三个过程。胆红素 - 清蛋白复合物随血液到肝,并不直接进入肝细胞,而是在肝血窦中将胆红素与清蛋白分离,肝细胞膜表面具有能与胆红素结合的特异性受体,对胆红素有较强的亲和力,能迅速进行主动摄取。胆红素进入肝细胞后,与肝细胞质中的两种载体蛋白 Y 蛋白(protein Y)和 Z 蛋白(protein Z)分别结合形成复合物(胆红素 -Y 或胆红素 -Z),并以复合物的形式进入内质网进行转化。在胆红素结合的两种载体蛋白中,Y 蛋白比 Z 蛋白对胆红素的亲和力强,且含量多,因而它是肝细胞内主要的胆红素载体蛋白。但 Y 蛋白除对胆红素进行结合外,对其他物质也有较强的亲和力,如甲状腺素、固醇类物质、四溴酚酞磺酸钠和某些染料等,它们可对 Y 蛋白与胆红素的结合产生竞争性抑制作用,从而减少 Y 蛋白对胆红素的结合。婴儿在出生 7 周后,Y 蛋白水平才能接近成人水平,故此时期易发生生理性的新生儿非溶血性黄疸。某些药物如苯巴比妥可诱导肝细胞 Y 蛋白的生成,加强胆红素的转运,因此临床上可应用苯巴比妥治疗新生儿生理性黄疸。

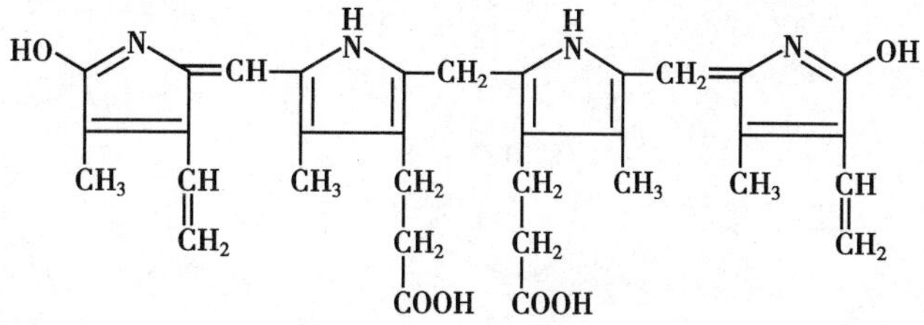

肝细胞内胆红素以胆红素 -Y 蛋白或胆红素 -Z 蛋白复合物的形式转运到滑面内质网后,在 UDP- 葡糖醛酸转移酶(UDP-glucuronyl transferase, UDPGT)的催化下,胆红素接受 UDP-葡糖醛酸(UDP-GA)提供的葡糖醛酸基,结合生成葡糖醛酸胆红素酯(bilirubin glucuronide)。胆红素分子侧链上有两个自由羧基(图 18-4),均可以与葡糖醛酸结合,生成两种结合物,单葡糖醛酸胆红素(胆红素葡糖醛酸一酯)和双葡糖醛酸胆红素(胆红素葡糖醛酸二酯),双葡糖醛酸胆红素(图 18-5)占 70%~80%。多数胆红素与葡糖醛酸结合,还有少量胆红素可通过与硫酸根、甲基、乙酰基、甘氨酸等结合转化为其他形式的胆红素。胆红素经上述转化后称结合胆红素(conjugated bilirubin)。因其形成于肝,又称肝胆红素(hepatobilirubin)。结合胆红素的水溶性强,与血浆清蛋白的亲和力减小,易从

图 18-4　胆红素结构

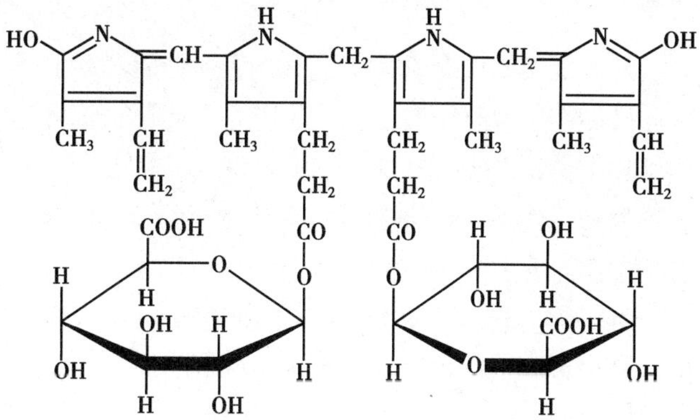

图 18-5　双葡糖醛酸胆红素结构

胆汁排入小肠,也可通过肾随尿排出,但不易透过细胞膜和血脑屏障,所以其毒性明显降低,是胆红素重要的解毒方式。上述胆红素的摄取、转化与排泄过程,使血浆中的胆红素不断地经肝细胞的作用而被清除。

四、胆红素在肠中的转变

在肝细胞内形成的结合胆红素随胆汁排入肠道后,在肠道细菌的作用下,先脱去葡糖醛酸,再逐步还

原生成无色的胆素原,包括尿胆原(urobilinogen)和粪胆原(stercobilinogen)等。大部分胆素原在肠道下段与空气接触后,进一步氧化成黄褐色的(粪)胆素,这是粪便中的主要色素。正常人每天排出粪胆素的量为40~280mg。当胆道完全梗阻时,因结合胆红素不能排入肠道形成胆素原和胆素,所以粪便颜色呈灰白色,临床上称之为白陶土样便。新生儿肠道中细菌稀少,粪便中未被细菌作用的胆红素使粪便呈现橘黄色。

生理状态下,胆素原在肠道形成后,大部分随粪便排出,小部分(10%~20%)的胆素原可被肠黏膜细胞重吸收经门静脉回到肝,其中大部分被肝摄取,仍以原形随胆汁再排至肠道,形成胆素原的肠肝循环(bilinogen enterohepatic circulation)。只有小部分胆素原进入体循环,并随尿排出,称为尿胆素原,正常人每日随尿排出的尿胆素原约0.5~4.0mg,尿胆素原在接触空气后氧化为(尿)胆素,成为尿液的主要色素。

胆红素的正常代谢过程可概括表示如图18-6所示。

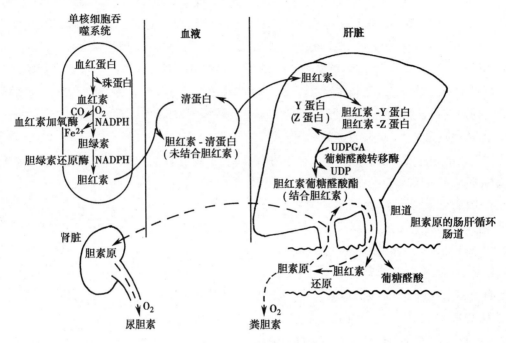

图18-6 胆色素代谢示意图

从胆红素的代谢过程可见,体内存在的胆红素主要有两种形式,一种是在单核-吞噬细胞系统中由红细胞破坏产生的胆红素,通过与血浆清蛋白结合而被运输。其未经肝细胞转化,未与葡糖醛酸结合,在它的结构中侧链丙酸基为自由羧基,称未结合胆红素(unconjugated bilirubin)或游离胆红素。另一种是经过肝细胞的转化作用,与葡糖醛酸或其他物质结合的胆红素,称结合胆红素,它结构中的侧链丙酸基团与葡糖醛酸结合而失去自由羧基。

健康人血清中基本上是未经肝细胞转化的未结合胆红素。每天从单核-吞噬细胞系统产生的胆红素的总量为200~300mg。由于肝处理胆红素的能力极强,每小时可清除胆红素约100mg,要比单核-吞噬细胞系统产生胆红素的速率大10倍。所以健康人血清中胆红素的浓度极低,为3.4~17.1μmol/L(0.2~1.0mg/dl)其中4/5是未结合胆红素,其余是结合胆红素(正常情况下,有少量的结合胆红素进入血液,成为血液中结合胆红素的来源。结合胆红素的水溶性较大,可以通过肾脏随尿排出。在正常代谢状况下,因为量很少,尿中几乎检验不出胆红素。未结合胆红素是一种对质膜有高度亲和力的有毒的脂溶性物质,极易通过扩散穿过细胞膜进入细胞,对细胞,特别是含脂类丰富的神经细胞的功能会产生严重的影响。因此肝对胆红素的解毒作用具有重要意义。肝可以有效摄取血浆未结合胆红素,并将其与强极性的葡糖醛酸结合而转化为结合胆红素。增强了胆红素的极性和水溶性,使之易于随胆汁排入小肠。

未结合胆红素和结合胆红素的结构有所不同。未结合胆红素由于其分子内部形成氢键,不能与重氮试剂直接起反应,须先加入乙醇或尿素破坏氢键,才能与重氮试剂生成紫红色的偶氮化合物,所以未结合胆红素又称间接反应胆红素或间接胆红素(indirect reacting bilirubin)。而结合胆红素由于与葡糖醛酸结合后不存在分子内氢键,可以与重氮试剂直接迅速地反应形成紫红色偶氮化合物,所以结合胆红素又称为直接胆红素(direct reacting bilirubin)。两种胆红素性质比较见表18-5。

表18-5 两种胆红素性质比较

	未结合胆红素	结合胆红素		未结合胆红素	结合胆红素
常见其他名称	血胆红素	肝胆红素	与重氮试剂反应	慢,间接	快,直接
	间接胆红素	直接胆红素	在水中的溶解度	小	大
	游离胆红素		透过细胞膜的能力	大	小
与葡糖醛酸	未结合	结合	通过肾脏随尿排出	不能	能

五、血清胆红素与黄疸

在正常情况下,体内不断有胆红素生成,又不断地随胆汁排泄,使得胆红素的来源和去路保持动态平衡。当某些因素导致上述的胆红素生成、肝细胞摄取、转化、排泄过程发生障碍时,均可引起胆红素代谢紊乱,使血液中的胆红素含量增多,造成高胆红素血症。由于胆红素是金黄色物质,且对弹性蛋白有较强的亲和力,所以当大量的胆红素扩散入组织时,可将组织黄染,这一体征称为黄疸(jaundice)。

黄疸易出现在巩膜、皮肤、黏膜等表浅部位,这些组织含有较高的弹性蛋白。许多疾病都可以引起黄疸,但发病机制却各不相同。黄疸的程度取决于血清中胆红素的浓度,正常人血浆中胆红素总量不超过1mg/dl,当血清胆红素浓度超过 2mg/dl 时,肉眼可见组织黄染,称显性黄疸(clinical jaundice);当血清胆红素达7~8mg/dl 以上时,黄疸明显。有时血清胆红素虽然高于正常范围,但未超过 2mg/dl 时,肉眼观察不到黄疸,即称为隐性黄疸(occult jaundice)。黄疸是一种临床症状,不是疾病的名称,其发生不外乎是胆红素的来源增加或去路受阻。根据黄疸产生的原因,可分为溶血性黄疸、肝细胞性黄疸和阻塞性黄疸三类。

1. **溶血性黄疸**(hemolytic jaundice) 又称肝前性黄疸,各种原因(如蚕豆病、恶性疟疾、输血不当、脾亢、药物、毒物等)造成红细胞破坏过多,释放大量的血红蛋白,致使未结合胆红素产生过多,超过了肝的摄取、转化和结合能力,使血清中游离胆红素浓度异常升高。但血中结合胆红素的浓度变化不大,与重氮试剂呈间接反应阳性,尿胆红素阴性。由于未结合胆红素增加,肝对胆红素的摄取、转化和排泄增多,从肠道中吸收的胆素原的含量增加,造成尿胆素原的含量增加。各种引起溶血的原因都可造成溶血性黄疸。

2. **肝细胞性黄疸**(hepatocellular jaundice) 又称肝原性黄疸,由于肝细胞病变(如各类肝炎、新生儿生理性黄疸、感染、化学试剂、毒物、肝肿瘤等)所致的肝功能减退,使肝细胞对胆红素的摄取、结合和排泄等作用发生障碍。由于肝细胞对未结合胆红素转化为结合胆红素的能力下降,致使血中未结合胆红素的含量增加。而且由于病变导致肝细胞肿胀,压迫毛细胆管或造成肝内毛细胆管阻塞,使已生成的结合胆红素有部分反流入血,血液中的结合胆红素含量也增加。因此,临床检验时重氮试剂呈间接反应和直接反应双阳性,尿胆红素阳性。此外,通过肠肝循环到达肝的胆素原也可从受损的部位进入体循环,因而尿中胆素原也可增高。

3. **阻塞性黄疸**(obstructive jaundice) 又称肝后性黄疸,由于各种原因(如先天性胆道闭锁、胆管炎、胆结石、胆道蛔虫或肿瘤压迫等)造成胆管系统堵塞,胆汁排泄通道受阻,使胆小管和毛细胆管压力增加导致破裂,结合胆红素随胆汁返流入血,造成血中结合胆红素的含量增高,重氮试剂试验呈直接反应。由于血中结合胆红素含量增加,故尿中出现胆红素。胆管的阻塞使肠道中生成的胆素原含量减少,尿胆素原含量也降低。

三种黄疸的血、尿、便临床检验特征归纳于表18-6。

表18-6　三种类型的黄疸的血、尿、便的改变情况表

类型	正常	溶血性黄疸	肝细胞性黄疸	阻塞性黄疸
血胆红素				
总量	<1mg/dl	>1mg/dl	>1mg/dl	>1mg/dl
直接	0~0.2mg/dl	—	↑	↑↑
间接	<1mg/dl	↑↑	↑	—
尿三胆				
尿胆红素	—	—	++	++
尿胆素原	少量	↑	不一定	↓
尿胆素	少量	↑	不一定	↓
粪便颜色	黄褐色	加深	变浅或正常	变浅或陶土色

案例 18-1

患者,男性,39岁,因"腹痛、腹胀5个月,发热4天"就诊。小便颜色深黄如浓茶,大便呈灰白色。查体:体温39.5℃,全身皮肤、巩膜重度黄染。B超检查提示:肝胆大小正常,肝内胆管、胆总管、主胰管扩张,胰头后方实性包块。实验室检查:血清总胆红素790μmol/L,结合胆红素784μmol/L,未结合胆红素6.1μmol/L,尿胆红素阳性,粪胆素原和尿胆素原均阴性。血常规检查:白细胞升高,其余均正常。

思考:1. 该患者患何种疾病?

　　　2. 发病机制是什么?

解析:1. 根据实验室检查,该患者诊断为黄疸。

　　　2. 正常体内有胆红素生成,又不断地随胆汁排泄,使胆红素来源和去路保持动态平衡。当胆红素生成、肝细胞摄取、转化、排泄过程发生障碍时,引起胆红素代谢紊乱,使血液中胆红素含量增多,造成高胆红素血症。由于胆红素是金黄色物质,且对弹性蛋白有较强亲和力,大量胆红素扩散入组织时,可将组织黄染,称为黄疸。

(孔　英　隋琳琳)

肝参与体内复杂多样的代谢过程，被喻为"物质代谢的中枢"。肝在糖、脂类、蛋白质、维生素和激素等代谢中发挥作用，通过糖原的合成和分解及糖异生作用维持血糖浓度的相对恒定。肝在脂类的消化、吸收、分解、合成及运输中起重要作用。肝合成的胆汁酸，协助脂类消化、吸收。肝细胞内含有丰富的脂肪酸分解酶系（脂肪酸 β - 氧化酶系）和脂肪酸合成酶系，因此，肝是脂肪酸分解、合成，酮体、磷脂和脂蛋白生成的主要场所。肝的蛋白质代谢极为活跃，是合成蛋白质和尿素的重要器官，是氨基酸分解的主要场所。肝在维生素的吸收、储存、转化及代谢中起主要作用，多种激素在发挥调节作用后的灭活也主要是在肝中进行。

肝通过生物转化作用对内、外源性非营养物质进行改造，经过第一相反应（氧化、还原、水解）和第二相反应（结合反应）后，通常增高其溶解度，降低其毒性，促使其排出体外。生物转化中最重要的酶是加单氧酶系，它可被诱导，在药物代谢中有重要意义。结合反应中常见的结合基团有葡糖醛酸（UDPGA）、硫酸（PAPS）、乙酰基（乙酰 COA）、甲基（SAM）、谷胱甘肽和甘氨酸。生物转化具有解毒与致毒双重性的特点。

胆汁酸是在肝细胞中由胆固醇转化而来的，是肝清除体内胆固醇的主要形式，限速酶是胆固醇 7α - 羟化酶。胆汁酸以胆盐的形式随胆汁经胆管排入胆囊而储存，在体内乳化脂类，促进脂类的消化吸收；另外它还抑制胆固醇在胆汁中析出沉淀。肝细胞合成的胆汁酸称初级胆汁酸，进一步与甘氨酸和牛磺酸结合，转化为结合胆汁酸，然后初级胆汁酸在肠道细菌作用下生成次级胆汁酸，大部分初、次级胆汁酸经肠肝循环再利用，以补充体内合成的不足，满足对脂类消化吸收的需要。

胆色素是铁卟啉化合物（血红蛋白、肌红蛋白、细胞色素、过氧化物酶和过氧化氢酶等）在体内代谢的产物，包括胆红素、胆绿素、胆素原和胆素，这些化合物主要随胆汁排出体外。正常人每天生成的胆红素主要来自衰老的红细胞，红细胞在肝、脾、骨髓的单核 - 吞噬细胞系统内破坏释放出血红蛋白，随后血红蛋白被分解为珠蛋白和血红素，珠蛋白可被降解为氨基酸，供机体再利用，血红素可在单核 - 吞噬细胞系统微粒体内的血红素加氧酶催化生成胆绿素，再还原成胆红素。胆红素进入血液与清蛋白结合（称游离胆红素或未结合胆红素）而运输，进入肝细胞后，胆红素与葡糖醛酸结合成水溶性强的胆红素葡糖醛酸酯（称为结合胆红素）。结合胆红素经胆道排入肠腔，在肠道细菌作用下，脱去葡糖醛酸，并被还原成胆素原，其大部分随粪便排出体外，小部分经门静脉回肝，以原形再回到肠道，称胆素原的肠肝循环。胆汁中的胆素原小部分经肾自尿中排出，称尿胆素原。粪胆素原与尿胆素原可被氧化生成粪胆素与尿胆素。尿胆红素、尿胆素原与尿胆素在临床上称尿三胆。胆红素是有毒的脂溶性物质，对脂类有高度的亲和力，极易透过细胞膜对细胞造成危害，尤其是对富含脂类的神经细胞，严重影响神经系统的功能。正常人血浆中胆红素含量甚微，体内胆红素生成过多或是在胆红素的摄取、转化、运输排泄过程发生障碍均可以引起血浆胆红素浓度过高，大量的胆红素扩散进入细胞可以造成组织黄染，这一体征称为黄疸。根据血清胆红素的来源可将黄疸分为溶血性、肝细胞性、阻塞性黄疸。临床上可通过病史和血、尿、粪便检查而鉴别这三种类型的黄疸。

1. 影响生物转化的因素有哪些?

2. 简述胆固醇与胆汁酸之间的代谢
关系。

3. 简述胆红素的来源和去路。

4. 比较胆汁酸与胆红素的肠肝循环有
何异同点?

5. 比较三种不同类型的黄疸产生的原
因及生化改变特点。

糖复合物和细胞外基质

19

学习目标	
掌握	糖蛋白、蛋白聚糖和糖脂的概念、结构特点。
熟悉	糖蛋白聚糖的分类、连接方式和生理功能；重要糖胺聚糖和核心蛋白的结构特点；蛋白聚糖的生理功能。
了解	细胞外基质主要成分；胶原、纤连蛋白和层连蛋白结构特点及主要功能。

糖类在自然界分布广泛,不仅构成生物体的结构组成、参与能量代谢(见第五章),还参与细胞信息传递。糖类可与蛋白质、脂等分子结合形成糖复合物(glycoconjugates)。糖与蛋白质结合形成糖蛋白(glycoproteins)和蛋白聚糖(proteoglycan),与脂类结合形成糖脂(glycolipid)。糖复合物中结合的寡糖链,称为聚糖(glycans)。糖蛋白和蛋白聚糖分子中蛋白质和糖所占比重不同,一般而言,糖蛋白分子的蛋白质重量百分比大于糖,蛋白聚糖中多糖链所占重量在一半以上,二者在糖链结构、合成途径和功能上也存在显著差异。真核细胞合成的糖复合物可分布于细胞表面、细胞内分泌颗粒和细胞核内,也可被分泌出细胞,构成细胞外基质(extracellular matrix,ECM)成分,介导细胞与细胞、细胞与细胞外基质间的相互作用。

由于糖分子结构复杂,确定糖链序列难度大,使得聚糖的研究滞后于蛋白质及核酸分子的研究。近年,糖复合物研究随着糖链结构分析技术的提高而取得较快进展,并形成一门新的学科糖生物学(glycobiology),即研究聚糖及糖复合物的分子结构、生物合成及生物学功能的学科。快速发展的糖组学(glycomics)则研究细胞或生物体内全部的糖复合物及聚糖的结构、功能、聚糖链与蛋白质相互作用及生物学功能,是人类后基因组计划的重要组成部分。

第一节 聚糖的分子结构

聚糖(glycan)是由单糖通过特定的糖苷键连接形成的链式结构。

一、单糖的种类

单糖是聚糖的基本结构单位,构成聚糖的单糖常见有 7 种:葡萄糖(glucose,Glc)、N- 乙酰葡糖胺(N-acetylglucosamine,GlcNAc)、半乳糖(galactose,Gal)、N- 乙酰半乳糖胺(N-acetylgalactosamine,GalNAc)、甘露糖(mannose,Man)、岩藻糖(fucose,Fuc)和 N- 乙酰神经氨酸(唾液酸,N-acetylneuraminic acid,NeuAc)。单糖可通过氧化、还原、乙酰化、硫酸化、磷酸化、甲基化及氨基取代等反应生成相应的糖衍生物,如葡糖醛酸(glucuronic acid,GlcUA)、艾杜糖醛酸(iduronic acid,IdoUA)、葡糖胺(glucosamine,GlcN)、N- 乙酰葡糖胺等。单糖的修饰增加聚糖结构的多样性,并由此介导多种特异的生物学功能。

二、单糖的连接方式

不同糖复合物,其单糖种类、数目及连接方式不同。催化单糖分子聚合形成糖链的连接键糖苷键,由特定的糖基转移酶催化合成。因为单糖分子环状结构存在 α- 和 β- 异构体,因此单糖间的连接可有多种方式,如 α1→2、α1→3、α1→4、α1→6 和 β1→2、β1→3、β1→4、β1→6 及 α2→3、α2→6 等。单糖的连接方式增加了聚糖结构的复杂性。每个单糖都有多个 α 或 β 异构体,因此可有多种连接,构成聚糖的单糖数目越多,分子越复杂。如由三个己糖相连的分子则可生成 1056~27 684 种三糖,六个己糖可有多于 1000 亿个可能的连接方式,理论上长链聚糖的存在方式几乎是无法计数的。然而天然分子中,仅存在少数的聚糖种类,其连接方式也是有限的。

糖链合成的糖基供体包括:UDP- 葡萄糖、UDP- 半乳糖、UDP- 木糖、UDP- 葡糖醛酸、UDP- 艾杜糖醛酸、UDP-N- 乙酰葡糖胺、UDP-N- 乙酰半乳糖胺、GDP- 甘露糖、GDP-L- 岩藻糖、CMP-N- 乙酰神经氨酸等。

糖苷键催化单糖分子聚合形成糖链,聚糖的一级结构即指单糖的排列顺序及连接方式。聚糖的二级结构涉及糖环构象、糖苷键旋转角度及各原子之间的相互作用等。聚糖一级结构测定常用质谱(MS)、核磁共振(NMR)、高效液相色谱(HPLC)、基质辅助激光解吸电离飞行时间质谱(MALDL-TOF MS)等多种技术方法,测定聚糖一级结构的工具酶为水解特异糖苷键的糖苷酶(glycosidases),包括内切糖苷酶和外切糖苷酶,分别从糖链内部和糖链的非还原端水解糖苷键。凝集素(lectin)可专一识别、结合特定的糖识别结构域(carbohydrate recognizing domain,CRD)。以化学合成的寡糖、糖抑制剂、糖特异抗体都可进行特定聚糖结构分析。

第二节　糖蛋白

糖蛋白由聚糖与蛋白质通过共价键连接形成。一个糖蛋白可以含有一个或多个糖链,而每一个糖链都由若干个单糖通过糖苷键连接而成。糖蛋白分布广泛,人血浆中除清蛋白外,其余的蛋白质大多是糖蛋白;许多细胞膜蛋白、分泌蛋白及细胞外基质(ECM)蛋白也是糖蛋白。酶、载体、激素、抗体、受体和血型抗原等也是以糖蛋白方式发挥生物学功能。糖蛋白的聚糖对整个分子的性质、结构和功能有重要影响,聚糖作为一种信息分子参与细胞间、细胞与 ECM 间的分子识别和黏附。糖与蛋白质结合,即糖基化(glycosylation),是蛋白质翻译后加工和修饰的过程,糖基化的异常可导致多种疾病的发生,如肿瘤、炎症反应和自身免疫病等与糖蛋白糖链结构异常有关。

一、糖蛋白的分类与连接方式

糖蛋白中聚糖通过共价键与肽链连接,主要有三种连接方式,即 *N*- 连接糖蛋白、*O*- 连接糖蛋白和 GPI- 连接(锚定)糖蛋白(图 19-1)。

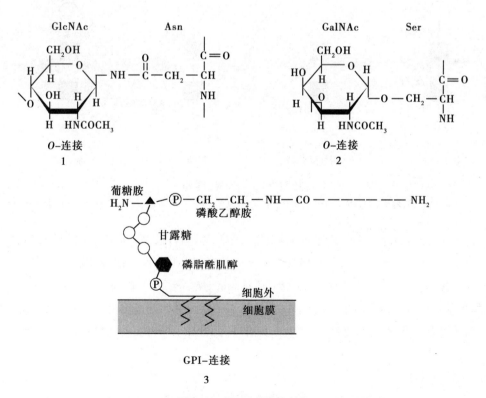

图 19-1　糖蛋白的连接方式
1. *N*- 连接糖蛋白;2. *O*- 连接糖蛋白;3. GPI- 连接糖蛋白

（一）N-连接糖蛋白

1. N-连接聚糖结构 聚糖中的 N-乙酰葡糖胺与多肽链天冬酰胺残基的酰胺氮以 N-糖苷键连接，这种连接的糖蛋白即为 N-连接糖蛋白，这种连接的聚糖即为 N-连接聚糖。连接点的结构为：GlcNAcβ-N-Asn（见图 19-1）。并非糖蛋白分子中所有天冬酰胺残基都可连接聚糖，只有特定的氨基酸序列，即 Asn-X-Ser/Thr 序列（其中 X 是除脯氨酸外的任一氨基酸）中的 Asn 残基才具有结合能力，这一序列称为糖基化位点。糖蛋白分子可以存在多个潜在的糖基化位点，同一糖基化位点，能否连接聚糖还取决于周围的空间结构，以及生长、发育阶段特异性和组织特异性的不同。如 IgA 的 5 个糖基化位点中，Thr（225）和 Thr（236）仅为潜在的糖基化位点。

N-连接聚糖是糖蛋白聚糖最主要的类型，根据其单糖组成与糖链结构，可分为三种亚型：高甘露糖型（high-mannose type）、复杂型（complex type）、杂合型（hybrid type）。这三种亚型都有一个五糖核心结构（Man₃GlcNAc₂），三种亚型的不同，只是与五糖核心结构相连的外侧糖链结构不同（图 19-2）。高甘露糖型在核心五糖的外侧链连接了 2~6 个甘露糖；复杂型在核心五糖的外侧链连接了 2~5 个分支糖链，末端常连有唾液酸；杂合型则兼有二者的结构。聚糖结构宛如天线状，可作为蛋白质糖基化水平的标志。

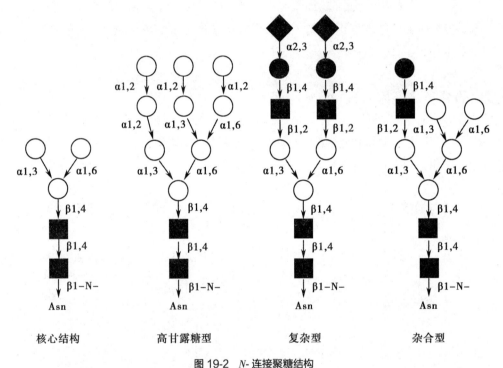

图 19-2 N-连接聚糖结构

○ Man：甘露糖；■ GlcNAc：N-乙酰葡萄糖胺；◆ SA：唾液酸；● Gal：半乳糖；△ Fuc：岩藻糖；Asn：天冬氨酸

2. N-连接聚糖的合成 N-连接聚糖的合成是一个共翻译过程，在粗面内质网和高尔基体中，蛋白质肽链合成的同时也进行聚糖的合成。聚糖合成先以长萜醇（dolichol）作为聚糖链载体，在特异性糖基转移酶的作用下将 UDP-GlcNAc 分子中的 GlcNAc 转移至长萜醇，然后再逐个加上糖基，形成含有 14 个糖基的长萜醇焦磷酸聚糖结构，14 个糖基的聚糖作为一个整体转移至肽链的糖基化位点的 Asn 酰胺氮上（图 19-3），然后对 14 糖基聚糖链进行加工，先由糖苷水解酶除去葡萄糖和部分甘露糖，然后再加上不同的单糖，成熟为各型 N-连接寡糖。

（二）O-连接糖蛋白

1. O-连接聚糖结构 聚糖中的 N-乙酰半乳糖胺与多肽链的丝氨酸或苏氨酸残基的羟基以糖苷键连接，这种连接的糖蛋白为 O-连接糖蛋白，这种连接的聚糖即为 O-连接聚糖，结构为：GalNAcα-O-Ser/Thr（见图 19-1）。其糖基化位点常存在于糖蛋白分子表面 Ser/Thr 比较集中且周围常有脯氨酸的序列中。O-连接

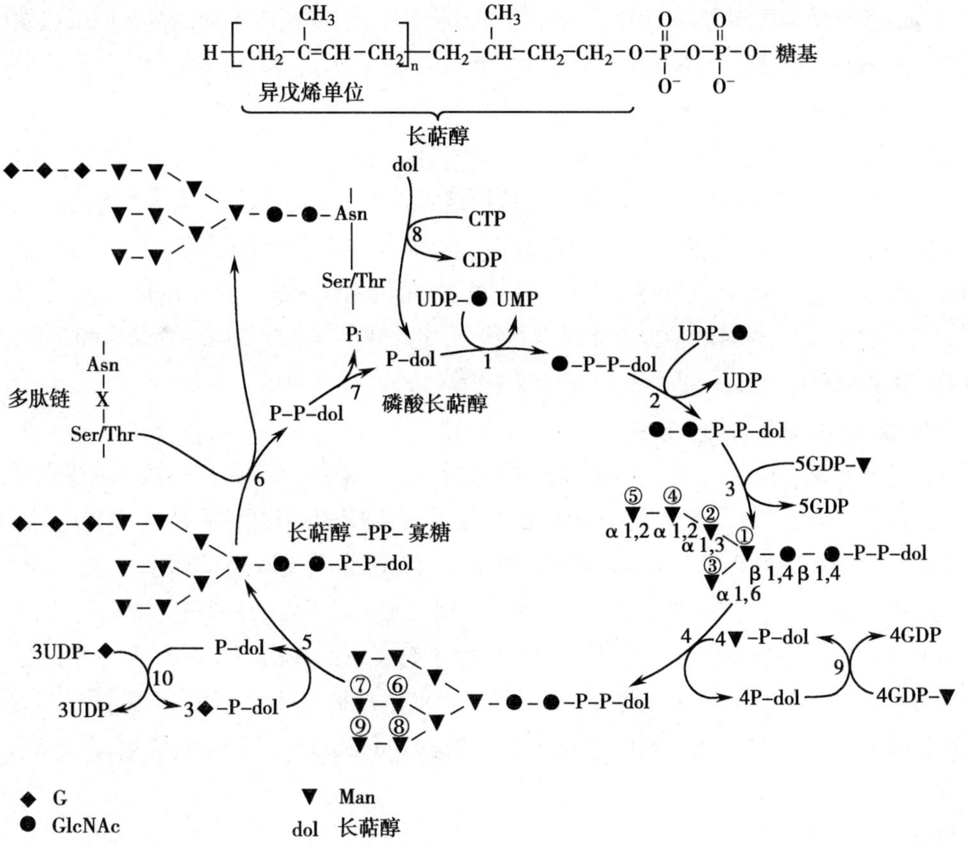

图 19-3　长萜醇 -P-P 寡糖的合成

聚糖常由 N- 乙酰半乳糖胺与半乳糖构成核心二糖,核心二糖可重复延长及分支,再连接上岩藻糖、N- 乙酰葡糖胺等单糖。

2. O- 连接聚糖的合成　O- 连接聚糖合成是在多肽链合成后进行的,而且没有糖链载体。在 GalNAc 转移酶作用下,将 UDP-GalNAc 中的 GalNAc 基转移至多肽链的丝氨酸(或苏氨酸)的羟基上,形成 O- 连接,然后逐个加上糖基,每一种糖基也都有其相应的专一性糖基转移酶。整个过程在内质网开始,到高尔基体内完成。O- 连接常见于颌下腺、消化道及呼吸道等黏液的糖蛋白中,因而又称黏蛋白型糖蛋白连接。

(三) GPI- 连接糖蛋白

糖磷脂酰肌醇锚(glycophosphatidylinositol anchor,GPI 锚)与多肽链连接,此类蛋白质称为 GPI- 连接糖蛋白或 GPI- 锚定糖蛋白。GPI 锚有共同的结构组成:磷酸乙醇胺 - 甘露糖 - 甘露糖 - 甘露糖 - 葡糖胺 - 磷脂酰肌醇。GPI 锚的一端磷酸乙醇胺的氨基与肽链 C 端的羧基以酰胺键连接,另一端磷脂酰肌醇的脂酸链插入细胞膜(见图 19-1)。已经发现 50 余种 GPI- 连接糖蛋白,如脂蛋白脂肪酶、乙酰胆碱酯酶和 5′- 核苷酸酶等。连接在细胞膜外的 GPI- 连接糖蛋白,可在磷脂酰肌醇特异的磷脂酶作用下从膜上释放出来。近年发现细胞膜的 GPI- 连接糖蛋白参与细胞信号转导。

二、糖蛋白分子中聚糖的功能

糖蛋白在大多数生物中存在,从细菌到人类,甚至许多病毒都含有糖蛋白。许多激素、酶、细胞因子、受体是糖蛋白,在体内发挥非常广泛的生物学功能,可影响蛋白质的构象、聚合、溶解及降解,参与组织构成、底物催化、分子转运、分子间的识别和黏附等,这些作用都与糖链作用密切相关。

(一) 聚糖链参与新生肽链的折叠、亚基聚合及靶向运输

N- 连接糖蛋白聚糖链参与新生肽链的折叠并维持蛋白质正确的空间构象。当新生肽链合成过程中出现 Asn-X-Ser/Thr 序列时，即可在糖基转移酶的作用下发生糖基化，或在新生肽链合成后很快发生糖基化，并在特定糖基转移酶和糖苷酶作用下进一步发生聚糖的剪切与修饰。糖基化的新生肽链可与分子伴侣结合折叠成具有一定功能的空间构象。

糖蛋白可影响亚基聚合及细胞内的分栋和投送。如用核酸点突变的方法，去除病毒 G 蛋白的两个糖基化位点，糖基化发生异常，G 蛋白就不能形成正确的链内二硫键，新生肽链折叠及亚基聚合发生改变，进一步影响到靶向运输，使之在细胞质降解，或滞留在粗面内质网腔内重新进行糖基化。

溶酶体内酶类在内质网合成后，需要在高尔基体内使其聚糖链末端的甘露糖转变成甘露糖 -6- 磷酸，并与溶酶体膜上的甘露糖 -6- 磷酸特异受体识别并结合，定向转移至溶酶体内。含非磷酸化甘露糖聚糖的溶酶体酶不能进入溶酶体，引起溶酶体酶缺乏性代谢病。

（二）聚糖链可影响糖蛋白的生物活性

聚糖链对肽链有保护作用，去除聚糖链的糖蛋白容易被蛋白酶水解。许多酶属于糖蛋白，其酶的活性依赖聚糖链。如羟甲基戊二酸单酰辅酶 A（HMGCoA）还原酶去糖链后其活性降低 90% 以上；脂蛋白脂肪酶 N- 连接聚糖的核心五糖为酶活性所必需。但有些酶去除聚糖链，并不影响酶的活性。

许多激素也为糖蛋白，其聚糖链的结构与生物活性密切相关。人红细胞生成素（hEPO）是肾脏生成的，具有刺激骨髓红细胞增殖和成熟作用的激素。hEPO 分子有 Asn24、Asn38 和 Asn83 三个糖基化位点，未唾液酸化或唾液酸化不完全的 hEPO 很快被肝脏摄取，在血液中几乎不存在活性。含二天线 N- 连接聚糖的 hEPO 在体内活性远远低于四天线聚糖链的 hEPO，含四天线的 hEPO 在肾脏不易滤过，因此归巢至骨髓靶细胞较多。

（三）糖蛋白与医学

糖蛋白及其聚糖参与了机体许多正常生理和病理发生过程。

1. **聚糖参与精卵识别**　受精是卵细胞与精子识别并融合的过程。猪卵细胞透明带中的 ZP3 蛋白含有 O- 连接聚糖，是识别精子并与精子结合引发顶体反应的主要糖蛋白，用化学方法去除 O- 连接聚糖可抑制精卵结合，而用内切糖苷酶切去 N- 连接聚糖却没有影响。

2. **聚糖参与胚胎发育**　胚胎细胞在分化发育的不同阶段，可观察到某些糖复合物结构和数量的变化。同时，一些细胞在分化的不同阶段，细胞表面糖链的结构也会有变化，这些特定的糖链被认为是阶段特定的胚胎抗原。

3. **聚糖参与炎症发生**　炎症浸润是循环中的白细胞被募集到炎症部位的血管内皮细胞，通过滚动、黏附并移出血管的过程。血管内皮细胞的选凝素（selectin）胞外结构域能特异识别结合白细胞唾液酸化的 Lewis 抗原（SLe^x、SLe^a）糖配体。在炎症时，血管内皮细胞 E- 选凝素表达增加，白细胞的 SLe^x、SLe^a 等结合增加，引起炎症初期白细胞的弱黏附。炎症后期多种其他分子参与引起两种细胞间的强黏附。

4. **聚糖参与细菌感染**　致病微生物存在各种凝集素样蛋白，可识别人体细胞表面的聚糖结构。在细菌感染早期，致病细菌表面的凝集素样物质——黏附素（adhesin）可识别、黏附宿主细胞表面糖配体而侵袭细胞引起感染。流感病毒主要通过识别细胞表面的唾液酸，而侵袭宿主细胞。

5. **免疫球蛋白糖基化与自身免疫病**　免疫球蛋白 G（IgG）是 N- 连接糖蛋白，其糖链主要连接在 Fc 段。IgG 的聚糖链结合于单核细胞或巨噬细胞的 Fc 受体，与补体 C1q 结合、激活以及诱导细胞毒等过程有关。若去除 IgG 糖链，其铰链区的空间构象遭到破坏，上述与 Fc 受体和补体的结合功能就丢失。某些疾病，如类风湿关节炎和 IgA 肾病，因 IgG 和 IgA 分子聚糖末端唾液酸和半乳糖基转移酶的活性下降，致使 IgG 分子聚糖末端改变，GlcNAc 暴露，机体免疫系统将聚糖截短的 IgG 或 IgA 视为"异己"，诱导产生相应的自身抗体，形成免疫复合物在关节或肾系膜沉积，造成病理性损伤，引起自身免疫疾病。

6. **聚糖与 ABO 血型**　红细胞血型物质含糖达 80%~90%，其中 ABO 血型系统中的抗原决定簇 A、B 和 O（H）就是连接于糖蛋白和糖脂上的糖链。A、B 和 O（H）抗原结构的差别仅在于 A 和 B 抗原比 O 抗原的聚糖末端各多一个 GalNAc 或 Gal(图 19-4),这一个糖基的差别,造成红细胞的不同抗原性,产生不同血型。血型不同的输血可引起溶血反应,A 型血的血液中含有抗 B 型糖链结构的抗体,而 B 型血的血液中含有抗 A 型糖链的抗体,A、B 血型个体输血会引起免疫反应;而 O 型血的糖链抗原不会与抗 A 型糖链结构抗体或抗 B 型糖链结构抗体发生免疫反应,同时 O 型血中不含有抗 A 型或抗 B 型糖链结构的抗体。

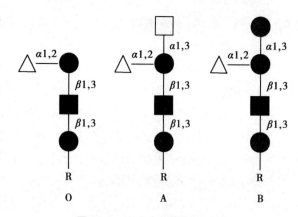

图 19-4 ABO 血型的糖抗原结构

GlcNAc:■;Gal:●;Glc:▲;GalNAc:□;Fuc:△

7. 糖类药物和疫苗 依据糖的功能及作用机制所研制的糖类药物和疫苗不断出现。重组糖蛋白类药物分子中的聚糖对其整个分子的结构、稳定性、作用及药代动力学等有很大的影响。例如,重组人促红细胞生成素(EPO)的 N- 聚糖的低唾液酸化,使体内活性低于体外活性的 10%,与前者容易被肝细胞及巨噬细胞中的受体结合,及很快在肾脏中被滤过清除,而使有效浓度降低有关。因此,控制糖蛋白的糖基化,保证重组糖蛋白具有天然糖蛋白的功能,或通过糖基化条件的优化来延长药物在血液中的半衰期及实现特异组织的靶向等,已经成为药物设计和生产中的关键要素。糖类药物还包括阻止致病微生物及毒素与宿主细胞黏附、参与血液凝固调节、抑制炎症反应和抗移植物排斥反应的聚糖或聚糖模拟物等。由乙型嗜血流感杆菌(*Haemophilus influenzae*)的聚糖和蛋白质载体偶联所制备的细菌疫苗(Hib),可使易感幼儿的发病率降低 95% 以上。糖在生物医药中的应用显示出广阔前景。

(四)细胞表面黏附分子——整合蛋白的结构与功能

整合蛋白(integrin)广泛存在于各种细胞膜,由 α 和 β 亚基构成异二聚体跨膜糖蛋白,包括 $\alpha_1\beta_1$、$\alpha_2\beta_1$ 和 $\alpha_3\beta_1$ 等 10 余种家族成员。整合蛋白的 α 和 β 亚基胞外部分形成特异配体结合区,与 ECM 多种分子特异结合,胞内部分与细胞骨架蛋白结合,参与细胞黏着斑的形成,介导多种信号转导途径起细胞的多种生物学功能改变。整合蛋白主要含 N- 连接聚糖,起维持分子空间构象等作用,是细胞内外双向交流的桥梁。

三、常用糖蛋白分离、纯化的技术

一般蛋白质纯化的方法也适用于糖蛋白。一般可用内肽酶将糖链从肽链连接部位水解,然后对肽链和糖链分别进行分析。其糖链结构常应用质谱或高分辨率的 NMR 分析进行鉴定。糖蛋白测定、纯化和结构分析的常用方法见表 19-1。

表 19-1 糖蛋白研究的常用方法

常用方法	观察内容和应用
Periodic acid-Schiff 试剂	在电泳分离后的糖蛋白条带染成深粉红色
加放射活性糖与细胞共培养	测定经电泳分离后的糖蛋白的放射性条带
Sepharose-lectin 柱层析	用以纯化与特殊 lectin 连接的糖蛋白和糖
酸水解后的组成分析	鉴定糖蛋白含有的糖基及其含量
质谱分析	可提供分子组成,多糖糖基排列顺序以及链分支等信息
NMR 谱分析	确定特异糖基及排列顺序和糖苷键的位置及异头性
甲基化分析	确定糖基间的连接键
氨基酸或 DNA 序列分析	测定蛋白质的氨基酸排列

第三节 蛋白聚糖

蛋白聚糖(proteoglycan)是一类分子结构复杂的大分子糖复合物。蛋白聚糖的糖含量高,分子主要表现为聚糖的性质。蛋白聚糖中的聚糖由二糖单位重复连接而成,不分支。二糖单位一个为糖胺,另一个为糖醛酸,因此蛋白聚糖中的聚糖称为糖胺聚糖(glycosaminoglycan,GAG)。蛋白聚糖主要由糖胺聚糖共价连接于核心蛋白所组成,一种蛋白聚糖可含有一种或多种糖胺聚糖。蛋白聚糖分子中还含有一些 N- 或 O- 连接聚糖链。蛋白聚糖的种类、性质、组织分布及功能因糖胺聚糖和核心蛋白的结构和特性不同而各有差异。蛋白聚糖是细胞外基质的主要成分。

一、糖胺聚糖

体内重要的糖胺聚糖有 6 种:硫酸软骨素类(chondroitin sulfate,CS)、硫酸皮肤素(dermatan sulfate,DS)、硫酸角质素(keratan sulfate,KS)、透明质酸(hyaluronic acid,HA)、肝素(heparin,Hp)和硫酸类肝素(heparan sulfate,HS)。除透明质酸(hyaluronic acid,HA)外,其他的糖胺聚糖都含硫酸。各种糖胺聚糖结构间的主要差别为二糖单位的组成、GlcUA/IdoUA 的比例以及硫酸化程度等的不同。各种糖胺聚糖的结构及组织分布特点见表 19-2。

表 19-2　糖胺聚糖的结构和组织分布特点

糖胺聚糖	二糖单位	硫酸化位置	组织分布
透明质酸(HA)	GlcUA-GlcNAc	无	关节滑液、玻璃体、结缔组织
硫酸软骨素(CS)	GlcUA-GalNAc	C4、C6	骨、软骨、角膜
硫酸皮肤素(DS)	IdoUA-GalNAc	C2*、C4、C6	皮肤、血管
硫酸角质素(KS) I / II	Gal-GlcNAc	C6	角膜、结缔组织
肝素(Hp)	IdoUA-GlcN	C2、C2-N、C6	肥大细胞
硫酸类肝素(HS)	GlcUA-GlcN	C2、C2-N、C6	皮肤、成纤维细胞、血管

注:C2* 代表葡糖醛酸的硫酸化位置,其余为葡糖胺硫酸化位置

透明质酸(HA)的二糖单位为葡糖醛酸和 N- 乙酰葡糖胺,1 个透明质酸分子可由 50 000 个二糖单位组成,蛋白质部分较小。透明质酸分布于关节滑液、眼的玻璃体及疏松的结缔组织中。

硫酸软骨素(CS)的二糖单位由 N- 乙酰半乳糖胺和葡糖醛酸组成,硫酸化部位常在 N- 乙酰半乳糖胺残基 C4 和 C6 位 -OH 基上,糖链约有 250 个二糖单位构成,糖链与核心蛋白以 O- 连接方式连接形成蛋白聚糖。除大量存在于软骨外,亦存在于皮肤、角膜、巩膜、骨、动脉、心瓣膜及脐带中。

硫酸皮肤素(DS)二糖单位的糖醛酸可为艾杜糖醛酸,在糖链合成后,葡糖醛酸由差向异构酶催化转变为艾杜糖醛酸,所以硫酸皮肤素可含有两种糖醛酸。DS 广泛分布在皮肤、血管、心、心瓣膜、肌腱、关节囊、纤维软骨、韧带及脐带等组织。

硫酸角质素(KS)的二糖单位由半乳糖和 N- 乙酰葡糖胺组成,所形成的蛋白聚糖可分布于角膜中,也可与硫酸软骨素共同组成蛋白聚糖聚合物,分布于软骨和结缔组织中。

肝素(Hp)在初合成时含葡糖醛酸,葡糖醛酸在差向异构酶作用下部分转变为艾杜糖醛酸,并发生葡糖胺 C2-N- 硫酸化。肝素所连的核心蛋白几乎仅由丝氨酸和甘氨酸组成。肝素分布于肥大细胞内,有抗凝作用。

硫酸类肝素(HS)是细胞膜成分,与肝素在组成和性质上有许多不同,肝素的 IdoUA 含量及 C2 硫酸化程度高于硫酸类肝素,硫酸类肝素存在于各种细胞的表面,参与膜结构以及细胞之间和细胞与基质之间的

相互作用。

二、核心蛋白

　　蛋白聚糖中与糖胺聚糖链共价结合的多肽链称为核心蛋白,核心蛋白含有糖胺聚糖结合的相应结构域。一些蛋白聚糖通过核心蛋白锚定在细胞表面或细胞外基质(ECM)分子中。核心蛋白分子量从 2 万 ~ 25 万,丝甘蛋白聚糖(serglycan)是一种核心蛋白最小的蛋白聚糖,含有丝氨酸 - 甘氨酸序列(Ser-Gly 序列),主要存在于造血细胞和肥大细胞的贮存颗粒中。黏结蛋白聚糖(syndecan)的核心蛋白分子量为 3.2 万,有 3 个结构域:胞外结构域、插入膜质的疏水结构域和胞质结构域。胞外结构域可结合硫酸肝素和硫酸软骨素,是细胞膜表面主要蛋白聚糖之一。

　　软骨中的硫酸软骨素蛋白聚糖可结合形成蛋白聚糖聚合物(aggrecan),蛋白聚糖的核心蛋白能与连接蛋白结合,连接蛋白再结合到由透明质酸组成的长链上,形成蛋白聚糖聚合物(图 19-5)。由于糖胺聚糖含有 COO^-、SO_3^- 而带大量的负电荷,彼此相斥,所以在溶液内蛋白聚糖聚合物分子呈"瓶刷"样结构。

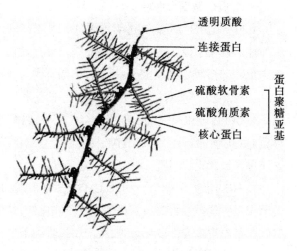

透明质酸
连接蛋白
硫酸软骨素
硫酸角质素
核心蛋白
}蛋白聚糖亚基

图 19-5　软骨中蛋白聚糖聚合物结构示意图

三、蛋白聚糖的生物合成

　　蛋白聚糖的生物合成在内质网上进行,先合成蛋白聚糖的核心蛋白。核心蛋白多肽链合成时即以 *O*-连接或 *N*- 连接的方式在丝氨酸或天冬酰胺残基上进行聚糖链加工。聚糖链的延长和加工修饰主要在高尔基体内进行,在特异性糖基转移酶作用下,以单糖 UDP 衍生物为供体,在多肽链上逐个加上单糖,使糖链依次延长。糖链合成后再予以修饰,糖胺的氨基来自谷氨酰胺,硫酸则来自"活性硫酸"3'- 磷酸腺苷 -5'- 磷酰硫酸。

四、蛋白聚糖的功能

(一) 蛋白聚糖的功能

　　蛋白聚糖分布于软骨、结缔组织、角膜等组织,构成细胞外基质(ECM)成分,一些蛋白聚糖还参与细胞间、细胞与 ECM 间的相互作用,影响细胞增殖、分化、黏附、迁移和信号转导等。蛋白聚糖可作为关节滑液、眼玻璃体黏液的成分起润滑作用。

　　1. ECM 中蛋白聚糖的功能　　蛋白聚糖是细胞外基质(ECM)的重要成分,可与 ECM 中的胶原、纤连蛋白、层连蛋白及弹性蛋白结合,构成具有组织特性的 ECM。不同组织的 ECM 含有不同类型、不同含量的蛋白聚糖。ECM 中含有大量透明质酸,可与细胞表面的透明质酸受体结合,影响细胞与细胞的黏附、细胞迁移、增殖和分化。蛋白聚糖的种类及含量随生长、发育及年龄而变动,并与其功能相适应。存在于软骨中的硫酸软骨素蛋白聚糖随年龄的增长出现量与质的改变,缺乏或不足均可缩减骺板的体积,而导致肢体发育短小和畸形。

　　2. 细胞膜蛋白聚糖的功能　　细胞表面有各种蛋白聚糖,其核心蛋白为跨膜蛋白,大多数含有硫酸类肝素。细胞膜蛋白聚糖分布广泛,可作为膜受体或辅助受体参与细胞信号转导。在神经发育、细胞识别结合和分化等方面起重要调节作用。有些细胞还存在丝甘蛋白聚糖,可与带正电荷的蛋白酶、羧肽酶及组织胺等相互作用,参与这些生物活性分子的贮存和释放。

此外,各种蛋白聚糖还有其特殊功能。肝素是重要的抗凝剂,通过与凝血酶的抑制剂——AT Ⅲ 结合,使凝血酶失活。肝素能特异地与毛细血管壁的脂蛋白脂肪酶结合,促使后者释放入血。角膜的胶原纤维间充满硫酸角质素和硫酸皮肤素,使角膜透明。

(二) 蛋白聚糖与疾病

1. 透明质酸与疾病　透明质酸(HA)可作为润滑剂和保护剂,使软骨、肌腱等结缔组织具有抗压能力和弹性。在关节炎疾病,一些炎性介质,如白介素 1、前列腺素 E_2 等可刺激滑膜细胞生成 HA,导致 HA 在组织中堆积。多种疾病血清 HA 升高,例如肝硬化、类风湿性关节炎以及一些皮肤疾病等。肝硬化时,血中 HA 的清除能力降低,HA 的合成增加。一些生长因子例如血小板衍生生长因子(PDGF)及成纤维细胞生长因子(FGF)可能也起一定的作用。与此相似,当肺损害时释放炎性介质,可刺激肺的成纤维细胞合成 HA,导致 HA 堆积,例如哮喘、肺气肿、特发性肺纤维化以及成人型呼吸窘迫综合征等。由于 HA 水化作用很强,它还可导致严重的间质水肿。

2. ECM 蛋白聚糖与疾病　ECM 中含有丰富的蛋白聚糖,蛋白聚糖量和质的变化都可引起疾病。骨关节炎又称退行性骨关节病或关节软骨软化症,常发生于中老年人。由于长期支撑体重的机械压力,使关节软骨基质发生变性及坏死等,从而引起骨关节退行性病。在动物模型研究中,发现骨关节形成软骨损害之前,其蛋白聚糖的合成和分解代谢已经发生改变,说明蛋白聚糖代谢改变是骨关节炎发展过程的重要因素。

在动脉粥样硬化损伤早期,血管细胞外基质的硫酸软骨素蛋白聚糖在血管壁中发生明显堆积,此种堆积出现在脂质沉积之前,动脉粥样硬化斑块组织中硫酸皮肤素含量也异常增高。近年研究发现一些生长因子,例如转化生长因子(TGF)-β 和 PDGF 可能与动脉损伤的形成有关,这些因子能促进硫酸软骨素蛋白聚糖的合成。

肿瘤组织中各种蛋白聚糖的合成发生改变与肿瘤增殖和转移有关。间质瘤、肾母细胞瘤、乳腺癌、神经胶质瘤等肿瘤细胞合成及分泌透明质酸增多。结肠癌、肝癌、肺癌、乳腺癌组织中硫酸软骨素含量明显增高。硫酸软骨素参与调节基质的组装和促进细胞的增殖。

3. 基底膜蛋白聚糖与疾病　基底膜硫酸乙酰肝素蛋白多糖(HSPG)对维持各种组织正常功能是必需的。肾病患者的肾小球基底膜缺乏 HSPG,其结构受到严重破坏,结果大量血浆蛋白渗漏于尿中,形成蛋白尿。实验性糖尿病动物的肾脏,其 HSPG 的合成和含量明显降低,而且硫酸肝素链是低硫酸化的。糖尿病基底膜 HSPG 代谢发生变化,基底膜性质发生了改变,机制目前还不清楚。

4. 组织器官淀粉样变性,主要是一些称为淀粉样蛋白的不溶性纤维状蛋白质在细胞外发生沉积,形成一种特殊病变斑,严重影响组织器官正常功能。近年发现淀粉样蛋白中常发生 HSPG 堆积,目前至少在 5 种不同形式淀粉样蛋白中发现有基底膜 HSPG。其中包括早老性痴呆神经斑及血管中淀粉样蛋白。HSPG 与淀粉样蛋白共同定位于这些组织中,提示蛋白聚糖可影响淀粉样蛋白沉积过程。

第四节　糖脂

糖脂是糖以糖苷键与脂质连接形成的糖复合物。糖脂是亲水和亲脂的兼性分子,为膜脂的重要组成成分。糖脂主要有鞘糖脂(glycosphingolipids)、甘油糖脂(glyceroglycolipid)、胆固醇衍生的糖脂、糖磷脂酰肌醇锚(GPI)。GPI 是对蛋白质起锚定作用的糖脂。

一、鞘糖脂

(一) 鞘糖脂的分类与结构

鞘糖脂由糖和神经酰胺(ceramide,Cer)构成,神经酰胺是鞘氨醇(sphingosine)的氨基与一分子脂肪酸以酰胺键相连生成的化合物(见第七章)。

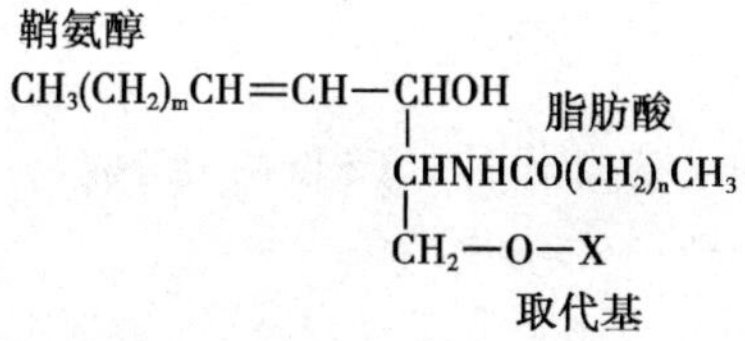

$$
\begin{array}{l}
\text{鞘氨醇} \\
CH_3(CH_2)_mCH{=}CH{-}CHOH \qquad \text{脂肪酸} \\
\qquad\qquad\qquad\qquad |\\
\qquad\qquad\qquad\quad CHNHCO(CH_2)_nCH_3 \\
\qquad\qquad\qquad\qquad |\\
\qquad\qquad\qquad\quad CH_2{-}O{-}X \\
\qquad\qquad\qquad\qquad\quad \text{取代基}
\end{array}
$$

X 为连接在神经酰胺的聚糖,聚糖通过还原末端的半缩醛羟基与神经酰胺以 β- 糖苷键相连。鞘糖脂因神经酰胺中的两条脂酸链所含双键的数量和长度不同,而具有结构多样性和组织特异性。根据糖的性质,糖鞘脂可分为两类:

1. 中性鞘糖脂 由葡萄糖、半乳糖、GlcNAc、GalNAc 和 Fuc 等中性糖组成。例如,半乳糖神经酰胺(又称半乳糖苷脂)在脑和神经组织中含量最高;葡萄糖脑苷脂一般见于周围组织如肺、肾、肝、脾及血液中。

2. 酸性鞘糖脂 含唾液酸或硫酸化的单糖。其中,含唾液酸的鞘糖脂又称神经节苷脂(ganglioside,G),主要存在于神经髓鞘中。常见的神经节苷脂一般含有 1~4 个唾液酸,用 M、D、T、Q 代表,即 GM_1、GM_2、GM_3、GD_2 和 GD_3 等(其字母右下角数字表示唾液酸以外的糖基数,多用 5 减去糖基数表示,如 GM3 代表一个唾液酸,两个糖基形成的神经节苷脂)。聚糖末端的唾液酸可通过 $\alpha2{\rightarrow}3$ 与半乳糖基及 $\alpha2{\rightarrow}8$ 与唾液酸基结合。

鞘糖脂分子的脂酸链较长,饱和度高,相对伸展,因此容易相互聚集,并使局部细胞膜增厚,形成膜上特殊的微功能区(microdomains),称为脂筏。脂筏直径约 70nm,富含胆固醇。脂筏的形成有利于功能相关的蛋白质之间结合及功能的发挥。

(二) 鞘糖脂的功能

1. 细胞膜的结构组分 鞘糖脂位于细胞膜脂双分子层的外层,与细胞生理状况密切相关。不同细胞来源的鞘糖脂所占膜总脂的比例不同,如在红细胞膜约为 3%,神经髓鞘膜约为 28%。无论是神经酰胺还是糖链部分,都表现出一定的个体、组织及细胞专一性。鞘糖脂分子常相互聚集,并分布于膜微区。

2. 参与细胞识别、膜蛋白功能调节和信号转导等多种过程 鞘糖脂与一些膜受体特异结合可改变膜受体的功能,参与细胞识别和信息传递过程。如 GM_3 与 EGFR 结合,抑制其二聚体的形成及酪氨酸残基的磷酸化,进而抑制 EGFR 激活。神经节苷脂具有受体或辅助受体的作用,能与细胞因子、毒素和病毒等特异结合。

3. 维系神经系统的功能 鞘糖脂参与神经分化和再生、神经元和胶质细胞相互作用及神经冲动传导。将小鼠合成半乳糖神经酰胺的神经酰胺半乳糖基转移酶基因敲除后,小鼠可形成神经髓鞘,但神经冲动传导有障碍,并逐渐出现其他神经系统的异常。

4. 鞘糖脂代谢异常引起疾病 戈谢病是由溶酶体内葡萄糖神经酰胺酶的缺陷,造成葡萄糖神经酰胺在巨噬细胞内贮积所引起的。应用含甘露糖 -6- 磷酸的重组葡萄糖神经酰胺酶,通过其与巨噬细胞表面的甘露糖 -6- 磷酸受体结合可进入溶酶体内,清除贮积的葡萄糖神经酰胺,使病人的症状得到改善。

一些肿瘤细胞如黑色素瘤和神经母细胞瘤等的 GM_2 和 GD_2 含量明显升高,GM_2 和 GD_2 不仅可直接促进肿瘤的生长,还可加速肿瘤血管生成。由于一些肿瘤特异性的抗体是针对糖脂糖链决定簇的,以糖脂为抗原制备的抗体可用于肿瘤的诊断和治疗。

二、甘油糖脂

甘油糖脂（glyceroglycolipid）或称糖基酰基甘油，由甘油、脂肪酸及糖分子组成，糖分子主要有葡萄糖、半乳糖，通过糖苷键连接于 1,2- 甘油二酯形成糖脂分子。甘油糖脂广泛存在于高等植物、绿藻和细菌中，如存在于叶绿体膜上的半乳糖苷二甘油脂，结核菌菌体上的磷酸肌醇低聚甘露糖苷，存在于脑中的半乳糖苷二甘油脂。

第五节　细胞外基质

细胞外基质（extracellular matrix，ECM）是由细胞分泌到细胞间质的大分子构成的组织结构。主要有胶原蛋白（collagen）、弹性蛋白（elastin）、纤连蛋白（fibronectin，Fn）、层连蛋白（laminin，Ln）、蛋白聚糖等。胶原和蛋白聚糖为 ECM 的基本骨架，它们在细胞表面形成纤维网状结构，通过与细胞表面受体结合，调节细胞内外物质交换等功能。Fn 和 Ln 是黏附分子，它们通过 RGD（Arg-Gly-Asp）序列与细胞表面的黏附分子特异结合，调节细胞黏着、迁移、运动等。ECM 通过结合许多生长因子和激素，参与细胞信息传递，调节胚胎发育、组织重建、细胞增殖分化、血管形成、炎症扩散及肿瘤转移等多种生理和病理过程。本节仅简要介绍胶原蛋白、Fn 和 Ln 的结构与主要功能。

一、胶原

胶原是结缔组织的主要蛋白质成分，占人体蛋白总量的 25%~30%。胶原为纤维状蛋白质，不同胶原有截然不同的形态和功能，如骨和牙的坚硬结构，主要含胶原蛋白和钙磷聚合物，并聚集成特殊的凝结物。血管壁胶原排列成螺旋网状结构，可增强组织的强度和韧性。

（一）胶原的分子组成和分型

胶原分子可溶于温热的稀酸中，经超离心可得到三个组分：α、β 和 γ。其中 β 和 γ 组分是胶原蛋白 α 链的二聚体和三聚体。α 组分又分为 α1、α2、α3 和 α4，它们在氨基酸组成上有所不同，但肽链长度近似。到目前为止，至少发现 19 种类型胶原分子。细胞在不同发育阶段和条件下可以合成不同类型的胶原，如胎儿皮肤成纤维细胞合成 I 和 III 型，随年龄增长，III 型胶原合成逐渐减少。同一组织可同时存在几种类型的胶原，但常以一种类型为主，如肌腱、软骨、动脉、基底膜和平滑肌分别以 I、II、III、IV 和 V 型胶原为主。

（二）胶原分子氨基酸组成及一级结构特点

各类型胶原蛋白富含甘氨酸（占总氨基酸组成的 33%）、脯氨酸（约占 13%）和羟赖氨酸（约占 0.6%）及羟脯氨酸（约占 9%）。酪氨酸含量甚少，色氨酸和半胱氨酸则缺如。从营养角度而言，胶原因缺乏色氨酸这一营养必需氨基酸，故为营养不完全蛋白质。

胶原蛋白分子中有由甘氨酸、脯氨酸和羟脯氨酸组成的串联重复序列，顺序为甘-脯-Y 或甘-X-羟脯（X 和 Y 代表任意氨基酸残基）。I 型胶原 1000 个氨基酸残基中此三肽复重序列可重复出现 200 次以上。任何种系来源的胶原均存在 Galβ-O-Lys 聚糖连接方式，羟赖氨酸的 δ - 羟基是胶原分子中糖的结合部位。

（三）胶原分子空间构象

胶原分子是由三条多肽链组成的三螺旋结构。根据肽链的组成不同，分为 α1、α2 和 α3。I 型胶原由 2 条 α1(I) 和 1 条 α2(I) 组成。V 型胶原含有不同的 3 条链，即 α1(V)、α2(V) 和 α3(V)。三股多肽链在其二级结构的基础上，以右手螺旋的方式相互缠绕成超螺旋结构，形成完整的胶原分子（图 19-6）。三股螺旋之间的空间狭小，只能容纳甘氨酸残基侧链，所以肽链中含大量甘氨酸是形成三股螺旋的重要条件，

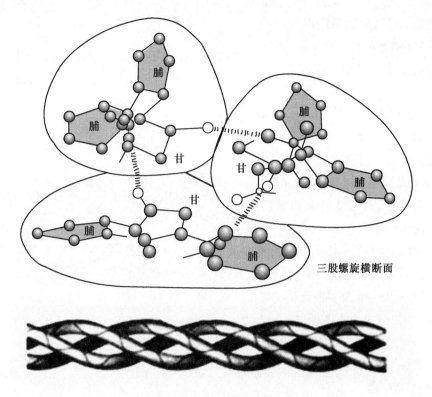

三股螺旋横断面

图 19-6　胶原的分子结构

甘氨酸的氨基氢与相邻肽链的羧基氧形成氢键，使三股链连结形成稳定的空间构象。

原胶原分子侧向连接是 I、II、III 和 V 型胶原特性的分子基础。具有三股螺旋结构的 I 型原胶原分子通过侧向链接，聚集成直径为 50~200nm 的胶原微纤维（collagen fibril）。胶原微纤维内的胶原分子之间由赖氨酸残基侧链相互作用形成共价键（图 19-7）。胶原微纤维再侧 - 侧并列，形成胶原纤维（collagen fiber）。正由于胶原纤维具有这样特殊的分子结构，进而产生了能承受巨大外力的能力。

（四）胶原蛋白 C 端非螺旋结构域与内皮抑素

近年来有关胶原蛋白 C 端结构域的研究发现，XVIII 型胶原蛋白 C 端非螺旋结构域含有内皮抑素（endostatin）的全部氨基酸序列。推测组织中的 XVIII 胶原蛋白经蛋白酶水解，可产生内皮抑素，发挥抑制内皮细胞生长的作用。除内皮抑素外，胶原蛋白还可产生其他内源性血管生成抑制剂（表 19-3），它们都有抑制血管内皮细胞生长和迁移、抑制肿瘤细胞增殖和迁移等作用，为肿瘤治疗提供了新的途径。

表 19-3　内源性血管生成抑制剂种类和来源

内源性血管生成抑制剂	来源	分子大小
内皮抑素（endostatin）	XVIII 型胶原 C 端非螺旋结构域	184aa
休眠蛋白（restin）	XV 型胶原 C 端非螺旋结构域	180aa
内皮生长抑制蛋白（vastatin）	VIII 型胶原 C 端非螺旋结构域	164aa
阻碍蛋白（arrestin）	IV 型胶原 α1 链 NC1 区	180aa
肿瘤抑素（tumstatin）	IV 型胶原 α3 链 NC1 区	180aa
血管能抑素（canstatin）	IV 型胶原 α2 链 NC1 区	227aa

二、纤连蛋白

纤连蛋白（fibronectin，Fn）是一种多功能糖蛋白，已发现 20 余种，广泛存在于 ECM，基底膜及各种体液

（血浆、组织间液、淋巴液、关节腔滑液和羊水）中。体内诸多细胞可合成分泌 Fn，成纤维细胞的分泌量尤多，而血浆 Fn 主要来自肝细胞。

（一）Fn 的分子结构

组织来源的 Fn 分子量、空间结构及生物学性质均大同小异。Fn 分子质量约为 220 000~250 000，由两个相似的亚基以羧基末端的二硫键连结成"V"型二聚体或多聚体，在成纤维细胞中以多聚体为主。

Fn 一级结构由 3 种不同类型的内在序列同源结构（internal sequence homology）重复出现构成，可分别与 ECM 中的多种成分和细胞结合。Fn 含 RGD（Arg-Gly-Asp）序列，能与细胞膜的整合蛋白受体特异结合，人工合成的 RGD 短肽可抑制 Fn 与受体的结合。

（二）Fn 的糖链结构

Fn 的含糖量因组织来源不同而异，通常在 5%~20% 范围内。Fn 分子中的聚糖主要为 N- 连接聚糖，每分子 Fn 可有 8~10 条 N- 连接聚糖。不同组织来源的 Fn 其 N- 连接聚糖结构不同，如血液来源的 Fn 其聚糖主要为二天线复杂型聚糖。Fn 的糖基化影响 Fn 的溶解度和抗蛋白酶作用，也影响与胶原结合的亲和力。

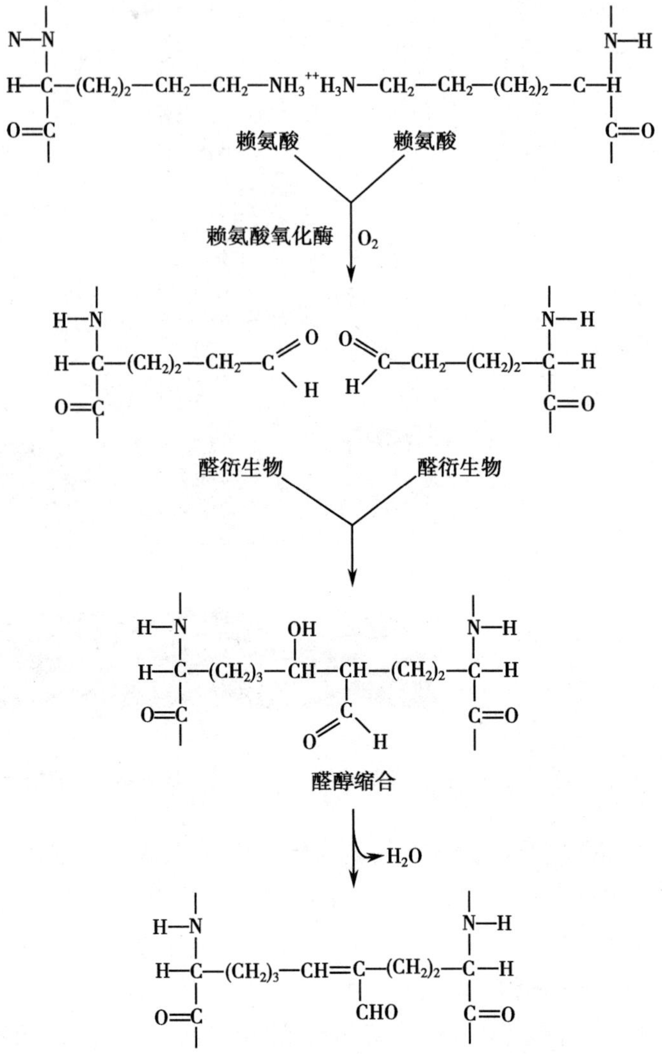

图 19-7　原胶原分子侧向共价连接的交联反应

（三）Fn 的功能

Fn 广泛分布于各种体液、细胞外基质和细胞中，其糖链结构具有组织特异性，因而决定了其功能的多样性。血小板聚集、正常凝血块形成、组织损伤修复与血浆 Fn 的作用有关，发生感染性炎症、白细胞浸润炎症组织等也需要 Fn 参与。Fn 还和细胞形态、增殖、分化以及个体的发育、生殖等有着密切联系。随着研究的深入，Fn 的功能作用在不断被揭示。

Fn 介导细胞与细胞、细胞与基质的相互作用。Fn 分子含有特异结构域，能与肝素、纤维蛋白、胶原蛋白、DNA、细胞、肌动蛋白和蛋白聚糖等特异结合，介导一系列细胞功能。细胞膜表面含有 Fn 受体，即整合蛋白，Fn 通过 RGD 模体与 Fn 受体结合，将细胞外的 Fn 与细胞内的细胞骨架蛋白连成一体，形成信息由胞外传入胞内的完整体系，从而影响细胞的功能作用。

三、层连蛋白

层连蛋白（laminin，Ln）是一种多结构域构成的糖蛋白，Ln 分子之间可进一步聚合成网状结构，成为组织基底膜的重要成分。

1. Ln 的分子结构　Ln 由 3 种不同的亚基（α，β，γ）通过二硫键连接组成，分子质量高达 850 000~900 000。电镜显示 Ln 的三条链排列成十字形（图 19-8），α 亚基的 C- 端为硫酸肝素蛋白聚糖的结合位点，

β 亚基的 N- 端为 IV 型胶原结合的区域。Ln 的每种亚基有 3~5 种类型，可组合成多种 Ln 分子。Ln 分子有与 Ln 受体结合的 RGD 序列，可与许多细胞表面的 Ln 受体结合，这些受体分子通过 Ln 相互交织，构成基底膜的网状结构。

2. 层连蛋白的糖链 Ln 是含糖达 12%~15% 的糖蛋白，主要为 N- 连接聚糖。应用分子克隆技术，测得小鼠 EHS 肿瘤中的 Ln 分子有 68 个潜在糖基化位点，其中 40 个为实际糖化位点。绝大部分的糖链为复杂型 N- 糖链，结构形式多样，但基本特点是末端存在半乳糖，也有唾液酸和多聚乙酰氨基乳糖。

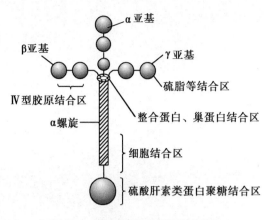

图 19-8　层连蛋白的分子结构示意图

3. 层连蛋白的功能 Ln 主要与细胞表面的整合蛋白结合，产生生理作用。Ln 可与上皮细胞及内皮细胞结合，以介导上皮细胞及内皮细胞黏着于基底膜上，从而影响细胞的生长、分化和运动。Ln 可能与某些疾病，如糖尿病、肾病、类风湿性关节炎、感染等有关，Ln 有促进多种肿瘤细胞生长、浸润和转移的作用。

对 Ln 分子中糖链作用的深入研究，已发现 Ln 的聚糖不能抑制蛋白酶水解 Ln，也不增加 Ln 与肝素的结合。但 Ln 糖链结构的改变可引起 Ln 某些功能的变化，如用衣霉素处理癌胚细胞而获得的无糖 Ln 可抑制黑素瘤细胞的铺展，但并不影响其黏附。若用糖链加工抑制剂使 Ln 糖链停留在高甘露糖型阶段，其功能与含复杂型糖链的 Ln 完全相同，但若停留在杂合型阶段，则可影响 Ln 的部分功能。这些结果说明高甘露糖型具备 Ln 成熟糖链的信息，而杂合型却没有。

（赵炜明）

糖复合物主要为糖蛋白、蛋白聚糖和糖脂。前两者都由蛋白质部分和聚糖部分所组成。糖蛋白可分为 *N*- 连接和 *O*- 连接两型。*N*- 连接聚糖链以共价键方式与糖化位点即 Asn-X-Ser 模体中的天冬酰胺的酰胺 *N*- 连接，*O*- 连接聚糖链与糖蛋白特定 Ser 残基侧链的羟基共价结合。*N*- 连接聚糖链可分成高甘露糖型、复杂型和杂合型三型，它们都是由 14 个糖基的长萜醇焦磷酸聚糖结构经加工而成。每一步加工都有特异的糖苷酶和糖基转移酶参与。糖蛋白的糖链参与许多生物学功能，如影响新生肽链的加工，运输和糖蛋白的生物半衰期，参与糖蛋白的分子识别和生物活性等。

蛋白聚糖由糖胺聚糖和核心蛋白组成。体内重要的糖胺聚糖有硫酸软骨素、硫酸类肝素、透明质酸等。蛋白聚糖是主要的细胞外基质成分，它与胶原蛋白以特异的方式相连而赋予基质以特殊的结构。细胞表面的蛋白聚糖还参与细胞黏附、迁移、增殖和分化功能。

ECM 是细胞完成若干生理功能必需依赖的物质，由胶原蛋白、透明质酸和各种蛋白聚糖、糖蛋白构成。胶原是结缔组织的主要蛋白质成分，一般由 3 条 α 肽链以右手螺旋方式形成三股螺旋，重复出现的 Gly-Pro-X 模体是三股螺旋特定空间构象所依赖的一级结构。然后螺旋之间通过醛醇交联的方式形成侧向共价连接的胶原微纤维。微纤维再进一步侧向排列形成胶原纤维。从各型胶原蛋白 C 端非螺旋结构域水解而产生的小分子化合物，如内皮抑素等，具有内源性血管生成抑制剂作用。

Fn 和 Ln 是存在于 ECM 中的糖蛋白。Fn 由二条多肽链组成，主要由成纤维细胞合成，而血浆 Fn 主要来自肝细胞。Fn 分布广泛，其功能多样性，在血小板聚集、组织损伤修复、细胞增殖、分化等方面都起着作用。Ln 主要介导上皮细胞及内皮细胞黏着于基底膜，从而影响细胞的生长、分化和运动等。

1. 糖蛋白分为哪几类，在结构上各有何特点？

2. 聚糖对糖蛋白的理化性质、空间结构和生物活性有何影响？

3. 举例说明糖蛋白与医学的关系。

4. 简述糖胺聚糖的种类和结构组成特点。

5. 细胞外基质主要有哪些大分子物质？有何功能作用？

第二十章   维生素与无机物

20

第一节 维生素

维生素(vitamin)是维持生命活动所必需的,但在体内不能合成或合成量很少,必须由食物供给的一组小分子有机化合物。维生素每日需要量很少,它们既不构成机体的组织成分,也不为机体供能,但却在人体生长、代谢、发育过程中发挥着重要的作用。按溶解性不同,维生素可分为脂溶性维生素(lipid-soluble vitamin)和水溶性维生素(water-soluble vitamin)。

一、脂溶性维生素

脂溶性维生素包括维生素 A、维生素 D、维生素 E 和维生素 K,是溶于有机溶剂而不溶于水的一类维生素。它们随脂类物质一起吸收,吸收后的脂溶性维生素在血液中与脂蛋白或特异的结合蛋白相结合而运输。

(一)维生素 A

1. 化学本质、性质和来源　维生素 A(vitamin A)又名视黄醇(retinol),是含有 β- 白芷酮环的多聚异戊二烯复合物。天然维生素 A 包括维生素 A_1(视黄醇)和 A_2(3- 脱氢视黄醇)两种。

维生素 A 非常容易被氧化,紫外线照射可使之破坏,无氧条件下它可耐热至 120℃,所以一般的烹调及罐头加工对食物中的维生素 A 影响不是很大。冷藏可以保持大部分维生素 A。维生素 A 主要来源于肝、鱼肝油、肉类、蛋黄、乳制品等动物性食品中。植物中没有维生素 A,但是自然界中的黄色和绿色的植物中含有多种类胡萝卜素,最重要的是 β- 类胡萝卜素,它可被存在于小肠黏膜内的加氧酶催化生成视黄醇。

维生素A_1(视黄醇)

维生素A_2(3-脱氢视黄醇)

2. 生化作用及缺乏症　维生素 A 具有非常重要的生理功能,包括构成视觉细胞内感光物质;参与糖蛋白的合成,维持上皮组织结构的完整性;可以促进生长、发育及繁殖等作用。维生素 A 缺乏时,引起 11- 顺视黄醛的补充不足,视紫红质合成减少,对弱光敏感性降低,日光适应能力减弱,严重时可产生夜盲症,我国医学称为"雀目"。维生素 A 缺乏也可影响糖蛋白的合成,使皮肤和各器官如消化道、腺体等上皮细胞出现干燥、增生和角质化等改变。维生素 A 还具有抗癌和抗衰老的作用。

(二)维生素 D

1. 化学本质、性质和来源　维生素 D(vitamin D)是类固醇衍生物。维生素 D 家族成员中最重要的成员是维生素 D_2(麦角钙化醇 ergocalciferol)和维生素 D_3(胆钙化醇 cholecalciferol)。人体内胆固醇可生成为 7-脱氢胆固醇,在紫外线照射下可转变成维生素 D_3。植物油和酵母中含有不被人体吸收的麦角固醇,在紫外线照射下可转变成能被人体吸收的维生素 D_2。肝脏、奶及蛋黄中维生素 D_3 含量丰富,其中以鱼肝油含量最丰富。

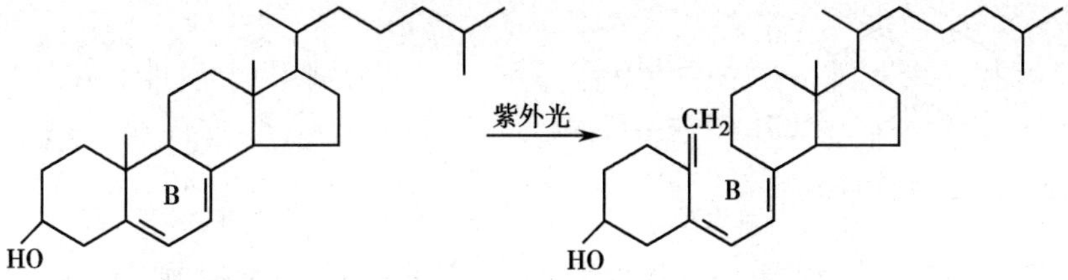

7-脱氢胆固醇 → 紫外光 → 维生素D₃

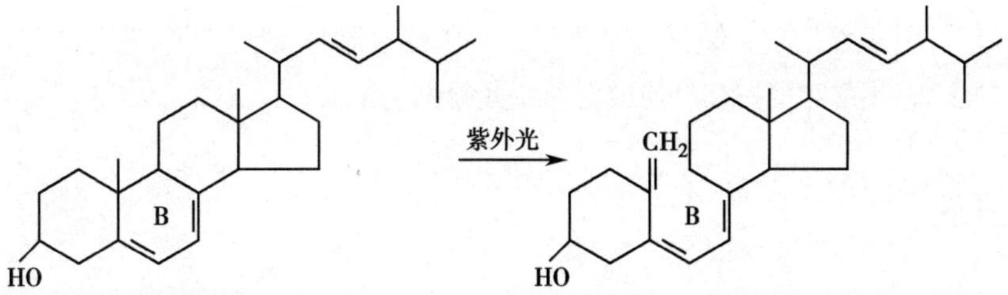

麦角固醇 → 紫外光 → 维生素D₂

2. 生化作用及缺乏症 1,25-(OH)₂D₃ 是维生素 D 的活化形式,其靶细胞是小肠黏膜、骨骼和肾小管。主要作用是调节钙、磷代谢,促进钙盐的更新及新骨的生成。当缺乏维生素 D 时,儿童可发生佝偻病,成人引起骨软化症,孕妇维生素 D 缺乏时这种情况特别显著。

(三) 维生素 E

1. 化学本质、性质和来源 维生素 E 又名生育酚,根据其化学结构分为生育酚和生育三烯酚两类,每类又可根据甲基的数目和位置不同分为 α、β、γ 和 δ 四种。自然界的维生素 E 中以 α- 生育酚的生理活性最高,分布最广。维生素 E 对氧十分敏感,极易自身氧化而保护其他物质免遭氧化,所以具有抗氧化作用。维生素 E 主要存在于植物油中,绿色蔬菜、豆类等也含有较多的维生素 E。

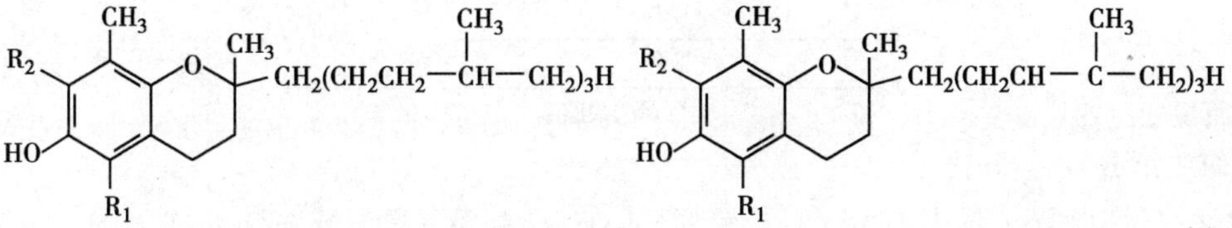

生育酚

生育三烯酚

2. 生化作用及缺乏症 维生素 E 具有多种生理功能,包括抗氧化作用;促进血红素的生成;还与生殖功能有关等。维生素 E 缺乏症较少见,但某些疾病如 β- 脂蛋白血症、慢性胰腺炎或胃肠切除综合征以及严重脂质吸收障碍等可引起缺乏。维生素 E 缺乏表现为红细胞数量减少、脆性增加等溶血性贫血症。

(四) 维生素 K

1. 化学本质、性质和来源 维生素 K 又称凝血维生素。广泛存在于自然界的有 K₁ 和 K₂。K₁ 存在于绿叶蔬菜中,K₂ 是人体肠道细菌的代谢产物。它们都是 2- 甲基 1,4- 萘醌的衍生物。临床上常用的 K₃ 和 K₄ 都是人工合成的,K₃ 和 K₄ 溶于水,可口服或注射,其活性高于 K₁ 和 K₂。

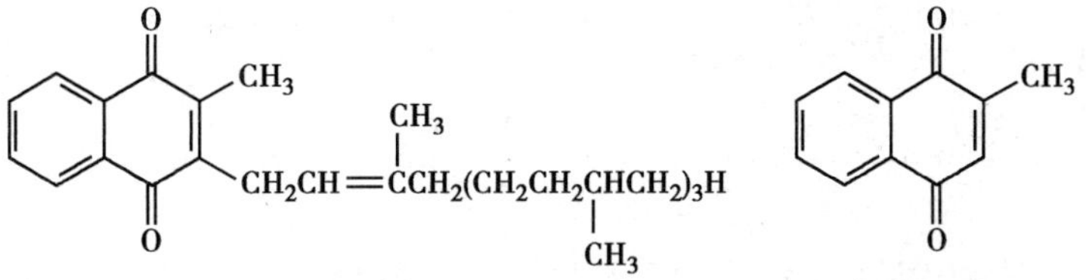

维生素 K₁

维生素 K₃

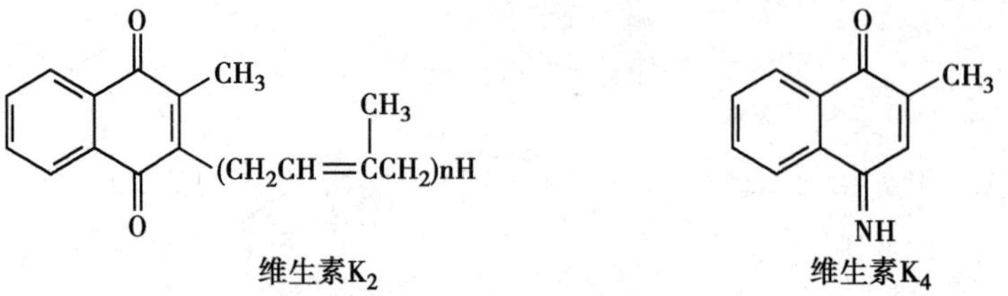

维生素K₂ （left structure） 维生素K₄ （right structure）

2. 生化作用及缺乏症 维生素 K 的主要生理作用是促进凝血因子（Ⅱ、Ⅶ、Ⅸ、Ⅹ）的合成。维生素 K 分布广泛，人体肠道细菌又能合成，故一般不易缺乏。当缺乏时，患者可出现出血症状。肠道阻塞或长期服用广谱抗生素时，可引起维生素 K 缺乏。维生素 K 不能通过胎盘，新生儿肠道内又无细菌，故新生儿可能发生维生素 K 缺乏，因此常对孕妇在产前或对新生儿给维生素 K 以防出血。

二、水溶性维生素

（一）维生素 B₁

1. 化学本质和来源 维生素 B₁ 又称为抗脚气病维生素。分子由含氨基的嘧啶环和含硫的噻唑环构成，故又称为硫胺素（thiamine）。维生素 B₁ 主要存在于种子外皮和胚芽中，酵母、干果、蔬菜中含量也很高。

2. 生化作用及缺乏症 焦磷酸硫胺素（thiamine pyrophosphate，TPP）是维生素 B₁ 在体内的活性形式。TPP 是 α-酮酸氧化脱羧酶（α-酮戊二酸脱氢酶、丙酮酸脱氢酶等）的辅酶，同时它也是转酮醇酶的辅酶。维生素 B₁ 缺乏时，神经传导受到阻滞，会出现消化液分泌减少、胃蠕动变慢、食欲缺乏、消化不良和肠胀气等表现。严重的维生素 B₁ 缺乏时，可引起一系列神经系统和循环系统的症状，称为脚气病，初期表现为多发性神经炎、水肿、浆液渗出和食欲缺乏等，严重时可发生水肿、心力衰竭等症状。

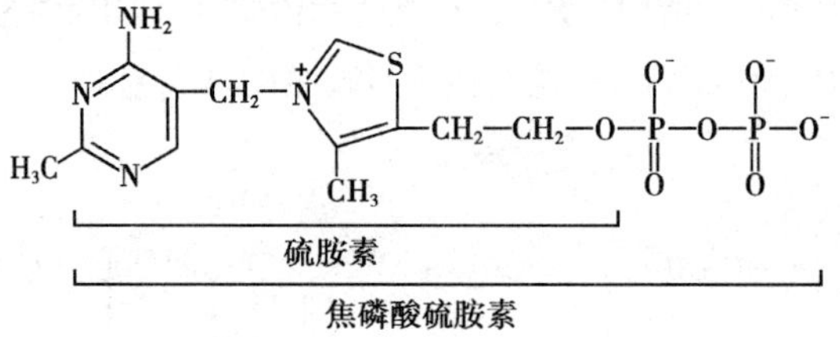

硫胺素

焦磷酸硫胺素

（二）维生素 B₂

1. 化学本质和来源 维生素 B₂ 又称核黄素（riboflavin），核黄素的异咯嗪环上 N₁ 及 N₁₀ 与活泼的双键相连，因而具有可逆的氧化还原特征。维生素 B₂ 分布很广，在肝、酵母、米糠、蛋黄及大豆中含量丰富。

2. 生化作用及缺乏症 维生素 B₂ 在体内的活性形式是黄素单核苷酸（flavin mononucleotide，FMN）和黄素腺嘌呤二核苷酸（flavin adenine dinucleotide，FAD）。FMN 和 FAD 是多种氧化还原酶（如琥珀酸脱氢酶、脂酰 CoA 脱氢酶、黄嘌呤氧化酶等）的辅基，起递氢作用。维生素 B₂ 缺乏时可引起上皮组织的病变，如口角炎、阴囊皮炎、眼睑炎、唇炎、舌炎、脂溢性皮炎等。

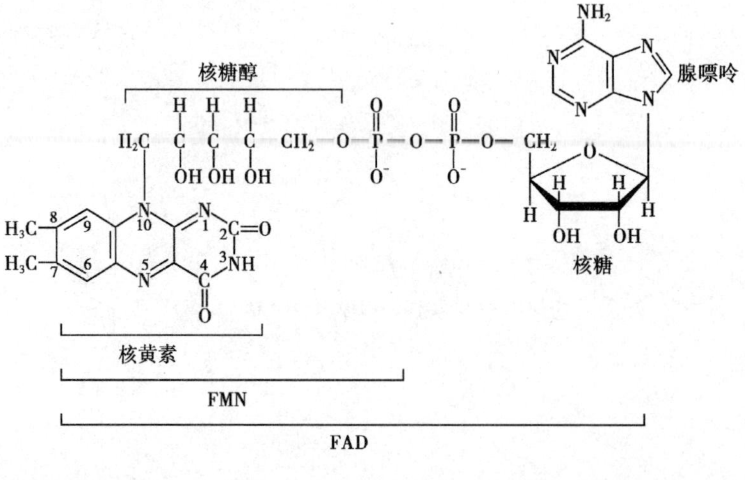

核糖醇 腺嘌呤 核糖

核黄素

FMN

FAD

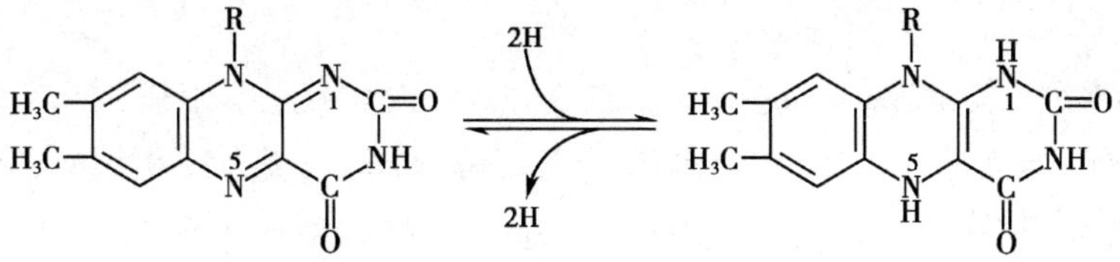

（三）维生素 PP

1. 化学本质和来源　维生素 PP 又称抗癞皮病维生素,包括烟酸(nicotinic acid)和烟酰胺(nicotinamide),二者均属于吡啶衍生物,在体内二者可以相互转化。维生素 PP 广泛存在于大多数食物中,尤以鱼、肉、酵母及花生中含量丰富。

2. 生化作用及缺乏症　维生素 PP 在体内的活性形式是烟酰胺腺嘌呤二核苷酸(nicotinamide adenine dinucleotide,NAD^+)与烟酰胺腺嘌呤二核苷酸磷酸(nicotinamide adenine dinucleotide phosphate,$NADP^+$)。NAD^+ 和 $NADP^+$ 分子中的烟酰胺部分可以可逆地脱氢与加氢,是不需氧脱氢酶(如乳酸脱氢酶、苹果酸脱氢酶等)的辅酶,广泛参与体内的氧化还原反应。人类维生素 PP 缺乏称为癞皮病(pellagra),主要表现为暴露于阳光的皮肤出现对称性皮炎、腹泻和痴呆等。

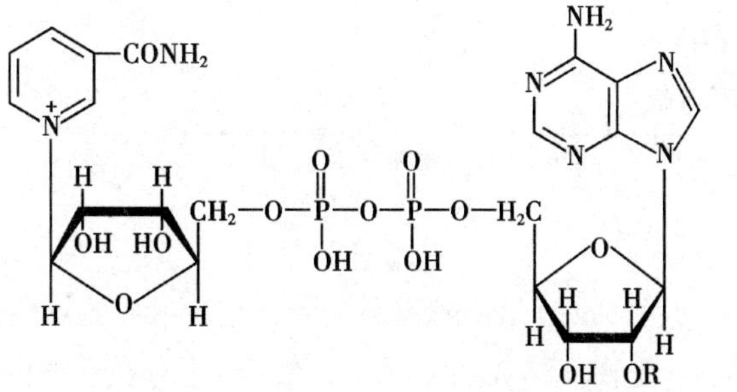

$R=H$：NAD^+;　　　$R=H_2PO_3$：$NADP^+$

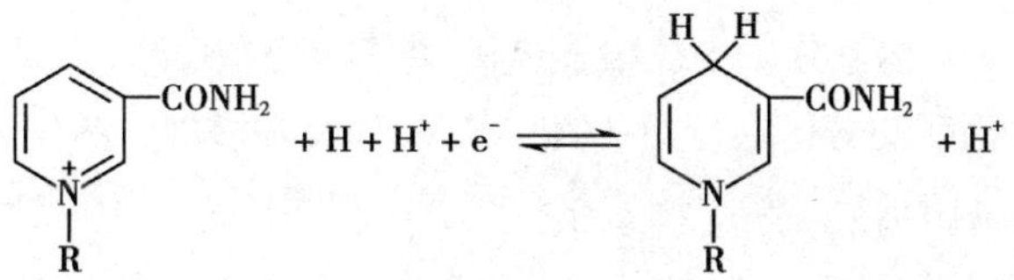

（四）维生素 B₆

1. 化学本质和来源　维生素 B_6 是吡啶衍生物,包括吡哆醇(pyridoxine)、吡哆醛(pyridoxal)和吡哆胺(pyridoxamine)。维生素 B_6 在动植物中分布很广,酵母、米糠中最为丰富,奶、肉、菜及豆类中含量也较多。

2. 生化作用及缺乏症　维生素 B_6 在体内以磷酸酯的形式存在,磷酸吡哆醛和磷酸吡哆胺是其活性形式,二者可相互转变。主要作为各种转氨酶和脱羧酶的辅酶,起传递氨基和脱羧基的作用,广泛参与氨基酸代谢。目前人类未发现维生素 B_6 缺乏症。异烟肼能与磷酸吡哆醛结合成腙衍生物,使其失去辅酶作用,故在服用异烟肼药物治疗结核病时,易造成维生素 B_6 的缺乏,需补充维生素 B_6。

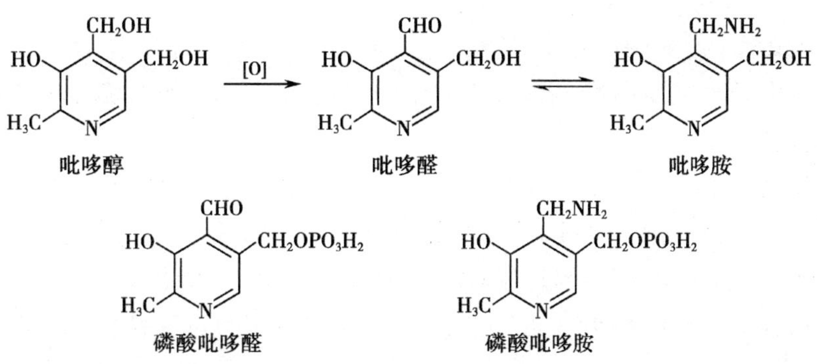

吡哆醇　　　　　　　　　吡哆醛　　　　　　　　　吡哆胺

磷酸吡哆醛　　　　　　　　磷酸吡哆胺

(五) 泛酸

1. 化学本质和来源　泛酸(pantothenic acid)又称遍多酸。是二羟基二甲基丁酸与 β-丙氨酸通过酰胺键缩合而成的化合物。泛酸在自然界中广泛分布,尤其是酵母、肝、谷类中含量丰富。

2. 生化作用及缺乏症　泛酸经磷酸化并与巯基乙胺结合生成 4-磷酸泛酰巯基乙胺,是辅酶 A(coenzyme A,CoA)的组成部分及酰基载体蛋白的辅基。其分子中的巯基是其发挥作用的功能基团。酰基载体蛋白是脂肪酸合成酶系的组成成分,辅酶 A 是酰基转移酶的辅酶,参与体内的酰基化反应。因为泛酸存在广泛,所以泛酸缺乏症一般很少发生。

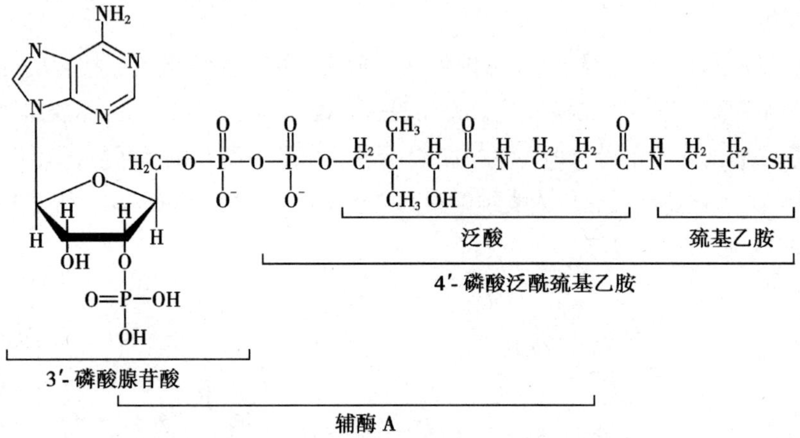

辅酶 A

(六) 生物素

1. 化学本质和来源　生物素(biotin)是由噻吩环和尿素结合形成的双环化合物,并含有戊酸侧链。自然界中至少存在两种生物素:α-生物素和 β-生物素。生物素广泛存在于动植物组织中,肝、肾、蛋黄、酵母、花生、蔬菜等的生物素含量很高。

2. 生化作用及缺乏症　生物素分子中戊酸侧链的羧基与酶蛋白中赖氨酸的 ε-氨基通过酰胺键相连,作为体内多种羧化酶(如丙酮酸羧化酶、乙酰辅酶 A 羧化酶等)的辅基,参与体内 CO_2 的固定作用,与糖、脂肪、蛋白质和核酸的代谢密切相关。因生物素在自然界中存在广泛且化学性质稳定,缺乏症很少见。但是长期使用抗生素会造成生物素缺乏。生鸡蛋蛋清中含有一种抗生物素蛋白,能与生物素结合而影响吸收,长期食用生鸡蛋会引起生物素缺乏,可以表现为精神抑郁、皮炎、干燥脱屑、贫血等。

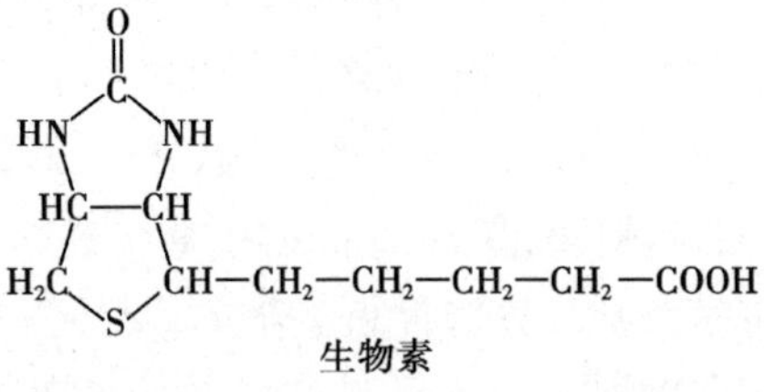

生物素

(七) 叶酸

1. 化学本质和来源　叶酸(folic acid)又名蝶酰谷氨酸,由谷氨酸、对氨基苯甲酸和 2-氨基-4-羟基-6-甲基蝶呤啶组成。叶酸因在植物的绿叶中含量丰富而得名,肝和酵母中含量也较高,肠道细菌也可以合成,所以一般不易患缺乏症。

2. 生化作用及缺乏症　叶酸分子的第 5、6、7、8 位可被还原生成四氢叶酸(tetrahydrofolic acid,FH_4),FH_4 是叶酸在体内的活性形式,FH_4 作为一碳单位转移酶的辅酶和一碳单位的载体,在嘌呤、嘧啶的生物合成及甲硫氨酸循环等过程中起重要作用。当小肠吸收不良、代谢失常或组织需求量过多、长期大量使用广谱抗生素,都可导致叶酸缺乏。若叶酸缺乏,DNA 合成原料减少,骨髓幼红细胞 DNA 合成受阻,细胞分裂速度降低,细胞体积增大,形成巨幼细胞贫血。另外叶酸缺乏可引起 DNA 的低甲基化,增加某些癌症(如直肠、结肠癌等)的危险性。

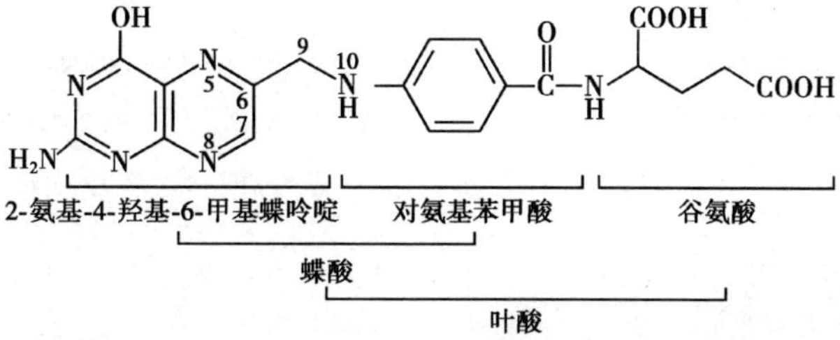

(八)维生素 B$_{12}$

1. 化学本质和来源 维生素 B$_{12}$ 又称为钴胺素(cobalamine),分子结构中含有一个金属离子钴,是唯一一个含有金属元素的维生素。维生素 B$_{12}$ 在体内有多种存在形式,血液中主要是甲钴胺素和 5′- 脱氧腺苷钴胺素。维生素 B$_{12}$ 主要存在动物肝中,肾、瘦肉、鱼及蛋类中含量也较高。

2. 生化作用及缺乏症 甲钴胺素和 5′- 脱氧腺苷钴胺素是维生素 B$_{12}$ 的活性形式。甲钴胺素是甲硫氨酸合成酶(N^5- 甲基 -FH$_4$ 转甲基酶)的辅酶,参与甲基的转移。5′- 脱氧腺苷钴胺素是 L- 甲基丙二酰 CoA 变位酶的辅酶,该酶催化 L- 甲基丙二酰 CoA 生成琥珀酰 CoA。维生素 B$_{12}$ 缺乏,甲基转移受阻,影响体内多种含甲基化合物的生成,同时也影响四氢叶酸的再生,组织中游离四氢叶酸含量减少,影响嘌呤和嘧啶及核酸、蛋白质的合成,造成细胞分裂受阻,引起巨幼细胞贫血。维生素 B$_{12}$ 缺乏时还会出现一些神经疾患。

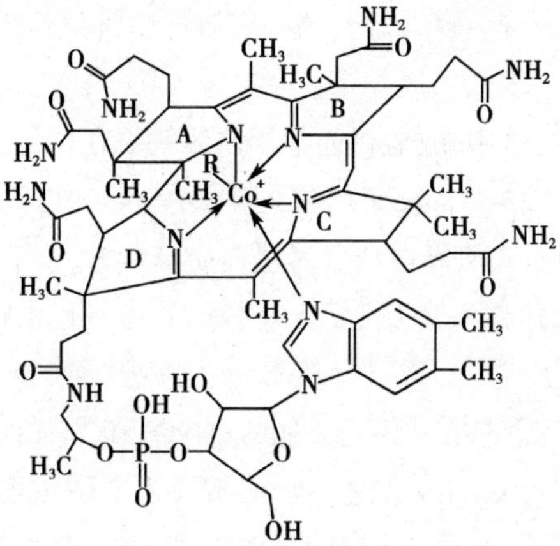

(九)维生素 C

1. 化学本质和来源 维生素 C 又称抗坏血酸,是六碳不饱和多羟基化合物,是 L- 型己糖的衍生物。维生素 C 广泛存在于新鲜的水果及蔬菜中,尤其是柑橘类、番茄、山楂等含量最为丰富。

2. 生化作用及缺乏症 维生素 C 具有多种生理功能,参与体内的羟化反应,作为还原剂参与多种氧化还原反应等。如摄入不足、消化吸收不良、消耗增高等原因引起的维生素 C 缺乏,会引起毛细血管的脆性增加、牙齿松动、骨折、创伤时伤口不容易愈合等症状,称为“坏血病”。同时维生素 C 缺乏也可影响胆固醇转化成胆汁酸,造成胆固醇在体内蓄积,故维生素 C 缺乏也是动脉粥样硬化的危险因素。

第二节　无机物

生物体中的无机物主要有水和一些电解质如 K$^+$、Na$^+$、Ca^{2+}、Mg^{2+}、Cl$^-$、SO$_4^{2-}$ 等,它们对细胞的结构、功能及代谢调节等具有重要作用。本节主要讨论钙、磷、镁以及微量元素代谢。

一、钙磷代谢

（一）钙磷在体内的分布及含量

钙和磷是体内含量最多的无机盐。成年人体内钙的总含量为 700~1400g，占成人体重的 1.5%~2.2%。磷的总含量为 400~800g，占成人体重的 0.8%~1.2%。其中约有 99.3% 的钙和 85.7% 的磷以羟磷灰石的形式构成骨盐存在于人的骨骼和牙齿中；其余的钙和磷以游离的形式分布于体液及软组织，虽然含量很低，但有着非常重要的生理调节功能。

（二）钙磷的生理功能

1. 钙的生理作用 游离的钙量虽少，但生理功能十分重要。Ca^{2+} 能降低神经、骨骼肌的兴奋性，并参与肌肉的收缩；Ca^{2+} 可降低毛细血管壁和细胞膜的通透性，在临床上可用钙制剂治疗荨麻疹等过敏性疾病以减少组织的渗出性病变；Ca^{2+} 是血液凝固过程所必需的第Ⅳ凝血因子，参与血液凝固；Ca^{2+} 参与腺体分泌，调节多种激素和神经递质的释放，如儿茶酚胺类的释放；Ca^{2+} 还是许多酶的激活剂或抑制剂。Ca^{2+} 还可作为细胞内的第二信使，介导激活细胞内的许多生理反应。

2. 磷的生理作用 磷是体内许多物质（核苷酸、核酸、磷蛋白、磷脂等）的重要组成成分，参与体内能量的生成、贮存及利用（如 ATP、ADP、磷酸肌酸等）。磷酸还通过酶蛋白的磷酸化和脱磷酸化参与酶共价修饰的调节，是体内蛋白质生物活性快速调节的重要方式。无机磷酸盐还参与构成血浆缓冲对及参与调节体液的酸碱平衡。

3. 磷与钙共同构成骨盐参与成骨作用 钙和磷是骨、牙齿的重要组成成分，骨中的无机盐称为骨盐，其主要成分是磷酸钙盐，占骨盐成分的 84%，因此，钙和磷与骨的代谢密切相关。

（三）血钙和血磷

血液中的钙几乎全部存在于血浆中，故血钙通常指血浆钙。在机体多种因素的调节和控制下，血钙浓度比较恒定。正常人血钙浓度为 2.25~2.75mmol/L，且无年龄差异。血钙以离子钙和结合钙两种形式存在，各占 50%，其中结合钙大部分是与血浆清蛋白结合为蛋白质结合钙，小部分与柠檬酸等结合。因为血浆蛋白质结合钙不能透过毛细血管壁，故称为非扩散钙。柠檬酸钙等钙化合物和离子钙可透过毛细血管壁，称为可扩散钙。

血浆中磷主要以无机磷酸盐的形式存在，如 Na_2HPO_4 和 NaH_2PO_4，其中 80%~85% 是 HPO_4^{2-}，其余 15%~20% 以 $H_2PO_4^-$ 存在，是血液缓冲对的成分之一。正常成人血磷浓度为 0.97~1.61mmol/L；儿童稍高，为 1.29~1.94mmol/L。血磷不如血钙稳定，可受生理因素影响而变动。如体内糖代谢增强时，血中无机磷进入细胞，形成磷酸酯，可使血磷下降。

血浆中钙和磷含量的相对稳定，其浓度保持着一定的数量关系。当健康成人血浆中钙磷浓度以 mmol/L 来表示时，它们的乘积为一个常数 [Ca]×[P] = 2.5~3.5（若以 mg/dl 表示则 [Ca]×[P] 为 35~40）当两者乘积 >3.5（或 40）时，钙磷将以骨盐的形式沉积于骨组织中；乘积 <2.5（或 35）时，则会影响骨组织的钙化及成骨作用，甚至促使骨盐溶解而引起佝偻病。

（四）钙、磷的吸收与排泄

1. 钙、磷的吸收

（1）钙的吸收：成人每日钙需要量 0.5~1.0g，处于生长发育期的儿童、孕妇及哺乳期妇女相应增加钙需要量为 1.0~1.5g。普通膳食一般能满足成人每日钙的需要量。钙吸收的主要部位在小肠，以十二指肠上部吸收能力最强，其次是空肠和回肠。钙的吸收方式除少量经扩散作用吸收外，主要是通过肠黏膜细胞的主动转运来完成。成人食物钙吸收率约为 30%，随年龄增长下降，这是老年人缺钙导致骨质疏松的原因之一，老年人可适当服用钙剂以防骨质疏松症。婴儿和儿童的钙吸收较好，可分别吸收食物钙 50% 和 40% 以上，保证其生长发育所需钙量。当体内钙缺乏时，肠道会增加钙的吸收，以弥补钙不足。

（2）磷的吸收：健康成人每日磷需要量 1.0~1.5g,处于生长发育期的儿童及孕妇、乳母磷需要量相应增加。食物中的大部分磷以磷酸盐、磷脂和磷蛋白形式存在,易于吸收。磷吸收的主要部位在小肠,以空肠部吸收最强,吸收形式为酸性磷酸盐（$H_2PO_4^-$）。人体对食物中磷的吸收率较高,达 70%,若血磷下降时吸收率可达 90%,因此缺磷患者罕见。

2. 钙、磷的排泄

（1）钙的排泄：正常成人每日进出体内的钙量大致相等,维持着动态平衡。每日排出钙,80% 经肠道排出,20% 经肾脏排出。肠道排出的钙包括未吸收的食物钙和消化液中未被重吸收的钙,其排出量随食物钙含量和钙吸收状况而波动。血浆钙每天约有 10g 经肾小球滤过,其中 95% 以上重吸收,随尿排出的钙仅为0.5%~5%。体内钙的排泄特点是"多吃多排,少吃少排,不吃也排"。由于每日分泌的消化液中含有大量的钙,一旦肠道钙吸收障碍,消化液中的钙就会大量的随粪便排出,以致超过食入的钙量而导致负钙平衡。

（2）磷的排泄：磷的排泄也有两条途径,20%~40% 经肠道排出,为不溶性磷酸盐。60%~80% 则由肾脏排出,为可溶性磷酸盐。尿磷排出量与血磷浓度、肾小管重吸收有关。当血磷浓度下降,肾小管重吸收磷增强,尿磷排出减少。当肾功能不全,肾滤过率下降,尿磷排出减少,血磷浓度升高而导致高血磷。

（五）钙磷代谢的调节

体内钙、磷代谢的调节是相互关联,密不可分的。主要的调节因素有三种：1,25-（OH)$_2$-D$_3$、甲状旁腺素和降钙素。它们通过合成与分泌的变化影响肠内钙磷的吸收、钙磷在骨组织和体液间的平衡以及肾脏对钙磷的排泄,从而维持钙磷代谢的正常进行。

1. 1,25-（OH)$_2$-D$_3$　1,25-（OH)$_2$-D$_3$ 主要调节作用是：①促进小肠黏膜细胞对钙磷的吸收,提高血钙血磷浓度。1,25-（OH)$_2$-D$_3$ 通过增加小肠黏膜细胞的膜磷脂合成,增加不饱和脂肪酸的含量,进而增加 Ca^{2+}的通透性,促进 Ca^{2+} 的吸收。②促进骨的代谢。1,25-（OH)$_2$-D$_3$ 可增强破骨细胞的活性和数量,动员骨质钙和磷释放入血。③促进肾远曲小管对钙磷的重吸收。1,25-（OH)$_2$-D$_3$ 可直接促进肾近曲小管对钙、磷的重吸收,提高血钙血磷浓度。

总之,1,25-（OH)$_2$-D$_3$ 的主要作用是促进肠内钙磷的吸收,使血浆中钙磷浓度增加,为新骨钙化提供所需的钙磷,促进成骨作用。

2. 甲状旁腺素　甲状旁腺素（parathyroid hormone,PTH）的生理功能如下：①对骨的作用：增加破骨细胞的数量和活性,促进骨盐溶解,提高血中 Ca^{2+} 的含量。②对肾的作用：促进肾小管对钙的重吸收,同时抑制肾近曲小管对磷的重吸收,使尿中钙的排出量减少,无机磷酸盐的排出量增多。③对肠的作用：增强小肠对钙、磷的吸收。PTH 可增强肾中 1α-羟化酶活性,使活性弱的 25-（OH)-D$_3$ 转变为活性强的 1,25-（OH)$_2$-D$_3$,从而间接促进小肠对钙磷的吸收。

总之,PTH 具有升高血钙,降低血磷的作用,是维持血钙正常水平的重要调节因素之一。

3. 降钙素　降钙素（calcitonin,CT）的生理功能：①对骨的作用：抑制间叶细胞转化为破骨细胞,抑制破骨细胞的生成,阻止骨盐溶解及骨基质的分解,抑制钙盐的释放。促进破骨细胞转化为成骨细胞,并增强其活性,使钙和磷沉积于骨中,导致血钙、血磷降低。②对肾的作用：抑制肾小管对钙磷的重吸收,使尿钙、尿磷排出增加。同时,它还能抑制肾 1α-羟化酶,促使 1,25-（OH)$_2$-D$_3$ 合成减少,从而间接抑制肠道对钙、磷的吸收,以降低血钙、磷浓度。

总之,降钙素具有降低血钙和血磷的作用。

二、镁的代谢

（一）在体内的含量及分布

镁是体内重要的阳离子之一,总量有 20~28g。分布广泛,近一半的镁存在于骨组织中,20% 存在于肌肉组织中,少量存在于肝、肾、脑等组织。镁主要以阳离子的形式存在于各种细胞内,几乎不参与交换,细胞外的镁只占体内总量的 1%。正常成人血镁的浓度为 0.8~1.1mmol/L,其中 1/3 与血浆清蛋白结合,因此不能透过血管壁;小部分的血镁与磷酸、柠檬酸等结合成不易解离的化合物,而大部分则以 Mg^{2+} 形式存在。

(二) 镁的吸收与排泄

1. 镁的吸收　镁主要来源于绿色蔬菜。人体每日镁的需要量为 0.2~0.4g。食物中的镁主要由小肠吸收,吸收率约为 30%。肠中镁的吸收受到多种因素影响。过多摄入钙、磷酸盐、脂肪等可减少镁的吸收。植酸及碳酸可与镁形成不溶性化合物,影响镁的吸收,而高蛋白饮食则能增加镁的吸收。

2. 镁的排泄　体内镁的排泄主要通过肠道和肾脏。食物中未吸收的镁和消化液中分泌的少量镁由肠道排出。血浆中游离镁离子可通过肾小球滤过,绝大部分被肾小管重吸收,仅有 0.1~0.15g 镁从肾脏排出。当血镁下降时,肾小管增加镁的重吸收。因此,肾脏是维持血镁浓度相对恒定的主要器官。此外,甲状腺素可促进镁的排泄。

3. 镁的生理功能　Mg^{2+} 是体内许多酶的辅助因子或激活剂,参与酶促反应。Mg^{2+} 对神经系统和心肌的作用十分重要,Mg^{2+} 对中枢神经系统和运动神经-肌肉接头处具有抑制作用。当 Mg^{2+} 作用于周围血管系统时,可引起血管扩张而产生降低血压作用。此种降压作用对正常人比对高血压患者更明显。

三、微量元素

人体内的元素组成有几十种,许多元素在体内的含量较多,称为常量元素;有些元素含量仅占体重的 0.01% 以下,称为微量元素。通常微量元素每人每日需要量在 100mg 以下。在体内比较重要的具有特殊生理功能的微量元素有铁、铜、锌、碘、锰、硒、氟、钼、钴、铬等,绝大部分为金属元素。它们广泛分布于各组织,含量较恒定,其来源主要为食物。

虽然微量元素在体内含量甚微,可通过形成结合蛋白质、酶、激素、维生素等重要生物活性分子来发挥特殊的、多样的生理作用。微量元素的缺乏使体内生理、生化过程发生变化而产生疾病。如缺碘可导致单纯性甲状腺肿瘤;缺硒导致克山病。重视微量元素作用的研究,对疾病的发生、发展和防治具有不可忽视的重要临床意义。本节主要介绍铁、铜、锌、硒、锰、碘六种微量元素。

(一) 铁

正常成人男子体内含铁为 3~5g,女性因妊娠、哺乳、月经而稍低于男子,为 2~3g。铁在机体代谢中起很重要的作用。铁在体内分布很广,其中血红蛋白含铁量最多,占体内铁总量的 60%~70%,肌红蛋白占 5%,细胞色素等占 1%。25% 的铁以铁蛋白和含铁血黄素的形式贮存于肝、脾及骨髓组织中,这部分铁被称为贮存铁。

每日食物中供应 10mg 左右的铁,但肠道仅吸收 10% 左右。铁的吸收部位在十二指肠及空肠上段,是小肠上皮细胞的主动代谢过程。铁的吸收与铁的存在状态有关,溶解状态的铁易于吸收,Fe^{2+} 比 Fe^{3+} 溶解度大而易于吸收。人体铁的排泄主要经肠道和肾脏,大部分随粪便排出,包括食物中未经吸收的铁,含铁胃肠道上皮细胞、红细胞和胆汁中的铁。还有部分铁自尿液排出,主要为泌尿生殖道脱落细胞中的铁。

从小肠黏膜细胞吸收入血的 Fe^{2+},在血浆铜蓝蛋白催化下,氧化成 Fe^{3+},然后与运铁蛋白(transferrin)结合而运输。运铁蛋白将大部分铁运输至骨髓,用于血红蛋白合成;小部分运输到各组织细胞用于合成各种含铁蛋白,参与物质代谢过程。血浆运铁蛋白提供铁合成含铁化合物,或运输至肝、脾、骨髓、骨骼肌和小肠黏膜细胞中贮存。铁蛋白是体内贮存铁的主要形式,铁蛋白分子中的铁为 Fe^{3+}。在体内需铁的情况下,贮存铁可以释放,参与造血或其他含铁化合物的合成。铁在体内含量过多时,铁蛋白含量也即增加,互相聚集形成小颗粒,不溶于水,称为含铁血黄素。需铁时,含铁血黄素中的铁也能进入血浆被利用,但比铁蛋白中的铁难以动员。

铁具有非常重要的生物学功能,是血红蛋白、肌红蛋白、过氧化氢酶、细胞色素等的重要组成成分,参与机体内氧和二氧化碳的运输和组成电子传递链参与生物氧化。

（二）铜

成人体内总铜含量为100~150mg。体内铜大部分以结合状态存在,小部分以游离状态存在。50%~70%存在于肌肉和骨骼中,20%左右存在于肝脏,5%~10%分布于血液内,微量存在于含铜的酶类中。铜在动物肝脏、鱼类中含量较高,蔬菜中含量较少,一般食物包括牛奶在内含量不高。人体每日需要量为1.5~2.0mg。食物中的铜主要在十二指肠吸收,吸收率约为10%。80%的铜随胆汁排出,5%由肾排出,10%经脱落肠黏膜细胞排出。

铜的生理作用主要是作为酶的辅酶,参与酶的组成和催化作用:①铜是细胞色素氧化酶的组成成分;②铜参与单胺氧化酶和抗坏血酸氧化酶的分子组成;③Cu^{2+}是超氧化物歧化酶(SOD)活性中心的必需金属离子,因此Cu^{2+}参与了抗氧化作用;④铜是酪氨酸酶的组成成分,此酶催化酪氨酸脱羧基生成多巴,进而生成黑色素,与毛发的颜色相关;⑤铜还参与多巴胺β-羟化酶的组成,与神经系统多巴胺代谢密切相关;⑥铜参与造血过程和铁的代谢,主要影响铁的吸收、转运和利用。

铜缺乏时,可出现多种临床表现。如可引起骨骼生长障碍,毛发结构紊乱,生殖能力衰竭等变化。人类的肝豆状核变性疾病(Wilson病)就是一种与铜代谢异常有关的常染色体隐性遗传性疾病,表现为铜吸收增加,排泄减少,导致铜在肝、脑、肾、角膜等器官组织沉积,影响器官功能。此外,Menkes病(X染色体隐性遗传病)患者可表现为铜吸收障碍,导致肝、脑组织中铜含量降低,各组织中含铜酶活性下降,致使机体各种代谢紊乱。

铜虽然是体内不可缺少的元素,但摄入过多也会引起中毒现象,如蓝绿粪便、唾液分泌不正常及行动障碍等。

（三）锌

成人体内含锌为2~3g,广泛分布于各组织中,以视网膜、胰腺及前列腺组织含锌量最高。正常成人每日锌需要量为15~20mg。锌主要在小肠中吸收,入血后与清蛋白或运铁蛋白结合而运输。血锌浓度为0.1~0.15mmol/L。人体中的锌约25%贮存在皮肤和骨骼内。头发中含有一定量的锌,常作为人体内锌含量的测定指标。锌主要随胰液和胆汁经肠道排出,部分锌可从尿和汗排出。

锌在体内与多种生理过程有关。锌是许多酶的组成成分或激活剂,因此锌的生理作用主要通过其参与组成的酶来完成。例如,锌参与DNA聚合酶组成,与DNA复制、细胞增殖等功能相关。锌参与碳酸酐酶组成,此酶主要存在于红细胞、肾小管上皮细胞,对于转运CO_2、调节酸碱平衡等起重要作用。锌还参与乳酸脱氢酶、谷氨酸脱氢酶、羧肽酶等组成,因此与体内物质代谢密切相关。DNA结合蛋白(如核受体、转录因子、类固醇激素和甲状腺受体等)中DNA结合域的锌指结构,参与基因表达调控,这说明锌在基因表达调控中发挥着重要作用。

在体内,胰岛素与锌结合,可形成六聚体,使其活性增强,并延长胰岛素作用时间。锌缺乏时,影响胰岛素活性,糖耐量试验异常。脑组织锌的含量也很高,能激活磷酸吡哆醛合成酶和抑制γ-氨基丁酸合成酶活性,达到下调中枢抑制性递质γ-氨基丁酸合成的作用。锌有促进生长发育的作用,青少年膳食中缺乏锌可出现代谢异常、生长停滞、智力发育迟缓、生殖器官和第二性征发育不全以及创伤愈合不良等表现。

（四）硒

成人体内硒含量为14~21mg。分布于除脂肪组织以外的所有组织中,其中肝、胰、肾含量较多。食物中的硒主要在肠道吸收,有机结合硒如硒代甲硫氨酸、硒代半胱氨酸较易被吸收。正常人头发内含有一定量的硒,可作为监测机体硒营养状况的指标。

硒作为体内谷胱甘肽过氧化物酶(GSH-Px)的组成成分,硒代半胱氨酸为此酶活性中心的必需基团。GSH-Px通过催化还原型谷胱甘肽(G-SH)转变成氧化型谷胱甘肽(GSSG),同时使有毒过氧化物还原成相对无毒的羟基化合物,并使过氧化氢等分解,保护细胞膜的结构和功能的完整,以防止过氧化物对人体的损害。硒与另一种抗氧化剂维生素 E 有协同作用,硒可加速过氧化物的分解,维生素 E 可防止脂质过氧化物的生成,两者的抗氧化作用各有侧重。它们的缺乏可能是引起人类各种慢性病的基础。此外,硒还是重金属毒物(镉、汞、砷)的天然解毒剂,能拮抗和降低多种重金属的毒性作用,硒与银、汞、镉、铅等形成不溶性的化合物,从而保护人体免遭环境重金属的污染。

硒与物质代谢和能量代谢关系十分密切,硒可激活 α-酮戊二酸脱氢酶系,硒也参与辅酶 A、辅酶 Q 的生物合成。硒能调节维生素的吸收、消耗和排泄。因此硒还能刺激免疫球蛋白及抗体的产生,增强机体对疾病的抵抗力。硒具有抗癌作用,可抑制肝癌、乳腺癌、结肠癌、肺癌、鼻咽癌等癌细胞的增殖。有关硒与癌的关系还有待于深入研究。

硒的缺乏与多种疾病有关,如克山病、心肌炎、扩张型心肌病、大骨节病等。缺硒还会导致骨骼肌萎缩。但硒过多也会对人体产生一些毒性作用,包括脱发、周围性神经炎、生长迟缓及生育力低下等。因此,除低硒地区人群可适当补充硒外,但不可盲目补硒。

(五) 锰

成人体内含锰量为 10~20mg,广泛分布于各组织中,以脑含量为最高,其次为肝、肾和胰腺组织,细胞内的锰主要集中于线粒体内。正常成人每日锰需要量为 2.5~7.0mg。食物中的锰主要在小肠中吸收,以十二指肠的吸收率为最高。体内的锰由胆汁和尿排泄。

锰主要参与多种酶的合成或激活某些酶。锰参与线粒体中丙酮酸羧化酶、异柠檬酸脱氢酶、精氨酸酶、超氧化物歧化酶等的组成,与糖、脂肪、蛋白质代谢密切相关。锰也是 DNA 聚合酶和 RNA 聚合酶的激活剂,参与 DNA 合成过程。人体中的含锰超氧化物歧化酶,能将过氧化物转变成无氧化作用的物质,减弱过氧化物对细胞膜的损伤,防止细胞老化。如缺乏锰,该酶的活性就会减弱,衰老过程就会加速。锰的另一重要生理作用是激活多糖聚合酶和半乳糖转移酶活性,这两种酶是合成硫酸软骨素所必需的物质,而硫酸软骨素又是组成骨骼、软骨、皮肤、肌腱及角膜的重要物质。老年人体内缺锰时,此二酶活性下降,影响硫酸软骨素和黏多糖的合成,可导致骨骼发育不良、骨质疏松及筋骨损伤等。锰还与性激素的合成有一定关系。缺锰时,可引起曲精细管退行性变以及睾丸退化,可因精子减少而出现不育症。

近年来发现锰与肿瘤的发病有一定的关系。锰也是对心血管系统有益的微量元素之一,它能改善动脉粥样硬化病人的脂类代谢,防止动脉粥样硬化的形成。心肌梗死后血清锰的含量会迅速升高,故可作为心肌梗死的早期诊断指标之一。

锰在自然界分布广泛,人类很少出现锰缺乏症。但锰摄入过多,可产生中毒,主要表现为慢性神经系统中毒症状,如锥体外系功能障碍。

(六) 碘

成人体内含碘量为 25~50mg,大部分集中于甲状腺组织中,提供合成甲状腺素。成人每日需碘量为 100~300μg。碘的吸收部位主要在小肠。机体内碘主要以碘化物的形式经肾排出,约占总排泄量的 85%,其他由汗腺排出。

碘在体内的主要作用是参与甲状腺素的组成,即碘主要通过合成甲状腺素(T_4)而发挥作用。T_4 在调节物质代谢速率中起重要作用,T_4 促进糖、脂类氧化分解,促进蛋白质合成,加速机体生长发育,并通过体内能量转换来调节体温。T_4 还促进骨骼的生长和发育,维持和稳定中枢神经系统的结构和功能的正常,故碘在机体的生长发育中起着重要的作用。当成人缺碘时,可引起单纯性甲状腺肿,胎儿和新生儿发生缺碘,可导致发育停滞,产生呆小症,表现为智力、体力发育迟缓等症状。此病在缺碘地区较常见,通过食用含碘盐,可预防和治疗单纯性甲状腺肿。但若过分摄入碘,可引起甲状腺功能亢进和一些中毒症状。

(赵炜明)

维生素是一类维持生命活动所必需的小分子有机化合物,其既不构成机体组织的成分,也不能氧化供能,而是在参与调节物质代谢等方面起着重要作用。维生素 A 与暗视觉有关,维生素 A 缺乏时,对弱光敏感性降低,日光适应能力减弱,严重时可产生夜盲症。$1,25\text{-}(OH)_2\text{-}D_3$ 是维生素 D 的活化形式,主要作用是调节钙、磷代谢,缺乏维生素 D 时,儿童可发生佝偻病,成人引起骨软化。维生素 E 具有抗氧化作用和促进血红素生成等作用。维生素 K 的主要生理作用是促进凝血因子(Ⅱ、Ⅶ、Ⅸ、Ⅹ)的合成。B 族维生素包括维生素 B_1、B_2、PP、B_6、生物素、叶酸和 B_{12} 等,都是构成酶的辅酶或辅基,参与体内物质代谢。

无机物是生物体组成的不可缺少部分,它不仅是机体的组成成分,而且还作为营养素参与体内的物质代谢。钙、磷是体内含量最多的无机盐,主要以磷酸钙盐的形式沉积于骨骼,在血浆中的含量相对稳定,主要依赖于钙、磷吸收与排泄、钙化与脱钙来维持相对平衡。钙的主要生理作用是成骨作用,同时作为第二信使在细胞内起作用。磷的生理作用主要是参与构成高能磷酸化合物、核酸和磷脂等,无机磷酸盐还参与体内缓冲体系的组成。体内钙、磷代谢的调节主要受维生素 D_3、降钙素和甲状旁腺素的调节。Mg^{2+} 是体内物质代谢过程中许多酶的辅助因子,同时它还对神经系统、心血管系统、胃肠道都具有非常重要的作用。体内还存在微量的铁、铜、锌、碘、锰、硒等元素,通过结合蛋白质、酶、激素、维生素等多种形式,参与物质代谢而发挥各自的生理作用。

1. 简述 B 组维生素的活性形式及其与辅酶或辅基的关系。

2. 简述各种维生素如果缺乏会导致哪些相应疾病的发生。

3. 试述机体如何调节钙磷代谢。

4. 何谓微量元素?微量元素都包括哪些及其它们的功能是什么?

21

21章

学习目标

掌握	分子杂交和印迹技术的原理;印迹技术的类别及其应用;PCR 的原理和反应步骤;基因芯片;基因工程的基本步骤;限制性核酸内切酶作用特点;基因工程中常用的载体。
熟悉	PCR 的应用和几种 PCR 衍生技术;核酸序列分析的方法;酵母双杂交系统的工作原理;基因工程常用的工具酶;基因诊断、基因治疗的策略。
了解	常用分子生物学技术的医学应用。

当今分子生物学理论研究的突破是建立在分子生物学技术的飞速发展基础上,而分子生物学理论的发展为分子生物学新技术的产生提供思路。因此了解一些常用分子生物学技术的原理及其临床应用,有利于深入了解和研究疾病的分子机制,还可以为疾病的诊断和治疗提供新的思路和视野。本章主要概括性介绍目前较为成熟和应用广泛的一些分子生物学常用技术及其在医学中的应用。

第一节　核酸分子杂交与印迹技术

分子杂交技术(molecular hybridization)是分子生物学技术重要的常用技术之一,是以 DNA 变性与复性为基础,将不同来源的单链核酸分子(DNA 或 RNA)经碱基互补配对形成杂交双链的一项技术。分子杂交方法广泛用于核酸片段碱基序列的检测与鉴定。在医学领域中已广泛应用于某些病毒或细菌引起的感染性疾病的诊断,亦可以运用于基因工程。

一、核酸分子杂交

(一) 核酸探针

核酸探针(probe)指带有特殊可检测标记的已知序列的核酸片段,能够与待测核酸片段互补结合,可以用于检测核酸样品中的特定基因。根据核酸探针性质可分为 DNA 探针、RNA 探针、cDNA 探针及寡核苷酸探针等。根据标记物不同,核酸探针可分为放射性标记探针和非放射性标记探针两大类。放射性标记探针是最早使用的探针,采用放射性核素作为标记物,常用的标记物有 ^{32}P、^{3}H、^{35}S 等,其中 ^{32}P 最常用。放射性标记具有灵敏度高的特点,但半衰期短,不能长期存放,而极易造成放射性污染,因此很多实验室现已致力于非放射性标记探针的应用。目前,非放射性标记物中使用最多的是生物素(biotin)、地高辛(digoxigenin,Dig)和荧光素。这些标记物的优点是无放射性污染,稳定性好,可长期存放。但其缺点是灵敏度和特异性还不及放射性核素。

(二) 核酸分子杂交作用方式

分子杂交根据杂交时单链核酸所处的状态通常分为固相杂交、液相杂交和原位杂交。其中固相和液相杂交均需从细胞中分离纯化待测核酸,并将双链核酸片段经变性处理为单链片段。固相杂交技术通常是先将待测核酸片段结合并固定于固相支持物上,再与液相中的探针进行杂交。常用的固相支持物为:硝酸纤维素膜(nitrocellulose filter membrane,简称 NC 膜)或尼龙膜(nylon membrane)。在液相杂交技术中待测靶核酸片段与探针直接在溶液中进行杂交。目前较为常用的是固相杂交技术。

二、印迹技术

印迹技术,类似于用吸墨纸吸收纸张上的墨迹,因此称为“blotting”,翻译为印迹技术。通常包括以下三个基本过程:①通过印迹技术将待测核酸片段转移至固相支持物上;②标记探针与固相支持物上的核酸片段进行杂交;③检测杂交信号。常见的印迹技术包括 DNA 印迹、RNA 印迹、蛋白质印迹。

(一) DNA 印迹

DNA 印迹(Southern blotting),是 1975 年由英国人 Edwen Southern 首先创建,该项技术常用于基因组 DNA 的定性和定量分析、DNA 图谱分析、分子克隆、PCR 产物分析、基因诊断以及法医学等方面。

DNA 印迹的基本过程为:①提取 DNA 分子并进行限制性核酸内切酶消化;②琼脂糖凝胶电泳分离 DNA 片段;③对凝胶进行变性处理,使 DNA 片段变为单链,并对凝胶进行中和处理;④使凝胶中 DNA 片段转移至 NC 膜,并烘干、固定;⑤与探针进行杂交反应;⑥利用放射自显影或其他检测手段对杂交条带进行定性或定量分析。

(二) RNA 印迹

RNA 印迹(RNA blotting),相对应 Southern blotting 又被称之为 Northern blotting。于 1977 年由斯坦福大学 James Alwine, David Kemp 和 George Stark 发明。该项技术用于 RNA 分析,可以是 mRNA 或总 RNA 分析。RNA 印迹可以研究组织细胞某一阶段某一基因的表达水平或者病变时特定基因的表达情况。

RNA 印迹的基本原理与 DNA 印迹相同,过程也基本相似,但不需限制性核酸内切酶消化,电泳时采用变性凝胶电泳,转膜前凝胶不需进行变性及中和处理。

(三) 蛋白质印迹

蛋白质印迹(Western blotting),相对于 DNA 的 Southern blotting 和 RNA 的 Northern blotting 蛋白质印迹,称为 Western blotting。印迹技术不仅可用于核酸的分子杂交,而且可以用抗体检测蛋白质。蛋白质印迹技术用于检测样品中特异性蛋白的存在、细胞中特异性蛋白质的半定量分析以及蛋白质分子的相互作用研究等。

除了上次 3 种基本印迹之外,还有一些方法可用于核酸和蛋白质的分析。例如,斑点印迹(dot blotting),是将 DNA 或 RNA 变性后不经电泳分离就直接点样于 NC 膜上,然后与杂交液中的探针进行杂交。该方法具有简单、快速、可同时检测多个样本的优点。但特异性不高,不能鉴别出核酸的分子量大小。斑点印迹常用于不同样品中 DNA 同源性的确定。原位杂交(in situ hybridization)是将带标记的核酸探针与细胞或组织切片中的核酸进行杂交,然后通过放射自显影等方法显示杂交结果,通过原位杂交可以对特定核酸片段的有无进行判断并可以准确定位及定量分析。由于该方法敏感度和特异性高,而且可以在原位研究细胞合成某种多肽或蛋白质的基因表达情况,因此成为生物化学、病理学等的重要研究手段。

第二节 PCR 技术

聚合酶链反应(polymerase chain reaction, PCR)是一种重要的分子生物学技术。1985 年,美国 PE-Cetus 公司 Kary B. Mullis 等发明了具有跨时代意义的聚合酶链反应,并于 1993 年荣获诺贝尔化学奖,目前很多分子生物学实验室还在应用 PCR 技术。

PCR 技术类似于 DNA 的体内复制,可以看成 DNA 复制过程在生物体外的再现。该项技术主要用于特定 DNA 片段的扩增和放大。PCR 具有敏感性、特异性高、产量高、操作简便、快速等特点,因此在生物学、医学、农业等研究中得到了广泛应用。

一、PCR 基本原理

细胞内 DNA 的复制是一个较为复杂的过程:DNA 在复制过程中遵循半保留复制原则。双链 DNA 在多种酶的作用下解链并保持单链结构,在引物酶的参与下合成 RNA 引物,在 DNA 聚合酶的作用下,根据模板链的碱基排列顺序,按照碱基互补配对原则合成新链 DNA。

PCR 是在试管中模拟 DNA 的天然复制过程的一项技术。其原理是基于 DNA 半保留复制及 DNA 变性和复性的特性,在 PCR 反应中,通过温度变化来实现对 DNA 变性与复性的控制,同时在整个 PCR 扩增过程中遵循碱基互补配对规律(图 21-1)。

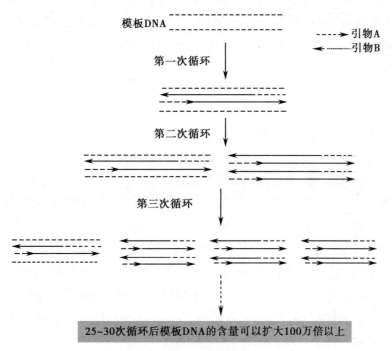

图 21-1　PCR 技术原理示意图

二、PCR 反应体系及基本过程

PCR 反应体系包括模板、特异性引物、耐热 DNA 聚合酶（如 *Taq* DNA 聚合酶）、dNTP 以及含 Mg^{2+} 的缓冲液。PCR 整个过程是一个重复性的循环过程，每一循环包括三个基本反应步骤：变性、退火、延伸。经过这三个步骤的反复循环，可使微量模板 DNA 无限扩增。

（一）PCR 反应体系

1. **模板（template）**　通常 PCR 扩增时所需的模板量极少，达到 pg 两级的模板量就可以得到较好的扩增效果。能充当 PCR 模板的核酸，既可以是 DNA 也可以是 RNA。可供取材的来源极为广泛，可以根据 PCR 待扩增的对象进行选择，既可以是动物、植物也可以是微生物。PCR 扩增对标本的纯度要求不高，在临床上可以直接用病理标本如细胞、活组织、血液、体腔液、洗漱液等，亦可以不需要分离病原微生物如细菌、病毒、真菌等，DNA 粗制品即可用于扩增。

2. **引物（primer）**　由于在体外 RNA 极易被 RNA 酶水解，因此在 PCR 反应中，采用了人工合成的 DNA 寡核苷酸链充当引物。引物应具有特异性，与待扩增片段外的其他序列无明显同源性。一般引物长度应适当，一般为 15~30bp。PCR 反应的特异性，取决于引物的特异性。最佳的引物设计是 PCR 成功的关键。设计引物时，碱基尽可能随机分布，避免出现嘌呤、嘧啶堆积现象；不应形成二级结构；引物 3′ 末端一定与 DNA 配对；5′ 端不一定配对，所以可以从 5′ 末端做工作。

3. **耐热 DNA 聚合酶**　Mullis 最初选用的是不耐高温的大肠埃希菌 DNA 聚合酶，90℃会变性失活，每次循环都得加入新的 DNA 聚合酶，操作不但烦琐，而且价格昂贵，因此在最初的一段时间内 PCR 技术在整个生物医学界并没有引起广泛地关注。

1988 年 Saiki 等在黄石公园热泉里分离的水生嗜热杆菌（*Thermus aquaticus*）中提取的一种耐热 DNA 聚合酶，命名为 *Taq* DNA 聚合酶。耐热 DNA 聚合酶的发现对 PCR 具有里程碑的重要意义，该类酶可以耐受 90℃以上的高温而不变性失活，从而使 PCR 技术操作简单快速，实现了自动化，大大降低了成本，得到了广泛应用。

4. **dNTP**　dNTP 是 PCR 反应的底物，包括 dATP、dGTP、dTTP、dCTP。在 PCR 反应体系中 4 种 dNTP 通

常以等摩尔浓度配制,以减少错配误差。浓度一般选用 20~200μmol/L,浓度过低会降低产量。

5. **含 Mg²⁺ 的缓冲液** 缓冲液一般选用 Tris-HCl 缓冲液,在缓冲液成分中,Mg²⁺ 对 PCR 扩增的特异性和产量有显著影响。一般 Mg²⁺ 浓度采用 1.5~2.0mmol/L。Mg²⁺ 浓度过低会降低 *Taq* DNA 聚合酶的活性,使 PCR 产物减少。Mg²⁺ 浓度过高,会降低反应特异性而出现非特异扩增。

(二) PCR 基本反应步骤

1. **变性** 模板 DNA 在反应体系加热至 95℃左右高温时,模板双链 DNA 或经 PCR 扩增而产生的双链 DNA 可以发生变性解链,形成单链模板,以便在下一轮反应中能与特异性引物结合。在高温变性过程中亦可消除上下游引物之间以及引物自身存在的局部双链。

2. **退火** 当 PCR 反应温度降低(比 T_m 低 5℃),一般选用 55℃左右,特异性引物可以与各自模板 DNA 单链的互补序列配对结合,引物可以为后续的延伸反应提供 3′-OH 末端。

3. **延伸** 将反应温度升至 72℃左右(此温度为耐热 DNA 聚合酶的最适温度),在引物 3′-OH 末端,耐热 DNA 聚合酶依次催化四种 dNTP 按照碱基互补配对原则,合成与模板 DNA 链互补的新链。

上述变性、退火、延伸三个步骤称为一个循环,每经过一个循环,反应体系中的 DNA 分子增加一倍。理论上 DNA 数量将以 2^n 递增。一般经过 25~30 次循环后可以使目的 DNA 的扩增达 100 万倍以上,从而使极微量的 DNA 得以大量扩增,足以用于检测或后续研究。

三、三种重要的 PCR 衍生技术

PCR 衍生技术较多,本章仅介绍与医学密切相关的三种衍生技术。

1. **逆转录 PCR** 逆转录 PCR(reverse transcription-PCR,RT-PCR),亦称反转录 PCR,是 PCR 技术中一种应用最广泛的衍生技术。RT-PCR 是在逆转录酶的作用下,以一条 RNA 链为模板反转录生成 cDNA,再以此 cDNA 为模板扩增合成目的 DNA 片段。RT-PCR 是一种很敏感的检测技术,可以检测低拷贝数的 RNA,用于 RNA 的定性、半定量、基因表达差异量检测等。

2. **原位 PCR** 1990 年,Hasse 等建立原位 PCR(in situ PCR,IS-PCR)技术。IS-PCR 结合具有细胞定位作用的原位杂交和高度特异敏感的 PCR 技术的优点,建立的细胞学的检测技术。

该方法先将细胞经固定和乙醇通透化处理,使之适于一般 PCR 试剂(包括引物和 *Taq* DNA 聚合酶)进入,然后在细胞内进行 PCR,扩增目的片段,最后原位杂交检测扩增产物。

IS-PCR 可以应用于检测细胞内病毒感染、细胞内基因重排以及分析细胞内 RNA 表达产物,以及检测细胞潜在感染等。

3. **实时 PCR** 实时 PCR(real-time PCR)又称荧光定量 PCR,是美国于 1996 年推出的一项新的核酸定量技术。该项技术是将核酸扩增、杂交、光谱分析和实时检测技术结合在一起,在常规的 PCR 反应体系中加入荧光基团,借助于荧光信号实时监测整个 PCR 进程,从而检测 PCR 产物。

根据是否使用探针,可将实时定量 PCR 分为非探针类和探针类实时 PCR。非探针类在扩增时加入了能与双链 DNA 结合的荧光染料,由此来实现对 PCR 过程的全程监控。探针类实时 PCR 是通过使用探针来产生荧光信号。探针除了可以监控 PCR 进程之外,还能和模板 DNA 待扩增区域结合,因此大大提高了 PCR 的特异性。目前,常用的探针类实时定量 PCR 包括 TaqMan 探针法、分子信标(molecular beacons)探针法和荧光共振能量转移(FRET)探针法等。其中 TaqMan 探针法最为常用。TaqMan 探针法作用原理(图 21-2):在 PCR 反应体系加入荧光标记探针,5′ 端用荧光发射基团(reporter,R)标记,3′ 端用荧光淬灭基团(quencher,Q)标记。当探针保持完整时,3′ 端荧光淬灭基团抑制 5′ 端荧光发射基团发射荧光。在 PCR 退火期,荧光标记探针与模板发生特异性结合;在延伸期,引物在 *Taq* DNA 酶作用下沿着 DNA 模板延伸新链,当延伸至荧光标记探针处,*Taq* DNA 酶发挥 5′→3′ 外切酶活性,切除探针 DNA 序列,继而置换探针。

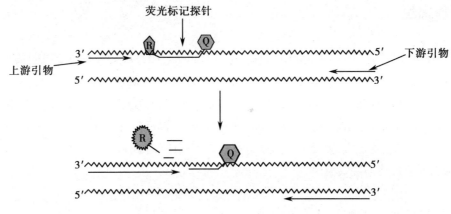

荧光标记探针

图 21-2　实时 PCR 技术原理示意图

切断探针后,发射基团远离淬灭基团,发射的荧光信号被荧光监测系统检测到,并收集数据用于分析。

实时荧光定量技术实现了 PCR 从定性到定量的飞跃,而且与常规 PCR 相比较,实时 PCR 不仅操作简便、高效快速,高通量,而且具有更高的敏感性、特异性、可重复性和自动化。实时 PCR 目前已广泛应用于核酸定量分析、SNP 检测、基因型分型、基因表达、突变、临床病原体测定、食品卫生检疫、肿瘤基因测定、基因芯片结果验证、siRNA 效果确认、mRNA 表达量分析产前诊断以及免疫分析等方面的研究。

四、PCR 的应用

1. **DNA 和 RNA 的微量分析**　对 DNA 和 RNA 的微量分析是 PCR 最基本的用途。PCR 技术具有高度敏感性,因此极微量的核酸均可通过 PCR 扩增得到进一步分析所需的 DNA 量。理论上,只要存在 1 分子的模板,就可以获得目的片段。实际工作中,1 滴血、1 根毛发或者 1 个细胞已足以满足 PCR 的检测需要,因此 PCR 被广泛应用于医学、法医学等领域。

2. **目的基因的克隆**　PCR 技术为在基因工程中获取目的基因片段提供简单快速的方法。该技术可用于扩增各种基因,亦可用于基因重组、构建 cDNA 文库等。基因工程中,绝大多数通过 PCR 方法获得的目的基因。

3. **检测基因的表达水平**　利用 RT-PCR 可以检测细胞中基因表达水平、RNA 病毒量以及直接克隆特定基因的 cDNA,亦可以利用该技术进行定性和半定量分析。

4. **基因的定点突变**　在 PCR 技术中,设计带有突变碱基的引物,可在 DNA 扩增过程中引入定点突变,改变蛋白质的氨基酸序列。应用两对引物可在 DNA 片段任何位置进行点突变。

5. **DNA 序列测定**　如今 DNA 序列测定均需要 PCR 技术制备待测序 DNA 单链。DNA 测序因 PCR 技术的引入,变得更加简单快捷(详见第三节)。

第三节　DNA 序列分析技术

DNA 序列测定(DNA sequencing),即核酸一级结构的测定,是现代分子生物学中一项重要技术。DNA 序列测定的方法有三种:化学修饰法(又称 Maxam-Gilbert 法)、双脱氧链末端终止法(又称为 Sanger 法),以及基于 Sanger 法的自动化测序法。自动测序已成为当今 DNA 序列分析的主流。

一、化学修饰法

化学裂解法是由 Allan Maxam 和 Walter Gilbert 建立的测序方法。其基本原理是根据某些化学试剂可以使 DNA 链在一个碱基或者两个碱基处发生专一性断裂的特性。精确地控制反应强度,可以使一个断裂点仅存在于少数分子中,不同分子在不同位点断裂,从而获得一系列大小不同的 DNA 片段,再将这些片段经聚丙烯酰胺凝胶电泳分离。用放射性核素标记 DNA 5′ 末端,经放射性自显影就可读出 DNA 的序列。由于化学裂解法使用的试剂毒性大,需要大量的放射性核素,并且所需 DNA 量较多等缺点,导致化学裂解法逐步被 DNA 链末端合成终止法取缔。

二、DNA 链末端合成终止法

DNA 链末端合成终止法亦称为双脱氧合成末端终止法,1977 年由 Sanger 等建立,因此也称 Sanger 法。

DNA 链末端合成终止法的基本原理是(图 21-3):利用 DNA 聚合酶,以单链 DNA 为模板,以 5′- 端放射性标记的寡核苷酸为引物,反应系统中含有四种双脱氧核苷酸:2′,3′-ddNTP(ddATP、ddCTP、ddGTP、ddTTP),2′,3′-ddNTP 在脱氧核糖的 3′ 位置缺少一个羟基。在 DNA 链延伸过程中,如果链末端掺入双脱氧核苷酸,由于双脱氧核苷酸没有 3′ 羟基,不能与后续的 dNTP 形成 3′,5′- 磷酸二酯键,该链的延长停止。如果链末端掺入单脱氧核苷酸,链可继续延长。

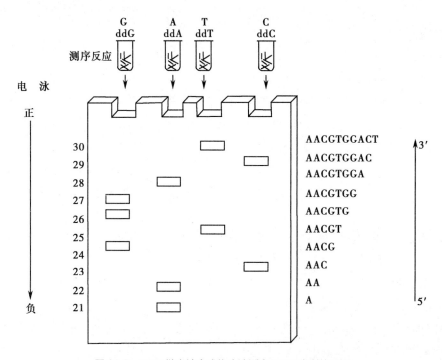

图 21-3　DNA 链末端合成终止法测定 DNA 序列的原理

在测序时,分成 4 组 DNA 合成反应体系,每一组反应体系中加入 4 种 dNTP 并加入限量的某种特定 ddNTP,由此每组反应体系中便合成以共同引物为 5′ 端,以某种双脱氧核苷酸为 3′ 端的一系列长度不等的核酸片段,每组均终止于 A、C、G 或 T 位置。反应终止后,分四个泳道进行高分辨率 PAGE 凝胶电泳,以分离长短不一的核酸片段(长度相邻者仅差一个碱基),根据片段 3′ 端的双脱氧核苷酸种类即可依次确定 DNA 片段的碱基排列顺序。

三、DNA 自动测序

传统 Sanger 手工测序技术操作烦琐,测序长度相对偏短,而且放射性核素标记有一定的危害。近年来,逐渐取代手工测序的自动测序技术发展迅速。自动测序的基本原理是基于 Sanger 测序原理,但采用 4 种不同颜色的荧光染料分别标记 4 种双脱氧核苷酸。在同一反应体系当中,带有不同荧光基团的 ddNTP 在掺入 DNA 片段时,DNA 链延伸终止,与此同时也使该片段末端标记上一种特定的荧光染料,在电泳过程中,检测器同步采集不同大小 DNA 片段的荧光信号,以确定 DNA 碱基的排列顺序(图 21-4)。自动测序结果清晰、准确、分辨率高,而且测序速度快,可以达到 200bp/h,因此得到了广泛应用。

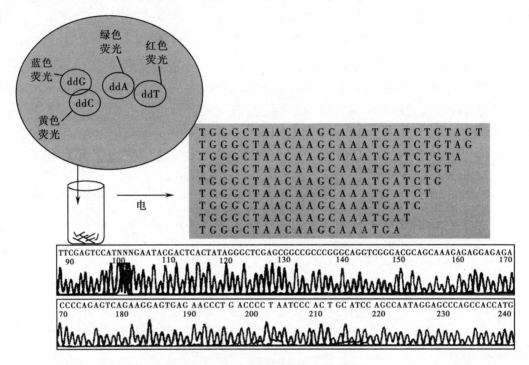

图 21-4 DNA 序列自动分析的原理及结果图

第四节 生物芯片技术

随着人类基因组计划的顺利完成,如何利用该计划所产生的大量基因信息成为生命科学领域的又一重大课题。为此,科研人员建立了新型、高效、快速的检测和分析技术来研究如此庞大的基因组及蛋白质组信息,即生物芯片技术。生物芯片技术是根据分子间特异性的相互作用,将不连续的分析过程集成于硅芯片或玻璃芯片表面,形成一个微型生物化学分析系统,以实现对蛋白质、基因等准确、快速、高通量的检测。

该技术将已知序列的生物信息分子(如 DNA 片段、蛋白质等)高密度固定于支持介质上,形成微阵列杂交型芯片(microarray)。该微阵列中的每个已知生物信息分子的位置被预先设定,通过特异性结合反应,了解待测样本 DNA 或蛋白质信息。根据芯片上所固化的生物信息分子,可以将生物芯片分为基因芯片、蛋白质芯片、细胞芯片和组织芯片。细胞芯片是将细胞按照特定的方式固定于支持物上,用于检测细胞间的相互作用或相互影响。而组织芯片是将组织切片等按照特定方式固定于支持物上,用于进行免疫组化等组织内成分差异分析。本文将简要介绍应用较为广泛的基因芯片和蛋白质芯片。

一、基因芯片

基因芯片(gene chip)技术起源于核酸分子杂交技术,于20世纪80年代中期建立起来。基因芯片又称为DNA芯片(DNA chip)、DNA微阵列(DNA microarray)。通过微电子技术和微加工技术将一组已知序列的DNA探针有序地固定于支持物(如硅片、玻璃、塑料、尼龙膜等)上,然后与带有荧光标记的待测样品进行杂交,通过荧光检测系统对杂交后的芯片进行扫描,通过杂交信号的强度及分布对待测样本进行分析。基因芯片可在同一时间内分析大量的基因,高密度基因芯片可以在1cm²面积内排列数万个基因用于分析,实现了基因信息的大规模检测。

基因芯片技术的操作过程包括DNA微阵列的构建、DNA样品的制备、靶分子与探针分子之间杂交、信号检测及分析四个基本要素。基因芯片可以用于基因表达水平差异检测、测序、基因诊断等方面,与其他方法相比较,基因芯片对基因表达差异的研究中更加方便快捷。以肿瘤细胞与正常细胞的基因表达差异举例说明。分别提取正常组织及肿瘤组织的mRNA,经逆转录合成cDNA,在逆转录过程中加入不同颜色荧光分子对正常组织来源和肿瘤组织来源的cDNA进行标记,例如正常组织来源的用红色,肿瘤组织来源的用绿色标记(图21-5)。标记后的cDNA等量混合后与基因芯片进行杂交反应,经荧光检测后,得到两种不同来源样本的芯片杂交信号,可以看出不同基因在正常组织和肿瘤组织中的表达情况,呈现绿色荧光的杂交信号位点表示该基因仅在肿瘤组织中进行表达,而呈现红色的杂交信号位点表示该基因仅在正常组织中进行表达,如果呈现黄色的位点则表示该基因在两种组织中均有表达。

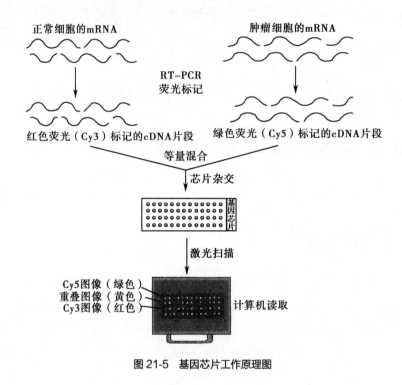

图21-5 基因芯片工作原理图

二、其他芯片技术

其他芯片技术包括蛋白质芯片技术、组织芯片技术等。组织芯片技术是以形态学为基础的分子生物学新技术。这里主要介绍蛋白质芯片。

蛋白质芯片(protein chip)以蛋白质作为检测对象,与在mRNA水平上检测基因表达的基因芯片有所不同,它能直接在蛋白水平上检测表达水平。蛋白质芯片是指在固相支持物(载体)表面固定蛋白质探针(抗原、抗体、受体、配体等），形成高密度排列的蛋白质点阵。当这种芯片与待测蛋白质样品（体液、细胞和组织提取液等）进行反应时，可以捕获待测样品中的靶蛋白，再经相应的检测系统对靶蛋白进行检测，最后应用计算机分析相应蛋白质的表达情况。

蛋白质芯片的基本原理是蛋白质分子间的亲和反应，例如，抗原 - 抗体或受体 - 配体之间的特异性结合。因此蛋白质芯片根据相互作用的原理可分为抗原 - 抗体芯片、受体 - 配体芯片、酶 - 底物芯片和多肽芯片等，其中最常用的是抗原 - 抗体芯片。首先将样品中的蛋白质用荧光分子进行标记，一旦带有荧光标记的蛋白质分子与芯片上的蛋白质探针结合，就会产生荧光信号，再通过荧光扫描仪或激光共聚扫描技术来检测荧光信号，通过荧光强度分析可以揭示蛋白质与蛋白质之间相互作用的关系，由此达到测定各种基因表达和功能的目的。

蛋白质芯片具有快速、高通量、可发现低丰度蛋白质、可以直接利用粗生物样品等优点，是一种研究蛋白质功能的好工具。蛋白质芯片可用于蛋白质表达谱分析，研究蛋白质与蛋白质的相互作用、DNA- 蛋白质、RNA- 蛋白质的相互作用，筛选药物作用的蛋白靶点等。在医学领域，可用于基因表达的筛选、特异性抗原抗体的检测、蛋白质的筛选及研究、生化反应的检测、药物筛选、疾病诊断。目前酵母双杂交技术是研究蛋白质与蛋白质的相互作用的常用方法（详见第五节）。

第五节　酵母双杂交技术

酵母双杂交系统（yeast two-hybrid system），是由 Fields 和 Song 于 1989 年建立，因具有方便、直观、快捷和灵活多样的筛选方式等优点，迅速成为研究体内蛋白质 - 蛋白质相互作用的常用方法。

一、酵母双杂交系统的原理

酵母双杂交系统的建立源于对真核生物转录激活因子 GAL4 分子的认识。真核生物的转录激活因子往往由两个互相独立的结构域组成：DNA 结合结构域（DNA binding domain，BD）和转录激活结构域（activation domain，AD）。BD 与特殊的启动子序列结合，AD 直接与 RNA 聚合酶结合。并且 BD 和 AD 在结构上和功能上都是可分的。两个结构域只有通过共价或非共价键连接，形成空间结构才表现出转录激活作用，分开时将丧失对下游基因表达的激活作用。

酵母双杂交系统的基本原理是分别构建 BD 与已知诱饵蛋白质（bait protein，X）融合的 BD-X 载体，和 AD 与未知猎物蛋白（prey，Y）融合的 AD-Y 载体。将这两个载体共转化至含有报告基因的酵母体内进行表达，只有蛋白质 X 和 Y 相互作用，导致 BD 与 AD 在空间上的接近，才能激活特异报告基因的表达，使转化体在特定的缺陷培养基上生长。因而可通过对报告基因表型的检测，分析诱饵和靶蛋白间是否有相互作用（图 21-6）。

二、酵母双杂交系统的应用

目前，酵母双杂交系统主要用于：

1. 证明两种已知基因序列的蛋白质可以相互作用。这是酵母双杂交系统最基本的用途。

2. 分析已知存在相互作用的两种蛋白质分子的相互作用功能结构域或关键氨基酸残基。

3. 将待研究蛋白质的编码基因与 BD 基因融合成为 "诱饵"表达质粒，可以筛选 AD 基因融合的 "猎物"基因的 cDNA 表达文库，获得未知的相互作用蛋白质。

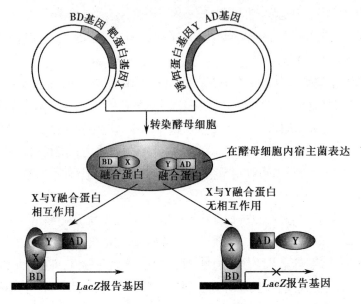

图 21-6 酵母双杂交原理示意图

4. 筛选多肽类新药　将药物作用的靶蛋白基因克隆在 BD 载体上,待筛选的多肽药物基因克隆在 AD 载体上,从中筛选作用于靶蛋白的多肽类新药。

第六节　基因工程

无论是原核生物还是真核生物,细胞在增殖、分裂、分化的过程中会发生基因重组或重排。自然界的基因重组(gene recombination)是基因变异和物种进化的基础,在繁殖、病毒感染、基因表达以及癌基因激活等过程中起到重要作用。人们对自然界基因重组现象的认知为体外进行人工基因重组技术的开展提供了可靠地依据,基因重组技术是现代生物学、医学等研究领域中非常重要的技术。

基因工程技术广泛运用于新药的研制、生产有药用价值的蛋白质、多肽产品、获取新的抗体、制备抗病毒疫苗等多方面。自 1982 年第一个基因工程药物"人胰岛素"在美国上市以来,其他基因工程药物,如干扰素、生长激素、肿瘤坏死因子、白细胞介素、乙肝疫苗、单核细胞集落刺激因子等逐渐被批准上市。越来越多的研究机构投入对基因工程药物的研究。利用重组 DNA 技术生产有应用价值的药物是当今医药发展的一个重要方向,有望成为未来的支柱产业之一。

本部分主要介绍基因工程在医学中的应用。

一、基因工程相关概念

先介绍一下基因工程中的几个概念。

1. 克隆　克隆(clone)是指通过无性繁殖所产生的与亲代完全相同的子代集合。

2. DNA 克隆　DNA 克隆(DNA cloning)又称为分子克隆(molecular cloning)或基因工程(genetic engineering)技术,是指应用酶学的方法,在体外将各种来源的 DNA 分子与载体 DNA 分子结合成一个具有自我复制能力的重组体,继而通过转化或转染宿主细胞,并筛选出含有目的基因的阳性克隆,再进行扩增获取大量单一 DNA 分子的过程。在克隆目的基因后,还可针对该基因进行表达产物蛋白质或多肽的制备以及基因结构的定向改造。

基因工程是生物工程的一个重要分支,是基于重组技术原理而衍生出来的一项重要分子生物学技术。自 1972 年成功构建第一个重组 DNA 分子以来,重组 DNA 技术得到迅速发展,使人们几乎可以随心所欲地分离、分析及操作基因。

二、基因工程常用的工具

(一) 工具酶

在重组 DNA 技术即基因工程技术中,需要应用某些酶类进行基因操作,这些酶类被称为工具酶。常用的工具酶及其主要功能与用途概括于表 21-1。

表 21-1　基因工程中常用的工具酶

工具酶	主要功能与用途
限制性核酸内切酶	识别特异 DNA 序列,切割双链 DNA
DNA 连接酶	催化 DNA 中相邻的 5'- 磷酸基和 3'- 羟基末端之间形成磷酸二酯键。封闭 DNA 切口或连接两个 DNA 片段
DNA 聚合酶 I	具有 5'→3' 聚合酶活性、3'→5' 外切酶活性和 5'→3' 外切酶活性。用于:合成 cDNA 双链的第二条链、缺口平移制作高比活探针、DNA 序列分析、填补 3' 末端
Klenow 片段	又称为 DNA 聚合酶 I 大片段,具有 5'→3' 聚合酶活性、3'→5' 外切酶活性,但无 5'→3' 外切酶活性。常用于合成 cDNA 双链的第二条链、双链 DNA3' 末端标记
Taq DNA 聚合酶	具有 5'→3' 聚合酶活性,5'→3' 外切酶活性。用于 PCR 扩增、DNA 测序
逆转录酶	用于合成 cDNA,替代 DNA 聚合酶 I 进行填补、标记或 DNA 序列分析
多聚核苷酸激酶	催化多聚核苷酸 5'-OH 末端磷酸化。用于标记 DNA 探针;使缺少 5'- 磷酸的 DNA 磷酸化,用于连接反应
碱性磷酸酶	用于切除末端磷酸基,以防止载体自身环化
末端转移酶	在 3'- 羟基末端进行同质多聚物加尾

在所有工具酶中,限制性核酸内切酶具有特别重要的意义,这里主要介绍限制性核酸内切酶。

1. 概念　限制性核酸内切酶(restriction endonuclease,RE)是能识别和切割双链 DNA 分子中特定核苷酸序列的一类内切酶,简称限制酶。限制性核酸内切酶是存在于微生物体内的一种自我保护的酶,此类酶与相伴存在的甲基化酶(methylase)共同构成了微生物的限制 - 修饰体系(restriction-modification system)。该系统具有能够识别双链 DNA 分子中特异序列,并通过限制性核酸内切酶将外源 DNA 分子降解,从而"限制"外源 DNA 的功能;而对微生物自身的 DNA 则由特异的甲基化酶催化发生甲基化"修饰"而免遭降解。这种限制 - 修饰体系对细菌遗传性状的稳定具有重要意义。

2. 命名　限制酶的命名通常以微生物属名的第一个字母(大写,斜体)和种名的前两个字母(小写,斜体)组成,如有株名,则加第四个大写字母。然后再用罗马数字表示该酶被发现和分离的先后顺序。例如从大肠埃希菌(*Escherichia coli*)的 RY13 菌株中发现和分离出的第一种限制性核酸内切酶被命名为:*Eco*R I 。

3. 分类　根据限制酶的结构,识别序列和切割位点以及作用方式的不同,可将限制酶分为三种类型,分别是 I 型、II 型和 III 型。I 型和 III 型限制性内切酶均具有"限制"外源 DNA 和"修饰"自身 DNA 的作用,发挥"限制"作用时,I 型和 III 型限制酶通常在识别序列外切割 DNA,I 型限制酶识别位点与切割位点间可距离上千碱基,而 III 型亦可相距 24~26 个碱基对。II 型限制性内切酶只具有催化非甲基化 DNA 水解的"限制"作用,而且其切割位点位于识别位点内,因此在基因工程中得到广泛应用。

4. II 型限制酶的作用特点　大部分 II 型限制酶识别由 4~8 个核苷酸构成的回文序列(palindrome)。回文序列显著的特点是具有二元旋转对称结构。例如，下述序列即为 *Eco*R I 识别的特异序列，其中箭头所指即为 *Eco*R I 的切割位点：

$$5'...G \blacktriangledown A\ A\ T\ T\ C...3'$$
$$3'...C\ T\ T\ A\ A\ \blacktriangle G...5'$$

限制酶以内切方式切割双链 DNA 后，断端的 5' 端带有磷酸基，而 3' 端带有羟基末端。限制酶切割片段具有两类末端：平端（blunt end）和黏性末端（cohesive end，sticky end）。

（1）平端：亦称为钝性末端。能产生平端的限制酶，其切割位点位于其识别序列的对称轴上。如 *Sma* I：

$$5'...C\ C\ C \blacktriangledown G\ G\ G...3'$$
$$3'...G\ G\ G \blacktriangle C\ C\ C...5'$$

（2）黏性末端：能产生黏性末端的限制酶，其切割位点并不位于其所识别序列的中轴线上，从而形成 5' 突出的黏性末端，如上述 *Eco*R I；或 3' 突出的黏性末端，如 *Pas* I：

$$5'...C\ T\ G\ C\ A \blacktriangledown G...3'$$
$$3'...G \blacktriangle A\ C\ G\ T\ C...5'$$

有些限制性核酸内切酶虽然识别的序列不完全相同，但切割 DNA 片段后却产生了相同的黏性末端，此类称为同尾酶。由同尾酶切割所产生的黏性末端称为配伍末端（compatible end），例如：*Bam* H I 和 *Bgl* II。

*Bam*H I 识别序列和切割位点为：

$$5'...G \blacktriangledown G\ A\ T\ C\ C...3'$$
$$3'...C\ C\ T\ A\ G \blacktriangle G...5'$$

而 *Bgl* II 识别序列和切割位点为：

$$5'...A \blacktriangledown G\ A\ T\ C\ C...3'$$
$$3'...T\ C\ T\ A\ G \blacktriangle G...5'$$

表 21-2 中列举了部分限制性核酸内切酶所识别的序列及其切割位点。

表 21-2　限制性核酸内切酶

名称	识别序列及切割位点	名称	识别序列及切割位点
切割后产生平端		*Eco*R I	5'...G ▼ AATTC...3'
Alu I	5'...AG ▼ CT...3'	*Hind* III	5'...A ▼ AGCTT...3'
Dra I	5'...TTT ▼ AAA...3'	*Xho* I	5'...C ▼ TCGAG...3'
Hpa I	5'...GTT ▼ AAC...3'	切割后产生 3' 突出黏性末端	
Pme I	5'...GTTT ▼ AAAC...3'	*Apa* I	5'...GGGCC ▼ C...3'
Sma I	5'...CCC ▼ GGG...3'	*Fse* I	5'...GGCCGG ▼ CC...3'
切割后产生 5' 突出黏性末端		*Nsi* I	5'...ATGCA ▼ T...3'
Age I	5'...A ▼ CCGGT...3'	*Pst* I	5'...CTGCA ▼ G...3'
*Bam*H I	5'...G ▼ GATCC...3'	*Pvu* I	5'...CGAT ▼ CG...3'

（二）载体

基因工程的载体（vector）是指能携带目的基因（外源基因）进入宿主细胞的 DNA 分子。载体按来源分为质粒载体、噬菌体载体和病毒载体三类。根据运载目的不同，可将载体分为克隆型载体（cloning vector）和表达型载体（expression vector）。克隆型载体运载目的基因进入宿主细胞后，能进行目的基因的大量扩增。而可以使目的基因在宿主细胞内进行转录和翻译而得到蛋白质多肽链的载体称为表达型载体。理想载体一般应具备以下条件：①具有能在宿主细胞中自主复制能力；②必须有多种限制性核酸内切酶的单一切割位点，即多克隆位点，以供外源 DNA 插入；③具有可供选择的遗传标记（如抗药基因、酶基因、营养缺陷型以及形成噬菌斑的能力等),以供阳性重组体的筛选;④分子量应尽量小,以便于容纳较大的外源 DNA 片段;⑤容易从宿主细胞中分离纯化出来,易于操作并得到完整分子;⑥表达型载体还应具备与宿主细胞相适应的启动子、前导序列和增强子等调控元件;⑦具有生物安全性。

下面介绍一些常用基本载体:质粒 DNA 和噬菌体 DNA。

1. 质粒载体 质粒(plasmid)是存在于细胞染色体以外的环状双链 DNA 分子,大小 1~200kb 不等,常以超螺旋状态存在于细胞中。质粒具有自主复制和转录能力,能在子代细胞中保持恒定的拷贝数,并表达所携带的遗传信息。质粒主要存在于细菌、酵母菌、真菌等细胞中。

基因工程中应用的质粒载体通常是在天然质粒的基础上进行人工构建,以适应载体要求。与天然质粒相比,质粒载体通常具有人工合成的多克隆位点;带有一个或一个以上的遗传标记;去除大部分非必需序列,尽量减小分子量。常用的质粒载体大小一般在 1~10kb,如 pBR 系列、pUC 系列、pGEM 系列。

质粒载体 pBR322 是研究最多、使用最早、应用最广泛的大肠埃希菌质粒载体之一(图 21-7)。pBR322 的优点是:相对分子量较小,由 4361bp 组成;带有一个复制起始点(ori),保证质粒能在大肠埃希菌中进行复制;带有两种抗生素抗性基因:抗氨苄西林基因(*amp'*)和抗四环素基因(*ter'*);带有 *Bam*H I、*Eco*R I、*Hind* III、*Pst* I 和 *Sal* I 等多种限制性核酸内切酶的多克隆位点;具有较高的拷贝数,为重组 DNA 的制备提供了极大方便。尽管质粒载体带有抗药性基因,但由于是人工构建质粒,已不能在自然界的宿主细胞间转移,同时基因工程操作时选用安全菌株,亦不会引起抗生素抗性基因传播。

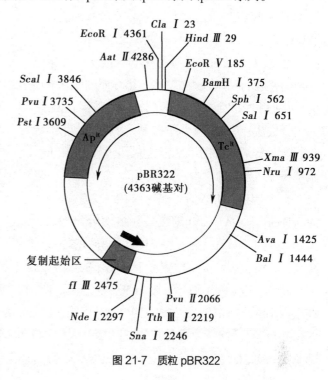

图 21-7 质粒 pBR322

图中标注:
- *Cla* I 23
- *Hind* III 29
- *Eco*R I 4361
- *Aat* II 4286
- *Eco*R V 185
- *Sca*I I 3846
- *Bam*H I 375
- *Pvu* I 3735
- *Sph* I 562
- *Pst* I 3609
- *Sal* I 651
- Ap^R
- Tc^R
- *Xma* III 939
- *Nru* I 972
- *Ava* I 1425
- *Bal* I 1444
- pBR322 (4363碱基对)
- 复制起始区
- fI III 2475
- *Nde* I 2297
- *Pvu* II 2066
- *Tth* III I 2219
- *Sna* I 2246

目前应用最广泛的大肠埃希菌克隆载体是 pUC 系列质粒,全长 2690bp,具有 pBR322 的氨苄西林抗性基因、复制起始点及 *LacZ* 基因,在 *LacZ* 基因中加入了 MCS,可利用 *LacZ* 基因表达进行筛选。如 pUC18 和 pUC19。

2. 噬菌体载体 噬菌体(bacteriophage,phage)是病毒的一种,是感染细菌、真菌、放线菌或螺旋体等微生物的病毒总称。噬菌体的特性:个体微小,无完整细胞结构、但具有一定的形态结构,只含有单一核酸,具有高度特异的寄生性。

噬菌体主要有双链噬菌体和单链丝状噬菌体两大类,其中双链噬菌体为 λ 类噬菌体,而单链丝状噬菌体为 M13、f1、fd 噬菌体等。在基因工程中常用的噬菌体载体为:λ 噬菌体和 M13 噬菌体。

柯斯质粒(cosmid vector),又称之为黏粒。是一类带有黏性末端位点(cos 序列)的质粒载体。包括人工构建的含有 λ 噬菌体 DNA 黏端的 cos 序列和质粒复制子,这类载体兼具质粒和噬菌体载体的双重特点。具有较大容量的克隆载体还有:酵母人工染色体(yeast artificial chromosomes,YAC),细菌人工染色体(bacterial artificial chromosomes,BAC)等,这些载体在基因组研究中发挥重要的作用。

三、基因工程的基本过程

基因工程的基本过程一般包括以下五个步骤:①目的基因的分离获取——分;②限制性核酸内切酶切

割目的基因及载体——切;③目的基因与载体的连接——接;④重组 DNA 导入宿主细胞——转;⑤重组体的筛选——筛。采用重组 DNA 技术还可以进行目的基因的表达,实现生命科学研究、医药或者商业目的(图 21-8)。

(一) 目的基因的分离获取——分

根据研究目的不同,可以选择克隆型或表达型载体。目的基因(target gene),又称为外源基因,是基因工程中所感兴趣的基因或 DNA 片段,即基因工程中待分离、扩增、表达或改造的基因。目的基因有两种类型:cDNA 和基因组 DNA。获取目的基因的方式有以下几种:

1. 人工合成法 亦称为化学合成法。如果已知目的基因的碱基序列或其表达蛋白质的氨基酸序列,可利用 DNA 合成仪化学合成目的基因。但是,人工合成法一般仅用于小分子基因的合成,例如:人生长激素释放抑制因子基因、胰岛素原基因和干扰素基因等。

2. 基因组 DNA 文库 基因组 DNA 文库(genomic DNA library, gDNA library)是指某一生物全部基因的

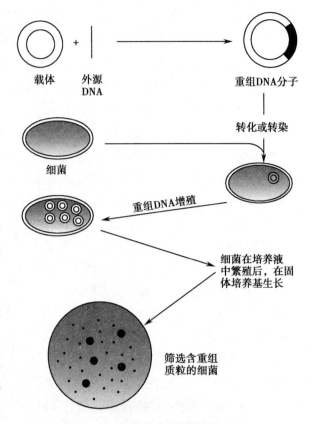

图 21-8 以质粒为载体的基因克隆过程

集合,是存在于转化菌内、由克隆载体所携带的所有基因组 DNA 的集合,它涵盖了基因组全部基因信息。gDNA 文库可以使生物的遗传信息以稳定的重组体形式储存起来,是克隆目的基因的主要途径。

gDNA 文库的构建过程(图 21-9)一般包括:①细胞染色体 DNA 的提取;②用物理切割法或者是限制性核酸内切酶进行消化,得到基因组 DNA 片段;③载体 DNA 制备;④载体 DNA 与基因组 DNA 片段连接;⑤体外包装及 gDNA 文库的扩增;⑥重组 DNA 的筛选和鉴定。理论上讲,这些重组体上带有该生物的全部基因,因此称为 gDNA 文库。建立 gDNA 文库后,还需要选用适当的方法筛选出含有目的基因的菌落,再经扩增、分离、纯化等步骤即可获得目的基因。

3. cDNA 文库 cDNA 文库(complementary DNA library, cDNA library)指汇集以某种生物总 mRNA 为模板经逆转录而成的 cDNA 的重组 DNA 群体,是细胞总 mRNA 的克隆,文库只包含表达蛋白质或多肽的基因。cDNA 文库具有以下特点:不含内含子;可以在细菌内直接表达;涵盖了所有编码蛋白质的基因信息;比 gDNA 文库小得多,更容易构建。

cDNA 文库构建过程(见图 21-8)一般包括以下几个步骤:①细胞总 RNA 的提取;②分离纯化 mRNA;③经逆转录合成 cDNA 第一链;④降解 mRNA-DNA 杂化分子中的 mRNA 分子;⑤合成 cDNA 第二链,称为双链 cDNA;⑥将双链 cDNA 与载体连接。

从 cDNA 文库获得目的基因也需要采用适当的筛选方法筛选目的 cDNA 菌落。cDNA 文库与 gDNA 文库相比较具有更简单易行、假阳性率较低、可用于在细菌内能表达的基因克隆等优点。但具有容易受材料来源的影响、遗传信息量有限、对丰度低的 mRNA 较难分离等缺点。在基因工程中,cDNA 文库法是从真核生物细胞分离目的基因最主要也是最常用的方法。

4. PCR 扩增 如果已知目的基因的全序列或其两端的序列,便可以通过一对与该序列互补的引物,经 PCR 扩增即可得到大量目的基因。PCR 扩增的模板既可以是 gDNA,亦可以是 mRNA,或者是已经克隆到某一载体的基因片段。与直接分离获取目的基因相比较,采用 PCR 扩增获取目的基因更为省时、省力,被广

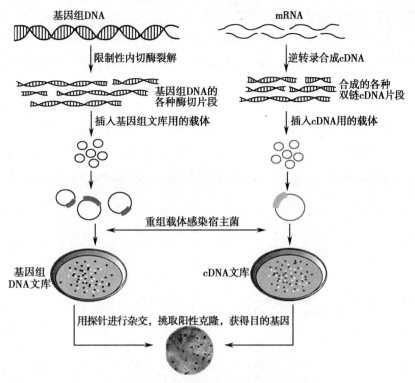

图 21-9　gDNA 文库和 cDNA 文库的构建和筛选

泛地应用于目的基因的制备中。常规 PCR 合成的片段大小通常在 1kb 以内。

5. 其他方法　例如,利用酵母单杂交系统可克隆 DNA 结合蛋白的基因,利用酵母双杂交系统可克隆特异性相互作用蛋白质的基因。

(二) 限制性核酸内切酶切割目的基因及载体——切

在基因工程中,目的基因 DNA 与载体 DNA 连接前需要根据目的基因的序列及载体多克隆位点信息,选择一种或两种限制性核酸内切酶,分别对目的基因及载体进行酶切消化,形成一定的末端以便于进行连接反应。

(三) 目的基因与载体的连接——接

经限制性核酸内切酶切割后,目的基因与载体连接起来形成重组体,此过程即为 DNA 体外重组。DNA 体外重组依赖于 DNA 连接酶的作用。在此简单介绍目的基因与载体连接的几种方式。

1. 黏性末端连接　根据限制性核酸内切酶切割所产生的黏性末端不同,可以采用以下不同连接方式:

(1) 单酶切黏性末端连接:当目的基因和载体具有相同的限制性核酸内切酶识别序列时,两者用同一种限制性核酸内切酶切割,产生的 DNA 片段具有相同的 3′ 或 5′ 突出的黏性末端。在连接酶催化下,两种 DNA 片段一起退火,通过黏性末端碱基互补,可形成共价结合的重组 DNA 分子(图 21-10)。

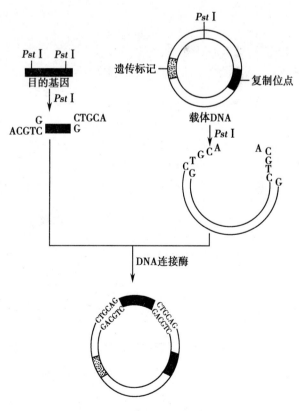

图 21-10　单酶切黏性末端连接

单酶切黏性末端连接的重组体,可在克隆后用同一种限制性核酸内切酶消化,回收插入的目的 DNA。但是该方法易发生自我环化或非定向连接,出现载体-目的 DNA、载体-载体、目的 DNA-目的 DNA 等重组体形式。可采用碱性磷酸酶将目的基因的 5′ 磷酸转变为 5′-OH,克服自我环化,待重组体导入宿主细胞后可自动修复。单酶切黏性末端连接的重组体需进行阳性重组体的筛选。

(2) 双酶切黏性末端连接:由两种限制性核酸内切酶切割,可产生两种情况:同尾酶切割和非同尾酶切割。同尾酶切割后产生两个相同的黏性末端,其连接情况类似于单酶切黏性末端连接(图 21-11)。非同尾酶切割后产生的两个黏性末端不同,但两者之间相同的黏性末端之间又互补,也可进行非同源互补黏性末端连接,可有效减少 DNA 分子的自我连接,使目的基因定向插入载体 DNA,进行定向克隆(图 21-12)。

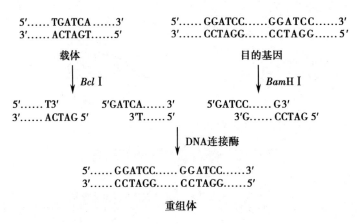

图 21-11 同尾酶产生的黏性末端连接

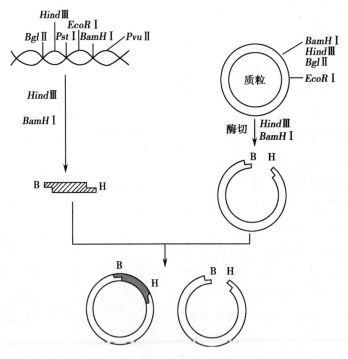

图 21-12 非同尾酶产生的黏性末端连接

(3) 不规则黏性末端连接:用机械切割法制备的 DNA 片段,或化学合成法合成的 DNA 片段,产生的黏性末端一般不互补。此时,一般将此类黏性末端经 S1 核酸酶处理使之转变为平端后再通过 DNA 连接酶进行连接。

2. 平端连接 经人工合成法、cDNA 文库以及某些限制性内切酶切割产生的平端,可经 DNA 连接酶催化进行连接。其优点是可以克服两个 DNA 分子间由于黏性末端不匹配而不能连接的局限性。但平端 DNA 片段间的连接其效率远低于黏性末端之间的连接,而且同样存在非定向连接的问题,因此在实际操作过程中较为少用。一般平端可采用下面两种方法经改造后再进行连接。

3. 同聚物加尾连接 如果待连接的两个 DNA 片段没有能够互补的末端,则可以利用末端转移酶(terminal transferase)在载体及目的 DNA 的 3′ 末端各加上一段能够互补的同聚物寡核苷酸序列,形成人工同聚物黏性末端,如 dA(dG)和 dT(dC),然后在 DNA 连接酶的作用下连接成为重组 DNA 分子(图 21-13)。实际上属于黏性末端连接的一种特殊方式。

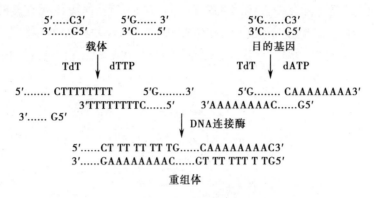

图 21-13 同聚物加尾连接

4. 人工接头连接 为了提高平端目的基因和载体的连接效率,可以采用在平端连接一个人工接头,此类人工接头带有某种限制性核酸内切酶的识别序列,一般 8~12bp。当平端 DNA 连接此类人工接头后用相应的限制性核酸内切酶进行切割,可产生出相应的黏性末端,即可在 DNA 连接酶的作用下连接为重组体(图 21-14)。

(四)重组 DNA 导入宿主细胞——转

重组 DNA 转入宿主细胞后目的基因才能得以扩增。理想的宿主细胞通常是 DNA/蛋白质降解系统缺陷株和(或)重组酶缺陷株,这样的宿主

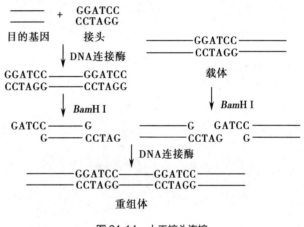

图 21-14 人工接头连接

细胞称为工程细胞。原核细胞和真核细胞均可作为宿主细胞,其中大肠埃希菌为最常用的原核宿主细胞,亦可以选择酵母、哺乳动物细胞及昆虫细胞等作为真核宿主细胞。

未经处理的细菌很难接受外源 DNA,只有经过一定处理的细胞才容易接受外源 DNA。经适当理化方法处理使成为最适摄取外源 DNA 状态的宿主细胞称为感受态细胞。将一般的宿主细胞诱导转变为感受态细胞,最常用的方法是采用 $CaCl_2$ 法。细菌经预冷的 $CaCl_2$ 低渗溶液处理,细菌的细胞壁与细胞膜通透性增强,从而转变为感受态细菌。当感受态细菌用 42℃热休克处理后加入重组体,此时重组体 DNA 可导入宿主细菌。还可以利用其他方法将重组 DNA 导入宿主细胞,例如:电转化法、显微注射法等。

根据重组体性质以及宿主细胞的不同,重组体导入可有以下几种方式:转化(transformation)是指将重组质粒 DNA 分子导入受体菌的过程。转染(transfection)是指重组体导入真核细胞(酵母除外)的过程,或是以病毒为载体的重组体进入受体菌的过程。转导(transduction)指的是以噬菌体为载体的重组体进入宿主细胞的过程。一般重组体分子越大,转化效率越低。

(五)重组体的筛选——筛

基因工程的目的是得到大量目的基因或表达产物,在实际操作过程中,必须借助各种筛选(screening)

和鉴定（identification）方法得到阳性重组体克隆。导入了外源 DNA 后获得新的遗传标志的细菌细胞或其他宿主细胞被称为转化子。由于载体和宿主细胞的性质不同，阳性重组体的筛选方法亦不相同。大致可以分为直接筛选法和间接筛选法两大类。

1. 直接筛选法　根据所采用载体上的遗传标记直接筛选重组体，例如：抗药性标志选择、标志补救法等。也可根据重组体 DNA 特点进行直接鉴定，例如：重组体大小鉴定、重组体酶切鉴定、同源性分析（核酸分子杂交技术）、PCR 检测、DNA 序列分析等。

（1）抗药性标志选择法：适用于带有抗生素抗性基因载体的重组体筛选。如用含 amp^r、ter^r 等抗生素抗性基因的载体及其重组体转化宿主菌，转化子细菌获得 amp^r、ter^r 等抗性基因，可在含相应抗生素的培养基中生长，非转化子细菌不含抗性基因，不能在含抗生素的培养基中生长；另一种情况是，若目的基因正好插入载体的抗性基因中，则转化子细菌中含目的 DNA 的阳性重组体便不能在含有该抗生素的培养基中生长，此即为插入失活（图 21-15）。

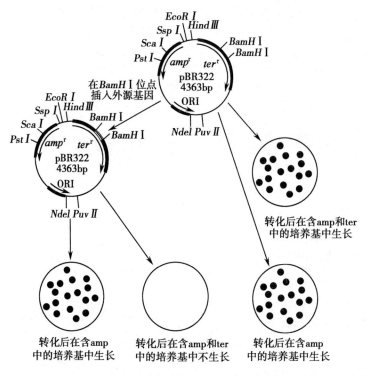

图 21-15　插入失活筛选法

（2）标志补救筛选法：若克隆的基因可以在宿主细胞内表达，而且表达产物与宿主菌的营养缺陷互补，可根据营养突变菌株而进行筛选重组体。最常用的标志补救筛选法是蓝白斑筛选法。

蓝白斑筛选法，又称为 α 互补筛选，适用的载体是 M13 噬菌体、pUC 质粒系统、pEGM 质粒系统。这些载体的共同特点是：载体上携带一段细菌 *lacZ* 基因 N 端的 146 个氨基酸残基编码序列，其编码产物为 β-半乳糖苷酶的 α- 片段。而突变型的 *lac-E.coli* 可表达出该酶 C 端的 ω- 片段。单独存在的 α 和 ω 片段均不具有 β- 半乳糖苷酶活性，只有当克隆载体与宿主细胞同时表达出 α 和 ω 片段，通过载体与宿主细胞的互补作用，宿主细胞内的 β- 半乳糖苷酶才具有活性。该酶可以使特异性显色底物：X-gal(5- 溴 -4- 氯 -3- 吲哚 -β-D- 乳糖苷)产生蓝色产物。如果目的基因插入载体的 *lacZ* 基因中，就造成 *lacZ* 基因失活（插入失活），而不能合成 α- 片段，失去与宿主互补的能力，因而在宿主细胞内不能形成有活性的 β- 半乳糖苷酶，失去分解 X-gal 的能力。因此在含有 X-gal 的培养平板上，含有阳性重组体的菌落或噬菌斑为白色，而非重组转化的菌或噬菌斑为蓝色（图 21-16）。

（3）重组体大小鉴定：可采用直接电泳检测法。从转化后的菌体克隆中分离质粒等，进行电泳，根据分

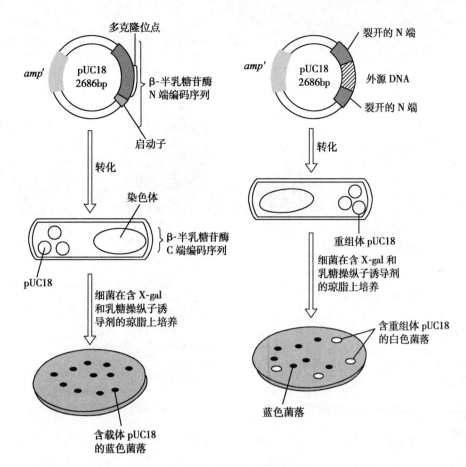

图 21-16　蓝白斑筛选

子量大小判断是否为阳性重组体。

（4）重组体酶切鉴定：分离提取重组体后，根据已知的目的 DNA 序列的限制性核酸内切酶酶切图谱，选择一到两种限制性核酸内切酶切割重组体，经过凝胶电泳，比较酶切后片段的数目和大小，与预计的重组 DNA 酶谱特征进行比较，从而鉴定出阳性重组体。

（5）同源性分析：通常采用核酸分子杂交技术，包括 Southern 印迹技术、斑点杂交、菌落原位杂交。

Southern 印迹技术是从宿主细胞内提取 DNA（或质粒载体），再与针对目的基因的特异性探针杂交，只有带有插入了目的基因片段的重组体才能与探针杂交，从而检测出特定阳性重组体（图 21-17）。菌落原位杂交是将生长在培养平板上的菌落或噬菌斑，按照其原本的位置转移到滤膜上（通常是硝酸纤维素膜），并在滤膜的原位发生溶菌、DNA 变性和与探针杂交反应。利用探针检测特定的阳性重组体克隆（图 21-18）。

（6）PCR 扩增检测：利用已知序列设计引物，经 PCR 扩增预期 DNA 片段，从而鉴定出重组体。或将 PCR 扩增的重组序列直接用于 DNA 序列测定，从而鉴定重组体。

（7）DNA 序列分析：DNA 测序可确认目的基因。

2. 间接筛选法　根据目的基因所编码表达的产物特性来进行筛选。常用的是免疫学方法，包括放射性抗体测定法、免疫沉淀测定法、酶联免疫吸附法（ELISA）测定、免疫印迹等方法。

（1）放射性抗体检测法：主要是依据抗原 - 抗体反应。利用抗体作为"探针"来检测转入受体菌内由目的基因所表达出的蛋白质，从而鉴定该目的基因。

（2）免疫沉淀检测法：是根据抗原 - 抗体凝集反应。将非放射性标记抗体加入培养平板中，当插入的目的基因所表达的产物被细菌分泌到菌落周围，便会与抗体发生反应，从而形成"沉淀圈"。

（3）ELISA 法：选用能与靶蛋白分子特异结合的一抗，该二抗上携带一种酶能催化某种无色（或不发光）底物转变为有色（或发光）的物质，再通过比色测定有色物质含量或光强度，从而推测靶蛋白分子的含量。

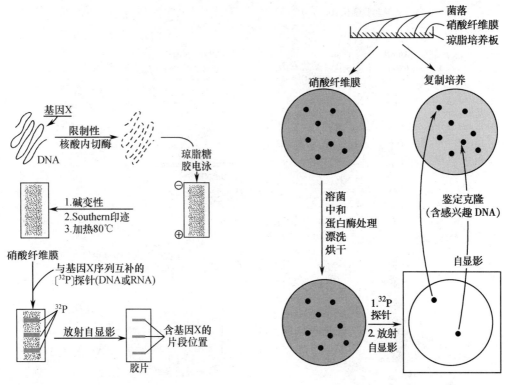

图 21-17　Southern 印迹筛选重组体　　　　图 21-18　原位杂交筛选重组体

（4）Western blotting 法：靶蛋白经凝胶电泳后转膜，再用免疫方法检测凝胶中靶蛋白。其基本过程如下：①提取蛋白质样品，经 SDS-PAGE 凝胶电泳分离；②将凝胶中的蛋白质分子通过电转移至固相支持物（如 NC 膜）上；③一抗与 NC 膜上相应蛋白特异性结合；④一抗再与经碱性磷酸酶、辣根过氧化物酶或核位素标记的二抗特异性结合；⑤经底物显色或放射自显影检测待测蛋白质。

（六）克隆基因的表达

克隆基因的表达就是使目的基因在宿主细胞中稳定、高效表达，产生相应的编码蛋白，此乃基因工程的主要目的之一。宿主细胞内需要有与表达相关的完整的转录、翻译和调控元件，目的基因才能进行表达。在克隆基因的表达中，目的基因主要是来自真核生物，而受体细胞可以是原核细胞也可以是真核细胞。基因工程的表达系统包括原核表达系统和真核表达体系。

1. 原核表达系统　将外源基因引入原核细胞，使其高速高效表达基因产物。大肠埃希菌是最常用的原核表达体系。其优点为快速、高效、经济、培养方法简便、适合大规模生产工艺。但缺点是无法进行表达产物的加工和修饰。

能用于原核表达系统的表达型载体应具备以下条件：①含有大肠埃希菌适宜的选择标志；②具有能调控转录的强启动子，如 lac、tac 启动子或其他启动子序列；③含有适当的翻译调控序列，如核糖体结合位点和翻译起始点等；④含有合理设计的多克隆位点，以确保目的基因按一定方向与载体正确衔接。

外源基因能在原核表达系统中表达必备条件：①删除内含子和 5′ 非编码区；②外源基因需置于强启动子和 SD 序列控制下；③具有正常开放阅读框（ORF）；④mRNA 稳定并可以有效翻译，形成的蛋白质不被降解；⑤蛋白不需要翻译后进行加工和修饰的过程。由于真核基因与原核基因在结构和调控方式上存有差异，因此当真核基因在原核细胞中表达时会存在一些困难。其主要的应对策略除了以上几条外，还需要注意：①真核基因必须使用原核启动子；②只能用 cDNA 基因；③真核基因必须删除自身的信号肽编码序列；④真核基因在原核细胞中表达的蛋白质产物易被细胞内的酶降解，因此应采用与原核细胞蛋白质基因形成融合基因的形式，产生融合蛋白，或选择相应的蛋白酶基因缺陷的受体菌株。

原核表达系统不能进行转录后加工，不能识别、剪除内含子，另外还缺乏翻译后加工系统，不能对翻译后的蛋白质进一步进行加工和修饰。因此,有时需要应用真核表达系统进行目标蛋白的表达。

2. 真核表达系统 将外源基因引入真核细胞,使外源基因在真核细胞内表达。真核表达系统具有转录后加工系统,还能进行翻译后加工和修饰,而且可以实现真正的分泌表达,因此可以用于基因功能、基因治疗等方面的研究。

真核表达载体除具有选择标记、多克隆位点、启动子、转录翻译终止信号等基本结构外,还具有 mRNA 加 polyA 信号或染色体整合位点等调控元件。此外,真核表达体系大多是穿梭载体,有两套复制原点和选择标记,分别在大肠埃希菌和真核细胞中作用(图 21-19)。

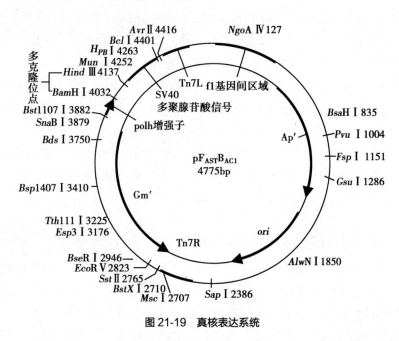

图 21-19 真核表达系统

真核表达系统包括酵母、昆虫和哺乳动物细胞三类。这三种表达系统均以获得大量有活性的蛋白质为目的,而哺乳动物细胞表达系统还可用于研究基因或蛋白质产物的功能。

与原核表达体系相比,真核表达体系的优点是:①转录后可加工修饰,以形成成熟 mRNA;②翻译后可进行加工修饰形成生物活性蛋白质,如蛋白质中二硫键的精确形成、糖基化、磷酸化、寡聚体的形成均可在真核细胞中进行;③可将蛋白质分泌至培养基,有利于生物制备;④可进行转基因的细胞移植。但是真核表达体系亦存在着明显的缺点:操作难,所需条件严格而复杂,费时,不经济,转化难度较大,真核细胞中的表达水平远低于原核细胞。

第七节　临床应用

以核酸、蛋白质等生物大分子为研究对象的分子生物学技术,现已广泛应用于生物医学研究领域,研究内容逐渐从较为简单的 DNA 鉴定扩展到对表达产物的功能分析,为遗传病、肿瘤、免疫性疾病、感染性疾病等的发病机制、诊断和治疗提供了重要依据和创新思路。总之,分子生物学技术的发展及临床应用,为新的临床诊疗方法提供更广阔的前景。本节将主要讲述基因诊断和基因治疗。

一、基因诊断

基因诊断(gene diagnosis)又称为 DNA 诊断,是利用分子遗传学和分子生物学的方法和技术,对基因的分子结构及基因表达水平是否异常直接进行检测,从而对疾病做出诊断的方法。基因诊断检测的目标分子是 DNA、RNA、蛋白质或多肽。基因诊断与传统诊断方法相比较具有以下几个优点:①以基因作为诊断依据,因此属于病因诊断;②针对性强,特异性高;③灵敏度高;④适用性强,诊断范围广;⑤早期性诊断。

基因诊断的基本方法是建立在限制性酶切酶谱分析、核酸分子杂交、PCR、DNA 序列分析、基因芯片技术基础上。1976 年,首次利用核酸分子杂交技术对一例 α 地中海贫血进行了诊断,开创了基因诊断的先河。

疾病相关基因的分离与克隆 迄今为止,已知的单基因遗传病有 6600 多种,并且每年在以 10~50 种的速度递增。单基因遗传病已经对人类健康构成了较大的威胁,但是大部分单基因病的发病机制不详,致病基因未知,因此分离并克隆这些单基因病的致病基因或相关基因不仅有助于阐明这些疾病的发病机制,而且还能为这些疾病的基因诊断与治疗提供重要的理论依据。目前,广泛应用于疾病相关基因分离与克隆的策略和方法可归纳为功能克隆(functional cloning)、定位克隆(positional cloning)等。

(1) 功能克隆:功能克隆是在比较了解致病基因功能的基础上克隆该致病基因的策略。功能克隆是从异常表型为突破口,利用疾病所引起的代谢缺陷或蛋白质结构异常等信息,对编码这种蛋白质的基因进行定位,进而克隆该致病基因。大致的操作过程如下:从异常表型出发,找出功能异常的蛋白质,再根据蛋白质的氨基酸排列序列推导出编码该蛋白质的核酸序列,以此核酸序列作为探针,在 gDNA 文库或 cDNA 文库中筛选出目的基因或目的 cDNA,最后克隆和定位这种异常蛋白质的编码基因。这种方法只适用于克隆蛋白质产物及其相应功能都已清楚的基因。镰状细胞贫血症相关的珠蛋白基因即是通过该方法进行克隆的。

(2) 定位克隆:又称为位置克隆,首先从疾病相关基因在染色体上的位置信息出发,采用各种实验方法克隆或鉴定遗传疾病相关的未知功能基因。定位克隆策略大致分为以下几个步骤:①通过遗传学方法确定致病基因在染色体上的位置;②通过染色体区带显微切割等技术,获得致病基因所在区段的 DNA 片段叠连群(contig),绘制出更精细的染色体图谱;③确定含有候选基因的染色体片段;④用分子生物学方法对候选区域的基因组进行分析验证,进一步筛选目的基因及编码序列,并作突变检测验证和功能分析;⑤比较结构基因在患者与正常人中的差异,以确定致病基因。杜氏肌营养不良(Duchenne muscular dystrophy,DMD)的致病基因克隆即是通过定位克隆方法进行研究的。

基因诊断可以分为直接诊断和间接诊断。直接诊断是指直接对致病基因进行检测。通常采用基于核酸分子杂交或 PCR 的方法进行检测。可以选择基因本身或邻近 DNA 序列制备探针或设计引物,通过杂交反应或 PCR 扩增,从而探查基因有无突变、缺失等异常。直接诊断适用于已知基因异常的疾病诊断。间接诊断,通常适用于未知致病基因,或尽管致病基因已知但其异常尚属未知时,可以通过遗传连锁分析进行,遗传连锁分析多使用基因组中广泛存在的各种 DNA 多态性位点,特别是基因突变部位或紧邻的多态性位点作为标记。

基因诊断可以用于感染性疾病、遗传性疾病、肿瘤等复杂性疾病的诊断。对感染性疾病可以围绕病原微生物的 DNA、RNA 或蛋白质水平变化、体内病毒基因及其转录产物变化进行。对遗传性疾病可以围绕染色体或基因结构变化进行,亦可以进行产前诊断。对于肿瘤主要围绕癌基因、抑癌基因表达水平的高低以及异常表达进行。基因诊断亦可用于法医学诊断。

二、基因治疗

基因治疗(gene therapy)是指将外源正常基因导入患者特定靶细胞,以纠正或补偿因基因缺陷和异常引起的疾病,达到预防或治愈疾病的目的的治疗方法。也就是将外源基因通过基因转移技术将其插入患者适当的受体细胞中,使外源基因表达的产物来治疗疾病的方法。从广义上说,凡是采用分子生物学技术在核酸水平上对疾病进行治疗都属于基因治疗。

基因治疗的给药途径可以分为体外途径和体内途径。体外途径是将含外源基因的载体在体外导入人体自身或异体细胞,经体外细胞扩增后,再输回人体。体外途径比较安全,而且效果较易控制,但是步骤多、技术复杂。体内途径是将外源基因与特定真核细胞表达载体进行重组,然后直接导入体内。体内途径操作简便,但目前尚未成熟,疗效持续时间较短。

(一) 基因治疗的策略

根据对患者异常基因所采取的措施,基因治疗方法又可分成以下几种:

1. **基因矫正** 基因矫正(gene correction)是仅纠正致病基因中的异常碱基,正常部分予以保留。

2. **基因置换** 基因置换(gene replacement)用正常基因通过重组原位替换致病基因,使细胞内的 DNA 完全恢复正常。

3. **基因增补** 基因增补(gene augmentation)是指将正常的目的基因导入患者病变细胞或其他细胞,通过导入的目的基因表达正常的产物,来补偿缺陷基因的功能或使原有基因的功能得到增强。但致病基因本身仍然存在。

4. **基因失活** 基因失活(gene inactivation)是指针对过度表达的致病基因,将特定的反义核酸、核酶及小干扰 RNA 等导入细胞,在转录或翻译水平阻断致病基因的异常表达,使基因失活。

5. **自杀基因** 病毒或细菌中某些基因所产生的酶,可将原本无细胞毒性或低毒性药物前体转变为细胞毒性物质,将细胞本身杀死,此类基因被称为"自杀基因"。通过导入自杀基因到肿瘤细胞,在细胞内表达酶,使药物前体转变为细胞毒性物质,起肿瘤杀伤作用。

上述方法中,最精确最理想的治疗方案是基因矫正和基因置换,两者均属于缺陷基因的精确原位修复,不涉及基因组的任何改变,但是目前技术尚不成熟。基因增补是目前基因治疗最常使用的方式。近年来逐渐通过基因失活来进行基因治疗。

(二) 基因治疗的基本程序

1. **治疗性基因的选择** 针对疾病的病因,选择进行治疗的目的基因。

2. **基因载体的选择** 目前基因治疗所用的载体有病毒和非病毒两大类,基因治疗中可采用的载体有病毒、逆转录病毒、腺病毒、腺相关病毒、单纯疱疹病毒等。

3. **靶细胞的选择** 选择理想的靶细胞尤为重要。根据靶细胞种类不同,人类可用作基因治疗的受体细胞有生殖细胞和体细胞。出于技术、安全性和社会伦理等方面的考虑,目前的基因治疗仅限于体细胞。

4. **基因转移** 就是将目的基因有效地导入靶细胞。在人类基因治疗过程中将基因导入靶细胞的方法有化学法、物理法、同源重组、病毒介导基因转移等。

基因治疗是在基因工程基础上建立起来的一门新的学科,在很短时间内就从实验室过渡到临床,但是,现阶段基因治疗还存在着许多理论、技术和社会伦理学问题,有待进一步探讨研究并妥善解决。寻找安全、高效又符合社会伦理学的方法,使基因治疗为人类健康做出重要贡献。

(张鹏霞)

学习小结

本章概括介绍了目前医学分子生物学中常用的几项技术及其临床应用。

基于核酸分子杂交技术的 DNA 印迹（Southern blotting）和 RNA 印迹（Northern blotting）通过使用核酸探针分别对 DNA 和 RNA 进行定性和定量分析。蛋白质印迹技术（Western blotting）通过使用抗体对蛋白质进行定性和定量分析。

PCR 是在体外 DNA 的扩增。常规PCR 的基本步骤为变性、退火和延伸。PCR 主要用于目的基因克隆、DNA 和RNA 微量分析、基因的体外突变、DNA测序分析等。由 PCR 衍生的 RT-PCR是一种用于 RNA 的半定量检测技术。

DNA 序列测定的方法主要有化学裂解法、DNA 链末端合成终止法以及基于DNA 链末端合成终止法的自动测序法。自动测序仪的面世，使自动测序法已经基本取代手工测序法。

生物芯片包括基因芯片和蛋白芯片。基因芯片基本原理为核酸分子杂交，可以用于基因表达水平差异检测、基因诊断等方面。蛋白芯片的基本原理为蛋白之间的亲和反应，可用于基因表达的筛选、特异性抗原抗体的检测、蛋白质的筛选及研究、药物筛选、疾病诊断等方面。酵母双杂交系统用于研究蛋白质相互作用的技术。

基因工程操作步骤包括分离目的基因和载体、限制酶切割目的基因与载体、目的基因和载体的连接、重组体导入宿主细胞、阳性重组体的筛选、克隆基因的表达。基因工程在医学中可以用于疾病相关基因的分离和克隆、生物制药、基因诊断和治疗等方面。

目前随着分子生物学技术的发展，临床医学的诊断和治疗也进入了分子水平，成为现代医学的重要组成部分。

复习参考题

1. 试述印迹技术的类型及其应用。

2. 试述 PCR 技术的基本原理及基本步骤。

3. 试述基因组文库和 cDNA 文库的构建。

4. 试述重组 DNA 技术的概念、主要过程及应用。

参考文献

<<<<< [1] 查锡良,药立波.生物化学.8版,北京:人民卫生出版社,2013

<<<<< [2] 李刚,马文丽.生物化学.3版.北京:北京大学医学出版社,2013

<<<<< [3] 田余祥.生物化学.3版.北京:高等教育出版社,2016

<<<<< [4] 药立波,冯作化,周春燕.医学分子生物学.3版.北京:人民卫生出版社,2008

<<<<< [5] 唐炳华.医学分子生物学.北京:中国中医药出版社,2014

<<<<< [6] 陈守文.酶工程.北京:科学出版社,2012

<<<<< [7] 药立波.医学分子生物学实验技术.3版.北京:人民卫生出版社,2014

<<<<< [8] JD 沃森.基因的分子生物学.6版.杨焕明译.北京:科学出版社,2009

<<<<< [9] TM 德夫林.生物化学:基础理论与临床.王红阳,译.北京:科学出版社,2008

<<<<< [10] RICHARD A HARVEY,DENISE R FERRIER.图解生物化学.林德馨,译.北京:科学出版社,2011

<<<<< [11] DAVID L NELSON,MICHAEL M COX. Lehninger Principles of Biochemistry. 6th ed. New York:W.H.Freeman and Company, 2012

<<<<< [12] SUSAN K FRIED,RICHARD B HORENSTEIN. Biochemistry. 5th ed. India:Wolters Kluwer,2011

<<<<< [13] KEITH WILSON,JOHN WALKER. Principles and Techniques of Biochemistry and Molecular Biology. 7th ed.Cambridge: Cambridge University Press,2010

索引